“十四五”时期国家重点出版物出版专项规划项目

农业可持续发展战略与高新技术成果丛书

作物轮连作的生态效应与资源利用协调机制

隋　鹏　陈源泉　邵　云　主编

中国农业大学出版社

·北京·

内 容 简 介

本书摘录了“十三五”粮食丰产工程项目课题三研究团队发表的研究论文、研究生毕业论文、课题研究进展及对国内外轮连作研究的进展综述，对作物轮连作的生态效应与资源利用协调机制进行了系统讨论。全书分为6章：第1章轮作生产与研究现状；第2章轮作模式的光热资源利用效率；第3章轮作的土壤养分与水分效应；第4章轮作的土壤微生物效应；第5章轮作模式对病虫草害的影响；第6章轮作的生态经济效益评价。期望著作中经系统梳理、汇编的研究成果不仅对同类研究具有借鉴意义，而且对我国作物轮连作的研究与生产起着推动作用。

图书在版编目(CIP)数据

作物轮连作的生态效应与资源利用协调机制/隋鹏，陈源泉，邵云主编. --北京：中国农业大学出版社，2021.8

ISBN 978-7-5655-2610-7

Ⅰ.①作… Ⅱ.①隋…②陈…③邵… Ⅲ.①作物—间作—文集 Ⅳ.①S344.2-53

中国版本图书馆 CIP 数据核字(2021)第 171048 号

书　　名 作物轮连作的生态效应与资源利用协调机制

作　　者 隋　鹏　陈源泉　邵　云　　　　　主编

策划编辑 王笃利　赵　中　　　　**责任编辑** 石　华

封面设计 耕者设计工作室

出版发行 中国农业大学出版社

社　　址 北京市海淀区圆明园西路2号　　　　**邮政编码** 100193

电　　话 发行部 010-62733489，1190　　　　读者服务部 010-62732336

编辑部 010-62732617，2618　　　　出　版　部 010-62733440

网　　址 http://www.caupress.cn　　　　**E-mail** cbsszs @ cau.edu.cn

经　　销 新华书店

印　　刷 北京虎彩文化传播有限公司

版　　次 2022年5月第1版　　2022年5月第1次印刷

规　　格 185 mm×260 mm　　16开本　　23.5印张　　585千字

定　　价 128.00元

编委会

主　编　隋　鹏　陈源泉　邵　云

副主编　杨京平　谢甫绨　蔡青年　文新亚　李子忠

参编人员　（按姓氏拼音排序）

崔吉晓　陈明霞　冯建路　高武军　姜振辉
李　腾　李春喜　李林蓉　刘　莹　刘苗苗
卢　捷　马建辉　饶德民　孙　涛　王　彪
王　琳　王睿鹏　杨晓琳　杨亚东　姚兴东
叶　凡　俞祥群　张　婧　张　昆　赵影星

序

保障国家粮食安全，保护好耕地是我国的重大战略。习近平总书记多次强调，确保国家粮食安全，把中国人的饭碗牢牢端在自己手中。党的十九届五中全会指出，坚持最严格的耕地保护制度，深入实施藏粮于地、藏粮于技战略，健全耕地休耕轮作制度。自2016年实施轮作休耕制度试点以来，这项制度在培育土壤地力和修复农业生态系统功能，促进藏粮于地、藏粮于技战略的实施方面发挥了重大作用。

作物轮作是利用作物间生物学特性的互补实现用地与养地相结合的一种有效生产措施，是耕作制度的重要组成部分，在我国已有2 000多年的生产应用历史。轮作休耕也是国际上实施可持续农业政策的重要举措。美国、澳大利亚、日本和欧盟等发达国家和地区通过轮作休耕，提高了资源使用效率，减少了农业投入品的使用，实现了生产、生态、经济及社会的协调发展。从科学研究的角度来看，虽然自20世纪以来，国内外学者就对轮作种植制度开展了大量的研究，但是在轮作增产增效机制与微观机理方面尚缺乏系统和深入的研究，在研究内容及研究方法和手段方面的创新度也不够。

为全面深入研究和系统梳理轮作效应机制，构建适合我国国情与区域特色的轮连作种植模式与制度，在"十三五"国家重点研发专项"粮食丰产增效科技创新"中，设立了"作物轮连作的生态效应与资源利用协调机制"研究课题。本课题研究的重点包括了作物新品种耐连作效应、轮作的水分互补利用、土壤与根际生态、病虫草害、资源协调利用效应与机制等，试图探索构建适应于不同区域生产与生态需求的新模式，并从微观角度剖析其生态、经济高效的机理。本课题由中国农业大学、沈阳农业大学、河南师范大学和浙江大学四家单位承担，分别在东北、华北和长江中下游三大粮食主产区开展研究。

为全面、系统地总结研究团队在"十三五"期间开展的工作及取得的研究成果，以便今后更好地开展相关科学的研究工作，本书节选了团队近几年所撰写的研究进展报告、研究生论文以及发表的论文。全书共分6章：第1章为轮作生产与研究现状，第 2 章为轮作模式的光热资源利用效率，第 3 章为轮作的土壤养分与水分效应，第 4 章为轮作的土壤生物效应，第 5 章为轮作模式对病虫草害的影响，第 6 章为轮作的生态经济效益评价。

本书的出版得到国家重点研发计划课题(2016YFD0300203)的经费支持，谨在此一并表示衷心的感谢！由于研究水平有限，研究和实践时间较短，书中的很多内容还是阶段性、探索性的成果，可能存在商榷之处，还需要进一步深入研究和完善，敬请同行们批评指正。

作者

2021 年 3 月 1 日于北京

目　录

第1章　轮作生产与研究现状

第2章　轮作模式的光热资源利用效率

第3章　轮作的土壤养分与水分效应

第4章　轮作的土壤微生物效应

第5章 轮作模式对病虫草害的影响

第6章 轮作的生态经济效益评价

第 1 章
轮作生产与研究现状

1 作物轮作研究进展概述①

摘　要：实行作物轮作对于区域种植结构优化和农业可持续发展具有重要意义。轮作制度在世界范围内被广泛应用，其相关研究也层出不穷，主要集中于轮作克服连作障碍机制机理、轮作的产量与环境效应、轮作对于土壤肥力的调节作用等方面。但是这些相关研究缺乏系统的梳理与总结。基于现有的国内外轮作生产与研究资料，本文概括了国内外轮作制度的发展历史与地位，归纳了国内外轮作制度研究进展，综述了轮作在农业生产中的功能与效应，并结合我国“十分珍惜、合理利用土地和切实保护耕地”的基本国策总结提出了现阶段我国轮作生产与研究的展望与对策。

关键词：作物轮作；历史地位；研究现状；功能效应；展望

1.1 轮作的起源与发展

轮作是指在季节间或年间，同一块田地上有顺序地轮换种植不同种类作物的一种种植方式。同一年内季节间作物的轮作也被称为复种轮作。年间作物轮作根据轮作周期可分为两年轮作、三年轮作等。轮作是巧妙利用作物间生物学特性的互补来实现用地与养地相结合的一种有效生产措施，是耕作制度的重要组成部分。

国外对于轮作制度的应用在古希腊、古罗马时期就已经兴起。1 世纪时，意大利学者就提出将绿肥作物、豆科作物引入现有的种植体系，组成禾豆轮作系统。中世纪，欧洲各国流行轮作休闲制度，同时小麦和牧草组成的多年草田轮作也开始出现。进入 18 世纪，随着畜牧业的发展，欧洲开始推行草田轮作。比如，英国的诺尔福克式轮作，即四圃式轮作，由萝卜、大麦、三叶草、小麦组成的四年制模式。18 世纪 30 年代，这种模式在英国非常流行。18 世纪中叶至 19 世纪中叶，英格兰地区开始将轮作系统中的绿肥作物作为动物饲料的一种补充。19 世纪，人们意识到豆科作物对于提高轮作系统生产力的重要性，逐渐开始探索轮作效应产生的原因。1859 年，李比希提出作物轮作可以均衡利用土壤中的养分，但是最终土壤养分会被消耗殆尽。20 世纪早期，覆盖作物被引入轮作系统，欧美学者通过大量试验发现，其可以增加作物产量。第二次世界大战后，化学肥料和杀虫剂的优势逐渐显现，欧美各国对于长期轮作模式的重视程度开始下降，并认为化学投入可以有效替代轮作的增产效应。20 世纪下半叶，化学投入带来的环境负效应开始显现。人们意识到化肥、杀虫剂等带来的增产效应并不是可持续的，因此长期作物轮作的环境可持续效应又将其拉回欧美各国的视野。

轮作在中国大概有 2 000 多年的历史。战国时期，我国就开始了轮作复种制，汉代时期，我国北方的轮作复种制已相当普遍。东汉郑玄的《周礼》中就记载了谷子、冬麦和大豆轮作复

① 作者：王彪、刘晴、孙靖博、李腾、陈源泉、隋鹏；通信作者：隋鹏（中国农业大学农学院教授，博导，主要从事农作制度与农业节水相关研究，E-mail：suipeng@cau. edu. cn）。

种。中国在西汉时就有关于休闲轮作的记载。《汉书·食货志》就记载了土地养分匮乏，为保证作物产量，须每种植两三年作物就进行休闲轮作。魏晋南北朝是我国粮肥轮作的开端。北魏《齐民要术》中有"凡谷田，绿豆、小豆底为上，麻、黍、故麻次之，芜菁、大豆为下"等记述。宋代《陈敷农书》做出总结，收稻后种豆，可以"熟土壤而肥沃之"。唐宋时代，我国华北地区逐渐形成了二年三熟制的农作物轮作模式，其作物组合模式一般为小麦-大豆-秋杂粮。明清时期，草田轮作逐渐发展起来，出现了水稻和紫云英的轮作方式。经过长期的经验总结，形成了北方旱地以禾谷类作物、经济作物与豆类作物、绿肥作物轮作，南方水田以水稻为主与旱地作物轮换种植的水旱轮作等多种形式的轮作种植方式。作物轮作具有均衡利用土壤养分、水分、减轻或防治农田病虫草害、改善土壤物理性状、提升土壤肥力等功能。其不仅在中外农业发展的历史中发挥了重要作用，也将是未来农业主动应对生态资源压力、节能减排、转变农业发展方式从而实现可持续发展的重要保障。

近年来，轮作的应用与推广在我国得到政府高度关注。2016 年，农业部等十部委联合出台《探索实行耕地轮作休耕制度试点方案》(以下简称《方案》)。《方案》提出，推广轮作 500 万亩(其中，内蒙古自治区 100 万亩、辽宁省 50 万亩、吉林省 100 万亩、黑龙江省 250 万亩)。2017 年，党的十九大明确提出"继续扩大轮作休耕试点"。2019 年，我国轮作试点面积达到 2 500 万亩。种植区域包括北方农牧交错区、东北冷凉区、黄淮海地区和长江流域的花生、大豆、油菜产区以及新增长江流域江苏、江西两省的小麦稻谷低质低效区。其中，黑龙江、内蒙古两个省份的轮作面积最大，分别达到了 1 100 万亩和 500 万亩。

1.2 轮作研究进展综述

1.2.1 国际研究现状与趋势

目前国际上已研究并应用于生产的主要轮作体系包括禾本科与豆科作物轮作、农牧轮作(即农作物与饲草轮作)、能源作物与农作物轮作和休闲轮作等。关于轮作的系统研究始于 20 世纪中期，它历经了草田轮作与土壤肥力学说、连作障碍的毒素说、矿质营养说等重要的研究阶段，并不断深入。高产、稳产轮作模式构建及机制研究一直是有关轮作制研究的重要内容，它集中在作物种植序列的评价模型建立、轮作农田土壤和作物的水肥分布特征、光温资源利用效率，评估肥料利用率及模型、轮作农田病虫草害的防控的克生机制等方面。随着国际上粮食生产能力的不断提升及生态环境问题的加重，关于轮作节减排等新型功能的开发与研究得到关注。如通过轮作增加农田生物多样性，减少水氮流失，减少农药投入以降低农业生产对环境产生的负面效应的研究，这项研究对农业的可持续发展产生了积极的影响；通过科学轮作，增加土壤固碳量以应对当前重点关注的气候变化问题方面的研究逐步增加；为应对能源危机，在美国及欧洲部分地区将能源作物引入到短期的轮作系统并研究其效益与机制也逐渐开展。目前国外开展轮作研究的主要机构有美国马铃薯协会与圣保罗学院、美国农业部北部平原农业研究实验室、美国农业部土壤排水研究中心，美国伊利诺伊大学、俄亥俄州立大学、加拿大农业与农业食品部斯威夫特卡伦特资源发展中心、加拿大农业生态研究服务中心、英国纽卡斯尔大学、澳大利亚研究与发展研究所、墨西哥国立理工学院土壤生态学实验室和印度理工学院耕作制度研究所等。

1.2.2　国内研究现状与趋势

尽管我国轮作的生产实践较早，但对轮作制进行系统研究始于 20 世纪 60 年代。目前我国针对不同区域、不同作物的轮连作生产模式及配套技术开展了大量研究，从农田尺度上对轮作种植方式的作物生长、土壤肥力、水分和养分利用、土壤环境、温室气体排放以及病虫害等多方面的效应开展了系统研究，总结提出了区域特色作物轮连作种植模式与生产技术集成。采用田间微区示踪试验与盆栽试验相结合的方法对轮作效应机理同步开展了研究。研究热点主要包括轮作克服连作障碍(其中包括大田作物和大棚蔬菜)的机制与机理；轮作模式改善土壤结构、均衡利用土壤养分和水分的机理等。受到国际上对气候变化和区域资源危机加剧问题关注的影响，当前通过作物轮作提高农田固碳减排能力和农业节水潜力也成为研究的热点领域。同时，在研究方法与手段上不断提高与创新，国际上通用的“碳足迹”“水足迹”评价指标体系得到引进与拓展；同位素示踪技术、高通量测序等生物技术以及“3S”技术等在机理研究与作物轮连作调查和种植制度优化配置得以应用。我国对轮作制度研究较多的单位主要有中国农业大学、中国科学院相关院所、中国农业科学院、华中农业大学、西北农林科技大学、甘肃农业大学、江西农业大学、浙江大学等(表 1)。

表 1　中国不同农作区轮连作的研究现状

区域	主要轮连作模式	主要研究内容	研究单位	存在的问题
东北地区	玉米连作(主要)、大豆连作和玉米-大豆轮作	土壤碳氮特征、微生物生态分布、农田温室气体排放	中国科学院东北地理与农业生态研究所、吉林省农业科学院、东北农业大学、中国农业大学等	水资源短缺、作物比例失衡、土壤瘠薄
西北黄土高原区	春小麦、制种玉米、制种油葵、玉米-马铃薯轮作、苜蓿-豌豆-小麦轮作	土壤碳平衡、节水高效、克服连作障碍	西北农林科技大学、甘肃农业大学、宁夏大学等	连作障碍、荒漠化、水土流失
华北平原	冬小麦-夏玉米一年两熟	节水、高产、土壤培肥	中国农业大学、中国农业科学院、河北农业大学、河南农业大学等	地下水漏斗、耕层变浅、土壤有机质含量降低、土壤污染
长江中下游地区	稻-麦、稻-油、稻-肥的一年两熟和一年三熟	高产高效、土壤培肥、农田温室气体排放	浙江大学、江西农业大学、湖南农业大学、华中农业大学、南京农业大学等	土壤养分含量降低、氮肥利用效率低、水肥资源配置不合理

1.2.3　与国外同类研究比较的优势与差距

国外相关研究对象多为具有较强的控制条件的农场式规模化种植方式，试验地可控性强、轮作周期长、机械化配套技术成熟、在较高研究手段支持条件下的机理研究较为深入，相关模型构建较为成熟，特别是理论研究与生产实践结合紧密。由于我国区域类型复杂多样，关于作物轮连作研究单一地点、单一模式的研究较多，从而造成研究方法和技术成果的区域适应性较差。轮作效应机制与微观机理尚处于跟从国际研究热点的水平，研究内容创新性及方法手段创新度不够。受社会经济、地理与气候因子等多重因素的影响，我国学者对轮作模式的机械化配套技术研究不足，造成了技术成果难以应用于生产。

1.2.4 轮作的生态经济效应与机制

1.2.4.1 防治病虫和草害

1. 轮作能有效抑制病虫害

轮作能够有效抑制土传病害的发生。无论粮食作物还是经济作物等其他类作物，长期连作都可能加重其被土传病害侵染的风险。通过与一些不易感病的非寄主作物进行轮作，可在一定程度上抑制土壤中的病菌，减少土传病害的发生。甜脆豆与胡麻和小麦轮作可以降低根腐病的发病率，而甜脆豆连作根腐病发病率明显较高。与香蕉连作相比，甘蔗-香蕉和辣椒-香蕉轮作处理均能显著降低土壤中尖孢镰刀菌的数量和香蕉枯萎病的发病率，并且能提高枯萎病的防控率。稻田在淹水与旱作两种条件下创造出无氧与有氧两种环境，致使一些生物无法适应，从而形成抑制病虫害蔓延的生态环境。

2. 合理的轮作也是综合防除杂草的重要途径

一些伴生性杂草与作物的生活习性相似，很难进行防治。将具有不同生长习性、不同生理特征的作物进行轮作种植，改变农田生境，使得一些伴生或寄生性杂草失去寄主，进而起到生物防草的作用。如高粱-小麦轮作可显著抑制杂草。水田与旱地杂草的生态习性不同，因此淹水或者干旱可以有效降低田间杂草种类和密度。水稻-棉花轮作体系下的自然杂草密度明显低于连作棉田，其中两者在杂草的种群数量和群落结构也有显著的差异。水稻-绿肥轮作对水稻田中生长的杂草种类无影响，其中主要杂草仍然为鸭舌草和稗草，但其发生程度显著减少。与抑草原理类似，作物轮作可改变害虫的生存环境，影响其正常的生产和繁衍，从而达到减轻或消灭害虫的目的。

1.2.4.2 均衡利用土壤养分

根据作物吸收、利用营养元素能力不同而互补形成的合理轮作模式，可以协调土壤对前后茬作物养分的供应，作物能均衡地利用土壤养分，土壤的生产潜力得到充分发挥。小麦-糜子与豌豆组成的粮豆轮作可促进小麦对氮素与钾素的吸收；小麦与苜蓿、红豆草等组成的粮草轮作可促进小麦对铁、铜、锌的吸收。轮作苜蓿等豆科作物对于马铃薯长期连作农田的养分恢复有明显的促进作用，并最终对后茬马铃薯产量产生明显影响。由于植物自身特性，豆科作物、饲草作物在生长过程中能增加土壤有机氮含量，提高土壤的供氮水平。多年试验表明，在轮作系统中增加豆科、饲草科作物的比例会明显改善农田养分状况，豆科作物和饲草科作物茬口的土壤养分状况要明显好于小麦茬口。水旱轮作农田的干湿交替变化加速了土壤碳氮的循环，加快了土壤有机质的分解，促进了土壤养分的释放，提高了土壤中速效氮、速效磷、速效钾的含量。

1.2.4.3 调节土壤肥力

绿肥作物或牧草作物可通过刈割还田来直接增加土壤有机质，同时也可改善土壤结构。

豆科作物通过生物固氮作用可显著提高农田氮素水平，全球豆科作物年固氮量高达 1.3 亿 t。新南威尔士澳大利亚棉花研究中心对 Vertosols 地区在 1970—2006 年的棉花种植系统进行了研究发现，棉花在冬闲期轮作禾本科作物、豆科作物可有助于其土壤肥力的保持。如今，75%的澳大利亚棉花都会搭配小麦、蚕豆等作物进行轮作种植。曹培、吴玉红等(2019)研究，在不同的水旱轮作系统中，中稻-油菜模式比春玉米-晚稻模式的总有机碳含量和活性有机碳含量显著增加，具有较高的碳储量和固碳潜力。Gan，Campbell 等(2014)在加拿大萨斯卡切温省进行的长期轮作定位试验表明，将豌豆、鹰嘴豆、甜菜等作物代替休闲与小麦进行轮作，可显著提高农田的有机碳储量，配合以合适的农田管理措施可以有效增加农田的固碳能力。Kumar 等(2020)在印度坎普尔地区进行了长期轮作定位试验研究，与连作系统相比，将鹰嘴豆、木豆、绿豆等豆科作物引入当地传统的水稻、玉米连作模式中构建禾豆轮作系统显著增加了土壤有机碳、速效氮、速效磷的含量，最终土壤肥力的改善也促进了系统生产力的提高。Alison 等(2020)在加拿大安大略地区进行了为期 37 年的轮作试验，研究了以玉米为基础的 6 种不同的轮作模式发现，在当轮作系统中加入多年生苜蓿作物有助于土壤有机碳的形成和土壤团粒结构的稳定。Huynh 等(2019)在德国穆登堡地区进行了为期 9 年的长期定位试验发现，与青贮玉米连作模式相比，青贮玉米与黑麦草、冬季小黑麦、苜蓿组成的四年轮作模式的土壤碳氮含量均有所提升。

作物生长需要在一定的土壤酸碱环境下进行，长期连作致使土壤 pH 降低，造成土壤酸化。作物轮作的方式可有效提高土壤 pH。研究不同的黄瓜轮作系统发现，轮作大葱和苦瓜可提高土壤 pH，降低土壤酸化程度，为黄瓜生长提供适宜环境。作物轮作均可降低土壤 *EC* 值，有效防止土壤出现次生盐渍化现象。

1.2.4.4　提高土壤水分利用效率

轮作倒茬促使不同作物搭配种植，可以在时间和空间上充分利用土壤水分，提高农田土壤水分利用效率。不同作物在生育期的耗水与当地降水规律的耦合性高低不一。若前茬作物在生育期的需水与降水耦合度高，则可为后茬作物提供良好的水分环境。不同作物的耗水层次也有所不同，根系较浅的作物消耗表层土壤水较多，与浅根作物轮作可以为后茬深根作物的生长提供土壤深层水分。

张敏等(2011)报道在不同轮作模式的水肥效应研究中，不同作物搭配种植可以实现土壤水分在空间上的互补，其中粮棉油、粮棉薯等模式 120～180 cm 土壤贮水量一定程度上高于麦玉复种模式。Zentner 等(2017)对加拿大半干旱草原进行了农田投入管理和作物多样性对于经济回报影响的研究，通过对不同轮作种植模式的评估，认为多种作物轮作比作物单作更能提高土壤水分的可利用率。Meng 等(2012)在河北曲周地区进行了为期 6 年的替代轮作种植模式田间定位研究发现，与传统麦玉连作相比，麦玉-夏玉米轮作模式没有产生产量和经济损失，而是减少了 40%的地下水使用量和 59%的氮肥使用量。杨晓琳(2015)在河北栾城地区进行替代轮作模式研究，其中粮棉薯模式在轮作周期之后，冬小麦播种之前的 1.8 m 土体土壤贮水量为 446.5 mm，增加了 55 mm，而此时传统麦玉模式的土壤贮水量为 427.3 mm，减少了 51.1 mm。

黄高宝等(2005)在我国黄土高原地区研究了不同轮作体系的水分利用情况发现，与冬小麦连作相比，麦玉-高粱轮作模式无论在生产力，还是在水分利用效率，均出现显著提高。Yang 等(2015)在华北平原进行了为期 12 年的轮作定位试验，对不同轮作系统进行了作物水分生产率分析发现，由红薯、棉花、冬小麦-夏玉米组成的粮棉薯模式年平均经济水分效率达到了 11.6 元/m^3，远远大于麦玉复种模式和棉花连作模式。Kröbel 等(2014)在加拿大萨斯喀彻温省关于小麦-豆科绿肥作物-休闲轮作模式的研究表明，增加轮作系统的多样性可以有效提高农田的水分利用效率。

1.2.4.5 丰富土壤生物多样性

作物轮作可以减少土壤病原微生物的富集，增加有益微生物的种类和数量，维持土壤微生态平衡，抑制土传病害的发生。土壤中的细菌、真菌等微生物对于不同的作物搭配组合的敏感度不同。如与大豆连作相比，玉米-大豆轮作的土壤中的细菌总数明显升高，真菌总数降低；0～40 cm 土层的微生物总量玉米-大豆轮作显著高于大豆连作。在大棚中将番茄与蒜苗、白菜和莴苣等作物进行轮作发现，其均可显著增加土壤中的微生物总量、细菌数量，同时细菌与真菌的比值增大，真菌数量减少。针对砂田西瓜连作障碍，将辣椒、花豆等作物与西瓜进行轮作发现，其可改善土壤微生物区系结构，增加土壤微生物指数，增加细菌数量。Fan 等(2020)在海南麦城县进行了基于香蕉作物的轮作定位试验发现，与香蕉连作相比，香蕉与辣椒、甘蔗、冬瓜、南瓜等作物组成轮作系统有效降低了镰刀菌枯萎病的发病率，增加了土壤中细菌的丰富度，改善了香蕉农田土壤微生物群落结构。Chamberlain 等(2020)于 2015—2018 年在美国威斯康星地区进行了玉米-大豆轮作试验，发现与两种作物单作相比，轮作对于改善土壤微生物群落结构有明显作用。东北黑土区通过小麦、毛苕子作物与黄瓜进行轮作，农田根际细菌种类显著增加，结瓜后期的真菌种群减少。烤烟-苕子-水稻轮作田的土壤生态环境较好，其土壤中细菌群落的多样性指数较高，优势度指数较低。在水旱轮作体系中，干湿交替的环境改变了土壤的结构和通气性，这对土壤微生物的组成、丰度、多样性和活性都有显著的影响。

合理的轮作使得农田土壤的生态环境得到改善，丰富了土壤生物的多样性。土壤生物种类的增多又进一步改善了土壤生态环境，进而促进作物的高产、稳产。

1.3 新时期轮作种植制度研究展望

1.3.1 战略需求与发展思路

“十分珍惜、合理利用土地和切实保护耕地”是我国的基本国策。其实质要求一是严格地保护耕地数量，二是不断地提升耕地质量，因此积极开展耕地轮作休耕制度研究与推广是践行这一项基本国策的重大举措。其重要意义主要体现在三个方面：①通过科学轮作，实现农田自我休养生息、保持耕地质量，这是人多地少类型国家解决粮食需求与耕地质量不足矛盾的重要途径，也是实现藏粮于地、藏粮于技的重要技术途径；②科学轮作是促进节能减排，应对当前气候变化与农业生产资源投入过量的有效途径之一；③发展轮作是中国粮食在“三量齐增”(产量、库存量和进口量)新形势下推动农业种植结构调整，转变农业发展方式的重要方式。2015 年 10 月 29 日，《中共中央关于制定国民经济和社会发展第十三个五年规划的建议》明确提出，在中国探索实行耕地轮作休耕制度试点。同时，2016 年中央一号文件《中共中央　国务院关于落实发展新理念加快农业现代化　实现全面小康目标的若干意见》进一步提出，探索实行耕地轮作休耕制度试点，通过轮作、休耕、退耕、替代种植等多种方式，对地下水漏斗区、重金属污染区、生态严重退化地区开展综合治理。根据我国的国情，研究和推广轮作休耕制度，需要坚持轮作为主、休耕为辅，以保障国家粮食安全和不影响农民收入为前提；在进行试点区域研究与推广工作的同时，逐步构建国家耕地轮作休耕制度整体规划。

1.3.2　重点研究领域与发展方向

①新型轮作休耕模式构建与研究。以解决突出的生产限制因素为目标，重点进行东北、西北春玉米与豆科作物（包括豆科牧草作物）轮作模式、南方稻田水旱复种轮作模式以及华北地区一年两熟制下的年内复种轮作模式的创新构建。

②轮作制度效应机理与机制研究。应用国际前沿研究方法和技术手段，重点开展轮作固碳减排效应及机理、轮作培肥地力效应及机制、轮作作物间克生效应及机理，为轮作模式构建与推广提供理论依据。

③轮作休耕生态服务价值评估与农业补贴政策研究。重点对可大面积示范推广轮作模式的经济、生态服务价值进行科学评估，为进行模式优化筛选以及制定系统的农业生态补偿政策提供依据。

④轮作休耕制度区划研究。

参考文献

[1] BULLOCK D G. Crop Rotation. Crit Rev Plant Sci, 1992, 4: 309-326

[2] CHAMBERLAIN L A, BOLTON M L, COX M S, et al. Crop rotation, but not cover crops, influenced soil bacterial community composition in a corn-soybean system in southern Wisconsin. Appl Soil Ecol, 2020, 154: 103-603

[3] FAN P, LAI C, YANG J, et al. Crop rotation suppresses soil-borne Fusarium wilt of banana and alters microbial communities. Arch Agron Soil Sci, 2020

[4] GAN Y, LIANG C, CHAI Q, et al. Improving farming practices reduces the carbon footprint of spring wheat production. Nat Commun, 2014: 5

[5] GHOSH P K, HAZRA K K, VENKATESH M S, et al. Grain legume inclusion in cereal-cereal rotation increased base crop productivity in the long run. Exp Agr, 2020, 56: 142-158

[6] HERRIDGE D F, PEOPLES M B, BODDEY R M. Global inputs of biological nitrogen fixation in agricultural systems. Plant Soil, 2008, 311: 1-18

[7] HULUGALLE N R, SCOTT F. A review of the changes in soil quality and profitability accomplished by sowing rotation crops after cotton in Australian Vertosols from1970 to2006. Soil Res, 2008, 46: 173

[8] HUYNH H T, HUFNAGEL J, WURBS A, et al. Influences of soil tillage, irrigation and crop rotation on maize biomass yield in a 9-year field study in Muncheberg, Germany. Field Crop Res, 2019: 241(107565)

[9] KARLEN D L, VARVEL G E, BULLOCK D G, et al. Crop Rotations for the 21st-century. ADV Agron, 1994, 53: 1-45

[10] KING A E, CONGREVES K A, DEEN B, et al. Crop rotations differ in soil carbon stabilization efficiency, but the response to quality of structural plant inputs is ambiguous. Plant Soil, 2020, 457: 207-224

[11] KRÖBEL R, LEMKE R, CAMPBELL C A, et al. Water use efficiency of spring wheat in the semi-arid Canadian prairies: Effect of legume green manure, type of spring wheat, and cropping frequency. Can J Soil Sci, 2014, 94: 223-235

[12] MENG Q, SUN Q, CHEN X, et al. Alternative cropping systems for sustainable water and nitrogen use in the North China Plain. Agriculture, Ecosystems & Environment, 2012, 146: 93-102

[13] MOTSCHENBACHER J M, BRYE K R, ANDERS M M, et al. Long-term rice rotation, tillage, and

fertility effects on near-surface chemical properties in a silt-loam soil. Nutr Cycl Agroecosys,2014,100:77-94

[14] SHAHZAD M,FAROOQ M,JABRAN K,et al. Impact of different crop rotation and tillage systems on weed infestation and productivity of bread wheat. Crop Prot,2016,89:161-169

[15] SMITH E G, ZENTNER R P, CAMPBELL C A,et al. Long-Term Crop Rotation Effects on Production, Grain Quality, Profitability, and Risk in the Northern Great Plains. Agron J,2017,109:957-967

[16] TIMSINA J,CONNOR D J. Productivity and management of rice-wheat cropping systems: issues and challenges. Field Crop Res,2001,69:93-132

[17] YANG X, CHEN Y, PACENKA S,et al. Effect of diversified crop rotations on groundwater levels and crop water productivity in the North China Plain. J Hydrol,2015,522:428-438

[18] ZHENG H, HUANG H, ZHANG C,et al. National-scale paddy-upland rotation in Northern China promotes sustainable development of cultivated land. Agr Water Manage,2016,170:20-25

[19] 蔡艳,郝明德. 轮作模式与周期对黄土高原旱地小麦产量、养分吸收和土壤肥力的影响. 植物营养与肥料学报,2015,21:864-872

[20] 曹培，朱杰，朱波,等. 稻田水旱轮作系统对土壤有机碳及产量的短期影响. 安徽农业科学,2019,47:81-85

[21] 曾昭海. 豆科作物与禾本科作物轮作研究进展及前景. 中国生态农业学报,2018,26:57-61

[22] 陈丹梅，陈晓明，梁永江,等. 轮作对土壤养分、微生物活性及细菌群落结构的影响. 草业学报,2015,24:56-65

[23] 郭金瑞，宋振伟，彭宪现,等. 东北黑土区长期不同种植模式下土壤碳氮特征评价. 农业工程学报,2015,31:178-185

[24] 郭清毅,黄高宝. 保护性耕作对旱地麦-豆双序列轮作农田土壤水分及利用效率的影响. 水土保持学报,2005,19(3):5

[25] 郭文韬. 中国古代的农作制和耕作法. 农业考古,1983(1):284

[26] 黄国勤,赵其国. 轮作休耕问题探讨. 生态环境学报,2017,26:357-362

[27] 赖朝圆，杨越，陶成圆,等. 不同作物-香蕉轮作对香蕉生产及土壤肥力质量的影响. 江苏农业学报,2018,34:299-306

[28] 李威，程智慧，孟焕文,等. 轮作不同蔬菜对大棚番茄连作基质中微生物与酶及后茬番茄的影响. 园艺学报,2012,39:73-80

[29] 李小霞，靳鲲鹏，曹晋军,等. 轮作制度对土壤生态的影响研究进展. 现代农业科技,2019(6):154-155

[30] 李亚莉，杨永岗,张化生. 轮作与连作对高原夏季甜脆豆病虫害发生及产量的影响. 北方园艺,2012(2):17-20

[31] 刘金波,许艳丽. 我国连作大豆土壤微生物研究现状. 中国油料作物学报,2008(1):132-136

[32] 刘军，唐志敏，刘建国,等. 长期连作及秸秆还田对棉田土壤微生物量及种群结构的影响. 生态环境学报,2012,21:1418-1422

[33] 刘益珍,姜振辉. 稻田水旱轮作生态效应研究进展及发展建议. 江苏农业科学,2019,47:19-23

[34] 孟凡钢，张鸣浩，饶德民,等. 大豆连作、轮作对土壤微生物多样性影响的研究进展. 大豆科技,2017(6):10-15

[35] 钱晨晨，黄国勤,赵其国. 中国轮作休耕制度的应用进展. 农学学报,2017,7:37-41

[36] 强胜，沈俊明，张成群,等. 种植制度对江苏省棉田杂草群落影响的研究. 植物生态学报,2003(2):278-282

[37] 秦舒浩，曹莉，张俊莲,等. 轮作豆科植物对马铃薯连作田土壤速效养分及理化性质的影响. 作物学报,2014,40:1452-1458

[38] 沈学年，刘巽浩. 多熟种植. 北京：中国农业出版社，1983

[39] 田福平，师尚礼，洪绂曾，等. 我国草田轮作的研究历史及现状. 草业科学，2012，29：320-326

[40] 王宏杰，刘绍东，刘瑞华，等. 轮作对棉花根际土壤细菌群落的影响. 生物技术通报，2020，36：117-124

[41] 王建林. 高级耕作学. 北京：中国农业大学出版社，2013

[42] 王克磊，周友和，黄宗安，等. 水旱轮作对土壤性状及作物产量的影响. 蔬菜，2017(5)：21-23

[43] 吴宏亮，康建宏，陈阜，等. 不同轮作模式对砂田土壤微生物区系及理化性状的影响. 中国生态农业学报，2013，21：674-680

[44] 吴玉红，郝兴顺，田霄鸿，等. 秸秆还田对汉中盆地稻田土壤有机碳组分、碳储量及水稻产量的影响. 水土保持学报，2017，31：325-331

[45] 邢福，周景英，金永君，等. 我国草田轮作的历史、理论与实践概览. 草业学报，2011，20：245-255

[46] 徐宁，张方园，王闯，等. 不同蔬菜轮作对设施连作黄瓜根际土壤微生态的影响. 北方园艺，2017(1)：48-52

[47] 许艳丽，李兆林，李春杰. 小麦连作、迎茬和轮作对麦田杂草群落的影响. 植物保护，2004(3)：26-29

[48] 薛超，黄启为，凌宁，等. 连作土壤微生物区系分析、调控及高通量研究方法. 土壤学报，2011，48：612-618

[49] 杨滨娟，黄国勤，陈洪俊，等. 稻田复种轮作模式的生态经济效益综合评价. 中国生态农业学报，2016(1)：112-120

[50] 杨滨娟，黄国勤，徐宁，等. 长期水旱轮作条件下不同复种方式对稻田杂草群落的影响. 应用生态学报，2013，24：2533-2538

[51] 杨晓琳. 华北平原不同轮作模式节水减排效果评价. 北京：中国农业大学，2015

[52] 张海斌. 轮作模式对马铃薯生育、土壤养分和产质量的影响. 呼和浩特：内蒙古农业大学，2019

[53] 张晶，史怡宁，韩沁沁. 我国轮作休耕政策实施状况与优化研究. 黑龙江农业科学，2019(6)：142-147

[54] 张敏，隋鹏，陈源泉，等. 太行山山前平原节水替代模式耗水特征分析. 中国农学通报，2011，27：251-257

[55] 张晓玲，潘振刚，周晓锋，等. 自毒作用与连作障碍. 土壤通报，2007(4)：781-784

[56] 赵其国，滕应，黄国勤. 中国探索实行耕地轮作休耕制度试点问题的战略思考. 生态环境学报，2017，26：1-5

[57] 郑孟静，李岩，贾秀领. 主要农作物多样化轮作制度研究进展及展望. 华北农学报，2021，36：215-221

2 连作对土壤微生物的影响研究进展①

摘　要:作物连作障碍是农业可持续发展面临的重大问题之一,其形成机理与防治一直是诸多学者研究的热点。其中,连作后土壤微生物群落的变化被认为是连作障碍产生的重要原因。本文针对连作土壤微生物菌群变化的相关研究,对1998—2017年131篇相关文献的研究结果进行整理分析,总结了不同作物连作对微生物数量和群落结构的影响,并分析连作对土壤微生物产生影响的原因,以期为连作障碍的机制研究和防治提供参考。多数研究结果表明,随着连作年限的增加,土壤细菌数量呈减少、真菌数量呈增加趋势,同时微生物种类减少,多样性降低。但是不同研究由于试验地点、连作年限、取样时间、取样方法以及测定技术的差异,变化趋势不尽相同。连作土壤板结、容重增加、pH减小、养分失衡以及作物根系分泌物和代谢物的累积可能是土壤微生物菌群数量、组成和结构发生改变的原因。

关键词:连作障碍;土壤微生物数量;微生物群落结构

连作障碍是指同一种作物连续种植所导致的作物生长发育不良、产量降低、品质变差以及土传病害严重等问题。我国连作障碍严重发生的地域面积大于10%,在规模化种植区超过20%。尽管农药使用量持续增加,但是当季作物损失率仍达20%~80%,甚至绝产,每年造成数百亿元的经济损失。连作障碍在欧美国家被称为再植病害或者再植问题,在日本被称为忌地现象。在国外同样有连作障碍较大面积的发生,如在美国加利福尼亚草莓集约化种植产区,有致病菌存在的连作地块的草莓产量持续降低,减产率可达50%左右,经济损失巨大。连作障碍产生的原因非常复杂,但主要来自土壤。土壤中微生物种群数量及结构的变化可能是导致连作障碍的重要原因。研究表明,连作土壤灭菌后再种植本作物的措施可以有效提高叶片氮磷钾含量和根系活力,促进根系生长,减轻或消除连作对作物生长发育产生的抑制作用,增强作物长势,增加生物产量,提高产量,有效缓解黄瓜、辣椒、棉花、草莓、葡萄、苹果、刺楸等作物的连作障碍。由于土壤灭菌对土壤理化性状和养分的影响较小,其主要降低了土壤中的微生物活性,因此可以推断土壤微生物群落的变化是导致连作障碍最直接的因子。土壤微生物是土壤中最活跃的生物因素,参与碳、氮、磷、硫等物质循环,能够促进作物生长,抑制病害,帮助作物抵御不良环境,并改善土壤结构。目前,国内外学者对作物连作对土壤微生物的影响进行了大量研究,但迄今尚未达成一致认识。本文综述了1998—2017年发表的131篇相关文献,总结我国23个省份以及美国、加拿大、英国、法国、荷兰、波兰和阿根廷共计34种作物(表1)连作导致的土壤微生物数量及群落变化,为揭示连作障碍的发生机理提供参考。

---

① 作者:叶凡、卢捷、李杨、普亮亮、陈阜、文新亚;通信作者:文新亚(中国农业大学农学院副教授,主要从事耕作制度与农田土壤微生态机制研究,E-mail:wxya@cau.edu.cn)。

表 1　统计文献中各类作物的文献数量

作物	篇数	作物	篇数	作物	篇数	作物	篇数	作物	篇数
黄瓜	18	番茄	6	西瓜	2	油菜	1	花椰菜	1
马铃薯	17	玉米	5	黑胡椒	2	芦笋	1	蔬菜	1
大豆	12	茶树	4	三七	2	韭菜	1	甜瓜	1
烟草	10	大蒜	3	茄子	2	辣椒	1	非洲菊	1
棉花	10	太子参	3	芝麻	1	荞麦	1	山药	1
地黄	7	小麦	3	魔芋	1	豌豆	1	高粱	1
花生	7	怀牛膝	2	谷子	1	鸢尾	1		

2.1　连作年限对土壤微生物数量的影响

2.1.1　连作年限对土壤细菌数量的影响

多数研究表明，作物连作会导致细菌数量发生变化，主要有以下几种变化趋势（图 1）：①41 篇文献的研究结果为细菌数量随连作年限的增加而减少。谭雪莲等（2012）在甘肃定西市对马铃薯连作 5 年的 0～20 cm 土壤进行细菌数量测定，结果显示细菌数量随连作年限的增加而减少。单鸿宾等（2009）对新疆库尔勒地区连作 5 年、10 年、15 年、20 年的棉花农田 0～30 cm 土壤细菌进行测定，得到相同的结论。此外，其他试验中的黄瓜、大豆、马铃薯、烟草、番茄、大蒜、玉米、花生、芝麻、地黄、太子参等作物连作土壤的细菌数量均随着连作年限的增加而减少。②17 篇文献的研究结果显示细菌数量会随连作年限的增加先增加后减少。赵萌等（2008）对山东昌乐县连作 6～20 年西瓜土壤进行研究发现，0～20 cm 土壤细菌数量随连作年限增加先呈现增加趋势，在第 10 年达到峰值，随后开始减少。此外，马云华等（2014）研究山东寿光市 1 年、3 年、5 年、7 年、9 年 5 个不同黄瓜种植年限的温室土壤发现，土壤细菌数量在种植第 5 年的温室达到峰值；乔蓬蕾（2014）在黑龙江的黄瓜连作试验发现，第 3 茬土壤细菌数量最高，之后到第 9 茬一直呈下降趋势。顾美英等（2009）在新疆玛纳斯县进行的棉花连作 20 年试验显示，土壤细菌数量于第 8 年达到峰值。刘素慧等（2010）在山东金乡县进行的大蒜连作 21 年试验显示，土壤细菌数量于第 11 年达到峰值。此外，其他试验中的大豆、太子参等作物的连作土壤也表现出相同趋势。③5 篇文献的研究结果为细菌数量随连作年限的增加而增加。杨凤军等（2016）在黑龙江开展的番茄连作 2～10 年的试验研究，高扬等（2014）在陕西开展的荞麦连作 3 年的试验研究以及吴林坤等（2013）在河南开展的地黄连作 3 年的试验研究等，结果均表明，细菌数量随连作年限增加而增加。④有 2 篇文献的研究结果为细菌数量随连作年限增加呈现先减少后增加的趋势。例如，刘军等（2012）在新疆进行的棉花连作 30 年试验，寻路路（2013）在云南进行的三七连作 5 年试验。

2.1.2　连作年限对土壤真菌数量的影响

真菌数量也随着连作年限的增加而发生显著的变化，主要有以下几种变化趋势（图 1）：①39 篇文献的试验结果为真菌数量随连作年限增加而增加。顾美英等（2009）在新疆进行了棉花连作 6 年、8 年、15 年、20 年的田间试验，对棉田 0～30 cm 的根际土壤进行微生物的测定发现,真菌数量随着连作年限的增加而增加。邢会琴等(2011)在甘肃省张掖市进行了玉米连作3年、5年、7年、10年的试验,对0～20 cm土样进行微生物测定也得到相同的结论。此外,番茄、大蒜、太子参、茄子等作物的连作试验均显示真菌数量随连作年限增加而增加。②研究结果为真菌数量减少的文献有8篇。单鸿宾等(2009)对新疆库尔勒地区连作5年、10年、15年、20年棉花农田的0～30 cm土壤真菌进行测定发现,真菌数量随连作年限增加而减少。另外,如胡元森等(2007)在河南进行的黄瓜连作4年试验,古战朝等(2011)在重庆进行的烤烟连作8年试验以及杜茜等(2012)在宁夏进行的马铃薯连作10年试验,结果均表明,土壤真菌数量随连作年限增加呈减少趋势。③11篇文献的研究结果为随连作年限增加真菌数量先增加后减少。如马玲等(2015)在宁夏固原市开展的马铃薯连作10年试验显示,土壤真菌数量于第7年达到峰值。乔蓬蕾等(2014)在黑龙江开展的黄瓜连作试验发现,土壤真菌数量从第1茬到第7茬随着连作茬次的增加逐渐增加,但与第7茬相比,到第9茬时的土壤真菌数量下降显著。④2篇文献研究结果为真菌数量随连作年限增加呈先减少,后增加趋势。例如,赵萌等(2008)在山东昌乐进行的西瓜连作6～20年试验,白艳茹(2012)在内蒙古进行的马铃薯连作3年试验。

2.1.3 连作年限对土壤放线菌数量的影响

作物连作后土壤放线菌数量主要有以下几种变化趋势(图1):①10篇文献的研究结果为放线菌数量随连作年限增加而增加。杜茜等(2012)在宁夏进行的马铃薯连作10年试验,孙艳艳等(2010)在新疆进行的番茄连作3年试验以及王志刚等(2010)在甘肃进行的韭菜连作20年试验均显示,土壤放线菌数量随连作年限增加而增加。②20篇文献的研究结果为放线菌数量随连作年限的增加而减少。李培东等(2012)在江西进行花生连作15年试验,通过对0～20 cm土壤进行取样测定发现,放线菌数量随着连作年限的增加呈现减少的趋势。于寒等(2014)在吉林进行的大豆连作3年试验也显示,土壤放线菌数量的减少。此外,烤烟、马铃薯、茄子等作物的连作试验均得到相同的结论。③17篇文献的研究结果为放线菌数量随连作年限的增加呈现先增加后减少趋势。单鸿宾等(2009)在新疆开展的棉花连作20年试验,结果显示,放线菌数量先呈增加趋势,于第10年数量达到峰值,之后随着连作年限的增加而减少。此外,邢会琴等(2011)在甘肃进行的玉米连作10年试验,马玲等(2015)在宁夏进行的马铃薯连作10年试验,古战朝等(2011)在重庆进行的烤烟连作8年试验以及马云华(2004)在山东进行的黄瓜连作9年试验等均表明,放线菌数量均随连作年限的增加呈现先增加后减少的趋势。④2篇文献的试验结果为放线菌数量随连作年限增加呈现先减少,后增加的趋势。刘军等(2012)在新疆开展的棉花连作30年试验以及寻路路在云南开展的三七连作5年试验均显示,土壤放线菌数量随连作年限增加,呈现先减少,后增加的趋势。

2.1.4 连作年限对潜在功能菌群和致病菌群数量的影响

土壤中存在能够与植物形成互利关系的有益微生物菌群,如与土壤物质循环有关的氨氧化细菌、硝化细菌、反硝化细菌、固氮菌、纤维素分解菌等以及与提高植物抗病性有关的芽孢杆菌、假单胞菌、木霉等。大多数研究结果表明,这些对植物生长有益的菌群数量会随着连作年限的增加而减少,但也有结果是先增后减或增加的情况。研究表明,土壤氨氧化细菌和硝化细菌的数量在马铃薯、烟草、花生连作5年左右及茶树连作15年的试验中随连作年限的增加呈减少趋势。而在马云华(2004)开展的黄瓜连作9年试验、何志刚等(2013)开展的辣椒连作9年试验以及刘素慧等(2010)开展的大蒜连作20年试验的土壤中则出现先增后减的情况。此外,有少数研究结果是氨氧化细菌数量呈增加趋势,如地黄、马铃薯以及棉花等作物进行连作的土壤。反硝化细菌的数量在6年以下短期连作土壤中主要为增加趋势,例如,黄玉茜(2011)开展的花生连作5年试验以及陈慧等(2007)开展的地黄连作2年试验。而在王海斌等(2016)进行的茶树连作15年试验中,反硝化细菌的数量表现为减少趋势。对固氮菌和好气性纤维素分解菌的多数研究表明,连作会导致其数量呈下降趋势。芽孢杆菌属数量在烤烟、芝麻、马铃薯及黑胡椒等作物的连作土壤中呈减少趋势,而在陈东梅等(2010)在湖北恩施市进行的白肋烟连作4年试验则为增加趋势。假单胞菌属数量在黄瓜、地黄、黑胡椒等作物的连作土壤中呈减少趋势,而在岳冰冰(2012)进行的小麦连作10年试验中则表现出先增加,后减少的趋势。

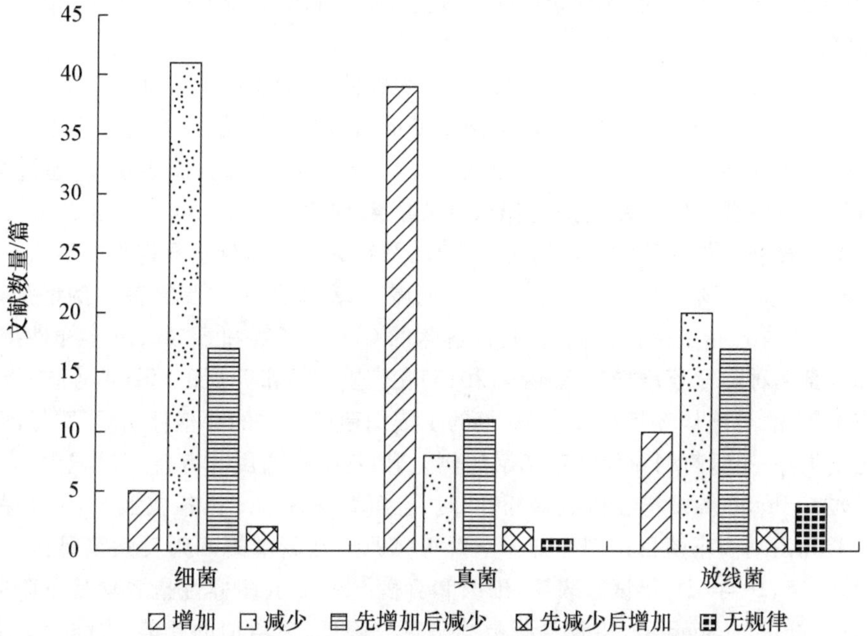

图1　细菌、真菌和放线菌数量不同变化趋势的文献数量

作物致病菌群包括镰刀菌属、丝核菌属、腐霉菌和疫霉菌属等中的致病性真菌。多数研究表明致病菌群数量随着连作年限的增加呈现增加趋势。刘星等(2017)对在甘肃景泰县进行的马铃薯连作3年的根际土壤微生物进行测定发现,镰刀菌属数量呈现增加的趋势,但不同菌种的数量变化趋势不同,优势菌种尖孢镰刀菌和茄病镰刀菌数量增加,黄色镰孢菌和再育镰孢菌数量减少,木贼镰孢菌数量变化较为平稳。马云华等(2014)在山东进行的黄瓜连作9年试验显示土壤中尖孢镰刀菌、腐皮镰刀菌和疫霉数量均呈现显著增加的趋势。于慧瑛等(2006)在东北地区进行的人参连作2～15年试验显示,根际土壤中病原菌镰刀菌、黏帚霉和枝顶孢的数量为增加趋势。但陈立华等(2015)的试验研究有着不同的结果,该研究结果认为,芦蒿连作年限并不会对土壤中的尖孢镰刀菌数量造成显著影响,未发病土壤中的每克土壤的尖孢镰刀菌数量虽然高达1×10^3个,达到了很多尖孢镰刀菌不同专化型侵染发病阈值,但尖孢镰刀菌高产毒素菌株比例和高致病力菌株比例与连作年限没有呈显著相关,只有发病土壤中的尖孢镰刀菌高产毒素菌株比例和高致病力菌株比例与连作年限呈显著相关。魏巍(2012)研究黑龙江的大豆连作发现，连作 20 年的土壤镰孢菌种群数量显著低于连作 3 年的土壤镰孢菌种群数量，连作 3 年时的优势菌的尖镰孢菌的优势度明显下降，镰孢菌种群结构多样性、均匀度和优势度指数均比连作 3 年的多样性、均匀度和优势度指数有了显著改善，出现有益菌木霉属中的绿木霉可通过次生代谢产物抑制根腐病，从而形成根腐病抑制性土壤。

2.2 连作年限对土壤微生物群落结构的影响

土壤微生物群落结构的研究随着 DGGE、CLPP、T-RFLP、RAPD、454 以及 llumina 测序等技术的应用日趋深入。多数研究结果显示随着连作年限的增长，微生物群落中物种减少，部分种群富集，物种均匀度降低，菌群结构随之发生变化，群落 Chao1 指数和 Shannon 多样性指数呈下降趋势。

陈雪丽(2015)进行的大豆连作试验表明，土壤细菌群落组成在不同连作年限之间差异显著；与轮作相比，连作使土壤中的主要优势菌由变形菌转为酸杆菌，随着连作年限的增加，原有优势种群消失，新的种群出现，与轮作和短期连作(2 年、4 年)相比，长期连作(超过 7 年)的细菌多样性指数下降；真菌群落在短期连作(2 年、4 年)时多样性高，群落在组成和长期连作(7 年以上)时差异显著。刘星等(2017)的研究发现，马铃薯在甘肃景泰县连作 5 年后细菌群落的优势菌种类明显减少，酸杆菌与硝化螺旋菌比例减少，芽单胞菌与浮霉菌比例增加，Chao1 指数和 Shannon 多样性指数降低。同时，真菌群落的 Chao1 指数和 Shannon 多样性指数变化不显著，但优势真菌种类显著增加。秦越等(2015)在宁夏固原市开展的马铃薯连作试验，结果显示，与连作 1 年相比，连作 6 年与连作 10 年的土壤细菌群落中的芽孢杆菌纲、鞘氨醇纲等比例下降，甚至消失，β-变形菌纲和异常球菌纲比例上升，芽孢杆菌属等有益菌属减少，青枯菌属等致病菌属增加，Shannon 多样性指数降低，同时，土壤真菌 Shannon 指数上升，座囊菌纲煤炱目比例下降，粪壳菌纲肉座菌目比例上升。李锐等(2015)在新疆第八师莫索湾垦区 147 团开展的棉花连作 5 年、10 年、15 年试验表明，细菌和真菌 Shannon 多样性指数均呈下降趋势，镰刀菌和枯草芽孢杆菌的 Shannon 多样性指数均呈现先降低，后增加的趋势。比连作 10 年相比，连作 15 年的镰刀菌和枯草芽孢杆菌的 Shannon 多样性指数分别高 32.5%和 54.8%。李小刚等(2014)的研究发现，在江西映泰连作 16 年的花生与种植 2 年的花生相比，其在收获时的土壤细菌的 Chao1 指数和 Shannon 多样性指数降低，青枯病致病菌比例显著增加。李志刚等(2016)在海南万宁进行的黑胡椒连作试验，结果表明，连作 38 年的黑胡椒土壤与连作 12 年、18 年、28 年相比，其土壤细菌和真菌的 Chao1 指数和 Shannon 多样性指数都降低，芽孢杆菌和假单胞菌比例降低，镰刀菌比例增加。陈冬梅等(2010)在湖北恩施进行的白肋烟试验结果显示，连作 4 年的土壤根际细菌鞘氨醇单胞菌属和链霉菌属等益生菌比例减少，蜡状芽孢杆菌等潜在致病菌比例增加，成熟期特有细菌存在大量潜在的致病菌包括瑟氏球菌、螺旋杆菌属、李斯特菌、树状微杆菌和布氏密螺旋体等细菌 Chao1 指数和 Shannon 多样性指数降低。

也有少数研究显示，作物连作后土壤细菌的 Chao1 指数先升后降或没有影响，而 Shannon 指数的变化趋势较复杂包括增加、先增后减、先减后增或没有影响，但都有特殊细菌比例的变化。乔蓬蕾(2014)的研究结果表明，黄瓜在黑龙江哈尔滨连续种植 9 茬，第 7 茬的细菌多样性指数最低、真菌多样性指数最高；假单胞菌、芽孢杆菌的群落结构主要在第 5 茬、第 7 茬时与其他茬次的群落结构不同，种植后 50 d 的假单胞菌、芽孢杆菌数量从第 3 茬开始到第 9 茬呈先升高，后降低的趋势，在第 7 茬达到最高，黄瓜在第 7 茬出现明显的生理障碍可能与上述变化有关。焦永吉等(2014)在河南襄城县进行的连作 1～8 年烟田的研究发现，土壤细菌 Simpson 指数和 Shannon 多样性指数先增后减，在连作 5 年时其多样性较高。

2.3　连作对土壤微生物产生影响的机制

2.3.1　连作导致的土壤板结、容重增加对微生物的影响

多数研究结果显示，作物长期连作会导致土壤板结现象加重，紧实度上升，容重增加，土壤团粒结构被破坏，土壤透水通气性降低，水分含量较低的干土层出现。而土壤微生物的生存与分布受土壤颗粒大小和土壤水分的影响。细菌主要存在于 0.5～5 μm 大小的孔隙中，不能进入小于自身直径 3 倍的空隙。变形菌门在大团聚体和微团聚体组分中聚集，拟杆菌门在微团聚体和粉黏粒组分中分布较多，氨氧化细菌数量在 0.1～2 μm 的粒径中最少，在 2～63 μm 的粒径中较多。细菌生物量与 0.2～1.2 μm 直径的孔隙有很强的正相关性，其在高水势情况下活性高，而真菌和放线菌生存在相对较大的空隙，其在水势相对较低的情况下活性高。土壤微生物多样性与土壤容重存在显著负相关性，容重变化显著影响自养细菌群落结构。同时，较低的有效水含量会引起微生物的生理胁迫，土壤微生物群的落结构和生理功能受到影响。连作导致土壤非毛管大孔隙增多，水分含量降低，土壤中的细菌数量减少，真菌数量增加。

2.3.2　连作导致的土壤 pH 变化对微生物的影响

作物连作后的土壤酸碱度发生改变。多数研究结果显示，作物连作会导致土壤 pH 降低，也有少部分研究结果显示，作物连作会导致土壤 pH 增加。不同微生物适应的 pH 范围不同。细菌主要生活在中性环境，真菌主要生活在酸性环境，放线菌则适宜生活在中性至碱性环境。细菌生长的最适 pH 范围比较窄，因此细菌组成容易受 pH 变化的直接影响。细菌生长速率在 pH=7 时最快，随 pH 降低而降低，1.5 个单位 pH 的变化会使细菌群落的活性降低 50%。细菌整体群落的相对丰度和多样性与 pH 呈正相关，其中酸杆菌群，特别是酸杆菌的相对丰度与 pH 呈负相关。真菌的适应范围较宽，相对丰度受 pH 影响较小，pH 为 5～9 时都不会显著限制其生长，如西瓜尖孢镰刀菌最适的 pH 为 6～8，菌丝 pH 为 4.2～12 时都能生长，茄科植物青枯病菌最适的 pH 为 6.6，在 pH 为 6～8 可生长。真菌生长速率在土壤 pH 为 4.5 时最大，随 pH 升高而降低，真菌多样性随之下降。作物连作导致阳离子元素的长期选择性吸收、根系分泌物有机酸与酚酸类物质在土壤中的积累。长期施用氮肥可能引起根际土壤酸化，进而导致土壤细菌数量下降，真菌数量增加，微生物群落组成发生变化，病原菌成为优势菌群最终导致病害发生。

2.3.3　连作导致的土壤养分不均对微生物的影响

作物连作会引起土壤中氮、磷、钾和有机质含量的变化。不同研究显示出不同的变化趋势。如果土壤微生物受到可利用资源的影响，其一般会聚集在拥有丰富食物资源的区域。土壤碳源会影响微生物的生长。微生物数量随着土壤中可利用碳含量的减少而降低，群落结构

随之发生改变。同时,微生物生长也受氮、磷和钾的影响,如氨氧化菌和菌根真菌对氮的增加极为敏感。随着氮肥的施用,微生物量和微生物呼吸速率通常降低,细菌和真菌的组成也发生改变。土壤中丰富的磷和钾可能通过影响微生物的组成和活性激发作物自身的抗性来抑制病害,抑病土壤的有效磷和有效钾含量较高,丝核菌引起的小麦根腐病及菜花茎腐病发病率低的土壤中均含有较高的有效磷。尖孢镰刀菌引起的香蕉枯萎病发病率与土壤中有效磷的含量呈显著负相关。作物连作对土壤养分的长期选择性吸收、作物残茬在土壤中的分解累积。长期相同的管理措施均会引起土壤微生物活性和功能多样性下降,显著加重作物土传病害的发病率,如单一施用氮肥抑制某些微生物种群的代谢。

2.3.4 连作植物根系分泌物对微生物的影响

作物根系分泌的碳水化合物、氨基酸、有机酸、黄酮类化合物和维生素为土壤微生物提供额外的碳源与氮源。活根分泌的可溶性有机物质通常每 100 g 根的干重可达 1～10 g。不同作物分泌的不同数量和种类的碳水化合物和氨基酸等物质对微生物表现出促进或抑制作用,显著影响土壤微生物的种类、数量和分布。豆科植物根系分泌的类黄酮影响根瘤菌在根表的侵染和定殖、结瘤。草莓根系分泌物中的不同氨基酸对尖孢镰刀菌和立枯丝核菌的生长既表现出促进作用,又表现出抑制作用。碳源种类和数量是间接影响土壤微生物相互作用的两个主要因素。作物长期连作根系分泌的碳水化合物种类单一。连作初期偏好此类碳源的微生物种群富集,微生物多样性水平显著降低,之后由于碳源数量的限制可能又引起同种群微生物内的激烈竞争,减弱或消除某些有益菌的拮抗作用,从而利于敌对微生物的生长,有害菌因此增殖。根系分泌物对病原微生物的直接促进作用都可能是导致连作障碍加重。

2.3.5 连作土壤中化感物质酚酸对微生物的影响

有研究认为,作物长期连作可引起土壤中酚酸类物质的积累。酚酸类物质是近年研究最为集中的化感物质,包括源自根系分泌物和植株残茬腐解物的肉桂酸、香草醛、对香豆酸、阿魏酸、对羟基苯甲酸、水杨酸等。它们被认为是单一连作体系中重要的化感物质。不同浓度的酚酸类物质对病菌孢子萌发和菌丝生长产生促进或抑制作用,是土壤微生物数量波动和结构变化的重要调节者。研究证明,随着酚酸类物质(苯甲酸、阿魏酸、香草醛、对羟基苯甲酸按 1∶1∶1∶1 混合)处理浓度升高,种植黄瓜的土壤中的尖孢镰刀菌和甜瓜疫霉菌数量呈持续上升趋势。外源对香豆酸、阿魏酸、绿原酸、紫香酸和香草醛浓度对草莓专化型尖孢镰刀菌菌丝的生长即表现低促高抑,其中当阿魏酸浓度大于 50 mg/L,对香豆酸浓度大于 100 mg/L 时,则表现出抑制作用。在离体条件下,香豆酸、肉桂酸、芥子酸、阿魏酸可抑制西瓜专化型镰刀枯萎病病原菌和菌丝的生长,同时肉桂酸还会抑制孢子的萌发与形成。其他酚酸则在低浓度时对孢子萌发起促进作用,在高浓度时对孢子萌起抑制作用。单宁酸可抑制病原菌生长和孢子形成,对菌丝生长和孢子萌发表现低促高抑。苯甲酸、对羟基苯甲酸和邻苯二甲酸在低浓度时促进固氮菌的生长,在高浓度时抑制其生长。同时苯甲酸、邻苯二甲酸可抑制花生炭疽病菌的生长。抑制作用随浓度的增加而增强。当对羟基苯甲酸为低浓度时,则其对炭疽病菌的生长起抑制作用,随着添加浓度的增加转为微弱的促进作用。3 种酚酸类物质之间存在互作效应,即当两两互作时,其对固氮菌生长的化感效应表现出在低浓度时增强,在高浓度时减弱的趋势;对炭疽病菌生长的化感效则有减弱的趋势。化感物质或其毒性容易被微生物分解,通过诱导改变根际微生物区系、微生物群落结构和多样性，化感物质对土壤微生物群落产生塑造作用，可能会抑制有益菌，刺激病原菌生长，最终导致连作障碍发生。

2.4　结论与展望

作物连作会引起土壤中微生物菌群数量以及结构的改变。不同研究由于试验地点、连作年限、取样时间、取样方法以及测定技术的差异，结论不尽相同。随连作年限的增加，大多数结果呈现出土壤细菌数量减少、真菌数量增加的趋势，而放线菌数量变化情况则较为复杂。同时多数试验表明，随着连作年限的增加，连作后的微生物种类会减少，优势菌群会出现，多样性降低。土壤微生物菌群数量、组成和结构发生的改变可能会导致微生态环境失衡，连作障碍的发生。

不同作物及不同土壤的连作障碍可能有不同原因与主次，未来应当运用组学和荧光定量技术开展以下方面的研究：①作物根系分泌物组成及其对微生物的影响。农田土壤中的植物根系起着主导作用。其不仅为根际生物群落提供碳源和能源物质和次生代谢产物，而且可能通过释放有机物质选择性地刺激或抑制生物群落的生长和发育。根系分泌物对微生物的作用极其复杂，大多数作物根系分泌物的功能还未知。根系分泌物的种类和数量与微生物菌群的关系等问题将是今后研究的新热点。②连作土壤代谢物组成与微生物群落结构的关系。作物根系的分泌物和残茬被微生物利用、分解，代谢产物随着连作在土壤中累积。分析不同连作年限农田土壤的微生物代谢物质及其变化，同时明确相应微生物群落组成及已知功能类群的变化，有助于理解土壤微生物群落的生态功能，阐明土壤微生态环境的变化。③土壤微生物的相互作用、细菌和真菌种群的相互作用。在大豆抑病土壤的疾病“自然衰退”阶段，细菌、真菌和线虫等群落结构趋于简化或丰度更低的情况下，土壤反而能维持较高的生产力，这可能与根际微生态系统进行自我调整，在新的基础上实现生物之间的平衡有关，因此研究连作障碍机理，应重点关注根际微生物菌群的相互作用，研究细菌和真菌种群的相互作用，在此基础上探讨土壤微生物群落的管理，以利于作物生长。

参考文献

[1] 李天来，杨丽娟. 作物连作障碍的克服：难解的问题. 中国农业科学，2016(5)：916-918

[2] KOIKE，STEVEN T，GORDON，et al. Recent Developments on Strawberry Plant Collapse Problems in California Caused by Fusarium and Macrophomina. International Journal of Fruit Science，2013，13(1/2)：76-83

[3] 易芬远，沈方科，首安发，等. 不同灭菌措施消除烟-薯-烟连作土壤障碍的效应. 广西农学报，2013，28(2)：19-22

[4] 汪立刚，王玉，华天懋，等. 土壤灭菌对大豆的增产效果及其机理探讨. 西北农业学报，2001(1)：67-71

[5] 张树生，杨兴明，茆泽圣，等. 连作土灭菌对黄瓜生长和土壤微生物区系的影响. 生态学报，2007，27(5)：1809-1818

[6] 侯永侠，周宝利，吴晓玲，等. 土壤灭菌对辣椒抗连作障碍效果. 生态学杂志，2006，25(3)：340-342

[7] 井岩. 中国北方棉区棉花立枯病菌融合群鉴定及优势融合群的特异性检测. 泰安：山东农业大学，2012

[8] 郭修武，李坤，谢洪刚，等. 连作土灭菌对葡萄生长及根系分泌特性的影响. 果树学报，2010a，27(1)：29-33

[9] 肖宏. 土壤消毒和轮作对克服苹果连作障碍效果的研究. 泰安：山东农业大学，2004

[10] NELLY S S,AGGANGAN,HEUNG-KYU MOON,et al. The effects of soil sterilization,mycorrhizal inoculation,and rates of phosphorus on growth and survival of Kalopanax septemlobus microplants during the acclimatization period. Plant Biatechnol Rep,2013,7:71-82

[11] ZHOU X,YU G,WU F,et al. Soil phenolics in a continuously mono-cropped cucumber (Cucumis satiivus L.)system and their effects on cucumber seedling growth and soil microbial communities. European Journal of Soil Science,2012,63:332-340

[12] 刘杰,连作及轮作土壤微生物菌群对黄瓜生长的影响.哈尔滨:东北农业大学,2015

[13] 谭雪莲,郭晓冬,马明生,等.连作对马铃薯土壤微生物区系和产量的影响.核农学报,2012,26(9):1322-1325

[14] 单鸿宾,梁智,王纯利,等.棉田连作对土壤微生物及酶活性的影响.中国农业科技导报,2009,11(1):113-117

[15] 申卫收,林先贵,张华勇,等.不同栽培条件下蔬菜塑料大棚土壤尖孢镰刀菌数量的变化.土壤学报,2008(1),137-142

[16] 胡元森,刘亚峰,吴坤.黄瓜连作土壤微生物区系变化研究.土壤通报,2006,37(1):126-129

[17] 胡元森,吴坤,李翠香,等.黄瓜连作对土壤微生物区系影响Ⅱ:基于DGGE方法对微生物种群的变化分析.中国农业科学,2007,40(10):2267-2273

[18] 杨建霞.黄土高原日光温室黄瓜连作下土壤微生物及酶活性变化的研究.杨凌:西北农林科技大学,2005

[19] 谷岩,邱强,王振民,等.连作大豆根际微生物群落结构及土壤酶活性.中国农业科学,2012,45(19):3955-3964

[20] 邹莉,袁晓颖,李玲.连作对大豆根部土壤微生物的影响研究.微生物学杂志,2005,25(2):27-30

[21] 于寒,吴春胜,王振民,等.连作对大豆根际可培养微生物及土壤理化性状的影响.华南农业大学学报,2014, 35(2):28-34

[22] 白艳茹.马铃薯连作对根际土壤微生物数量和土壤酶活性的影响:基于可培养微生物种群的数量分析.呼和浩特:内蒙古农业大学,2010

[23] 今芝.连作、轮作马铃薯对根际土壤微生物数量及土壤养分的影响.呼和浩特:内蒙古农业大学,2012

[24] 孟品品.连作条件下马铃薯根际微生态环境的变化及其生物效应研究.兰州:甘肃农业大学,2012

[25] 马玲,马琨,杨桂丽,等.马铃薯连作栽培对土壤微生物多样性的影响.中国生态农业学报,2015,23(5):589-596

[26] 回振龙.马铃薯连作障碍生理机制及其调控的研究.兰州:甘肃农业大学,2013

[27] 刘晔,姜瑛,王国文,等.不同连作年限对植烟土壤理化性状及微生物区系的影响.中国农学通报,2016,32(13):136-140

[28] 孙艳艳,蒋桂英,刘建国,等.加工番茄连作对农田土壤酶活性及微生物区系的影响.生态学报,2010,30(13):3599-3607

[29] 李敏.大蒜连作对土壤微生物区系理化性状及根系分泌物的影响.长春:吉林农业大学,2012

[30] 邢会琴,肖占文,闫吉智,等.玉米连作对土壤微生物和土壤主要养分的影响.草业科学,2011,28(10):1777-1780

[31] LI P D,DAI C C,WANG X X,et al. Variation of soil enzyme activities and microbial community structure in peanut monocropping system in subtropical China. African Journal of Agricultural Research,2012,7(12):1870-1879

[32] 华菊玲,刘光荣,黄劲松.连作对芝麻根际土壤微生物群落的影响.生态学报,2012,32(9):2936-2942

[33] 李振方,杨燕秋,谢冬凤,等.连作条件下地黄药用品质及土壤微生态特性分析.中国生态农业学报,2012,20(2):217-224

[34] 林茂兹,王海斌,林辉锋.太子参连作对根际土壤微生物的影响.生态学杂志,2012,31(1):106-111

[35] 赵萌,李敏,王淼焱,等.西瓜连作对土壤主要微生物类群和土壤酶活性的影响.微生物学报,2008,35(8):1251-1254
[36] 马云华,魏珉,王秀峰.日光温室连作黄瓜根区微生物区系及酶活性的变化.应用生态学报,2014,15(6):1005-1008
[37] 乔蓬蕾.连作对黄瓜根际土壤微生物菌群的影响.哈尔滨:东北农业大学,2014
[38] 顾美英,徐万里,茆军,等.连作对新疆绿洲棉田土壤微生物数量及酶活性的影响.干旱地区农业研究,2009,27(1):1-5
[39] 刘素慧,刘世琦,张自坤,等.大蒜连作对其根际土壤微生物和酶活性的影响.中国农业科学,2010,43(5):1000-1006
[40] 王晋莉.大豆连作条件下的根际细菌与氨氧化微生物群落特征及其影响因素.北京:中国农业大学,2014
[41] 杨凤军,安子靖,杨薇薇.番茄连作对日光温室土壤微生物及土壤理化性状的影响.中国土壤与肥料,2016(1):42-46
[42] 高扬,高小丽,马瑞瑞,等.轮作连作荞麦田主要微生物类群及土壤酶活性变化.中国农业大学学报,2014,19(4):47-53
[43] WU L K,LI Z,LI J K,et al. Assessment of shifts in microbial community structure and catabolic diversity in response to Rehmannia glutinosa monoculture. Applied soil ecology,2013,67,1-9
[44] 刘军,唐志敏,刘建国,等.长期连作及秸秆还田对棉田土壤微生物量及种群结构的影响.生态环境学报,2012,21(8):1418-1422
[45] 寻路路.三七种植不同土壤微生态研究.杨凌:西北农林科技大学,2013
[46] 马灿,王明友.设施番茄连作对土壤理化性状微生物数量及病虫害的影响.吉林农业科学,2014,39(4):22-25
[47] 周宝利,徐妍,尹玉玲,等.不同连作年限土壤对茄子土壤生物学活性的影响及其嫁接调节.生态学杂志,2010,29(2):290-294
[48] 古战朝,刁向银,刘红杰,等.连作对烤烟根际土壤微生物数量和酶活性的动态影响.河南农业大学学报,2011,45(5):508-513
[49] 杜茜,卢迪,马琨.马铃薯连作对土壤微生物群落结构和功能的影响.生态环境学报,2012,21(7):1252-1256
[50] 王志刚,徐伟慧,郭天文.韭菜连作对大棚土壤微生物和酶活性的影响.土壤通报,2010,41(5):1048-1052
[51] 马云华.日光温室黄瓜连作土壤微生物区系与酶活性变化研究.泰安:山东农业大学,2004
[52] 李鑫,张秀丽,孙冰玉,等.烤烟连作对耕层土壤酶活性及微生物区系的影响.土壤,2012,44(3):456-460
[53] 黄玉茜.花生连作障碍的效应及其作用机理研究.沈阳:沈阳农业大学,2011
[54] 王海斌,叶江华,陈晓婷,等.连作茶树根际土壤酸度对土壤微生物的影响.应用与环境生物学报,2016,22(3):0480-0485
[55] 何志刚,王秀娟,董环,等.日光温室辣椒连作不同年限土壤微生物种群变化及酶活性研究.中国土壤与肥料,2013(1):38-42
[56] 陈慧,郝慧荣,熊君.地黄连作对根际微生物区系及土壤酶活性的影响.应用生态学报,2007,18(12):2755-2759
[57] 岳冰冰.烤烟连作改变了根际土壤微生物的多样性.哈尔滨:东北林业大学,2012
[58] 秦越,马琨,刘萍.马铃薯连作栽培对土壤微生物多样性的影响.中国生态农业学报,2015,23(2):225-232
[59] LI Z,ZU C,WANG C,et al. Different responses of rhizosphere and non-rhizosphere soil microbial communities to consecutive Piper nigrum L. monoculture. Scientific reports,2016:6,35825
[60] 陈冬梅,柯文辉,陈兰兰,等.连作对白肋烟根际土壤细菌群落多样性的影响.应用生态学报,2010,21(7):1751-1758

[61] WU L,WANG J,HUANG W,et al. Plant-microbe rhizosphere interactions mediated by Rehmannia glutinosa root exudates under consecutive monoculture. Scientific reports,2015,(5):15871

[62] SANGUIN H,SARNIGUET A,GAZENGEL K,et al. Rhizosphere bacterial communities associated with disease suppressiveness stages of take-all decline in wheat monoculture. Phytologist New Phytologist, 2009,184(3),694-707

[63] 刘建国,张伟,李彦斌,等.新疆绿洲棉花长期连作对土壤理化性状与土壤酶活性的影响.中国农业科学,2009(2):725-733

[64] 孙权,陈茹,宋乃平,等.宁南黄土丘陵区马铃薯连作土壤养分、酶活性和微生物区系的演变.水土保持学报,2010(6):208-212

[65] 刘星,邱慧珍,张文明,等.甘肃中部沿黄灌区马铃薯连作对土壤化学和生物学性质的影响.中国生态农业学报,2017,25(4):581-593

[66] 于慧瑛,吕国忠,孙晓东.不同生长年限人参根际土壤真菌种类及数量的初步研究.人参研究,2006,18(4):9-11

[67] 陈立华,常义军,王长春,等.发生和未发生连作芦蒿枯萎病土壤的尖孢镰刀菌数量,产毒能力和致病力.应用与环境生物学报,2015,21(2):228-233

[68] 魏巍.大豆长期连作土壤对根腐病病原微生物的抑制作用.长春:中国科学院研究生院东北地理与农业生态研究所,2012

[69] 陈雪丽.黑土区连作大豆根际微生物群落特征研究.长春:中国科学院研究生院东北地理与农业生态研究所,2015

[70] 朱英波,史凤玉,张瑞敬.黑龙江大豆轮作和连作土壤细菌群落多样性比较.植物保护学报,2014(4):403-409

[71] 李锐,刘瑜,褚贵新,等.棉花连作对北疆土壤酶活性致病菌及拮抗菌多样性的影响.中国生态农业学报,2015,23(4):432-440

[72] LI X G,DING,C F,ZHANG,T L,et al. Fungal pathogen accumulation at the expense of plant-beneficial fungi as a consequence of consecutive peanut monoculturing. Soil Biology and Biochemistry,2014,72:11-18

[73] 焦永吉,程功,马永健,等.烟草连作对土壤微生物多样性及酶活性的影响.土壤与作物,2014(2):56-62

[74] 杨世琦,吴会军,韩瑞芸,等.农田土壤紧实度研究进展.土壤通报,2016(1):226-232

[75] 孙雪婷,龙光强,张广辉,等.基于三七连作障碍的土壤理化性状及酶活性研究.生态环境学报,2015(3):409-417

[76] 徐雪风,回振龙,李自龙,等.马铃薯连作障碍与土壤环境因子变化相关研究.干旱地区农业研究,2015(4):16-23

[77] 张庆霞,宋乃平,王磊,等.马铃薯连作栽培的土壤水分效应研究.中国生态农业学报,2010(6):1212-1217

[78] 孙冰洁,张晓平,贾淑霞.农田土壤理化性质对土壤微生物群落的影响.土壤与作物,2013(3):138-144

[79] HASSINK J,BOUWMAN L A,ZWART K B,et al. Relationships between habitable pore space,soil biota and mineralization rates in grassland soils. Soil Biology & Biochemistry,1993,25(1):47-55

[80] FOSTER R C. Microenvironments of soil microorganisms. Biology and Fertility of Soils,1988,6(3):189-203

[81] 郑春燕.长期施肥对不同作物生产体系土壤团聚体中微生物群落的影响.北京:中国农业大学,2016

[82] ZHANG Q,LIANG G,MYROLD D D,et al. Variable responses of ammonia oxidizers across soil particle-size fractions affect nitrification in a long-term fertilizer experiment. Soil Biology and Biochemistry,2017,105,25-36

[83] SESSITSCH A,WEILHARTER A,GERZABEK M H,et al. Microbial population structures in soil parti-

cle size fractions of a long-term fertilizer field experiment. Applied & Environmental Microbiology,2001, 67(9):4215

[84] COOK R J,PAPENDICK R I. Soil water potential as a factorin the ecology of Fusarium roseum F. sp. Ceelis' Culmorum. Plant Soil,1970,32:131-145

[85] 李新.不同盐碱程度盐碱土壤微生物多样性研究.呼和浩特:内蒙古师范大学,2015

[86] 侯银.林分结构对杨树人工林土壤微生物多样性的影响.南京:南京林业大学,2013

[87] ROUSK J,BROOKES P C,BÅÅTH E. Contrasting soil pH effects on fungal and bacterial growth suggest functional redundancy in carbon mineralization. Applied and Environmental Microbiology,2004,75(6),1589-1596

[88] RINNAN R,MICHELSEN A,ERLAND B T H,et al. Fifteen years of climate change manipulations alter soil microbial communities in a subarctic heath ecosystem. Global Change Biology,2010,13(1),28-39

[89] ROUSK J,BAATH E B,BROOKES P C,et al. Soil bacterial and fungal communities across a pH gradient in an arable soil. The ISME Journal,2015,4,1340-1351

[90] LIU J,SUI Y,YU Z,et al. Diversity and distribution patterns of acidobacterial communities in the black soil zone of northeast China. Soil Biology Biochemistry,2016,95,212-222

[91] 吴洪生.西瓜连作土传枯萎病微生物生态学机理及其生物防治.南京农业大学,2005

[92] 卫红萍.茄科植物青枯病发生及防治策略研究.咸宁学院学报,2010,30(8):164-165

[93] EHRENFELD J G,RAVIT B,ELGERSMA K. Feedback in the plant-soil system. Annu Rev Environ Resour,2005,30:75-115

[94] BARAK P,JOBE B O,KRUEGER A R,et al. Effects of long-term soil acidification due to nitrogen fertilizer inputs in Wisconsin. Plant Soil,1997,197:61-69

[95] 王喜枝,姚丽娟,王艳丽,等.不同连作年限对大蒜根际土壤养分含量、微生物数量及酶活性的影响.河南农业科学,2016(9):58-63

[96] 王喜枝,王小龙.花生连作田土壤微生物群落动态与土壤养分关系研究.花生学报,2003(3):19-24

[97] KIM J M,ROH A,CHOI S. Soil pH and electrical conductivity are key edaphic factors shaping bacterial communities of greenhouse soils in Korea. Journal of microbiology,2016,54(12):838-845

[98] MOHARANA P C,SHARMA B M,BISWAS D R. Long-term effect of nutrient management on soil fertility and soil organic carbon pools under a 6-year-old pearl millet-wheat cropping system in an Inceptisol of subtropical India. Field Crops Research,2012,136:32-41

[99] FOSTER R C. Microenvironments of soil microorganisms. Biology and Fertility of Soils,1988,6(3):189-203

[100] BRIAR S S,FONTE S J,PARK I. The distribution of nematodes and soil microbial communities across soil aggregate fractions and farm management systems. Soil Biology and Biochemistry,2011,43(5):905-914

[101] FIERER N,SCHIMEL J P, HOLDEN P A. Variations in microbial community composition through two soil depth profiles. Soil Biology and Biochemistry,2003,35(1),167-176

[102] RAMIREZ K S,CRAINE J M,FIERER N. Consistent effects of nitrogen amendments on soil microbial communities and processes across biomes. Global Change Biology,2012,18:1918-1927

[103] CAMPBELL B J,POLSON S W,HANSON T E,et al. The effect of nutrient deposition on bacterial communities in Arctic tundra soil. Environ Microbiol,2010,12(7):1842-1854

[104] RAMIREZ K S,LAUBER C L,KNIGHT R,et al. Consistent effects of nitrogen fertilization on soil bacterial communities in contrasting systems. Ecology,2010,91(12):3463-3470

[105] ALLISON S D,HANSON C A,TRESEDER K K. Nitrogen fertilization reduces diversity and alters

community structure of active fungi in boreal ecosystems. Soil Biology and Biochemistry, 2007, 39: 1878-1887

[106] COOLON J D, JONES K L, TODD TC, et al. Long-term nitrogen amendment alters the diversity and assemblage of soil bacterial communities in tallgrass prairie. PLoS One, 2013, 8(6): e6788

[107] WESSÉN E, NYBERG K, JANSSON J K, et al. Responses of bacterial and archaeal ammonia oxidizers to soil organic and fertilizer amendments under long-term management. Appl Soil Ecol, 2010, 45: 193-200

[108] EGERTON-WARBURTON L, JOHNSON N, ALLEN E. Mycorrhizal community dynamics following nitrogen fertilization: A cross-site test in five grasslands. Ecol Monogr, 2007, 77: 527-544

[109] TRESEDER K. A meta-analysis of mycorrhizal responses to nitrogen, phosphorus, and atmospheric CO_2 in field studies. New Phytol, 2004, 164: 347-355

[110] MAZZOLA M. Mechanisms of natural soil suppressiveness to soilborne diseases. Anton Leeuw Int J G, 2002, 81: 557-564

[111] PENG H X, SIVASITHAMPARAM K, TURNER D W. Chlamydospore germination and Fusarium wilt of banana plantlets in suppressive and conducive soils are affected by physical and chemical factors. Soil Biol Biochem, 1999, 31: 1363-1374

[112] DAVEY R, MCNEILL A, GUPTA V, et al. Rhizoctonia root rot suppression in an alkaline calcareous soil from a low rainfall farming system. Australian Agronomy Conference, 2012, 14-18

[113] CHAUHAN R, MAHESHWARI S, GANDHI S. Effect of nitrogen, phosphorus and farm yard manure levels on stem rot of cauliflower caused by Rhizoctonia solani Kuhn. Agric Sci Dig, 2000, 20: 36-38

[114] SHEN Z, RUAN Y, XUE C, et al. Soils naturally suppressive to banana Fusarium wilt disease harbor unique bacterial communities Plant and soil, 2015, 393(1-2), 21-33

[115] 时鹏，高强，王淑平，等. 玉米连作及其施肥对土壤微生物群落功能多样性的影响. 生态学报，2010, 30(22): 6173-6182

[116] SARATHCHANDRA S U, GHANI A, YEATES G W, et al. Effect of nitrogen and phosphate fertilisers on microbial and nematode diversity in pasture soils. Soil Biology and Biochemistry, 2001, 33 (7-8): 953-964

[117] 王小兵，骆永明，李振高，等. 长期定位施肥对红壤地区连作花生生物学性状和土传病害发生率的影响. 土壤学报，2011, 48 (4): 725-730

[118] LI X G, DING C F, HUA K. et al. Soil sickness of peanuts is attributable to modifications in soil microbes induced by peanut root exudates rather than to direct allelopathy. Soil biology and biochemistry, 2014, 78, 149-159

[119] TILMAN D, KNOPS J, WEDIN D, et al. The influence of functional diversity and composition on ecosystem processes. Science, 1997 (5330), 1300-1302

[120] 陈宏宇，李晓鸣，王敬国. 抗病性不同大豆品种根面及根际微生物区系的变化Ⅰ. 非连作大豆(正茬)根面及根际微生物区系的变化. 植物营养与肥料学报，2005(6): 98-103

[121] 张琴，张磊. 豆科植物根瘤菌结瘤因子的感知与信号转导. 中国农学通报，2005(7): 233-238

[122] GARG N, GEETANJA L. Symbiotic nitrogen fixation in legume nodules: process and signaling. A review. Gronomy for Sustainable Development, 2007, 27, 59-68

[123] 甄文超，王晓燕，曹克强，等. 草莓根系分泌物和腐解物中氨基酸的检测及其化感作用研究. 河北农业大学学报，2004(2): 76-80

[124] KINKEL L L, BAKKER M G, SCHLATTER D C. A coevolutionary framework for managing disease-suppressive soils. Annual Review of Phytopathology, 2013, 49: 47-67

[125] 邹春娇,齐明芳,马建,等. Biolog-ECO 解析黄瓜连作营养基质中微生物群落结构多样性特征. 中国农业科学,2016,49(5):942-951

[126] BAKKER M G,OTTO-HANSON L,LANGE A J,et al. Plant monocultures produce more antagonistic soil Streptomyces communities than high-diversity plant communities. Soil Biol Biochem,2013,65:304-312

[127] SCHLATTER D C,BAKKER M G,BRADEEN J M,et al. Plant community richness and microbial interactions structure bacterial communities in soil. Ecology,2014,96(1):134-142

[128] HIDDINK G A,TERMORSHUIZEN A J,Van Bruggen AHC. Mixed cropping and suppression of soil-borne diseases// Lichtfouse E. Genetic engineering,biofertilisation,soil quality and organic farming,sustainable agriculture reviews. Netherlands:Springer,2010,4:119-146

[129] 张文明,邱慧珍,张春红,等. 连作马铃薯不同生育期根系分泌物的成分检测及其自毒效应. 中国生态农业学报,2015 (2):215-224

[130] 马云华,王秀峰,魏珉,等. 黄瓜连作土壤酚酸类物质积累对土壤微生物和酶活性的影响. 应用生态学报,2005,16(11):2149-2153

[131] 李培栋,王兴祥,李奕林,等. 连作花生土壤中酚酸类物质的检测及其对花生的化感作用. 生态学报,2010,30 (8):2128-2134

[132] UTKHEDE R S. Soil sickness,replant problem or replant disease and its integrated control. Allelopathy Journal,2006,18(1):2338

[133] WU F Z,WANG X Z,XUE C Y. Effect of cinnamic acid on soil microbial characteristics in the cucumber rhizosphere. European Journal of Soil Biology,2009,45:356-362

[134] ZHOU X,WU F. p-coumaric acid influenced cucumber rhizosphere soil microbial communities and the growth of Fusarium oxysporum f. sp. cucumerinum owen. PLoS One,2012,7,e48288

[135] 田给林. 连作草莓土壤酚酸类物质的化感作用及其生物调控研究. 北京:中国农业大学,2015

[136] WU H S,RAZA W,LIU D Y. Allelopathic impact of artificially applied coumarin on Fusarium oxysporum fsp. niveum. World Journal of Microbiology and Biotechnology,2008a,24:1297-1304

[137] WU H S,RAZA W,FAN J Q. Cinnamic acid inhibits growth but stimulates production of pathogenesis factors by in vitro cultures of Fusarium oxysporum fsp niveum. Journal Agricultural Food Chemistry,2008b, 36:1316-1321

[138] WU H S,WANG Y,BAO W,et al. Responses of Fusarium oxysponzm f. sp. niveum to exogenously sinapic acid in vitro. Biology and Fertility of Soils,2009a,45:443-447

[139] WU H S, LUO J,RAZA W. Effect of exogenously added ferulic acid on in vitro Fusarium f. sp. niveum. Scientia Horticulturae,2010a,124:448-453

[140] WU H S,LIU Y D,YANG X I. Growth responses of in vitro Fusarium oxysporum external supply of tannic acid. Joural of Environment Biology,2010b,31:1017-1022

[141] 刘苹,高新昊,孙明,等. 3 种酚酸类物质对花生发芽和土壤微生物的互作效应研究. 江西农业学报,2012,24(8):85-87

第2章 轮作模式的光热资源利用效率

1　基于等价产量的不同轮作模式作物资源利用效率的研究①

摘　要：为了更好地利用华北平原南部的自然资源，充分发挥该区域光、温、水、土资源的优势，于 2016 年 6 月至 2019 年 6 月以玉米-小麦→玉米-小麦→玉米-小麦(T_1)、大豆-小麦→大豆-小麦→玉米-小麦(T_2)、花生-小麦→花生-小麦→玉米-小麦(T_3)、甘薯-小麦→甘薯-小麦→玉米-小麦(T_4)4 种轮作模式为研究对象，以经济价值为考核依据，用等价代换法对不同作物产量进行等价转换，并运用相关分析和灰色关联度分析对这几种模式的光、温、水、土资源利用效率及作物等价产量(E_{GY})进行分析。结果表明，T_3 模式的光能利用率(RUE)、积温生产效率(PE_{GDD})、水分利用效率(WUE)皆为最高，分别为 0.78%、5.37 kg/(hm^2 · ℃)、28.05 kg/mm；T_1 模式仅次于 T_3 模式，RUE、PE_{GDD}、WUE 分别为 0.61%、4.82 kg/(hm^2 · ℃)、25.28 kg/mm。对作物 E_{GY} 及自然资源的相关分析可知，E_{GY} 与 PE_{GDD}、WUE 呈极显著正相关，与土地利用率(LUE)呈显著正相关，进而以 E_{GY} 为母系列，自然资源利用率为子系列进行灰色关联度分析可知，各种资源利用效率关系为：PE_{GDD}>WUE>LUE>RUE。综上所述，积温生产效率与水分利用效率对产量的影响较大，而 T_3 模式与 T_1 模式的整体自然资源利用率较高。

关键词：轮作；资源利用效率；作物；等价产量；相关分析；灰色关联度分析；华北平原南部

冬小麦-夏玉米一年两熟制是华北平原农作物的主要种植模式。据报道，2017 年河南省玉米播种总面积占总播种面积的 27.14%，冬小麦占 38.39%；2017 年北京市玉米播种总面积占总播种面积的 74.41%，冬小麦占 16.75%；2017 年天津市玉米播种总面积占总播种面积的 45.83%，冬小麦占 24.75%；2017 年河北省玉米播种总面积占总播种面积的 42.28%，冬小麦占 28.32%；2017 年山东省玉米播种总面积占总播种面积的 36.01%，冬小麦占 36.77%。常年一年两熟制的种植模式和农事活动中单一化的物质和能量投入导致当地农田土壤出现了一些负面效应，如地下水位下降、农田温室气体排放加剧、经济效益低等，影响了该地区农田生态系统健康和可持续发展。研究表明，作物轮作倒茬优势明显，它根据作物对周围环境的水分、养分等生态因素的需求差异进行作物的顺序配置，这样不仅能改善土壤结构，还能平衡土壤养分和减少病虫草害，作物稳产、高产，降低农业投入，对资源起到高效转化和持续利用的作用。合理轮作有利于提高土壤水分及水分利用效率，同时对培肥地力和降低温室气体排放等有正

① 作者：邵云、朱群英、翁正鹏、李昊烊、崔景明、李春喜；作者简介：邵云(河南师范大学教授，博士，主要从事作物生理生态及土壤修复研究，E-mail：shaoyun73@126.com)。

面效应，因此探索新型种植模式，发展多样化的轮作模式是提高华北平原地区自然资源利用效率、解决农业生态环境问题的有效途径之一。

现阶段关于单因素气候变化对种植制度的影响研究较多。仅从单因素入手不能全面揭示环境对作物的作用，应该从多方面（包括光、温、水、土等）综合研究气候变化对农业生产的影响。鉴于此，以华北平原南部连续玉米-小麦模式为基础，增加了大豆-小麦、花生-小麦、甘薯-小麦种植模式与玉米-小麦种植模式交替的多年轮作模式，同时，为了避免不同作物价格差异的影响，对作物产量进行了等价转换，并运用相关分析和灰色关联度分析的方法，分析作物产量与光、温、水、土自然资源的关联程度及相关性，以期合理评价、准确筛选资源利用效率高的轮作模式，为调整华北平原南部种植模式及合理利用自然资源提供理论依据。

1.1 材料和方法

1.1.1 试验地概况及试验材料

试验于 2016 年 6 月至 2019 年 6 月进行，试验地点位于河南省获嘉县西彰仪村。获嘉县位于河南省新乡市西部，地处黄河、沁河洪冲积平原，属暖温带大陆性季风气候，年均气温为 14.6 ℃，年均无霜期为 221.2 d，年均降水量为 557.2 mm，年均降雪日为 14.1 d，年均日照时数为 2 058.4 h，气象数据如图 1 所示。

试验地土壤质地为潮土，试验前基础土壤有机质含量为 34.55 g/kg，全氮含量为 1.04 g/kg，全磷含量为 0.66 g/kg，全钾含量为 1.85 g/kg。具体供试作物及品种为：冬小麦（*Triticum aestivum* L.）为‘豫麦 4023’，玉米（*Zea mays* L.）为‘洛单 248’，大豆（*Glycine max* L.）为‘驻豆 11’，花生（*Arachis hypogaea* L.）为‘鲁花 10’，甘薯（*Dioscorea esculenta* L.）为‘商薯 19’。

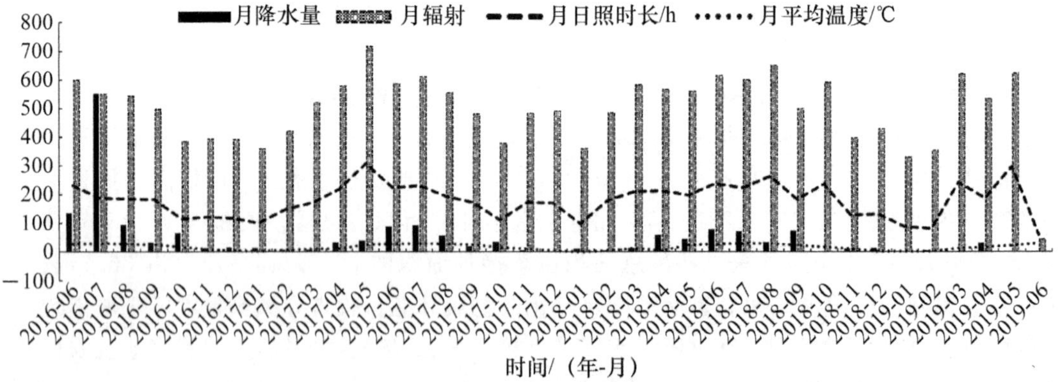

图 1　2016 年 6 月至 2019 年 6 月试验站点气象数据

1.1.2 试验设计

试验采用大区对比设计，共设置 4 个处理，每个处理为 1 亩，试验处理及田间管理措施如表 1 所列。

表 1　试验处理及田间管理措施

年份	处理	种植模式	播期/(年-月-日)	收获期/(年-月-日)	播种密度/(万株/hm^2)	施肥/(kg/hm^2)		
						N	P_2O_5	K_2O
2016—2017	T_1	M-W	2016-06-10	2016-09-20	7	210	45	45
			2016-10-12	2017-06-01	375	135	165	37.5
	T_2	S-W	2016-06-15	2016-10-04	24	105	225	225
			2016-10-12	2017-06-01	375	135	165	37.5
	T_3	Pe-W	2016-06-15	2016-10-09	24	210	45	45
			2016-10-12	2017-06-01	375	135	165	37.5
	T_4	Po-W	2016-06-17	2016-11-04	6	210	45	45
			2016-11-05	2017-06-05	525	135	165	37.5
2017—2018	T_1	M-W	2017-06-11	2017-09-20	7	210	45	45
			2017-10-20	2018-06-02	375	165	97.5	37.5
	T_2	S-W	2017-06-13	2017-10-09	24	105	22.5	22.5
			2017-10-20	2018-06-02	375	165	97.5	37.5
	T_3	Pe-W	2017-06-13	2017-10-09	24	210	45	45
			2017-10-20	2018-06-02	375	165	97.5	37.5
	T_4	Po-W	2017-06-14	2017-11-07	6	210	45	45
			2017-11-08	2018-06-05	525	165	97.5	37.5
2018—2019	T_1	M-W	2018-06-17	2018-09-15	7	90	90	90
			2018-10-15	2019-06-01	375	165	135	37.5
	T_2	M-W	2018-06-17	2018-09-15	7	90	90	90
			2018-10-15	2019-06-01	375	165	135	37.5
	T_3	M-W	2018-06-17	2018-09-15	7	90	90	90
			2018-10-15	2019-06-01	375	165	135	37.5
	T_4	M-W	2018-06-17	2018-10-08	7	90	90	90
			2018-10-23	2019-06-03	525	165	135	37.5

注：W 为小麦；M 为玉米(秋粮)；S 为大豆(秋粮)；Pe 为花生(秋粮)；Po 为甘薯(秋粮)

1.1.3　测定项目与方法

1. 气象数据

气象数据来自中国气象科学数据共享网站，包括平均气温、日照时数、降水量、日最高气温和日最低气温。

2. 作物产量

在作物成熟期，于每个小区随机选取一定面积(小麦 1 m^2，其他作物 4 m^2)进行测产。收割、脱粒、晒干，计产(kg/hm^2)，3 次重复。

1.1.4 相关数据的计算

1. 等价产量

因不同作物产品单价差异，直接根据作物的质量产量不足以进行其经济价值的比较，故统一转换为作物的等价产量进行衡量。按照经济价值相等的原则，以玉米为标准，将大豆、花生和甘薯几种作物产量按其与玉米的单价比折算成玉米的产量，具体转换公式如下：

$$E_{GY}=\text{该作物产量}\times\text{该作物单价(元/kg)}/\text{玉米单价(元/kg)}$$

式中：E_{GY} 为等价产量(equivalent yield)(kg/hm^2)。

2. 光能利用率

光能利用率的计算方法见下列公式，利用埃斯屈朗方程将日照时数转换为日辐射量，然后根据高国栋的方法逐步计算。

$$\text{RUE}=\frac{HW}{Q}\times 100\%$$

式中：RUE 为光能利用率(radiation use efficiency)(%)；H(MJ/kg)为每千克干物质燃烧时释放的热量，具体热量值参考陈阜；W 为成熟期等价籽粒产量；Q(MJ/m^2)为生育期内单位面积太阳辐射量。

3. 积温生产效率

积温生产效率的计算方法见下列公式：

$$PE_{GDD}=\text{作物籽粒产量}/\text{生育期有效积温}$$

式中：PE_{GDD} 为积温生产效率(accumulated heat productive efficiency)[kg/(hm^2 · ℃)]；秋粮季积温按≥10 ℃活动积温计算，小麦季积温按≥0 ℃活动积温计算；产量为等价产量。

4. 水分利用效率

水分利用效率的计算方法见下列公式：

$$\text{WUE}=\text{籽粒产量}/\text{耗水量}$$

式中：WUE 为水分利用效率(water use efficiency)(kg/mm)；耗水量(mm)=降水+灌溉水+播前土壤含水量−收获后土壤含水量，产量为等价产量。

5. 土地利用率

土地利用率的计算方法见下列公式：

$$\text{LUE}=\text{周年土地利用期}/365\times 100\%$$

式中：LUE 为土地利用率(land use efficiency)(%)；周年土地利用期(d)为作物生长周期。

1.1.5 数据分析

采用 Microsoft Excel 2010 进行数据处理，SPSS 17.0 进行相关性分析，DPS 进行灰色关联度分析。

1.2　结果与分析

1.2.1　不同轮作模式对作物光能利用率的影响

4 种不同种植模式的光能利用率如表 2 所列。由于生长周期不同，小麦季的辐射量高于秋粮季，总体周年辐射量为 5 429.10～6 257.61 MJ/m^2。T_4 模式的周年辐射均为最高，其余 3 种模式周年辐射相差不大。在 2016—2017 年与 2017—2018 年周年光能利用率的计算结果中，T_3 模式的周年光能利用率为最高，T_4 模式的周年光能利用率为最低；在 2018—2019 年周年光能利用率的计算结果中，T_3 模式的光能利用率为最高，T_1 模式仅次于 T_3 模式。经 3 年均值比较可以看出，T_3 模式的光能利用率仍为最大，T_1 模式的光能利用率仅次于 T_3 模式。

表 2　不同轮作模式下作物的光能利用

年份	模式	种植作物	辐射量/(MJ/m^2)			光能利用率/%		
			秋粮季	小麦季	周年	秋粮季	小麦季	周年
2016—2017	T_1	M-W	1 801.98	3 627.12	5 429.10	0.91	0.61	0.71
	T_2	S-W	2 020.51	3 627.12	5 735.82	0.86	0.57	0.67
	T_3	Pe-W	2 125.52	3 641.45	5 735.82	1.13	0.62	0.81
	T_4	Po-W	2 315.78	3 394.86	5 755.85	0.54	0.60	0.58
2017—2018	T_1	M-W	1 916.67	3 760.69	5 677.36	0.53	0.46	0.48
	T_2	S-W	2 106.59	3 760.69	5 867.28	0.70	0.44	0.54
	T_3	Pe-W	2 022.62	3 809.65	5 832.26	1.73	0.45	0.89
	T_4	Po-W	2 547.72	3 709.89	6 257.61	0.58	0.37	0.45
2018—2019	T_1	M-W	1 788.64	3 645.63	5 434.26	0.96	0.46	0.63
	T_2	M-W	1 788.64	3 645.63	5 434.26	0.88	0.41	0.57
	T_3	M-W	1 788.64	3 645.63	5 434.26	0.95	0.48	0.64
	T_4	M-W	2 179.04	3 512.63	5 691.67	0.65	0.57	0.60
3 年均值	T_1		1 835.76	3 677.81	5 513.57	0.80	0.51	0.61
	T_2		1 971.91	3 677.81	5 679.12	0.81	0.47	0.59
	T_3		1 978.93	3 698.91	5 667.45	1.27	0.52	0.78
	T_4		2 347.51	3 539.13	5 901.71	0.59	0.51	0.54

1.2.2　不同轮作模式对作物积温生产效率的影响

积温是作物生长发育的重要指标。4 种不同种植模式的积温生产效率如表 3 所列。由于生长周期不同，小麦季的有效积温明显高于秋粮季。从生产效率上可以看出，T_3 模式与 T_1 模式的积温生产效率总体高于其他模式。

表 3　不同轮作模式下作物的积温统计

年份	模式	种植作物	有效积温			积温生产效率/[kg/(hm²·℃)]		
			秋粮季	小麦季	周年	秋粮季	小麦季	周年
2016—2017	T_1	M-W	1 825.85	2 602.15	4 428.00	5.50	5.25	5.36
	T_2	S-W	1 909.20	2 602.15	4 511.35	4.37	4.84	4.64
	T_3	Pe-W	1 950.95	2 602.15	4 553.10	5.35	5.35	5.35
	T_4	Po-W	2 037.25	2 350.90	4 388.15	3.89	5.30	4.64
2017—2018	T_1	M-W	1 803.70	2 415.65	4 219.35	3.45	4.36	3.97
	T_2	S-W	1 967.50	2 415.65	4 383.15	3.60	4.23	3.95
	T_3	Pe-W	1 967.50	2 415.65	4 383.15	7.72	4.35	5.86
	T_4	Po-W	2 096.00	2 215.25	4 311.25	4.42	3.79	4.10
2018—2019	T_1	M-W	1 701.45	2 372.80	4 074.25	6.17	4.37	5.12
	T_2	M-W	1 701.45	2 372.80	4 074.25	5.65	3.90	4.63
	T_3	M-W	1 701.45	2 372.80	4 074.25	6.12	4.55	5.21
	T_4	M-W	1 948.50	2 149.30	4 090.80	4.46	5.68	5.10
3 年均值	T_1		1 777.00	2 463.53	4 240.53	5.04	4.66	4.82
	T_2		1 859.38	2 463.53	4 322.92	4.54	4.32	4.41
	T_3		1 873.30	2 463.53	4 336.83	6.40	4.75	5.37
	T_4		2 024.92	2 238.48	4 263.40	4.26	4.92	4.61

1.2.3　不同轮作模式对作物水分利用效率的影响

不同轮作模式的水分利用效率如表 4 所列。2016—2017 周年秋粮季由于天气，造成降水量骤升，从而耗水量明显高于其他年份。总体来看，T_3 模式与 T_1 模式的水分利用效率明显高于其他 3 种模式；各模式周年水分利用效率呈上升趋势。水分利用效率的变化不仅与耗水量有关，而且与籽粒产量有着密切关系。

表 4　不同轮作模式下作物的水分利用

年份	模式	种植作物	耗水量/(mm/hm²)			水分利用效率/(kg/mm)		
			秋粮季	小麦季	周年	秋粮季	小麦季	周年
2016—2017	T_1	M-W	854.48	399.98	1 254.46	11.76	34.18	18.91
	T_2	S-W	890.27	397.75	1 288.02	9.38	31.66	16.26
	T_3	Pe-W	803.46	423.39	1 226.85	12.99	32.86	19.85
	T_4	Po-W	863.40	359.12	1 222.52	9.18	34.67	16.67

续表4

年份	模式	种植作物	耗水量/(mm/hm²)			水分利用效率/(kg/mm)		
			秋粮季	小麦季	周年	秋粮季	小麦季	周年
2017—2018	T_1	M-W	359.31	332.96	692.27	17.34	31.62	24.20
	T_2	S-W	420.86	341.18	762.04	16.85	29.96	22.72
	T_3	Pe-W	361.96	328.76	690.72	41.97	31.97	33.50
	T_4	Po-W	396.73	370.53	767.26	23.35	22.66	23.01
2018—2019	T_1	M-W	293.36	344.28	637.64	35.79	30.14	32.74
	T_2	M-W	299.84	334.23	644.07	32.06	26.91	29.30
	T_3	M-W	351.06	337.29	688.35	29.65	32.02	30.81
	T_4	M-W	413.35	329.46	742.81	21.03	37.06	28.14
3 年均值	T_1		502.38	359.07	861.46	21.63	31.98	25.28
	T_2		536.99	357.72	898.04	19.43	29.51	22.76
	T_3		505.49	363.15	868.64	28.20	32.28	28.05
	T_4		557.83	353.04	910.86	17.85	31.46	22.61

1.2.4　不同轮作模式对作物土地利用率的影响

不同轮作模式的土地利用率如表 5 所列。不同模式的土地利用率总体为 87.95%～97.81%，T_4 模式与 T_1 模式相差较大。而与其他模式相比，T_4 模式由于生长周期长，它的土地利用率为最高。

表 5　不同轮作模式下作物的土地利用率

年份	模式	种植作物	土地利用期/d			土地利用率/%		
			秋粮季	小麦季	周年	秋粮季	小麦季	周年
2016—2017	T_1	M-W	103	233	365	28.22	63.84	92.05
	T_2	S-W	112	233	365	30.68	63.84	94.52
	T_3	Pe-W	117	233	365	32.05	63.84	95.89
	T_4	Po-W	140	214	365	38.36	58.63	96.99
2017—2018	T_1	M-W	102	226	365	27.95	61.92	89.86
	T_2	S-W	119	226	365	32.60	61.92	94.52
	T_3	Pe-W	119	226	365	32.60	61.92	94.52
	T_4	Po-W	147	210	365	40.27	57.53	97.81
2018—2019	T_1	M-W	91	230	365	24.93	63.01	87.95
	T_2	M-W	91	230	365	24.93	63.01	87.95
	T_3	M-W	91	230	365	24.93	63.01	87.95
	T_4	M-W	114	221	365	31.23	60.55	91.78

续表5

年份	模式	种植作物	土地利用期/d			土地利用率/%		
			秋粮季	小麦季	周年	秋粮季	小麦季	周年
3年均值	T_1		99	230	365	27.03	62.92	89.95
	T_2		107	230	365	29.40	62.92	92.33
	T_3		109	230	365	29.86	62.92	92.79
	T_4		134	215	365	36.62	58.90	95.53

1.2.5 自然资源利用率与作物产量相关性分析

1.2.5.1 不同轮作模式的作物产量与等价产量的相关关系

不同轮作模式的作物产量与等价产量如表6所列。T_4 模式与 T_1 模式作物产量的3年均值高于其他模式，经过产量等价代换后，各模式产量差异不大，而 T_3 模式高于其他模式，T_1 模式仅次于 T_3 模式。

表6 不同轮作模式下作物产量和等价产量

年份	模式	种植作物	产量/(kg/hm²)			等价产量/(kg/hm²)		
			秋粮季	小麦季	周年	秋粮季	小麦季	周年
2016—2017	T_1	M-W	10 049	9 512	19 561	10 049	13 670	23 719
	T_2	S-W	3 595	8 762	12 357	8 352	12 592	20 944
	T_3	Pe-W	3 562	9 295	12 857	10 434	13 915	24 349
	T_4	Po-W	21 801	8 663	30 464	7 928	12 450	20 378
2017—2018	T_1	M-W	6 229	6 737	12 966	6 229	10 527	16 756
	T_2	S-W	2 819	6 827	9 646	7 090	10 220	17 310
	T_3	Pe-W	4 228	7 021	11 249	15 190	10 510	25 700
	T_4	Po-W	22 096	5 608	27 704	9 262	8 395	17 657
2018—2019	T_1	M-W	10 499	9 432	19 931	10 499	10 375	20 874
	T_2	M-W	9 612	8 420	18 032	9 612	9 262	18 874
	T_3	M-W	10 408	9 818	20 226	10 408	10 800	21 208
	T_4	M-W	8 692	11 100	19 792	8 692	12 210	20 902
3年均值	T_1		8 926	8 560	17 486	8 926	11 524	20 450
	T_2		5 342	8 003	13 345	8 351	10 691	19 043
	T_3		6 066	8 711	14 777	12 011	11 742	23 752
	T_4		17 530	8 457	25 987	8 627	11 018	19 646

1.2.5.2 不同轮作模式的光、温、水、土自然资源利用效率与等价产量的相关关系

不同轮作模式的光、温、水、土自然资源利用效率与等价产量的相关关系如表7所列。等价产量与土地利用率呈显著正相关($P<0.05$)，与积温生产效率、水分利用效率存在极显著正

相关($P<0.01$);光能利用率与积温生产效率在极显著正相关($P<0.01$);水分利用效率与积温生产效率存在极显著正相关($P<0.01$)。综上可知,可通过提高作物的积温生产效率、水分利用效率来增加作物产量,而 T_3 模式的光、温、水资源利用效率优于其他模式,T_1 模式仅次于 T_3 模式。

表 7　光、温、水、土资源利用效率与等价产量的相关关系

指标	光能利用率	积温生产效率	水分利用率	土地利用率	等价产量
光能利用率	1				
积温生产效率	0.801**	1			
水分利用率	0.077	0.535**	1		
土地利用率	−0.632**	−0.262	0.453*	1	
等价产量	0.357	0.736**	0.734**	0.412*	1

注:* * 表示极显著相关($P<0.01$);* 表示显著相关($P<0.05$)。

1.2.6　自然资源利用效率与等价产量灰色关联度分析

各种模式的资源利用效率和等价产量的关联度分析如表 8 所列。积温生产效率、水分利用效率对产量的影响较大,与相关分析结论一致。以作物等价产量为母序列,其他指标为子序列,对其关联度进行排序可见表 9,不同轮作模式下等价产量与自然资源利用效率的关联系数表现为积温生产效率>水分利用效率>土地利用率>光能利用率。

表 8　光、温、水、土资源利用效率与等价产量的关联分析

指标	光能利用率	积温生产效率	水分利用率	土地利用率	等价产量
光能利用率	1	0.90	0.73	0.67	0.78
积温生产效率	0.75	1	0.76	0.66	0.88
水分利用率	0.65	0.77	1	0.74	0.88
土地利用率	0.66	0.76	0.80	1	0.81
等价产量	0.70	0.88	0.80	0.73	1

表 9　等价产量与自然资源的关联系数及排序

指标	光能利用率	积温生产效率	水分利用率	土地利用率
关联系数	0.679 4	0.938 2	0.838 7	0.760 3
关联系数排序	4	1	2	3

1.3　结论与讨论

农业生产对自然条件的依赖性很强,自然资源的变化会对其产生重大影响。光能是农业生产必不可少的一部分,而光能利用率的高低是衡量当地农业水平的重要指标。理论计算值一般可达 6%~8%,而在实际生产中光能利用率仅为 0.5%~1%,最大可达 2%,一般农田的光能利用率平均只有 0.4%。朱元刚(2010)研究表明,冬小麦籽粒的光能利用率为 0.59%~

0.67%，夏玉米籽粒的光能利用率为0.86%～1.06%。在本研究中，冬小麦籽粒的光能利用率为0.37%～0.62%，夏玉米籽粒的光能利用率为0.53%～1.73%，与前人研究所得结论一致。在周宝元等(2019)的研究中，冬小麦的积温生产效率为4.31～4.88 kg/(hm² · ℃)，玉米的积温生产效率在3.68～5.26 kg/(hm² · ℃)。在本研究中，小麦季的积温生产效率平均为4.66 kg/(hm² · ℃)，秋粮季的积温生产效率平均为5.06 kg/(hm² · ℃)，与前人研究结论相同。尹翠翠(2017)的研究认为，玉米季的水分利用效率为30.81～42.06 kg/mm。陈博等(2012)研究认为，21世纪初，夏玉米的水分利用效率已经达到23.36 kg/mm，而冬小麦的水分利用效率已经达到15.91 kg/mm。李银坤等(2018)的研究认为，夏玉米的水分利用效率平均在16 kg/mm左右。在本研究中，秋粮季的水分利用效率平均为21.78 kg/mm，冬小麦的水分利用效率平均为31.31 kg/mm。由此可以看出，各地区的水分利用效率存在差异。因为水分利用效率不仅与气象条件的变化有关，而且与品种、肥料、耕作制度的变化等有关。这些因素对水分利用效率的贡献在本试验中没有涉及，有待今后进一步探讨。

本研究采用的2种统计分析方法对各种模式的自然资源利用效率和等价产量的分析结果一致。T_3模式(花生-小麦→花生-小麦→玉米-小麦)的光能利用率、积温生产效率、水分利用效率均高于其他种植模式，T_1模式(玉米-小麦→玉米-小麦→玉米-小麦)仅次于T_3模式。虽然玉米-小麦模式在华北平原一直占据主导地位，但是这种植模式耗水量较高。这种种植模式是导致华北平原水资源日益紧缺的主要原因之一。频繁的作物种植会导致杂草、害虫和真菌病原体的数量增加，进而农药被大量使用，反过来生产成本又会显著增加。小麦与玉米都属于禾谷类旱作作物，属非生态轮作，二者吸收的养分极其相似，也需要间断性轮作其他非粮作物。通过对不同种植模式的研究，优化高效资源利用的替代模式，充分利用自然资源。单一从光、温、水、土自然资源的角度考虑不同轮作模式的资源利用效率，还不足以说明哪种模式的好坏，今后还应综合考虑农艺措施和社会因素的影响，为华北平原南部农作物生产布局和调整提供有力的科学依据。

参考文献

[1] 王树会，张旭博，孙楠，等. 2050年农田土壤温室气体排放及碳氮储量变化SPACSYS模型预测. 植物营养与肥料学报，2018，24(6)：1550-1565

[2] 河南统计局. 河南统计年鉴. 北京：中国统计出版社，2018

[3] 北京统计局. 北京统计年鉴. 北京：中国统计出版社，2018

[4] 天津统计局. 天津统计年鉴. 北京：中国统计出版社，2018

[5] 河北统计局. 河北统计年鉴. 北京：中国统计出版社，2018

[6] 山东统计局. 山东统计年鉴. 北京：中国统计出版社，2018

[7] 杨晓琳. 华北平原不同轮作模式节水减排效果评价. 北京：中国农业大学，2015

[8] 张健，袁嘉伟，梁哲军，等. 小麦-玉米周年水肥一体化技术研究. 山西农业科学，2019，47(7)：1185-1188

[9] 吴天龙，马丽，隋鹏，等. 太行山前平原不同轮作模式水资源利用效率评价. 中国农学通报，2008，24 (5)：351-356

[10] 吴哲宽，孙光伟，陈振国，等. 不同轮作模式对烤烟产质量的影响. 山西农业科学，2019，47(3)：370-373

[11] 姜雨林，陈中督，逄晋松，等. 华北平原不同轮作模式固碳减排模拟研究. 中国农业大学学报，2018，23 (1)：19-26

[12] 李阔，许吟隆. 适应气候变化的中国农业种植结构调整研究. 中国农业科技导报，2017，19(1)：8-17

[13] ALIZA P,CATHERINE C,PRAVAT K R,et al. Potential of conservation agriculture(CA)for climate change adaptation and food security under rainfed uplands of India:A transdisciplinary approach. Agricultural Systems,2018,163:27-35

[14] 范柯伦 H,沃尔夫 J. 农业生产模型:气候、土壤和作物.北京:中国农业科学技术出版社,1990

[15] 高国栋. 气候学教程.北京:气象出版社,1996

[16] 陈阜. 农业生态学.北京:中国农业大学出版社,2011

[17] 潘高峰. 玉-稻轮作系统晚稻育秧栽插方式及玉米秸秆还田效应研究.武汉:华中农业大学,2017

[18] 张竞元.河南省冬小麦-夏玉米周年光热资源合理利用研究.郑州:河南农业大学,2016

[19] YAGHI T,ARSLAN A,NAOUM F. Cucumber(Cucumis sativus L.)water use efficiency(WUE)under plastic mulch and drip irrigation. Agricultural Water Management,2013,128:149-157

[20] 王美云,任天志,赵明,等. 双季青贮玉米模式物质生产及资源利用效率研究.作物学报,2007,33(8):1316-1323

[21] 杨滨娟,孙丹平,张颖睿,等. 长江中游地区水旱复种轮作模式资源利用率比较研究.中国生态农业学报,2018,26(8):1197-1205

[22] 王天强.1960—2016 年中国北方喜凉作物气候生长期的时空特征及其影响因素.兰州:西北师范大学,2018

[23] 姜会飞. 农业气象学.北京:科学出版社,2008

[24] 朱元刚. 夏玉米-冬小麦"双晚"种植方式对周年光温资源利用研究.泰安:山东农业大学,2010

[25] 周宝元,马玮,孙雪芳,等. 冬小麦-夏玉米高产模式周年气候资源分配与利用特征研究.作物学报,2019,45(4):109-120

[26] 尹翠翠. 黄土塬区不同栽培模式对玉米养分及水分利用的影响.杨凌:西北农林科技大学,2017

[27] 陈博,欧阳竹,程维新,等. 近 50 a 华北平原冬小麦-夏玉米耗水规律研究.自然资源学报,2012,27 (7):1186-1199

[28] 李银坤,梅旭荣,夏旭,等. 减氮配施有机肥对华北平原夏玉米土壤水分及水氮利用的影响.水土保持研究,2018,25(5):64-70

[29] BAI G H, SHANER G. Management and resistance in wheat and barley to Fusarium head blight(Review). Annual Review of Phytopathology,2004,42:135-161

[30] MAL P,SCHMITZ M,HESSE J W. Economic and environmental effects of conservation tillage with glyphosate use:A case study of germany. Outlooks on Pest Management,2015,26(1):24-27

[31] MEHMETI A,PACANOSKI Z,FETAHAJ R,et al. Weed control in wheat with post-emergence herbicides. Bulgarian Journal of Agricultural Science,2018,24(1):74-79

[32] 王琦琪. 东北黑土区玉米大豆轮作模式及比价研究.北京:中国农业科学院,2018

2　轮作、施肥和品种更替对玉米品种资源利用效率的影响①

摘　要:为了探究轮作、施肥和品种更替对玉米生产力和资源利用效率的影响，于2019—2020年以20世纪80年代至21世纪20年代育成的10个玉米品种为试验材料，设置不同的种植制度(轮作和连作)和施肥水平(0 kg/hm^2 和720 kg/hm^2)处理，测定植株干物质积累量、生长速率、光能利用率、积温利用效率、降水利用效率和产量等指标。结果表明，轮作和施肥均可以增加玉米的产量。在施肥和不施肥条件下，轮作玉米的产量比连作玉米的产量分别增加4.39%和7.08%。轮作和施肥均会提高单株干物质积累量、生长速率、光能利用率、积温利用效率及降水利用效率。吐丝前的干物质积累量、生长速率和光能利用率与育种年份不相关，但吐丝后的干物质积累量、生长速率和光能利用率与育种年份呈显著正相关，说明随着玉米品种更替，生殖生长阶段的光能利用和物质生产得到改良，积温利用效率和降水利用效率与育种年份呈显著正相关，施肥会改变轮作效应。在不施肥条件下，轮作玉米的光、温、水利用效率及产量显著高于连作玉米的光、温、水利用效率及产量;在施肥条件下，轮作与连作的光、温、水利用效率没有差异。玉米品种更替、施肥和轮作均可以提高玉米品种生产力和资源利用效率，但轮作效应会被施肥所掩盖，建议通过合理施肥来保证玉米大豆轮作种植效应的发挥。

关键词:玉米品种更替;产量;生长速率;光能利用效率

东北地区是我国玉米的第一大主产区，是世界三大“黄金玉米带”之一。由于玉米品种特性、栽培管理水平和技术等方面的限制，该区域的作物产量潜力远没有得到充分发挥。气候资源利用效率是衡量作物生长季资源有效性的指标之一，明确一个区域气候资源利用效率，充分利用当地的气候自然资源，提高该地区玉米单产和光热资源利用效率，这是提高产量的关键。

产量的增加是干物质累积的结果。干物质的增加归因于对光合有效辐射的吸收和光合有效辐射转化成干物质的差异。玉米杂交中的光合有效辐射截获率、光能利用率与产量存在显著的正相关关系，良好的冠层结构会显著增加冠层光截获量，并通过协调不同层次叶片光匹配程度，同步提高了植株的光能利用率，进而实现了玉米群体的高产、高效。除了需要适宜的光照外，作物的生长发育也需要一定的热量积累和水资源。只有合理的利用光、热和水资源，才能充分发挥玉米品种的生产潜力，因此评估东北地区玉米的资源利用效率对提高该地区玉米生产潜力具有重要意义。

---

① 作者:张婧、李猛飞、刘文博、孙贺祥、姚兴东*、李春红、关欣、谢甫绨;通信作者:姚兴东(沈阳农业大学，讲师，主要从事大豆遗传改良与生理生态，E-mail:xingdongyao@syau.edu.cn)。

栽培方式、施肥处理以及品种改良在农业粮食增产中都发挥着举足轻重的作用。近年来，在集约化种植条件下，东北地区种植模式越来越单一，玉米连作种植方式普遍存在。玉米连作导致农田生物多样性下降，光、热、水、肥资源利用效率下降以及长期的连作和化肥大量使用引起土壤酸化和养分的偏消耗等环境负效应。而轮作是一种用地与养地相结合的种植方式，是改善农田生态条件，实现农业可持续发展的有效手段。其既可以改善土壤肥力，又能增加作物产量。施肥是农业生产中调节作物生长发育的一项重要措施，对提高粮食产量发挥了重要作用。Stewart 等(2005)通过试验表明，40%～60%的玉米产量可归因于肥料的施入。随着玉米品种的不断更替，我国玉米生产水平有了很大提高。在品种更替过程中，品种改良是不同年代玉米产量增长最主要的贡献因素，是玉米增产的主要途径。

目前，在轮作、施肥和品种更替中，对东北玉米资源利用效率的影响的研究较少，因此本试验以 10 个不同年代育成玉米品种为试验材料，从栽培方式(轮作和连作)和施肥处理两方面探讨不同年代育成玉米品种在作物产量及光、温、降水等资源利用效率的影响，旨在为适合东北地区玉米高产、高效栽培提供理论依据。

2.1　材料与方法

2.1.1　试验设计

试验在辽宁省沈阳市沈阳农业大学辽中试验基地(41°52′N，122°72′W，海拔为 5.5～23.5 m)进行。该区属于南温带亚湿润区大陆性气候，春季多风，夏季濒雨。年平均气温为 8 ℃，年平均降水量为 640 mm，年平均日照为 2 527 h。

供试材料如表 1 所列。试验采用二因素裂区设计，种植方式和施肥为主区，品种为裂区，种植密度为 60 000 株/hm^2。设置两个肥力水平：0 kg/ hm^2 和 720 kg/hm^2(全氮 187.2 kg/hm^2，全磷 57.6 kg/hm^2，全钾 79.2 kg/hm^2)。小区行长为 6 m，株距为 0.3 m，行距为 0.55 m，每个小区种植 9 行，共设 3 次重复。2019 年和 2020 年分别在 5 月 3 日播种，于 10 月 1 日左右收获。其他田间管理与当地农田管理一致。

表 1　供试玉米品种

品种来源	品种	育成时间/年	品种来源
早期育成品种	沈单 7 号	1982	沈阳市农业科学院
	丹玉 13	1985	丹东农业科学院
	丹玉 24	1997	丹东农业科学院
	沈单 10 号	1998	沈阳市农业科学院
中期育成品种	沈单 16 号	2001	沈阳市农业科学院
	丹玉 69	2005	丹东农业科学院
	沈玉 21	2005	沈阳市农业科学院
近期育成品种	丹玉 508	2012	丹东农业科学院
	丹玉 336	2015	丹东农业科学院
	沈玉 801	2015	沈阳市农业科学院

2.1.2 测定项目与方法

1. 气象资料收集

气象数据来源于国家气象网站沈阳站数据，主要包括平均气温、日照时数、总辐射积累量和降水量等指标。

2. 净光合速率和光能利用率

分别于玉米的抽雄期和成熟期选取长势均匀，具有代表性的植株 3 株，进行取样和相关指标的测定。在晴天的上午 9:00～11:00 采用便携式光合作用测定仪(Li-6400，USA)测定各时期叶片的净光合速率(Pn)；在晴天的 11:00～13:00 采用冠层分析仪(AccuPAR LP-80，USA)测定植株上下冠层的光合有效辐射和叶面积指数(LAI)。随机采集玉米地上部 3 株长势一致的植株，按器官分开，105 ℃杀青 30 min，80 ℃烘干至恒重，测定各器官的干物质重量。参照柏延文等(2020)进行光能利用率的计算：

$$透光率 = I_t / I_0$$

$$K = (-1/\mathrm{LAI}) \times \ln(I_t / I_0)$$

$$\mathrm{IPAR} = Qa \times [1 - \exp(-K \times \mathrm{LAI})]$$

$$\mathrm{RUE} = \mathrm{DMA} / \mathrm{IPAR}$$

式中：IPAR 为冠层截获光合有效辐射量($\mathrm{MJ/m^2}$)；K 为消光系数；LAI 为测定 Σ 的叶面积指数；I_t 为下层光合有效辐射[$\mathrm{mol/(m^2 \cdot s)}$]；$I_0$ 为上层光合有效辐射[$\mathrm{mol/(m^2 \cdot s)}$]；$Qa$ 为采样之间的总辐射截获量($\mathrm{MJ/m^2}$)；RUE 为光能利用率(g/MJ)；DMA 为干物质积累量。

3. 积温利用效率

积温利用效率的公式为：

$$\mathrm{HUE} = Y / \Sigma T$$

式中：HUE 为热量资源利用效率[$\mathrm{kg/(℃ \cdot d \cdot hm^2)}$]；$\Sigma T$ 为作物生长季积温(℃·d)；Y 为粮食作物产量($\mathrm{kg/hm^2}$)，玉米生长季 ΣT 为≥10 ℃的积温。

4. 降水量利用效率

降水量利用效率的公式为：

$$\mathrm{PUE} = Y / \Sigma R$$

式中：PUE 为降水资源利用效率[$\mathrm{kg/(mm \cdot hm^2)}$]；$Y$ 为粮食作物产量($\mathrm{kg/hm^2}$)；ΣR 为作物生长季内总降水量(mm)。

5. 产量

在玉米的成熟期，每小区取 3 行各 3 m 实收玉米穗，进行测产，产量的含水量以 14% 计算。

2.2　结果与分析

2.2.1　轮作和施肥对不同年代的育成玉米品种的籽粒产量和收获指数的影响

玉米品种的产量在种植方式、种植方式×品种及种植方式×施肥的差异不显著，在施肥、品种、施肥×品种及种植方式×施肥×品种的差异显著(表 2)。在轮作和连作下，不同年代的育成玉米品种的籽粒产量与育种年份呈显著正相关(图 1)。在不施肥条件下，轮作玉米的产量比连作的产量平均增加 7.08%；在施肥条件下，轮作玉米的产量比连作的产量平均增加 4.39%，说明施肥会弱化轮作产量效应。

玉米品种的收获指数在种植方式、种植方式×品种、种植方式×施肥差异不显著，在施肥、品种、施肥×品种及种植方式×施肥×品种的差异显著(表 2)。在轮作和连作下，不同年代的育成玉米品种的收获指数与育种年份没有显著相关关系(图 1)。

表 2　种植方式、施肥水平对玉米品种资源利用效率指标的影响

评估指标	种植方式	施肥	品种	种植方式×施肥	种植方式×品种	施肥×品种	种植方式×施肥×品种
R1 吐丝期单株干物质重/g	*	**	**	*ns*	**	**	**
R6 成熟期单株干物质重/g	*ns*	**	**	*ns*	**	**	**
吐丝前光能利用率/(g/MJ)	**	**	**	*	**	**	**
吐丝后光能利用率/(g/MJ)	*ns*	**	**	**	**	**	**
吐丝前生长速率 CGR/[g/(m^2·d)]	**	**	**	*	**	**	**
吐丝后生长速率 CGR/[g/(m^2·d)]	*ns*	*	**	**	**	**	**
积温利用效率/[kg/(℃·d·hm^2)]	*ns*	**	**	*ns*	*ns*	**	*
降水利用效率/[kg/(mm·hm^2)]	*ns*	**	**	*ns*	*ns*	**	*
产量/(kg/hm^2)	*ns*	**	**	*ns*	*ns*	**	*
收获指数	*ns*	**	**	*ns*	*ns*	*	*ns*

注：* 和 ** 分别表示在 $P \leqslant 0.05$ 和 $P \leqslant 0.01$ 水平上的显著性差异；*ns* 表示没有显著性差异($P < 0.05$)。

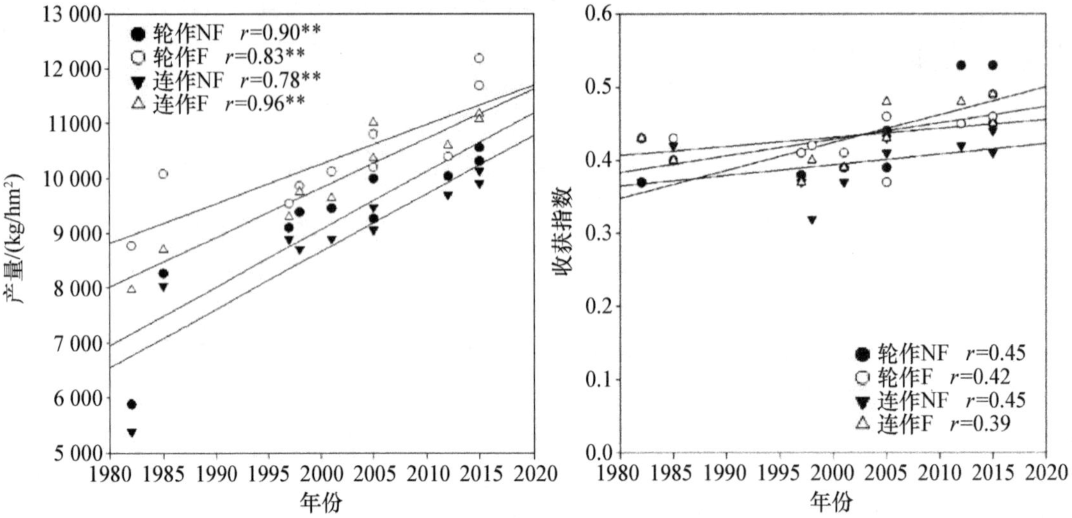

图 1 轮作和施肥对不同年代的育成玉米品种籽粒产量和收获指数的影响

2.2.2 轮作和施肥对不同年代的育成玉米品种的单株干物质积累量的影响

吐丝期的单株干物质积累量在种植方式×施肥的差异不显著，其他处理的差异显著(表2)，而成熟期的干物质积累量在种植方式和种植方式×施肥的差异不显著，其他处理的差异均显著。吐丝期的干物质积累量与育种年份没有显著相关(图2)，而成熟期的干物质积累量随着育种进程的推进呈增加趋势，其中，轮作不施肥、连作不施肥和连作施肥的成熟期干物质积累量与育种年份呈显著正相关。在不施肥条件下，轮作大豆在成熟期的干物质积累量要高于连作的干物质积累量。

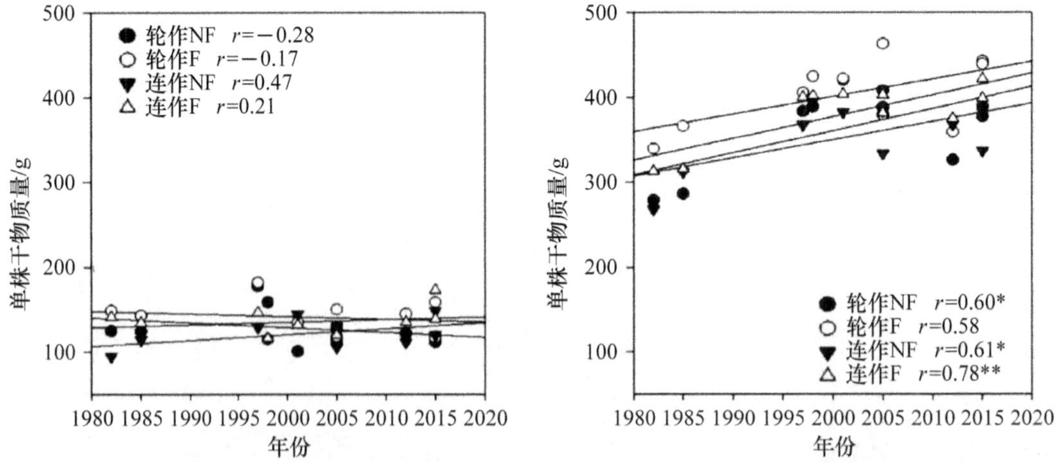

图 2 轮作和施肥对不同年代的育成玉米品种单株干物质积累量的影响

2.2.3 轮作和施肥对不同年代育成玉米品种植株生长速率的影响

方差结果表明，吐丝前的生长速率的种植方式×施肥的差异不显著，其他处理的差异显著

（表 1），而吐丝后的生长速率各处理的差异均显著。图 3 结果表明，吐丝前的生长速率与育种年份没有呈显著相关，而吐丝后的生长速率随着育种进程的推进呈增加趋势，其中，轮作不施肥和连作施肥的吐丝后的生长速率与育种年份呈显著正相关。在不施肥条件下，轮作在吐丝后的生长速率要显著高于连作；在施肥条件下，轮作和连作在吐丝后的生长速率差异不显著。

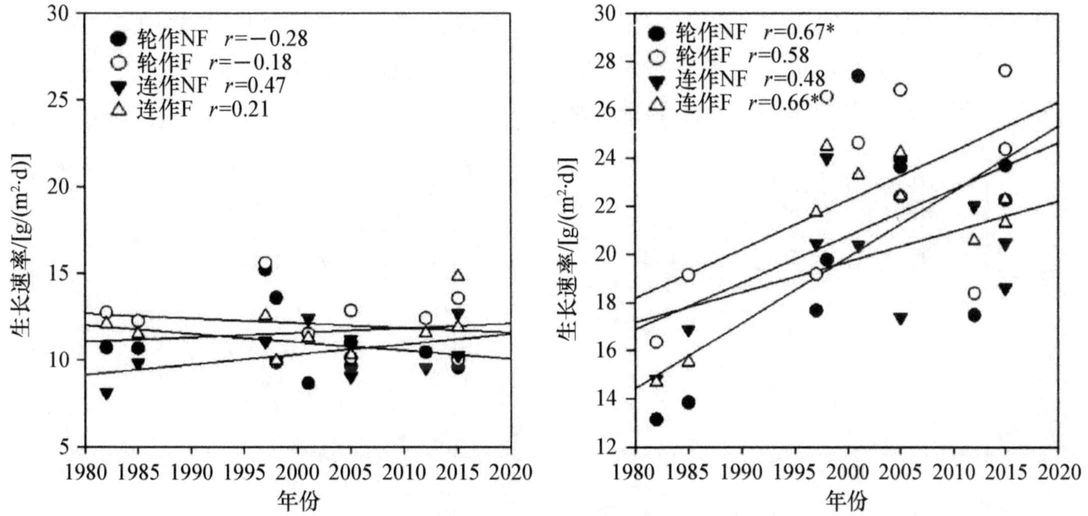

图 3　轮作和施肥对不同年代的育成玉米品种吐丝前后植株生长速率的影响

2.2.4　轮作和施肥对不同年代育成玉米品种光能利用率的影响

玉米在吐丝前的光能利用效率在各处理的差异均显著，而在吐丝后的光能利用效率在种植方式的差异不显著，其他处理的差异均显著（表 2）。吐丝前玉米的光能利用效率与育种年份没有呈显著相关（图 4），而吐丝后的光能利用效率随着育种进程的推进呈增加趋势，其中，轮作不施肥的吐丝后的光能利用效率与育种年份呈显著正相关。在不施肥条件下，轮作的光能利用效率要显著高于连作；在施肥条件下，轮作和连作玉米的光能利用效率的差异不显著。

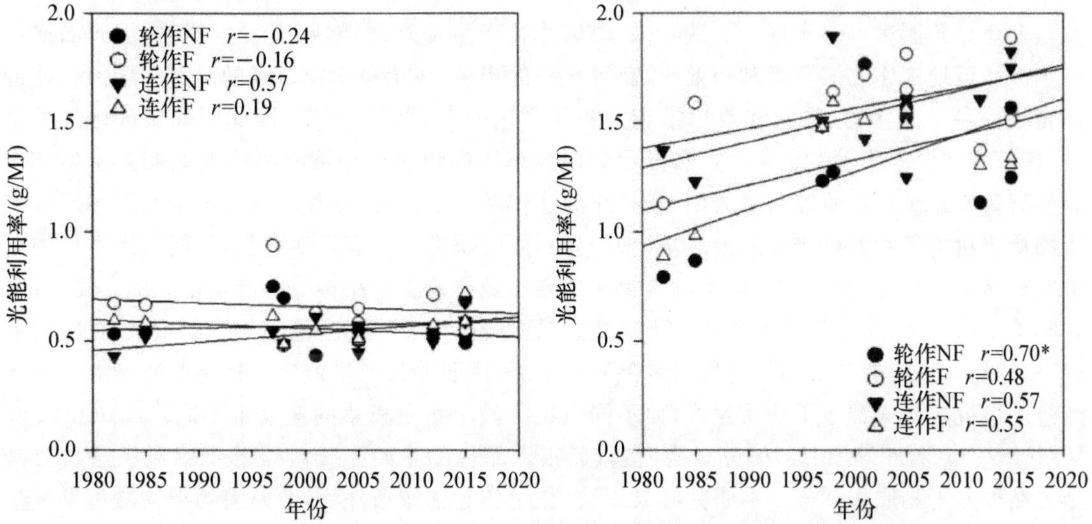

图 4　轮作和施肥对不同年代的育成玉米品种在吐丝前和吐丝后的光能利用率的影响

2.2.5 轮作和施肥对不同年代育成玉米品种积温利用效率和降水利用效率的影响

玉米品种的积温利用效率和降水利用效率在种植方式、种植方式×品种、种植方式×施肥的差异不显著，而施肥、品种、施肥×品种、种植方式×施肥×品种的差异显著(表 1)。玉米品种的积温利用效率和降水利用效率随着品种育种进程的推进呈增加趋势，且积温利用效率和降水利用效率与育种年份呈显著正相关。轮作玉米的积温利用效率和降水利用效率均要显著高于连作玉米的积温利用效率和降水利用效率(图 5)。

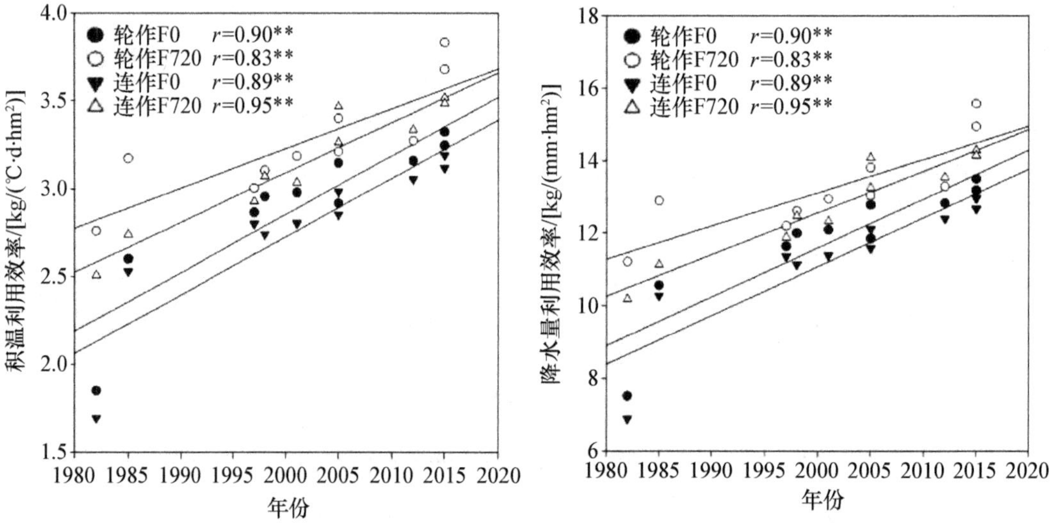

图 5 轮作和施肥对不同年代的育成玉米品种的积温利用效率和降水利用效率的影响

2.3 讨论和结论

东北是我国粮食主产区。近些年来，该区作物产量提升缓慢，甚至发生停滞，因此如何进一步提高该地区作物的资源利用效率，获得更高的产量，成为科学家研究的热点问题。作物的产量由品种产量潜力、种植和栽培措施及资源利用效率等因素决定，因此明确该区域品种更替、种植方式及施肥等对玉米生产和资源利用效率的影响对于继续提高该地区的玉米生产潜力具有重要意义。本研究结果表明，在轮作和连作条件下，不同年代的育成玉米品种的产量和干物质重量均随着育种进程的推进呈上升趋势，而收获指数没有发生变化，说明玉米品种的更替会提高玉米品种的生产力，而干物质重量的增加是导致玉米品种更替产量增加的主要原因。在不施肥条件下，轮作玉米的产量和干物质重量显著高于连作的产量和干物质重量；在施肥条件下，轮作和连作的产量和干物质重量差异不显著，说明轮作产量效应会被施肥所掩盖。玉米产量的形成主要来源于干物质生产，而不同生长阶段干物质积累的速度也不同。Ciampitti 和 Vyn(2012)，Chen 等(2013)研究表明，在较新玉米品种的生殖生长阶段的干物质积累量要高于老品种的干物质积累量。本研究结果表明，在轮作与连作条件下，吐丝前的干物质积累量与育种年份不相关，而吐丝后的干物质积累量与育种年份呈显著的正相关，说明随着品种的更替,玉米生殖生长阶段的干物质积累量得到了改良。施肥会显著增加玉米在各个生长阶段及成熟期的干物质积累量。轮作种植会显著增加不施肥条件下的玉米的干物质积累量。在施肥条件下,轮作和连作的干物质积累量的差异不显著。

玉米产量的增加是干物质累积的结果,而干物质的增加是由光合有效辐射的吸收和光合有效辐射转化所决定的。品种更替和施肥均会提高玉米的光能利用效率和生长速率,以利于玉米的干物质积累,进而获得高产。玉米籽粒产量的形成主要来源于花后干物质生产,玉米延缓花后叶片衰老是维持玉米冠层功能的重要因素,以利于获得更高的吐丝后干物质积累量。在轮作和连作条件下,玉米品种在吐丝前的光能利用效率、生长速率与育种年份均不相关,而玉米品种在吐丝后的光能利用效率、生长速率与育种年份均呈显著的正相关,说明随着品种的更替,玉米生殖生长阶段的光能利用效率和生长速率得到了改良。轮作会显著提高不施肥处理下玉米的光能利用效率和生长速率,在施肥条件下,轮作和连作之间的光能利用效率和生长速率差异不显著,说明轮作可以提高玉米的光能利用效率和生长速率,但施肥会弱化轮作效应。积温利用效率和降水利用效率与光能利用效率呈相同的趋势,即品种更替和施肥均能提高温、水利用效率。在不施肥条件下,轮作玉米的温、水利用效率显著高于连作玉米的温、水利用效率;在施肥条件下,轮作和连作的温、水利用效率差异不显著。

本研究表明,种植方式、施肥水平和品种更替对光、温、水利用效率及产量都有显著的影响。在轮作和连作条件下,不同年代的育成玉米品种的光、温、水利用效率及产量均随着育种进程的推进呈上升趋势,说明玉米品种更替能提高玉米品种生产力和资源利用效率。而施肥会改变轮作效应。在不施肥条件下,轮作玉米的光、温、水利用效率及产量显著高于连作;玉米的光、温、水利用效率在施肥条件下,轮作和连作的光、温、水利用效率没有差异,说明轮作效应会被施肥所掩盖,建议通过合理施肥来保证玉米大豆轮作种植效应的发挥。

参考文献

[1] 王晓煜,杨晓光,孙爽,等. 气候变化背景下东北三省主要粮食作物产量潜力及资源利用效率比较. 应用生态学报,2015,26(10):3091-3102

[2] 崔读昌. 中国粮食作物气候资源利用效率及其提高的途径. 中国农业气象,2001,22 (2):25-32

[3] MA S Q. Agricultural Climate Research in Ji-lin Province. Beijing:China Meteorological Press,1996

[4] WANG Z M, ZHANG B, ZHANG S Q, et al. Studies on agricultural climatic potential productivity and natural resources utilization ratio in Songnen Plain of Heilongjiang Province. Chinese Journal of Agrometeorology,2005,26(1):1-6

[5] ZHAO J, YANG X, LIN X, et al. Radiation Interception and Use Efficiency Contributes to Higher Yields of Newer Maize Hybrids in Northeast China. Agronomy Journal,2015,107(4)

[6] 周培禄,任红,丁在松,等. 玉米良好群体冠层结构有助于协同提高光氮利用效率和籽粒产量. 中国会议,2017

[7] 钱春荣,王荣焕,于洋,等. 生态区对不同熟期玉米品种生长发育与有效积温生产效率的影响. 黑龙江农业科学,2020(9)

[8] 蔡祖聪,黄新琦. 土壤学不应忽视对作物土传病原微生物的研究. 土壤学报,2016,53(2):305-310

[9] 杨帆. 轮作结合施肥对土壤有机碳组分及相关性状的影响. 呼和浩特:内蒙古农业大学,2018.

[10] STEWART W M, DIBB D W, JOHNSTON A E, et al. The contribution of commercial fertilizer nutrients to food production. Agronomy Journal,2005, 97(1):1-6

[11] TOLLENAAR M. Physiological Basis of Genetic Improvement of Maize Hybrids in Ontario from 1959 to 1988. Crop Science,1991, 31(1):119-124

[12] 柏延文，张宏军，朱亚利，等. 不同株型玉米冠层光氮分布、衰老特征及光能利用对增密的响应. 中国农业科学,2020, 53(15):3059-3070

[13] CIAMPITTI I A, VYN T J. Physiological perspectives of changes over time in maize yield dependency on nitrogen uptake and associated nitrogen efficiencies A review. Field Crops Research,2012,133:48-67

[14] XIAO C, CHEN, F J, et al. Modern maize hybrids in Northeast China exhibit increased yield potential and resource use efficiency despite adverse climate change. Global Change Biology,2013,19(3):923-936

[15] TOLLENAAR M, AGUILERA A. Radiation Use Efficiency of an Old and a New Maize Hybrid. Agronomy Journal,1992, 84(3).

3　施肥和轮作种植对大豆品种资源利用效率的影响①

摘　要：为了探究东北一熟区轮作、施肥和品种更替对大豆品种资源利用效率的影响，以不同年代育成的15个大豆品种为试验材料，设置不同的种植制度（轮作和连作）和施肥（尿素和复合肥）处理，测定大豆植株的干物质积累量、生长速率、光能利用率、积温利用效率、降水利用效率和产量等指标。结果表明，轮作和施肥均会增加大豆的产量，施尿素、施复合肥、轮作种植的大豆产量分别比连作增加了25.31%、81.21%、104.08%。在轮作和连作条件下，不同年代的育成大豆品种的光、温、水利用效率及产量均随着育种进程的推进呈上升趋势，说明品种更替会提高大豆的生产力和资源利用效率。施肥会显著增加连作大豆的光、温、水利用效率和产量，但连作大豆的资源利用效率和产量要小于轮作大豆的资源利用效率和产量，说明对于大豆而言，轮作种植能更充分利用资源，发挥其产量潜力；在连作条件下，需要选用新品种和增施适量的化肥来提高资源利用率和产量

关键词：连作；大豆品种；施肥；资源利用效率

近年来，随着居民消费结构的升级，我国大豆需求快速增加。目前国产大豆自给的能力严重不足，80%以上的大豆需要进口，尤其自中美贸易摩擦以来，我国大豆粮食安全受到严重威胁。为改变这种局面，近年来中央一号文件多次提及大豆振兴计划，倡导加快优质、高产大豆品种选育，加大对高产大豆品种及栽培技术的推广力度，提升国产大豆自给水平。虽然我国东北地区的气候条件适合大豆生产，但是大豆品种特性、种植方式及栽培管理技术等方面的限制导致大豆的产量潜力没有得到充分发挥。光、温、水资源利用效率是衡量作物生长季资源有效性的重要指标，合理的利用光、温和水资源是提高作物单产的有效途径。因此明确一个区域气候的资源利用效率，充分利用当地的气候自然资源对于提高该地区大豆单产和光、温、水资源利用效率具有重要意义。

在高产栽培中，品种、种植方式及施肥缺一不可。优良品种是一项投资少、见效快的增产措施。品种决定了生产潜力，而想要发挥生产潜力则需要施肥等栽培措施。如今东北地区种植大豆的土地受限，大豆集约化种植现象普遍存在。在同一地区高强度连续种植大豆会导致营养元素的偏消耗等土壤理化性质的改变，进而引起连作障碍。大豆易受连作影响，连续种植会导致产量显著下降。改变耕作方式和精准施肥等措施可以在一定程度上缓解土壤连作障碍的状态。为了提高连作下条件的作物的产量，常采取施肥措施来补充在连作过程中过度消耗

---

①　作者：王睿鹏、刘文博、何德鑫、姚兴东*、陈水森、张惠君、于翠梅、谢甫绨；通信作者：姚兴东（沈阳农业大学，讲师，主要从事大豆遗传改良与生理生态，E-mail：xingdongyao@syau.edu.cn）。

的营养元素，改善连作土壤营养元素的偏消耗，缓解作物的连作障碍。另外，品种更替在大豆生产潜力的提高方面发挥了重要的作用，2/3 的产量增长是品种更替的结果，因此品种更替是提高大豆生产潜力的有效手段。然而，品种更替和施肥对连作大豆物质生产力及资源利用效率的影响尚未有相关报道。

本试验以不同年代育成的大豆品种为试材，采用不同的施肥处理，研究轮作和连作种植方式、施肥和品种更替对东北地区大豆资源利用效率的影响，旨在为克服大豆连作种植障碍和实现大豆生产的可持续发展提供理论依据。

3.1 材料与方法

3.1.1 试验设计

试验在辽宁省沈阳市沈阳农业大学辽中定位试验基地(41°52′N，122°72′W，海拔为 5.5～23.5 m)进行。该区属于南温带亚湿润区大陆性气候，春季多风，夏季濒雨。年平均气温为 8 ℃，年平均降水量为 640 mm，年平均日照为 2 527 h。

试验采用二因素随机区组设计，二因素分别为不同处理[轮作、连作、连作施尿素(纯氮 277.2 kg/hm^2)和连作施复合肥(纯氮 90 kg/hm^2；纯磷 90 kg/hm^2；纯钾 90 kg/hm^2)]和不同年代育成的大豆品种(15 个供试材料，如表 1 所列)，3 次重复，60 个小区，每个小区 5 行，种植密度为 15 万株/hm^2。播前精选种子，每穴 4 粒，播深为 3 cm，在苗期进行间苗，每穴留 2 株，肥料在播种时一次性施入，常规田间管理。

表 1 大豆供试品种

组别	品种	育成时间/年
早期育成品种	Amsoy	1966
	Williams82	1971
	辽豆 3 号	1983
	Resnik	1987
	辽豆 10 号	1991
中期育成品种	辽豆 11 号	1996
	Kottman	1999
	辽豆 12 号	2001
	铁丰 31	2001
	Dilworth	2002
	辽豆 14	2003
近期育成品种	Dennison	2006
	中黄 35	2006
	沈农豆 20	2014
	辽豆 32	2015

3.1.2　测定项目与方法

1. 气象资料收集

气象数据来源于国家气象网站沈阳站数据，主要包括平均气温、日照时数、总辐射积累量和降水量等指标。

2. 净光合速率和光能利用率

分别于大豆的花期、结荚期和成熟期，选取长势均匀，具有代表性的地植株 3 株，进行相关指标的测定。在晴天上午的 9:00～11:00 采用便携式光合作用测定仪(Li-6400，USA)测定各时期叶片的净光合速率(Pn)；在晴天上午的 11:00～13:00 采用冠层分析仪(AccuPAR LP-80，USA)测定植株上下冠层的光合有效辐射和叶面积指数(LAI)。光能利用率采用以下计算公式：

$$透光率=I_t/I_0$$

$$K=(-1/\mathrm{LAI})\times\ln(I_t/I_0)$$

$$\mathrm{IPAR}=Qa\times[1-\exp(-K\times\mathrm{LAI})]$$

$$\mathrm{RUE}=\mathrm{DMA}/\mathrm{IPAR}$$

式中：K 为消光系数；LAI 为测定 Σ 的叶面积指数；I_t 为下层光合有效辐射[mol/(m^2 · s)]；I_0 为上层光合有效辐射[mol/(m^2 · s)]；IPAR 为冠层截获光合有效辐射量(MJ/m^2)；Qa 为采样之间的总辐射截获量(MJ/m^2)；RUE 为光能利用率(g/MJ)；DMA 为干物质积累量。

3. 积温利用效率

积温利用效率的计算公式为：

$$\mathrm{HUE}=Y/\Sigma T$$

式中：HUE 为热量资源利用效率[kg/(℃ · d · hm^2)]；ΣT 为作物生长季积温(℃ · d)；Y 为粮食作物产量(kg/hm^2)，玉米生长季 ΣT 为≥10 ℃的积温。

4. 降水量利用效率

降水量利用效率的计算公式为：

$$\mathrm{PUE}=Y/\Sigma R$$

式中：PUE 为降水资源利用效率[kg/(mm · hm^2)]；Y 为粮食作物产量(kg/hm^2)；ΣR 为作物生长季内总降水(mm)。

5. 干物质重

分别于大豆的花期、结荚期和成熟期，随机采集大豆地上部 3 株长势一致的植株，按器官分开后，105 ℃杀青 30 min，80 ℃烘干至恒重，测定各器官的干物质重。

6. 产量

在大豆的成熟期，每小区取 3 行各 3 m 大豆植株进行测产，产量的含水量以 13%计算。

3.2 结果与分析

3.2.1 施肥和轮作种植对不同年代的育成大豆品种产量的影响

方差结果表明，产量在处理、品种、处理×品种存在显著差异（表 2）。在轮作和连作下，不同年代的育成大豆品种的籽粒产量与育种年限呈显著的正相关（图 1）。各处理的产量表现为轮作>施复合肥>施尿素>连作。施尿素、施复合肥、轮作大豆的产量分别比连作的平均增加 25.31%、81.21%、104.08%。

表 2 大豆品种产量、净光合速率、干物质积累、生长速率和光温水利用效率的方差分析

指标	处理	品种	处理×品种
R1 单株干物质重/g	**	**	**
R8 单株干物质重/g	**	**	*ns*
R1 前光能利用率/(g/MJ)	**	**	**
R1 后光能利用率/(g/MJ)	**	**	*ns*
R1 前生长速率/[g/(m^2 · d)]	*ns*	**	*ns*
R1 后生长速率/[g/(m^2 · d)]	**	**	*ns*
降水利用效率/[kg/(mm · hm^2)]	**	**	*ns*
积温利用效率/[kg/(℃ · d · hm^2)]	**	**	*ns*
R1 净光合速率/(μmolCO_2 · m^2/s)	**	**	**
R6 净光合速率/(μmolCO_2 · m^2/s)	**	**	**
产量/(kg/hm^2)	**	**	*

注：* 表示有显著性差异($P<0.05$)；* * 表示有极显著性差异($P<0.01$)；*ns* 表示没有显著性差异；R1 代表始花期；R6 代表鼓粒期；R8 代表成熟期。

3.2.2 施肥和轮作种植对不同年代育成大豆品种干物质积累的影响

开花前的干物质积累量在处理、品种、处理×品种的差异显著；开花后的干物质积累量在处理、品种差异显著，处理×品种差异不显著（表 2）。在轮作和连作条件下，开花前的大豆品种的干物质积累量与育种年限之间没有显著相关，而开花后的大豆品种的干物质积累量与育种年限呈显著正相关（图 2）。各处理的干物质积累量表现为轮作>施复合肥>施尿素>连作。施尿素、施复合肥和轮作大豆在开花前的干物质积累量分别比连作大豆在开花前的干物质积累量平均增加 79.72%、10.62%、61.9%（图 2A）。施尿素、施复合肥和轮作大豆在开花后的干物质积累量分别比连作大豆在开花后的干物质积累量平均增加 15.87%、52.41%、82.22%（图 2B）。

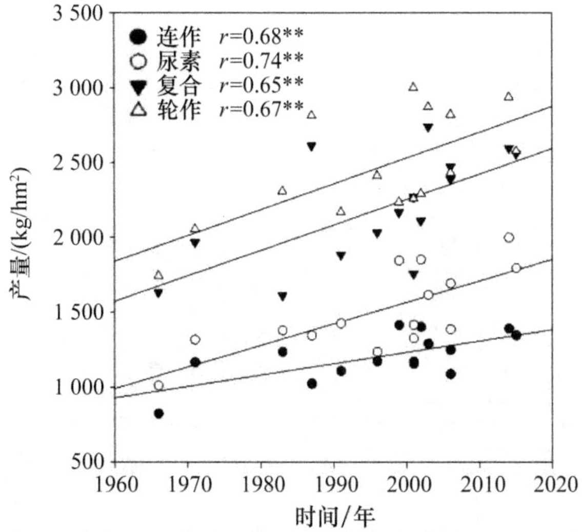

* 表示有显著性差异($P< 0.05$)；* * 表示有极显著性差异($P<0.01$)；*ns* 表示没有显著性差异。

图 1　不同施肥和轮作条件下大豆品种的产量

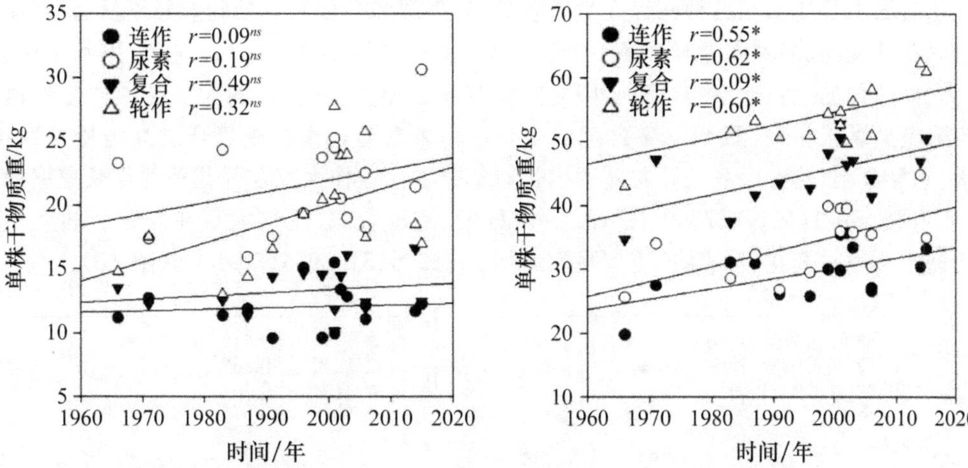

A.开花前　　B.开花后

* 表示有显著相关($P<0.05$)；* * 表示有极显著相关($P<0.01$)；*ns* 表示不相关。

图 2　不同施肥和轮作条件下的大豆品种在开花前和开花后的植株干物质积累

3.2.3　施肥和轮作种植对不同年代育成大豆品种光合速率的影响

开花前后的净光合速率在处理间、品种间、处理×品种间差异显著(表 2)。在轮作和连作下，开花前后的大豆品种的净光合速率与育种年限呈显著正相关关系(图 3)。各处理的净光合速率表现为轮作>施复合肥>施尿素>连作。施尿素、施复合肥、轮作大豆在开花前的净光合速率分别比连作大豆在开花前的净光合速率平均增加 5.18%、7.33%、16.66%(图 3A)。施尿素、施复合肥、轮作大豆在开花后的净光合速率比连作大豆在开花后的净光合速率平均增加 6.07%、12.27%、7.95%(图 3B)。

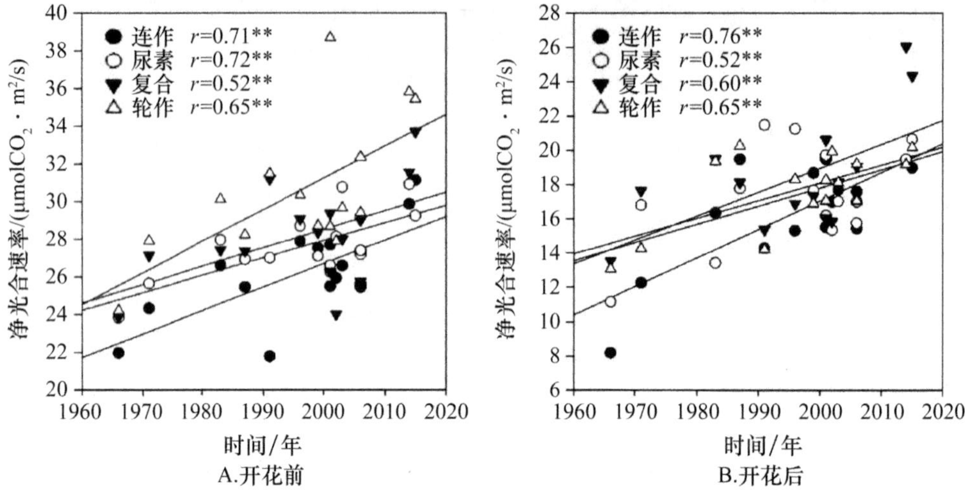

图 3　不同施肥条件下不同年代的育成大豆品种在开花前和开花后光合速率的影响

3.2.4　施肥和轮作种植对不同年代育成大豆品种作物生长速率的影响

开花前的生长速率在品种间存在显著差异,处理间和处理×品种间差异不显著;开花后的生长速率在处理间、品种间差异显著,处理×品种间差异不显著(表 2)。在轮作和连作下,开花前的大豆品种的生长速率与育种年限之间没有显著相关,开花后的大豆品种的生长速率与育种年限呈显著正相关(图 4)。各处理的生长速率表现为轮作>施复合肥>施尿素>连作。施尿素、施复合肥、轮作大豆在开花前的生长速率分别比连作大豆在开花前的生长速率的平均增加 12.78%、59.14%、70.78%(图 4A)。施尿素、施复合肥、轮作大豆在开花后的生长速率分别比连作大豆在开花后的生长速率平均增加 13.89%、81.89%、81.89%(图 4B)。

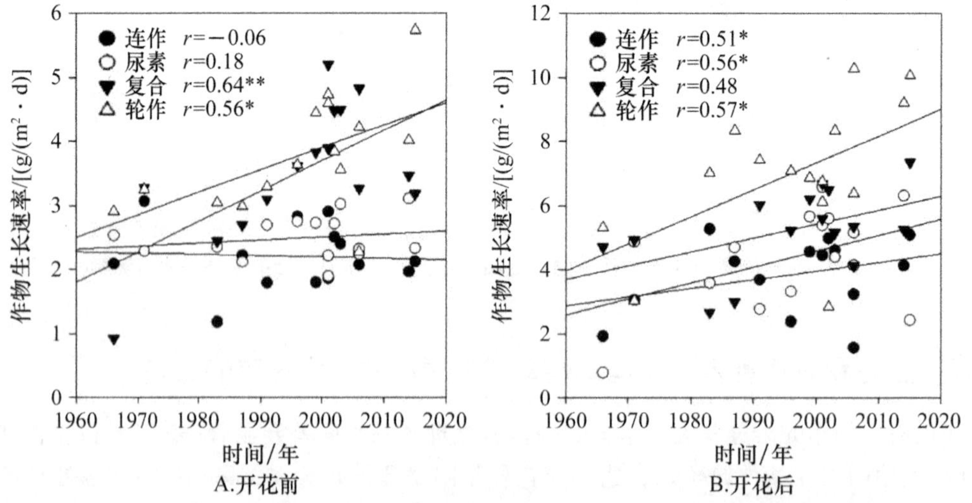

图 4　不同施肥和轮作种植条件下大豆品种在开花前和开花后的作物生长速率(CGR)

3.2.5　施肥和轮作种植对不同年代育成大豆品种光热资源利用效率的影响

开花前的光能利用率在处理、品种、处理×品种的差异显著;开花后的光能利用率在处理间、品种的差异显著，处理×品种的差异不显著(表 2)。在轮作和连作下，开花前后的大豆品种的光能利用率与育种年限呈显著正相关(图 5)。各处理的光能利用率表现为轮作>施复合肥>施尿素>连作。施尿素、施复合肥、轮作大豆在开花前的光能利用率比连作大豆在开花前的光能利用率平均增加 5.8%、20.89%、22.47%(图 5A)。施尿素、施复合肥、轮作大豆在开花后的光能利用率比连作大豆在开花后的光能利用率平均增加 17.78%、44.84%、80.54%(图 5B)。

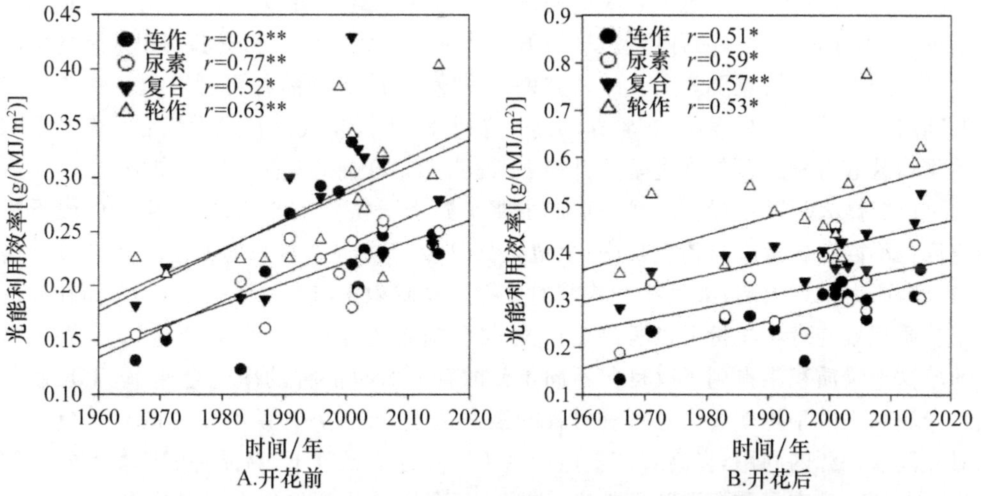

图 5　不同施肥和轮作种植条件下大豆品种在开花前和开花后的光能利用率(RUE)

降水利用效率和积温利用效率在品种间和处理间存在显著差异，处理×品种间差异不显著(表 2)。在轮作和连作下，不同年代的育成大豆品种的积温利用率和水分利用率与育种年限呈显著的正相关(图 6)。各处理的积温利用率和水分利用率表现为轮作>施复合肥>施尿素>连作。施尿素、施复合肥、轮作大豆的积温利用率分别比连作大豆的积温利用率平均增加 23.31%、81.21%、114.08%(图 6A)；施尿素、施复合肥、轮作大豆的水分利用率比连作大豆的水分利用率平均增加 23.31%、81.21%、114.08%(图 6B)。

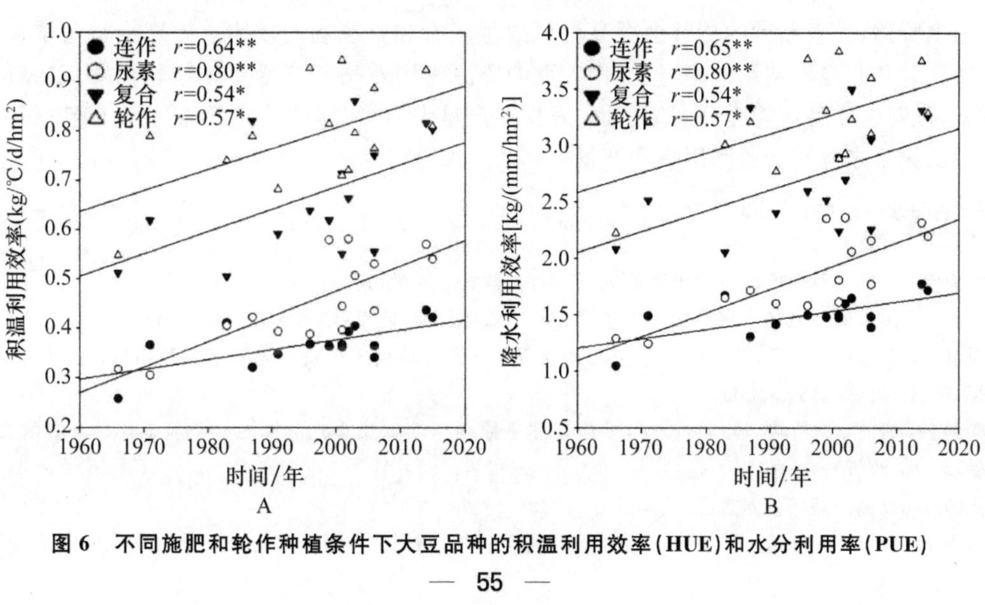

图 6　不同施肥和轮作种植条件下大豆品种的积温利用效率(HUE)和水分利用率(PUE)

3.3 讨论与结论

东北是我国大豆的主产区，提高该地区大豆生产力可以缓解我国大豆供给矛盾。近年来，集约化种植，东北地区种植模式越来越单一，大豆连作种植方式的普遍存在导致出现农田生物多样性下降，土壤酸化和养分的偏消耗等环境负效应，进而影响大豆的产量。缓解大豆连作障碍，提高大豆生产潜力，成为急需解决的问题。作物的产量由品种产量潜力、种植和栽培措施等因素决定，因此评估大豆品种更替、种植方式及施肥对大豆生产和资源利用效率的影响对于提高大豆生产潜力具有重要意义。本研究评估了轮作、施肥和品种更替对大豆物质生产能力和资源利用的影响。结果表明，在轮作和连作条件下，不同年代的育成大豆品种的产量和单株干物质重均随着育种进程的推进呈上升趋势，说明无论在轮作，还是在连作条件下，大豆品种更替均可以提高大豆的产量。产量的形成主要来源于干物质生产，而不同生长阶段干物质积累的速度也不同。在玉米遗传改良中，生殖生长阶段干物质积累的增加是玉米产量增加的主要因素。本研究结果表明，大豆在开花前的单株干物质积累与育种年份不相关，而在开花后的单株干物质积累与育种年份呈显著的正相关，说明随着遗传改良和品种更替，大豆在生殖生长阶段的单株干物质积累得到了改良。不同年代的育成大豆品种的净光合速率、生长速率以及光温水资源利用效率均随着大豆育种进程的推进呈上升的趋势，说明大豆的品种更替会提高大豆对光温水资源的利用，提高其产量生产潜力。在连作条件下，新品种的产量和资源利用效率要高于老品种的产量和资源利用效率，说明大豆品种改良会增加大豆对连作的耐受能力，提高连作大豆的产量。

肥料的使用在作物连续获得高产方面发挥着重要的作用。在连作条件下，施肥会显著的提高大豆的产量、生长速率、干物质重、净光合速率和光温水能量利用效率，其中，复合肥的增产率及资源利用效率要显著地高于尿素的增产率及资源利用效率，说明连作土壤多种养分均发生偏消耗，补给多种养分能更好地缓解连作障碍。但轮作的产量、干物质积累及资源利用效率均要高于连作施肥处理，说明大豆易受连作影响，通过轮作种植能更好地发挥大豆品种的产量潜力。

综上所述，大豆品种的更替会提高大豆的生产力和资源利用效率。施肥会显著增加连作大豆的产量和光温水利用效率，但连作大豆的资源利用效率和产量要小于轮作大豆的资源利用效率，说明轮作种植能充分利用资源，发挥其产量潜力；在连作条件下，需要选用新品种和增施适量的化肥来提高资源利用率和产量。

参考文献

[1] 郭天宝. 中国大豆生产困境与出路研究. 长春：吉林农业大学，2017

[2] 孙爽. 中国不同区域冬小麦产量潜力及资源利用效率研究. 北京：中国农业大学，2018

[3] 周宝元，王志敏，岳阳，等. 冬小麦-夏玉米与双季玉米种植模式产量及光温资源利用特征比较. 作物学报，2015，41(9)：1393-1405

[4] 杨鹏宇，胡琦，马雪晴，等. 1961—2015 年华北平原夏玉米生长季光热资源变化及其影响. 中国农业气象，2018，39(7)：431-441

[5] 盛帅. 大豆高产栽培技术规程. 河南农业，2020(31)：49-50

[6] 马小龙，佘旭，王朝辉，等. 旱地小麦产量差异与栽培、施肥及主要土壤肥力因素的关系. 中国农业科学，

2016(24):4757-4771

[7] WU X, ZHAO Q, ZHAO J, et al. Different continuous cropping spans significantly affect microial community membership and structure in a vanilla-grown soil as revealed by deep pyrosequencing. Microbial Ecology,2015, 70(1):209

[8] LIU X, LI Y, HAN B, et al. Yield response of continuous soybean to one-season crop disturbance in a previous continuous soybean field in Northeast China. Field Crops Research,2012,138:52-56

[9] MACHADO S, PETRIE S, RHINHART K, et al. Long-term continuous cropping in the Pacific Northwest: tillage and fertilizer effects on winter wheat, spring wheat, and spring barley production. Soil & Tillage Research,2007, 94(2):473-481

[10] SPECHT, JAMES E, DIERS,et al. Soybean Yield gains in major US field crops,2014, 33:311-355

[11] 柏延文，张宏军，朱亚利，等. 不同株型玉米冠层光氮分布、衰老特征及光能利用对增密的响应. 中国农业科学,2020, 53(15):3059-3070

[12] 徐杰，周帅，刘灵艳，等. 收播期调控对小麦-玉米周年产量及资源利用效率的影响. 山东农业科学, 2020, 52(10):100-107

[13] KOESTER ROBERT P, SKONECZKA JEFFREY A, CARY TROY R,et al. Historical gains in soybean (Glycine max Merr.) seed yield are driven by linear increases in light interception, energy conversion, and partitioning efficiencies,2014, 65(12):3311-3321

[14] 侯荣娜，戴旭宏. 中美贸易战视角下振兴东北地区大豆产业发展的政策选择. 农村经济,2019(12): 26-32

[15] 王金龙，徐冉，王彩洁，等. 大豆连作条件下土壤环境的变化及其危害. 山东农业科学,2005(2):54-57

[16] 杨晓龙. 不同生育期干旱胁迫对水稻产量品质影响的生理机制研究. 武汉:华中农业大学,2019

[17] ZHAO J, YANG X, LIN X, et al. Radiation interception and use Efficiency contributes to higher yields of newer maize hybrids in northeast China. Agronomy Journal,2015,107(4)

[18] 徐春丽，谢军，王珂，等. 中国西南地区玉米产量对基础地力和施肥的响应. 中国农业科学,2018, 51(1):129-138

[19] 武凤霞，应梦真，李吉进，等. 不同施肥种类对玉米产量及土壤性状的影响. 江苏农业科学,2019, 47(3):55-60

第3章
轮作的土壤养分与水分效应

1 东北黑土区苜蓿-玉米轮作对作物产量、水分利用及经济效益的影响①

摘　要：为解决长期集约化种植造成的黑土生产力下降问题，急需在东北玉米带进行种植制度调整。为此，本研究于2014—2018年在吉林梨树开展了苜蓿-玉米轮作和不同种植位置的田间试验，对不同种植模式下的土壤耗水量、作物产量和经济效益进行了评价。3种种植模式分别为玉米连作(CC)、苜蓿连作(CA)和3年苜蓿轮作2年玉米(3A2C)。在2017年和2018年的3A2C处理中，玉米分为在原种植苜蓿的行(R)和行间(IR)种植两种种植模式。其结果如下：种植苜蓿增加了农民的收入，其中苜蓿连作处理5年的总收入比玉米连作处理5年的总收入高41%。CA处理蒸散量(*ET*)与CC处理的蒸散量无显著差异。CA处理5年的生物量水利用效率(WUE_B)比CC处理5年的生物量水利用效率低48%。3A2C处理提高了玉米叶面积指数、生物量和产量。2017年，3A2C处理的玉米产量比CC处理的玉米产量高8%。3A2C处理5年的净收入比CC处理的5年净收入增加了24%。在苜蓿灭除后，第一年种植玉米就降低了*ET*。2017年，3A2C处理*ET*比CC处理*ET*低12%。3A2C处理WUE_B在2017年和2018年分别比CC处理WUE_B高18%和14%。在上茬苜蓿行种植玉米的产量分别比在苜蓿茬行间种植玉米的产量高4%和6%，WUE_B则分别高12%和18%，因此在东北玉米带实行3年苜蓿2年玉米轮作模式，且玉米在苜蓿茬上种植可以给农民带来更高的经济收益。

关键词：苜蓿玉米轮作；行位置；作物产量；水分消耗；经济收益

东北玉米带是中国最大的商品粮生产基地，玉米种植面积占全国种植面积的30%，产量占全国玉米总产量的34%。黑土是东北玉米带最肥沃的土壤类型之一。然而，近年来长期的集约化耕作导致黑土生产力下降，土壤侵蚀加剧，该地区农业的可持续发展受到严重制约。

紫花苜蓿是一种多年生深根豆科作物，蛋白质含量高，牧草产量潜力大。紫花苜蓿在农业生产系统中具有重要的功能，如保持土壤水分，改善土壤结构，提高土壤肥力等。在作物轮作系统中引入苜蓿可以提高作物产量和经济效益，改善土壤的理化性质，抑制杂草生长，有效防止或减少土壤风蚀和水蚀。Singer等(2003)发现，苜蓿被纳入轮作系统可以显著提高土地回报率。Hesterman等(1986)同样发现，2年苜蓿-玉米轮作可以增加优质牧草产量和经济收益。Pikul等(2012)在美国南达科他州的研究发现，玉米-大豆-燕麦/豌豆干草

① 作者：孙涛、李子忠*、武琦、盛婷婷、杜梦雅、张飞霞、彭育星；通信作者：李子忠(中国农业大学土地科学与技术学院，教授，博导，主要从事农田水分循环及水资源高效利用，E-mail：zizhong@cau.edu.cn)。

(与紫花苜蓿伴生)-紫花苜蓿—紫花苜蓿 5 年轮作的水分利用效率高于玉米 5 年连作的水分利用效率。

苜蓿-玉米轮作模式在世界各地已经被广泛应用。在美国宾夕法尼亚州，Grover 等(2009)通过 16 年的田间试验发现，4 年玉米- 4 年紫花苜蓿轮作的产量比连作玉米的产量高。Stanger 和 Lauer(2008)在美国威斯康星州西南部进行的一项 35 年的研究中发现，苜蓿-玉米轮作同样可以提高玉米产量。Liebman 等(2008)的研究表明，在美国中部玉米带(艾奥瓦州)的不同轮作制度中，4 年玉米-大豆-(小粮＋苜蓿)-苜蓿轮作的净收益为最大。Jarecki 等(2018)在加拿大进行的一项 35 年的试验中发现，在玉米轮作系统中加入多年生苜蓿可以获得更高的作物产量。中国苜蓿种植主要集中在西北干旱区，在该地区的苜蓿与其他作物轮作种植的目的是减少苜蓿长期种植造成的土壤干层。在中国东北玉米带，苜蓿-玉米轮作模式主要用于中低产田，而在高产的黑土区则很少应用，因此是否可以在东北玉米带通过引入苜蓿，实施苜蓿-玉米轮作来保持和恢复中国黑土的生产力，还需要进一步研究。

在农业生产系统中，作物成行种植可能会导致土壤水分和养分的在作物行内存在很大的空间变异。Van Wesenbeeck 和 Kachanoski(1988)的研究表明，根系在作物种植行吸收水分最多，行间土壤的含水量大于行内土壤的含水量。Timlin 等(2001)研究表明，行内土壤的水分和蒸发均显著大于行间土壤的水分和蒸发。然而，只有少数人在农业生产中考虑这些差异。Verrell 等(2005)发现，在鹰嘴豆-小麦-小麦体系中行间种植比行内种植增产9%。Garrett 等(2004)使用了一种数学建模方法发现，谷物在先前作物的行间种植可以减少产量损失。Davies 等(2008)发现，当小麦种在上茬行内时，小麦根腐病并没有减弱。Davies 等(2012)同样发现，当小麦种在上茬羽扇豆的行内时，出苗率是种在行间的 2～6 倍。由于苜蓿是直根系作物，苜蓿种植可能会导致苜蓿行内土壤条件存在空间发生变异。在紫花苜蓿-玉米轮作系统中，玉米是应该在上茬紫花苜蓿行内种植，还是行间种植，还需要进一步研究。

为此，本研究在东北玉米带设置了苜蓿-玉米轮作试验。其主要目标如下：①评估苜蓿-玉米轮作模式对作物生物量、产量、耗水量、水分利用效率及经济效益的影响；②在轮作系统中，摸清玉米在上茬苜蓿行内和行间种植对作物生物量、产量、耗水量、水分利用效率及经济效益的影响。

1.1 材料与方法

1.1.1 试验地点

试验地点位于吉林省四平市梨树县的中国农业大学吉林梨树试验站(124°26′10′E，43°16′45′N，海拔为 196 m)，该地点属于北温带半湿润大陆性季风气候。年平均日照为2 678.9 h，太阳辐射年总量为 517.941 kJ/cm^2，年平均气温为 5.9 ℃，年平均降水量为559.2 mm，且主要集中在 6 月、7 月、8 月，占全年降水量的 68%，平均年蒸发量为 808 mm，平均无霜期为 142 d，作物生长季为 5—9 月。土壤为薄层黑土，土层厚 2 m 以上，具体土壤理化性质见表 1。

表 1　试验地基本土壤理化性质

土层/cm	土壤质地/%			容重/(g/cm³)	饱和导水率/(cm/d)	田间持水量/(cm³/cm³)	萎蔫含水量/(cm³/cm³)	有机质/(g/kg)	全氮/(g/kg)	速效磷/(mg/kg)	速效钾/(mg/kg)	pH
	砂粒	粉粒	黏粒									
0～27	16.2	46.4	37.4	1.50	1.43	0.37	0.21	16.6	1.66	38.3	144.1	6.7
27～93	13.5	49.9	36.7	1.40	1.10	0.37	0.20	8.4	0.91	13.6	79.1	6.8
93～137	18.0	51.3	30.7	1.53	1.88	0.34	0.17	4.8	0.63	19.6	99.1	6.9
137～162	21.5	51.0	27.5	1.69	0.03	0.32	0.15	2.6	0.43	13.3	99.1	6.9
162～200	22.4	51.0	26.6	1.61	0.02	0.31	0.15	4.1	0.42	12.5	99.1	6.9

2014—2018 年全年降水量分别为 507.9 mm、412.7 mm、793.5 mm、519.0 mm、559.2 mm。生育期内（5—9 月）的降水量分布为 463.4 mm、307.2 mm、660.6 mm、478.4 mm、465.2 mm，1980—2013 年玉米在生育期的平均降水量为 469.1 mm。每年降水情况用降水距平百分率（PAP）来描述[（每年实际降水量－平均降水量）/平均降水量×100%]。降水年型分为干旱年（PAP＜－15%）、正常年（－15%≤PAP≤15%）和湿润年（PAP＞15%）。2014 年、2017 年和 2018 年均为正常年，2015 年为干旱年，而 2016 年为湿润年。2014 年湿润月份包括 5 月、6 月和 9 月，干旱月份包括 7 月和 8 月；2015 年湿润月份仅为 5 月，而干旱月份包括 7 月和 9 月；2016 年干旱月份只有 7 月，而湿润月份为 5 月、6 月和 9 月；2017 年湿润月份为 5 月和 9 月，而干旱月份仅为 6 月；2018 年湿润月份仅为 8 月，而干旱月份为 5 月和 6 月（图 1）。

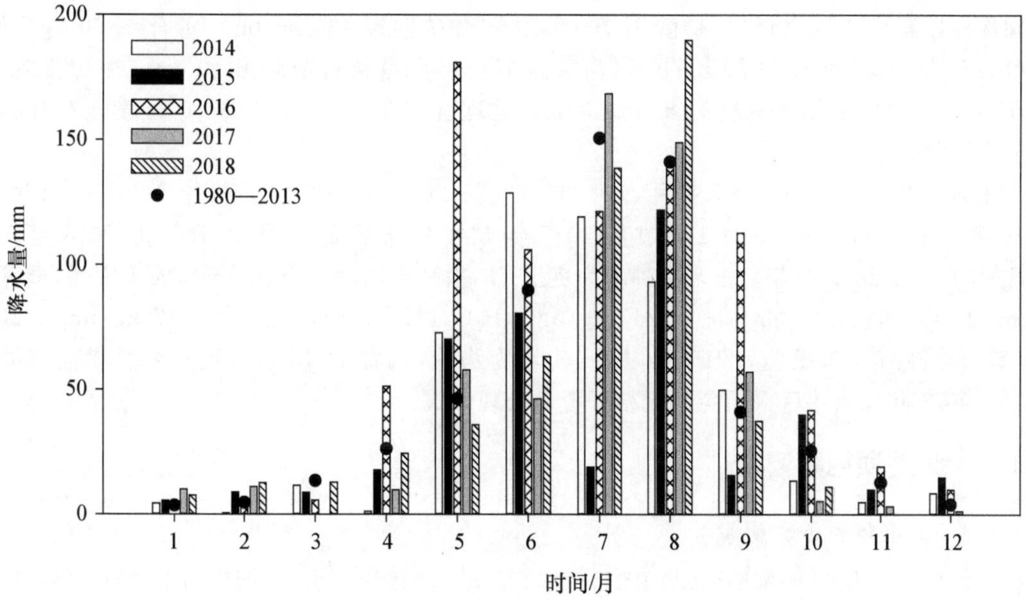

图 1　2014—2018 年及 1980—2013 年试验所在地的平均降水量

1.1.2　试验设计

试验从 2014 年开始，采用裂区设计，主区包括玉米连作（CC）、苜蓿连作（CA）和 3 年苜蓿 2 年玉米轮作（3A2C）。从 2017 年开始在每个苜蓿与玉米轮作（3A2C）小区，玉米种植分为上茬苜蓿原行种植（R）和行间种植（IR）两种方式。具体种植方式见图 2。所有处理的玉米行距均为 60 cm，株距为 27.8 cm，苜蓿行距为 30 cm。每个处理 3 次重复。每个小区面积为

154 m^2(16 m×9.6 m)，小区间设 1 m 的保护行。

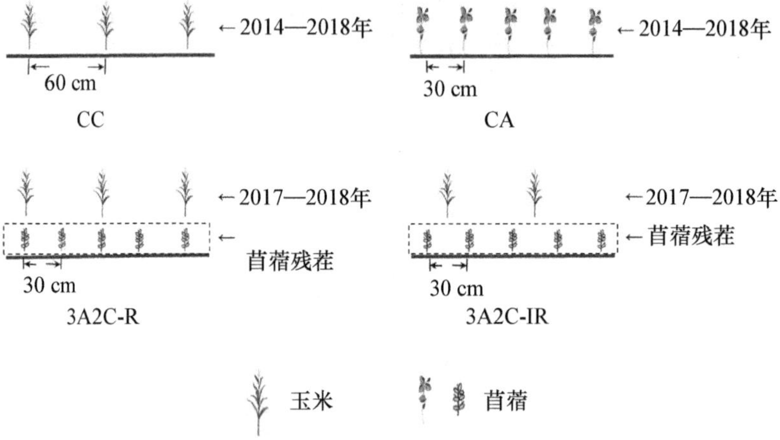

图 2　不同田间种植模式

1.1.3　田间管理

紫花苜蓿于 2014 年 5 月 3 日播种，人工条播，播深为 2～3 cm，品种为公农 1 号，播量为 20 kg/hm^2。播种前，用旋耕机旋耕土壤，耕作深度为 15 cm，旋耕前，一次性撒施控释肥折合纯 N 260 kg/hm^2，P_2O_5 112 kg/hm^2 和 K_2O 112 kg/hm^2。2015—2018 年在苜蓿返青期一次性行间沟施尿素 110 kg/hm^2，过磷酸钙 750 kg/hm^2 和硫酸钾 135 kg/hm^2，折合 N 50 kg/hm^2，P_2O_5 125 kg/hm^2 和 K_2O 70 kg/hm^2，沟深为 10 cm，距苜蓿行距离为 10 cm。在初花期(开花 10%以上)刈割，留茬高度为 5 cm。3A2C 处理苜蓿在 2017 年 5 月 10 日喷施草甘膦和 2,4-D 灭除。

玉米于 2014 年 5 月 10 日播种，9 月 26 日收获；2015 年 5 月 16 日播种，10 月 10 日收获；2016 年 5 月 9 日播种，10 月 1 日收获；2017 年 5 月 11 日播种，9 月 29 日收获；2018 年 5 月 6 日播种，9 月 26 日收获。玉米品种均为良玉 66，播种密度为 6 万株/hm^2，人工穴播，播深为 5 cm，肥料采用控释肥，折合纯 N 260 kg/hm^2，$P_2O_5$112 kg/hm^2 和 K_2O 112 kg/hm^2。2014 年，其为旋耕前人工撒施，2015 年以后，其均为沟施，沟深为 10 cm，距玉米种植行 5 cm。2015—2018 年所有小区采用免耕无秸秆覆盖处理方式。

1.1.4　测定项目和方法

1.1.4.1　土壤体积含水量

用时域反射仪(TRIME-PICO IPH，德国)测定土壤体积含水量，深度为 140 cm，每一层为 20 cm；每 7 天测定一次。在明显降水后，加测一次，行内、行间各埋设一根测管。

1.1.4.2　农田蒸散量

农田蒸散量采用农田水分平衡方程来计算：

$$ET=\Delta SW+P+I-D-R+CR$$

式中：ET 为作物蒸散量(mm)；ΔSW 为 0～140 cm 土壤贮水量的变化(生育期初始贮水量与生育期末贮水量的差)；P 为降水量(mm)；I 为灌溉量(为保证玉米出苗，所有小区仅在 2018

年 5 月采用微喷灌灌水 40 mm)；R 为径流量(mm)，由于试验小区地势平坦，径流忽略不计；CR 为地下水上升量(mm)，由于该地区地下水位超过 10 m，因此地下水上升量忽略不计；D 为土体下边界(140 cm)水分渗漏量。渗漏量采用以下公式计算：

$$D\begin{cases}0 & SW+P\leqslant FC\\ SW+P-FC & SW+P>FC\end{cases}$$

式中：SW 为土壤 0～140 cm 贮水量；FC 为田间持水量。

1.1.4.3　叶面积

用叶面积仪(LI-3100C, LI-COR, USA)在 V6、V12、R1、R3 和 R6 时期测定所有叶片绿叶面积，每个小区随机选取 3 棵玉米。

1.1.4.4　生物量

玉米在 V3、V6、V12、R1、R3 和 R6 时期，每个小区选取 3 株玉米，105 ℃ 杀青 1 h，之后在 75 ℃ 烘箱中烘干至恒重，称重。在苜蓿每一茬 V 和 F 时期，每小区量取长为 2 m 的两行，用镰刀距地面 0 cm 割下，放在 105 ℃的烘箱中杀青 15 min，之后置于 65 ℃恒温下烘干至恒重，称重，测得苜蓿每一茬干物质积累量。

1.1.4.5　生物量水分利用效率

生物量水分利用效率(WUE_B)用以下公式计算为：

$$WUE_B=\frac{Y_B}{ET}$$

式中：WUE_B为生物量水分利用效率[kg/(hm^2 · mm)]；Y_B为苜蓿或玉米生物量(kg/hm^2)；ET 为生育期蒸散量(mm)。

1.1.4.6　产量

1. 玉米测产

玉米收获前在每个小区选取 12 m^2(5 m，4 行)进行测产，同时测定种植密度，确定区域内玉米株数和空秆数，所有玉米脱粒称重，按测产面积折算公顷产量，最后将产量换算为水分含量为 14%的标准值。

2. 苜蓿测产

在苜蓿初花期，每小区量取长为 2 m 的两行，用镰刀距地面 5 cm 割下，放在 105 ℃的烘箱中杀青 15 min，然后 65 ℃恒温下烘干至恒重，称重，测得苜蓿干物质积累量，最后换算为水分含量为 14%的标准值。苜蓿产量用以下公式换算为玉米等价产量(Y_E)：

$$Y_E=\text{苜蓿产量}\times\text{苜蓿价格}/\text{玉米价格}$$

式中：Y_E 为玉米等价产量(kg/hm^2)；苜蓿价格/玉米价格均为当年港口到岸价格(元/kg)。

1.1.4.7　经济效益

苜蓿与玉米轮作系统的经济效益计算公式如下：

$$\text{净收益}=\text{作物产量}\times\text{苜蓿或玉米价格}-\text{总投入}$$

式中：总投入包括玉米或苜蓿种子、化肥、农药、机械和人工投入(元/kg)；苜蓿或玉米价格均为当年当地市场价格(元/kg)。

1.1.5 统计分析

所有数据采用 SAS 9.2 进行统计分析，各生育期内的作物叶面积指数、生物量、产量、蒸散量、耗水量和经济效益等均采用 SAS 中的 PROC GLM 过程进行方差分析，其中处理和区组为固定因子。采用最小显著极差法(LSD)在 0.05 水平下比较不同处理平均值差异。所有图片采用 SigmaPlot 12.5 制作。

1.2 结果与分析

1.2.1 玉米叶面积指数

年份、玉米生育时期和种植模式及其交互作用均对玉米叶面积指数有显著影响。2017 年，3A2C 处理在 R1 和 R6 时期的玉米叶面指数分别比 CC 处理在 R1 和 R6 时期的玉米叶面指数高 5%和 56%；2018 年，3A2C 处理在玉米 V12、R3 和 R6 时期则分别比 CC 处理在玉米 V12、R3 和 R6 时期高 35%、9%和 13%。2017 年，3A2C-R 处理在玉米 R1 时期的叶面积指数比 3A2C-IR 处理在玉米 R1 时期的叶面积指数高 13%；2018 年，3A2C-R 处理在玉米 V6、V12 和 R3 时期的叶面积指数分别比 3A2C-IR 处理在玉米 V6、V12 和 R3 时期的叶面积指数高 60%、7%和 14%(图 3)。

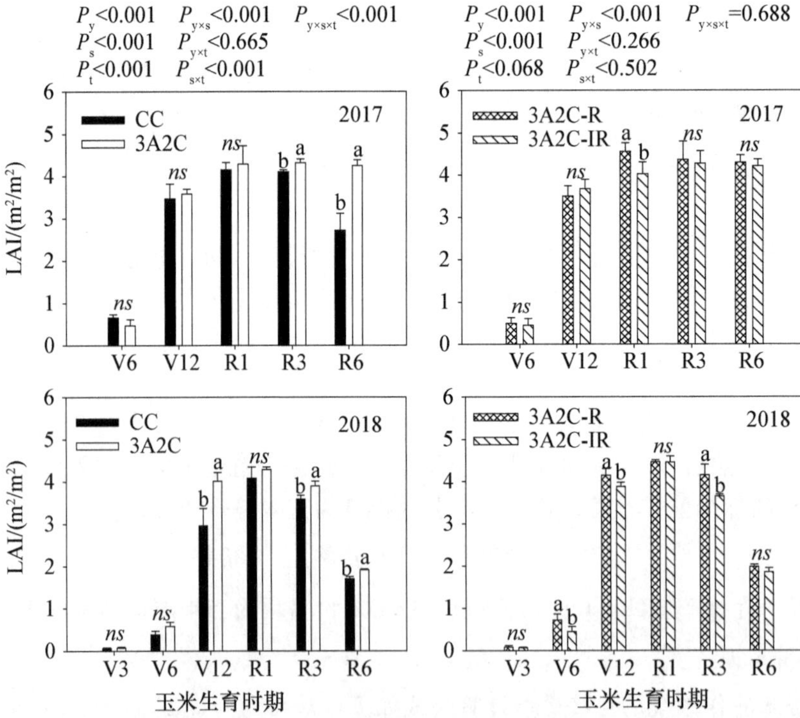

CC. 玉米连作；3A2C. 3 年苜蓿 2 年玉米轮作；3A2C-R. 玉米种在 3A2C 处理前茬行上；3A2C-IR. 玉米种在 3A2C 处理前茬行间。同一栏不同小写字母代表 $P<0.05$ 水平上差异显著。

图 3 不同种植模式对玉米叶面积指数(LAI)的影响

1.2.2　地上部分干物质积累量

1. 玉米地上部生物量受年份、生育时期、种植模式及其相互作用的影响

2017 年，3A2C 处理在 R3 和 R6 时期的玉米地上部生物量分别比 CC 处理在 R3 和 R6 时期的玉米地上部生物量高 9%和 5%。2018 年，3A2C 处理在 V3、V6、V12、R1、R3 和 R6 时期的玉米地上部生物量则分别比 CC 处理在 V3、V6、V12、R1、R3 和 R6 时期的玉米地上部生物量高 53%、55%、31%、31%、17%和 15%。年份、生育时期、种植位置及其交互作用(年份×生育时期×种植位置除外)均对玉米地上生物量有显著影响。2017 年，3A2C-R 处理在 V6、R1、R3 和 R6 时期的玉米地上部生物量分别比 3A2C-IR 处理在 V6、R1、R3 和 R6 时期的玉米地上部生物量高 7%、32%、7%和 8%；2018 年，3A2C-R 处理在 V12、R3 和 R6 时期的玉米地上部生物量则分别比 3A2C-IR 处理在 V12、R3 和 R6 时期的玉米地上部分生物量高 28%、23%和 16%(图 4)。

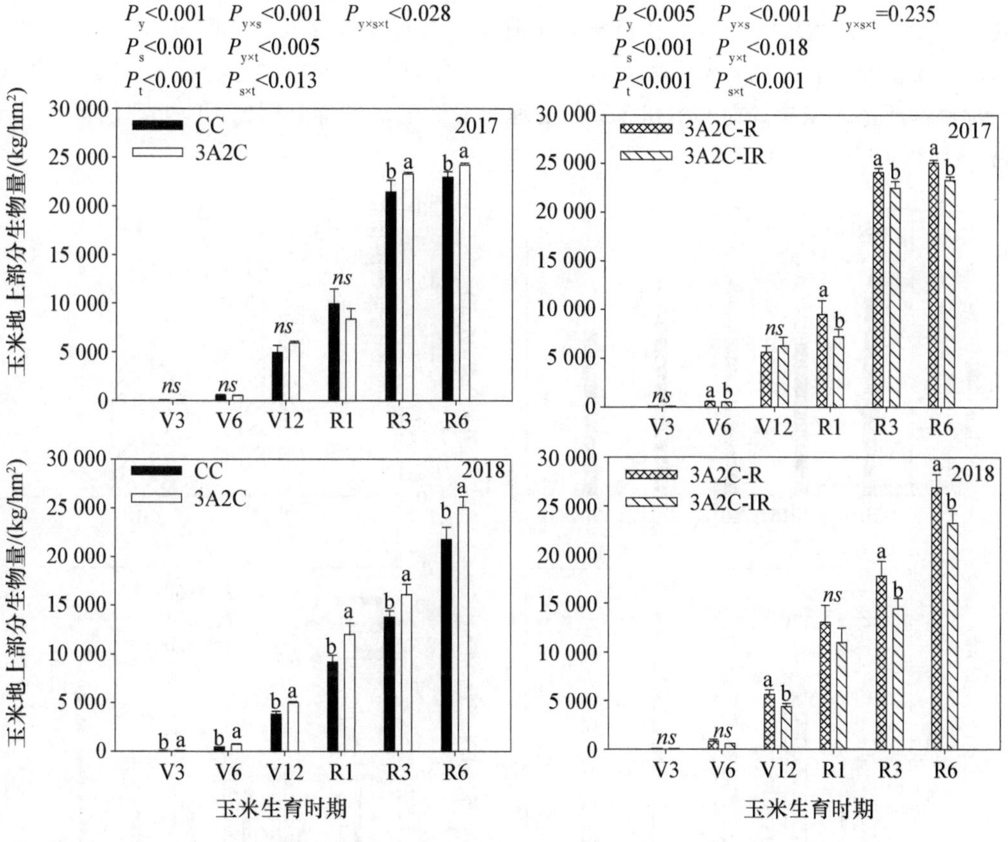

CC. 玉米连作；3A2C. 3 年苜蓿 2 年玉米轮作；3A2C-R. 玉米种在 3A2C 处理前茬行上；3A2C-IR. 玉米种在 3A2C 处理前茬行间。同一栏不同小写字母代表 $P<0.05$ 水平上差异显著。

图 4　不同种植模式对玉米地上部分干物质积累量的影响

2. 不同种植模式地上部总生物量受年份、种植模式及其交互作用的影响

2014—2016 年，CA 和 3A2C 处理的平均地上部总生物量分别比 CC 处理的平均地上部总

生物量低 78%和 35%。3A2C 处理的在灭除苜蓿后种植的玉米增加了地上部分生物量。2017—2018 年,3A2C 处理的地上部总生物量分别比 CC 处理的地上部总生物量高 5%和 15%。CA 和 3A2C 处理的 5 年地上部总生物量分别比 CC 处理的 5 年地上部总生物量低 48%和 31%。2017—2018 年,3A2C-R 处理的地上部生物量分别比 3A2C-IR 处理的地上部生物量高 8%和 16%(表 2)。

1.2.3 产量

2014—2018 年,苜蓿产量呈现先升后降的趋势,在 2017 年达到最大值。2014—2016 年,CA 和 3A2C 处理的苜蓿产量无差异。2017 年,3A2C 处理的玉米产量比 CC 处理的玉米产量高 7.8%;2018 年,CC 和 3A2C 处理的玉米产量无差异。2017—2018 年,3A2C-R 处理的玉米产量分别比 3A2C-IR 处理的玉米产量高 4%和 6%。不同种植年限、种植模式及其互作对等价玉米产量影响显著。2014 年,紫花苜蓿建植仅一年,CA 处理的等价玉米产量就低于 CC 处理的等价玉米产量。2015—2018 年,CA 处理的等价玉米产量分别比 CC 处理的等价玉米产量高 72%、41%、125%和 72%。在苜蓿灭除前,CA 处理的等价玉米产量与 3A2C 处理的等价玉米产量无差异。在紫花苜蓿灭除后,2017—2018 年,3A2C 处理的等价玉米产量与 CC 处理的等价玉米产量无差异。而 CA 和 3A2C 处理的等价玉米产量分别比 CC 处理的等价玉米产量高 49%和 13%(图 5)。

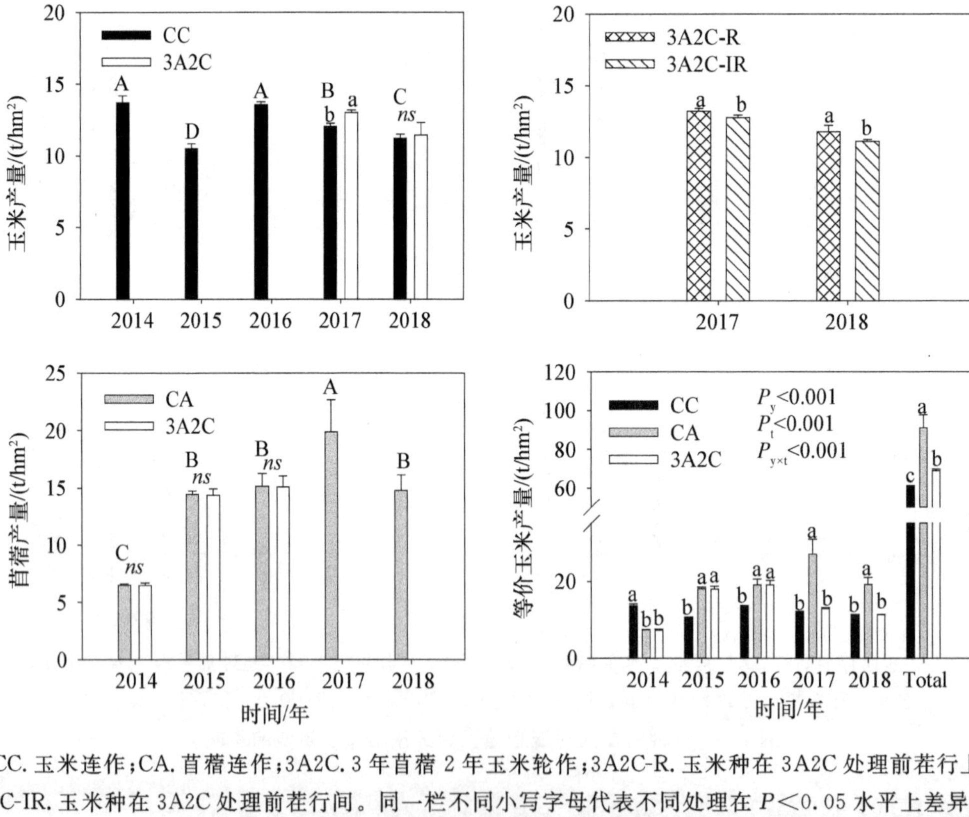

CC. 玉米连作;CA. 苜蓿连作;3A2C. 3 年苜蓿 2 年玉米轮作;3A2C-R. 玉米种在 3A2C 处理前茬行上;3A2C-IR. 玉米种在 3A2C 处理前茬行间。同一栏不同小写字母代表不同处理在 $P<0.05$ 水平上差异显著,不同大写字母代表同一处理在不同年份间差异显著($P<0.05$)。

图 5 不同种植模式对玉米产量的影响

1.2.4　蒸散量

1. 土壤耗水量受年份和年份×种植模式交互作用的影响

2014—2016 年，CA 处理比 CC 处理消耗了更多的水分；2017—2018 年，CC 处理的耗水量与 CA 处理的耗水量无差异。在灭除苜蓿后，第一年种植玉米就降低了土壤水分的消耗。2017 年，3A2C 处理的土壤耗水量比 CC 处理的土壤耗水量少 58%，CC、CA 和 3A2C 处理的 5 年总土壤耗水量无差异。

2. *ET* 受年份和年份×种植模式交互作用的影响

2014 年，在紫花苜蓿建植第一年，CC 处理的 *ET* 与 CA 处理的 *ET* 的无差异。2015—2016 年，CA 处理的 *ET* 分别比 CC 处理的 *ET* 高 4%和 7%。2017—2018 年，CC 处理的 *ET* 与 CA 处理的 *ET* 无差异。2017 年，在灭除苜蓿后，第一年种植玉米就降低了 *ET*，3A2C 处理的 *ET* 比 CC 处理的 *ET* 低 11%。CC、CA 和 3A2C 处理的 5 年总 *ET* 无差异(表 2)。

1.2.5　水分利用效率

2014—2016 年，CA 和 3A2C 处理的平均 WUE_B 分别比 CC 处理的平均 WUE_B 低 79%、38%和 54%。在灭除苜蓿后，种植玉米就增加了 WUE_B。2017—2018 年，3A2C 处理的 WUE_B 分别比 CC 处理的 WUE_B 高 18%和 14%。与 CC 处理相比，CA 和 3A2C 处理的 5 年 WUE_B 分别降低了 48%和 31%。2017—2018 年，3A2C-R 处理的 WUE_B 分别比 3A2C-IR 处理的 WUE_B 高 12%和 18%(表 2)。

表 2　不同种植模式对蒸散量和水分利用效率的影响

年份	种植模式	种植位置	△*SW*	*P*	*D*	*ET*	生物量/(t/hm²)	水分利用效率/[kg/(hm²·mm)]
			mm					
2014	CC†		139 b	456	0	595	26.14 a	43.94 a
	CA		156 a	456	6	606	5.61 b	9.25 b
	3A2C		142 ab	456	3	595	5.59 b	9.40 b
2015	CC		44 b	299	0	343 b	19.36 a	56.41 a
	CA		56 a	299	0	355 a	12.41 b	34.96 b
	3A2C		54 ab	299	0	353 ab	12.36 b	35.05 b
2016	CC		−64 b	626	0	563 b	26.73 a	47.50 a
	CA		−26 a	626	0	601 a	13.02 b	21.68 b
	3A2C		−27 a	626	0	599 a	12.99 b	21.68 b
2017	CC		72 a	412	0	484 a	22.95 a	47.68 b
	CA		58 ab	412	8	462 a	17.09 b	37.08 c
	3A2C	R	29	412	19	422	25.08*	59.69*
		IR	31	412	5	437	23.29	53.32
		平均值	30 b	412	12	430 b	24.18 a	56.40 a
2018	CC		39	454	0	533	21.79 a	42.63 b
	CA		−3	454	1	489	12.71 b	26.03 c
	3A2C	R	19	454	0	513	26.87*	52.49*
		IR	28	454	0	522	23.25	44.64
		平均值	24	454	0	517	25.06 a	48.51 a

续表2

年份	种植模式	种植位置	△SW	P	D	ET	生物量	水分利用效率
				mm			/(t/hm^2)	/[$kg/(hm^2 \cdot mm)$]
5年合计	CC		231	2 247	0	2 517	116.96 a	46.47 a
	CA		241	2 247	15	2 513	60.83 c	24.22 c
	3A2C		222	2 247	16	2 494	80.18 b	32.16 b
					——— $P>F$ ———			
年份			<0.001	—	0.122	<0.001	<0.001	<0.001
处理			0.735	—	0.381	0.596	<0.001	<0.001
年份×处理			0.003	—	0.588	0.003	<0.001	<0.001

注:†ΔSW 为生育期内 0～140 cm 土层土壤贮水量差异;P 为生育期降雨量;D 为 140 cm 土层下水分渗漏;ET 为总蒸散;CC 为玉米连作;CA 为苜蓿连作;3A2C 为 3 年苜蓿 2 年玉米轮作;R 为玉米种在前茬行上;IR 为玉米种在前茬行间。同一列不同小写字母代表 $P<0.05$ 水平上差异显著;"*"代表 R 和 IR 处理在 $P<0.05$ 水平上差异显著。

1.2.6 经济效益

1. 年份、种植模式及其交互作用对总收益均有显著影响

2014 年,紫花苜蓿仅种植一年,CA 和 3A2C 处理的总收益均低于 CC 处理的总收益。2015—2018 年,CA 处理的总收入分别比 CC 处理的总收入高 72%、41%、125%和 72%,CA 处理的 5 年总收入比 CC 处理的 5 年总收入高 41%。2015—2016 年,3A2C 处理的总收入分别比 CC 处理的总收入高 72%和 41%,3A2C 处理的 5 年总收入与 CC 处理的 5 年总收入无差异。2017—2018 年,3A2C-R 处理的总收入分别比 3A2C-IR 处理的总收入高 4%和 6%(表 3)。

2. 种植年限、种植模式及其交互作用对净收入均有显著影响

2014 年,CA 和 3A2C 处理的净收入均低于 CC 处理的净收入。2015—2018 年,CA 处理的净收入分别比 CC 处理的净收入高 133%、79%、262%和 151%。CA 处理的 5 年总净收入比 CC 处理的 5 年总净收入高 79%。2015—2016 年,3A2C 处理的净收入分别比 CC 处理的净收入高 132%和 78%,3A2C 处理的 5 年总净收入比 CC 处理的 5 年总净收入高 24%。2017—2018 年,3A2C-R 处理的净收入分别比 3A2C-IR 处理的净收入高 8%和 12%(表 3)。

表 3 不同种植模式对经济效益的影响

年份	种植模式	种植位置	总投入/(万元/hm^2)	总收入/(万元/hm^2)	净收入/(万元/hm^2)
2014	CC†		1.01	2.95 a	1.93 a
	CA		0.90	1.61 b	0.71 b
	3A2C		0.90	1.61 b	0.71 b
2015	CC		0.91	2.14 b	1.23 b
	CA		0.82	3.69 a	2.87 a
	3A2C		0.82	3.68 a	2.86 a

续表3

年份	种植模式	种植位置	总投入 /(万元/hm^2)	总收入 /(万元/hm^2)	净收入 /(万元/hm^2)
2016	CC		0.91	2.28 b	1.37 b
	CA		0.77	3.22 a	2.44 a
	3A2C		0.77	3.21 a	2.44 a
2017	CC		0.91	1.81 b	0.89 b
	CA		0.82	4.06 a	3.23 a
	3A2C	R	1.00	1.98*	0.98*
		IR	1.00	1.91	0.91
		平均值	1.00	1.9 b	0.95 b
2018	CC		0.91	1.85 b	0.94 b
	CA		0.82	3.18 a	2.35 a
	3A2C	R	0.91	1.94*	1.03*
		IR	0.91	1.84	0.92
		平均值	0.91	1.89 b	0.98 b
5 年合计	CC		4.67	11.03 b	6.36 c
	CA		4.14	15.75 a	11.61 a
	3A2C		4.41	12.33 b	7.92 b
				—— $P>F$ ——	
年份			<0.001	<0.001	<0.001
处理			<0.001	<0.001	<0.001
年份×处理			<0.001	<0.001	<0.001

注：† CC 为玉米连作；CA 为苜蓿连作；3A2C 为 3 年苜蓿 2 年玉米轮作；R 为玉米种在前茬行上；IR 为玉米种在前茬行间。同一列不同小写字母代表 $P<0.05$ 水平上差异显著；“ * ”代表 R 和 IR 处理在 $P<0.05$ 水平上差异显著。

1.3 讨论

1.3.1 不同种植模式下的作物产量

近年来，在间作和轮作制度中，等价产量被广泛应用于评价不同种植模式的产量效应。本研究将苜蓿干草产量转化为等价玉米产量，结果表明，2014 年，紫花苜蓿等价玉米产量低于玉米，2015—2018 年，CA 处理的等价玉米产量则均高于 CC 处理的等价玉米产量(图 5)。其原因可能是虽然在 2014 年苜蓿建植的第一年，苜蓿价格高于玉米，但是苜蓿干草产量较低。已有研究表明，苜蓿-玉米轮作可以提高第一年的玉米产量。本研究同样发现，3A2C 处理的第一年种植的玉米产量比 CC 处理的第一年种植的玉米产量高 8%(图 5)。这可能是由于苜蓿-玉米轮作增加了叶片的光合能力，延缓了叶片衰老。在苜蓿-玉米轮作的第二年未增加玉米产量，这与 Cela 等(2011)和田立双等(2014)的研究结果不一致。其原因可能是在本研究中，3A2C 处理紫花苜蓿只种植了 3 年，而在其他研究中，紫花苜蓿的生长期超过 4 年。Barber (1959)同样发现，苜蓿-玉米轮作的增产效果与苜蓿生长年限有关。

在苜蓿-玉米轮作中，玉米的种植位置影响玉米产量。在本研究中，2017—2018 年，3A2C-R 处理的玉米产量分别比 3A2C-IR 处理的玉米产量高 4%和 6%(图 5)。玉米产量增加主要与玉米叶面积指数和地上部干物质积累量的增加有关。在本研究中，3A2C-R 处理在 R1 和 R3 时期的玉米叶面积指数均高于 3A2C-IR 处理在 R1 和 R3 时期的玉米叶面积指数(图 3)。2017 年，3A2C-R 处理在 R3 和 R6 时期的玉米地上部分干物质积累量分别比 3A2C-IR 处理在 R3 和 R6 时期的玉米地上部分干物质积累量高 7%和 8%；2018 年，3A2C-R 在 R3 和 R6 时期的玉米地上部分干物质积累量分别比 3A2C-IR 处理在 R3 和 R6 时期的玉米地上部分干物质积累量高 23% 和 16%(图 4)。3A2C-R 和 3A2C-IR 处理的玉米产量差异主要是由土壤条件不同造成的。由于苜蓿为直根系作物，其根系主要分布在苜蓿种植行中。苜蓿根系可以固定氮，苜蓿根系腐烂增加的 C、N 主要分布在根系周围，因此苜蓿行内的氮和土壤有机质可能大于苜蓿行间。关于紫花苜蓿行尺度下的土壤条件的差异还需要进一步研究。

1.3.2 不同种植模式下蒸散量与生物量水分利用效率

与玉米连作相比，苜蓿连作并没有消耗过多的土壤水分(表 2)。而沈禹颖等(2004)和 Wang 等(2008)发现，苜蓿种植会造成严重的土壤干层。这可能是因为东北玉米带的降水量较其他研究点多。2015—2016 年，苜蓿连作的蒸散量高于玉米连作的蒸散量，其 5 年的总蒸散量则与玉米连作 5 年的总蒸散量无差异。苜蓿连作的生物量低于玉米连作的生物量导致苜蓿连作 5 年的总生物量水分利用效率比玉米连作 5 年的总生物量水分利用效率低 48%(表 2)。在轮作模式中，玉米在上茬作物行内种植可以增加生物量水分利用效率。其原因可能是玉米行内种植增加了作物生物量，降低了蒸散量。

1.3.3 不同种植模式下的经济效益

苜蓿作为一种高蛋白优质牧草，其价格高于玉米。本研究发现，苜蓿连作处理的净收入比玉米连作处理的净收入高 79%(表 3)。Smith and Carter(1998)和 Sun 等(2018)也发现，苜蓿的经济效益要高于玉米的经济效益。苜蓿-玉米轮作可以增加农田净收入。本研究发现，3A2C 处理的净收入比 CC 处理的净收入高 24%。Hesterman 等(1986)也发现，在轮作模式中，种植苜蓿可以增加轮作系统的经济效益。3A2C 处理的净收入高于 CC 处理的净收入。其原因是苜蓿干草的高价格以及轮作系统中的玉米产量的增加导致了轮作模式的净收入高于玉米连作的净收入。

1.4 结论

苜蓿连作并没有消耗过多的土壤水分，紫花苜蓿产量从建植第一年开始增加，在试验第 5 年开始下降。苜蓿-玉米轮作(3A2C)提高了第一年玉米的叶面积指数、生物量和产量。苜蓿玉米轮作模式增加了农田净收入。在轮作系统中，玉米种在前茬行内可能获得更高的生物量水分利用效率和净收入，因此在东北玉米带，紫花苜蓿-玉米轮作模式且玉米在上茬紫花苜蓿(3A2C-R)的行内种植被认为是一种可持续的种植制度。

参考文献

[1] ALLEN R G，PEREIRA L S，RAES D，et al. Crop evapotranspiration：guidelines for computing crop water

requirements. Irrig. Drain. Pap. 56. FAO, Rome, 1998

[2] ANGERS D A. Changes in soil aggregation and organic carbon under corn and alfalfa. Soil Sci. Soc. Am. J, 1992, 56 (4): 1244-1249

[3] BARBER S A. The influence of alfalfa, bromegrass, and corn on soil aggregation and crop yield. Soil Sci. Soc. Am. J, 1959, 23(4): 258-259

[4] BRUULSEMA T W, CHRISTIE B R. Nitrogen contribution to succeeding corn from alfalfa and red clover. Agron. J, 1987, 79 (1): 96-100

[5] CELA S, SANTIVERI F, LLOVERAS J. Optimum nitrogen fertilization rates for second-year corn succeeding alfalfa under irrigation. Field Crop Res, 2011, 123 (2): 109-116

[6] DAVIES S, BLACKWELL P, BAKKER D, et al. Developing and assessing agronomic strategies for water repellent soils. In "Agribusiness Crop Updates". 28-29 February, Perth, 2012: 71-77

[7] DAVIS R A, HUGGINS D, COOK R J, et al. Can placement of seed away from relic stubble limit Rhizoctonia root rot in direct-seeded wheat? Soil Till. Res, 2008, 101(1-2): 37-43

[8] DOORENBOS J, PRUITT, W O. Crop water requirements. Irrigation and Drainage Paper24, FAO, Rome, 1977

[9] DRURY C F, TAN C S, REYNOLDS W D, et al. Impacts of zone tillage and red clover on corn performance and soil physical quality. Soil Sci. Soc. Am. J, 2003, 67 (3): 867-877

[10] DRURY C F, YANG X M, REYNOLDS W D, et al. Influence of crop rotation and aggregate size on carbon dioxide production and denitrification. Soil Till. Res, 2004, 79 (1): 87-100

[11] FU X, WANG J, SAINJU U M, et al. Soil carbon fractions in response to long-term crop rotations in the Loess Plateau of China. Soil Sci. Soc. Am. J, 2017, 81 (3): 503-513

[12] GARRETT K A, KABBAGE M, BOCKUS W W. Managing for fine-scale differences in inoculum load: seeding patterns to minimize wheat yield loss to take-all. Precis. Agric, 2004, 5 (3): 291-301

[13] GROVER K K, KARSTEN H D, ROTH G W. Corn grain yields and yield stability in four long-term cropping systems. Agron. J, 2009, 101 (4): 940-946

[14] HARDARSON G, ATKINS C. Optimising biological N_2 fixation by legumes in farming systems. Plant Soil, 2003, 252 (1): 41-54

[15] HESTERMAN O B, SHEAFFER C C, FULLER E I. Economic comparisons of crop rotations inclluding alfalfa, soybean, and corn 1. Agron. J, 1986, 78 (1): 24-28

[16] HIRTH J, HAINES P J, RIDLEY A M, et al. Lucerne in crop rotations on the riverine plains. 2: Biomass and grain yields, water use efficiency, soil nitrogen and profitability. Aust. J. Agric. R, 2001, 52: 279-293

[17] JARECKI M, GRANT B, SMITH W, et al. Long-term trends in corn yields and soil carbon under diversified crop rotations. J. Environ. Qual, 2018, 47 (4): 635-643

[18] JARECKI M K, LAL R, JAMES R. Crop management effects on soil carbon sequestration on selected farmers' fields in northeastern Ohio. Soil Till. Res, 2005, 81 (2): 265-276

[19] JIANG X, LIU X, WANG E, et al. Effects of tillage pan on soil water distribution in alfalfa-corn crop rotation systems using a dye tracer and geostatistical methods. Soil Till. Res, 2015, 150: 68-77

[20] KARUNATILAKE U P, VAN ES H M. Rainfall and tillage effects on soil structure after alfalfa conversion to maize on a clay loam soil in New York. Soil Till. Res, 2002, 67 (2): 135-146

[21] LI X, SU D, YUAN Q. Ridge-furrow planting of alfalfa (Medicago sativa L.) for improved rainwater harvest in rainfed semiarid areas in northwest China. Soil Till. Res, 2007, 93 (1): 117-125

[22] LIEBMAN M, GIBSON L R, SUNDBERG D N, et al. Agronomic and economic performance characteris-

tics of conventional and low-external-input cropping systems in the central Corn Belt. Agron. J,2008, 100 (3):600-610

[23] LIU X B, ZHANG X Y, WANG Y X,et al. Soil degradation:a problem threatening the sustainable development of agriculture in northeast China. Plant soil environ,2010,56 (2):87-97

[24] MAJUMDER B, MANDAL B, BANDYOPADHYAY P K. Soil organic carbon pools and productivity in relation to nutrient management in a 20-year-old rice-berseem agroecosystem. Biol. Fert. Soils,2008, 44 (3):451-461

[25] MALHIA S S, LEMKE R. Tillage, crop residue and N fertilizer effects on crop yield, nutrient uptake, soil quality and nitrous oxide gas emissions in a second 4-yr rotation cycle. Soil Till. Res,2007,96 (1): 269-283

[26] MILCHUNAS D G, LAUENROTH W K, SINGH J S,et al. Root turnover and production by ^{14}C dilution:implications of carbon partitioning in plants. Plant Soil,1985,88 (3):353-365

[27] National Bureau of Statistics of China (NBSC). China Statistics Yearbook. China Statistics Press, Beijing,2018

[28] PIKUL JR J L, OSBORNE S L, RIEDELL W E. Corn yield and nitrogen and water use under no tillage rotations. Commun. Soil Sci Plan,2012, 43 (21):2722-2734

[29] PRADHAN A, CHAN C, ROUL P K,et al. Potential of conservation agriculture (CA) for climate change adaptation and food security under rainfed uplands of India:a transdisciplinary approach. Agr. Syst,2018,163:27-35

[30] RIDLEY A M, CRISTY B, DUNIN F X,et al. Lucerne in crop rotations on the Riverine Plains. 1:The soil water balance. Aust. J. Agric. R,2001,52:263-277

[31] RITCHIE S W, HANWAY J J, BENSON G O. How a corn plant develops. Spec. Rep. No 48. Iowa State Univ, Coop. Ext. Serv, Ames, Iowa,1986

[32] SINGER J W, CHASE C A, KARLEN D L. Profitability of various corn, soybean, wheat, and alfalfa cropping systems. Crop Manage,2,2003

[33] SINGER J W, COX W J. Corn growth and yield under different crop rotation, tillage, and management systems. Crop Sci,1998,38 (4):996-1003

[34] SMITH M A, CARTER P R. Strip intercropping corn and alfalfa. J. Prod. Agric,1998,11 (3):345-353

[35] SOIL SURVEY STAFF. Keys to Soil Taxonomy. 12th ed. USDA-Natural Resources Conservation Service, Washington D C,2014

[36] STANGER T F, LAUER J G. Corn grain yield response to crop rotation and nitrogen over 35 years. Agron. J,2008,100 (3):643-650

[37] STICKLER F D, SHRADER W D, JOHNSON I J. Comparative value of legume and fertilizer nitrogen for corn production. Agron. J,1959,51 (3):157-160

[38] SUN T, LI Z, WU Q,et al. Effects of alfalfa intercropping on crop yield, water use efficiency, and overall economic benefit in the Corn Belt of Northeast China. Field Crop Res,2018,216:109-119

[39] TIMLIN D, PACHEPSKY Y, REDDY V R. Soil water dynamics in row and interrow positions in soybean (Glycine max L.). Plant Soil,2001,237 (1):25-35

[40] TRIBERTI L, NASTRI A, BALDONI G. Long-term effects of crop rotation, manure and mineral fertilisation on carbon sequestration and soil fertility. Eur. J. Agric,2016,74:47-55

[41] VAN WESENBEECK I J, KACHANOSKI R G. Spatial and temporal distribution of soil water in the tilled layer under a corn crop. Soil Sci. Soc. Am. J,1988,52:363-368

[42] VERRELL A, SIMPFENDORFER S, NASH P,et al. Inter-row planting and stubble management affect

crown rot, common root rot and grain yield in durum wheat. GRDC Update,2005:29-32

[43] WANG X L, SUN G J, JIA Y,et al. Crop yield and soil water restoration on 9-year-old alfalfa pasture in the semiarid loess plateau of China. Agric. Water Manag,2008,95 (3):190-198

[44] XU B C, GICHUKI P, SHAN L,et al. Aboveground biomass production and soil water dynamics of four leguminous forages in semiarid region, northwest China. S. Afr. J. Bot,2006, 72 (4):507-516

[45] YANG X M, ZHANG X P, DENG W,et al. Black soil degradation by rainfall erosion in Jilin, China. Land Degrad. Dev,2003,14 (4):409-420

[46] YOST M A, COULTER, J A, RUSSELLE M P. First-year corn after alfalfa showed no response to fertilizer nitrogen under no-tillage. Agron. J,2013,105 (1):208-214

[47] YOST M A, COULTER J A, RUSSELLE M P,et al. Alfalfa nitrogen credit to first-year corn: potassium, regrowth, and tillage timing effects. Agron. J,2012,104 (4):953-962

[48] YU G, FANG H, GAO L,et al. Soil organic carbon budget and fertility variation of black soils in northeast China. Ecol. Res,2006,21 (6):855-867

[49] 国家统计局. 中国统计年鉴. 北京:中国统计出版社,2018

[50] 刘沛松,贾志宽,李军,等. 宁南旱区紫花苜蓿土壤干层水分特征及时空动态. 自然资源学报,2009,24 (4):663-673

[51] 任继周. 草业科学研究方法. 北京:中国农业出版社,1998:201-204

[52] 沈禹颖,南志标,高崇岳,等. 黄土高原苜蓿-冬小麦轮作系统土壤水分时空动态及产量响应. 生态学报,2004(3):640-647

[53] 田立双,张玉芹,杨恒山,等. 苜蓿轮作玉米后不同种植年限玉米生育后期叶片衰老特性. 华北农学报,2014,29(5):180-185

[54] 王志强,刘宝元,路炳军. 黄土高原半干旱区土壤干层水分恢复研究. 生态学报,2003(9):1944-1950.

2 黑龙港地区节水替代型种植模式农田水分利用研究①

摘　要：针对黑龙港地区冬小麦-夏玉米一年两熟种植模式耗水量过大引起的地下水资源短缺问题，在河北吴桥地区设置田间试验，以冬小麦-夏玉米一年两熟模式(W-M)为对照，设置6种不同的节水辅助型种植模式：春玉米一年一熟模式(Ms)、冬小麦一年一熟模式(W)、春甘薯一年一熟模式(Psw)、春花生一年一熟模式(As)、冬小麦-夏花生一年两熟模式(W-A)和马铃薯-青贮玉米一年两熟模式(P-C)，研究不同模式的0～2 m土壤贮水量动态变化、地下水净消耗量、耗水量以及经济水分利用效率，从节水的角度分析了不同模式部分替代冬小麦-夏玉米一年两熟模式的可行性。试验结果表明，与对照模式相比，春甘薯一年一熟模式、春花生一年一熟模式、春玉米一年一熟模式的耗水量分别减少27.0%、23.3%、22.6%，地下水净消耗量分别减少了50.9%、58.5%、75.0%；从土壤水分的消耗情况来看，对照模式在灌溉量为300 mm的情况下，0～2 m土壤贮水量比试验开始前减少了18.4 mm，而春玉米一年一熟模式和春花生一年一熟模式的模式灌溉量分别比对照模式的灌溉量少145 mm和175 mm的情况下，比试验开始前增加了27.2 mm和12.6 mm；从经济水分利用效率来看，春花生模式与冬小麦-夏花生模式分别是对照模式经济水分利用效率的2.3倍与1.7倍。综合耗水量和经济水分利用效率，春花生一年一熟模式表现为最优。因此，在满足当地粮食作物种植需求的情况下，可考虑种植春花生、春甘薯、春玉米等一年一熟作物以部分替代冬小麦-夏玉米农田。

关键词：节水型种植模式；张力计；地下水；耗水量；经济水分利用效率

黑龙港地区位于华北平原的东部，是河北省重要的粮棉油生产基地。冬小麦-夏玉米一年两熟种植模式在该地区占主导地位。该模式中的冬小麦作物在生育期的降水需水耦合度较低，其生育期耗水量为400～500 mm，而降水量仅为50～150 mm，远不能满足其需水量，因此在地表水缺乏的情况下，需要抽取大量地下水进行灌溉以满足其生长需要。长时间开采地下水用以灌溉导致该地区地下水位不断下降，该地区已经成为我国乃至世界最大的地下水漏斗区，严重制约了当地农业的可持续发展。2014年，河北省开启了地下水超采治理项目，项目的主要内容就是压缩冬小麦的种植面积，2016年，农业部、中央农办等10部门联合印发的《探索实行耕地轮作休耕制度试点方案》也将河北省黑龙港地下水漏斗区列为季节性休耕试点区，因此该方案对优化调整当地的种植结构，适度压缩冬小麦的种植面积，发展节水型作物辅助模式

① 作者：王彪、陈源泉、赵影星、雷薪玉、张学鹏、隋鹏*；通信作者：隋鹏，中国农业大学农学院教授，博导，主要从事农作制度与农业节水相关研究，E-mail：suipeng@cau.edu.cn。

具有重要意义。

在冬小麦-夏玉米一年两熟制中，冬小麦是主要消耗地下水的作物，前人的研究多数围绕小麦节水高产来开展。中国农业大学在河北吴桥进行了大量的田间试验，研究建立了“冬小麦节水高产栽培技术体系”，通过调整灌溉、栽培技术来减少地下水的投入，最终形成了著名的“吴桥模式”。与普通小麦田相比，吴桥模式节省灌溉水量达 750～1 500 m^3/hm^2。然而，即使不断优化节水栽培技术，小麦农田的产量仍需依靠大量开采地下水来维系，水粮矛盾问题仍然较为突出，目前学者对于黑龙港地区节水型作物辅助模式的研究不断增多，主要集中在春玉米作物模式上。有研究表明，春玉米作物拥有较高的节水潜力，其生育期的降水需水耦合度在65%以上，而冬小麦作物的降水需水耦合度仅为 20%～25%。陶志强等(2013)研究发现，只浇底墒水的春玉米每亩节水量可达 150 m^3 左右，闫鹏等(2016)研究发现，适水型春玉米一年一熟模式周年耗水量比麦玉复种模式减少了 48.4%，周年水分利用效率提高了 24.8%。Gao等(2015)研究发现，虽然春玉米一年一熟模式比传统麦玉复种模式在产量上有所下降，但是耗水量减少了 60%左右。在黑龙港地区，春玉米一年一熟模式逐渐成为部分替代传统麦玉模式的主要选择之一。相对而言，对该地区其他作物模式的相关研究较少，且一般研究集中在产量、土壤肥力等方面，针对水资源利用方面的研究更少。另外，多数研究只是讨论单一作物在不同处理水平上的响应，而对于同一年内不同作物之间的比较则不多。

黑龙港地区在粮食生产方面的成就是在水资源短缺的条件下取得的，同时也是在付出了极大的水资源消耗代价下取得的。目前水资源短缺问题正严重影响着当地农业的可持续发展。本研究以传统的冬小麦-夏玉米一年两熟模式为对照，选择春玉米、春甘薯、春花生、马铃薯、青贮玉米等作物，构建多样化的节水辅助型种植模式，测定了同一试验年内不同模式的土壤含水量变化，分析了不同模式的地下水净消耗量、耗水量及经济水分利用效率，以期筛选出具有较高节水潜力的作物辅助模式，为解决黑龙港地区地下水过度消耗问题提供理论依据。

2.1　材料和方法

2.1.1　试验地概况

试验地位于河北省沧州市吴桥县曹家洼乡前李村(37°41′N,116°37′E)，海拔为 20 m。试验区地处海河平原黑龙港流域中部，属于暖温带季风气候，多年平均降水量维持在 500～600 mm，主要集中在 6—8 月，年蒸发量为 1 700 mm，日照为 2 340 h，>10 ℃积温 4 665 ℃，全年光照为 2 725 h，无霜期为 201 d。试验地表层土壤(0～20 cm)的土壤质地为壤质黏潮土，容重为 1.40 g/cm^3，pH 为 8.13，有机碳为 4.82 g/kg，全氮为 0.78 g/kg，速效磷为 19.11 mg/kg，速效钾为 156.69 mg/kg。图 1 为试验地试验期间及多年逐月平均降水情况。

2.1.2　田间试验设计

试验时间为 2018 年 10 月至 2019 年 10 月(表 1)，共 7 种种植模式：①冬小麦-夏玉米一年两熟模式(W-M，对照，以下简称麦玉复种模式)；②春玉米一年一熟模式(Ms)；③冬小麦一年一熟模式(W)；④春甘薯一年一熟模式(Psw)；⑤春花生一年一熟模式(As)；⑥冬小麦-夏花生一年两熟模式(W-A)；⑦马铃薯-青贮玉米一年两熟模式(P-C)。各处理 3 次重复，共 21 个小区,小区面积为 6 m×5 m=30 m^2。

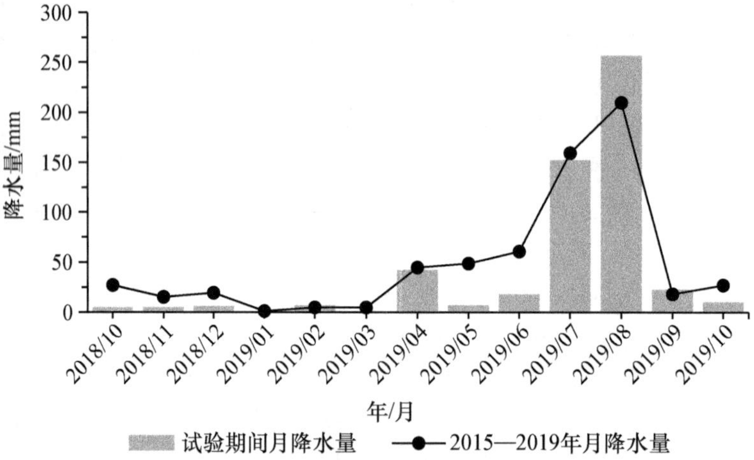

图 1　2018 年 10 月至 2019 年 10 月吴桥县累计降水量及 2015—2019 年平均降水量的时间分布

表 1　不同作物田间管理措施

作物	播种日期/(年-月-日)	收获日期/(年-月-日)	灌溉量/mm	施肥量/(kg/hm^2)		
				氮(N)	磷(P_2O_5)	钾(K_2O)
冬小麦	2018-10-06	2019-06-09	225	225	112.5	225
夏玉米	2019-06-14	2019-09-29	75	180	103.5	112.5
春玉米	2019-05-21	2019-09-15	155	240	75	90
春甘薯	2019-04-30	2019-10-06	80	54	138	225
春花生	2019-05-16	2019-09-18	125	172	172.5	150
夏花生	2019-06-14	2019-10-06	75	172	172.5	150
马铃薯	2019-03-11	2019-06-18	155	180	120	300
青贮玉米	2019-06-23	2019-09-28	75	180	103.5	112.5

2.1.3　试验方法

2.1.3.1　试验数据采集

1.气象数据

降水量数据等来自河北省吴桥县气象局。

2.灌溉量

按照试验设计的灌溉时间及灌溉量定额实施,灌溉量通过出水口水表读数进行出水控制。

3.经济参数

经济参数来源于中国农产品价格调查年鉴 2015—2018 年。

2.1.3.2　项目测定方法

1.土壤含水量

测定深度为 0～200 cm,每一个测定层次为 20 cm。0～20 cm 采用土钻-烘干法,20 cm 以下土壤含水量采用中子仪(CNC100)测定,1 次/周,在降水或灌溉时加测。

2. 土壤基质势

张力计测定 170 cm 与 190 cm 处土壤水势,1 次/周。

3. 土壤贮水量

某层土壤贮水量(mm)=某层土壤体积含水量(cm^3/cm^3)×土层厚度(mm),200 cm 剖面内各层土壤贮水量相加即得出总土壤贮水量。

4. 地下水净消耗量

地下水净消耗量(mm)=灌溉量(mm)-深层渗漏量(mm)。

5. 作物耗水量

作物耗水量根据农田水量平衡计算公式计算

$$ET = W_s - W_p + P + I - DP$$

公式中:ET 为实际的蒸发蒸腾量(即作物耗水量)(mm);DP 为深层渗漏量(采用非饱和达西定律来计算);W_s 为播种时根系土层土壤贮水量;W_p 为收获时根系土层土壤贮水量;P 为降水量;I 为灌溉量。试验地无地表径流发生,地下水埋深 9 m 左右,故耗水量在计算过程中忽略地表径流量和地下水向上补给量。

6. 深层渗漏量

本文采用定位通量法计算深层渗漏量(认为 180 cm 土层处的水分通量即渗漏量),即通过在 170 cm 与 190 cm 土层安装的张力计获得水势资料,再结合白金汉-饱和达西定律(Buckingham-Darcy's Law)近似求得 180 cm 处的水分通量。170～190 cm 土层水分通量公式如下:

$$D = q_{180}\Delta t$$

$$q_{180} = K(h)\frac{H_{170} - H_{190}}{20}$$

公式中:D 为一定时间段内渗漏量(cm);Δt 为时间段(d);q_{180} 为 180 cm 土层处的水流通量(cm/d),即单位时间通过单位面积土壤的通量,向下为正,负值表示水分向上运动;H 为总土水势;$K(h)$为土壤非饱和导水率(cm/d);20 为土层厚差;由 170 cm,190 cm 处实测的土水势,可以近似算出 180 cm 处水分通量。将某一时段的水分通量进行累加,就可以得到该时段 180 cm 处的水分通量。土壤非饱和导水率 $K(h)$(cm/d)由 Van Genuchten 公式拟合得到。

$$\theta(h) = \theta r + \frac{\theta s - \theta r}{[1 + |\alpha h|^n]^m} \qquad h < 0$$

$$K(h) = K_s \times \frac{\{1 - (\alpha h)^{n-1}[(1 + \alpha h)^n]^{-m}\}^2}{[1 + |\alpha h|^n]^{\frac{m}{2}}}$$

公式中:$\theta(h)$为某一基质势下的体积含水量(cm^3/cm^3);θr 和 θs 分别为土壤残余含水量和土壤饱和含水量;α,n,m 为模型的经验系数,其中 α 为进气值的倒数;n 为土壤孔径分布指数;$m = 1 - 1/n$;h 为土壤基质势;θr 以及 α,n,m,等经验参数均由规划求解(Solver)方法拟合得到。

7. 经济水分利用效率

经济水分利用效率(EWUE)是指单位农田上的单位用水所取得的经济效益(等于经济产量与耗水量的比值)。其计算公式为:

$$EWUE=\frac{E}{ETa}$$

式中：EWUE 为经济水分利用效率；E 为经济产量；ETa 为耗水量即实际蒸散量。

2.1.4 数据分析

利用 Microsoft Excel 2019 进行数据整理和图表制作，利用 SPSS 26.0 进行显著性分析。

2.2 结果与分析

2.2.1 试验地降水分布情况

表 2 为不同种植模式试验年内的降水分布。我们可以看出，麦玉复种模式中的冬小麦作物在整个生育期的降水量很低，仅占试验年降水量的 15.3%，接近 85%的降水发生在夏玉米季；春玉米一年一熟模式在生育期内的降水量较高，占试验年的 88.2%；冬小麦一年一熟模式在冬小麦作物收获后至下茬冬小麦种植前对小区进行了休耕处理，其整个休闲期降水达到了 439.7 mm，占试验年降水量的 84.7%；春甘薯一年一熟模式在生育期的降水量最高，为 465 mm，占试验年降水量的 89.6%；春花生一年一熟模式在生育期的降水量也较高，占试验年降水量的 88.2%；冬小麦-夏花生一年两熟模式与对照模式类似，冬小麦季降水量较低，接近 85%的降水发生在夏花生生育期；马铃薯-青贮玉米一年两熟模式中的马铃薯季发生降水较少，仅占试验年降水量的 15.3%，接近 85%的降水发生在青贮玉米季。

表 2　不同种植模式的降水分布　　mm

模式	作物	生育期降水量	休闲期降水量	总降水量
W-M	冬小麦	79.2	7.5	518.9
	夏玉米	432.2		
Ms	春玉米	457.5	61.4	518.9
W	冬小麦	79.2	439.7	518.9
Psw	春甘薯	465	53.9	518.9
As	春花生	457.5	61.4	518.9
W-A	冬小麦	79.2	0	518.9
	夏花生	439.7		
P-C	马铃薯	67.8	18.9	518.9
	青贮玉米	432.2		

2.2.2 不同种植模式灌溉水利用情况

不同种植模式灌溉水利用情况如图 2 所示。根据试验地当年的降水情况，结合不同作物的往年需水特点为不同模式制定不同的灌溉定额。由表 2 可知，7 种模式灌溉量大小顺序为麦玉复种＝冬小麦-夏花生＞马铃薯-青贮玉米＞冬小麦＞春玉米＞春花生＞春甘薯，各模式的地下水净消耗量与灌溉量成正比。与对照模式相比，春玉米、春花生、春甘薯 3 种一年一熟模式的灌溉量较少，分别比对照模式的灌溉量减少了 145 mm、175 mm 和 220 mm，相当于对照模式的灌溉量的 48.3%、58.3%和 73.3%。冬小麦一年一熟模式和马铃薯-青贮玉米一年两熟模式的灌溉量比对照模式的灌溉量也有所减少，分别减少了 75 mm 和 70 mm。同时，7 种模式的地下水净消耗量大小顺序为麦玉复种＞冬小麦-夏花生＞马铃薯-青贮玉米＞冬小麦＞春玉米＞春花生＞春甘薯。其中春玉米、春花生、春甘薯 3 种一年一熟模式的地下水净消耗量分别减少了 136.2 mm、156.3 mm 和 200.8 mm，相当于对照模式的地下水净消耗量的 50.9%、58.5%和 75.0%。冬小麦一年一熟模式、马铃薯-青贮玉米一年两熟模式的地下水净消耗量分别比对照模式的地下水净消耗量减少了 80.2 mm 和 63.8 mm，分别占对照模式地下水净消耗量的 29.9%和 23.8%。冬小麦-夏花生一年两熟模式的地下水净消耗量与对照模式的地下水净消耗量较为接近，有轻微降低。

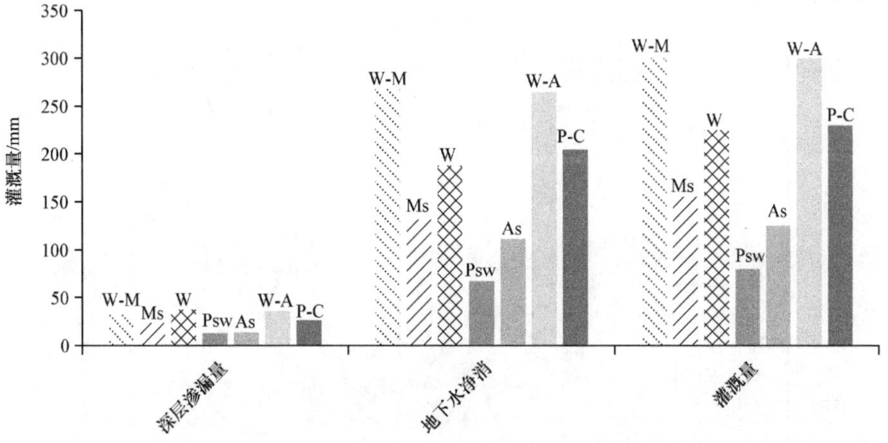

W-M. 冬小麦-夏玉米；Ms. 春玉米；W. 冬小麦；Psw. 春甘薯；As. 春花生；
W-A. 冬小麦-夏花生；P-C. 马铃薯-青贮玉米
地下水净消耗量＝灌溉量－深层渗漏量。

图 2　不同种植模式的灌溉水利用情况

2.2.3　不同种植模式 0～2 m 土体贮水量动态变化

对于冬春季干燥少雨的黑龙港地区而言，前茬作物在收获后能否创造较优的土壤水生态环境是影响冬小麦作物水分利用的重要因素，因此研究时间动态上的土壤水分变化对于指导作物生产具有重要意义。

本研究从 2018 年 9 月 21 日夏玉米收获后至 2019 年 10 月 7 日后茬小麦种植前利用中子仪对各种模式 0～2 m 土壤贮水量进行监测，共计 43 次测定。由图 3 可知，不同种植模式 0～2 m 土壤贮水量在时间序列上的动态变化趋势不尽相同，这与不同作物种植期间发生的降水与灌溉密切相关。经测定，2018 年夏玉米在收获季各种模式 0～2 m 土壤贮水量大小之间无显著性差异。在 2018 年的小麦播种季，由于浇灌底墒水，3 种包含冬小麦作物的模式(麦玉复种、冬小麦、冬小麦-夏花生)0～2 m 土壤贮水量明显高于其余 4 种模式。在进入冬闲期后，由于干燥少雨的气候条件，所有种植模式的土壤墒情变化均呈现出缓慢失墒的状况，0～2 m 土壤贮水量均出现一定程度的下降。当冬闲期结束后，土壤中冻墒解冻并为作物所利用，加上气温的回升以及太阳辐射的增强使得农田无效蒸发显著增强，各种模式 0～2 m 土壤贮水量在短时间内均发生大幅度下降。在小麦返青期至收获期间，试验地仅发生降水 49.7 mm，各种模式的土壤贮水量均一直处于较低的水平，3 种包含冬小麦作物的模式（麦玉复种、冬小麦、冬小麦-夏花生）0～2 m 土壤贮水量在收获期达到最低值，分别为 431.4 mm、445.6 mm、421.5 mm。同时，随着春季灌溉的发生，4 种包含春季作物的模式 0～2 m 土壤贮水量出现向上波动。雨季来临，7 种模式迎来夏季补墒，大量降水使得各种模式 0～2 m 土壤贮水量大幅度增加并逐渐达到峰值，其中麦玉复种模式的贮水量最高，达到了 645.2 mm，马铃薯-青贮玉米一年两熟模式次之，为 642.8 mm。在玉米收获季，土壤中的水分趋于饱和并发生深层渗漏，各种模式 0～2 m 土壤贮水量在短时间内均大幅度下降。9 月中旬的短暂降雨使得各模式的土壤贮水量再次升高，最终基本恢复到种植前的水平（经测定，2019 年夏玉米在收获季的各种模式 0～2 m 土壤贮水量大小之间无显著性差异）。

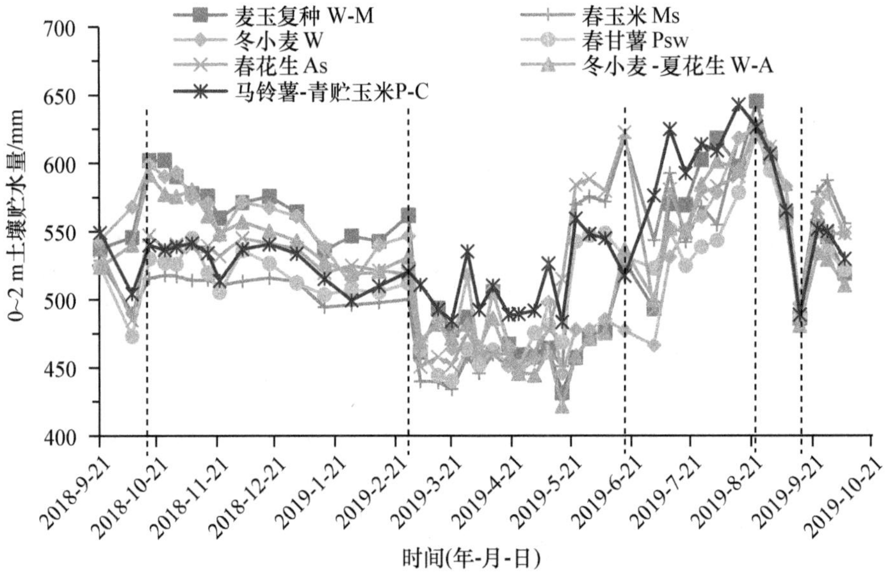

图 3　不同种植模式 0～2 m 土壤贮水量动态变化

从表 3 可以看出，与种植开始前相比，各种模式在种植结束后 0～2 m 土壤贮水量均没有明显差异，说明在下茬小麦在种植前的各种模式土壤水分基本可以恢复到试验前的水平。比对照模式相比，一些种植模式具有较好的土壤持水性，春玉米、冬小麦、春花生一年一熟模式的土壤贮水量比模式开始前有所增加，说明种植春玉米、春花生等作物有助于土壤贮水，从而为下茬作物的种植提供良好的土壤水分环境，同时优化灌溉制度。尤其春玉米一年一熟模式和春花生一年一熟模式的土壤贮水量比试验开始前增加了 27.2 mm 和 12.6 mm，而麦玉复种模式的土壤贮水量则比试验开始前少消耗了 18.4 mm。

表 3　不同种植模式 0～2 m 土壤贮水量变化状况　　mm

时期/变化	冬小麦-夏玉米 (W-M)	春玉米 (Ms)	冬小麦 (W)	春甘薯 (Psw)	春花生 (As)	冬小麦-夏花生 (W-A)	马铃薯-青贮玉米 (P-C)
开始时	537.3a	528.6a	544.0a	523.8a	535.9a	523.8a	549.1a
结束时	518.8a	555.7a	548.4a	521.5a	548.5a	510.2a	529.4a
变化值	−18.4	27.2	4.4	−2.4	12.6	−13.6	−19.6

注：贮水量变化＝结束时贮水量（2019.10.07）－开始时贮水量（2018.09.21）；正值表示贮水量增加，负值表示减少（$P<0.05$）。

2.2.4　不同种植模式农田水分平衡

由表 4 可知，不同种植模式的耗水量存在明显差异。结合农田水分平衡公式和非饱和达西定律计算的 7 种模式的耗水量大小顺序为麦玉复种＞冬小麦-夏花生＞马铃薯-青贮玉米＞冬小麦＞春玉米＞春花生＞春甘薯模式。其中冬小麦-夏花生模式的耗水量与对照模式耗水量之间没有显著性差异，其他各种模式的耗水量均显著小于对照模式的耗水量（$P<0.05$）。对照模式在整个试验年的耗水量为最大，为 805.1 mm。冬小麦-夏花生一年两熟模式的耗水量次之，略小于对照的耗水量；马铃薯-青贮玉米一年两熟模式和冬小麦一年一熟模式的耗水量分别比对照模式的耗水量减少 7.8％和 12.8％；春玉米一年一熟模式和春花生一年一熟模式的耗水量分别比对照模式的耗水量减少 22.6％和 23.3％；春甘薯一年一熟模式的耗水量为 588.3 mm，比对照模式的耗水量减少 27.0％。

表 4　不同种植模式农田水分平衡构成因素　　mm

模式	降水量（P）	灌溉量（I）	土壤水变化量（CSWS）	深层渗漏量（DP）	实际蒸散量（ETa）
冬小麦-夏玉米(W-M)	518.9	300	−18.4	32.2	805.1±15.1a
春玉米(Ms)	518.9	155	27.2	23.4	623.3±21.1c
冬小麦(W)	518.9	225	4.4	37.4	702.1±8.1b
春甘薯(Psw)	518.9	80	−2.4	13.0	588.3±14.1c
春花生(As)	518.9	125	12.6	13.5	617.8±16.9c
冬小麦-夏花生(W-A)	518.9	300	−13.6	35.8	796.7±5.2a
马铃薯-青贮玉米(P-C)	518.9	230	−19.6	26.0	742.5±12.3b

注：$P<0.05$。

2.2.5　不同种植模式经济水分利用效率的比较

本试验涉及不同的作物，其中包括粮食作物、油料作物及饲料作物等在内的 9 种不同作物，因此应用传统的水分利用效率指标（经济产量与耗水量的比值）来衡量其节水潜力是不可取的。经济水分利用效率是根据种植当年各作物的耗水量和经济效益求得的，即农田消耗单位体积的水可以获得的种植收益。本试验应将不同种类的作物放在同一研究层次，以研究不同种植模式的经济水分利用效率。

如表 5 所示，7 种模式在试验年的经济水分利用效率由高到低依次为春花生＞冬小麦-夏花生＞马铃薯-青贮玉米＞春甘薯＞麦玉复种＞春玉米＞冬小麦。春花生一年一熟模式的经济水分利用效率为最大，是对照麦玉模式经济水分利用效率的 2.3 倍，其次是冬小麦-夏花生一年一熟模式和马铃薯-青贮玉米一年一熟模式，分别是对照模式经济水分利用效率的 1.7 倍和 1.1 倍。春甘薯模式的经济水分利用效率与对照模式相差不大，略高于对照。而春玉米模式和冬小麦模式经济水分利用效率均低于对照模式。春花生模式中的春花生作物的市场价格较高，所以模式经济效益较高，与对照模式相比，其明显降低的总耗水量导致最终的经济水分利用效率显著高于对照模式。冬小麦-夏花生模式虽然总耗水量与对照模式处于同一水平，但是花生作物较高的市场价格和产值导致经济效益显著高于对照模式，最终其经济水分利用效率也显著高于对照模式。与对照模式相比，马铃薯-青贮玉米模式与春甘薯模式的耗水量偏低，其中马铃薯、青贮玉米和春甘薯作物较低的市场价格导致两种模式经济效益低于对照模式，最终经济水分利用效率与对照模式相差不大，但都稍高于对照模式。春玉米模式虽然较大程度上降低了对水分的消耗，但一季玉米作物无法保证模式的经济产量以及经济效益最终导致其经济水分利用效率低于对照模式。对于冬小麦模式而言，小麦作物较低的降水需水耦合度导致其生育期需要抽取大量地下水灌溉已满足其生长需要，造成其模式耗水量过高，另外，小麦作物一年一季较低的经济产量影响了经济效益，最终导致其经济水分利用效率远低于其他各种模式。

表 5　不同种植模式的经济水分利用效率的比较

模式	经济产值 /(元/hm^2)	经济成本 /(元/hm^2)	经济效益 /(元/hm^2)	总耗水量 (ETa)/mm	经济水分利用效率(EWUE) /(元/m^3)
冬小麦-夏玉米(W-M)	38 891.3	16 877.5	22 013.8	805.1a	2.73d
夏玉米(Ms)	23 484.3	8 067.7	15 416.6	623.3c	2.47e
冬小麦(W)	17 503.3	10 713.9	6 789.4	702.1b	0.97f
春甘薯(Psw)	33 576.2	17 098.1	16 478.1	588.3c	2.80cd
春花生(As)	55 789.7	16 679.2	39 110.5	617.8c	6.33a
冬小麦-夏花生(W-A)	63 672.7	26 782.0	36 890.7	796.7a	4.63b
马铃薯-青贮玉米(P-C)	46 252.8	24 479.5	21 773.3	742.5b	2.93c

注：各作物的市场价格引用自《中国农产品价格调查年鉴 2015—2018》平均值，小麦为 2.44 元/kg，玉米为 1.91 元/kg，春花生为 8.6 元/kg，夏花生为 8.87 元/kg，马铃薯为 1.19 元/kg，甘薯为 1.00 元/kg，青贮玉米为 0.26 元/kg；经济效益＝各作物的经济产值－各作物的经济成本；经济产值＝各作物的经济产量×各作物的市场价格。一般情况下，吴桥地区玉米等作物在收获后直接进行秸秆还田，因此本文认为作物在收获后由秸秆产生的副产品效益为 0。

2.3　讨论与结论

2.3.1　讨论

不同作物在生育期的降水需水耦合度不同，因此可以通过轮换种植适宜作物来优化灌溉制度。冬小麦作物在生育期的降水需水耦合度低，降水量一般在 100～200 mm，整个生育期的水分亏缺可以达到 200～300 mm，因此就需要大量开采地下水来维持冬小麦的高产，这也就导致了冬小麦-夏玉米一年两熟制的高耗水特征。在本研究中，冬小麦作物在生育期仅发生降水 79.2 mm，远远无法满足其生长需要，只能抽取地下水进行大量灌溉。而春玉米、春花生、春甘薯作物在生育期的降水需水耦合度远高于冬小麦作物(生育期的降水量均在 450 mm 以上)，大大减少了对于灌溉水的依赖，因此 3 种模式的地下水净消耗量也显著降低。我们可以发现 7 种模式灌溉量的大小顺序与最终耗水量的大小顺序是一致的，灌溉量越低的模式最终的耗水量也越低。降水量与灌溉量是农田耗水量的重要组成部分，优化作物的灌溉制度或者选择低灌溉水需求的作物进行替代种植都可缓解地下水的压力。

通过前茬种植降水需水耦合度较高的作物，为后茬作物提供较好的土壤水分条件，以起到在时间上均衡利用土壤水分的效果。杨晓琳等(2015)在栾城地区进行的研究显示，在年均降水量为 464 mm、年均灌溉量为 330 mm 的情况下，传统麦玉复种模式土壤含水量年均增加量仅为 3.0 mm，而在年均灌溉量比麦玉模式小 90 mm 的情况下，花生-麦玉模式年均土壤贮水量增加了 6.7 mm。在本研究中，麦玉复种模式在降水量为 518.9 mm，灌溉量为 300 mm 的情况下，其 2 m 土壤贮水量比种植前减少了 18.4 mm，而春玉米一年一熟模式和春花生一年一熟模式在模式灌溉量分别比对照的灌溉量少 145 mm 和 175 mm 的情况下，其 2 m 土壤贮水量较种植前增加了 27.2 mm 和 12.6 mm。与对照模式相比，春玉米一年一熟模式与春花生一年一熟模式都有利于土壤水分的维持和补充。通过春玉米、春花生等作物的种植，土壤水分的补充和积累得到增加，可为下茬作物创造较优的土壤水分条件，这与杨晓琳等的结果是较为相似的。不同作物茬口下的土壤水分状况对于后茬作物的生长有着很大的影响，而本研究中的春玉米一年一熟模式、春花生一年一熟模式均能起到固持土壤水分的作用。无论是作为替代模式，还是与传统麦玉作物组成的两年三熟轮作模式，都可在一定程度上减轻耗水压力。

本研究的 7 种种植模式包含了粮食作物、经济作物和饲料作物。而对于不同种类、不同科属的作物而言，普通产量水平上的水分利用效率不仅不足以准确反映出作物的水分利用效果，而且更不利于作物之间的比较以及不同节水种植模式的筛选。因此本研究选择经济水分利用效率来反映不同种植模式的水分利用效果。与只包含粮食作物的麦玉复种模式(2.73 元/m^3)相比，春花生一年一熟模式、冬小麦-夏花生一年两熟模式的经济水分利用效率显著被提高，分别为 6.33 元/m^3 和 4.63 元/m^3，与对照模式的经济水分利用效率，相比，分别提高 130%和 70%。马丽、张敏等(2011)研究显示，春花生作物多年平均经济水分利用效率为 7.3 元/m^3。本研究中的花生等作物模式提高了单位水分消耗带来的经济回报，即提高了农田种植收益与农田水分投入的比率。在本试验年，花生作物较高的市场价格导致春花生一年一熟模式和冬小麦-夏花生一年两熟模式拥有较高的经济效益，同时小麦、玉米作物较低的市场价格和较低的生产力导致其经济效益较低。种植收益的提高则在一定程度上可以影响当地农户进行替代种植的积极性。

2.3.2　结论

综上所述，3 种包含春季作物的一年一熟种植模式(春玉米、春花生、春甘薯)节水效果较好。与对照相比，它们更好地展现了对土壤水分的固持效果，春玉米模式和春花生模式 0～2 m 土壤贮水量比试验开始前增加了 27.2 mm 和 12.6 mm，为下茬作物创造了较好的土壤水分条件。同时，较高的作物在生育期的需水降水耦合度使得 3 种春季作物可以充分利用夏季降水，以降低对地下水灌溉的依赖，春玉米、春花生、春甘薯 3 种一年一熟模式的地下水净消耗量比对照模式的地下水净消耗量分别减少了 136.2 mm、156.3 mm 和 200.8 mm。这 3 种模式比对照模式也更加有效降低了农田耗水量，春玉米、春花生、春甘薯这 3 种一年一熟模式的耗水量比对照模式的耗水量分别减少 22.6%、23.3%和 27.0%。同时，由于花生作物具有较高的市场价格，春花生一年一熟模式的经济水分利用效率显著高于对照模式，是其的 2.3 倍。从综合耗水量与经济水分利用效率来看，春花生一年一熟模式的整体表现最优。在本试验设置的 6 种不同模式中，春花生一年一熟模式、春甘薯一年一熟模式、春玉米一年一熟模式均展现出了较好的水资源利用效果,可考虑将其作为缓解黑龙港地区水资源危机的作物辅助模式。

参考文献

[1] 张光辉,费宇红,刘春华,等. 华北平原灌溉用水强度与地下水承载力适应性状况. 农业工程学报,2013,29(1):1-10

[2] 韩桐,赵悦航,黄晶,等. AquaCrop 模型在华北平原黑龙港流域典型区冬小麦-夏玉米种植模式上的适用性评价. 中国农业大学学报,2019,24(7):10-17

[3] 王滨,张发旺,程彦培,等. 基于农业种植结构的黑龙港地区水资源供需平衡分析. 水土保持通报,2012,32(2):182-185

[4] 郝彦珍. 黑龙港砂土区农用地下水资源合理利用试验研究. 石家庄:石家庄经济学院,2012

[5] 陈丽,王莉,郝丽贤,等. 黑龙港流域节水灌溉制度现状及发展对策探研. 农业科技通信,2016(8):47-125

[6] 刘昌明. 二十一世纪中国水资源若干问题的讨论. 水利水电技术,2002(1):15-19

[7] 刘昌明. 中国农业水问题:若干研究重点与讨论. 中国生态农业学报,2014,22(8):875-879

[8] 农业部,中央农办,国家发展和改革委员会,等. 探索实行耕地轮作休耕制度试点方案. (2016-06-29)[2019-07-11]

[9] 张发旺,程彦培,王滨,等. 黑龙港地区水土资源空间分布与农业种植结构优化研究. 安徽农业科学,2011,39(22):13356-13359.

[10] 张晓. 浅议河北省黑龙港流域节水农业发展. 河北水利,2017(11):30

[11] 付贵,冯书仓. 黑龙港地区农业节水技术分析. 地下水,2016, 38(5):102-104

[12] 尹宝重,李海燕,马燕会,等. 黑龙港区春季减灌对不同小麦品种产量和水肥利用的影响. 江苏农业科学,2015, 43(3):63-66

[13] 秦欣,刘克,周丽丽,等. 华北地区冬小麦-夏玉米轮作节水体系周年水分利用特征. 中国农业科学,2012,45(19):4014-4024

[14] 魏建伟,李强,李丁,等. 黑龙港流域麦区冬小麦节水高产栽培技术规程. 现代农业科技,2015(8):40-41

[15] 韩美坤. 冬小麦贮墒旱作产量形成与水氮利用特征. 北京:中国农业大学,2017

[16] 王志敏,兰林旺,周殿玺,等. 冬小麦节水高产栽培理论与技术. 北京:第十五次中国小麦栽培科学学术研讨会,2012

[17] 王志敏,张英华,薛盈文. 关于我国小麦生产现状与未来发展的思考. 北京:第十五次中国小麦栽培科学学术研讨会,2012

[18] 王志敏,王璞,李绪厚,等. 冬小麦"四统一"技术体系:节水、省肥、高产、简化栽培. 北京:全国小麦栽培科学学术研讨会,2006

[19] MENG Q F, SUN Q P, CHEN X P, et al. Alternative cropping systems for sustainable water and nitrogen use in the North China Plain. Agriculture, Ecosystems & Environment,2012,146(1):93-102

[20] XU C L, TAO H B, TIAN B J, et al. Limited-irrigation improves water use efficiency and soil reservoir capacity through regulating root and canopy growth of winter wheat. Field Crops Research,2016,196:268-275

[21] 田北京. 基于玉米高生产力的华北平原不同轮作体系产量与水分利用综合评价. 北京:中国农业大学,2019

[22] 陶志强,陈源泉,隋鹏,等. 华北春玉米高温胁迫影响机理及其技术应对探讨. 中国农业大学学报,2013,18(4):20-27

[23] 闫鹏,陈源泉,张学鹏,等. 河北低平原区春玉米一熟替代麦玉两熟制的水生态与粮食安全分析. 中国生

态农业学报,2016,24(11):1491-1499

[24] GAO B, JU X T, MENG Q F, et al. The impact of alternative cropping systems on global warming potential, grain yield and groundwater use. Agriculture Ecosystems & Environment,2015,203:46-54

[25] LIANG H, QIN W, HU K L, et al. Modelling groundwater level dynamics under different cropping systems and developing groundwater neutral systems in the North China Plain. Agricultural Water Management,2019,213:732-741

[26] 宋彤. 华北平原不同轮作种植模式土壤养分分布与淋洗研究. 北京:中国农业大学,2020

[27] 王琳. 不同前茬作物的茬口特性及其对后茬冬小麦的影响. 北京:中国农业大学,2020

[28] VANGENUCHTEN M T. A closed-form equation for predicting the hydraulic conductivity of unsaturated soils. Soil Science Society of America Journal,1980, 44(5):892-898

[29] 隋鹏. 黄淮海平原节水种植模式生态经济分析及优化配置研究. 北京:中国农业大学,2005

[30] LIU C M, YU J J, KENDY E. Groundwater Exploitation and Its Impact on the Environment in the North China Plain. Water International,2001,26(2):265-272

[31] IQBAL M A, SHEN Y J, STRICEVIC R, et al. Evaluation of the FAO aquacrop model for winter wheat on the north China plain under deficit irrigation from field experiment to regional yield simulation. Agricultural Water Management,2014,135:61-72

[32] 杨晓琳. 华北平原不同轮作模式节水减排效果评价. 北京:中国农业大学,2015

[33] 马丽,隋鹏,高旺盛,等. 太行山前平原不同种植模式水资源利用效率分析. 干旱地区农业研究,2008(2):177-183

[34] 张敏,隋鹏,陈源泉,等. 太行山山前平原节水替代模式耗水特征分析. 中国农学通报,2011,27(20):251-257.

3　基于华北平原地下水水位下降现状的粮食与生物能源作物的种植模式调整[①]

摘　要：当前，资源库逐渐萎缩，自然资源与人类发展的平衡关系愈发不稳定，协调能源、食物以及水分的需求是一项有重要意义的工作。华北平原粮食生产的高投入、高产出造成的资源环境压力、生态代价正在成为学者关注的重点。传统的麦玉两熟制导致地下水位下降、农田温室气体排放加剧和经济效益低下等，严重威胁着农田生态健康和农业可持续发展。为了更好地探索水资源-食物-能源三者的流动交互作用，本研究于2010—2015年在河北栾城进行为期6年的定位试验，比较4种种植模式在地下水利用、生物质、生物能源生产以及水分利用效率等方面的变化。4种种植模式分别是冬小麦-夏玉米（WM，谷物）、黑麦草-甜高粱（RS，饲料＋生物能源作物）、冬小麦-夏玉米→黑麦草-甜高粱（WMRS，饲料＋生物能源作物＋谷物）和柳枝稷多年连作（SG，生物能源作物）。试验结果表明：①3种轮作种植模式的实际蒸散量（ETa）相近，为694～730 mm/年；柳枝稷实际蒸散量显著减少，为504 mm/年。②4种种植模式导致的年平均地下水位下降，量从大到小依次为麦玉模式＞黑麦草-甜玉米模式＞麦玉→黑麦草-甜高粱模式＞柳枝稷模式。若仅10年，用柳枝稷模式全部替代传统高耗水的麦玉模式可减少7 m的地下水资源消耗。③从单位土地面积与单位实际蒸散量（ETa）生物乙醇产量来考量，黑麦草-甜高粱（RS）轮作模式的效果为最好，其结果分别为25.0 m^3/hm^2、5.7 L/m^3，优于冬小麦-夏玉米（WM）模式（11.7 m^3/hm^2和3.3 L/m^3）、柳枝稷模式（11.4 m^3/hm^2和2.6 L/m^3）。冬小麦-夏玉米→黑麦草-甜高粱（WMRS）生物乙醇单位面积产量、每立方米实际蒸散量（ETa）结果为分别16.9 m^3/hm^2、4.3 L/m^3。本研究从生产生物乙醇、满足清洁能源需求的角度出发，为缓解净地下水过度消耗，提供了一些种植模式的建议。比基于粮食生产设置的轮作模式相比，黑麦草-甜高粱与柳枝稷等基于生物量的种植模式表现较优，其每立方米水资源可生产生物乙醇量分别为15.5 L与14.4 L，比冬小麦-夏玉米-黑麦草-甜高粱模式的10.9 L/m^3、冬小麦-夏玉米模式的9.1 L/m^3增效显著。本研究可从作物组合与地下水可持续利用角度，对政府制订相关政策提供建议。

关键词：地下水消耗；水分利用效率；粮食作物；生物能源作物；生物乙醇

为日益增加的世界人口提供能源、粮食和水资源是一项根本性挑战。全球农业共计消耗

① 作者：杨晓琳、陈源泉、Steven Pacenka、Tammo S. Steenhuis*、隋鹏*；通信作者：Tammo S. Steenhuis，美国康奈尔大学教授，E-mail：tss1@cornell.edu；隋鹏（中国农业大学农学院教授，博导，主要从事农作制度与农业节水相关研究，E-mail：suipeng@cau.edu.cn）。

70%的水资源，30%～40%的世界粮食来自占耕种面积16%的灌溉土地，其中55%的稻谷与小麦产量依靠灌溉获得。而在水资源有限、能源需求量大的关键地区，挑战尤为严峻。自1987年以来，中国的经济增长速率始终保持在10%以上，国内经济强劲势头是以过度消耗自然资源，尤其是水资源与能源为代价的。自2013年起，中国占世界煤炭消费量的50%，石油消费量的12%，水力发电消费量的24%，地热和生物能消费量的10%和世界天然气消费量的5%。在人均可用水量已处于最低水平的国家中，这种经济发展方式无疑加重了水资源的压力，造成了我国华北、西北地区的地下水位在以不可持续的速度下降。此外，化肥和农药的大量使用导致土地退化、土壤富营养化、温室气体排放增加等问题。清洁燃料供不应求，煤炭使用占总能源的53%～66%，逐渐导致严重的空气污染问题。

作为我国主要的粮食生产基地，冬小麦-夏玉米一年两熟模式是华北平原主要的种植制度，小麦、玉米的产量分别占全国总量的61%、45%。而华北平原地下水资源是灌溉的主要来源，过度开采导致水体的污染、地面沉降以及沿海地区的盐分入侵等。目前，华北平原地下水位正以每年1 m的速率下降，同样证明1998—2001年华北平原栾城地区的麦玉种植模式导致了每年1 m的地下水位下降。从作物需水与供水角度来看，该地区主要的种植模式——冬小麦-夏季玉米的年实际蒸散量（*ETa*）为610～870 mm，大于该地区的年平均降水量400～500 mm。为保证作物正常生长，实际蒸散量与降水量的差值由地下水灌溉弥补，这种状况也会导致地下水位下降。

为缓解华北平原地下水下降趋势，学者已进行诸多研究。轮作种植模式的一个的处是的优势已从不同角度验证，轮作模式的生态效应正成为研究热点。通过不同作物之间的时序与空间配置，能改善土壤结构，平衡土壤养分，提高土壤肥力，减少病虫草害，还可以增加土壤贮水量，提高水分利用率，提高作物产量。Nazrul等（2006）指出不同作物的轮作倒茬方式给土壤水分造成的影响不同，作物间取长补短，水分可以维持平衡状态。合理的轮作倒茬方式可以产出多样化的农产品，也是合理利用土壤水分、区域地下水资源的有效途径。马丽（2007）、张敏（2011）报道，根据作物需水量的不同，合理的作物轮作可为后茬作物提供良好的土壤贮水量，保证后茬作物的发芽、出苗条件。许多研究从减少水资源灌溉角度着手，通过应用亏缺灌溉方案，减少灌溉量来提高灌溉效率。研究证实，轮作种植模式的一个好处是可减少10%～23%的地下水使用量。在丰水年，总补给量大于为灌溉而抽取的地下水量。这些轮作包括甘薯（*Solanum tuberosum* L.）、花生（*Arachis hypogaea* L.）、棉花（*Gossypium hirsutum* L.）、蚕豆（*Vicia faba* L.）/玉米（*Zea mays* L.）、春大豆（*Glycine max* L.）或将春玉米引入冬小麦（*Triticum aestivum* L.）-夏玉米复种模式。轮作种植模式的另一个好处是表现在产量方面，即与其他种类作物轮作后的冬小麦和夏玉米的谷物产量高于年复一年种植粮食作物的产量。

中国缺乏清洁的生物燃料，化石燃料的过度使用导致工业化地区出现严重的空气污染问题。生物能源作物被越来越多地视为化石燃料的合理且可持续的替代品，以提供更清洁的空气。由于政府建议在农业用地上种植粮食作物，优先满足粮食需求，所以生物能源作物仅在废弃和退化农田上种植，以避免对粮食生产的冲击。考虑到目前黄河流域地下水资源日益减少的问题，生物能源作物进入农业框架的提议是十分有吸引力的。前人对于生物能源作物引入轮作种植模式的效益研究较少，因此有必要确定涉及谷物和生物能源作物的可持续种植系统，以减少地下水净消耗量，提高用水效率和整体生产潜力。

由于华北平原当地生物能源作物种植面积小，选择作物种类有限，因此根据气候类型相似的美国大平原地区，选择其种植相对普遍的生物能源作物作为本研究对象。柳枝稷(*Panicum virgatum* L.)(多年生 C4 草本植物)和甜高粱[*Sorghum bicolor*(L.)Moench)](一年生作物)被认为是生产力最高的生物能源作物。柳枝稷是北美地区的多年生暖季草类，可根据美国可再生燃料标准用作纤维素生物燃料生产的原材料。与使用谷类(玉米、小麦等)用于生物燃料原料相比，柳枝稷在 4 个方面具有优势：木质纤维素生物能源的生产率高；肥料和农药投入少，改善径流水质；增加土壤有机碳；为野生动物提供栖息地。同时，甜高粱因其高生产力、耐盐碱、耐旱、乙醇生产残留物的高营养价值以及茎中丰富的可发酵碳水化合物也受到研究者的关注。此外，作为一年生作物，其灵活性的种植特点应当被利用：将甜高粱整合至现有的轮作模式，可发挥更加突出的作用。

粮食安全与能源安全问题是农业生产部门时刻关注的重点，也是研究的热点领域。针对当前我国，特别是华北地区地下水位下降的现状，研究应当以粮食与生物能源并重，兼顾经济效益与生态效益。为探究在保证粮食安全的前提下，种植生物能源作物对缓解地下水过度消耗的作用，本研究在华北平原栾城试验站进行为期 6 年(2010—2015 年)的试验，设置包括粮食作物、牧草作物、生物能源作物在内的 4 种多样化种植模式，研究应用土壤-水平衡模拟模型。关于粮食、生物能源、牧草种植模式的具体研究目标是：①量化水净消耗量；②估算地下水位变化；③确定生物质和生物乙醇生产的用水效率。

本研究选取种植模式种类有限，但它为开发华北平原可持续的环境友好型种植模式提供了参考，研究结果可以作为确定中国华北平原及其他地区的生物能源、饲料、粮食作物用水的权衡基准。

3.1 试验材料与方法

3.1.1 试验区地理位置、气候条件与土壤状况

试验于 2009—2015 年，在河北省栾城县的中国科学院栾城农业生态系统试验站(37°50′N，114°40′E，海拔为 50.1 m)进行，位于华北平原北部的太行山山前冲积平原，耕地 3 800 万亩，是我国重要的粮食产区。栾城站在 1988 年加入中国生态系统。研究网络是中国生态研究网的 36 个农业生态系统站之一。

栾城站地处温带大陆性季风气候区，属大陆性季风暖温带半湿润半干旱气候。其主要气候特点为四季分明，春季干旱多风，夏季温暖多雨，秋季气温适宜，冬季寒冷干燥。该地区多年平均气温为 12.2 ℃，月最高平均气温出现在 7 月(26.4 ℃)，月最低平均气温出现在 1 月(−3.9 ℃)。≥0 ℃积温为 4 710 ℃，≥10 ℃积温为 4 232 ℃，年日照为 2 500～2 800 h，无霜期约为 200 d。过去 55 年的年平均降水量为 475 mm，其中 6—9 月占全年总降水量 60%～70%。目前，冬小麦-夏玉米一年两熟制是该地区的主要种植模式，所需最低积温为 4 400 ℃。从光温角度分析，该地区的年均积温能够满足冬小麦-夏玉米一年两熟制度的热量条件。

本区地下水位从 1980 年的 12 m 下降到 2015 年的 44 m，地下水位的下降速率为 1 m/年。图 1 显示了 2009—2015 年的年和月的降水量以及月平均气温。

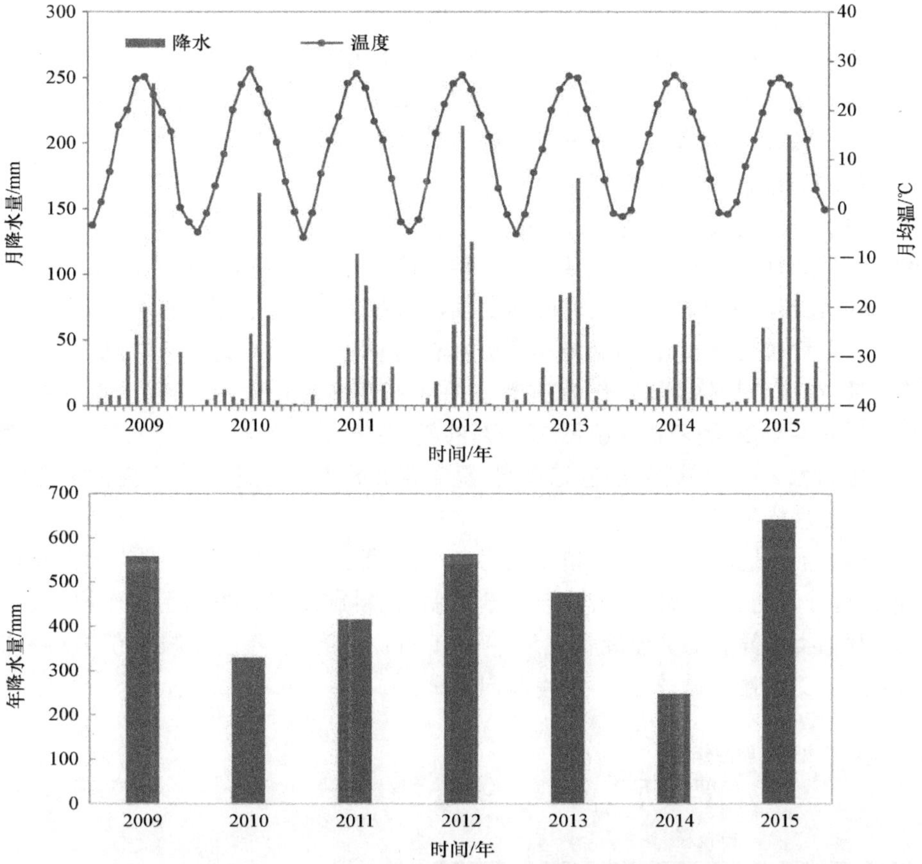

图 1　中国科学院栾城农业生态系统试验站年与月的降水量、平均气温(2009—2015 年)

本站农田地势平坦、土层深厚,土壤类型以潮褐土为主,代表华北平原北部典型潮褐土高产农业生态类型,质地随土层深度变化依次为沙壤、中壤和黏壤(土壤剖面 0～40 cm 由沙壤土组成,40～80 cm 为轻质/中度壤土,80 cm 以下为轻质黏土),土壤肥沃,蓄肥保水能力强,耕性好。pH 为 7.8,总氮为 1.01 g/kg,速效磷含量为 35.80 mg/kg,速效钾含量为 95.60 mg/kg,有机质含量为 11.10 g/kg。

3.1.2　试验设计、农田投入与作物管理

从 2009 年 10 月开始,以"随机完整块设计"方法建立了 4 种种植模式处理(包括 5 种作物),各处理 3 个重复,共 12 个小区。比其他处理相比,多年生柳枝稷处理开始较早,以保证在供试期内作物处于生长成熟阶段,更能反映真实水平。为尽可能消除相邻地块的影响,小区间留有 1 m 的无灌溉走道。小区面积为 30 m^2(4 m×7.5 m)。各处理在固定田块进行,并按顺序重复进行耕种。基于谷物的冬小麦-夏玉米模式为对照处理(CK)。4 种种植模式为:①冬小麦-夏玉米(WM,粮食作物,一年两熟制);②黑麦草-甜高粱(RS,牧草和生物能源作物,一年两熟制);③冬小麦-夏季玉米→黑麦草-甜高粱(WMRS,谷物,牧草和两种生物能源作物,两年四熟制);④柳枝稷(低地品种,阿拉莫)多年生作物(SG,生物能源作物,多年生作物)。

农田作物的生产耗水量主要有两方面:作物在生育期内的耗水量和作物生物能源在转化过程中的耗水量。由于作物转化为生物乙醇过程的水资源消耗量通常不计,因此我们为以上

5种作物计算正常生物量与生物乙醇产量的作物需水量。在第一个轮作周期中，4种种植模式的种植顺序和灌溉管理（灌溉时间和数量）如图3所示，WM、RS、WMRS、SG种植模式的年灌溉水量分别为330 mm、352.5 mm、375 mm和150 mm。根据作物的固定物候期进行灌溉，进行定时、定额灌溉。该做法基于满足每种作物的需水量，各作物的每次灌溉量满足作物的水分需求，以获得最大的地上产量（生物量）。

各作物的播种期和收获期（图2）为：冬小麦（10月6日至翌年6月13日）、夏玉米（同年6月13日至10月2日）、黑麦草（10月4日至翌年4月22日）、甜高粱（同年4月30日至10月2日）。为保证试验期内柳枝稷处于生理成熟阶段，于2008年5月初播种柳枝稷，并在每年9月底收获一次。每种作物投入（包括肥料和灌溉水在内）都是相同的，氮、磷、钾肥料遵循当地常规种植施用量，在播种前撒播尿素作为基肥，并在关键生育期追肥。一年生作物在播种前施用磷、钾肥，在播种冬小麦、黑麦草前施用37.9%的氮，在拔节期追施62.1%的氮；甜高粱氮肥占基肥与追肥比例为2∶3，在延伸期追施氮肥；夏玉米在拔节期追施。表1提供了详细的各种作物田间水肥管理措施以进行比较。

在项目开展前，试验区的农田种植模式为冬小麦-夏玉米一年两熟。按当地作物管理与耕作措施，包括播种日期、播种密度、害虫与杂草控制、肥料施用等。为满足各作物生长要求，田间管理因作物种类而异。播种前旋耕表层（0～30 cm）土壤（多年生柳枝稷仅旋耕一次）。一年生作物采用人工点播的播种方式，沿南北向播种。

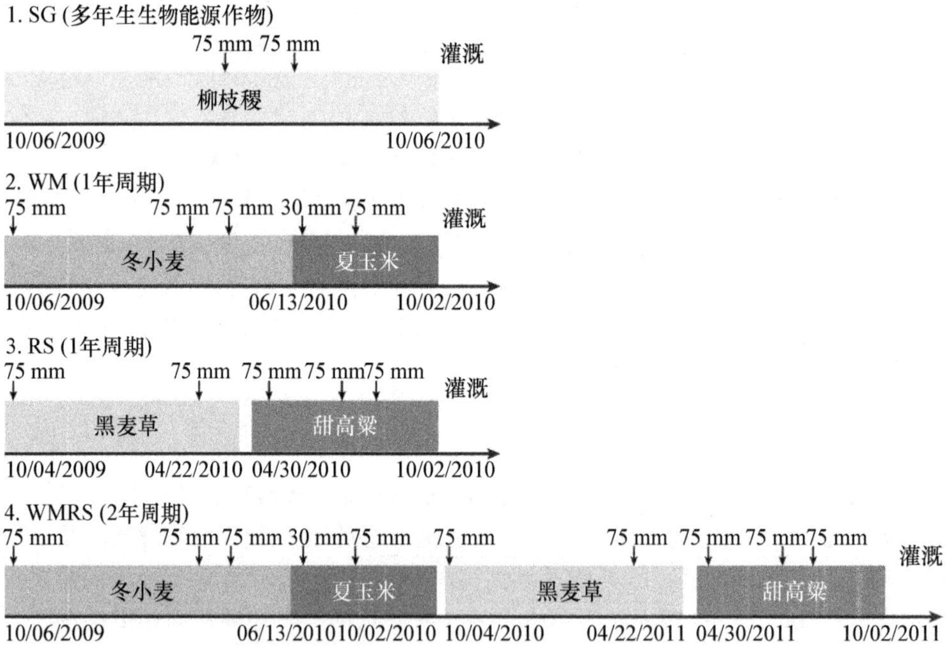

为满足作物的水需求，在播种期、拔节期和灌浆期灌溉了冬小麦（W），总计为225 mm；
夏玉米（M）拔节期和灌浆期，总计105 mm；黑麦草（R）播种期和返青期，总计150 mm；
甜高粱（S）播种期、拔节期和开花期，总计225 mm；柳枝稷（SG）返青期和拔节期，总计150 mm。

图2 一个轮作周期内4种作物种植模式的作物种植安排、灌溉的时间与数量

表 1　栾城农业生态系统试验站 4 种种植模式的各种作物田间水肥管理措施

水肥管理措施	冬小麦	夏玉米	黑麦草	甜高粱	柳枝稷
总灌溉量/mm	225	105	150	225	150
灌溉时间	播种期/拔节期/灌浆期	拔节期/灌浆期	播种期/返青期	播种期/拔节期/授粉期	返青期/拔节期
$N/(kg/hm^2)$	225	180	225	176	0
$P_2O_5/(kg/hm^2)$	112.5	105	112.5	195	0
$K_2O/(kg/hm^2)$	225	75	225	85	85
播种时间	10 月 6 日	6 月 13 日	10 月 4 日	4 月 30 日	2008 年 5 月 1 日
收获时间	翌年 6 月 13 日	同年 10 月 2 日	翌年 4 月 22 日	同年 10 月 2 日	每年收获一次

3.1.3　数据测定与获取

1. 气象数据

2010—2015 年的每日气象资料，包括逐日平均温度、降水量、水面蒸发量等来自中国科学院栾城农业生态系统试验气象站，距离试验地 100 m。

2. 地下水位数据

地下水位数据包括逐月地下水位数据，来源于中国科学院栾城农业生态系统试验站，测定地点距离试验站 400 m。

3. 土壤水分含量数据

土壤含水量测定深度为 0～180 cm 土层，每一个层次为 20 cm。土壤表层（0～20 cm）的含水量用烘干法测定；20 cm 以下的土层含水量用中子水分测定仪测定，每一个测定周期为 10 d，各小区每 20 cm 土层的土壤含水量测定 8 次重复。

4. 各作物收获方法与产量数据

冬小麦、黑麦草、甜高粱在成熟后由小区内全部收获，风干后测定小区实际产量；夏玉米取 10 穗考种，小区全部收获，田间测产。

5. 各作物干物质产量数据

夏玉米、高粱等植株形态较大的作物在收获前由各小区取其 3 株鲜样，在 80 ℃的条件下烘干，测定干物质产量；黑麦草、小麦等植株形态较小的作物由各小区取 3 个 20 cm 的样段，测定其生物产量。

3.1.4　计算

1. 计算实际蒸散量与地下水回补量

根据试验获取的 4 种种植模式的气象学水分含量数据，应用 Kendy 模型，计算蒸散量和土壤渗漏量。该模型基于农田水量平衡公式，应用土壤参数、作物参数、气候参数评估由降水、灌溉产生的深层渗漏量（最终补给地下水）和实际蒸散量（耗水量）。该模型的开发为不易测量的渗漏量（最终回补地下水）提供了简单易行、准确可靠的计算方法。

Kendy 模型主要考虑垂直方向上水流在水势梯度间的运动，渗漏和蒸腾蒸散分别为两个单独的、连续的过程。农田蒸发蒸腾包括土壤蒸发和作物蒸腾两个部分，主要受土壤含水量的影响。此模型所需的主要参数包括土壤物理性质参数[田间持水量(θ_{fc})、萎蔫点(θ_{wp})、饱和含水量、饱和导水率(K_s)、不饱和导水率(α)、初始各土层土壤含水量(θ_{sat})、土层厚度(cm)]、气候参数(逐日降水量和逐日水面蒸发量)、作物参数(根长、叶面积指数和灌溉量等)。模型主要可准确输出逐日实际蒸发蒸腾量、逐日深层渗漏量(最后回补地下水)以及每个时间步长末端土壤剖面的各土层土壤含水量。若初始的土壤含水量数据缺失，模型模拟从满足降水和灌溉的饱和含水量步骤处运行。Kendy 等(2003)详细描述了渗透、总实际蒸散量和深层渗滤的模型估算。

本研究中的 5 种作物的季节性根区深度和叶面积指数(LAI)是基于先前对冬小麦和夏玉米的研究。图 3 展示 2010—2015 年 4 种种植模式的 0～180 cm 土壤剖面实际测定值与模型模拟的土壤贮水量的差别。

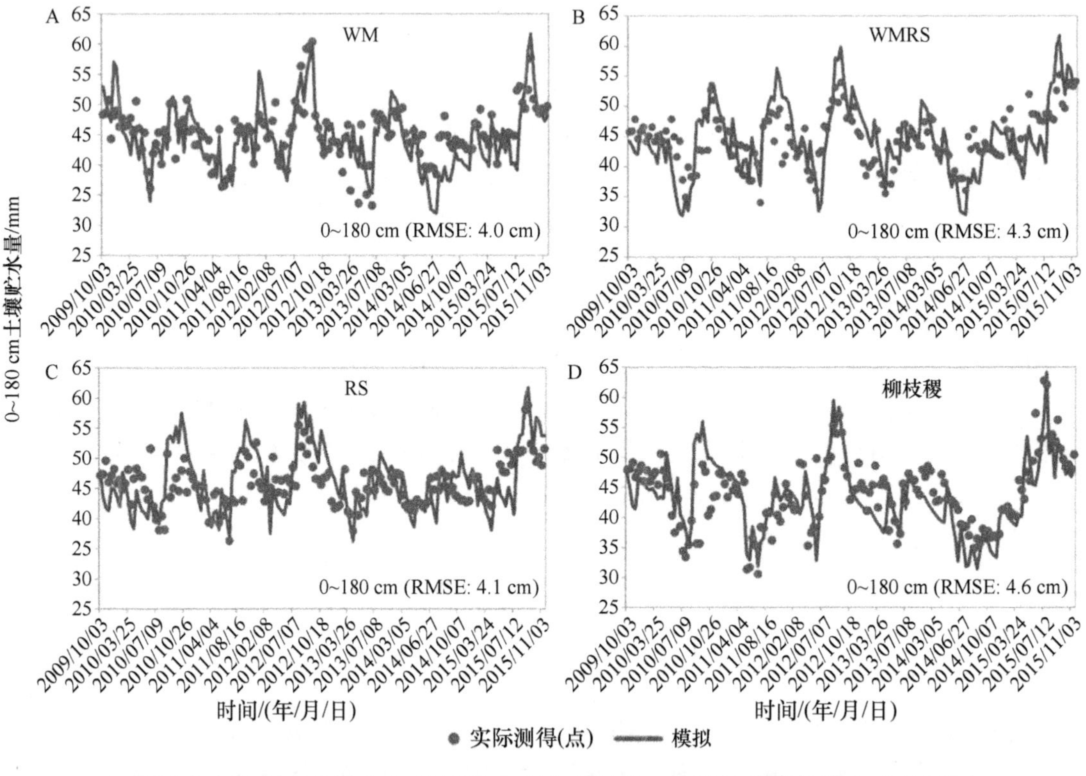

A. WM 冬小麦-夏玉米模式；B. WMRS 冬小麦-夏玉米→黑麦草-甜高粱模式；C. RS 黑麦草-甜高粱模式；D. 多年生柳枝稷模式。冬小麦在播种期(10 月 6 日)、拔节期(11 月 20 日)和灌浆期(随后的 4 月 1 日)，灌溉 3 次，每次 75 mm。夏玉米在拔节期(7 月 11 日，30 mm)和灌浆期(8 月 17 日，75 mm)灌溉。黑麦草在播种日期(10 月 4 日)和返青期(2 月 25 日)灌溉，每次灌溉 75 mm。甜高粱在播种期(4 月 30 日)、拔节期(6 月 15 日)和花期(7 月 20 日)灌溉，每次 75 mm。柳枝稷在返青期(5 月 1 日)和拔节期(6 月 19 日)灌溉，每次灌溉 75 mm。

图 3　2010—2015 年栾城 4 种种植模式 0～180 cm 土层深度实际测得(点)与模型模拟(线)土壤贮水量之间的比较

2. 由地下水位下降推算水资源净消耗量

每种种植模式在生育期的水资源净消耗量(NWD)指标反映各种作物生育期特点。其计算公式为:

$$NWD = R - I$$

式中:NWD 为每种种植模式在生育期的水资源净消耗量(m);R 为通过 Kendy 模型计算得出的在生育期深层渗漏量(mm);I 为在生育期的灌溉量(mm)。NWD 为正值,表示渗漏量大于灌溉量,回补地下水,地下水位上升;NWD 为负值,表示渗漏量小于灌溉量,消耗地下水,地下水位下降。

试验站水温气象站多年(1974—2014 年)数据资料显示,栾城地区地下水埋深大,近 10 年来,地下水位在 30 m 以下,深厚的包气带区如同一个库容巨大的土壤水库,对作物需水及降水(灌溉)入渗补给地下水过程起到了一定的调节作用,使得地下水及深层土壤水分对降水(灌溉)的响应时间有明显的滞后性。每年的地下水位回补量可根据距地表 180 cm 土层处的渗漏率和到达地下水位的滞后时间计算。一年的均匀补给要花很多年才能达到地下水位,之前的研究表明,水分在渗流区内优先流动。实际上,地下水位与年降水量变化之间存在两年的滞后。地下水位变化 Δh 可以简单地计算为:

$$\Delta h = \frac{\mathrm{NWD}}{\mu}$$

式中:Δh 为考虑到时间滞后因素的某作物 2 年期间地下水位的变化量(m);NWD 为每种种植模式的水资源净消耗量(m);μ 为含水层单位产水量,设定为 0.2。其计算原理为深层渗漏量减去的灌溉消耗的地下水量。考虑到当前地下水位超过 40 m 深度,毛细作用微弱,且沙质壤土上层土壤具有较高的渗透率,在自然过程中向地表回补水量可以忽略不计。

3. 生物乙醇的生产

可根据表 2 中的转换系数,由生物量计算作物的理论生物乙醇产量。在计算生物乙醇理论产量时,我们认识到目前中等规模的工厂尚未普遍应用第二代技术,未能将所有的舌状纤维素(lingo-cellulose)转化为生物乙醇。出于比较各种作物生物乙醇产量的目的,我们根据其生物量的组成,计算各种作物的理论生物乙醇当量。碳水化合物(淀粉、糖、纤维素和半纤维素等)是生产生物乙醇的主要潜在原料,是本研究的重要研究对象。此外,某些覆盖作物在转化后,其作物秸秆残渣可作为动物饲料,其生物量价值也被低估。

表 2　作物成分与乙醇产量(基于干物质)

作物种类	干物质比/%	木质素/%	碳水化合物/%	每千克干物质生物乙醇产量/L
玉米	86.2	0.60	73.70	0.46
玉米穗轴	78.5	18.69	58.29	0.43
高粱秸秆	88.0	15.00	61.00	0.44
小麦	89.1		35.85	0.40
小麦秸秆	90.1	16.00	54.00	0.29
黑麦草				0.29
柳枝稷				0.38

注:表中参数值摘自 Miller,1958;Theander and Åman,1984;U. S. Department of Energy,2001;Kim and Dale,2004;Schmer et al.,2008;Xie and Peng,2011;U. S. Department of Energy,2015;Eichelmann et al.,2016a。

4. 水分利用效率

水分利用效率(WUE)是节水农业研究的最终目标，提高水分利用效率是农业在缺水条件下得以持续稳定发展的关键所在。在灌溉研究中，水分利用效率是作物与水分关系的综合指标。当前研究将作物水分利用效率分为 3 个层次：叶片水平、群体水平和产量水平。产量水平水分利用效率是作物耗水(实际蒸腾蒸发量)和产量形成(光合作用)在整个生育期积累的结果。在本研究中，提到的水分利用效率是产量水平上的水分利用效率，其定义为每单位耗水量产生的作物产量。

基于当前农业生产的多样化目的，做到食物消费、营养供应与清洁能源生产、可持续农业开展两方面共同发展。本研究将水分利用效率的概念进行了丰富与扩展，希望通过从新的视角，揭示生物能源物质引入种植模式的效果。因此，本研究计算了 4 种种植模式各作物的多样化的水分利用效率(WUE)。与 Eichelmann 等(2016b)一致，本研究引入生物量水分利用效率(WUE_b，kg/m^3)与生物乙醇生产水分利用效率(WUE_e，L/m^3)指标，用以表征蒸发的每单位体积水的生物质产量与生物乙醇产量。此外，定义并计算了用于生物乙醇生产的地下水净利用率($NWUE_e$，L/m^3)，该净效率衡量单位体积地下水净消耗量的生物乙醇产量(L)。其计算公式如下：

$$\mathrm{WUE_b}=\frac{\mathrm{Biomass}}{ETa}$$

$$\mathrm{WUE_e}=\frac{\mathrm{Bioethanol}}{ETa}$$

$$\mathrm{NWUE_e}=\frac{\mathrm{Bioethanol}}{\mathrm{NWD}}$$

式中：WUE_b 为一年中某种作物的生物量(Biomass)水分利用效率(kg/m^3)；ETa 为作物生育期内的实际蒸散量(mm)；生物量表示单位面积作物的生物量干物质产量(kg/hm^2)；WUE_e 为一年中某种作物的生物乙醇(Bioethanol)水分利用效率(L/m^3)；生物乙醇表示单位面积作物的生物乙醇产量(L/hm^2)。$NWUE_e$ 是一年中某种作物的生物乙醇生产的地下水净利用效率(kg/m^3)。

3.1.5 数据分析

统计分析是在 SAS 9.3 软件中进行的。使用方差分析(ANOVA)确定各处理平均值之间差异的显著性，然后比较使用最小显著极差法(LSD)($\alpha<0.05$)。

3.2 结果

首先，本研究测试了 Kendy 模型与试验区的拟合程度；其次，使用已证实的模型通量结果，对试验区内包括整个种植系统与植株蒸发(地下水系统损失)和深层渗漏(内部循环)在内的各环节进行对比；最后，将生物量、乙醇产量与耗水量结合，确定水分利用效率。

3.2.1 模型组分

基于 2010—2015 年于中国科学院栾城试验站开展的定位试验，利用 4 种种植模式 0～180 cm 土壤剖面 20 cm 为一层的实测土壤体积含水量以及 0～180 cm 实测总土壤贮水量与 Kendy 模型的模拟值做比较，在微调模型参数之后，土壤含水量实测值在模型模拟值拟合优度很高。图 3 显示的是 0～180 cm 土层范围内，4 种种植模式的模拟与实际观测的土壤含水量结果在为期 6 年（2010—2015 年）的对比情况，表明应用 Kendy 模型的效果较优，与前期 Kendy 等（2003，2004）和 Yang 等（2015a）的模型应用效果相近。

该模型正确预测处于枯水年的 2014 年的土壤含水量低，2012 年和 2015 年夏季的高土壤含水量。该模型也存在预测结果与实际情况之间偏差的情况，2010 年黑麦草-高粱（RS）模式（图 3C）、柳枝稷模式中的土壤含水量被过度预测，而另外 2 个处理预测结果较好。其原因可能是模型输入的计划灌溉量与实际不符或是土壤含水量测定选取点位无代表性（图 3A、图 3B）。均方根误差（RMSE）对于 45 cm 的平均水含量是可以接受的：WM 模式为 4.0 cm，WMRS 模式为 4.3 cm，RS 模式为 4.1 cm，柳枝稷模式为 4.6 cm（图 3A 至图 3D）。

3.2.2　多样化种植模式的年均蒸散量

在 4 种种植模式中，柳枝稷模式的 6 年年平均蒸散量（ETa）为 504 mm，显著少于另外 3 个处理的 6 年年均蒸散量（$P<0.05$）（图 4A）。各种种植模式的年平均蒸散量大小依次为 RS 模式（730 mm）＞WM 模式（715 mm）＞WMRS 模式（694 mm）＞SG 模式（504 mm）。具体分析每年的变化情况可得，ETa 随着降水的增加而增加。例如，RS 模式在丰雨年（2012 年）的 ETa 为 825 mm，而在枯水年（2014 年）的 ETa 为 604 mm（表 3）。

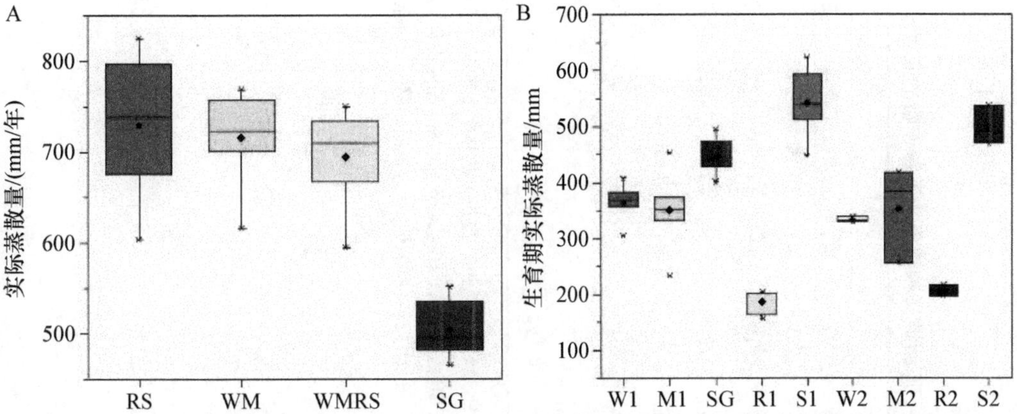

箱形图显示 25%、75%处的数值；方框图中的菱形和线条分别表示平均值与中位数；上下触须分别表示 95%、5%分位数，※代表异常值。WM 为冬小麦-夏玉米；WMRS 为冬小麦-夏季玉米→黑麦草-甜高粱；W1 和 W2 分别为 WM 模式和 WMRS 模式的冬小麦；M1 和 M2 分别为 WM 模式和 WMRS 模式的夏玉米；SG 为柳枝稷；R1 和 R2 分别为 RS 模式和 WMRS 模式的黑麦草；S1 和 S2 分别为 RS 模式和 WMRS 模式的甜高粱。

图 4　2009—2015 年华北平原栾城试验点不同种植模式（A）与作物种类（B）的模拟实际蒸散量（*ETa*）的分布

在每个作物的基础上，每个生长季节甜高粱的平均实际蒸散量达到 448～624 mm（图 4B），且甜高粱的蒸散量显著高于其他任何一年生作物。因为与夏玉米相比，甜高粱具有更高的潜在蒸发量、更长的生育期（夏玉米的生育期为 108 d，甜高粱的生育期为 160 d）以及灌溉水量更多（甜高粱为 225 mm，夏玉米为 105 mm）（表 1 和图 4B）。在整个生长期间，冬小麦、夏玉米在生育期的蒸散量为 305～453 mm（图 4B）。黑麦草生长在冬季，生育期长度比冬小麦短，灌溉水量少，蒸散量不足 200 mm。柳枝稷每年的灌溉量为 150 mm，生育期内的蒸散量为 400～500 mm。

表 3　2010—2015 年华北平原栾城各种植模式下各作物的实际蒸散量(ETa)、补给量(R)和相关水平衡预算　　mm

种植时间	PCP	RS				WM				WMRS				SG			
		ETa	R	ΔSMC	I	ETa	R	ΔSMC	I	ETa	R	ΔSMC	I	ETa	R	ΔSMC	I
2010	366	721	54	34±14	375	701	8	13±9	330	714	15	33±15	330	465	1	−50±14	150
2011	375	675	28	8±18	375	713	6	14±16	330	734	28	12±1	375	503	0	−22±19	150
2012	554	825	131	27±12	375	732	165	12±4	330	750	153	19±16	330	535	104	−65±13	150
2013	475	797	99	46±10	375	769	36	1±4	330	706	56	−88±17	375	552	94	21±17	150
2014	248	604	32	13±8	375	616	3	39±11	330	595	6	22±13	330	482	43	127±14	150
2015	479	756	68	−30±9	375	758	32	−5±20	330	667	166	−21±15	375	490	1	−139±35	150
逐年均值		730±12a	69a			715±7a	42b			694±13a	71a			504±19b	41b		

注:①种植时间为上一年的 10 月 1 日至本年 9 月 30 日，涵盖了冬小麦、夏玉米的整个生育期。②WM 模式为冬小麦-夏玉米；WMRS 为冬小麦-夏季玉米→黑麦草-甜高粱；RS 模式为黑麦草-甜高粱；SG 模式为多年生柳枝稷。③PCP 为降水量；R 为地下水回补(深层渗漏)；ETa 为实际蒸散量；ΔSMC 为土壤含水量的周年变化量；Irr 为灌溉量。④各种种植模式(处理)每行包括 4 项(R、ΔSMC、I、ETa)。⑤对于同一行的值而言,不同小写字母表示该年份(或年度平均值)在 0.05 水平上的重复项的均值存在显著差异。

冬小麦在生育期的需水量大(225 mm)与降水耦合程度低且生育期时间长(246 d)。同时,由于夏季降水量的年际变化大(图 1),冬季降水量相对稳定,为夏季作物的蒸散量提供可变化的空间,因此夏季作物的蒸散量均值大于冬季作物的蒸散量(图 4B)。

3.2.3　渗漏与水资源结算

来自降水或灌溉的水分进入土壤,当土壤毛细作用小于水的重力作用,处于不平衡状态时,就会发生深层渗漏。在"土壤-植物-地下水"系统中,渗漏的水可再被抽取,以保证系统循环持续。4 种种植模式在轮作周期的年均生育期渗漏量大小依次为 WMRS 模式(71 mm)>RS 模式(69 mm)>WM 模式(42 mm)>SG 模式(41 mm)(表 3)。

水资源结算结果表明(图 5),只有在降水量较大的年份(2012 年最高,2013 年和 2015 年降水量居中)才会发生明显的渗漏。除柳枝稷模式以外的种植模式,丰雨年(2012 年)的渗漏量超过 130 mm,3 种种植模式在 2013 年的平均渗漏量为 64 mm,在 2015 年的平均渗漏量为 89 mm;

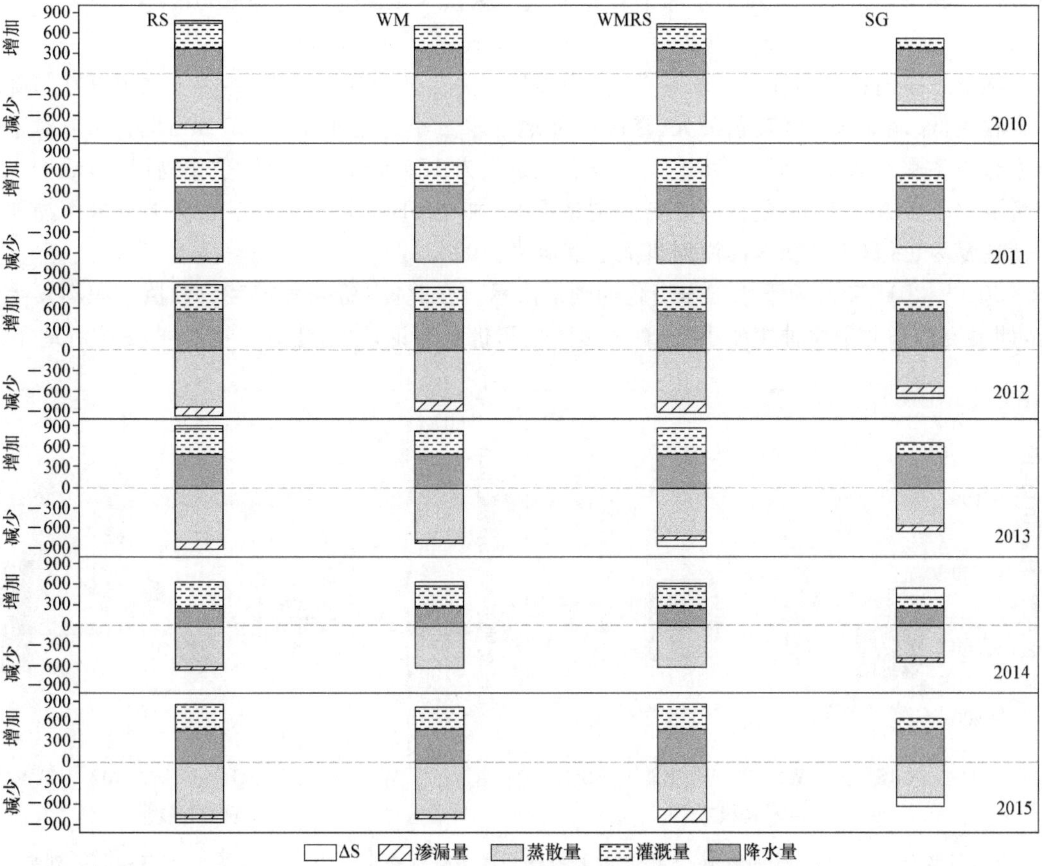

RS. 黑麦草-甜高粱;WS. 冬小麦-夏玉米;WMRS. 冬小麦-夏季玉米→黑麦草-甜高粱;SG. 多年生柳枝稷。虚线以上表示水预算增加项目(降水与灌溉),虚线以下表示水预算减少项目(渗漏、蒸散等);当水预算为负数(回补至系统量减少)时,存储的变化在零线以上;当水预算为正数(回补至系统量增加)时,存储的变化在零线以下。根据水预算余额高于或低于零基准线,可以清楚判断种植模式的水分利用情况。

图 5　2010—2015 年华北平原栾城试验点 4 种种植模式 0～180 cm 水预算

柳枝稷模式在 2013 年的渗漏量为 94 mm，在 2015 年的渗漏量仅为 1 mm。柳枝稷模式的渗漏量年际变化剧烈可能是 2012 年的降水量大，土壤处于湿润状态；2014 年的降水量小，土壤处于干燥、低含水量水平的原因。需要利用本应渗漏至地下的水分重新补充土壤水分库，待水分达到一定值后，才会发生渗漏现象（表 3、图 5）。图 5 的信息还显示，柳枝稷模式的深根系统可以从整个剖面中提取水，且由于多年生长的特点，其延续效应表现显著。

对于所有观测年份的各类作物而言，土壤渗漏量始终小于地下水抽取量。此结果也从侧面表明，与自然降水相比，地下水抽取灌溉导致了土壤渗漏。

3.2.4 各种种植模式的地下水净消耗量与地下水位变化

作为一种水文学指标，地下水净消耗为反映地下水平衡，减少蓄水层消耗提供思路。柳枝稷模式的地下水净消耗量较小（平均为－110 mm/年），显著低于另外 3 种种植模式的地下水净消耗量（$P<0.05$）。由于作物生育期相近，灌水量基本相同，WM、RS、WMRS 处理之间无显著性差异（$P<0.05$）。地下水净消耗量的大小依次为 RS 模式（－306 mm/年）＞WM 模式（－288 mm/年）＞WMRS 模式（－281 mm/年）＞SG（－110 mm/年）。

地下水净消耗量与作物生长季节、作物种类有关。冬季降水量小，冬小麦在生育期与降水耦合程度低，地下水净消耗量最大（渗漏回补地下水量小），稍小于－250 mm（图 6B）；对于同样生长在冬季的黑麦草而言，其地下水净消耗量仅为 150 mm。对于夏季作物而言，地下水使用量取决于多方面因素（包括降水与其他情况）。如图 6B 显示，2012 年的夏季玉米作物地下水消耗量为正值（正平衡），即渗漏量大于灌溉量。

2010—2015 年的地下水位净变化如图 7 所示。在此，本研究假定区域种植面积不发生变化，即对当前华北平原种植冬小麦-夏玉米的农田进行理论计算，考察不同种植模式对地下水

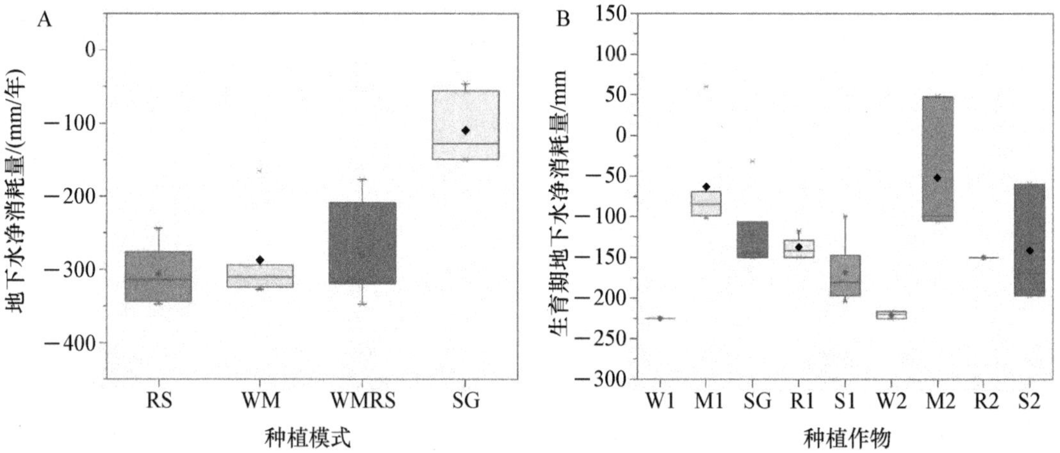

箱形图显示 25%、75%处的数值；方框图中的菱形和线条分别表示平均值与中位数；上下触须分别表示 95%、5%分位数，※代表异常值。

WS 是冬小麦-夏玉米；WMRS 是冬小麦-夏季玉米→黑麦草-甜高粱；W1 和 W2 分别是 WM 模式和 WMRS 模式的冬小麦。M1 和 M2 分别是 WM 模式和 WMRS 模式的夏玉米。SG 是柳枝稷；R1 和 R2 分别是 RS 模式和 WMRS 模式的黑麦草；S1 和 S2 分别是 RS 模式和 WMRS 模式的甜高粱。

图 6　2010—2015 年华北平原栾城试验点各种植模式（A）与各作物种类（B）的地下水净消耗量

资源的影响。2010—2015 年，柳枝稷模式的地下水位变化最小，为－3.7 m，即年下降量为 0.4 m。此外，尽管各处理作物能的种类、灌溉量略有差异，但是在研究期间，3 种种植模式对地下水位的影响无显著性差异（$P<0.05$），2010—2015 年的地下水位变化量为－8.9 m，年均下降量为 1.3 m，柳枝稷模式的地下水年均下降量仅为 3 种种植模式年均下降量的 30.8%。

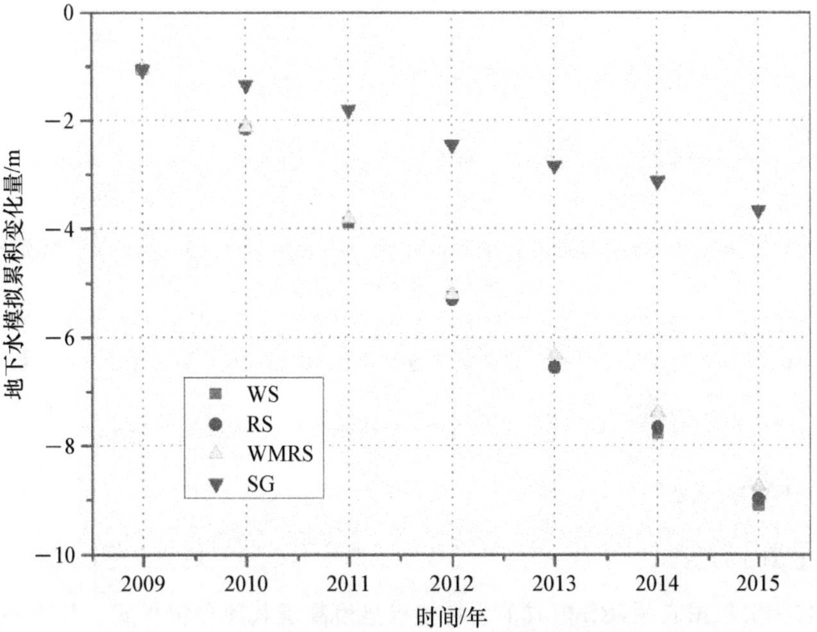

RS. 黑麦草-甜高粱；WS. 冬小麦-夏玉米；
WMRS. 冬小麦－夏季玉米→黑麦草－甜高粱；SG. 多年生柳枝稷。

图 7　2010—2015 年华北平原栾城试验站 4 种种植模式地下水模拟累积变化量

3.2.5　各种种植模式生物量与生物乙醇产量

RS 模式的年平均干物质量为 60.0 mg/hm^2，在 47.7（2012 年）～80.6 mg/hm^2（2010 年）范围内波动，且极显著高于其他 3 种种植模式（$P<0.01$）（图 8A）。其中，甜高粱是生物量的重要来源。年均生物量从大到小的排序为 RS 模式（60.0 mg/hm^2）＞WMRS 模式（44.6 mg/hm^2）＞WM 模式（31.7 mg/hm^2）＞SG 模式（30.8 mg/hm^2）（图 8A）。

依据各作物生物量与生物乙醇转化系数（表 2），计算各处理的生物乙醇产量（图 8B）。各处理的生物乙醇产量与生物量结果具有相同趋势。由具体分析可知，RS 模式的生物乙醇产量最高，极显著高于其他种植模式的生物乙醇产量（$P<0.01$）。WMRS 模式的生物乙醇的年平均产量极显著高于 SG 模式、WM 模式的生物乙醇的年平均产量（$P<0.01$）。SG 和 WM 的生物乙醇产量约为 RS 模式的 1/2。各种种植模式的生物乙醇理论年产量排序为 RS 模式（25.0 m^3/hm^2）＞WMRS 模式（16.9 m^3/hm^2）＞SG 模式（11.7 m^3/hm^2）＞WM 模式（11.4 m^3/hm^2）。

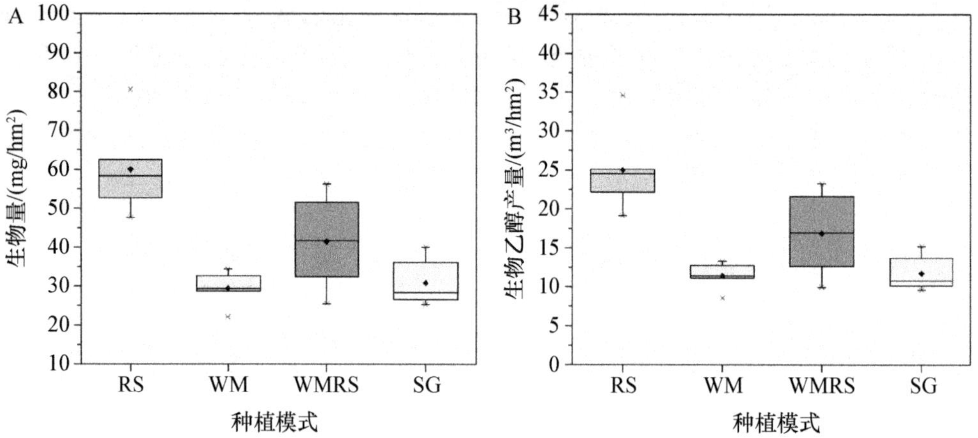

箱形图显示 25%、75%处的数值；方框图中的菱形和线条分别表示平均值与中位数；上下触须分别表示 95%、5%分位数；※代表异常值。

RS. 黑麦草-甜高粱；WS. 冬小麦-夏玉米；WMRS. 冬小麦-夏季玉米→黑麦草-甜高粱；SG. 多年生柳枝稷。

图 8　2010—2015 年华北平原栾城试验点 4 种种植模式生物量与生物乙醇产量

3.2.6　水分利用效率

1. 生物量水分利用效率

图 8A 与相关数据表明，RS 模式的生物量极显著高于其他种植模式。计算各模式的生物量水分利用效率（WUE_b，kg/m^3），数据见图 9A。RS 模式的 WUE_b 最高，极显著高于另外 3 种种植模式，为 14.7 kg/m^3（$P<0.01$）。WMRS 模式的年平均 WUE_b 为 11.0 kg/m^3，显著高于 WM 模式、SG 模式的年平均生物量（$P<0.05$）。WM 模式的年平均 WUE_b 为 8.4 kg/m^3。由图 5A 可知，SG 模式的蒸散量（ETa）低，相同产量 WUE_b 高。由于柳枝稷生物量小、干物质产量低，公式计算结果仍表明其 WUE_b 最低，约为 6.9 kg/m^3。

2. 生物乙醇水分利用效率

计算生物乙醇水分利用效率（WUE_e，L/m^3），数据见图 9B。结果表明，与 3.2.5 部分生物量与生物乙醇的关系相似，WUE_e 与 WUE_b 变化趋势相同：因甜高粱作物生物量大，水分利用效率高，将甜高粱引入的轮作处理表现较优。RS 模式的 WUE_e 显著高于其他 3 种种植模式的 WUE_e（$P<0.05$），WM 模式与 SG 模式的 WUE_e 较低。各种种植模式的生物乙醇水分利用效率排序为 RS 模式（5.7 L/m^3）＞WMRS 模式（4.3 L/m^3）＞WM 模式（3.3 L/m^3）＞SG 模式（2.6 L/m^3）。

3. 生物乙醇地下水净消耗利用效率

在 3 种水分利用效率中，计算出的地下水净消耗量对应的生物乙醇生产效率（$NWUE_e$，L/m^3）是具有研究意义的创新点。与单纯说明种植模式对地下水位增减的影响不同，引入水分利用效率概念可以更好地说明其生态、经济效果。各种种植模式的地下水净消耗利用效率见图 9C。与谷物粮食作物相比，柳枝稷的生态效果得以凸显，净消耗每立方米的地下水可产生 14.4 L 的乙醇，与 RS 模式的 $NWuE_e$15.5 L/m^3 的效应相差无几。因 WMRS 模式为麦玉复种与黑麦草-甜高粱复种模式组合，其水分利用效率介于 RS 模式与 WM 模式之间，$NWUE_e$ 为 10.9 L/m^3。WM 模式的 $NWUE_e$ 最低，约为 SG 模式、RS 模式的 $NWUE_e$ 的 1/2，为 9.1 L/m^3。

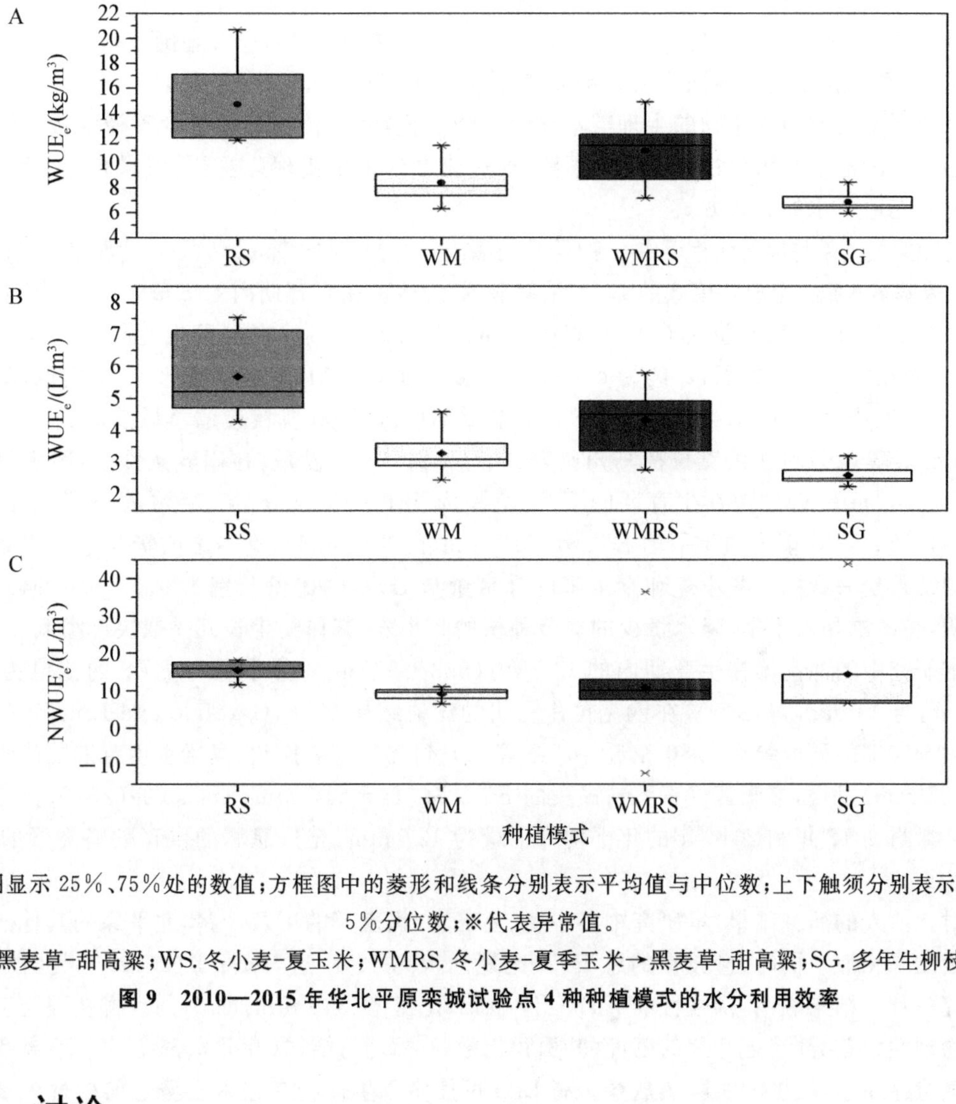

箱形图显示 25%、75%处的数值；方框图中的菱形和线条分别表示平均值与中位数；上下触须分别表示 95%、5%分位数；※代表异常值。

RS. 黑麦草-甜高粱；WS. 冬小麦-夏玉米；WMRS. 冬小麦-夏季玉米→黑麦草-甜高粱；SG. 多年生柳枝稷。

图 9　2010—2015 年华北平原栾城试验点 4 种种植模式的水分利用效率

3.3　讨论

华北平原水资源短缺的问题由来已久，经过去 30 年的粮食集约生产，这些问题越发严重，地下水位持续下降，成为世界知名的地下漏斗区，严重威胁着人民生产与生活安全，因此作物种类、种植模式组合在现有谷物粮食生产的基础上增加种植作物多样性，提高农业生产可持续性，具有重要的研究价值。本研究提供了有关水-食物-能源之间联系的新见解，即必须认真评估新作物的引入对地下水位、食物、生物能源供应的影响。我们将讨论生物能源作物引入华北平原的作用，评估各种种植模式地下水、生物乙醇产品、水分利用效率。

3.3.1 地下水消耗

由于其他3种处理的 *ETa* 均为 694～730 mm(图4A),地下水净下降速率大致相同(图7)。柳枝稷作为一种多年生能源作物,其灌溉量小(150 mm/年),年平均 *ETa* 最小(504 mm)(图4A、表3),地下水位年平均下降0.4 m,约为其他模式地下水位下降速率的1/2。应当注意的是,本研究中的所有处理都无法做到减少地下水抽提量,即通过合理倒茬减少作物的需要给水量,因而所有处理均不同程度地导致地下水位下降(从0.4 m/年到1.3 m/年)。考虑到地下水位下降的原因是作物的生理需水量大于降水量,因此种植蒸散量少于降水量的作物成为阻止本地区地下水水位快速下降的思路,通过流域外引水实现(主要是南水北调工程)是短期迅速补充地下水的有效方式。

与相似气候条件地区或相近供水量(降水与灌溉)的研究对比,本研究 *ETa* 计算结果与前人的研究结果基本一致。分析各模式的 *ETa*,结果显示,柳枝稷在生育期内的 *ETa* 为(446±34)mm,降水量与 *ETa* 的平均比值为0.84。Wagle and Kakani (2014)在美国俄克拉荷马州研究表明,柳枝稷在生育期内的 *ETa* 约为450 mm,活跃季节(5—11月)与本研究结果相似,降水量与 *ETa* 的比值为0.96;Le等(2011)在美国中西部地区发现,柳枝稷的蒸散速率为498 mm/年;Yimam等(2015)在俄克拉荷马州研究(2011—2013年)发现,在雨养条件下,降水量范围为572～918 mm,柳枝稷在生育期的 *ETa* 范围为521～786 mm/年,降水量与 *ETa* 比值为1.10～1.16。WM模式的年平均 *ETa* 为715 mm(图5A、表3),这与之前华北平原灌溉系统的观测结果是一致的。冬小麦和夏玉米的降水量与 *ETa* 的比值分别为0.22和0.94。该比值表明,在冬季相对干旱、降水量少的季节种植的冬小麦,其作物生长几乎取决于灌溉。

本研究中的甜高粱在生育期内的 *ETa* 为(528±57)mm,降水量与 *ETa* 的比值为0.75(图4B),与Yimam等(2015)在俄克拉荷马州的比值结果0.70,Garofalo and Rinaldi (2013)在意大利南部的研究结果0.80相近。Hao等(2014)在得克萨斯州(高粱在生育期的降水量为78～227 mm)发现,灌溉区供青贮料高粱的 *ETa* 为324～517 mm;Enciso等(2015)报道在南得克萨斯州2012年和2014年的年平均降水量为127 mm,充分灌溉的供青贮料高粱的 *ETa* 为582 mm。

对比前人的研究结果,本研究中冬小麦、夏玉米、黑麦草的 *ETa* 与华北平原的其他研究人员测定结果相似。同时,柳枝稷的总 *ETa* 比夏玉米高33%,这与Le等(2011)于美国中西部的研究一致。结果表明,柳枝稷的 *ETa*(498 mm)比玉米(380 mm)高31%。柳枝稷与玉米的植株物理性状差异[地上叶片的密度(叶面积指数,LAI)]与结构(叶面积密度,LAD)导致植株的蒸散量存在差异,影响实际蒸散量。高LAI可使多年生作物在进入土壤之前拦截更多的降雨,避免其土壤蒸发损失,同时叶片表面的湿度增加,导致蒸发损失。

另外,Frank等(2004)观察到50%以上的根生物量位于30 cm以下,在110 cm土层深度,柳枝稷仍有大量根生物量。他们还观察到,在柳枝稷达到生理成熟前,根部生物量将显著增加。待柳枝稷根部形态发展成熟,发达的根部将保证其在降水稀少时能够进入土壤剖面更深处的水,这就从作物生理角度解释了柳枝稷蒸散量低,水分利用效率高的原因。

3.3.2 生物量与生物乙醇产量

中国东部的气候条件相对潮湿、降水量大,甜高粱作物的需水量与生育期内降水量耦合程度高，且具有稳定的营养价值、可多次收获的特点，使得甜高粱成为玉米青贮的替代品。Qu 等，2014。前人的研究表明，高粱的生物量受季节性供水的强烈影响。在本研究中，甜高粱的年干物质为 44.7～50.7 mg/hm^2，干/鲜为 0.36。这与 Qu 等(2014)报道中国东部甜高粱的干物质为 43.0～44.0 mg/hm^2 一致。对比中国与世界范围的甜高粱生物量发现，我国的甜高粱生物量高于世界其他地区的甜高粱生物量。Garofalo and Rinaldi (2013)在地中海环境中研究的甜高粱生物量为 18～41 mg；Yimam 等(2015)在美国俄克拉荷马州研究的甜高粱生物量为 32.5 mg/hm^2；Hao 等(2014)在美国得克萨斯州西部种植的甜高粱生物量为 24 mg/hm^2；Enciso 等(2015)在美国得克萨斯州南部试验结果表明，甜高粱的生物量为 5.8～16.6 mg/hm^2。其原因是本试验开展于优质农田、肥料投入量大，先前研究多种植于瘠薄、肥料投入较少的土壤，且不同的研究目的对土壤质量、类型选择会有影响。

本试验柳枝稷每年收获一次，年平均生物量产量为 30.8 mg/hm^2。对比夏玉米年生物量(13.7 mg/hm^2)，柳枝稷具有农田投入少(仅需施用钾肥)、生物量更大的优势。柳枝稷生物量与华北地区已有柳枝稷结果一致。已有研究表明，北京地区的柳枝稷生物量为 28.3 mg/hm^2。此外，有学者发现，中国的柳枝稷生物量高于世界其他地区的柳枝稷生物量，例如，美国俄克拉荷马州 Fuentes and Taliaferro (2002)研究报告称，柳枝稷生物量为 12.8～17.0 mg/hm^2；Yimam 等(2015)在俄克拉荷马州研究显示，柳枝稷生物量为 12.3～14.5 mg/hm^2。相比于其他研究结果，Eichelmann 等(2016b)在加拿大西南安大略省试验的柳枝稷生物量较低，为 9.4 mg/hm^2，而玉米的总生物量为 14.4 mg/hm^2(其中 7.5 mg/hm^2 为谷物，6.9 mg/hm^2 秸秆)。

甜高粱的年平均生物乙醇产量最高，为 33.1 m^3/hm^2，柳枝稷年均生物乙醇产量次之，为 11.7 m^3/hm^2。Gerbens-Leenes (2009)研究称，甜高粱需要 9.8 m^3 水才能生产 1 L 乙醇。Chen and Dixon (2007)研究结果表明，柳枝稷的生物量高，生物乙醇产量高于 Eichelmann 等(2016b)报道的参考值，后者认为柳枝稷仅产生生物乙醇，为 2.2 m^3/hm^2，玉米全部生物量可产生生物乙醇 6.5 m^3/hm^2，其中玉米谷粒可产生生物乙醇 3.5 m^3/hm^2，秸秆可产生生物乙醇 3.0 m^3/hm^2。本研究应用与上述研究相同的转化因子：柳枝稷可产生生物乙醇 0.38 L/kg，玉米籽粒和秸秆的乙醇转化率分别为 0.47 L/kg 和 0.43 L/kg。

在原料加工端，不同国家与地区选取当地种植面积广的作物用于生物燃料的生产。加拿大(基于玉米的生产)和欧盟(基于小麦的生产)利用谷物生产生物乙醇，而巴西则以甘蔗为原料。尽管基于玉米籽粒的 1G 生物乙醇生产技术初具规模，但着眼于粮食安全问题，中国政府已于 2007 年严格颁布政策，禁止发展基于谷物的生物乙醇生产。中国科学家正在尝试利用非食用的生物质原料、能源作物发展 2G 生物乙醇的生产，在边际土地上生产纤维素，不与耕地上的粮食作物竞争。然而，高昂的生产成本、原材料(包括农作物、能源作物残茬)的缺乏致使当前 2G 技术发展缓慢。本研究计算各种种植模式的生物乙醇理论产量。这些估值可以提供合理可靠的数据，专门用于比较华北平原的各种种植模式的能源生产效率。

本研究发现，与对照处理 WM 模式相比，多样化 WMRS 模式的冬小麦、夏玉米产量高约 9%。作物多样性可能有助于 WMRS 等种植模式实现的高而稳的产量，这为揭示轮作的优势，提供直接依据。

3.3.3 水分利用效率

本研究结果表明，柳枝稷平均生物量水分利用效率为 6.9 kg/m^3，冬小麦、夏玉米的产量水分利用效率分别为 2.1 kg/m^3 和 2.2 kg/m^3，各作物的水分利用效率均高于前人研究结果。Eichelmann 等(2016b)得到的柳枝稷生物量水分利用效率为 2.0～2.8 kg/m^3；Zwart and Bastiaanssen (2004)研究认为，玉米产量的全球平均水分利用效率(谷物产量/生长季 *ET*)为 1.8 kg/m^3，小麦产量全球平均水分利用效率为 1.1 kg/m^3；Hickman 等(2010)测得玉米的产量水分利用效率为 1.9 kg/m^3，生物量水分利用效率为 3.0 kg/m^3，同样低于本研究的 4.1 kg/m^3 结果。研究表明，甜高粱具有最大的生物量(48.7 mg/hm^2)与最高的生物量水分利用效率，为 9.3 kg/m^3，该结果也高于前人的研究结果。Yimam 等(2015)研究认为，在美国南部大平原地区高粱的生物量水分利用效率为 0.9～4.9 kg/m^3；Hao 等(2014)在美国得克萨斯州研究发现，高粱的生物量水分利用效率为 3～4.7 kg/m^3；Narayanan 等(2013)在美国堪萨斯州研究认为，高粱的生物量水分利用效率为 3.4～7.6 kg/m^3。该结果同样高于 Garofalo and Rinaldi (2013)在意大利南部数据(4.0～8.5 kg/m$^{/3}$)以及 Enciso 等(2015)在得克萨斯州南部的结果(3.49 kg/m^3)。

已有资料显示，利用玉米籽粒生产 1 L 乙醇需要 4～40 L 的灌溉水，纤维素原料需要 6～30 L 灌溉水。Enciso 等(2015)指出，至少灌溉 425 mm 可以保证获得 60 mg/hm^2(湿基)和 14 mg/hm^2(干基)的高粱生物量；超过 425 mm 的灌溉量可以实现超过 410 美元/hm^2 的净收益。尽管柳枝稷等能源作物能起到补充能源、提高经济效益的作用，但能源作物与粮食生产之间的矛盾已经形成，基本农田的用途竞争现象逐渐加剧，尤其是在人口稠密的粮食主产区——华北平原地区。种植生物能源作物的正面意义是与一年生作物相比，种植 5 年以上的柳枝稷的土壤入渗率、田间持水量增加。此外，柳枝稷根系特征和较低的土壤容重可通过径流排水减少水的流失。

如果发展可持续的生物燃料供应系统、粮食生产或者平衡本地区粮食与能源的关系，就应考虑生态系统服务和社会经济利益等因素。希望本研究有助于协调长期持续发展与短期目标，调整粮食和能源的政策权重，明智地平衡作物结构与水的可利用性。

3.4 结论

水资源和能源短缺正威胁着华北平原的长期农业生产。本研究表明，与粮食和饲料作物一样，华北平原灌溉生物能源作物也会降低地下水位。产量减少程度取决于作物组合与灌溉量，特别是干旱季节的灌溉量。本研究发现，冬小麦、夏玉米与甜高粱作物的灌溉水需要量、蒸散量、地下水下降量无显著性差异。与一年生作物相比，多年生柳枝稷的蒸散量显著减少，灌溉水量减少，地下水下降程度减少。此外，甜高粱的生物量最大，其单位面积生产的生物乙醇量最大。与基于谷物的种植模式相比，基于生物能源作物的种植模式可产生更多的乙醇。

参考文献

[1] AMADUCCI S, MONTI A, VENTURI G. Non-structural carbohydrates and fibre components in sweet and fibre sorghum as affected by low and normal input techniques. Ind. Crop. Prod, 2004, 20: 111-118

[2] BHARATI L, LEE K H, ISENHART T M, et al. Soil-water infiltration under crops, pasture, and established riparian buffer in Midwestern USA. Agroforest. Syst, 2002, 56: 249-257

[3] BLANCO-CANQUI H, LAL R. Crop residue removal impacts on soil productivity and environmental quality. Crit. Rev. Plant Sci, 2009, 28: 139-163

[4] BLOCH H, RAFIQ S, SALIM R. Economic growth with coal, oil and renewable energy consumption in China: Prospects for fuel substitution. Econ. Model, 2015, 44: 104-115

[5] BONIN C, LAL R. Bioethanol potentials and life-cycle assessments of biofuel feedstocks. Crit. Rev. Plant Sci, 2012, 31: 271-289

[6] BÖTTGER C, SÜDEKUM K H. European distillers dried grains with solubles (DDGS): Chemical composition and in vitro evaluation of feeding value for ruminants. Anim. Feed Sci. Tech, 2017, 224: 66-77

[7] CHATZIFRAGKOU A, KOSIK O, PRABHAKUMARI P C, et al. Biorefinery strategies for upgrading Distillers' Dried Grains with Solubles (DDGS). Process Biochem, 2015, 50: 2194-2207

[8] CHEN C, WANG E L, YU Q. Modelling the effects of climate variability and water management on crop water productivity and water balance in the North China Plain. Agric. Water Manage, 2010, 97: 1175-1184

[9] CHEN F, DIXON R A. Lignin modification improves fermentable sugar yields for biofuel production. Nat. Biotechnol, 2007, 25: 759

[10] CHEN J Y, TANG C Y, SHEN Y J, et al. Use of water balance calculation and tritium to examine the dropdown of groundwater table in the piedmont of the North China Plain (NCP). Environ. Geol, 2003, 44 (5): 564-571

[11] EICHELMANN E, WAGNER-RIDDLE C, WARLAND J, et al. Comparison of carbon budget, evapotranspiration, and albedo effect between the biofuel crops switchgrass and corn. Agric. Ecosyst. Environ, 2016a, 231: 271-282

[12] EICHELMANN E, WAGNER-RIDDLE C, WARLAND J, et al. Evapotranspiration, water use efficiency, and energy partitioning of a mature switchgrass stand. Agric. Forest Meteorol, 2016b, 217: 108-119

[13] ENCISO J, JIFON J, RIBERA L, et al. Yield, water use efficiency and economic analysis of energy sorghum in South Texas. Biomass Bioenerg, 2015, 81: 339-344

[14] ERIKSSON G, GRIMM A, SKOGLUND N, et al. Combustion and fuel characterisation of wheat distillers dried grain with solubles (DDGS) and possible combustion applications. Fuel, 2012, 102: 208-220

[15] FAN X F, HOU X C, ZUO H T, et al. Biomass yield and quality of three kinds of bioenergy grasses in Beijing of China. Sci. Agric. Sin, 2010, 43: 3316-3322

[16] FRANK A B, BERDAHL J D, HANSON J D, et al. Biomass and carbon partitioning in switchgrass. Crop Sci, 2004, 44: 1391-1396

[17] FUENTES R G, TALIAFERRO C M. Biomass yield stability of switchgrass cultivars, in: Janick, J., Whipkey, A. (Eds.), Janick, J Whipkey, A. ASHS Press, Alexandria, VA, 2002: 276-282

[18] GAN Y T, LIANG C, CHAI Q, et al. Improving farming practices reduces the carbon footprint of spring wheat production. Nat. Commun, 2014, 5: 5012

[19] GAROFALO P, RINALDI M. Water-use efficiency of irrigated biomass sorghum in a Mediterranean environment. Span. J. Agric. Res, 2013, 11: 1153-1169

[20] GERBENS-LEENES W, HOEKSTRA A Y, VAN DER MEER T H. The water footprint of bioenergy. Proc. Natl. Acad. Sci. Usa, 2009, 106: 10219-10223

[21] HAN K J, PITMAN W D, KIM M, et al. Ethanol production potential of sweet sorghum assessed using forage fiber analysis procedures. Gcb. Bioenergy, 2013, 5: 358-366

[22] HAO B Z, XUE Q W, BEAN B W, et al. Biomass production, water and nitrogen use efficiency in pho-

toperiod-sensitive sorghum in the Texas High Plains. Biomass Bioenerg,2014,62:108-116

[23] HICKMAN G C, VANLOOCKE A, DOHLEMAN F G,et al. A comparison of canopy evapotranspiration for maize and two perennial grasses identified as potential bioenergy crops. Gcb. Bioenergy,2010,2:157-168

[24] Sustainability criteria for bioenergy: ISO 13065: 2015. Geneve. https://www. iso. org/standard/52528. html

[25] JIA J S, LIU C M. Groundwater dynamic drift and response to different exploitation in the North China Plain:a case study of Luancheng County, Hebei Province. Acta Geograph. Sinica,2002,57 (2):201-209

[26] JIE Y Z, ZHANG J Y, ZHAO L H,et al. The correlationship between the metabolizable energy content, chemical composition and color score in different sources of corn DDGS. J. Anim. Sci. Biotechno,2014, 4:1-8

[27] KENDY E, GéRARD-MARCHANT P, WALTER M T,et al. A soil-water-balance approach to quantify groundwater recharge from irrigated cropland in the North China Plain. Hydrol. Process,2003,17:2011-2031

[28] KENDY E, ZHANG Y Q, LIU C M,et al. Groundwater recharge from irrigated cropland in the North China Plain:Case study of Luancheng County, Hebei Province,1949—2000. Hydrol. Process,2004,18:2289-2302

[29] KIM S, DALE B E. Global potential bioethanol production from wasted crops and crop residues. Biomass Bioenerg,2004,26:361-375

[30] LE P V V, KUMAR P, DREWRY D T. Implications for the hydrologic cycle under climate change due to the expansion of bioenergy crops in the Midwestern United States. Proc. Natl. Acad. Sci. Usa,2011, 108:15085-15090

[31] LI C X, FENG H S. A study on the adaptability of sweet sorghum planted in different altitudinal areas of the Qinghai plateau. Acta Prataculturae Sin,2013,22:51-59

[32] LIU C M, YU J J, ELOISE K. Groundwater exploitation and its impact on the environment in the North China Plain. Water Int,2001,26:265-272

[33] LIU M, TAO H B, WANG P,et al. Analysis of different cropping systems using optimizing water-nitrogen management on yield, water and nitrogen utilization economic benefits. J. Chin. Agric. Univ, 2008a,13:12-18

[34] LIU M, TAO H B, WANG P,et al. Water consumption, soil water content variation and water utilization efficiency of different cropping system in China. J. Soil Water Conserv,2008b,22:116-121

[35] LOPEZ J R, ERICKSON J E, ASSENG S,et al. Modification of the CERES grain sorghum model to simulate optimum sweet sorghum rooting depth for rainfed production on coarse textured soils in a subtropical environment. Agr. Water Manage,2017,181:47-55

[36] MA L, SUI P, GAO W S,et al. Water resources use efficiency of different cropping patterns in the Piedmont of Mt. Taihang. Agric. Res. Arid Areas,2008,26:177-183

[37] MA Y, FENG S Y, SONG X F. A root zone model for estimating soil water balance and crop yield responses to deficit irrigation in the North China Plain. Agric. Water Manage,2013,127:13-24

[38] MADAKADZE I C, STEWART K, PETERSON P R,et al. Light interception, use-efficiency and energy yield of switchgrass (*Panicum virgatum* L.)grown in a short season area. Biomass Bioenerg,1998,15:475-482

[39] MCLAUGHLIN S B, DG D L T U, JR G C,et al. High-value renewable energy from prairie grasses. Environ. Sci. Technol,2002,36:2122-2129

[40] MCLAUGHLIN S B, KSZOS L A. Development of switchgrass (*Panicum virgatum*) as a bioenergy feedstock in the United States. Biomass Bioenerg, 2005, 28: 515-535

[41] MCLAUGHLIN S B, WALSH M E. Evaluating environmental consequences of producing herbaceous crops for bioenergy. Biomass Bioenerg, 1998, 14: 317-324

[42] MILLER D F. Composition of cereal grains and forages D C. Washington, National Academy of Sciences, 1958

[43] NARAYANAN S, AIKEN R M, PRASAD P V V, et al. Water and radiation use efficiencies in sorghum. Agron. J, 2013, 105: 649-656

[44] National Bureau of Statistics of China. China Statistical Yearbook 2008. Beijing: China Statistics Press, Beijing, 2008

[45] PARRISH D J, FIKE J H. The biology and agronomy of switchgrass for biofuels. Crit. Rev. Plant Sci, 2005, 24: 423-459

[46] PIERUSCHKA R, HUBER G, BERRY J A. Control of transpiration by radiation. Proc. Natl. Acad. Sci. Usa, 2010, 107: 13372

[47] QU H, LIU X B, DONG C F, et al. Field performance and nutritive value of sweet sorghum in Eastern China. Field Crop. Res, 2014, 157: 84-88

[48] RASOULI S, WHALEN J K, MADRAMOOTOO C A. Review: reducing residual soil nitrogen losses from agroecosystems for surface water protection in Quebec and Ontario, Canada: Best management practices, policies and perspectives. Can. J. Soil Sci, 2017, 94: 109-127

[49] ROONEY W L, BLUMENTHAL J, BEAN B, et al. Designing sorghum as a dedicated bioenergy feedstock. Biofuel. Bioprod. Bior, 2010, 1: 147-157

[50] SAS Institute Inc. SAS/STAT® 9.3 user's guide. Cary, NC, USA. SAS Publishing, 2011

[51] SAUER T J, SINGER J W, PRUEGER J H, et al. Radiation balance and evaporation partitioning in a narrow-row soybean canopy. Agric. Forest Meteorol, 2007, 145: 206-214

[52] SCHMER M R, VOGEL K P, MITCHELL R B, et al. Net energy of cellulosic ethanol from switchgrass. Proc. Natl. Acad. Sci. Usa, 2008, 105: 464-469

[53] SCHNEPF R, YACOBUCCI B D. Renewable fuel standard (RFS): Overview and issues. Congressional Research Service Report, 2013

[54] STONE L R, SCHLEGEL A J. Yield-water supply relationships of grain sorghum and winter wheat. Agron. J, 2006, 98: 1359-1366

[55] STOOF C R, RICHARDS B K, WOODBURY P B, et al. Untapped potential: Opportunities and challenges for sustainable bioenergy production from marginal lands in the Northeast USA. Bioenerg. Res, 2015, 8: 482-501

[56] SUN H Y, LIU C M, ZHANG X Y, et al. Effects of irrigation on water balance, yield and WUE of winter wheat in the North China Plain. Agric. Water Manage, 2006, 85: 211-218

[57] SUN H Y, SHEN Y J, YU Q, et al. Effect of precipitation change on water balance and WUE of the winter wheat-summer maize rotation in the north China plain. Agr. Water Manage, 2010, 97: 1139-1145

[58] THEANDER O, ÅMAN P. Anatomical and chemical characteristics, in: SUNDSTOL F, OWEN E. Eds., Straw and other fibrous by-products as feed. Elsevier, Amsterdam, 1984: 45-78

[59] U. S. Department of Energy. Theoretical ethanol yield calculator, 2001

[60] U. S. Department of Energy. Alternative fuels data center, 2015

[61] VASILAKOGLOU I, DHIMA K, KARAGIANNIDIS N, et al. Sweet sorghum productivity for biofuels under increased soil salinity and reduced irrigation. Field Crop. Res, 2011, 120: 38-46

[62] WAGLE P, KAKANI V G. Seasonal variability in net ecosystem carbon dioxide exchange over a young Switchgrass stand. Gcb. Bioenergy,2014,6:339-350

[63] WAGLE P, KAKANI V G, HUHNKE R L. Evapotranspiration and ecosystem water use efficiency of switchgrass and high biomass sorghum. Agron. J,2016,108:1-13

[64] WANG M, WAGNER M, MIGUEZ-MACHO G,et al. On the long-term hydroclimatic sustainability of perennial bioenergy crop expansion over the United States. J. Climate,2017,30:2535-2557

[65] World Bank. World Bank Country Brief,2017

[66] WULLSCHLEGER S D, DAVIS E B, BORSUK M E,et al. Biomass production in switchgrass across the United States:Database description and determinants of yield. Agron. J,2010,102:1158-1168

[67] XIE G S, PENG L C. Genetic engineering of energy crops:A strategy for biofuel production in China. J. Integr. Plant Biol,2011,53:143-150

[68] YANG X L, CHEN Y Q, PACENKA S,et al. Effect of diversified crop rotations on groundwater levels and crop water productivity in the North China Plain. J. Hydrol,2015a,522:428-438

[69] YANG X L, CHEN Y Q, PACENKA S,et al. Recharge and groundwater use in the North China Plain for six irrigated crops for an eleven year period,2015b:115269

[70] YANG X L, CHEN Y Q, STEENHUIS T S,et al. Mitigating groundwater depletion in North China Plain with cropping system that alternate deep and shallow rooted crops. Front. Plant Sci,2017,8:980

[71] YANG X L, LI M, LIU H H,et al. Technical feasibility and comprehensive sustainability assessment of sweet sorghum for bioethanol production in China. Sustainability-Basel,2018,10:731

[72] YE Y L, XIAO Y B, HUANG Y F,et al. Effect of wheat/maize and faba bean/maize intercropping on water use. Chin. Agric. Sci. Bull,2008,24:445-449

[73] YIMAM Y T, OCHSNER T E, KAKANI V G. Evapotranspiration partitioning and water use efficiency of switchgrass and biomass sorghum managed for biofuel. Agric. Water Manage,2015,155:40-47

[74] ZHANG X Y, CHEN S Y, SUN H Y,et al. Changes in evapotranspiration over irrigated winter wheat and maize in North China Plain over three decades. Agric. Water Manage,2011,98:1097-1104

[75] ZHANG X Y, PEI D, HU C S. Conserving groundwater for irrigation in the North China Plain. Irrigation Sci,2003,21:159-166

[76] ZWART S J, BASTIAANSSEN W G M. Review of measured crop water productivity values for irrigated wheat, rice, cotton and maize. Agric. Water Manage,2004,69:115-133

4 河北省水资源变化及可持续性评估①

摘　要：为探究河北省水资源的变化趋势及可持续性，通过梳理 2004—2018 年河北省水资源动态变化，根据水资源供需现状，引入水资源生态足迹及承载力模型，分析了多年水资源盈亏状况。结果表明，与 2004—2011 年相比，虽然 2012—2018 年的水资源总量平均值变化不大，但年际的波动增强，变异系数增加。在用水结构方面，用水总量稳中有降，农业用水比例虽然逐年降低，但所占比例仍然很大，2004—2018 年造成 618.28 亿 m^3 的总水资源亏缺量；从供水结构的角度看，地表水供水的比例逐年增大，但仍以地下水供水为主，导致地下水埋深持续增加。水资源生态足迹分析显示，河北省多年水资源生态足迹整体呈下降趋势，承载力呈缓慢上升趋势。总体来看，虽然河北省的用水压力依然很大，但是其正向好的趋势发展。科学有效的节水方式是促进水资源持续向好的方面发展的保障，多种节水措施并行，加快构建新的用水结构，尽早达到水资源采补新平衡。

关键词：水资源；农业用水；水资源赤字；节水；用水结构

河北省地处华北平原北部，地表总面积为 18.77 万 km^2，平原占 30.49%，其中多年耕地面积约为 6.48 万 km^2，省内湖泊和洼淀面积仅占 2.21%，水资源匮乏，因此分析河北省水资源的供需结构及年际变化趋势，对于减轻河北省水资源压力，制定节水措施和维持水资源生态健康具有重要指导意义。

黄峰等(2019)分析了 1998—2015 年华北地区农业用水量、水分利用效率和水分生产力，并提出了相应的节水指导意见；韩宇平等(2019)采用水足迹理论对河北省 1957—2015 年的 14 种农作物的水足迹进行计算，分析水足迹的历史变化趋势，最终提出了针对河北省水资源现状的种植结构的合理规划；赵彦红(2005)采用水资源承载力模型对河北省水资源承载能力变化进行了评估。结果显示，1996—2003 年河北省水资源承载力的变化幅度较小，总体处于较低水平，河北省的水生态安全受到严重制约。

水资源生态足迹的概念一经提出，就在水资源可持续利用的定量评价方面得到广泛的应用，并逐渐发展为成熟的理论。目前，已有多位国内外学者采用水资源生态足迹理论对地区水资源的盈亏状况进行分析，如谭秀娟等(2009)采用水资源生态足迹模型对我国 1949—2007 年水资源的可持续利用状况做出了客观的评价；Wang 等(2013)通过引入生态压力指数，运用水资源生态足迹的方法对我国辽河流域的水资源状况进行分析；熊娜娜等(2018)利用水资源生态足迹模型对成都市 2000—2015 年水资源生态足迹与生态承载力进

① 作者：李腾、刘晴、隋鹏*；通信作者：隋鹏，中国农业大学农学院教授，博导，主要从事农作制度与农业节水相关研究，E-mail：suipeng@cau.edu.cn。

行了研究;程亚男(2019)采用水资源生态足迹研究方法分析了2005—2017年黑龙港地区水资源承载力;Fu等(2012)通过引入水资源承载力模型,对辽河平原水资源承载力情况进行了综合的评价。农田灌溉用水占用水总量比例大,水资源总量的生态足迹及承载力明显受农田灌溉用水的影响。

自进入21世纪以来,我国气候资源、农业用水和水资源政策等方面都发生了较大的变化,尤其是自2015年以来,我国农业转型发展开始启动,农业发展逐渐向绿色、可持续方向转型,农业耗水结构亟须转变。有关河北省进入21世纪后水资源及供需变化趋势、可持续性评估方面的研究还鲜有报道。本研究根据河北省水资源变化、需求和供应现状进行分析,并结合水资源生态足迹计算模型,对2004—2018年河北省水资源盈亏状况进行计算,旨在明确21世纪河北省水资源变化趋势及供需变化情况,并对水资源的可持续性进行评估,依据分析结果提出相应的节水理论框架,以期为河北省节水发展提供参考。

4.1 材料与方法

4.1.1 数据来源

本研究中用到的水资源数据来源于国家统计局,全省面积和水域分布等数据来源于《河北省经济年鉴》,水埋深数据来源于河北省水利厅的《河北省水资源公报》。

4.1.2 指标计算

4.1.2.1 水资源生态足迹

依据国家统计局发布的河北省水资源相关数据,分别对河北省水资源生态足迹和河北省农田灌溉用水生态足迹进行计算。水资源生态足迹的计算方式及参数的选取在不同的研究中各有差异,为便于比较,本研究在计算过程中涉及的模型及计算参数均以全球范围为标准。其计算公式为:

$$EF_{w}=\varphi_{w}\frac{C_{w}}{P_{w}}$$

式中:EF_{w} 为水资源生态足迹(hm^2);φ_{w} 水资源全球均衡因子,采用WWF(世界自然基金会)2002年中确定的水资源均衡因子5.19为标准值;C_{w} 为区域水资源总使用量(m^3);P_{w} 为水资源平均生产能力(m^3/hm^2),本研究取值3 140 m^3/hm^2。

$$EF_{aiw}=\varphi_{aiw}\frac{C_{aiw}}{P_{w}}$$

式中:EF_{aiw} 为农田灌溉用水生态足迹(hm^2);φ_{aiw} 为耕地水资源均衡因子,本研究采用WWF(世界自然基金会)2002年中确定的耕地水资源均衡因子2.11为标准值进行计算;C_{aiw} 为区域农田灌溉用水总消耗量(m^3)。

4.1.2.2　水资源生态承载力

分别对河北省水资源生态承载力和河北省农田灌溉用水水资源生态承载力进行计算，计算公式为：

$$EC_{w}=\varphi_{w}\phi_{w}\frac{Q_{w}}{P_{w}}$$

$$EC_{aiw}=\varphi_{aiw}\phi_{w}\frac{Q_{aiw}}{P_{w}}$$

式中：EC_{w} 为水资源生态承载力（hm^2）；φ_{w} 为水资源全球均衡因子，取值 5.19；ϕ_{w} 为河北省在全球范围内的水资源产量因子，本研究计算参照盖东海关于产量因子的计算结果，取值 0.401 5；Q_{w} 为区域水资源总量（m^3）；P_{w} 为世界水资源平均生产能力，取值 3 140 m^3/hm^2。EC_{aiw} 为农田灌溉用水水资源生态承载力（hm^2）；φ_{aiw} 为耕地水资源均衡因子，取值 2.11；Q_{aiw} 为农田水资源含量。本研究假设在河北省范围内水资源均匀分布，根据河北省土地面积与研究范围年限内 2004—2018 年有效灌溉面积折算得到历年有效灌溉农田下的水资源含量。

4.1.2.3　水资源盈亏分析

通过水资源承载力和水资源生态足迹，可分别求得河北省水资源与农田灌溉用水的盈余状况，计算公式为：

$$ED_{w}(ES_{w})=EC_{w}-EF_{w}$$

$$ED_{aiw}(ES_{aiw})=EC_{aiw}-EF_{aiw}$$

式中：ED_{w} 为水资源生态赤字（hm^2）；ES_{w} 为水资源生态盈余（hm^2）；ED_{aiw} 为农田灌溉用水生态赤字（hm^2）；ES_{aiw} 为农田灌溉用水水资源盈余（hm^2）。

4.2　结果与分析

4.2.1　2004—2018 年河北省水资源现状

4.2.1.1　水资源总量变化

由图 1 可知，2004—2018 年的水资源总量平均值为 151.83 亿 m^3，与 2004 年的水资源总量基本持平；地表水和地下水资源量平均值分别为 65.36 亿 m^3 和 121.42 亿 m^3，其中，地下水资源量比 2004 年的地下水资源量减少 9.64 亿 m^3。

如表 1 所列，2004—2011 年，水资源总量、地表水和地下水资源量平均值分别为 139.27 亿 m^3、54.60 亿 m^3 和 117.55 亿 m^3，年际变异系数分别为 0.01、0.11 和 0.03，变异程度小；2012—2018 年，3 个水资源量指标分别为 166.19 亿 m^3、77.66 亿 m^3 和 125.85 亿 m^3，均比前一阶段有所增加，增幅分别为 19.33%、42.23% 和 7.06%，水资源量年际变异系数分别为 0.30、0.30 和 0.23，变异程度显著高于前一阶段，年际水资源量变动大，结合降水量数据分析，年际降水量差异是造成水资源的年际差异的重要因素。

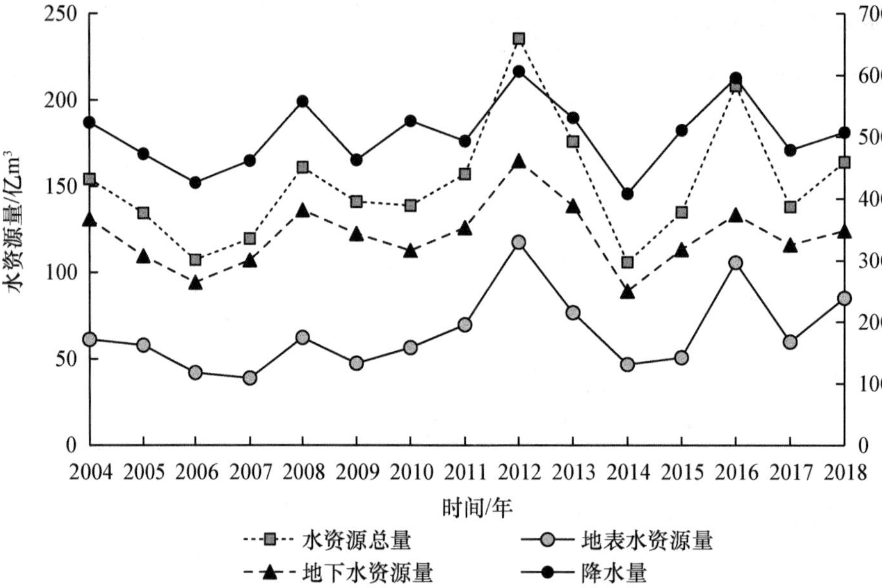

图 1　2004—2018 年河北省水资源及降水变化

表 1　2004—2018 年河北省水资源量变异分析

年份	水资源	均值/亿 m^3	标准偏差	变异系数
2004—2018	总量	151.83	6.97	0.05
	地表	65.36	16.96	0.26
	地下	121.42	4.71	0.04
2004—2011	总量	139.27	2.06	0.01
	地表	54.60	6.02	0.11
	地下	117.55	3.43	0.03
2012—2018	总量	166.19	50.51	0.30
	地表	77.66	22.95	0.30
	地下	125.85	28.60	0.23

4.2.1.2　用水结构及水量盈亏

2004—2018 年，河北省用水总量基本稳定，其间的年均用水总量为 193.05 亿 m^3，自 2015 年起，用水总量出现缓慢减少，2015—2018 年的年平均总用水量比 2004—2014 年的年平均总用水量减少 13.10 亿 m^3（图 2）。

按照农业与非农业用水划分，农业用水占用水总量的比例一直较大，2004—2018 年，农业用水占用水总量的平均值为 72.56%。自 2015 年起，农业用水所占比例的呈现快速下降趋势。2018 年，农业用水比例由 75.07%降至 66.39%，比 2004 年的农业用水比例下降 8.68%，用水量减少 25.97 亿 m^3（图 2）。农业用水的减少是用水总量出现下降的主要原因。非农业用水主要包括工业用水、生活用水和生态用水，这 3 部分用水总量的年际变化较小，合计年均用水量为 52.83 亿 m^3。近年来，非农业用水中生态用水的比例呈现逐渐上升的趋势。

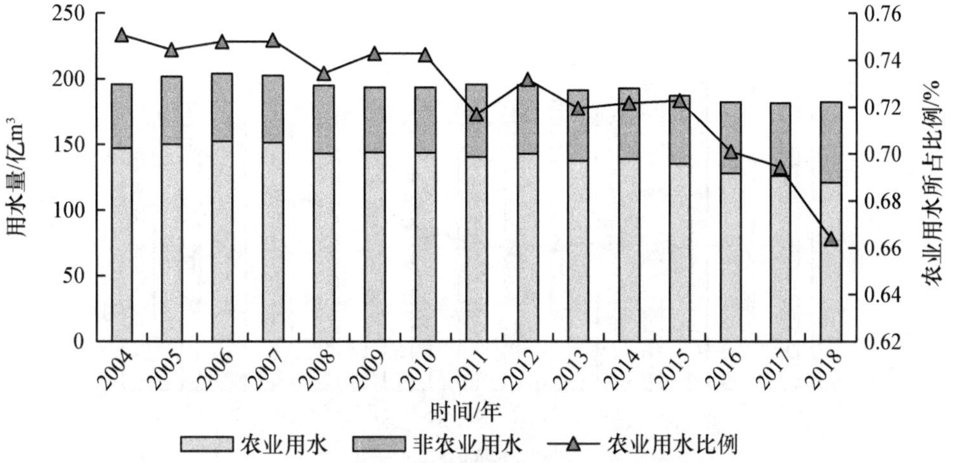

图 2　2004—2018 年河北省用水结构的变化

尽管从 2015 年以来农业用水量大幅度下降，带动用水总量出现显著降低，但是河北省的年均用水量依然较大，用水形势仍然十分严峻。由表 2 可知，除 2012 年和 2016 年 2 个偏丰水年份外，其余年份的水资源的剩余量均为负值，2004—2018 年造成 618.28 亿 m^3 的总水资源亏损，相当于河北省 3.2 年的用水总量。

表 2　2004—2018 年水量盈亏　　亿 m^3

年份	水量盈亏	年份	水量盈亏
2004	−41.66	2012	40.22
2005	−67.21	2013	−15.43
2006	−96.66	2014	−86.66
2007	−82.71	2015	−52.10
2008	−34.02	2016	25.73
2009	−52.56	2017	−43.30
2010	−54.78	2018	−18.30
2011	−38.84	均值	−41.23

4.2.1.3　供水结构及地下水埋深

2004—2018 年，地表与地下供水量分别占总供水量的 23.13% 与 75.58%，因此地下水仍是河北省水资源供给的主要来源。由图 3 可知，2004—2011 年，地表水供应比例相对稳定，占供水总量的 18.64%～19.66%。从 2012 年开始，河北省地下水过度开采的严重危害与不可持续性逐渐受到关注，相关部门开始尝试调整供水结构，减少地下水的过度开采，因此地表水供水比例显著增加。2018 年地表水的供水比例为 38.60%，分别比 2004 年和 2004—2018 年供水比例的平均值提高 19.40% 和 15.47%。

虽然 2012—2018 年政策上的支持与技术的发展减少了地下水供水比例，河北省水资源供给结构向好的方向发展，但是截至 2018 年，河北省仍然以地下水供水为主，对地下水的超采、超用仍在持续进行，这种状况就导致河北省地下水埋深仍在增加。由图 4 可见，2004—2018

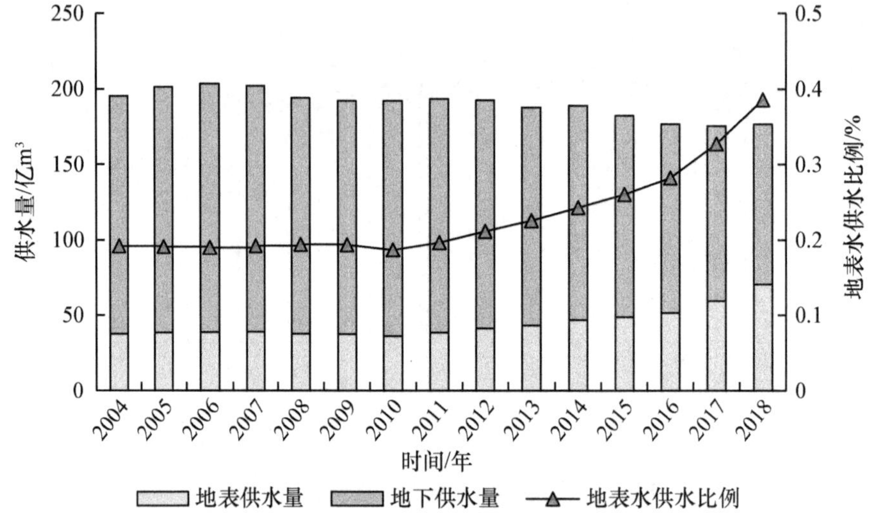

图 3　2004—2018 年河北省主要供水结构的变化

年，河北省平原区浅层地下水逐渐减少，地下水埋深持续增加，2004—2018 年共增加 3.28 m；深层地下水观测点基本呈增加趋势，衡水市、沧州市和邢台市的深层地下水埋深分别增加 21.38 m、7.08 m 和 22.28 m。2014 年以后的深层地下水埋深增加幅度变大，显著高于 2004—2011 年的变化幅度。地下水埋深的持续增加一方面是由于地下水长期超采，近年内水资源变异程度加大；另一方面可能也与地表水资源回补变少有关。

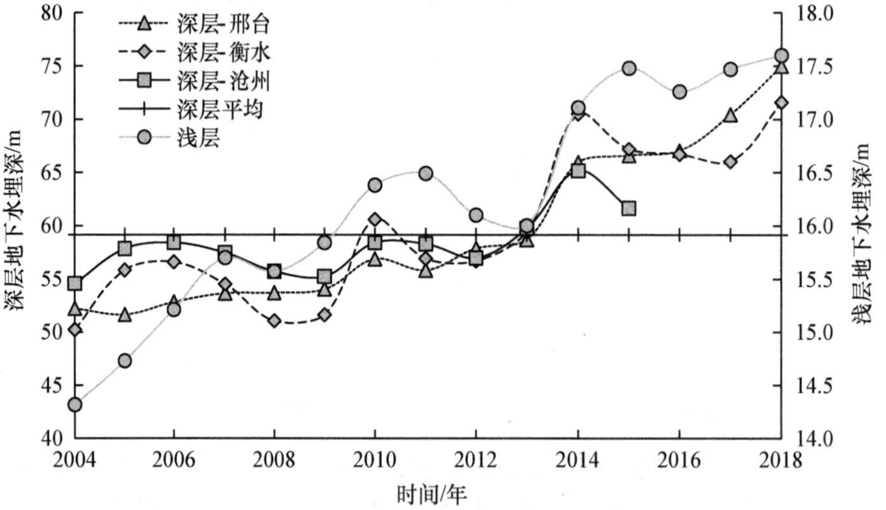

《河北省水资源公报》记录的沧州市深层地下水变化可查数据的时间截至 2015 年。

图 4　2004—2018 年河北省多地地下水埋深变化

4.2.2　河北省多年水资源生态足迹与水资源生态承载力

4.2.2.1　水资源生态足迹与水资源生态承载力

由图 5 可知，2004—2018 年，河北省水资源生态足迹各有涨落，但整体呈线性下降趋势，曲线拟合 $R^2=0.79$。水资源生态足迹最大值出现在 2006 年，为 3.37×10^7 hm^2；最小值出现在 2017 年，为 3×10^7 hm²，共降低 12.34%。水资源生态足迹的降低说明用水资源的过量开发利用状态得到一定的改善，通过不同的节水方式提高了水资源利用率。

从水资源生态承载力的角度来看，2004—2018 年水资源生态承载力的最大值出现在 2012 年，为 6.25×10^6 hm²；最小值为 2.82×10^6 hm²，出现在 2014 年。水资源生态承载力年际间变化较大，但整体呈现出上升的趋势。从图 5 可知，在 2012—2018 年，水资源生态承载力的变动程度大于 2004—2011 年的变动程度，这就说明与水资源总量类似，变异程度高，这可能受到降水量的影响。水资源生态承载力的增加说明河北省水资源正朝着一个良好的方向发展，可以为相关产业发展提供的支持在逐渐恢复，有利于河北省水资源的可持续发展。

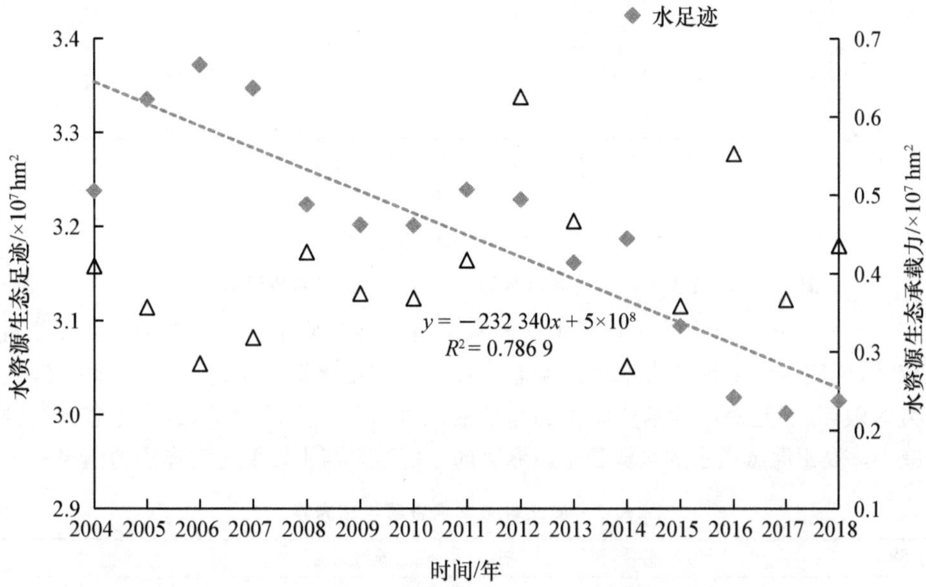

图 5 2004—2018 年河北省多年水资源生态足迹与水资源生态承载力

4.2.2.2 农田灌溉用水的水资源生态足迹与水资源生态承载力

对河北省有效灌溉农田的水资源生态足迹及其生态承载力进行分析可知，其结果与河北省水资源总量生态足迹与承载力相似。农田灌溉用水的水资源生态足迹呈下降趋势，2004—2018 年，共降低 1.89×10^6 hm²，与水资源生态足迹相比，其线性拟合度更好（$R^2=0.88$）；另外，2015—2018 年，其水资源生态足迹的下降幅度显著增大，共减少 9.62×10^5 hm²，为 2004—2018 年下降总量的 50.94%，这与农业用水比例下降的趋势相一致。农田灌溉用水的水资源生态承载力呈缓慢的上升趋势。其年际的波动程度大可能是由降水等气候因素造成的(图 6)。

农田灌溉用水在河北省水资源用量中占比大，多年平均值占用水总量的 67.37%，因此在一定程度上，农田灌溉用水的水资源生态足迹与水资源生态承载力直接影响着河北省水资源的生态足迹与承载力。结果显示，农田灌溉用水的水资源生态足迹和水资源生态承载力与水资源总量的变化趋势一致。

4.2.2.3 水资源与农田用水盈亏分析

2004—2018 年，虽然河北省水资源生态足迹呈降低趋势，水资源生态承载力有缓步增加的趋势。从表 3 可知，河北省水资源盈亏总量一直处于赤字状态，常年水资源赤字平均值为

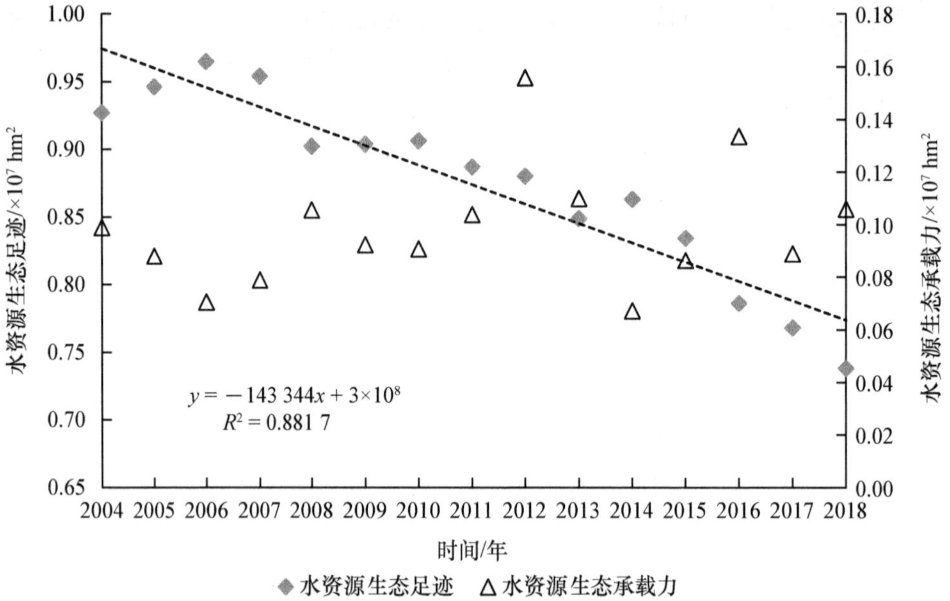

图 6 河北省多年农田灌溉用水的水资源生态足迹与水资源生态承载力

$2.79\times10^7\ hm^2$，即长期依靠超采地下水资源来维持社会正常的生产与生活，且水资源赤字的绝对值较大，说明多年来河北省水资源生态足迹远远超出水资源生态承载力，水资源生态健康受到严重的破坏，但是每年的水资源生态赤字的绝对值呈减少的趋势，也意味着水资源供需差距正在减小。农田灌溉用水的水资源生态赤字的分析结果与水资源生态赤字的结果一致(表 4)。

表 3 河北省多年水资源生态赤字 $10^7\ hm^2$

年份	生态赤字	年份	生态赤字
2004	2.83	2012	2.60
2005	2.98	2013	2.69
2006	3.09	2014	2.91
2007	3.03	2015	2.74
2008	2.80	2016	2.47
2009	2.83	2017	2.63
2010	2.83	2018	2.58
2011	2.82	均值	2.79

表 4 河北省多年农田灌溉用水的水资源生态赤字 $10^6\ hm^2$

年份	生态赤字	年份	生态赤字
2004	8.28	2012	7.24
2005	8.58	2013	7.39
2006	8.94	2014	7.96
2007	8.75	2015	7.48
2008	7.97	2016	6.53
2009	8.11	2017	6.79
2010	8.15	2018	6.32
2011	7.83	均值	7.76

4.3 讨论

4.3.1 河北省水资源现状分析

本研究从河北省水资源总量变化和实际供需量变化的角度，结合水资源生态足迹、水资源生态承载力理论对河北省水资源现状进行分析。结果显示，河北省在水资源利用方面欠账多，水资源面临的压力大。从供水角度来看，2012—2018年地表水的供水比例逐渐增加，一方面，受到政府限制地下水开发举措的影响；另一方面，2012—2018年河北省偏丰水年的出现频率增加，5年的年均降水量超过500 mm，地表水资源量增加。据预测，华北地区在未来的30年内将进入一个降水偏丰的时期。另外，从河流入境水量角度来看，随着水资源保护力度的加大，入境河北省河流的省外上游地区地表水开发利用程度降低，2016—2018年河北省入境水量明显增加，年平均入境水量比2006—2015年的年平均入境水量增加19.19亿 m^3。值得注意的是，从补充水资源量的角度来看，降水量的增加是有利的，同时也对未来的用水结构规划提出了新的要求。

本研究结果显示，从水资源生态足迹与水资源生态承载力的角度来看，2004—2018年河北省水资源生态足迹呈降低趋势，水资源生态承载力在增加，说明河北省水资源用量在持续减少，水资源的承载能力在逐步恢复，从而形成了水资源生态赤字的逐渐缩小，但长时间的历史欠账导致赤字数值依然很大。

农业用水占河北省用水总量的比例大，同时，河北省在维护地区乃至国家粮食安全中起着重要的作用，因此在实现节水的同时，还要保证足够的粮食产量。河北省日后粮食作物种植的发展方向应该是提高水资源利用效率。通过优化种植结构，依靠科技提高水资源的利用效率，加快构建河北省农业采水与用水的新平衡，形成更加科学的、可持续性的用水结构是今后用水的发展方向。

4.3.2 河北省农业节水技术对策建议

农业节水是解决水资源的供需矛盾的重中之重，同时，对于保证农业的持续发展具有同样重要的意义。实现农业节水，可从缩减用量与提高效率2个角度进行考虑。

通过推广节水抗旱作物品种、优化作物布局，可以有效压减水资源用量。2015年，石家庄市通过推广种植节水小麦品种及相关的种植技术，实现了平均节水大于750 m^3/hm^2，压采地下水大于6 100万 m^3，2016年推广节水小麦面积达8.8万 hm^2。通过调整种植制度，压缩高耗水作物的种植面积，同样可达到农业水资源减量的目的。如隋鹏(2005)在河北省石家庄市栾城经过多年的试验总结出在河北省水资源严重紧缺的地区采用春玉米一年一熟模式部分替代冬小麦-夏玉米一年两熟模式，可实现年内节约灌溉水62.5%；闫鹏等(2016)研究发现，在适水条件下，与麦玉复种模式相比，春玉米一年一熟模式的周年耗水量可降低48.4%。

以提高水分利用效率为出发点的工程节水和管理节水同样在农业节水中发挥着重要的作用。根据2018年河北省经济年鉴统计数据显示，河北省有效灌溉面积占河北省耕地总面积的69.65%。截至2017年，河北省累积推广节水灌溉面积占农田有效灌溉面积的75.75%，其中,采用灌溉效率高的喷管和滴灌技术进行灌溉的面积仅占节水灌溉面积的 11.15%,占比少。当前,国外关于工程节水技术的应用已与信息技术充分结合,实现了精准化、信息化的灌溉,适时、适当地采用已有先进技术对于提高农田水分利用效率至关重要。落实节水政策可以充分保证节水科技成果在田间的应用,同时,还可以通过宣传,节水意识才能深入人心,营造节水氛围。

农业节水要因地制宜,要关注种植者的经济效益,保障整体粮食生产不受影响,避免武断和“一刀切”的行为。成规模的大型农场、农业经营合作社可以采用财政补贴的方式鼓励引进新型的灌溉设备,集中对河北省内一定规模以上的农业生产者进行集中培训,传授新的节水理念,新的种植技术和方式;分散在广大小农户手中目前无法形成集中经营的土地可以对其采用扩大节水宣传和建立节水示范区等方式。其最终目的是充分发挥不同节水措施的作用,并互相补充,共同促进水资源的可持续发展。

4.4 结论

总体来看,2004—2018 年河北省水资源总量变化不大,但地下水埋深仍以较大幅度增加,且水资源总量的年际变异增大。农业用水比例在逐年下降,但用水量依然很大,用水效率的提升空间还较大,因此需要采用综合管理措施来实现农业节水,在保证河北省粮食安全的同时,实现水资源的减量化利用。

参考文献

[1] 河北省统计局. 河北经济年鉴. 北京:中国统计出版社,2018

[2] 黄峰,杜太生,王素芬,等. 华北地区农业水资源现状和未来保障研究. 中国工程科学,2019,21(5):28-37

[3] 韩宇平,曲唱,贾冬冬. 河北省主要农作物水足迹与耗水结构分析. 灌溉排水学报,2019,38(10):121-128

[4] 赵彦红. 河北省水环境现状及水环境承载力研究. 石家庄:河北师范大学,2005

[5] 金书秦,王军霞,宋国君. 生态足迹法研究述评. 环境与可持续发展,2009,34(4):28-31

[6] 谭秀娟,郑钦玉. 我国水资源生态足迹分析与预测. 生态学报,2009,29(7):121-130

[7] WANG S, YANG F L, XU L,et al. Multi-scale analysis of the water resources carrying capacity of the Liaohe Basin based on ecological footprints. Journal of Cleaner Production,2013,53(15):158-166

[8] 熊娜娜,谢世友. 成都市水资源生态足迹及承载力时空演变研究. 西南大学学报,2018;40(6):126-131

[9] 程亚男. 黑龙港地区水资源承载力评估与分析. 保定:河北大学,2019

[10] FU Y J, HE J S, ZHANG X D. Analysis of water resources carrying capacity in Liao River Basin. Applied Mechanics Materials,2012,212-213:423-429

[11] 陆红娜,康绍忠,杜太生,等. 农业绿色高效节水研究现状与未来发展趋势. 农学学报,2018, 8(1):155-162

[12] 盖东海. 河北省水资源可持续利用研究:基于生态足迹法. 保定:河北农业大学,2012

[13] CUI J X, YAN P, WANG X L, et al. Integrated assessment of economic and environmental consequences of shifting cropping system from wheat-maize to monocropped maize in the North China Plain. Journal of Cleaner Production,2018,193(20):524-532

[14] YUAN Z J, SHEN Y J. Estimation of agricultural water consumption from meteorological and yield data:a case study of Hebei, North China. PLoS One,2013, 8(3):1-9

[15] 河北省水利厅. 河北省水资源公报 2004—2018,[2019-12-12]. http://slt.hebei.gov.cn/dynamic/Page-

Front. jsp

[16] 任国玉，战云健，任玉玉，等. 中国大陆降水时空变异规律：I 气候学特征. 水科学进展，2015，26(3)：299-310

[17] 张莉莉. 河北省水资源现状及可持续发展对策. 水科学与工程技术，2018，3:22-24

[18] 吴普特，冯浩，牛文全，等. 现代节水农业技术发展趋势与未来研发重点. 中国工程科学，2007，9(2)：12-18

[19] 许迪，康绍忠. 现代节水农业技术研究进展与发展趋势. 高技术通信，2002，12(12)：103-108

[20] 徐文静，王翔翔，施六林，等. 中国节水灌溉技术现状与发展趋势研究. 中国农学通报，2016，32(11)：184-187

[21] 唐登银，罗毅，于强. 农业节水的科学基础. 灌溉排水学报，2000，19(2)：1-9

[22] 彭继宏，赵海龙. 石家庄市推广节水小麦品种、实现节水压采目标的措施探讨. 种子科技，2017，35(6)：41-42

[23] MENG Q F, SUN Q P, CHEN X P, et al. Alternative cropping systems for sustainable water and nitrogen use in the North China Plain. Agriculture Ecosystems Environment, 2012, 146(1): 93-102

[24] XIAO D P, SHEN Y J, QI Y Q, et al. Impact of alternative cropping systems on groundwater use and grain yields in the North China Plain Region. Agricultural Systems, 2017, 153: 109-117

[25] 马俊永，郑春莲，党红凯，等. 河北地下水超采情势及种植结构调整对策的经济分析. 水资源研究，2019，8(6)：575-580

[26] 隋鹏. 黄淮海平原节水种植模式生态经济分析及优化配置研究：以河北省栾城县为例. 北京：中国农业大学，2005

[27] 闫鹏，陈源泉，张学鹏，等. 河北低平原区春玉米一熟替代麦玉两熟制的水生态与粮食安全分析，中国生态农业学报，2016，24(11)：1491-1499

[28] 河北省统计局. 河北农村经济年鉴. 北京：中国统计出版社，2018

[29] 黄玉祥，韩文霆，周龙，等. 农户节水灌溉技术认知及其影响因素分析，农业工程学报，2012，28(18)：113-120

5　华北平原6种灌溉作物地下水利用与回补特征研究①

摘　要:为满足冬小麦作物的灌溉用水的需要,华北平原地下水被过度开采,该地区地下水位正在以每年1 m的速度下降。为探索能否从调整种植结构、优化作物布局的角度去减缓该地区的地下水资源危机,我们在河北栾城地区进行了为期11年的田间试验,研究了来自不同轮作模式中的6种作物(冬小麦、夏玉米、棉花、花生、春甘薯、黑麦草)的地下水消耗情况。研究结果显示,从地下水回补情况来看,冬小麦作物和黑麦草作物年均回补量最小,分别为27 mm和39 mm。棉花年均回补量最大,达到了211 mm。花生、春甘薯、夏玉米作物年均回补量分别为118 mm、76 mm、44 mm。地下水回补量的多少取决于抽取灌溉用水的多少,其可作为预测地下水位的低级指标。相反,净地下水消耗量(回补量一灌溉量)是一个较好的反映地下水位变化的指标。在6种作物中,净(地下水)用量最小的是棉花,年平均为14 mm,其次是花生为32 mm,夏玉米为71 mm,甘薯为74 mm。冬小麦和黑麦草的净耗水量最大,年平均分别为198 mm和111 mm。我们的计算表明,本研究中的任意一种作物都比传统的冬小麦-夏玉米一年两熟模式用水量少。种植一种作物以代替麦玉复种不仅可以有效缓解地下水位的下降,而且可在丰水年增加地下水,但同时会减少农民的收入。

干旱和半干旱地区可利用的地表水资源越来越少,地下水资源遭到严重超采。农业是水资源消耗最多的产业。随着人口的增长、物质生活水平的提高和牛奶与肉制品消耗的增多,各国的农业部门面临巨大挑战:如何用更少的水生产更多的食物。华北平原也面临着相似的问题:该地区地下水位的持续下降威胁着农业的可持续发展。

华北平原是中国重要的粮食生产基地,全国61%的小麦、45%的玉米、35%的棉花和64%的花生产于此。在该地区,作物高产严重依赖于地下水灌溉,因为几乎所有可用的地表水都储存于水库中以供城市地区使用。地下水和来自大城市的城市废水被用来进行农业灌溉,每年灌溉次数为3～4次,总水量达到300 mm,甚至更多。Liu等(2002)使用大型蒸渗仪报道了华北平原的年农业用水量为800～900 mm。这个数据远远超过了平均480 mm/年的区域降水量,因此地下水是唯一有效的灌溉水源。在过去的20年里,地下水位以每年1 m的速度下降,导致了一些地区发生严重地面沉降以及沿海地区的盐水侵蚀。

对于华北平原灌溉水利用率而言,前人已使用多种方法对地下水回补量和农田实际蒸散

① 作者:杨晓琳、陈源泉、Steven Pacenka、高旺盛、张敏、隋鹏*、Tammo S. Steenhuis*;通信作者:隋鹏(中国农业大学农学院教授,博导,主要从事农作制度与农业节水相关研究,E-mail:suipeng@cau.edu.cn);Tammo S. Steenhuis,美国康奈尔大学教授,E-mail:tss1@cornell.edu。

量进行了计算。通过多年试验计算，冬小麦作物的耗水量为 346～737 mm/年，夏玉米作物耗水量为 280～374 mm/年。Ma 等(2008)，Liu 等(2011)，Zhang 等(2011)，Kong 等(2014)和 Zhao 等(2013)使用土壤水分平衡法来计算 ETa，这些方法均忽略了农田深层渗漏量。一些学者利用模型估计了地下水回补量。Sun 等(2006)模拟了 1999—2002 年灌溉和有效降水的恒定部分补给量发现，在 309～405 mm 总灌溉量和 347～402 mm 降水量的情况下，华北平原冬小麦的地下水补给量为 25～37 mm。Ma 等(2013)利用达西定律计算了冬小麦作物根系土层的渗漏量，2007 年(300 mm 灌溉量和 83 mm 降水量)和 2008 年(210 mm 灌溉量和 186 mm 降水量)分别产生了 5 mm 渗漏量和 64 mm 渗漏量。Liu 等(2013b)根据土壤剖面底部的非饱和导水率和土壤含水量之间的关系，计算出在灌溉量为 226～304 mm 的情况下，冬小麦在生育期的渗漏量为 1～18 mm。Kendy 等(2003，2004)利用土壤水分平衡模型估计了 1998—2001 年麦玉复种模式的地下水回补量，在灌溉量为 210～328 mm，年降水量为 347～402 mm 的情况下，复种模式的回补量为 71～170 mm。Hu 等(2010)指出，利用 SWAT 和 MODFLOW 模型进行模拟，在当前条件下，若冬小麦-夏玉米一年两熟模式的灌溉抽水量减少 39%，地下水才能恢复至 1956 年开发前的水文条件仍需 74 年。上述计算中都假设地表径流量为 0，因为自 1980 年以来，除了 1988 年和 1996 年是高降水量年份外，其他年份的河流都是干涸的。

因没有可利用的地表水源，地下水为华北平原唯一可利用的灌溉水源。作物的地下水净消耗量为灌溉量与回补量之差。Kendy 等(2003)发现，1998—2001 年，麦玉复种模式每年的地下水净消耗量为 125～212 mm。Zhang 等(2004)研究显示，1998—2001 年，华北平原冬小麦-夏玉米一年两熟模式的地下水净消耗量为 181～321 mm。Sun 等(2006)报道，1999—2002 年华北平原冬小麦的地下水净消耗量范围为 230～251 mm。Liu 等(2013b)的报告称，2008—2012 年，华北平原冬小麦在生育期的地下水净消耗量为 226～292 mm。但是以上模型模拟出来的结果大多没有经过验证，无法判断地下水净消耗量和回补量数值的准确性。而 Kendy 模型使用冬小麦-夏玉米一年两熟模式的观测土壤水分数据进行了模型验证，并且引用了 Liu 等(2002)在栾城试验站的蒸渗仪数据。虽然这些文献对于华北平原地下水资源的研究很有帮助，但是关于轮作模式中的主要作物地下水净消耗量与回补量的长期实地研究仍然很少。

基于此，我们于 2002 年 10 月开始在河北栾城地区进行了为期 11 年的长期定位试验，研究冬小麦、夏玉米、花生、棉花、甘薯、黑麦草 6 种作物在 5 种种植体系中的水分消耗规律，通过持续测定 0～180 cm 土层的土壤体积含水量(每一层为 20 cm，10 d/次)来计算不同作物的地下水净消耗量。本研究的总体目标是根据作物的土壤水分含量、蒸散量、灌溉量和降水量，计算回补量和地下水净消耗量。具体来说，我们将量化 2003—2013 年 6 种作物的深层渗漏量，重新计算渗漏与灌溉量的差值，推断地下水位变化，计算 2003—2013 年 6 种作物的净地下水消耗量。

5.1　研究材料与方法

5.1.1　试验地概况

本试验在中国科学院栾城农业生态系统试验站开展，该站位于河北省石家庄栾城县，地理位置为37°50′N,114°40′E,海拔为50.1 m,属于大陆性季风气候。该地区地下水位自20世纪70年代以来一直在不断下降,从地表以下11 m下降到目前的42 m左右,年下降幅度约为1 m。该地区多年平均气温为12.2 ℃,月平均温度最高出现在7月(26.4 ℃),月平均温度最低出现在1月(−3.9 ℃)。近20年的年平均降水量为480 mm,60%~70%的降水集中在6—9月(图1)。≥0 ℃积温为4 710 ℃,≥10 ℃积温为4 232 ℃,年日照时数为2 500~2 800 h,无霜期约为200 d。试验地表层为沙质壤土,40~80 cm为轻/中质壤土,80 cm以下为轻质黏土。土壤剖面特性见表1。犁底层厚度约为0.2 m,含有机质11 g/kg,全氮1 g/kg,有效磷36 mg/kg,有效钾96 mg/kg,土壤pH为7.8。

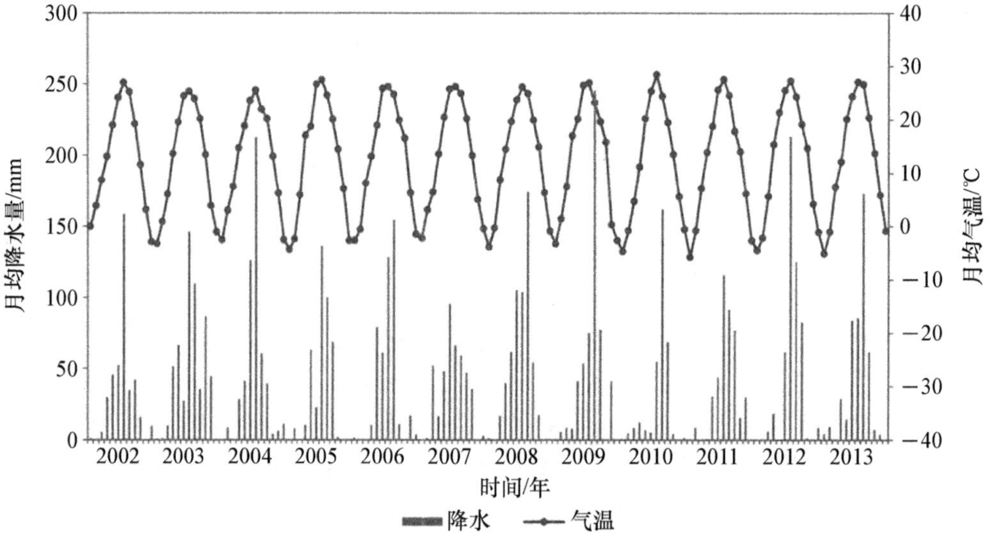

图1 2002—2013年栾城农业生态系统试验站降水及气温变化

表1 试验地土壤剖面性质

土壤质地	0~20 cm 沙壤土	20~40 cm 沙壤土	40~60 cm 轻壤土	60~80 cm 中壤土	80~100 cm 轻黏土	100~120 cm 轻黏土	120~160 cm 轻黏土	160~200 cm 沙质黏土
容重/(g/cm^3)	1.41	1.51	1.47	1.51	1.54	1.64	1.59	1.55
田间持水量/(v/v)	0.36	0.35	0.33	0.34	0.34	0.39	0.38	0.38
萎蔫点/(v/v)	0.096	0.114	0.139	0.139	0.130	0.139	0.164	0.160

5.1.2 试验设计与田间管理

试验开始于2002年10月,设置了5种不同种植模式,每个模式设3个重复,小区面积30 m^2(4 m×7.5 m),采用随机区组设计,隔离带宽为1 m:①粮棉薯模式(SpCSpWS),甘薯→棉花→甘薯→冬小麦-夏玉米,四年五熟制,4年为一个轮作周期;②粮棉油模式(RCPWS),黑麦草→棉花→花生→冬小麦-夏玉米,三年五熟制,3年为一个轮作周期;③粮油模式(PWS),花生→冬小麦-夏玉米,两年三熟制,2年为一个轮作周期;④麦玉模式(WS),冬小麦-夏玉米,一年两熟制;⑤棉花连作。田间管理依据不同作物需求采取常规管理,不同作物的田间水肥管理措施见表2,相同作物在不同种植年份的田间管理是一致的。

表 2　不同作物的田间水肥管理措施

水肥管理措施	冬小麦	夏玉米	甘薯	棉花	花生	黑麦草
总灌水量/mm	225	105	150	225	150	150
灌溉时间	播种期/拔节期/灌浆期	拔节期/灌浆期	下秧期/生育期	播种期/现蕾期/吐絮期	播种期/开花下针期/结荚期	播种期/返青期
$N/(kg/hm^2)$	225	180	70	70	75	225
$P_2O_5/(kg/hm^2)$	112.5	105	97	97	60	112.5
$K_2O/(kg/hm^2)$	225	75	128	128	135	225
播种日期	10 月 6 日	6 月 16 日	4 月 30 日	4 月 23 日	4 月 23 日	10 月 4 日
收获日期	6 月 13 日	10 月 2 日	10 月 2 日	10 月 4 日	8 月 26 日	4 月 22 日

5.1.3　数据收集

日平均气温、降水量和蒸发量由距试验地 100 m 的自动气象站获得。在据试验地 400 m 的试验站水井处测定地下水位变化。利用中子仪(L520)测量土壤体积含水量，测定深度为 0～180 cm，10 d/次。由于中子仪在地表附近测量不准确，采用热重法测量 0～20 cm 土层的土壤水分。

5.1.4　测定项目和方法

为计算累计深层渗漏量，每 10 天对 0～180 cm 土层的土壤体积含水量进行测定。本研究假设下渗制 180 cm 土层以下的渗漏水均回补给深层地下水，且由于地势平坦，水平方向的水势梯度近乎为 0，因此忽略水平方向壤中流和地表径流。同时，该地区地下水位深度大于 4 m，通过毛细上升作用上行到土壤的水量可忽略，因此本研究中基于农田水分平衡的深层渗漏量计算公式为：

$$DP = \frac{S_{t-\Delta t} - S_t + \sum_{t-\Delta t}^{\Delta t}(P + I - ETa)}{\Delta t} \tag{1}$$

式中：DP 为深层渗漏量(mm/d)；S 为土壤 0～180 cm 剖面的贮水量(mm)；$S(t-\Delta t)$为上一次土壤 0～180 cm 剖面的贮水量(mm)；Δt 两次测量间隔的时间，通常为 10 d；P 为日降水量(mm/d)；I 为灌溉(mm/d)；ETa 为估计实际蒸散量(mm/d)。ETa 计算公式采用 FAO 推荐方法：

$$ETa = K_c P_c ETp \tag{2}$$

式中：K_c 为作物生长系数；P_c 为将全叶、充分灌溉的作物水面蒸散量转换为潜在蒸散量的系数。作物生长系数 K_c 随着作物生育时期的推进而变化，从 Liu 等(2002)的研究中获取。因在同一试验站点，所以 P_c 引用 Kendy 等(2003)的结果，取值 0.7。

当公式(1)中的深层渗透量 DP 为负值时，我们假设 FAO 方法高估了实际蒸散量，因此我们减少 ET，使 DP 在式(1)中变为零。地下水净消耗量(NWU)的计算公式为：

$$\mathrm{NWU} = \sum_{1}^{n} (DP - I) \tag{3}$$

式中：DP 为深层渗漏量(mn/d)；I 为灌溉量(mn/d)；n 为生育期天数/d。当 NWU 为正值时，说明地下水贮水量增加；当 NWU 为负值时，地下水贮水量减少，发生了消耗。

5.1.5 统计分析

利用 SAS9.3 数据处理软件对数据进行统计分析，采用 AVONA 进行不同种植模式之间的显著性差异水平分析($P<0.05$)。

5.2 结果与讨论

5.2.1 深层渗漏量和蒸散量

图 2 以粮棉薯模式(SpCSpWS)模式为例展示了 2003—2013 年降水量和灌溉量的时间分布以及计算出的深层渗漏量和实际蒸散量。由图 2 可知，比一年中少雨的季节相比，雨量充沛的夏季可产生更多的渗漏水，这与同一试验站的 Kendy 等(2003)和美国威斯康星州的 Bradbury 等(2000)的研究结果一致。

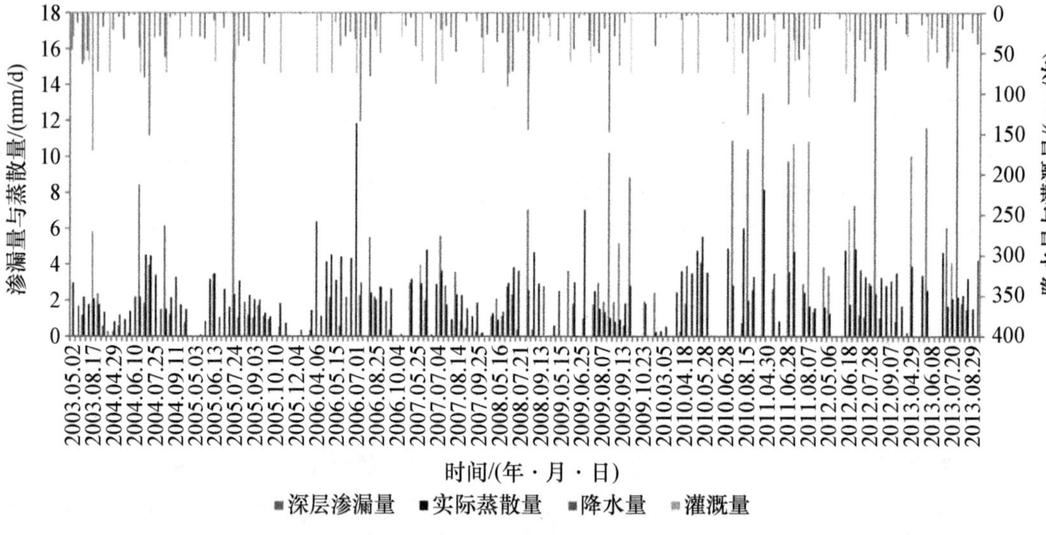

图 2 2003—2013 年粮棉薯模式的降水量、灌溉量分布以及日深层渗漏量、实际蒸散量分布

表 3 为根据公式计算出的每种作物的深层渗漏量和实际蒸散量。由表 3 可以看出，棉花作物的深层渗漏量(51～359 mm)显著高于其他作物的深层渗漏量($P<0.05$)，尤其在棉花连作模式中体现明显。棉花在生育期对灌溉水的需求较大导致了其较高的地下水渗漏量。Liu 等(2013)报道，在降水量较少时，就需要额外的灌溉来满足棉花的需求。2004 年，高标准的灌溉加上充沛的降水导致棉花的深层渗漏量达到了 359 mm。而 2005 年的降水量比其他年份的降水量明显减少，棉花的深层渗漏量仅为 51 mm。

表3　2003—2013年5种轮作模式中各作物在生育期的深层渗漏量

mm

年份	SpCSpWS			RCPWS			PWS			WS			Cont C		
	作物	PcP	*DP*	作物	PcP	*DP*	作物	PcP	*DP*	作物	PcP	*DP*	作物	PcP	*DP*
2003	SP	386	103±4c	R	89	154±1a	P	338	69±33d	WW	179	129±6b	C	396	161±10a
				C	387	109±4bc				SM	298	72±6d			
2004	C	502	341±12b	P	468	335±1b	WW	173	0e	WW	129	0e	C	508	359±13a
							SM	398	230±6c	SM	436	100±2d			
2005	SP	392	25±11b	WW	114	66±20a	P	323	60±5a	WW	114	0c	C	392	51±6a
				SM	319	0c				SM	319	0c			
2006	WW	120	0d	R	15	0d	WW	122	0d	WW	122	0d	C	455	161±15a
	SM	334	0d	C	435	121±5b	SM	347	6±1d	SM	347	56±3c			
2007	SP	297	0c	P	287	133±5a	P	276	7±4b	WW	140	0c	C	361	138±4a
										SM	296	0c			
2008	C	516	245±1b	WW	222	141±7d	WW	222	63±1e	WW	222	163±3c	C	501	328±4a
				SM	357	0g	SM	348	50±2f	SM	357	0g			
2009	SP	495	136±9b	R	32	0d	P	388	111±13c	WW	119	0d	C	494	246±14a
				C	494	241±4a				SM	407	10±8d			
2010	WW	80	0c	P	230	0c	WW	80	0c	WW	80	0c	C	299	81±7 a
	SM	286	0c				SM	287	0c	SM	287	21±10b			
2011	SP	274	79±6a	WW	73	0e	P	274	13±4d	WW	73	0e	C	360	65±2b
				SM	302	0e				SM	302	31±3c			
2012	C	484	243±2c	R	71	0e	WW	89	0e	WW	79	0e	C	484	294±11b
				C	484	337±11a	SM	475	154±16d	SM	476	159±9d			
2013	SP	421	112±5d	P	359	209±4c	P	359	239±6b	WW	104	0f	C	469	279±9a
										SM	418	42±2e			

注：PcP为作物在生育期的降水量；*DP*为作物在生育期的深层渗漏量。

由于生育期较低的降水量和播种时较低的土壤含水量，冬小麦和黑麦草的深层渗漏量最低。在冬小麦的生育期(10 月至翌年 5 月)发生的降水极少，只能依靠开采地下水来满足小麦的生长需要，这也就导致了该地区饱和含水层水分的大量消耗。通常部分未被植物直接利用的灌溉用水会在冬天在土壤中逐渐积累，缓慢下渗至饱和含水层。例如，冬小麦等冬季降水量较少的作物却会消耗此时段土壤中的水分。相对而言，春甘薯的深层渗漏量也较高，可达 25～136 mm。2007 年由于较低的降水和自身较高的蒸散量，春甘薯在生长季并没有渗漏产生。花生在生育期的渗漏量为 7～335 mm，夏玉米的年平均渗漏量为 44 mm。2007 年和 2010 年为枯水年，所以所有作物的深层渗漏量都很少。

表 3 中的结果表明，区域性灌溉农田中的水分渗漏是较为常见的，而这与一些早期研究者在农田水分利用上的假设相悖，因此在下一节中，我们将证明下渗至根层以下的渗漏量可以回补地下水这一假设的真实性，这个假设可以印证华北平原地下水位的下降。

5.2.2 深层渗漏量计算结果的验证

为了验证深层渗漏量的计算结果，我们做出了深层渗漏量与灌溉量之差可以表征地下水位的变化的推断。如图 3 所示，我们将计算得到的地下水净消耗量与试验站观测得到的地下水位变化量在时间序列上进行比对。栾城地区地下水位变化的计算公式如下：

$$d_t = d_{t-\Delta t} + f\frac{R-I}{\eta} \tag{4}$$

式中：d_t 为当前 t 时间的地下水位深度(m)；$d_{t-\Delta t}$ 为 Δ_t 时间段之前的起始地下水位深度(m)；f 为灌溉区占该地区的比例；η 为给水度；R 为地下水回补量(mm)；I 为灌溉量(mm)。

在试验期间，该地区地下水位为 30 m 左右，因此水分从根区下渗到达地下水层的过程存在明显的时间差。为了估计这一时间差，我们研究了地下水位的历史变化。例如，1995 年的降水量为 510 mm，1996 年的降水量为 774 mm，1997 年的降水量为 272 mm。然而，地下水位的高峰值出现在 1997 年和 1998 年(图 3)，说明地下水回补存在一年的时间滞后，且这种滞后会影响后续的两年。

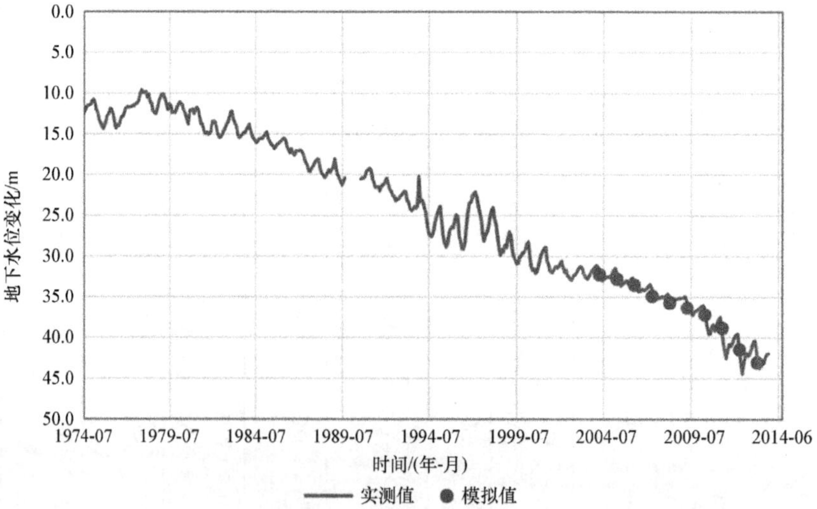

图 3　栾城地区历年地下水位实测值与模拟值的对比

由于我们的模型不够精确，无法预测地下水的年际变化，因此我们采用了一年一次的时间步长。年均地下水回补量的计算公式为：

$$\bar{R}_y=\frac{\overline{DP_{y-1}}+\overline{DP_{y-2}}}{2} \tag{5}$$

式中：下标 y 为年；$\overline{DP}$ 为年均地下水渗漏量。

在栾城地区，90%的区域为灌溉地区，且传统麦玉模式种植面积达到总面积的 85%，因此本研究中的 f 取 0.85。Kendy 等(2003)在研究中采用 η 值为 0.2，并获得了栾城地区地下水位实测值与模拟值较好的拟合优度。Lin 等总结华北石家庄地区给水度 η 为 0.10～0.23，Hu 等采用的给水度 η 为 0.12～0.18。因本研究与 Kendy 等的研究区域为相邻研究地点，所以本研究采用 Kendy 文献中的 η 值，0.2。

图 3 表示的为麦玉模式导致的地下水位变化模拟值。模拟是从 2004 年开始的，而鉴于本试验开始于 2002 年 10 月，我们人为设置了 2002 年、2003 年两年的渗漏值以便更好地模拟。由图 3 可以看出，模拟结果与实测值拟合程度较高，地下水位的模拟值围绕着实测值曲线上下波动，并且在实测地下水位的逐月值变化范围内。统计分析表明，模拟值与实测值的均方根误差(RMSE)为 0.641 8 m，平均相对误差(*RE*)为 1.35%，Nash-Sutcliffe 为 0.963 3。因此，本研究对地下水位模拟的计算方法是准确可靠的。以上三个表示模型拟合程度好坏的指标来自 Ma 等(2013)的研究结果。

由公式(4)我们可以推断华北平原地下水位的下降并不是简单的因为该地区过度抽取地下水灌溉，而是取决于对地下水的净消耗量(回补量－灌溉量)，因此从合理优化作物布局的角度缓解地下水位的下降，需要对不同作物对地下水净消耗量进行深入研究。

5.2.3　地下水净消耗量

从地下水变化计算公式(4)可以看出，减缓水位下降可以从两方面开展：一方面，减少作物对地下水的净消耗量或者减少地下水的净抽取量；另一方面，减少作物的种植面积或者减少耕地面积的无效蒸发。基于本试验的研究，进一步分析不同作物的净地下水消耗，为揭示作物净地下水消耗的限制因素以及为后续合理优化作物布局提供理论基础。

为了比较分析不同作物对地下水位的影响，计算了本研究涉及的 6 种作物的地下水位净消耗量如图 4 所示。图 4 中的负值表示作物灌溉抽取大于生育期地下水回补，正值表示作物在生育期对地下水的回补大于灌溉抽取。结果表明，冬小麦的地下水净消耗量为最高，在 225 mm 的灌溉量下，其生育期的年均地下水净消耗量为 198 mm。其原因是冬小麦在生育期处于降水量低的冬季及其生育期内的蒸散量高。作为冬季覆盖作物在 150 mm 的灌溉量下，黑麦草年均地下水净消耗量高达 112 mm。其原因是黑麦草在生育期的低降水量和不间断的蒸散量。在同样的 150 mm 灌溉量下，甘薯、花生的生育期处于降水集中的 4 月底到 10 月初，甘薯和花生的年均地下水净消耗量分别为 74 mm 和 32 mm，明显低于冬小麦、黑麦草等冬季作物的年均地下水净消耗量。2007 年，春甘薯具有最高的地下水净消耗量，高达 150 mm。其原因是当年甘薯在生育期的降水量低，并没有多余的水分回补地下水。2013 年，粮油模式中的花生产生了 89 mm 的地下水回补量。在 105 mm 的灌溉量下，夏玉米的年均地下水净消耗量达到 71 mm，而在某些年份，夏玉米是可以回补地下水的。例如，2004 年和 2012 年粮油模式中的夏玉米分别回补地下水量 125 mm 和 48 mm。在降水多的年份，棉花可有效地回补地下水，回补量为 18～134 mm/年。综上所述，6 种作物的年均地下水净消耗量的大小顺序为冬小麦＞黑麦草＞春甘薯＞夏玉米＞花生＞棉花。

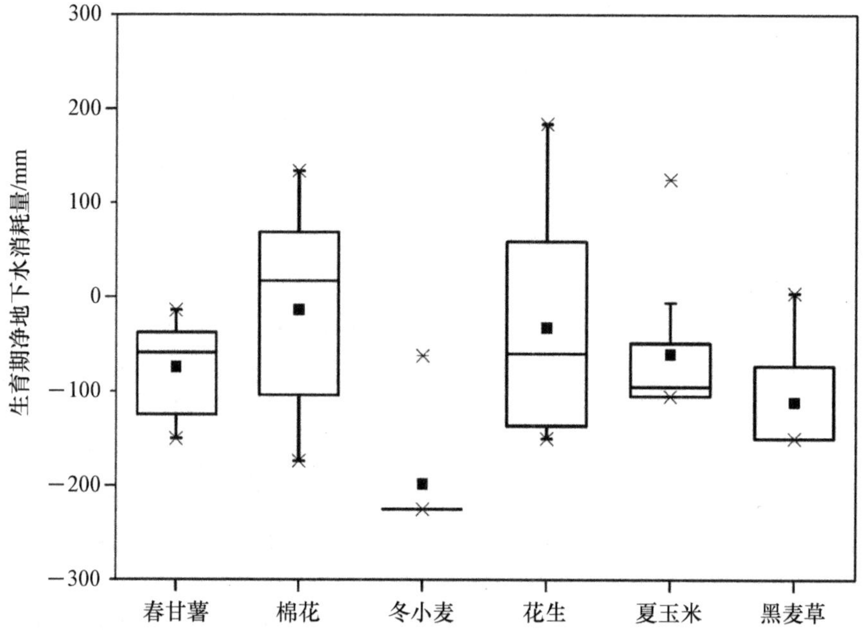

框线图显示了 25%、50%、75%；箱形图中的正方形和直线分别表示平均值和中等值；
×表示最小值和最大值；负值表明地下水枯竭。

图 4　2003—2013 年 6 种不同作物在生育期的净地下水消耗量的分布

降水的年际变化和周期性分布导致了不同作物净地下水消耗量的差异。Yang 等(2010)基于 DSSAT 模型和 COTTON2K 模型估算了华北平原主要作物(冬小麦、玉米、棉花、果树和蔬菜)的水分消耗，得出冬小麦的水分消耗占据整个灌溉作物水分消耗的 40%，夏玉米与棉花的水分消耗之和仅占整个灌溉作物水分消耗的 24%，本研究结果与其结果一致。

为了进一步揭示作物在生育期的地下水净消耗量与降水量、回补量之间的关系，本研究对 6 种不同作物在 2003—2013 年的生育期深层渗漏量和(降水量＋灌溉量)进行了描述(图 5A)。尽管存在一个普遍规律，渗漏量随着降水量＋灌溉量的增大而增大，但是不同作物之间还是存在较大差异。图 5B 更好地呈现出了逐日作物生育期地下水回补量与水分供应间的线性关系。作物在生育期内是否发生渗漏回补地下水主要取决于水分供应量(降水＋灌溉)，且存在水分供应(降水＋灌溉)的阈值。超过此阈值则表示作物在生育期内将会发生渗漏回补地下水且渗漏回补量与水分供应(降水＋灌溉)呈线性相关。由图 5B 得出，作物在生育期内发生渗漏回补地下水的水分供应(降水＋灌溉)的阈值为 3 mm/d，当水分供应高于此阈值后，地下水的回补量与水分供应(降水＋灌溉)之间呈现线性关系，且线性拟合方程的斜率接近于 1。当水分供应低于此阈值后，各作物在生育期内的逐日渗漏量变异较大，但均低于 0.75 mm/d，平均值大约为 0.2 mm/d。

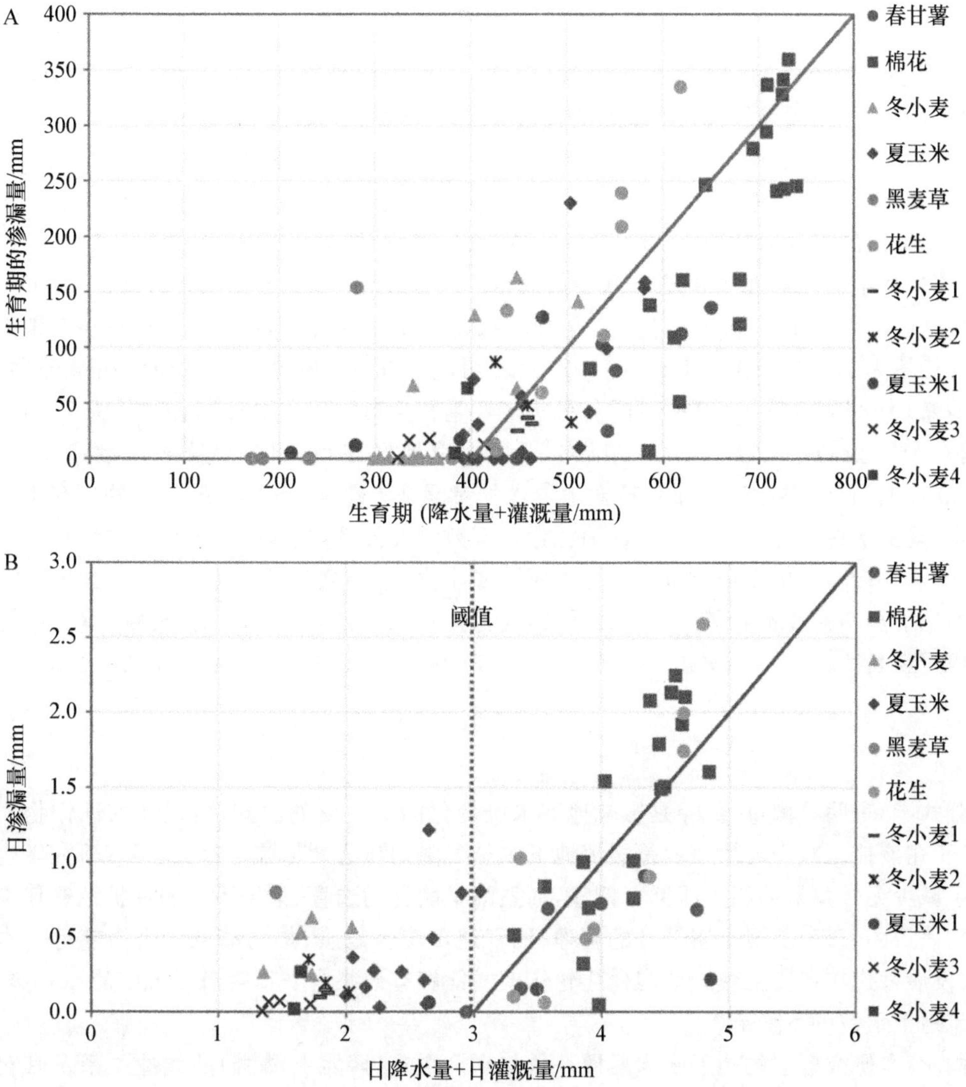

图例中的春甘薯、棉花、冬小麦、夏玉米、黑麦草和花生的数据均来自本研究；冬小麦 1 的数据来自 Sun 等(2003)的研究；冬小麦 2 和夏玉米 1 的数据来自 Zhang 等(2004)的研究；冬小麦 3 的数据来自 Liu 等(2013)的研究；冬小麦 4 的数据来自 Me 等(2013)的研究。

图 5　不同作物在生育期和日渗漏量与水分供应(降水＋灌溉)

当水分供应(降水＋灌溉)大于阈值 3 mm/d 时，作物在生育期对地下水的渗漏回补量的计算公式为：

$$\overline{DP} \approx \overline{P} + \overline{I} - T \tag{6}$$

式中：$\overline{DP}$ 为作物在生育期的平均渗漏量(mm)；$\overline{P}$ 为作物在生育期的平均降水量(mm)；$\overline{I}$ 作物在生育期的平均灌溉量(mm)；T 为作物在生育期发生渗漏的水分供应阈值。

由图 5A 可知，作物在生育期发生渗漏的水分供应(降水＋灌溉)阈值近似等于作物生育期的实际蒸散量，因此我们可将公式(6)写为：

$$\overline{DP} \approx \bar{P} + \bar{I} - \overline{ET} \qquad \text{其中,} \qquad \bar{P} + \bar{I} \geqslant \overline{ET} \tag{7}$$

式中:$\overline{DP}$ 为作物在生育期的平均渗漏量(mm);$\bar{P}$ 为作物在生育期的平均降水量(mm);$\bar{I}$ 作物在生育期的平均灌溉量(mm);$\overline{ET}$ 为作物在生育期的平均蒸散量(mm)。

公式(7)也同样适用于上述在图 5 中提及的华北平原的其他研究。Zhang 等(2004)报道了 1998—2001 年栾城地区在水分供应(降水+灌溉)为 425～504 mm 的情况下,冬小麦在生育期对地下水的渗漏回补量为 33～87 mm;在水分供应(降水+灌溉)为 212～474 mm 的情况下,夏玉米在生育期对地下水的渗漏回补量为 5～127 mm。Sun 等(2006)得出,1999—2002 年栾城地区在水分供应(降水+灌溉)为 448～463 mm 的情况下,冬小麦在生育期对地下水的渗漏补给量为 25～37 mm。Liu 等(2013b)表明,在 2009—2012 年栾城地区在水分供应(降水+灌溉)为 323～357 mm 的情况下,冬小麦在生育期对地下水的渗漏补给量为 1～18 mm。Ma 等(2013)报道了 2007—2009 年华北平原北京地区在水分供应(降水+灌溉)为 383～396 mm 的情况下,冬小麦在生育期对地下水的渗漏补给量为 5～64 mm。这些研究也总结了冬小麦、夏玉米在生育期的净地下水消耗量与蒸散量的关系,且这些前人研究的结果与本研究结果相似。另外,本研究还分析了华北平原除冬小麦、玉米之外的主要作物,春甘薯、花生、黑麦草的地下水净消耗量与蒸散量的关系,因此将公式(4)和(7)结合后,地下水位变化的计算公式可以重新表达为:

$$d_y = d_{y-1} + f\,\frac{P_{y-1} + P_{y-2} - ET_{y-1} - ET_{y-2}}{2\eta} \tag{8}$$

公式(8)表明蒸散量(ET)是影响地下水位变化的最主要的因素,所以在保证作物产量的前提下,在该地区减少无效蒸散是缓解地下水位下降的最有效措施。目前,很多研究者也相继报道了减少无效蒸散的相关研究。例如,加强耐旱品种的选育、采用不同的保护性耕作措施提高土壤表层的管理、加强土壤养分的管理、稻秆还田覆盖地膜、提高灌溉管理措施等。本研究表明,发展替代传统麦玉模式的多样化轮作模式能够有效减少农田生态系统中的无效蒸散量,缓解了地下水位的下降。

同时,本研究建立的地下水渗漏回补量与水分供应(降水+灌溉)的线性关系及其对不同种植模式不同作物的地下水消耗量的分析,为华北平原优化灌溉制度,减少农田无效蒸腾蒸散提供了理论基础,为今后该区域能够更加有效地利用有限的水资源提供了研究依据。

5.3 结论

在华北平原,作物的高产必须依靠灌溉,因此充分了解作物的地下水消耗和回补特征对于缓解该地区水资源危机具有重要意义。本研究基于长期轮作定位试验,采用土壤水分平衡法,对 2003—2013 年的 6 种作物的地下水净消耗和回补进行了量化。结果表明,冬小麦的年平均地下水净消耗量最高,达 198 mm,其次是黑麦草 112 mm,春甘薯 74 mm,夏玉米 71 mm,花生 32 mm,棉花最低 14 mm。同时,本研究建立了地下水渗漏回补量与水分供应(降水+灌溉)间的线性关系,对地下水位的变化进行了准确预测,这可为今后建立行之有效的灌溉制度和水管理政策提供新的视角。本研究表明,种植的生育期较短、农田实际蒸散量较小的作物可有效缓解地下水位的下降,甚至在丰水年可导致地下水位的上升。

参考文献

[1] YANG J F, WAN S Q, DENG W, et al. Water fluxes at a fluctuating groundwater and groundwa ter contributions to wheat water use in the lower Yellow River flood plain, China. Hydrol Process, 2007, 21: 71-724

[2] ZWART S, BASTIAANSSEN W. Review of measured crop water productivity values for irrigated wheat, rice, cotton and maize. Agric Water Manage, 2004, 69 (2): 115-133

[3] National Bureau of Statistics of China China Statistical Yearbook 2008. Beijing: China Statistics Press, 2008

[4] FANG Q X, MA L, GREEN T R, et al. Water resources and water use efficiency in the North China Plain: Current status and agronomic management options. Agric Water Manage, 2010, 97 (8): 1102-1116

[5] MO X G, LIU S X, LIN Z H, et al. Regional crop yield, water consumption and water use efficien cy and their responses to climate change in the North China Plain. Agric Ecosyst Environ, 2009, 134: 67-78

[6] MOIWO J P, YANG Y, LI H, et al. Impact of water resource exploitation on the hydrology and water storage in Baiyangdian Lake. Hydrol Process, 2010, 24: 3026-3039

[7] ZHANG Z, CUI Y, CHEN Z, et al. Discussion of water resource balance and water saving agriculture development in Huabei Plain. Review of China Agriculture and Technology, 2003, 5 (4): 42-47

[8] SUN H Y, LIU C M, ZHANG X Y, et al. Effects of irrigation on water balance, yield and WUE of winter wheat in the North China Plain. Agric Water Manage, 2006, 85 (1/2): 211-218

[9] SUN H Y, SHEN Y J, YU Q, et al. Effect of precipitation change on water balance and WUE of the winter wheatsummer maize rotation in the North China Plain. Agric Water Manage, 2010, 97 (8): 1139-1145

[10] ZHAO R F, CHEN X P, ZHANG F S, et al. Fertilization and nitrogen balance in a wheatmaize rotation system in North China. Agron J, 2006, 98 (4): 938-945

[11] LIU C M, ZHANG X Y, ZHANG Y Q. Determination of daily evaporation and evapotranspiration of win ter wheat and maize by largescale weighing lysimeter and microlysimeter. Agric Forest Meteorol, 2002, 111 (2): 109-120

[12] HU Y K, MOIWO J P, YANG Y H, et al. Agricultural watersaving and sustainable groundwater management in Shijiazhuang Irrigation District, North China Plain. J Hydrol, 2010, 393: 219-232

[13] JIA J S, LIU C M. Groundwater dynamic drift and response to different exploitation in the North China Plain: a case study of Luancheng County, Hebei Province. Acta Geographica Sinica, 2002, 57 (2): 201-209

[14] CHEN J Y, TANG C Y, SHEN Y J, et al. Use of water balance calculation and tritium to examine the dropdown of groundwater table in the piedmont of the North China Plain (NCP). Environ Geol, 2003, 44 (5): 564-571

[15] KENDY E, GERARDMARCHANT P, WALTER M T, et al. A soilwater balance ap proach to quantify groundwater recharge from irrigated cropland in the North China Plain. Hydrol Process, 2003, 17: 2011 - 2031

[16] KENDY E, ZHANG Y Q, LIU C M, et al. Groundwater recharge from irrigated crop land in the North China Plain: case study of Luancheng County, Hebei Province, 1949—2000. Hydrol Process, 2004, 18 (12): 2289-2302

[17] ZHANG Y Q, KENDY E, Y U Q, et al. Effect of soil water deficit on evapotranspira tion, crop yield, and water use efficiency in the North China Plain. Agric Water Manage, 2004, 64 (2): 107-122

[18] MA L, SUI P, GAO W S, et al. Water resources use efficiency of different cropping patterns in the Piedmont of Mt. Taihang. Agricultural research in the arid areas, 2008, 26 (2): 177-183

[19] ZHANG X Y, CHEN S Y, SUN H Y, et al. Dry matter, harvest index, grain yield and water use efficiency as affected by water supply in winter wheat. Irrig Sci, 2008, 2: 1-10

[20] ZHANG X Y, WANG Y Z, SUN H Y, et al. Optimizing the yield of winter wheat by regu lating water consumption during vegetative and reproductive stages under limited water supply. Irrig Sci, 2013, 31: 1103-1112

[21] LIU H J, YU L P, LUO Y, et al. Responses of winter wheat (*Triticum aestivum* L.) evapotranspiration and yield to sprinkler irrigation regimes. Agric Water Manage, 2011, 98 (4): 483-492

[22] ZHANG M, SUI P, CHEN Y Q, et al. Water consumption characteristics of alternative crop rotation in the piedmont of Mt. Taihang. Chinese Agricultural Science Bulletin, 2011, 27 (20): 251-257

[23] HUO Z L, FENG S Y, HUANG G H, et al. Effect of groundwater level depth and irrigation amount on water fluxes at the groundwater table and water use of wheat. Irrig Drain, 2012, 61: 348-356

[24] KONG F L, CAI W T, SHI L G, et al. The characteristics of annual water consumption for winter wheat and summer maize in North China Plain. Procedia Engineering, 2012, 28: 376-381

[25] FAN Z L, CHAI Q, HUANG G B, et al. Yield and water consumption characteristics of wheat/maize intercropping with reduced tillage in an Oasis region. Eur J Agron, 2013, 45: 52-58

[26] LIU X W, SHAO L W, SUN H Y, et al. Responses of yield and water use efficiency to irrigation amount decided by pan evaporation for winter wheat. Agric Water Manage, 2013b, 129: 173-180

[27] MA Y, FENG S Y, SONG X F. A root zone model for estimating soil water balance and crop re sponses to deficit irrigation in the North China Plain. Agric Water Manage, 2013, 127: 13-24

[28] ZHAO L Y, LIU Y L, PAN Z H, et al. Impact of recent climate change on dryland crop water consumption in the Northern AroPastoral Transitional Zone of China. Acta Meteor Sinica, 2013, 27(4): 585-590

[29] YANG Y, WATANABE M, SAKURA Y, et al. Groundwatertable and recharge changes in the Piedmont region of Taihang Mountain in Gaocheng City and its relation to agricultural water use. Water SA, 2002, 28: 171-178

[30] SUN Q P, KRÖBEL R, MÜLLER T, et al. Optimization of yield and wateruse of different cropping systems for sustainable groundwater use in the North China Plain. Agric Water Manage, 2011, 98: 808-814

[31] CHEN C, WANG E L, YU Q. Modelling the effects of climate variability and water management on crop water productivity and water balance in the North China Plain. Agric Water Manage, 2010, 97: 1175-1184

[32] ZHANG M Y, WANG F J, CHEN F, et al. Comparison of three tillage systems in the wheatmaize system on carbon sequestration in the North China Plain. J Clean Prod, 2013, 54: 101-107

[33] YANG Y H, WATANABE M, ZHANG X Y, et al. Optimizing irrigation management for wheat to reduce groundwater depletion in the piedmont region of the Taihang Mountains in the North China Plain. Agric Water Manage, 2006, 82: 25-44

[34] ALLEN R G, PRUITT W O, WRIGHT J L, et al. A recommendation on standardizedsurface resistance for hourly calculation of reference E To by the FAO 56 PenmanMonteith method. Agric Water Manag, 2006, 81: 1-22

[35] Sas I. I. SAS/STAT user'sguide, version 9. 3. Cary, NC, USA: SAS Institute, 2011

[36] YANG X L, SUI P, CHEN Y Q, et al. Data from: Recharge and groundwater use in the North China Plain for six irrigated crops for an eleven year period, 2014

[37] BRADBURY K R, DRIPPS W R, HANKLEY C, et al. Refinement of two methods for estimation of groundwater recharge rates. Final Project Report, Wisconsin Department of Natural Re sources, Madison, Wisconsin, 2000

[38] LIU M X, YANG J S, LI X M, et al. Numerical simulation of soil water dynamics in a drip irri gated cot-

ton field under plastic mulch. Pedosphere,2013,23 (5):620-635

[39] LIN X Y, YANG Y S. The optimization of groundwater supply system in Shi Jiazhuang city, China. Wat. Sci. Tech,1991,24(11):71-76

[40] SHU Y Q, VILLHOLTH K G, JENSEN K H,et al. Integrated hydrological modeling of the North China Plain:options for sustainable groundwater use in the alluvial plain of Mt. Taihang. J Hydrol,2012, 464-465:79-93

[41] CURRELL M J, HAN D M, CHEN Z Y,et al. Sustainability of groundwater usage in northern China: dependence on palaeowaters and effects on water quality, quantity and ecosystem health. Hydrol. Process,2012,26:4050-4066

[42] YANG Y M, YANG Y H, MOIWO J P,et al. Estimation of irrigation requirement for sustainable water resources reallocation in North China. Agric Water Manage,2010,97:1711-1721

[43] PASSIOURA J. Increasing crop productivity when water is scarcefrom breeding to field manage ment. Agric Water Manage,2006,80:176-196

[44] HOU X Q, LI R, JIA Z K,et al. Effect of rotational tillage practices on soil proper ties, winter wheat yields and wateruse efficiency in semiarid areas of northwest China. Field Crop Res,2012,129:7-13

[45] FANG Q X, YU Q, WANG E L,et al. Soil nitrate accumulation, leaching and crop nitrogen use as influenced by fertilization and irrigation in an intensive wheatmaize double crop ping system in the North China Plain. Plant and Soil,2006,284:335-350

[46] QIN W, CHI B L, OENEMA O. Longterm monitoring of rainfed wheat yield and soil water at the loess plateau reveals low water use efficiency,2013,8 (11):e78828

[47] CUI N B, DU T S, KANG S Z,et al. Regulated deficit irrigation improved fruit quality and water use efficiency of pearjujube trees. Agric Water Manage,2008,95:489-497

[48] HU T T, KANG S Z, LI F S,et al. Effects of partial rootzone irrigation on the nitrogen absorp tion and utilization of maize. Agric Water Manage,2009,96:208-214

[49] YE Y L, XIAO Y B, HUANG Y F,et al. Effect of wheat/maize and faba bean/maize intercropping on water use. Chinese Agricultural Science Bulletin,2008,24:445-449

6 多样化轮作对华北平原地下水位及作物水分生产力的影响①

摘　要：水资源短缺是限制华北平原农业长期可持续发展的首要因素。华北平原长期采用的麦玉复种模式过分依赖地下水灌溉，导致该地区地下水问题日益严重。为了使有限的水资源得到更高效和可持续的利用，2003 年在中国科学院栾城农业生态系统试验站开展了替代轮作种植模式的田间定位研究，具体模式包括：①粮棉薯模式（SpCSpWS 甘薯→棉花→甘薯→冬小麦-夏玉米）；②粮棉油模式（RCPWS 黑麦草-棉花→花生→冬小麦-夏玉米）；③粮油模式（PWS 花生→冬小麦-夏玉米）；④麦玉模式（WS 冬小麦-夏玉米）；⑤棉花连作模式（Cont C）。基于 2003—2014 年共 12 年的试验数据，结合土壤水量平衡模型，计算了不同种植模式的农田耗水量及水分利用效率，估算了不同轮作模式对地下水位变化的影响。5 种种植模式的年均周年耗水量为：棉花连作模式（533 mm）＜粮棉薯模式（556 mm）＜粮油模式（615 mm）＜粮棉油模式（650 mm）＜麦玉模式（734 mm）。5 种种植模式导致的年均地下水位下降的累积变化量从大到小依次为麦玉模式（1.1 m）＞粮棉油模式（0.7 m）＞粮油模式（0.6 m）＞粮棉薯模式≈棉花连作模式（0.4 m）。5 种种植模式在轮作周期内的年均经济水分利用效率为粮棉薯模式（11.6 元/m^3）＞粮棉油模式（9 元/m^3）＞粮油模式（7.3 元/m^3）＞麦玉模式（6.8 元/m^3）＞棉花连作模式（5.6 元/m^3）。结果表明，在华北平原发展科学的轮作替代种植模式是缓解该地区地下水过度开采，同时也是适度保证粮食产量的重要途径之一。

关键词：耗水量；地下水位下降；经济水分利用效率；作物轮作；华北平原

华北平原作为我国主要的粮食生产基地，冬小麦-夏玉米一年两熟模式是该地区的主要种植制度，其小麦、玉米的生产产量分别占全国总量的 61％和 45％，棉花和花生产量分别占全国总产量的 35％和 64％。华北平原年降水量为 500～600 mm，年际变幅较大，一年之内季节差异显著。70％～80％的降水主要集中在夏季作物生长季节（6—9 月）。冬小麦在生育期（10 月至翌年 6 月）的降水耦合度低，降水量仅为 100～180 mm，仅满足冬小麦在生育期需水量的 25％～40％，冬小麦在生育期水分亏缺高达 200～300 mm，因此为了保证冬小麦的高产，冬小麦在生育期 70％以上的需水需要靠抽取地下水灌溉来满足，从而导致该地区严重的地下水位下降。Kendy 等（2013）、Zhang 等（2004）、Fang 等（2010）报道中国科院栾城农业生态系统试验站在过去的 30 年地下水位下降了近 20 m；World Bank（2005）报道整个华北平原地下水位

① 作者：杨晓琳、陈源泉、Steven Pacenka、高旺盛、马丽、王光亚、闫鹏、隋鹏*、Tammo S. Steenhuis*；通信作者：隋鹏（中国农业大学农学院教授，博导，主要从事农作制度与农业节水相关研究，E-mail：suipeng@cau.edu.cn）；Tammo S. Steenhuis，美国康奈尔大学教授，E-mail：tss1@cornell.edu。

目前正在以每年 1 m 的速度下降。地下水位的下降也引发了严重的地面沉降，形成地下漏斗和沿海地区的盐水入侵等一系列的生态问题。因此为了保证华北平原合理高效地利用地下水资源，发展节水农业，努力提高水分利用效率刻不容缓。

农业系统的节水可以通过减少作物不必要的蒸发和提高作物水分利用效率来实现。在用水高峰时，运输过程和深层泵水过程中的渗漏通常是人们关心的问题，但是这些灌溉损失虽然增加了水运输过程中的能量消耗，却并没有离开华北平原的水系统，反而补给了华北平原的浅层含水量。为了确定华北平原的灌溉效率，采用多种方法计算了该地区的农田耗水量。华北平原大量田间试验和模型试验研究表明，冬小麦-夏玉米种植模式的农田耗水量为 610～870 mm，因此每年所需的地下水灌溉量为 110～300 mm。该地区的冬小麦-夏玉米一年两熟模式的水分消耗是不可持续的。华北平原的部分研究采用土壤水分平衡法，以降水量和灌溉量作为水分输入计算农田耗水量，但是大多是短期田间试验（2～5 年），并且只关注作物生长季，忽略了休耕季节的水分平衡及土壤剖面的深层渗漏。在这种计算方法中，所有的深层渗漏都被算在农田耗水量范围内，耗水量值偏高。在本研究中，采用土壤水分平衡模型，基于 2003—2013 年河北栾城试验站的长期田间数据，对 5 种不同种植模式下的土壤水分数据进行分析，计算更准确的年均耗水量和深层渗漏量。

华北平原农业可持续性发展正在受到区域地下水位下降的严重威胁，以冬小麦-夏玉米为主的作物种植制度由于耗水量较高，具有不可持续性。Liao 等（2004）指出，为了缓解黄淮海地区水资源危机，发展具有较低耗水量的轮作替代模式迫在眉睫。张敏（2011）将甘薯、花生、棉花等作物引入冬小麦-夏玉米一年两熟模式中，发展了不同轮作周期的轮作模式，与传统麦玉模式相比，多样化的轮作替代模式提高了作物的水分利用效率和经济效益。刘明等（2008）研究了华北平原黑龙港地区冬小麦-夏玉米一年两熟模式、冬小麦-夏玉米→春玉米两年三熟模式和春玉米一年一熟模式的水分利用效率和经济效益，两年三熟模式比一年两熟模式的总耗水量显著降低，氮肥利用效率显著提高，能够兼顾粮食安全和环境效应，相对而言是较为理想的种植模式选择。在华北平原地区，尤其是极端缺水区，发展低耗水型的多样化种植模式来替代或部分替代传统麦玉模式的种植是保证不可再生水资源可持续利用的一条重要途径。鉴于目前，在华北平原对不同种植模式的水分利用和不同种植模式对地下水位影响的研究报道很少，因此加强对不同种植模式的节水效益研究对缓解华北平原水资源压力和政策制定具有重要的参考意义。

前人的研究报道了在良好的灌溉试验条件下，华北平原冬小麦、夏玉米的水分利用效率可达 1.0～1.9 kg/m^3，与全球的水分利用效率相当。农户水平的水分利用效率要低于试验水平的水分利用效率主要取决于农户粗放式的田间管理。Kang 等（2000）研究报道了华北平原每消耗 1 米^3 的水，就可以产出 0.8～1.2 kg 的干物质。华北平原人口密度高，人均耕地面积少，粮食生产主要依靠当地目前高耗水型的麦玉，进而加剧了对有限的地下水资源的抽取消耗。因此在维持作物产量不下降的情况下，必须努力提高当前占主导地位的麦玉种植模式的水分利用效率或发展多样化的种植模式去替代或者部分替代高耗水型的麦玉模式，来缓解华北平原严峻的水资源压力。本研究选取 6 种不同属作物（冬小麦、夏玉米、花生、棉花、春甘薯和黑麦草）的 5 种种植模式，因此产量水平上的水分利用效率不能准确反映哪一种作物的水分利用效果最好，不利于作物之间的相互比较以及选择水分利用效率最优的作物与种植模式。本研究采用经济水分利用效率分析不同种植模式之间的水分利用效果。

在本研究中，采用 Kendy 土壤水量平衡模型，基于 2002 年 10 月开始的中国科学院栾城农业生态系统试验站的长期田间数据，计算了 5 种不同种植模式下的农田耗水量，并且利用农田渗漏量和灌溉量之间的差值重新估算了不同种植模式的地下水位下降情况，同时定义了经济水分利用效率来比较不同轮作作物的经济水分生产力。本研究的目标是：①定量 2003—2013 年 5 种不同种植模式的真实田间耗水量；②估算 5 种不同种植模式的地下水位下降情况；③计算 5 种不同种植模式的经济水分利用效率。本研究尝试寻找一种能够平衡华北平原水粮矛盾的最佳轮作模式，对该地区种植制度的发展及水资源可持续管理具有重要意义。

6.2 材料与方法

6.2.1 自然地理条件与特点

本研究的定位试验位于中国科学院栾城农业生态系统试验站(37°50′N，114°40′E，海拔为 50.1 m)，于 1988 年加入中国生态系统研究网络(CERN)。该站位于华北平原北部的太行山山前冲积扇平原，是我国重要的粮食产区。其主要种植制度为冬小麦-夏玉米一年两熟模式。该站属于大陆性季风，暖温带半湿润半干旱气候，年平均气温为 12.2 ℃。过去 20 年的年平均降水量为 480 mm，年际波动剧烈，年内降水分布不均，60％～70％的降水集中在 6—8 月。月平均降水及气温见图 1。耕层厚度约为 20 cm，有机质含量为 11 g/kg，全氮含量为 1 g/kg，速效磷含量为 36 mg/kg，速效钾含量为 96 mg/kg，土壤 pH 为 7.8(表 1)。自 20 世纪 70 年代以来。栾城地下水位不断下降，以基本上每年 1 m 的速度从距地表 11 m 下降至距地表 42 m。

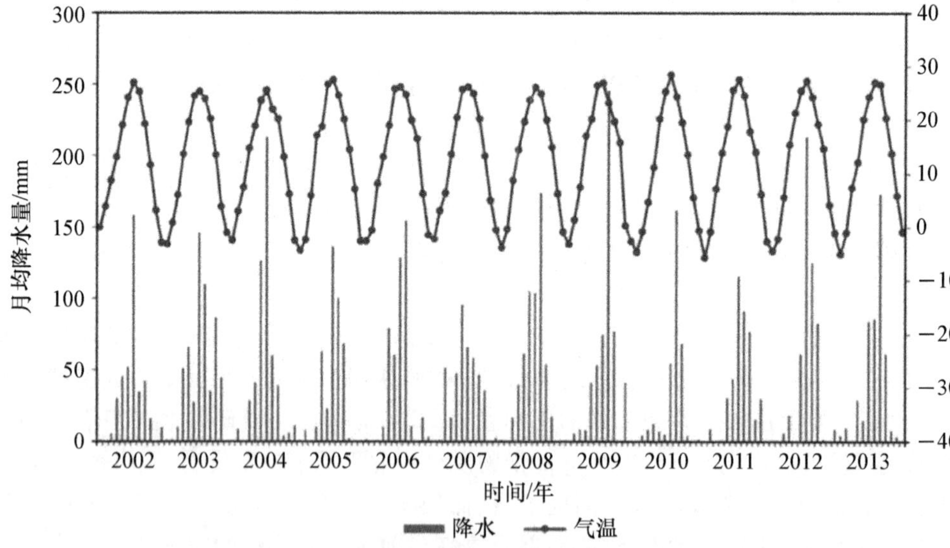

图 1　2002—2013 年栾城农业生态系统试验站逐月降水和月均温度的年际分布

表 1　栾城试验点播前土壤性质

土壤性质	0～20 cm 沙壤土	20～40 cm 沙壤土	40～60 cm 轻壤土	60～80 cm 中壤土	80～100 cm 轻黏土	100～120 cm 轻黏土	120～160 cm 轻黏土
容重/(g/cm³)	1.41	1.51	1.47	1.51	1.54	1.64	1.59

续表1

土壤性质	0～20 cm 沙壤土	20～40 cm 沙壤土	40～60 cm 轻壤土	60～80 cm 中壤土	80～100 cm 轻黏土	100～120 cm 轻黏土	120～160 cm 轻黏土
田间持水量/(*v*/*v*)	0.36	0.35	0.33	0.34	0.34	0.34	0.38
萎蔫点/(*v*/*v*)	0.096	0.114	0.139	0.139	0.130	0.139	0.164
饱和导水率/(*v*/*v*)	1.1	0.43	0.73	0.71	0.020	0.020	0.003
不饱和导水率/—	13	15	15	15	16	13	13

6.1.2　试验设计及作物管理

田间定位试验开始于 2002 年 10 月，采用随机区组设计，共 5 个处理，分别是①粮棉薯模式(SpCSpWS 甘薯→棉花→甘薯→冬小麦-夏玉米)；②粮棉油模式(RCPWS 黑麦草-棉花→花生→冬小麦-夏玉米)；③粮油模式(PWS 花生→冬小麦-夏玉米)；④麦玉模式(WS 冬小麦-夏玉米)；⑤棉花连作模式(Cont C)。每个处理 3 个重复，共 15 个小区(4 m×7.5 m)。田间管理依据不同作物需求采取常规管理，不同作物的田间管理和生长发育特征见表 2，相同作物在不同种植模式和不同种植年份的田间管理是一致的。

表 2　不同作物的田间管理和生长发育特征

田间水肥管理措施和生长发育特征	冬小麦	夏玉米	甘薯	棉花	花生	黑麦草
总灌水量/mm	225	105	150	225	150	150
灌溉时间	播种期/拔节期/灌浆期	拔节期/灌浆期	下秧期/生育中期	播种期/现蕾期/吐絮期	播种期/开花下针期/结荚期	播种期/返青期
N/(kg/hm^2)	225	180	70	70	75	225
P_2O_5/(kg/hm^2)	112.5	105	97	97	60	112.5
K_2O/(kg/hm^2)	225	75	128	128	135	225
播种日期	10 月 6 日	6 月 16 日	4 月 30 日	4 月 23 日	4 月 23 日	10 月 4 日
收获日期	6 月 13 日	10 月 2 日	10 月 2 日	10 月 4 日	8 月 26 日	4 月 22 日
叶面积指数	0.1～5.25	0.1～3.93	0.16～4.53	0.15～4.43	0.1～4.28	0.1～5.21
根长/cm	1～200	1～80	30～100	5～120	1～180	1～150

6.1.3　数据收集

6.1.3.1　气象数据

气象数据包括逐日平均温度、降水量、水面蒸发量等来自中国科学院栾城农业生态系统试验气象站，距离试验地 100 m。

6.1.3.2　地下水位数据

地下水位数据包括逐月地下水位数据来源于中国科学院栾城农业生态系统试验站，测定地点距离试验地 400 m。

6.1.3.3 土壤水分含量的测定

0～20 cm 土层的土壤含水量用烘干发测定，20～180 cm 土层的土壤含水量用中子水分测定仪(L520)测定，测定周期为 10 d。在作物收获后，使用配备自动称重系统的联合收割机测量作物产量和生物量。

6.1.4 土壤水分平衡模型

约 90%的栾城土地为需要灌溉的农田，考虑到该地区土壤类型、海拔高度和地理地貌等均无显著变化，我们将该区域视为大面积统一灌溉的农田。由于该地区地势平坦，水平方向的水势梯度几乎为零，在计算过程中可忽略水平方向壤中流和地表径流。由于地下水位深度大于 4 m，通过毛细上升作用上行到土壤中的水量可以忽略。在本次计算中未考虑太行山测渗水。本研究中的农田土壤以垂直方向的水量交换为主，且认为深层渗漏全部补给地下水，因此不同种植模式下抽取地下水进行灌溉所引起的地下水位变化计算公式为：

$$\Delta h=\frac{\mathrm{NWU}}{\mu}$$

式中：Δh 为地下水位变化量(m)；NWU 为不同种植模式的净用水量(m)，计算方法为深层渗漏量减去用于灌溉的地下水用量；μ 含水层单位产水量，取值 0.2。

对于不同科属的作物而言，产量水平上的水分利用效率不能准确反应作物的水分利用效率，因此需要依据经济价值对不同作物产量的权重进行调整，本研究使用经济水分利用效率来分析不同作物的水分利用效果。其计算公式为：

$$\mathrm{EWUE}=\frac{E}{ETa}$$

式中：$\mathrm{EWUE_e}$ 为作物的经济水分利用效率(元/m^3)；ETa 是作物生长季的实际蒸散量(mm)；E 为该作物的经济产量(元/hm^2)。考虑到粮食价格的波动性，依据《中国农产品价格调查年鉴》的规定，利用消费价格指数(CPI)对粮食价格进行校正。

6.1.5 数据统计分析

利用 SAS 9.3 数据处理软件对数据进行统计分析，采用 ANOVA 进行各处不同种植模式之间的显著性差异水平($P<0.05$)以及其他各处的相关分析、逐步回归分析等。

6.2 结果

6.2.1 模型评价

图 2 为 2003—2013 年本试验设计的 5 种种植模式的 0～180 cm 土壤剖面的总土壤含水量的模型模拟值于田间实测值的对比。结果表明，这 5 种种植模式 0～180 cm 土壤剖面的总土壤含水量的模型模拟值与实测值的拟合度很高。实测值围绕模拟值上下波动，在年际和季节之间表现了一致的变化趋势。如图 2 所示，粮棉薯模式、粮油模式的 0～180 cm 土壤含水量的实测值

与模拟值的均方根误差均为 4.5 cm，年均土壤贮水量均为 45 cm；粮棉油模式 0～180 cm 土壤含水量的实测值与模拟值的均方根误差是 4.1 cm，年均土壤贮水量为 47 cm；棉花连作模式 0～180 cm 土壤含水量的实测值与模拟值的均方根误差是 4.5 cm，年均土壤贮水量为 47 cm；麦玉模式 0～180 cm 土壤含水量的实测值与模拟值的均方根误差是 4.0 cm，年均土壤贮水量为 46 cm。考虑到土壤含水量在实测中可能存在的误差以及其他驱动因素（降水、灌溉），以上的数据分析结果表明该模型能够很好模拟华北平原栾城地区不同种植模式的实际蒸腾量、深层渗漏量以及土壤含水量，为该地区地下水的评估和管理利用提供了科学依据。

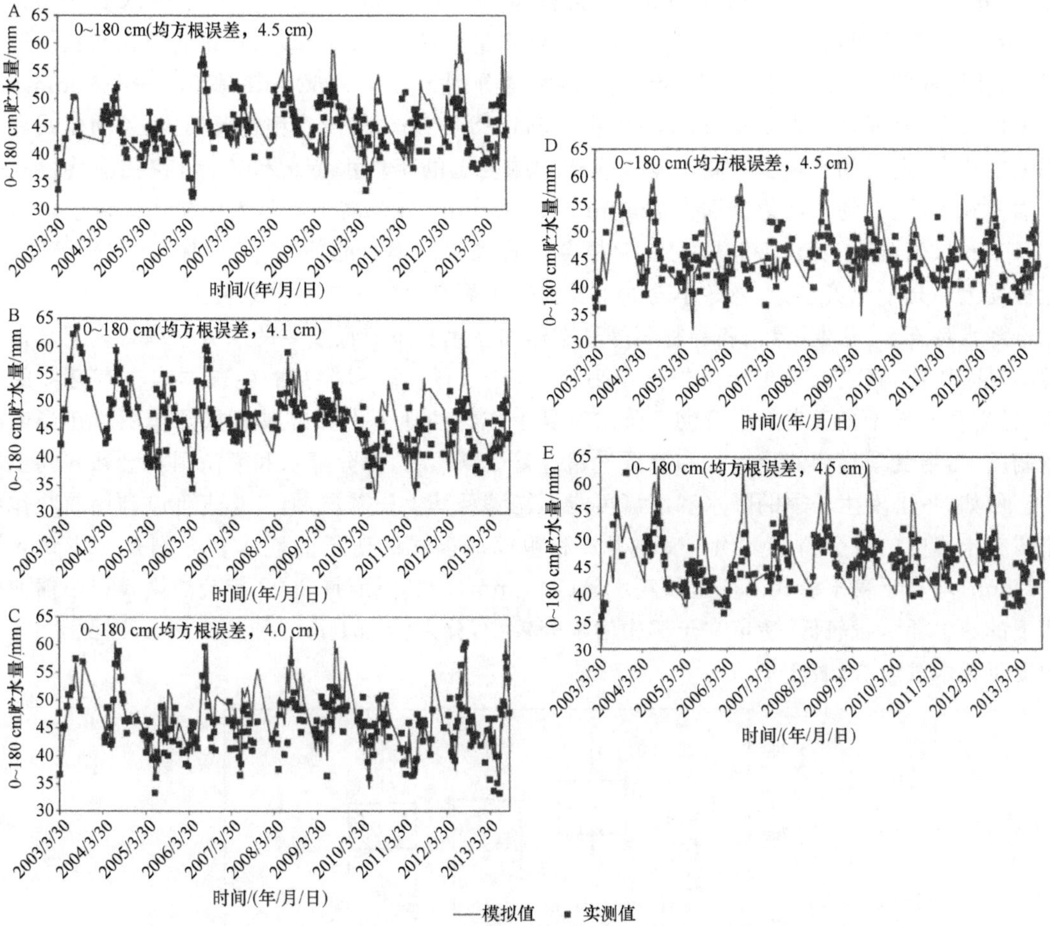

A. 粮棉薯模式；B. 粮棉油模式；C. 麦玉模式；D. 粮油模式；E. 棉花连作模式。

图 2　2003—2013 年栾城农业生态系统试验站 5 种种植模式 0～180 cm 土壤剖面总土壤含水量的模型模拟值与田间实测值的比较

6.2.2　2003—2013 年不同种植模式的耗水量

表 3 为土壤水量平衡模型 Kendy 模型模拟计算的 5 种种植模式在 2003—2014 年的农田水量构成元素的变化情况。过去 11 年，不同种植模式的年平均耗水量（蒸散量 *ETa*）为棉花连作＜粮棉薯模式＜粮油模式＜粮棉油模式＜麦玉模式。2003—2014 年，麦玉模式在

生育期的年均耗水量为 734 mm，在 0.05 水平上显著高于其他模式的年均耗水量；棉花连作模式和粮棉薯模式在生育期的年平均耗水量分别为 533 mm 和 556 mm，分别比麦玉模式的年均节约水 28%和 24%；粮油模式和粮棉油模式的年均耗水量分别为 615 mm 和 650 mm，分别比麦玉模式节约水 16%和 12%（图 3），因此粮棉薯模式是最具节水潜力的轮作模式。

一年一季的作物如粮棉薯模式中的甘薯、粮油和粮棉油模式中的花生以及棉花连作中的棉花在每年作物收获后都有一定的休耕期。在粮棉薯模式中，甘薯种植的年灌溉量为 150 mm，年耗水量为 436～555 mm；棉花种植的年灌溉量为 225 mm，年耗水量为 532～637 mm，略高于棉花连作处理中的棉花的年耗水量（470～589 mm）。在粮油模式和粮棉油模式中，花生种植的年灌溉量为 150 mm，年耗水量分别为 443～562 mm 和 451～546 mm。在麦玉模式中，年灌溉量为 330 mm，需水量为 641～808 mm，然而在粮棉薯模式、粮油模式和粮棉油模式中，麦玉的年耗水量高于麦玉模式中的麦玉的年耗水量。2006 年，在粮棉薯模式和粮油模式中，麦玉的耗水量分别为 724 mm 和 749 mm，显著高于当年麦玉模式的麦玉耗水量（695 mm）（表 3）。与麦玉模式相比，粮棉薯模式和粮油模式的前茬作物（甘薯、花生等）在一定程度上补充了土壤水分，为冬小麦的生长提供了更充足的土壤水分条件。

降水是玉米、花生、棉花和春甘薯等夏季作物在生长季节最重要的水分来源。夏玉米是典型的夏季作物，其生长季与降雨季基本吻合。花生、春甘薯和棉花的生长季内也有充沛的降水，且生育期长于夏玉米的生育期。降水对夏季作物的地下水回补具有重要作用。在当前灌溉制度下，当夏季作物的降水量和灌溉量超过某一阈值时，部分降水和灌溉用水会回补到土壤中。例如，冬小麦生长季的降水和灌溉可能不能满足其生长需求，但冬小麦可以利用前茬作物遗留在土壤中的水分。2008 年，粮油模式和粮棉油模式的麦玉的耗水量分别是 751 mm 和 831 mm，均高于麦玉模式下麦玉的耗水量（746 mm）。其原因是 2007 年粮油模式和粮棉油模式下的花生耗水量较低，遗留在土壤中的水分较少，分别为 451 mm 和 443 mm，因此 2008 年的麦玉耗水量较高（表 3）。

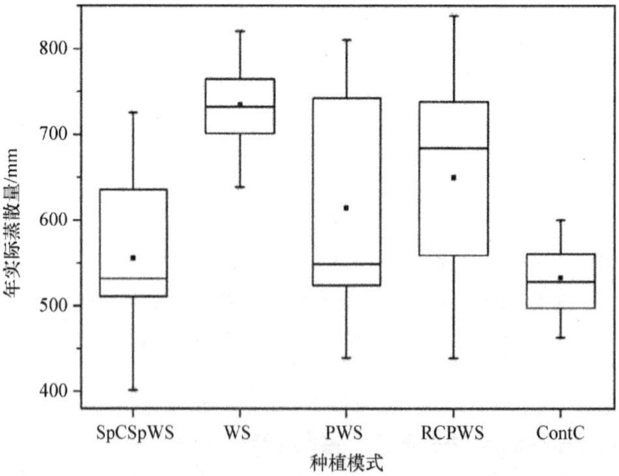

SpCSpWS. 粮模薯模式；WS. 麦玉模式；PWS. 粮油模式；RCPWS. 粮棉油模式；ContC. 棉花连作模式。

图 3　2003—2014 年栾城地区 5 种种植模式年均耗水量（蒸散量）分布

表 3　2003—2014 年不同种植模式土壤水量平衡构成元素比较

mm

年份	降水量	粮棉薯模式				麦玉模式				粮油模式				粮棉油模式				棉花连作模式			
		实际蒸散量	渗漏量	土壤水变化	灌溉量	实际蒸散量	渗漏量	土壤水变化	灌溉量	实际蒸散量	渗漏量	土壤水变化	灌溉量	实际蒸散量	渗漏量	土壤水变化	灌溉量	实际蒸散量	渗漏量	土壤水变化	灌溉量
2003	476	522±11.3d	53	−51±11.3	150	722±3.4a	81	−3±0.3	330	525±0.3d	61	−41±0.3	150	703±3.0b	145	2±3.0	375	587±7.9c	60	−54±7.9	225
2004	650	637±0.6b	326	87±0.6	225	808±12.2a	186	14±12.2	330	801±9.5a	187	7±9.5	330	550±24.9c	239	−12±24.9	150	567±11.4c	287	−21±11.4	225
2005	433	555±25.3bc	58	30±25.3	150	793±12.1a	18	48±12.1	330	520±32.2c	61	−2±32.3	150	782±12.3a	66	85±12.3	330	589±11.4b	106	37±11.4	225
2006	450	724±1.1a	60	5±1.1	330	695±0.1b	60	−24±0.1	330	729±6.7a	60	9±6.7	330	681±2.5c	90	−54±2.5	375	520±8.3d	116	−39±8.3	225
2007	409	436±7.8d	49	−73±7.8	150	641±2.1a	23	−103±2.1	330	451±11.4c	15	−93±11.4	150	443±4.0cd	30	−86±4.0	150	481±7.7b	78	−74±7.7	225
2008	598	547±3.2c	242	−34±3.2	225	746±2.7b	116	−48±2.7	330	751±1.3b	123	−19±1.3	330	831±7.6a	125	28±7.6	330	525±16.0d	220	−78±16.0	225
2009	534	509±1.9e	142	−33±1.9	150	758±0.7a	98	−1±0.7	330	546±3.0d	132	−6±3.0	150	740±2.0b	160	−2±2.0	375	552±4.2c	218	12±4.2	225
2010	366	696±12.0a	8	8±12.0	330	701±9.0a	8	13±9.0	330	689±6.3a	9	1±6.3	330	471±27.5b	98	53±27.5	150	486±12.2b	82	−24±12.2	225
2011	375	437±35.1b	47	−41±35.1	150	713±16.4a	6	14±16.4	330	467±14.4b	60	3±14.4	150	691±15.7a	7	−8±15.7	330	470±6.6b	89	−41±6.6	225
2012	554	532±4.8d	224	−24±4.8	225	732±4.4b	165	12±4.4	330	751±8.8a	150	17±8.8	330	696±11.9c	229	−4±11.9	375	524±1.0d	231	−24±1.0	225
2013	475	519±5.0d	89	−16±5.0	150	769±4.2a	36	1±4.2	330	531±5.8c	90	−4±5.8	150	562±2.6b	42	−22±2.6	150	556±4.7b	158	14±4.7	225
平均值		556c				734a				615b				650b				533c			

6.2.3 不同种植模式的地下水位变化

图 4 显示了由麦玉模式导致的地下水位变化的模拟值与地下水位实测值的比较。本试验起始于 2002 年 10 月，地下水的回补有一年时间的滞后，且影响到后续的两年，我们假设了 2002 年的地下水回补量与 2003 年的地下水回补量相同，因此麦玉模式的地下水位模拟值从 2005 年开始(图 4 中显示的 2004 年模拟值为初始年份值，也是实测值)。图 4 表明，地下水位的模拟值围绕着实测值曲线上下波动，并且在实测地下水位的逐月值的变化范围之内。统计分析表明，模拟值与实测值的均方根误差为 0.641 8 m，平均相对误差为 1.35%，Nash-Sutcliffe 值为 0.963 3。上述结果表明，本研究对地下水位模拟计算方法是准确可靠的。

不同种植模式对地下水位的影响差异明显，图 5 比较了 5 种种植模式在 2005—2014 年的地下水位下降的累积变化量。结果表明，2005—2014 年传统麦玉模式导致的地下水位下降的累积变化量最大，为 10.7 m。棉花连作模式导致了最小的地下水位下降的累积变化量，为 3.5 m，比麦玉模式减缓了 67%；粮棉薯模式导致了地下水位下降的累积变化量，为 3.8 m，比麦玉模式减缓了 65%。粮油模式和粮棉油模式分别导致了地下水位累积下降量，为 6.3 m 和 7.6 m，分别比麦玉模式缓解 41%和 37%。5 种种植模式导致的年均地下水位下降的累积变化量从大到小依次为麦玉模式＞粮棉油模式＞粮油模式＞粮棉薯模式≈棉花连作模式。近 10 年来，在兼顾粮食作物、经济作物、饲料作物的情况下，粮棉薯模式导致了最低的地下水位下降的累积变化量。若近 10 年来，用粮棉薯模式替代传统高耗水的麦玉模式就可节约 7 m 的地下水资源。本研究表明，粮棉薯模式具有最大的节水潜力，也成为部分替代传统高耗水的麦玉模式的最佳种植模式选择。

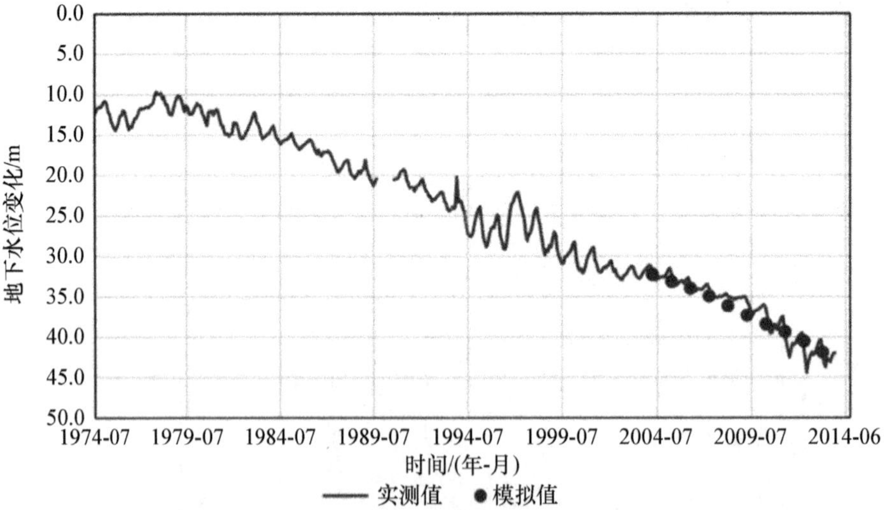

图 4 历年来栾城地区麦玉模式的地下水位观测值与模拟值的比较分析

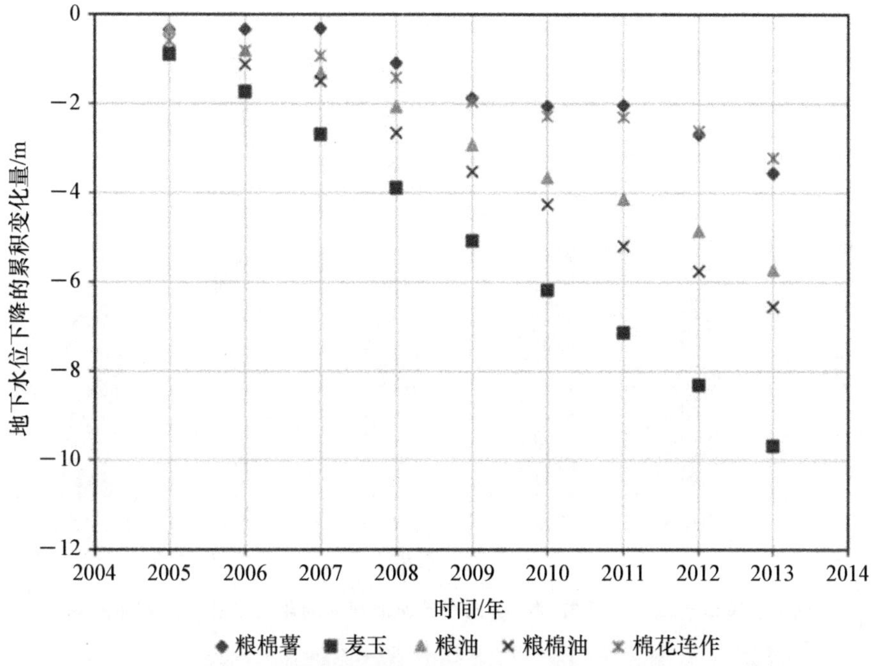

图 5　2005—2014 年不同种植模式造成的地下水位下降的累积变化量的比较

6.2.4　2003—2014 年不同种植模式的水分利用效率

如图 6 所示，2003—2014 年，5 种种植模式在轮作周期内的年均经济水分利用效率由高到低依次为粮棉薯模式＞粮棉油模式＞粮油模式＞麦玉模式＞棉花连作模式。粮棉薯模式在轮作周期内的年均经济水分利用效率是传统麦玉模式的 2 倍，其次为粮棉油模式和粮油模式，分别是麦玉模式的 1.5 倍、1.3 倍。麦玉模式与棉花连作模式的轮作周期都为 1 年，其中 2003—2014 年的年均经济水分利用效率最低。棉花连作模式的经济水分利用效率低主要是由本研究的棉花产量较低造成。麦玉模式经济水分利用效率低的主要原因是粮食作物的市场价格低；冬小麦在生育期的降水量少，降水耦合度低，需要抽取大量的地下水灌溉，造成了比其他轮作模式明显高的耗水量。粮棉薯模式在具有最高的经济水分利用效率，其兼顾粮食作物、经济作物和饲料作物的同时，具有最高的轮作周期内的年均经济效益。另外。一年一熟的春甘薯、棉花、花生为夏季作物，降水耦合度高，其本身从地下水抽取的灌溉用水量就比冬小麦-夏玉米的灌溉用水量少，而且前茬作物春甘薯能够为后茬作物冬小麦在播种时储存较为丰富的土壤水分，缓解了后茬作物冬小麦对播种水的迫切需要。因此基于长期定位田间试验，粮棉薯模式被推荐为本研究中适合华北平原粮食安全和水资源可持续利用的优化种植模式。

与麦玉模式相比，不同种植模式均提高了冬小麦-夏玉米的经济水分利用效率。由表 4 可知，2006 年，粮棉薯模式和粮油模式均为麦玉年，当年的经济水分利用效率均为 5.9 元/m^3，高于麦玉模式的 5.7 元/m^3。2010 年也出现了相似的情况，粮棉薯模式和粮油模式的经济水分利用效率分别为 8.5 元/m^3 和 7.5 元/m^3，高于麦玉模式的 6.3 元/m^3。2008 年，粮油模式和粮棉油模式均为麦玉年，经济水分利用效率分别为 6.5 元/m^3 和 6.7 元/m^3，均高于麦玉模式的 6.4 元/m^3。

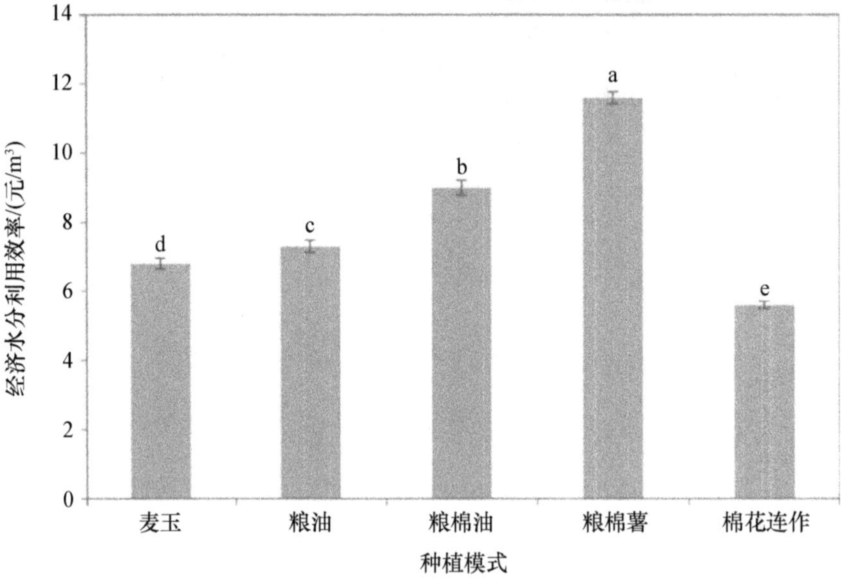

图 6　2003—2014 年 5 种种植模式在轮作周期内的年均经济水分利用效率

表 4　2003—2014 年 5 种种植模式的经济水分利用效率　　元/m³

年份	粮棉薯模式	麦玉模式	粮油模式	粮棉油模式	棉花连作模式
2003	15.9ab	4.5d	5.8c	7.7b	4.9d
2004	5.3bc	5.4b	5.4b	4.9c	6.1a
2005	14.2a	5.7c	5.4c	6.5b	3.8d
2006	5.9b	5.7b	5.9b	9.9a	5.5b
2007	17.3a	6.9d	9.0b	8.5c	4.6e
2008	4.0d	6.4b	6.5ab	6.7a	4.5c
2009	14.8a	5.9c	4.4e	11.7b	4.8d
2010	8.5b	6.3e	7.5c	10.9a	6.9d
2011	19.0a	10.1c	8.1d	11.2b	7.9cd
2012	5.3d	9.3b	11.0a	10.9a	6.0c
2013	16.1a	8.0c	9.6b	9.3b	6.7d

6.3 讨论

过度抽取地下水进行灌溉是限制华北平原农业可持续发展的最重要限制因子。在过去的几十年中，华北平原的地下水位持续下降，并且已经形成了多处严重的区域地下水位的降落漏斗，因此发展多样化的轮作替代模式对华北平原地下水资源的可持续利用起着至关重要的作用。本研究基于设置在中国科学院栾城农业生态系统试验站 2003—2014 年的长期定位试验，结合 Kendy 模型计算分析了不同种植制度的耗水量、地下水净消耗量，进一步分析了不同种植制度对地下水位的影响，以期在华北平原发展能够替代或者部分替代传统麦玉模式的多样化种植制度，为华北平原合理优化作物布局、合理有效地利用有限的地下水提供理论依据。

6.3.1 耗水量及地下水位下降的分析

本研究的结果表明，粮棉薯模式和棉花连作模式的耗水量最低，分别为560.6 mm、522.5 mm。在过去的12年中，粮棉薯模式和棉花连作模式的年均地下水净消耗量分别占据麦玉模式的年均地下水净消耗量的39%和32%。粮棉薯模式和棉花连作模式的地下水位下降的累积变化量均显著低于传统麦玉模式的地下水位下降的累积变化量，分别为3.8 m和3.5 m。粮油模式、粮棉油模式的年均耗水量低于传统麦玉模式的年均耗水量，分别为615 mm、647.4 mm。在过去的12年中，粮油模式和粮棉油模式的年均地下水净消耗量分别占据麦玉模式的年均地下水净消耗量的61%和69%。粮油模式和粮棉油模式的地下水位下降的累积变化量均显著低于传统麦玉模式的地下水位下降的累积变化量，分别为6.3 m和7.6 m。因此发展多样化的轮作模式可有效缓解地下水位的下降。Kendy(2004)报道了自1962年以来在满足经济效益和社会效益的前提下，如果栾城县只发展棉花-休耕或者谷子-休耕等种植模式，地下水位将会维持稳定不变。

张敏等(2011)研究表明，在所考虑的不同轮作模式中，粮棉薯模式具有最大的节水潜力、最大的生产潜力和最大的经济产量。在本研究中，5种不同轮作模式的经济水分利用效率表现为粮棉薯模式的经济水分利用效率最高，为11.8元/m^3，棉花连作和麦玉模式的经济水分利用效率最低，分别为5.6元/m^3和6.8元/m^3，因此在华北平原，发展多样化的种植模式能够有效地缓解粮食生产和水资源短缺的矛盾，这是保证粮食安全和生态健康安全的重要途径和手段。华北平原作为我国的主要粮食产区，保证粮食安全依然是其首要任务，因此应该在未来的研究中加强合理规划不同种植模式的种植面积、替代或者部分替代传统麦玉模式的种植比例等方面的研究，为高效利用该地区的有限水资源提供更科学的决策依据。

6.3.2 农业节水措施的启示

在过去的很多年中，很多学者试图对如何缓解华北平原地下水位的下降做了大量的研究，也取得了很大的成果，总结了很多的节水农艺措施。截至目前，华北平原的地下水位依然在下降。Kendy等(2004)指出在华北平原只要作物的种植面积广且生育期覆盖全年，作物需水量被满足，降水远远小于潜在的蒸散量的情况下(麦玉模式)，地下水位将会继续稳步地下降，因为用于灌溉抽取的大量地下水远大于渗漏回补。缓解地下水位下降的最有效的方式是减少实际蒸散量。前人的研究也表明，实际蒸散量是农田生态系统中最主要的水分丢失的去向，也是影响地下水位下降的最主要限制因素，因此减少来自农田生态系统中的蒸散量是减缓地下水利用量的最有效措施，进而也是缓解地下水位下降的最主要手段。Boyer等(2013)提出要加强育种工作，发展抗旱作物的品种选育；Hou等(2012)报道通过加强土壤表面的管理提高土壤水分的利用，例如，发展保护性耕作措施等；Qin等(2013)提出发展稻秆还田和地膜覆盖等措施来减少土壤水的损失并提高水分利用效率；叶优良等(2008)提倡在华北平原发展多样化的节水种植制度来替代或者部分替代传统高耗水型麦玉一年两熟模式，以此来缓解地下水资源的压力。本研究也表明将不同耗水量的作物引入传统麦玉模式，发展多样化的多年种植模式具有巨大的节水潜力，可有效缓解地下水位的下降。

6.4 结论

面对由传统麦玉一年两熟模式需要长期抽取地下水灌溉导致的地下水位严重下降的压力，于 2003 年在中国科学院栾城农业生态系统试验站开展了替代轮作种植模式的田间长期定位试验。基于 2003—2014 年共 12 年的试验数据，结合土壤水量平衡模型，对不同种植模式的农田水分平衡构成因素进行分析。观测数据验证表明，该土壤水分平衡模型能够在当前情况下有效估算当地地下补给和农田实际蒸散量。结果表明，麦玉模式的年均耗水量为 734 mm，分别是粮棉油模式、粮油模式、粮棉薯模式和棉花连作模式的年均耗水量的 1.1 倍、1.2 倍、1.3 倍和 1.4 倍；麦玉模式的年均地下水位下降的累积变化量为 1.1 m，分别是粮棉油模式、粮油模式、粮棉薯模式和棉花连作模式的年均地下水位下降的累积变化量的 1.5 倍、1.7 倍、2.7 倍和 3.0 倍。在不同种植模式中，麦玉模式的经济水分利用效率最低，为 6.8 元/m^3，分别是粮棉油模式、粮油模式和粮棉薯模式的 93%、76%和 59%。综上所述，华北平原地区建议采用粮棉薯轮作模式，以缓解地下水位下降与农业生产之间的矛盾。

参考文献

[1] 国家统计局农村社会经济调查司. 中国农村统计年鉴. 北京：中国统计出版社，2008

[2] CAO G L, HAN, D M, SONG X F. Evaluating actual evapotranspiration and impacts of groundwater storage change in the North China Plain. Hydrol. Process,2014,28:1797-1808

[3] IQBAL M A, SHEN Y J, STRICEVIC R,et al. Evaluation of the FAO AquaCrop model for winter wheat on the North China Plain under deficit irrigation from field experiment to regional yield simulation. Agric. Water Manage,2014,135:61-72

[4] LIU C M, YU J J, KENDY E. Groundwater exploitation and its impact on the environment in the North China Plain. Water Int,2001,26 (2):265-272

[5] YUAN Z, SHEN Y. Estimation of agricultural water consumption from meteorological and yield data:a case study of Hebei, North China,2013:e58685

[6] KENDY E, GERARD-MARCHANT P, WALTER M T,et al. A soil-water balance approach to quantify groundwater recharge from irrigated cropland in the North China Plain. Hydrol. Process, 2003, 17: 2011-2031

[7] ZHANG Y Q, KENDY E, YU Q,et al. Effect of soil water deficit on evapotranspiration, crop yield, and water use efficiency in the North China Plain. Agric. Water Manage,2004,64 (2):107-122

[8] FANG Q X, MA L, GREEN T R,et al. Water resources and water use efficiency in the North China Plain:current status and agronomic management options. Agric. Water Manage,2010,97 (8):1102-1116

[9] JIA J S, LIU C M. Groundwater dynamic drift and response to different exploitation in the North China Plain:a case study of Luancheng County, Hebei Province. Acta Geograph. Sinica,2002,57 (2):201-209

[10] CHEN J Y, TANG C Y, SHEN Y J,et al. Use of water balance calculation and tritium to examine the dropdown of groundwater table in the piedmont of the North China Plain (NCP). Environ. Geol,2003, 44 (5):564-571

[11] KENDY E, ZHANG Y Q, LIU C M,et al. Groundwater recharge from irrigated cropland in the North China Plain:case study of Luancheng County, Hebei Province,1949—2000. Hydrol. Process,2004,18 (12):2289-2302

[12] ZHU A, ZHANG J, ZHAO B, et al. Water balance and nitrate leaching losses under intensive crop production with Ochric Aquic Cambosols in North China Plain. Environ. Int, 2005, 31:904-912

[13] KONG F L, CAI W T, SHI L G, et al. The characteristics of annual water consumption for winter wheat and summer maize in North China Plain. Proc. Eng, 2012, 28:376-381

[14] WANG H X, ZHANG L, DAWES W R, et al. Improving of water use efficiency of irrigated crops in the North China Plain: measurements and modeling. Agric. Water Manage, 2001, 48:151-167

[15] MA Y, FENG S Y, SONG X F. A root zone model for estimating soil water balance and crop responses to deficit irrigation in the North China Plain. Agric. Water Manage, 2013, 127:13-24

[16] MA L, SUI P, GAO W S, et al. Water resources use efficiency of different cropping patterns in the Piedmont of Mt. Taihang. Agric. Res. Arid Areas, 2008, 26 (2):177-183

[17] LIAO Y S, HUANG J K. Impact of crop structure change on irrigation water demand in the basins of Yellow river, Huaihe river and Haihe river. J. China Inst. Water Res. Hydropow. Res, 2004, 2:184-188

[18] 张敏. 河北山前平原长期轮作模式的水肥. 北京:中国农业大学, 2011

[19] 刘明，陶洪斌，王璞，等. 华北平原水氮优化条件下不同种植制度产量、水氮利用及经济效益分析. 中国农业大学学报, 2008, 13(4):12-18

[20] ZWART S, BASTIAANSSEN W. Review of measured crop water productivity values for irrigated wheat, rice, cotton and maize. Agric. Water Manage, 2004, 69 (2):115-133

[21] KANG S, SHI W, ZHANG J. An improved water-use efficiency for maize grown under regulated deficit irrigation. Field Crop Res, 2000, 67:207-214

[22] YANG X L, GAO W S, ZHANG M, et al. Reducing agricultural carbon footprint through diversified crop rotation systems in the North China Plain. J. Clean. Prod, 2014, 76:131-139

[23] QIU G Y, WANG L M, HE X H, et al. Water use efficiency and evapotranspiration of winter wheat and its response to irrigation regime in the north china plian. Agric. Forest Meteorol, 2008, 148:1848-1859

[24] GAO B, JU X T, GAO F B, et al. Comparison pf soil respiration in typical conventional and new alternative cereal cropping systems on the North China Plain, 2013, PLoS One 8 (11):e80887

[25] 张敏，隋鹏，陈源泉，等. 太行山山前平原节水替代模式耗水特征分析. 中国农学通报, 2011(20):257-263

[26] YANG J F, WAN S Q, DENG W, et al. Water fluxes at a fluctuating groundwater and groundwater contributions to wheat water use in the lower Yellow River flood plain, China. Hydrol. Process, 2007, 21:71-724

[27] BOYER J S, BYRNE P, CASSMAN K G, et al. The U. S. drought of 2012 in perspective: a call to action. Global Food Secur, 2013, 2 (3):139-143

[28] HOU X Q, LI R, JIA Z K, et al. Effect of rotational tillage practices on soil properties, winter wheat yields and water-use efficiency in semi-arid areas of north-west China. Field Crop Res, 2012, 129:7-13

[29] QIN W, CHI B, OENEMA O. Long-term monitoring of rainfed wheat yield and soil water at the loess plateau reveals low water use efficiency, 2013, PLoS One 8 (11):e78828.

[30] 叶优良，肖炎波，黄玉芳，等. 小麦/玉米和蚕豆/玉米间作对水分利用的影响. 中国农学通报, 2008, 24 (3):445-449

7 华北平原交替种植深浅根作物降低地下水损耗的研究①

摘 要:华北平原粮食生产高投入高产出导致了巨大的资源环境压力和生态代价,传统麦玉两熟制所导致的地下水位日趋下降严重威胁着农田生态健康与农业可持续发展。针对这些问题,于 2003 年在中国科学院栾城农业生态系统试验站开展了替代轮作种植模式的田间定位研究,具体模式包括:①粮棉薯模式(SpCSpWS)甘薯→棉花→甘薯→冬小麦-夏玉米;②粮棉油模式(RCPWS)黑麦草→棉花→花生→冬小麦-夏玉米;③粮油模式(PWS)花生→冬小麦-夏玉米;④麦玉模式(WS)冬小麦-夏玉米。基于 2003—2014 年共 12 年的试验数据,结合土壤水量平衡模型,对不同种植模式的农田水分消耗特征、水分利用效率及轮作节水机理进行了深入探讨。研究结果表明,与麦玉模式相比,粮棉薯模式的耗水量降低了 28%,粮油模式的耗水量降低了 19%,粮棉油模式的耗水量降低了 14%。与麦玉模式相比,轮作模式中的冬小麦的水分利用效率均有所增加,最高增加了 19%。替代轮作模式的优点主要体现在冬小麦是根深约为 180 cm 的深根作物,收获后种植浅根作物(甘薯和花生的耗水层主要在 0～120 cm)可以提高土壤水分获取的时序性和垂直互补性,因此以一年生浅根作物轮作替代传统的麦玉复种有望缓解华北平原地下水枯竭的现状。

关键词:地下水水位下降;轮作;水分利用效率;水资源管理

华北平原作为我国主要的粮食生产基地,冬小麦-夏玉米一年两熟模式是该地区的主要种植制度。其小麦、玉米的生产产量分别占全国总量的 61%和 45%,棉花和花生产量分别占全国总产量的 35%和 64%。该区太阳辐射能、光、有效辐射和耕地资源较为丰富,人口及耕地分别占全国人口及耕地的 35%和 39%,而水资源量仅 2 328.97 m^3,只占全国水资源量的 8%。华北平原年降水量为 500～600 mm,年际变幅较大,季节差异显著。70%～80%的降水主要集中在夏季作物的生长季节(在 6—9 月)。冬小麦在生育期(10 月到翌年 6 月)的降水耦合度低,降水量仅为 100～180 mm,仅满足冬小麦在生育期的生长需水量的 25%～40%,冬小麦在生育期水分亏缺高达 200～300 mm。为了保证冬小麦的高产,70%以上的冬小麦在生育期的需水需要靠抽取地下水灌溉来满足,该地区地下水位由此严重下降。华北平原地下水位目前正在以每年 1 m 的速度下降,地下水位的下降也引发了严重的地面沉降,形成地下漏斗和沿海地区的盐水入侵等一系列的生态问题,因此为了保证华北平原合理、高效地利用地下水资源,发展节水农业,努力提高水分利用效率刻不容缓。

---

① 作者:杨晓琳[†]、陈源泉[†]、Steven Pacenka、Tammo S. Steenhuis、高旺盛、马丽、张敏、隋鹏[*];通信作者:隋鹏(中国农业大学农学院教授,博导,主要从事农作制度与农业节水相关研究,E-mail: suipeng@cau. edu. cn);[†] 为共同第一作者。

作物轮作是指在同一块田地上有顺序地轮换种植不同作物或轮换采用不同复种方式的种植方式。不同作物轮作能更好地利用作物对环境、水分和养分等生态因素需求的差异性。通过不同作物之间的时序和空间配置，作物轮作能改善土壤结构，平衡土壤养分，提高土壤肥力，减少病虫草害，还可以增加土壤贮水量，提高水分利用率，提高作物产量，所以作物轮作被世界各国广泛采用。Nazrul 等(2006)指出，不同作物的轮作倒茬方式给土壤的水分带来的影响也是不同的，作物之间取长补短，水分可以维持平衡状态。合理的轮作倒茬方式可以产出多样化的农产品，同时也是合理利用土壤水分和区域地下水资源的有效途径。马丽(2007)、张敏等(2011)根据作物需水量的不同指出，合理的作物轮作可为后茬作物提供良好的土壤贮水量，以保证后茬作物的发芽、出苗条件。考虑到华北平原目前严峻的水分亏缺和严重的环境生态问题，为保证粮食生产，需要消耗过多的地下水资源来维持其生产，传统的麦玉模式对华北平原水资源极其短缺的现状来说是不可持续的，因此在华北平原，尤其是极端缺水地区，试图发展低耗水型的多样化种植模式来替代或者部分替代传统麦玉模式是保证不可再生水资源可持续利用的一条重要途径。鉴于目前在华北平原对不同种植模式的水分利用和不同种植模式对地下水位影响的研究报道很少，因此加强对不同种植模式的节水效益研究对缓解华北平原水资源压力和政策制定起着重要的参考意义。

以往对华北平原水资源的研究主要集中在对不同轮作作物的年平均耗水量的评估或冬小麦在生长季水分普遍亏缺时的灌溉制度设计上，关于作物轮作的节水机制及轮作周期内作物种植顺序影响的研究较少，而这对于合理优化作物布局，高效利用短缺的水资源具有重要意义。本研究探讨了前茬作物土壤水分分布、土壤“库”量、灌溉制度和降水变化对后茬冬小麦的影响。2002 年 10 月至 2014 年 10 月，通过每周对土壤水分动态监测，量化了不同作物轮作对土壤水分的影响。本研究的目的是揭示和量化替代作物轮作的节水潜力和机制及其对地下水枯竭的缓解效应，以此为调整华北平原种植结构及缓解地下水位下降提供理论依据。

7.1　材料与方法

7.1.1　试验地点

本试验在中国科学院栾城农业生态系统试验站开展，该站位于河北省石家庄市，地理位置为 37°50′N，114°40′E，海拔为 50.1 m，属于大陆性季风，暖温带半湿润半干旱气候。该地区多年平均气温为 12.2 ℃，月平均温度最高出现在 7 月(26.4 ℃)，月平均温度最低出现在 1 月(−3.9 ℃)。年平均降水量为 480 mm，60%～70%的降水集中在夏玉米生长季的 6—9 月。2002 年 10 月至 2014 年 10 月的月平均降水和平均气温见图 1。

7.1.2　试验设计和作物管理

田间定位试验开始于 2002 年 10 月，于 2003—2004 年连续观测 12 年，包括 5 个处理的种植模式：①粮棉薯模式(SpCSpWS)甘薯→棉花→甘薯→冬小麦-夏玉米，四年五熟制，4 年为一个轮作周期；②粮棉油模式(RCPWS)黑麦草→棉花→花生→冬小麦-夏玉米，三年五熟制，3 年为一个轮作周期；③粮油模式(PWS)花生→冬小麦-夏玉米，两年三熟制，2 年为一个轮作周期；④麦玉模式(WS)冬小麦-夏玉米：一年两熟制。每个模式设 3 个重复，小区面积为 30 m^2

(4 m×7.5 m),采用随机区组排列,隔离带宽为 1 m。不同种植模式中的不同作物的种植顺序见表 1。田间管理依据不同作物需求采取常规管理,不同作物的田间水肥管理措施见表 2,相同作物在不同种植年份的田间管理是一致的。本试验采用常规耕作处理且未实行秸秆还田。

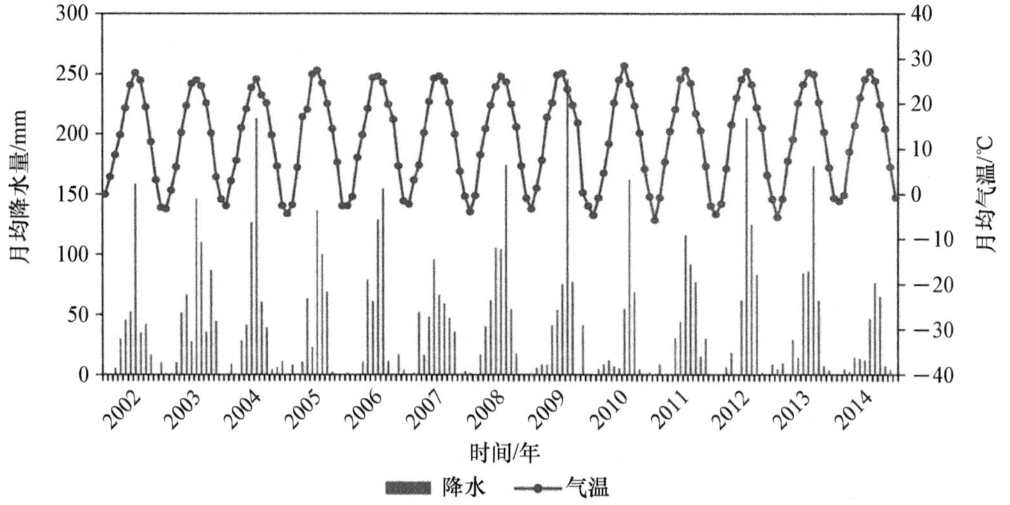

图 1 2002—2014 年中国科学院栾城农业生态系统试验站降水及气温变化

表 1 不同种植模式中不同作物的种植顺序

种植模式	2003	2004	2005	2006	2007	2008	2009	2010	2011	2012	2013	2014
粮棉薯	甘薯	棉花	甘薯	麦玉	甘薯	棉花	甘薯	麦玉	甘薯	棉花	甘薯	麦玉
粮棉油	黑麦草/棉花	花生	麦玉	黑麦草/棉花	花生	麦玉	黑麦草/棉花	花生	麦玉	黑麦草/棉花	花生	麦玉
粮油	花生	麦玉	花生	麦玉	花生	麦玉	花生	麦玉	花生	麦玉	花生	麦玉
麦玉	麦玉	麦玉	麦玉	麦玉	麦玉	麦玉	麦玉	麦玉	麦玉	麦玉	麦玉	麦玉

表 2 不同作物的田间水肥管理措施

田间水肥管理措施	冬小麦	夏玉米	甘薯	棉花	花生	黑麦草
总灌水量/mm	225	105	250	225	150	150
灌溉时间	播种期/拔节期/灌浆期	拔节期/灌浆期	下秧期/生育中期(两次)	播种期/现蕾期/吐絮期	播种期/开花下针期/结荚期	播种期/返青期
N/(kg/hm^2)	225	180	70	70	75	225
P_2O_5/(kg/hm^2)	112.5	105	97	97	60	112.5
K_2O/(kg/hm^2)	225	75	128	128	135	225

7.1.3　数据收集和测定

7.1.3.1　气象数据

气象数据包括逐日平均温度、降水量、水面蒸发量等来自中国科学院栾城农业生态系统试验气象站，距离试验地 100 m。

7.1.3.2　土壤含水量的测定

土壤含水量的深度为 0～180 cm 土层，每一个测定层次为 20 cm，土壤表层(0～20 cm)的含水量用烘干法测定，20 cm 以下土层的土壤含水量用中子水分测定仪(L520)测定，测定周期为 7 d。各作物在收获期采用常规方法测定产量，分别计算土壤的体积含水量、土壤贮水量、实际蒸散量即作物的水分利用效率。

1. 土壤体积含水量

土壤体积含水量的计算公式为：

$$0\sim20\ \text{cm 土壤表层土壤体积含水量}=\text{土壤质量含水量}\times\text{土壤容重}\times100\%$$

20～180 cm 每一土层的体积含水量根据中子仪标定曲线方程计算。

2. 土壤贮水量

土壤贮水量的计算公式为：

$$\mathrm{SWC}=\mathrm{VWC}\times H$$

式中：SWC 为某一土层土壤贮水量(mm)；VWC 为该土层土壤体积含水量(cm^3/cm^3)；H 为该土层的厚度(mm)。

$$\mathrm{SWC}_i=\sum_{1}^{i}\mathrm{VWC}_i\times H_i$$

式中：SWC_i 为 0～180 cm 土壤剖面内总土壤贮水量(mm)，即为各土层土壤贮水量之和；VWC_i 为第 i 层 土壤体积含水量(cm^3/cm^3)；H_i 为第 i 层 的土壤厚度(mm)。

3. 实际蒸散量

以土壤水量平衡模型为基础，计算了各作物及种植制度的年、季实际蒸散量，计算公式为：

$$ETa+DP=W_s-W_p+P+I$$

式中：ETa 是实际蒸散量(即作物耗水量)(mm)；DP 为深层渗漏量(mm)，在本研究中农田土壤以垂直方向的水量交换为主，且认为深层渗漏全部补给地下水；I 是灌溉量(mm)；P 是降水量(mm)；W_s 和 W_p 分别是某一时段起始、末尾的土壤贮水量(mm)。

4. 作物水分利用效率

作物水分利用效率的计算公式为：

$$\mathrm{WUE}=\frac{Y}{ETa}$$

式中：WUE 为作物水分利用效率(kg/m^3)；Y 为作物经济产量(kg/hm^2)，ETa 为作物的实际蒸散量(mm)。

7.1.4 统计分析

利用 SAS 9.3 数据处理软件对数据进行统计分析，采用 AVONA 进行不同种植模式之间的显著性差异水平分析($P<0.05$)。

7.2 结果

7.2.1 不同种植模式的耗水量比较

不同种植模式在轮作周期的年均生育期的耗水量差异明显。Kendy 模型模拟的不同种植制度在生育期内的耗水量如图 2 所示，4 种不同轮作模式在轮作周期内的生育期年均耗水量的大小依次为麦玉(724.5 mm)＞粮棉油模式(623.2 mm)＞粮油模式(583.7 mm)＞粮棉薯模式(519.5 m)。2003—2014 年，麦玉模式在生育期的年均耗水量为 724.5 mm，在 0.05 水平上显著高于其他模式的年均耗水量。粮棉薯模式在生育期的年均耗水量为 519.5 mm，比麦玉模式的年均节约水 28.2%。粮油模式和粮棉油模式的年均耗水量分别为 583.7 mm 和 623.2 mm，分别比麦玉模式的节约水 19.4%和 13.9%。这 3 种轮作模式比麦玉模式更加节水，证明了作物轮作能够改善粮食生产和地下水减少之间的失衡。

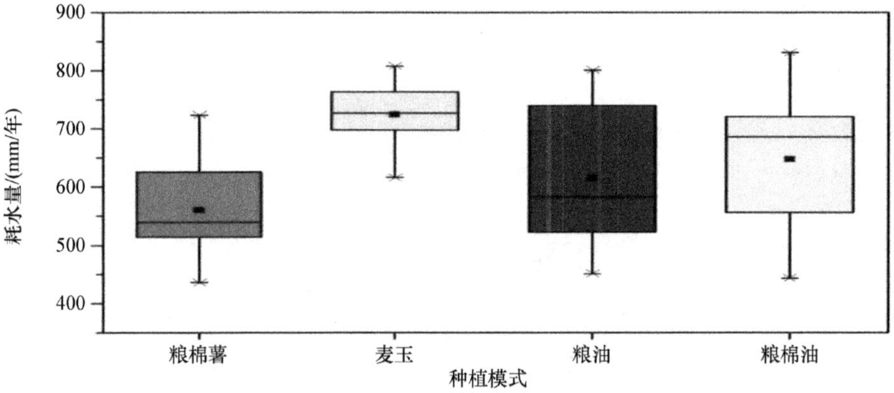

图 2　2003—2014 年栾城地区 5 种种植模式作物在生育期的耗水量分布

7.2.2 不同种植模式对冬小麦产量及水分利用效率的影响

如图 3A 所示，2003—2014 年，在相同种植时间和相同种植条件下，不同种植模式的冬小麦和夏玉米的产量差异显著。其表现为轮作模式(粮棉薯模式、粮油模式、粮棉油模式)的冬小麦和夏玉米的产量在相同种植年限与相同种植条件下高于传统麦玉模式的产量，麦玉模式的冬小麦、夏玉米的年均产量分别为 6 793 kg/hm^2、7 582 kg/hm^2。与麦玉模式相比，粮棉薯模式、粮油模式和粮棉油模式的冬小麦的产量分别提高了 9%、7%和 16%，夏玉米的产量分别提高了 19%、11%和 32%。综上所述，采用花生、棉花、甘薯等作为麦玉复种的前茬作物能为作物提供良好的土壤水分条件，提高了冬小麦、夏玉米的产量。

如图 3B 所示，2003—2014 年，不同轮作模式下的冬小麦、夏玉米的年平均水分利用效率高于麦玉模式的年平均水分利用效率。粮棉薯模式、粮油模式和粮棉油模式的冬小麦的水分利用效率分别为 2.04 kg/m^3、1.94 kg/m^3 和 2.05 kg/m^3，与麦玉模式相比，分别提高了

18%、12%和 19%；夏玉米的水分利用效率分别为 2.93 kg/m^3、2.63 kg/m^3 和 3.06 kg/m^3，分别比麦玉模式的水分利用效率提高了 21%、10%和 25%，因此不同种植模式能够提高冬小麦和夏玉米的水分利用效率。

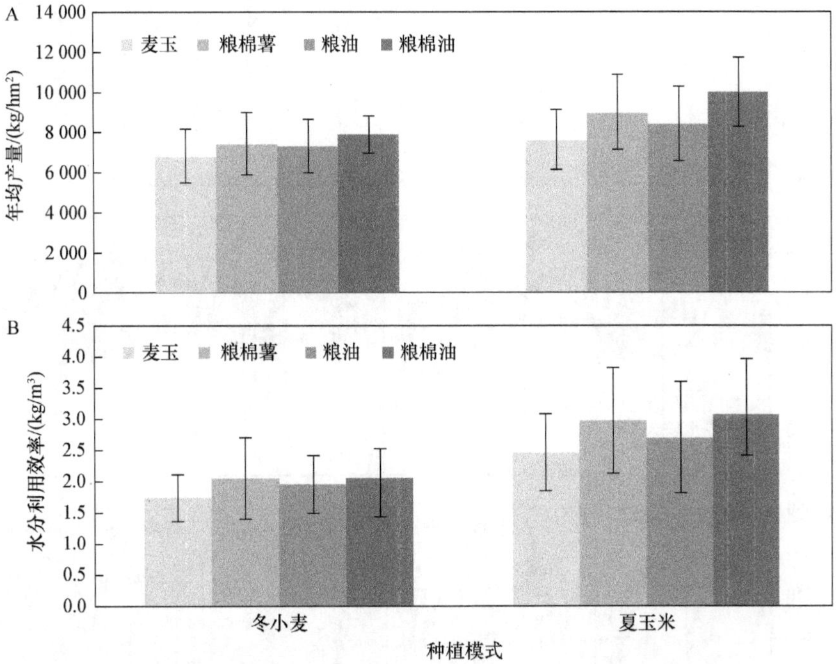

图 3　2003—2014 年不同种植模式的年均产量和水分利用效率

7.2.3　不同种植模式的土壤贮水量变化

在粮棉薯模式下，2003—2014 年 0～180 cm 土层的土壤贮水量随时间的变化与麦玉模式有明显差异(图 4A)。在粮棉薯模式下，土壤水分最低点分别出现在 2006 年、2010 年和 2014 年的冬小麦收获季；在麦玉模式下，土壤水分最低点出现在每年冬小麦的收获季。在粮棉薯模式下，2003—2014 年 3 个轮作周期内的冬小麦在播前 0～180 cm 土层的土壤贮水量增加了 62 mm，而在同一时期的麦玉模式下，土壤贮水量降低了 8 mm。综上所述，与麦玉模式相比，粮棉薯模式在轮作第四年开始时增加了土壤贮水量，为冬小麦播种提供了良好的土壤水分条件，降低了冬小麦播种所需的常规灌溉量。在粮油模式下，夏玉米在收获期至花生播种期的土壤含水量始终低于麦玉模式的土壤含水量。其原因主要是休耕期间裸地的非生产性蒸散量较大，同时麦玉模式下的冬小麦采用地下水灌溉，土壤含水量较高。在粮油模式下，冬小麦在播期 0～180 cm 土层的平均贮水量提为 471 mm，比麦玉模式的平均贮水量提高了 4%。在粮棉油模式下，2003—2014 年的每一个轮作周期的黑麦草在生长季 0～180 cm 土层的土壤贮水量与麦玉模式的冬小麦在生育期的土壤贮水量相似。其原因是二者具有相同的生理水分特性和生态特性，与冬小麦相比，黑麦草的生育周期短，需水量仅为 150 mm。在粮棉油模式下，2003—2014 年 6 个轮作周期的冬小麦在播期 0～180 cm 土层的土壤贮水量为 479 mm，比麦玉模式的土壤贮水量提高了 10%。综上所述，花生为后续冬小麦的播种提供了良好的土壤水分条件，减少了冬小麦在播种的灌溉需求，从而减少了冬小麦生长季用于灌溉的地下水抽采量。

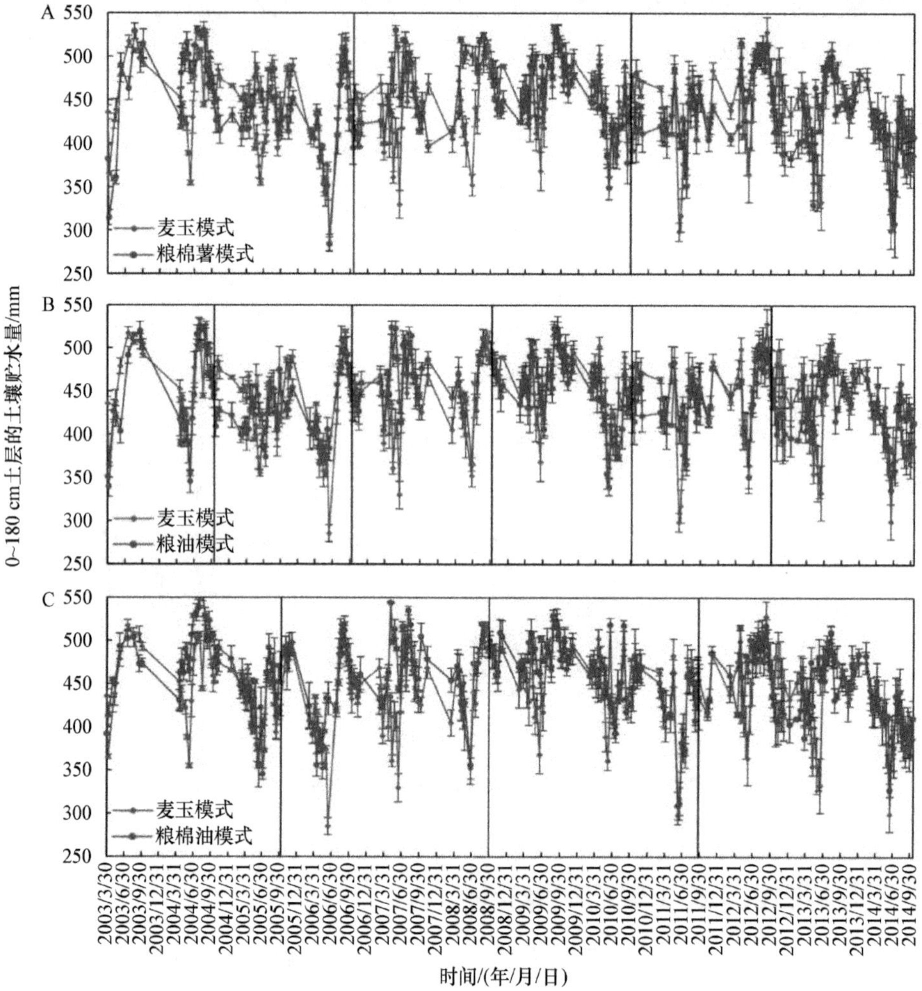

图 4　2003—2014 年各种种植模式下 0～180 cm 土层的土壤贮水量

7.2.4　不同种植模式作物间土壤水分补偿特征分析

由于自身的生理特征和根系特点，不同作物对不同土壤层次的土壤水分消耗不同。例如，前茬作物对土壤某一区域的土壤水分消耗的大小直接影响着后茬作物在该区域的土壤水分利用情况，因此根据不同作物对土壤水分消耗层次的不同，合理选择轮作作物对水分的有效利用起着非常重要的作用。麦玉模式的不同作物在不同土壤层次上的土壤体积含水量如图 5A 至图 5C 所示。结果表明，多数年份下冬小麦生育期在 0～180 cm 土层都有不同程度的水分消耗；由于冬小麦在生育期的极低的降水量，为满足冬小麦的生长需求，需要抽取大量的地下水进行灌溉，冬小麦在生育期的高耗水导致了其在收获时的土壤体积含水量明显低于冬小麦在播种时的土壤体积含水量，多数年份的冬小麦水分消耗主要集中在 0～160 cm 土层。后茬作物夏玉米在生育期的降水耦合度高。经过降水相对丰富的夏季，土壤水分在夏玉米季得到补偿和恢复，因此在本试验设定的灌溉条件和降水情况下，冬小麦-夏玉米在种植后的土壤水分基本能恢复到播种前的水平。粮棉薯模式、粮油模式和粮棉油模式的冬小麦和夏玉米 0～

180 cm 土层的土壤体积含水量见图 5D 至图 5F。各种模式的含水量与麦玉模式的含水量相似。冬小麦的种植使 0～180 cm 土层的土壤体积含水量下降，在收获期的水分降至最低，而夏玉米在生育期由于降水量较大，水分得到补充。

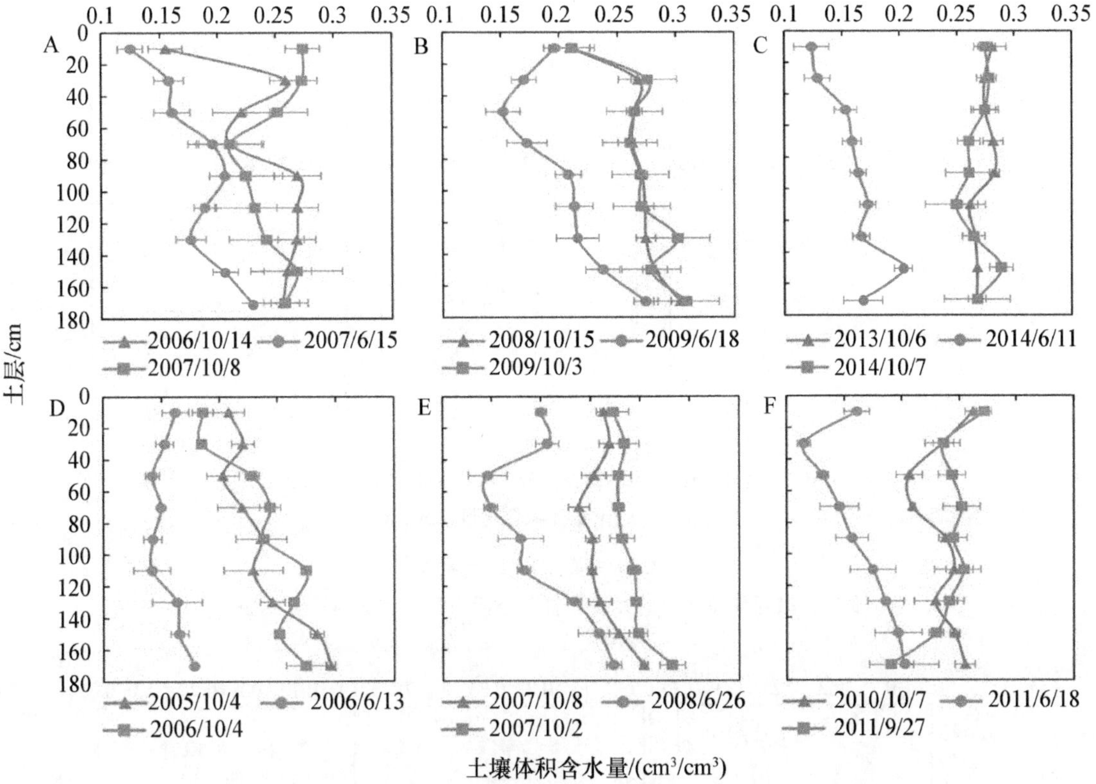

AC. 麦玉模式的土壤含水量；D～F. 粮棉薯模式、粮油模式和粮棉油模式的冬小麦、夏玉米在生育期内的土壤含水量。

图 5　不同轮作模式的冬小麦-夏玉米的土壤体积含水量变化

在粮棉薯模式中，2003—2014 年，不同作物在不同土壤层次的土壤体积含水量分布如图 6 所示。结果表明，甘薯在生育期主要利用 0～100 cm 土层的水分，尤其是对 80 cm 土层以上的水分利用量最大，100 cm 以下土层的土壤体积含水量在甘薯的生育期内无明显变化。棉花在生育期的主要耗水层为 0～120 cm，尤其集中在 0～100 cm，100 cm 以下土层的土壤体积含水量变化不大。甘薯作为前茬作物能够充分利用 0～80 cm 的土壤水分，为后续的冬小麦提供了良好的土壤水分条件，这种轮作模式比麦玉模式或年平均节约灌溉用水量约为 116 mm。

在粮油模式下，如图 7A 至图 7C 所示，花生在生育期主要利用 0～80 cm 土层的水分，且对 60 cm 土层以上的水分利用尤为显著，80 cm 以下土层的土壤体积含水量在花生收获与播种时的差别不大。2009 年，花生在播种期和收获期的土壤体积含水量仅在 0～40 cm 土壤表层出现明显差异，40 cm 以下的土层土壤含水量变化不明显。其原因主要是在本试验的灌溉定额下，2009 年 534 mm 的丰富降水基本能够满足花生在生育期的耗水需求。

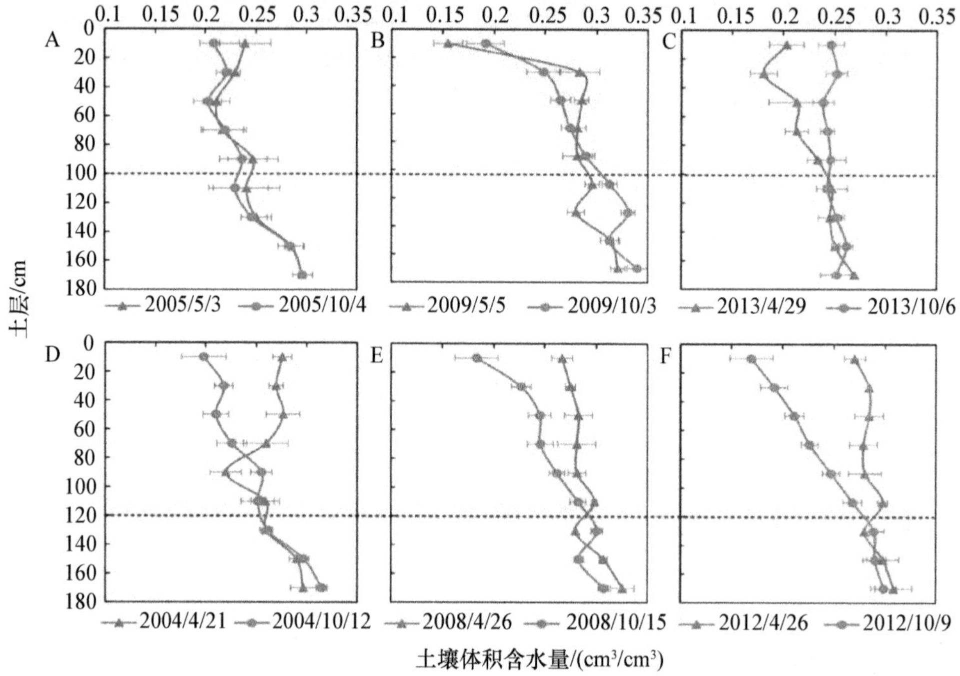

A～C. 为甘薯；D～F. 为棉花。

图 6　粮棉薯模式下的甘薯和棉花不同土层的土壤体积含水量

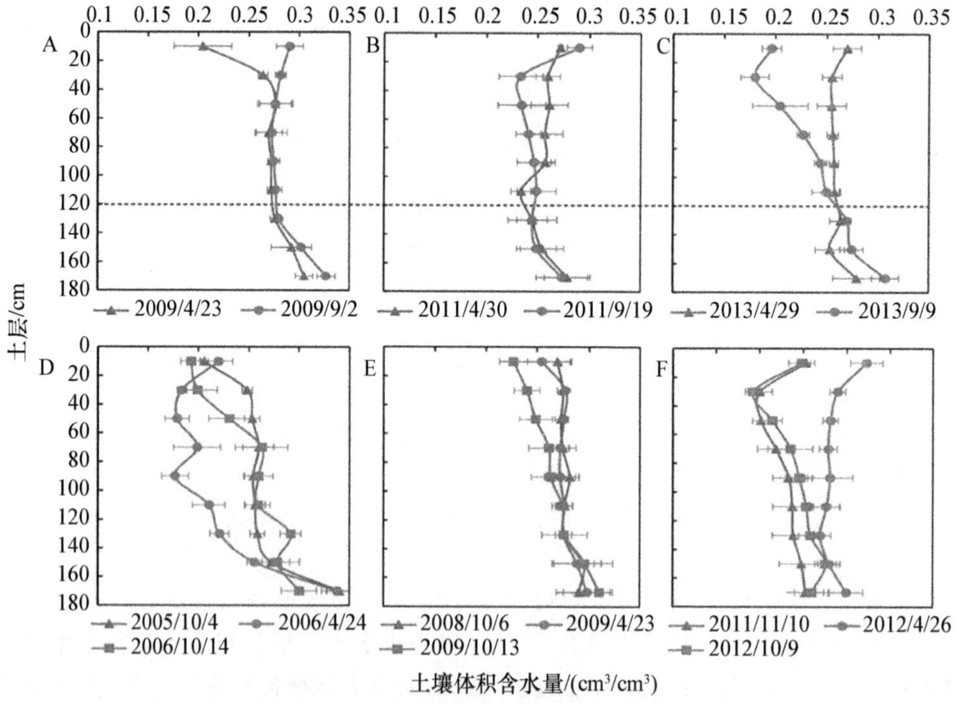

A～C. 花生；D～F. 黑麦草。

图 7　粮油模式下的花生和粮棉油模式下的黑麦草不同土层的土壤体积含水量

在粮棉油模式下，如图 7A 至图 7C 所示，在黑麦草与棉花连作的年份，棉花在收获期的土壤体积含水量与黑麦草播种之前的土壤体积含水量相比，其在 0～60 cm 土层的土壤体积含水量差异较大。其原因主要是黑麦草的生育期较短，主要集中在 10 月到翌年 4 月的干旱季节，其对土壤水分的消耗集中在 0～60 cm 以上的土层。与粮棉薯模式一样，棉花的主要耗水层主要分布在 0～120 cm，尤其是在 0～100 cm。从冬季作物保护水土的角度来看，作为冬季覆盖作物，黑麦草可有效减少冬季休闲田地表裸露的无效蒸发，可与棉花的根系吸水形成有效互补，为了满足黑麦草的生长需求，仍然需要消耗地下水。从周年耗水量的角度来看，粮棉油模式中的黑麦草-棉花轮作的周年耗水量要高于同一时段的粮棉薯模式中的一季作物的周年耗水量，低于传统麦玉模式中的冬小麦-夏玉米两季作物的周年耗水量。综上所述，在年均灌溉量比麦玉模式的年均灌溉量减少 45 mm 的情况下，通过黑麦草、棉花、花生、冬小麦、夏玉米等作物的轮作，粮棉油模式使不同作物在不同土层之间形成了有效的土壤水分互补，土壤水分的平衡得到最终维持。

7.3　讨论

本研究结果表明，深根作物和浅根作物轮作可以降低 14%～28%的耗水量，如在麦玉复种中加入甘薯或花生比传统的麦玉复种。田间试验研究和模型模拟研究都表明，该地区冬小麦-夏玉米一年两熟模式的年均实际蒸散量为 610～870 mm，麦玉模式的地下水净消耗量（灌溉量－渗漏量）为 110～300 mm/年(大)。由此可见，在华北平原水资源极度短缺的情况下，当前冬小麦-夏玉米一年两熟模式的水分利用与消耗是不可持续的。本研究的结果也表明，粮棉薯模式的耗水量为最低，分别为 560.6 mm，粮油模式、粮棉油模式的年均耗水量低于传统麦玉模式的年均耗水量，分别为 615.0 mm、647.4 mm，因此发展多样化的轮作模式可有效缓解地下水位的下降，Kendy 等(2004)报道了自 1962 年以来在满足经济效益和社会效益的前提下，如果栾城只发展棉花-休耕或者谷子-休耕等种植模式，地下水位将会维持稳定不变。

试验结果表明，冬小麦深根作物在种植的前一年种植浅根作物，其冬小麦和夏玉米的产量分别比麦玉复种模式的产量提高了 9%～16%和 19%～32%，水分利用效率分别增加了 12%～19%和 10%～25%。其与 Ranamukhaarachchi 等(2005)和 Godfray 等(2010)等的研究结果一致。作物轮作在增加作物产量，提高水分利用效率的同时，能够保持土壤生产力和肥力，改善土壤结构稳定性和入渗能力，利用资源竞争、化感干扰等手段抑制杂草和病害。在本试验中，轮作模式显著提高了冬小麦的水分利用效率，与 Sun 等(2006)和 Meng 等(2012)的研究结果一致。在本研究中，冬小麦、夏玉米的水分利用效率范围为 1.73～3.06 kg/m^3，高于 Fang 等(2010)研究中总结的 1.11～2.06 kg/m^3。

甘薯的根主要分布在 0～100 cm 土层，对 100 cm 以上土层有较强的持水和吸水能力，且甘薯块根含水量较高，在干旱年份可以为植株提供水分；花生的主根主要分布在 60～90 cm 土层，70%的粗根分布在 0～30 cm 土层，这些浅根作物难以吸收 120 cm 土层以下的水分；冬小麦在成熟期的主根主要分布在 0～200 cm 土层，11%的根系深度大于 100 cm，浅根作物在轮作后种植冬小麦可以增加冬小麦对 120 cm 以下水分和养分的获取，从而提高作物产量，因此在轮作中采用深根作物和浅根作物交替种植，即在种植浅根作物时，100～200 cm 土层的土壤水分可以得到有效节约，在种植深根作物时，0～100 cm 土层的土壤水分在秋季和冬季不会蒸发。

前人的研究表明，华北平原地区的作物灌溉效率的提高不能有效阻止该地区地下水位的下降。随着节水措施的实施，灌溉水量大大减少，然而地下水位仍以每年约 1 m 的速度持续下降。地下水位下降对灌溉效率不敏感的原因可能是地下水量实际是降水和实际蒸发量之间的差值，所有多余的灌溉用水都会回流到地下水，在这个系统中的损失不是净损失。提高水分利用效率最重要的途径是通过减少蒸散量来节约用水或利用相同的蒸散量来提高产量。华北平原是中国粮食的主要产地之一，保证该地区粮食安全和水资源的可持续利用是永恒的主题和难题。在未来的研究中，应当进一步加强合理优化作物布局，调整优化节水种植模式与传统麦玉模式的种植面积以及各种种植模式发展比例的研究来缓解华北平原粮食安全和水资源安全的压力。

7.4 结论

与麦玉复种连作相比，在麦玉复种之前种植棉花、花生、甘薯等一年生作物可以有效降低后茬冬小麦的年平均耗水量，提高冬小麦产量和水分利用效率，因此在维持华北平原粮食产量和缓解地下水位下降，轮作是一种很有前景的选择。发展合理的多样化轮作模式是实现华北平原的地下水资源科学管理的有效手段。

参考文献

[1] 国家统计局农村社会经济调查司. 中国农村统计年鉴. 北京：中国统计出版社，2008

[2] 张光辉，连英立，刘春华，等. 华北平原水资源紧缺情势与因源. 地球科学与环境学报，2011(6)：172-176

[3] CAO G L，HAN D M，SONG，X F. Evaluating actual evapotranspiration and impacts of groundwater storage change in the North China Plain. Hydrological Process，2014，28：1797-1808

[4] YANG X L，CHEN Y Q，PACENKA S，et al. Effect of diversified crop rotations on groundwater levels and crop water productivity in the North China Plain，2012

[5] ZHANG Z Y. Determination of daily evaporation and evapotranspiration of winter wheat and maize by large-scale weighing lysimeter and micro-lysimeter. Agricultural and Forest Meteorology，2002

[6] 贾金生，刘昌明. 华北平原地下水动态及其对不同开采量响应的计算：以河北省栾城县为例. 地理学报，2002(2)：201-209

[7] 吴天龙，马丽，隋鹏，等. 太行山前平原不同轮作模式水资源利用效率评价. 中国农学通报，2008(5)：351-356

[8] LI F R，ZHAO S L，GEBALLE G T，et al. Water use patterns and agronomic performance for some cropping systems with and without fallow crops in a semi-arid environment of northwest China. Agriculture，Ecosystems & Environment，2000，79(2/3)：129-142

[9] LATTAA J O'LWARY G J. Long-term comparison of rotation and fallow tillage systems of wheat in Australia. Field Crops Research，2003，83(2)：173-190

[10] 官会林，段庆钟，沈有信. 不同轮作方式下高原山地红壤肥力变化特征. 西南大学学报(自然科学版)，2008，30(5)：116-121

[11] 许艳丽，李兆林，李春杰. 连作，迎茬和轮作大豆对田间杂草群落变化的影响. 大豆科学，2003，22(4)：283-283

[12] 郭清毅，黄高宝，LI G D，等. 保护性耕作对旱地麦-豆双序列轮作农田土壤水分及利用效率的影响. 水土保持学报，2005，19(3)：165-169

[13] LENSSEN A W，JOHNSON G D，CARLSON G R. Cropping sequence and tillage system influences annual crop production and water use in semiarid Montana，USA. Field Crops Research，2007，99(1)：32-43

[14] YANG X M，KAY B D. Rotation and tillage effects on soil organic carbon sequestration in a typic Hapludalf in Southern Ontario. Soil & Tillage Research，2001，59(3/4)：107-114

[15] ISLAM N，WALLENDER W W，MITCHELL J，et al. A comprehensive experimental study with mathematical modeling to investigate the affects of cropping practices on water balance variables. Agricultural Water Management，2006，82(1/2)：129-147

[16] 马丽. 华北平原不同轮连作模式水资源利用效率研究. 北京：中国农业大学，2007

[17] 张敏. 河北山前平原长期轮作模式的水肥. 北京：中国农业大学，2011

[18] A soil-water-balance approach to quantify groundwater recharge from irrigated cropland in the north China plain. Hydrological Processes，2003，17(10)：2011-2031

[19] KENDY E，ZHANG Y，LIU C，et al. Groundwater recharge from irrigated cropland in the north China plain：case study of Luancheng County，Hebei Province，1949—2000. Hydrological Processes，2004，18(12)：2289-2302

[20] RANAMUKHAARACHCHI S L，MIZANUR-RAHMAN M D，BEGUM S H. Soil fertility and land productivity under different cropping systems in highlands and medium highlands of Chandina subdistrict，Bangladesh. Asia-Pacific Journal of Rural Development，2005，15(1)：63-76

[21] Food security：the challenge of feeding 9 billion people. Science，2010

[22] ZHANG D，YAO P，NA Z，et al. Soil water balance and water use efficiency of dryland wheat in different precipitation years in response to green manure approach. Scientific Reports，2016，6：26856

[23] SUN H Y. Effects of irrigation on water balance，yield and WUE of winter wheat in the North China Plain. Agricultural Water Management，2006

[24] MENG Q F，SUN Q P，CHEN X P，et al. Alternative cropping systems for sustainable water and nitrogen use in the North China Plain. Agriculture Ecosystems & Environment，2012，146(1)：93-102

[25] FANG Q X，MA L，GREEN T R，et al. Water resources and water use efficiency in the north China plain：Current status and agronomic management options. Agricultural Water Management，2010，97(8)：1102-1116

[26] NIELSEN D C，LYON D J，HERGERT G W，et al. Cover crop mixtures do not use water differently than single-species plantings. Agronomy journal，2015，107(3)

[27] HONG Y. The relationship between root traits and aboveground traits in peanut (*Arachis hypogaea* L.). African journal of agricultural research，2012，7(32)

[28] GAN Y T，MILLER P R，MCCONKEY B G，et al. Influence of diverse cropping sequences on durum wheat yield and protein in the semiarid northern great plains. Agronomy Journal，2003，95(2)

[29] CHEN C，WANG E，YU Q. Modelling the effects of climate variability and water management on crop water productivity and water balance in the North China Plain. Agricultural Water Management，2010，97(8)：1175-1184.

8 黄淮海地区麦玉周年土壤肥力与玉米产量相关和通径分析①

摘　要：运用相关分析和通径分析方法，研究麦玉两熟模式农田土壤因子与玉米产量的关系，测定麦玉周年成熟期土壤养分、微生物量碳氮、酶活性和玉米产量等指标。结果表明，土壤有机质、全氮、全磷、速效钾、速效磷、土壤微生物量碳氮和脲酶活性均与玉米产量有极显著或显著相关关系。土壤有机质对玉米产量的直接作用最大（直接通径系数 $P_{1y}=0.422$），其次是微生物量氮（$P_{6y}=0.381$）和全氮（$P_{2y}=0.254$），三者的通径系数均为正值，表明其对提高玉米产量起到促进作用。从决策系数绝对值大小可以得出，土壤有机质、全氮和微生物量氮对玉米产量的综合排序为土壤有机质＞微生物量氮＞全氮。其中土壤有机质的决策系数最大且为正值，说明土壤有机质是影响麦玉两熟模式农田玉米产量的主要决策指标。

关键词：玉米；土壤养分；土壤微生物量碳氮；土壤酶活；相关分析；通径分析

土壤肥力是农业持续发展最基本的物质基础，是作物优质稳产的保障之一。土壤养分、酶活性和微生物是土壤生态系统的重要组成成分，同时也是土壤肥力的综合体现。土壤有机质对所有土壤过程具有重要影响，在全球碳循环中起着重要作用。土壤酶能催化土壤中有机残留物的分解以及在促进养分循环中起着重要作用，反映了在土壤中进行的各种生物化学过程的强度和方向。土壤微生物量在土壤物质转化中具有举足轻重的作用，反映了土壤同化和矿化能力。其可作为土壤肥力水平的活指标。土壤有机质是影响长江口湿地土壤蔗糖酶、脲酶和 3 种磷酸酶活性的关键因子。研究表明，土壤微生物量碳氮、土壤酶与土壤养分含量之间有一定的相关性。土壤微生物量碳氮与土壤总有机碳呈显著正相关关系，土壤碳的可用性是微生物群落动态的重要生态驱动因素之一。土壤酶活性与微生物生物量紧密相关，土壤蔗糖酶、脲酶、酸性磷酸酶、中性磷酸酶和碱性磷酸酶活性与微生物生物量碳氮之间存在显著正相关。

在遗传育种和作物栽培领域中，通径分析法被广泛应用。该方法适用于研究自变量对因变量影响的直接效应和间接效应，从而为统计决策提供可靠的依据。通径分析在该领域已有大量的实证研究。Begum 等(2016)对 22 个玉米杂交品种进行了评价，探究它们的变异性、性状关联和产量通径系数及其组成特征。研究表明，穗长和产量具有中等的基因型系数变异和表型变异系数，但具有较低的环境变异系数，株高、穗长和千粒重具有高遗传力；穗长、穗粗和行粒数与籽粒产量呈极显著正相关。通径系数分析表明，株高、穗长和穗粒数对籽粒产量具有

① 作者：李春喜、韩蕊、邵云、马建辉、冯荣成、李昊烊；作者简介：李春喜(河南师范大学教授，博士，主要从事小麦栽培及生理研究，E-mail：496513087@qq.com)。

极显著的直接正效应，表明这些性状在筛选品种过程中有重要意义。Singh 等(2011)运用相关和通径分析研究了 32 个在印度哈里亚纳有潜力的大蒜品种发现基因型对产量的直接和间接影响比表型更显著；20 个鳞茎的重量、鳞茎大小指数、50 个鳞片重量和每个鳞片的重量对大蒜产量均有较高的直接正效应。Nataraj 等(2014)研究玉米产量构成的相关性以及通径系数表明，玉米的行粒数、百粒重、穗重、穗粒数、株高、穗粗、穗长与玉米产量有直接影响。赵维娜等(2016)对高山栎天然林土壤养分与土壤酶活性、微生物数量之间的关系进行通径分析发现，高山栎天然林土壤养分受土壤酶活性影响较大，受微生物数量影响较小。张桂玲等(2011)以不覆盖为对照，研究不同覆盖材料对桃园土壤微生物数量和酶活性的影响及其与土壤养分的关系，通径分析表明，脲酶是影响土壤碱解氮、速效钾、全氮、全钾和有机质的主要因子。

在我国黄淮地区，麦玉复种连作是主要的种植制度，玉米在粮食作物中占重要地位。前人对不同作物在不同处理下的各个生育时期土壤养分、土壤微生物量碳氮和土壤酶活性的动态变化进行大量研究。王玉川等(2012)研究显示，相对于对照而言，植物篱更能增加土壤中的微生物数量、微生物量碳氮以及土壤氮和磷素的利用效率。孙露莹等(2015)研究发现，高光效种植模式能显著提高土壤脲酶、转化酶、酸性磷酸酶活性、土壤微生物量碳含量和有机质含量，显著降低土壤 pH。孙瑞等(2015)在长期定位试验的基础上，利用 Biolog 分析，结合常规分析，研究了 4 种长期不同的土地利用方式对土壤微生物量、呼吸强度和微生物功能多样性的影响，撂荒和合理施肥均可以提高土壤微生物量、土壤呼吸作用和土壤微生物群落结构和功能的多样性，长期的绝对休闲不利于土壤微生物功能多样性的维持，合理施肥有利于维持农田土壤微生物量、微生物结构和功能多样性。张运龙等(2017)研究发现，减施化肥，配施有机肥可维持玉米产量，秸秆还田能显著提高土壤微生物总数量。目前运用相关通径分析对麦玉周年土壤养分、土壤微生物量碳氮和土壤酶活性与玉米产量的关系研究的较少。本研究通过研究麦玉周年土壤肥力与玉米产量的关系，分析土壤因子对玉米产量的直接效应和间接效应，为麦玉两熟模式的农田合理管理和优质稳产提供理论依据。

8.1　材料与方法

8.1.1　试验区概况

本试验于河南省新乡市获嘉县前李村进行，试验区的自然概况见表 1，试验期间的气温和降水变化见图 1。

表 1　试验区的自然概况

纬度	经度	无霜期/d	年均气温/℃	海拔高度/m	年日照/h	年均蒸发量/mm	年均降水量/mm
35°9′	113°39′	219.6	14	120	2 206.4	1 748	656

8.1.2　供试品种与试验设计

试验于 2016 年 10 月至 2017 年 6 月进行。每小区面积为 35 m^2(5 m×7m)，3 次重复。供试小麦为半冬性品种‘矮抗 58’，由河南科技学院提供；供试玉米品种为‘郑单 958’，由河南

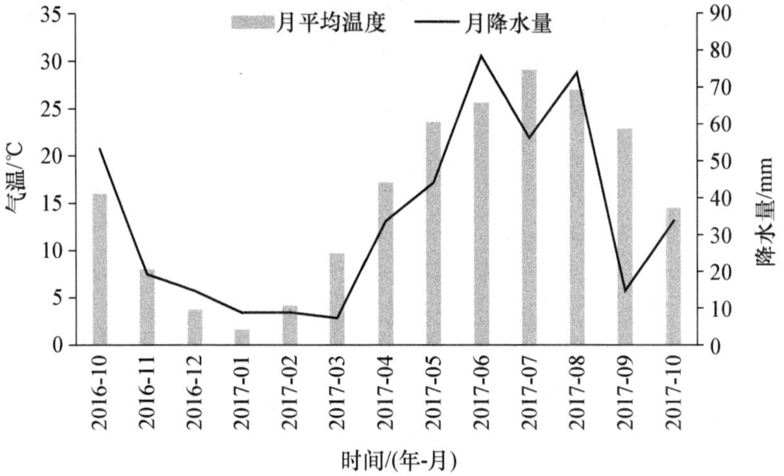

图 1　试验期间的气温和降水变化

省农业科学院粮食作物研究所提供。小麦在播前底施尿素 135 kg/hm^2，P_2O_5 120 kg/hm^2，K_2O 180 kg/hm^2，$ZnSO_4$ 25 kg/hm^2，硫肥 60 kg/hm^2，翌年在拔节期追施肥料 135 kg/hm^2。小麦种植密度为 225 万株/hm^2。于玉米出苗 25～30 d，施玉米复合肥（N∶P_2O_5∶K_2O = 28∶6∶6）900 kg/hm^2，除对照处理外，前茬小麦秸秆全部还田，玉米种植密度为 6.4 万株/hm^2，正常的田间管理。播前的土壤养分状况见表 2。

表 2　播前的土壤养分状况（2016 年 10 月 7 日）

全氮/(g/kg)	有机质/(g/kg)	pH	全磷/(g/kg)	速效氮/(mg/kg)	速效磷/(mg/kg)	速效钾/(mg/kg)
1.31	43.99	8.05	0.93	41.98	4.82	116.35

田间土样的采集采用 Bolinder 等（1997）方法，土壤取样深度为 0～20 cm，重复 3 次，并分为 2 组。一组土壤过 2 mm 筛子，4 ℃保存，用于土壤微生物量碳和微生物量氮的测定；另一组土壤在自然风干后，过 1 mm 筛子，用于土壤养分和土壤酶活性的测定。

8.1.3　测定项目与方法

于玉米成熟期（2017 年 9 月 25 日）取土测定有机质、全氮、全磷、速效磷、速效钾、土壤酶活（脲酶、蔗糖酶）；土壤微生物量碳、土壤微生物量氮；测产。

土壤全氮和全磷采用连续流动分析仪（AA3，德国 SEAL Analytical 公司）进行测定；有机质采用总有机碳分析仪（TOC，德国 Elementar）进行测定；土壤速效磷采用碳酸氢钠法进行测定；土壤速效钾采用醋酸铵-火焰光度计法进行测定；土壤脲酶活性采用苯酚-次氯酸钠比色法测定；土壤蔗糖酶活性采用 3，5-二硝基水杨酸比色法测定；土壤微生物量碳、微生物量氮采用熏蒸-浸提法。

8.1.4　数据记载与处理

于玉米成熟期取样，将土壤有机质（SOM，记作 X_1）、全氮（TN，记作 X_2）、全磷（TP，记作 X_3）、速效磷（AP，记作 X_4）、速效钾（AK，记作 X_5）、土壤微生物量氮（SMBN，记作 X_6）、土壤微生物量碳(SMBC，记作 X_7)、蔗糖酶活性(Invertase，记作 X_8)和脲酶活性(Urease，记作 X_9)作为自变量，玉米产量(Y)作为因变量。运用 Excel 2010 进行数据处理，使用 SPSS 13.0 软件进行相关分析和通径分析。

8.2　结果与分析

8.2.1　土壤养分、微生物量和酶活性与玉米产量的相关系数

土壤养分、微生物量、蔗糖酶活性与玉米产量的简单相关系数见表3。经检验，土壤有机质(X_1)、全氮(X_2)、全磷(X_3)、速效钾(X_5)、土壤微生物量氮(X_6)和土壤微生物量碳(X_7)与玉米产量(Y)呈极显著正相关，脲酶活性(X_9)与玉米产量(Y)呈显著正相关，而速效磷(X_4)和蔗糖酶活性(X_8)对玉米产量影响较小。土壤有机质(X_1)与全氮(X_2)、全磷(X_3)、速效钾(X_1)、土壤微生物量氮(X_6)、土壤微生物量碳(X_7)和脲酶活性(X_9)之间呈极显著正相关，与速效磷(X_4)之间呈显著正相关。全氮(X_2)与全磷(X_3)、速效磷(X_4)、速效钾(X_5)、土壤微生物量氮(X_6)、土壤微生物量碳(X_7)和脲酶活性(X_9)之间呈极显著正相关，与蔗糖酶活性(X_8)之间呈显著正相关。全磷(X_3)与速效磷(X_4)、速效钾(X_5)、土壤微生物量氮(X_6)和土壤微生物量碳(X_7)之间呈极显著正相关。速效磷(X_4)与速效钾(X_5)之间呈极显著正相关。速效钾(X_5)与土壤微生物量氮(X_6)和土壤微生物量碳(X_7)之间呈极显著正相关。土壤微生物量氮(X_6)和土壤微生物量碳(X_7)间呈极显著正相关。蔗糖酶活性(X_8)与脲酶活性(X_9)呈显著正相关。试验表明，土壤养分、微生物指标与玉米产量的相关性多数达到显著水平，但相互关系表现为复杂化、多样化。

8.2.2　土壤养分、微生物量和酶活性与玉米产量的逐步回归分析

当各自变量之间的相关系数很大时，多元回归方程中的最小二乘法失去作用，多元方程建立无效。相关分析是各自变量在其他因素的协同作用对玉米产量的综合反映，不能真正衡量各自变量对玉米产量的直接或本质作用，因此有必要在相关分析的基础上，运用逐步回归的方式，剔除不必要的自变量，建立最优方程。运用逐步回归分析、显著性检验，建立因变量 $\hat{Y}$ 与自变量的最优拟合方程为：

$$\hat{Y} = -10\,821.3 + 307.81X_1 + 2\,900.26X_2 + 97.46\,X_6$$

式中：$\hat{Y}$ 为玉米产量(kg/hm^2)；X_1 为土壤有机质(SOM，g/kg)；X_2 为全氮(TN，g/kg)；X_6 为微生物量氮(SMBN，mg/kg)。

此方程达到极显著水平，表明剔除部分变量后，土壤有机质、全氮和土壤微生物量氮与玉米产量呈极显著正相关。

表3　土壤肥力与玉米产量的相关系数

参数	玉米产量(Y)	土壤有机质(X_1)	全氮(X_2)	全磷(X_3)	速效磷(X_4)	速效钾(X_5)	土壤微生物量氮(X_6)	土壤微生物量碳(X_7)	蔗糖酶活性(X_8)
土壤有机质(X_1)	0.903**								
全氮(X_2)	0.854**	0.808**							

续表3

参数	玉米产量（Y）	土壤有机质（X_1）	全氮（X_2）	全磷（X_3）	速效磷（X_4）	速效钾（X_5）	土壤微生物量氮（X_6）	土壤微生物量碳（X_7）	蔗糖酶活性（X_8）
全磷（X_3）	0.818**	0.701**	0.874**						
速效磷（X_4）	0.439	0.422*	0.622**	0.697**					
速效钾（X_5）	0.586**	0.539**	0.527**	0.601**	0.622**				
土壤微生物量氮（X_6）	0.859**	0.723**	0.680**	0.722**	0.207	0.564**			
土壤微生物量碳（X_7）	0.864**	0.747**	0.734**	0.712**	0.309	0.645**	0.941**		
蔗糖酶活性（X_8）	0.158	0.183	0.445*	0.09	0.065	−0.066	0.123	0.025	
脲酶活性（X_9）	0.486*	0.636**	0.854**	0.326	0.300	0.383	0.337	0.366	0.451*

注：$n=24$；$r_{0.05}=0.404$；$r_{0.01}=0.515$；* 和 ** 分别表示在 0.05 和 0.01 概率水平显著。

8.2.3 土壤养分、微生物量和酶活性与玉米产量的通径分析

依据通径分析和相关系数，得到土壤有机质（X_1）、全氮（X_2）和土壤微生物量氮（X_6）与玉米产量（Y）的通径关系（图 2），对相关系数进行分解，计算土壤因子与玉米产量的直接作用和间接作用，进而揭示各自变量与玉米产量的关系。结果表明，土壤有机质对玉米产量的直接通径系数为 0.422，通过全氮和微生物量的间接作用较小，说明土壤有机质主要靠间接作用进而影响玉米产量。全氮对玉米产量的直接通径系数为 0.254，其中，通过土壤有机质的间接作用较大（间接系数为 0.341），通过微生物量的间接效应为 0.279，说明全氮对玉米产量的影响为促进作用，主要靠土壤有机质影响玉米产量。土壤微生物量氮对玉米产量的直接通径系数为 0.381，其中通过土壤有机质的间接效应为 0.309，说明土壤微生物量氮对玉米产量是积极影响，其在一定范围内能提高土壤有机质含量，影响全氮和土壤微生物量氮，并促进玉米产量的提高。

土壤有机质、全氮和土壤微生物量氮对玉米产量的影响见表 4，按绝对值从大到小依次是土壤有机质＞土壤微生物量氮＞全氮，三者决策系数均为正值，说明对玉米稳产均起到促进作用，其中土壤有机质值最大，是影响玉米产量的主要决策指标。

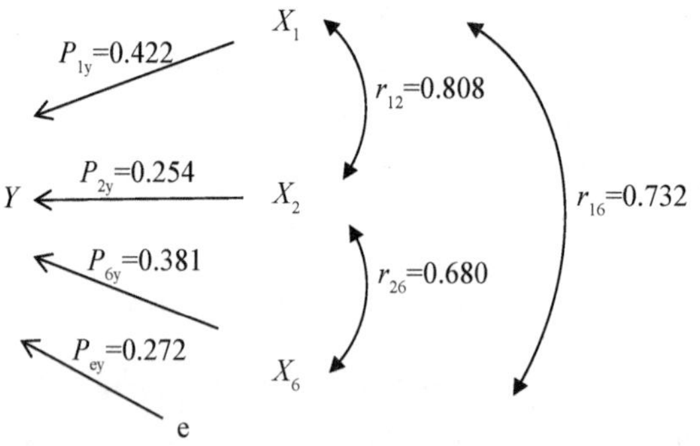

图 2 土壤有机质（X_1）、全氮（X_2）、土壤微生物量氮（X_6）与玉米产量（Y）之间的通径关系

表 4 土壤有机质、全氮、土壤微生物量氮与玉米产量决策系数

自变量	决策系数
土壤有机质（X_1）	0.584
全氮（X_2）	0.369
土壤微生物量氮（X_6）	0.513

8.3 结论与讨论

8.3.1 土壤养分、土壤微生物量碳氮和酶活性的相关关系

微生物作为土壤与作物两者之间极其重要的纽带，推动着土壤有机质和土壤养分的转化与循环，是植物生长养分的重要来源，因此研究土壤养分、土壤微生物量碳氮和作物产量之间的关系是必要的。本试验在长期试验的基础上将土壤养分、土壤微生物量和土壤酶活性联系在一起，探寻其内在的联系。土壤是一个充满生命活力的系统，所有生化反应均需要酶的催化。土壤酶催化有机物的矿化，参与有机物的形成，反映土壤各种化学反应的动向，其活性容易检测，是土壤质量评价中常用的指标。土壤养分反映的土壤肥力状况是一个较为缓慢的长期复杂的变化过程。土壤微生物量和酶活性为土壤变化提供快速可靠的直接证据，表征土壤质量变化最敏感、最有潜力的生物学指标，反映短期和微小的变化，影响土壤养分的有效性和土壤肥力状况。

土壤养分含量、微生物量与土壤酶活性之间有一定的相关性。本试验结果表明，土壤微生物量氮和土壤微生物量碳与土壤有机质、全氮、全磷和速效钾均呈极显著的正相关（$P<0.01$），说明土壤微生物是土壤养分和土壤有机质形成和积累的重要因素。本研究还发现，脲酶与土壤有机质呈极显著相关（$P<0.01$），意味着秸秆残渣、土壤生物尸体和粪便的投入对酶活性产生重要影响。如张桂玲等(2011)研究结果也表明，脲酶是影响土壤碱解氮、速效钾、全氮、全钾和有机质的主要因子。

8.3.2 土壤肥力与玉米产量的关系

土壤肥力是农田土壤化学性质、物理性质以及生物特性的综合反映。土壤肥力的高低主要与土壤有机质、全氮、有效磷、速效钾等土壤因子关系密切。郭汉清等(2016)对干旱半干旱地区的长期定位试验表明，土壤有机质、全氮、速效养分含量对于土壤生产力和作物产量的影响至关重要。张金涛等(2010)在潮土区设置32个监测点来探究土壤肥力变化趋势表明，土壤地力与土壤有机质含量、速效磷、速效钾含量呈正相关。包耀贤等(2013)通过长期定位试验也表明，土壤有机质、速效养分、物理性黏粒、团聚度和团聚体稳定率是土壤肥力的主要影响因素。

土壤肥力和作物产量有一定的相关性。夏圣益等(1998)研究表明，土壤肥力高的土壤作物获得高产的潜力较大，土壤肥力低的土壤只有在较高施肥水平下才能获得较高产量。高静等(2009)统计分析了黑土区耕地施肥量、施肥结构和玉米产量的变化，结果表明，较高的土壤肥力保证了玉米的高产和稳产。本研究试验地的土壤养分含量处于高有机质，中氮、中磷和中钾的水平对土壤肥力和玉米产量均有一定影响。研究表明，土壤有机质、全氮与玉米产量呈极显著正相关（$P<0.01$），脲酶活性与玉米产量呈显著正相关（$P<0.05$），与前人研究结果较为一致。乔继杰等(2016)研究发现，脲酶与玉米产量的相关性达到极显著水平，且相关系数高于蔗糖酶和磷酸酶。于佳等(2010)研究发现，这些土壤指标中的特征值贡献率最大的是土壤有机质，贡献率为31.976%，其次是全氮，贡献率为18.871%，说明全氮和土壤有机质对提高土壤生产力有重要意义。Johnston 等(2009)研究发现，土壤有机质对土壤肥力和农作物生产力

具有重要意义。

通过麦玉周年土壤养分、土壤微生物量碳氮、酶活性与玉米产量的通径分析，表明当考虑玉米产量最优目标时，要优先考虑土壤有机质、全氮和土壤微生物量氮的影响。在其他因子都变化的情况下，麦玉周年的土壤有机质、全氮、全磷、速效钾、土壤微生物量碳氮和脲酶活性与玉米产量的关系较为密切，在剔除部分因子干扰的情况下，土壤有机质、全氮和土壤微生物量氮显著相关。从决策系数可以看出，3 个土壤因子对玉米产量影响的综合排序依次为有机质＞土壤微生物量氮＞全氮，且 3 个决策系数均为正值，表明 3 个土壤因子对提高玉米产量有积极影响。其中土壤有机质的决策系数最大且为正值，说明土壤有机质是影响麦玉两熟模式农田玉米产量的主要决策指标。在实际生产和田间管理上应采取多种培肥措施来提高土壤有机质的含量，以利于提高土壤肥力，从而实现玉米的高产、稳产。

参考文献

[1] 高菊生，徐明岗，董春华，等. 长期稻-稻-绿肥轮作对水稻产量及土壤肥力的影响. 作物学报，2013，39(2)：343-349

[2] 方凯凯，贾曼莉，杜毅飞，等. 生草栽培下果园土壤酶活性与肥力因子的关系. 江苏农业科学，2016，44(8)：461-466

[3] KARMAKER R，DAS I，DUTTA D，et al. Potential effects of climate change on soil properties：a review. Science International Journal，2016，4(2)：51-73

[4] 刘曼，辛颖，赵雨森. 氯氟氰菊酯对水源涵养林土壤微生物及酶活性的影响. 东北林业大学学报，2013，41(6)：80-83

[5] 宫占元，张国庆，于文莹，等. 哈茨木霉菌对水稻幼苗根际土壤微生物和酶活性的影响. 干旱地区农业研究，2013，31(4)：167-171

[6] 孟庆英，张春峰，于忠和，等. 根瘤菌对大豆根际土壤微生物及大豆农艺性状的影响. 大豆科学，2012，31(3)：498-500

[7] LI F L，LIU M，LI Z P，et al. Changes in soil microbial biomass and functional diversity with a nitrogen gradient in soil columns. Applied Soil Ecology，2013，64(1)：1-6

[8] SMITH A P，MARÍNSPIOTTA E，BALSER T. Successional and seasonal variations in soil and litter microbial community structure and function during tropical postagricultural forest regeneration：a multiyear study. Global Change Biology，2015，21(9)：3532

[9] HU Y F，PENG J J，YUAN S，et al. Influence of ecological restoration on vegetation and soil microbiological properties in Alpine-cold semi-humid desertified land. Ecological Engineering，2016，94(1)：88-94

[10] 陈礼清，罗承德，宫渊波，等. 炼山对巨桉人工幼林土壤酶活性和有效养分的影响. 东北林业大学学报，2014，42(3)：89-93

[11] 郑诗樟，肖青亮，吴蔚东，等. 丘陵红壤不同人工林型土壤微生物类群、酶活性与土壤理化性状关系的研究. 中国生态农业学报，2008，16(1)：57-61

[12] 葛晓改，肖文发，曾立雄，等. 三峡库区不同林龄马尾松土壤养分与酶活性的关系. 应用生态学报，2012，23(2)：445-451

[13] DE VRIES F T，MANNING P，TALLOWIN J R B，et al. Abiotic drivers and plant traits explain landscape-scale patterns in soil microbial communities. Ecology Letters，2012，15(11)：1230-1239

[14] WANG B，XUE S，LIU G B，et al. Changes in soil nutrient and enzyme activities under different vegetations in the loess plateau area，Northwest China. Catena，2012，92(3)：186-195

[15] 高艳娜. 长江口湿地土壤酶活性和土壤微生物生物量对长期模拟升温的响应. 上海：华东师范大

学，2017

[16] 杜家菊，陈志伟. 使用 SPSS 线性回归实现通径分析的方法. 生物学通报，2010，45(2)：4-6

[17] BEGUM S, AHMED A, OMY S H, et al. Genetic variability, character association and path analysis in maize (Zea mays L.). Bangladesh Journal of Agricultural Research, 2016, 41(1): 173

[18] SINGH R K, DUBEY B K, BHONDE S R, et al. Correlation and path coefficient studies in garlic (*Allium sativum* L.). Journal of Spices & Aromatic Crops, 2011, 20(2): 81-85

[19] NATARAJ V, SHAHI J P, AGARWAL V. Correlation and path analysis in certain inbred genotypes of maize (Zea Mays L.) at Varanasi. International Journal of Innovative Research & Development, 2014, 3(1): 14-17

[20] 赵维娜，陈奇伯，王艳霞，等. 高山栎天然林土壤有机质及酶活性的通径分析. 西部林业科学，2016(5):58-64

[21] 张桂玲. 秸秆和生草覆盖对桃园土壤养分含量、微生物数量及土壤酶活性的影响. 植物生态学报，2011，35(12):1236-1244

[22] 王玉川，陈强，林超文，等. 不同植物篱对石灰性紫色土坡耕地土壤微生物学特性影响研究. 土壤，2012，44(1):73-77

[23] 孙露莹. 玉米不同种植模式对土壤酶活性及微生物量碳氮的影响. 长春：中国科学院研究生院(东北地理与农业生态研究所)，2015

[24] 孙瑞，孙本华，高明霞，等. 长期不同土地利用方式下(土娄)土土壤微生物特性的变化. 植物营养与肥料学报，2015，21(3):655-663

[25] 张运龙. 有机肥施用对冬小麦-夏玉米产量和土壤肥力的影响. 北京：中国农业大学，2017

[26] BOLINDER M A, ANGERS D A, DUBUE J P. Estimating shoot to root ratios and annual carbon inputs in soils for cereal crops. Agriculture, Ecosystems and Environment, 1997, 63: 61-66

[27] 姚槐应，黄昌勇. 土壤微生物生态学及其试验技术. 北京：科学出版社，2007

[28] 关松荫. 土壤酶及其研究方法. 北京：农业出版社，1986

[29] 吴金水，林启美，黄巧云，等. 土壤微生物生物量测定方法及其应用. 北京：气象出版社，2006

[30] 于扬，杜虎，宋同清，等. 喀斯特峰丛洼地不同生态系统的土壤肥力变化特征. 生态学报，2013，33(23):7455-7466

[31] 鹿士杨，彭晚霞，宋同清，等. 喀斯特峰丛洼地不同退耕还林还草模式的土壤微生物特性. 生态学报，2012，32(8):2390-2399

[32] 陈龙，姚拓，柴晓虹，等. 石羊河中下游不同退耕年限次生草地土壤无机氮、酶及微生物量冬季动态研究. 草地学报，2016，24(2):330-336

[33] 赵彤，闫浩，蒋跃利，等. 黄土丘陵区植被类型对土壤微生物量碳氮磷的影响. 生态学报，2013，33(18):5615-5622

[34] 鲁艳红，廖育林，周兴，等. 长期不同施肥对红壤性水稻土产量及基础地力的影响. 土壤学报，2015，52(3):597-605

[35] 郭汉清，谢英荷，洪坚平，等. 煤基复混肥对复垦土壤养分、玉米产量及水肥利用的影响. 水土保持学报，2016，30(2)：213-218

[36] 张金涛，卢昌艾，王金洲，等. 潮土区农田土壤肥力的变化趋势. 中国土壤与肥料，2010，(5)：6-10.

[37] 包耀贤，黄庆海，徐明岗，等. 长期不同施肥下红壤性水稻土综合肥力评价及其效应. 植物营养与肥料学报，2013，19(1)：74-81

[38] 夏圣益. 土壤基础地力、施肥水平与农作物产量的关系. 上海农业科技，1998(1)：6-8

[39] 高静，马常宝，徐明岗，等. 我国东北黑土区耕地施肥和玉米产量的变化特征. 中国土壤与肥力，2009(6)：28-31，56

[40] 李瑞平，郑金玉，罗洋，等. 鸡粪与立茬还田配合应用对土壤养分和玉米产量的影响. 作物杂志，2015(6):132-135

[41] 王喜艳，窦森，张恒明，等. 玉米秸秆持水深埋对辽西瘠薄耕地土壤养分及玉米产量的影响. 西北农业学报，2014，23(5):76-81

[42] 张婉婷，金成功，张欢，等. 有机无机肥料配施对连作区玉米土壤微生物及养分含量的影响. 作物杂志，2016(3):110-115

[43] 乔继杰，马振朝，王玮，等. 河北低平原夏玉米高产田土壤酶与肥力特征. 江苏农业科学，2016，44(12):484-487

[44] 于佳. 培肥措施对黑土碳、氮变化影响的研究. 哈尔滨:东北农业大学，2010

[45] JOHNSTON A E，POULTON P R，COLEMAN K. Soil organic matter: Its importance in sustainable agriculture and carbon dioxide fluxes. Advances in Agronomy，2009,101: 1-57

9　7种多样化轮作模式对土壤质量指标和小麦产量的影响①

摘　要：华北平原作为我国重要的粮食主产区之一，长期以来大面积、高强度麦玉复种模式不利于土壤和农业的可持续发展，而引入新的配套作物所构成的多样化轮作模式有利于兼顾环境可持续性与粮食作物产量。本研究的目的是评估与麦玉复种相比，多样化轮作模式对土壤质量和冬小麦产量的影响。田间试验(37°41′N，116°37′E)设置在华北平原，对照是麦玉复种模式，处理为7种多样化轮作模式：休耕→麦-玉模式、春玉米→麦-玉模式、冬小麦→麦-玉模式、春甘薯→麦-玉模式、春花生→麦-玉模式、冬小麦-夏花生→麦-玉模式、马铃薯-青贮玉米→麦-玉模式。通过测定土壤质量相关指标，并结合冬小麦产量指标，分析了各处理中新的配套作物引入所带来的影响。结果表明，第一年(2017轮作年)，与对照相比，多样化轮作模式显著影响了某些土壤物理指标、化学指标和酶活性，尤其是休耕→麦-玉模式和春甘薯→麦-玉模式；第二年(2018麦玉年)，各处理的土壤指标与对照不存在显著差异，但大多数模式(尤其是春甘薯→麦-玉模式、春花生→麦-玉模式、休耕→麦-玉模式)显示出对土壤质量指标的潜在积极影响。尽管在2018麦玉年，部分处理的冬小麦产量构成因子与对照相比呈差异显著，但是作物的补偿效应使各处理与对照相比在(8.81 Mg/hm^2)产量上差异不显著。本研究的结果初步表明，在华北平原麦玉复种基础上，引入新的配套作物所构成的多样化轮作模式对选定的土壤质量指标和小麦产量具有潜在的积极影响。

关键词：麦玉复种；多样化轮作；土壤质量；小麦产量

华北平原是我国的三大粮食主产区之一，在保证粮食安全方面，地位不可替代。然而华北平原现有的麦玉复种的长期种植不利于土壤的持续利用和农业的可持续发展。自19世纪60年代以来，冬小麦-夏玉米复种模式由于其良好的产量和经济效益，成为华北平原的主要种植模式，约生产了全国2/3的小麦和35%的玉米，其中小麦又是我国的第三大作物。然而，禾谷类旱作作物长期连作对土壤质量和粮食安全的潜在危害极大，尤其是在华北平原长期“高投入、高产出”的高强度种植下，容易引起连作障碍，导致土壤物理、化学、生物性质的失衡，粮食产量和品质受到影响。因此，为华北平原寻找提高土壤质量，同时保障粮食产出的措施，对我国粮食安全和农业可持续发展有重要意义。

---

①　作者：王琳†、赵影星†、Mahdi Al-Kaisi、杨佳、陈源泉*、隋鹏*；通信作者：陈源泉(中国农业大学农学院教授，博导，主要从事农作系统生态经济评价相关研究，E-mail：rardc@163.com)；隋鹏(中国农业大学农学院教授，博导，主要从事农作制度与农业节水相关研究，E-mail：suipeng@cau.edu.cn)。†共同第一作者。

在华北平原麦玉复种基础上，增加新的配套作物进行多样化种植很有可能将有利于改善土壤质量并兼顾粮食产量，目前在华北平原的相关研究较少。研究者提出，华北平原应推行主导生态模式辅以其余作物的多样化轮作模式。研究表明，与麦-玉对照相比，在麦玉复种中引入豆科作物的轮作模式经过一个两年周期的种植后，提高了土壤全氮、矿化氮和有机碳含量，降低了土壤容重，并且提高了谷物产量。除此之外，还有学者在麦玉复种中引入休耕、木豆和龙胆草，并分别将其升级成三种新轮作模式，结果表明，将豆科绿肥或饲料作物引入禾本科轮作有利于提高有机碳和全氮等土壤养分。在华北平原，与传统的集约化麦玉复种相比，多样化的轮作有利于提高水资源利用效率和固碳减排，但少有文献研究多样化轮作对土壤质量的影响，因此相关研究亟须展开。

基于传统的麦玉复种(每轮周期为一年)，本研究将增加一季或两季作物或休耕一年以建立新的周期为两年的种植模式，并探索其对土壤质量和作物产量的影响。结合华北平原的气候条件和社会经济条件，引入谷物、块茎作物、豆类作物和休耕等，与该地传统的麦玉复种模式配置成 7 种新的多样化轮作模式：休耕→麦-玉模式、春玉米→麦-玉模式、冬小麦→麦-玉模式、春甘薯→麦-玉模式、春花生→麦-玉模式、冬小麦-夏花生→麦-玉模式、马铃薯-青贮玉米→麦-玉模式。具体来说，低投入、高产出的春甘薯是我国重要的粮食、饲料和工业原料作物，同时其作为块茎作物，有利于改善土壤理化性状。花生是豆科固氮作物，也是重要的油料和粮饲作物；豆科作物与麦类作物实行合理的轮作是培肥地力，提高产量，降低成本和保证粮食持续稳定生产的有效途径。春玉米的种植在华北平原展示出潜在的水分平衡能力，无论是在春玉米连作，还是在春玉米→麦-玉模式的研究中均有相关结论。马铃薯适宜性强、产量高、营养丰富，对耕层具有扰动性；专用性青贮玉米收获的鲜绿植株经过切碎发酵，可用于牲畜饲料。春播马铃薯与夏播青贮玉米充分利用了华北地区气候条件，其在高产、稳产的同时，有利于牧业的发展。计划性休耕对生产虽有影响，但影响较小且短暂，有助于恢复超负荷耕种农田的地力。从长远来看，其效益更高，有利于农业可持续发展。参考前人的研究，本文将探索多样化轮作模式对土壤物理、化学和生物三类指标，冬小麦产量及相关指标的影响。本研究的目的是在多样化轮作长期定位试验的一个两年周期中，评估 7 种多样化轮作模式对土壤质量的影响，同时确定 7 种多样化轮作模式对冬小麦产量的影响。

9.1 材料与方法

9.1.1 试验点概况

试验开始于 2015 年 10 月，地点位于河北省沧州市吴桥县的中国农业大学吴桥试验站(37°41′N,116°37′E)。该地区属于暖温带季风性气候，年均温为 12.9 ℃，全年积温(≥0 ℃)为 4 826 ℃，全年光照为 2 724.8 h，年平均降水量为 562 mm，且主要集中在 6—8 月，无霜期为 201 d，该地区主要的种植制度是冬小麦-夏玉米一年两熟模式。根据联合国粮食及农业组织分类标准，试验地为壤质黏潮土。本试验为多样化轮作的大田长期定位试验，在开展多样化轮作之前，试验地块常年开展冬小麦-夏玉米复种。供试大田的耕层土壤基础理化性质如下：土壤容重为 1.40 g/cm³，土壤 pH 为 8.13，土壤有机碳为 8.31 g/kg，土壤全氮为 0.78 g/kg，速效磷为 19.11 g/kg，速效钾为 156.69 g/kg。

9.1.2 试验设计

本研究在长期轮作定位试验地开展，基于其中的一个两年周期，2016年10月至2018年10月(图1)。其中2016年10月至2017年10月为2017轮作年，各种种植模式新配套的作物；2017年10月至2018年10月为2018麦玉年，各种种植模式均为麦玉复种。本研究的对照是麦-玉→麦-玉(麦玉复种)，7种种植模式如下：休耕→麦-玉模式、春玉米→麦-玉模式、冬小麦→麦-玉模式、春甘薯→麦-玉模式、春花生→麦-玉模式、冬小麦-夏花生→麦-玉模式、马铃薯-青贮玉米→麦-玉模式(图1)。每个种植模式3个重复，共3×8=24个小区，每个小区面积为5 m×6 m=30 m^2，均采用随机区组试验分布。不同作物的水肥管理方案见表1。2017年，在对照和所有种植模式的不同作物收获后，除青贮玉米外，秸秆粉碎还田。

图1 不同种植模式的作物播种、收获日期及生育期长度

表1 不同作物的水肥管理方案

作物	生育期/(年-月-日)	施N量/(kg/hm^2)	施P_2O_5量/(kg/hm^2)	施K_2O量/(kg/hm^2)	灌溉量/mm
冬小麦	2016-10-11至2017-6-5	225	112.5	225	225
夏玉米	2017-6-9至2017-9-25	180	103.5	112.5	75
春花生	2017-5-11至2017-9-15	172	172.5	150	75
夏花生	2017-6-9至2017-9-28	172	172.5	150	75
春甘薯	2017-4-26至2017-9-28	54	138	225	50
马铃薯	2017-2-28至2017-6-15	180	120	300	185
青贮玉米	2017-6-16至2017-9-28	180	103.5	112.5	75
春玉米	2017-5-11至2017-9-18	240	75	90	75
冬小麦	2017-10-15至2018-6-7	225	112.5	225	135
夏玉米	20118-6-11至2018-10-6	180	103.5	112.5	75

9.1.3 土壤取样及测定

2017年9月，在各作物收获之前，从对照和所有种植模式中收集土壤样品，其余土壤样品在 2018 年 6 月中旬冬小麦收获之前收集。用金属环按照“W”形 5 点取样法收集 0～20 cm 土层土样，同小区土样混合为一个土样，装入自封袋带回试验室。将湿土在 105 ℃下烘干，过夜得到干土，通过称量湿土和干土样品的重量差来确定土壤质量含水量。用金属环采集测量土壤容重的样品，称重，然后干燥并再次称重，以确定土壤容重。采用 NY/T 1377—2007《土壤 pH 的测定》电位法测量土壤 pH，样液比为 1∶2.5。利用重铬酸钾外加热法测量土壤有机碳浓度。根据凯氏定氮法，使用凯式定氮仪测量土壤全氮浓度。通过钼锑抗比色法测量土壤有效磷浓度。将土壤有机碳浓度乘以土层（m）和土壤容重（g/cm^3）得到土壤有机碳贮量（mg/hm^2），将土壤氮浓度乘以相同的指标得到土壤全氮贮量（mg/hm^2），将土壤有效磷浓度乘以相同的指标得到土壤有效磷贮量（mg/hm^2）。根据 Blanco-Canqui 等（2008）描述的改良方法测定蔗糖酶活性和脲酶活性。另外，使用李振高等（2008）描述的方法测定碱性磷酸酶活性。在 2018 年冬小麦收获时随机取 1 m 双行计算小麦的株数、单株穗数和每穗粒数，将籽粒干燥并用电子秤称重得到千粒重。

9.1.4 数据分析

本文分析了 2017 轮作年和 2018 麦玉年选定的土壤质量指标和 2018 麦玉年冬小麦相关指标，采用 Microsoft Excel 2016 和 SPSS 25.0 软件进行数据处理和统计分析，用 LSD 进行处理平均数的差异显著性比较，对有显著差异的处理采用 Duncan 法进行多重比较（表 2 和表 3）。此外，为了探究多样化轮作对土壤质量的潜在影响，计算了与对照麦玉复种相比，各种种植模式的土壤质量指标的变化率（图 2）。

9.2 结果与分析

9.2.1 土壤物理指标

2017 轮作年，与对照麦玉复种相比，各种种植模式在选定的土壤物理指标上呈无显著差异。唯一的例外是春玉米→麦-玉模式在 2017 轮作年的春玉米收获期的土壤质量含水量显著高于对照的土壤质量含水量，增幅为 27.8%（表 2）。2018 麦玉年，各模式进行统一旋耕、播种冬小麦且采用完全一致的田间管理措施，各种种植模式在 0～20 cm 土层的土壤容重和质量含水量更加趋于一致，与对照相比，其差异不显著（表 2 和图 2）。其中与对照麦玉复种相比，休耕→麦-玉模式的土壤质量含水量变化幅度最大，增加了 3%（表 2）。

9.2.2 土壤化学指标

2017 轮作年的作物收获期，在各种种植模式中新配套作物的引入对部分土壤化学指标产生了显著影响。例如，休耕→麦-玉模式在休耕结束前的土壤 pH 显著低于对照的土壤 pH，降幅为 2.7%（表 2）。除此之外，春甘薯→麦-玉模式在春甘薯收获期的土壤有机碳含量、全氮含量和有效磷含量比对照的土壤有机碳含量、全氮含量和有效磷含量分别下降 17.6%、18.7% 和 43.7%（表 2），其中有效磷含量比对照的有效磷含量显著降低。此外，春花生→麦-玉模式也比对照提高了土壤有机碳含量和全氮含量（表 2）。在 2018 麦玉年，各种种植模式 0～20 cm 土层的土壤化学指标相较于对照差异也不显著。其中与对照相比，春甘薯→麦-玉模式增加了土壤有机碳含量和土壤全氮含量，增幅分别为 5.1%和 5.3%，说明春甘薯→麦-玉模式在 2017 轮作年相比对照对于养分的显著消耗是暂时的。此外，与对照相比春花生→麦-玉模式的有机碳含量、全氮含量和有效磷含量均有所增加(图 2)。

9.2.3　土壤酶活性

在本研究中，大多数种植模式的土壤酶活性在两年周期中相比对照未表现出显著差异，除了在 2017 轮作年有两个例外(表 2)。与对照相比，休耕→麦-玉模式在 2017 年休耕结束时的土壤蔗糖酶活性和脲酶活性显著下降了 19.3%和 21.6%；春甘薯→麦-玉模式在 2017 年春甘薯收获期的土壤蔗糖酶活性为 5.58 mg，显著低于对照组的 7.79 mg(表 2)。各处理在 2018 麦玉年的土壤酶活性与对照相比存在一定变化趋势，但差异均不显著(图 2)。尽管差异不显著，但春甘薯→麦-玉模式的土壤脲酶活性相较于对照增加了 9.4%，说明春甘薯→麦-玉模式在 2017 轮作年相比对照土壤酶活性的显著降低是暂时的。此外，与对照相比，春甘薯→麦-玉模式和春花生→麦-玉模式的碱性磷酸酶活性相比对照增长率分别为 13.5%和 7.7%。

表 2　2017 轮作年和 2018 麦玉年作物在收获期的不同种植模式 0～20 cm 土层的土壤质量指标

质量指标		年份	轮作种植模式							
			麦-玉→麦-玉	休耕→麦-玉	春玉米→麦-玉	冬小麦→麦-玉	春甘薯→麦-玉	春花生→麦-玉	冬小麦-夏花生→麦-玉	马铃薯-青贮玉米→麦-玉
物理	容重/(g/cm^3)	2017	1.38ab	1.40ab	1.39ab	1.38ab	1.42a	1.37ab	1.31b	1.35ab
		2018	1.38a	1.43a	1.37a	1.41a	1.38a	1.36a	1.34a	1.36a
	质量含水量/(%)	2017	10.19bcd	10.82bc	13.02a	9.22cd	9.06cd	8.00d	8.13d	11.54ab
		2018	8.14a	8.19a	6.85a	8.26a	8.14a	7.25a	6.93a	7.04a
化学	pH	2017	8.48a	8.25b	8.29ab	8.29ab	8.32ab	8.39ab	8.34ab	8.47a
		2018	8.17a	8.11a	8.16a	8.14a	8.25a	8.15a	8.16a	8.30a
	有机碳贮量/(mg/hm^2)	2017	16.31a	16.62a	16.01ab	14.74ab	13.43b	16.65a	14.84ab	14.93ab
		2018	15.55a	15.64a	15.91a	15.84a	16.35a	15.44a	14.92a	14.62a
	全氮贮量/(mg/hm^2)	2017	2.10a	2.06ab	2.08ab	2.09a	1.71b	2.22a	2.07ab	2.04ab
		2018	2.58ab	2.87a	2.53ab	2.61ab	2.72ab	2.64ab	2.60ab	2.46b
	有效磷贮量/(mg/hm^2)	2017	52.98a	50.15a	38.18ab	44.78ab	29.85b	54.97a	38.84ab	43.45ab
		2018	33.03a	32.40a	26.01a	33.94a	37.60a	37.40a	34.73a	26.21a
生物	24 h后 1 g 土壤葡萄糖的蔗糖酶活性/mg	2017	7.79a	6.28bc	7.42ab	7.50ab	5.58c	7.16ab	6.74abc	6.80abc
		2018	8.21a	8.24a	8.74a	8.60a	8.17a	8.22a	7.46a	7.73a
	24 h后 1 g 土壤 NH_3-N 的脲酶活性/mg	2017	6.26ab	4.91c	5.33bc	6.04abc	5.70abc	6.48ab	6.61a	5.51abc
		2018	5.73a	4.43a	4.82a	5.17a	6.27a	5.30a	5.41a	4.62a
	24 h后 1 g 土壤苯酚的碱性磷酸酶活性/mg	2017	0.15a	0.14a	0.14a	0.16a	0.13a	0.14a	0.12a	0.13a
		2018	0.13a	0.12a	0.12a	0.13a	0.14a	0.13a	0.12a	0.13a

注：表中数值均为平均值 (n=3)。不同字母表示不同处理差异显著 (P<0.05)。

9.2.4　小麦产量

与对照麦玉复种模式相比，在各种种植模式中引入不同的配套作物对 2018 年冬小麦最终

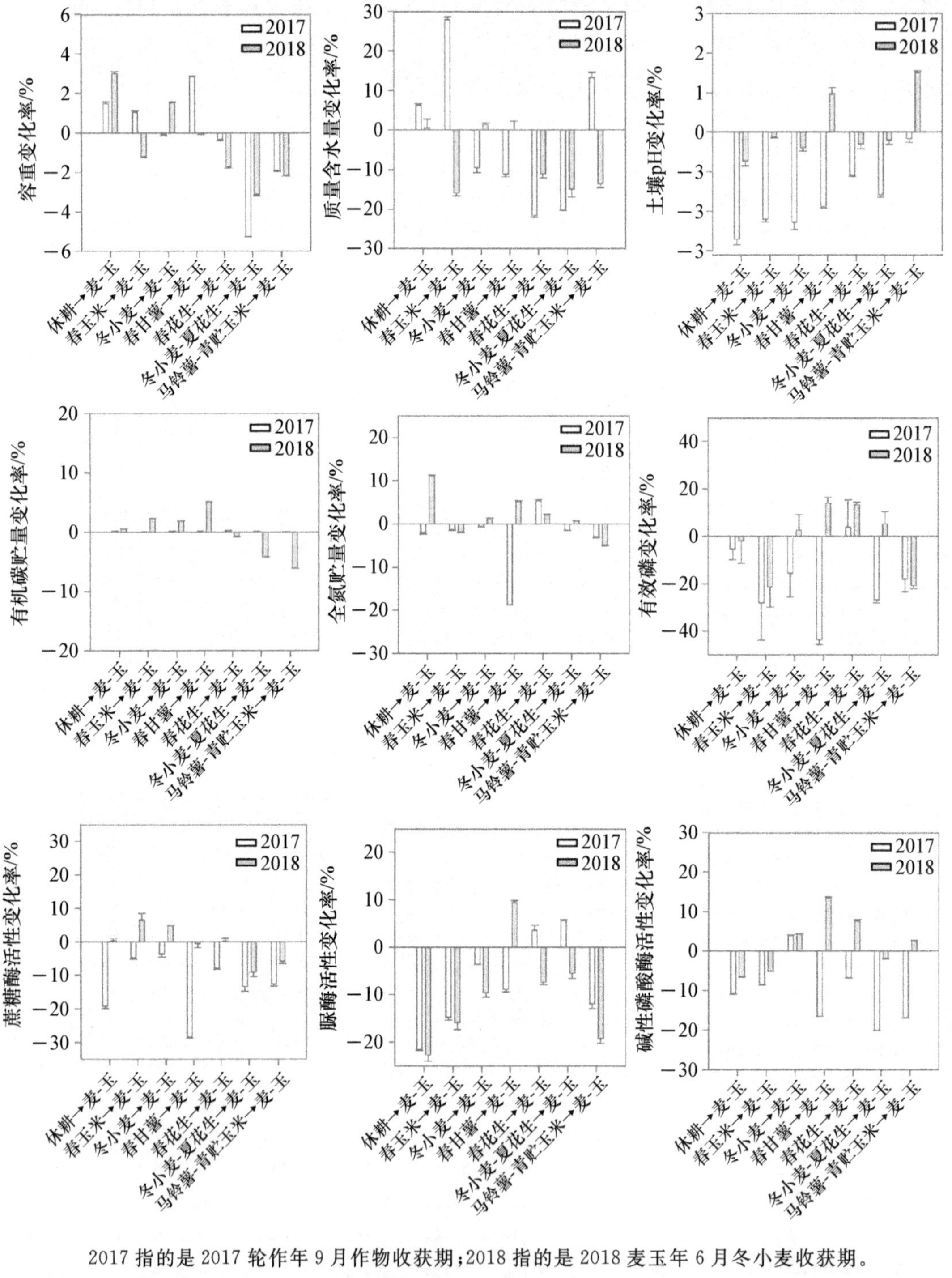

2017 指的是 2017 轮作年 9 月作物收获期；2018 指的是 2018 麦玉年 6 月冬小麦收获期。

图 2　2017 轮作年和 2018 麦玉年不同种植模式与对照麦玉复种模式相比的土壤质量指标的变化率

产量的影响并不显著(表 3)，但对产量形成因子存在一定的显著影响(表 3)。在产量形成因子中，除了冬小麦→麦-玉模式外，其余种植模式的有效穗数均低于对照麦玉复种模式的有效穗数，其中春甘薯→麦-玉模式的有效穗数显著低于对照的有效穗数。此外，各种种植模式的冬小麦的千粒重范围为 39.48～43.39 g，均高于对照的千粒重的 38.74 g，其中休耕→麦-玉模式、春甘薯→麦-玉模式、春花生→麦-玉模式、冬小麦-夏花生→麦-玉模式和马铃薯-青贮玉米→麦-玉模式的千粒重均显著高于对照的千粒重。与各种种植模式的产量相比，对照不存在显著差异(表 3)。

表 3　2018 麦玉年不同种植模式的冬小麦产量及产量形成因子

模式	有效穗数/hm^2	穗粒数/粒	千粒重/g	理论产量/(mg/hm^2)
麦-玉→麦-玉	682.2ab	28.18a	38.74d	8.81a
休耕→麦-玉	705.6ab	29.00a	42.12ab	8.74a
春玉米→麦-玉	713.3ab	28.05a	40.80bcd	8.16a
冬小麦→麦-玉	627.8b	27.80a	39.48cd	9.15a
春甘薯→麦-玉	821.1a	29.73a	43.39a	8.46a
春花生→麦-玉	765.6ab	28.03a	42.68ab	7.99a
冬小麦-夏花生→麦-玉	806.7a	29.15a	41.23abc	8.43a
马铃薯-青贮玉米→麦-玉	703.3ab	27.05a	41.24abc	8.17a

9.3　讨论

9.3.1　土壤质量指标

在 2017 轮作年的作物收获期，与对照麦玉复种模式相比，部分种植模式的指标存在显著差异。例如，与对照相比，休耕→麦-玉模式在休耕结束时的土壤 pH 显著降低，其余种植模式的土壤 pH 也均有所下降(表 2 和图 2)，在华北平原较低的 pH 对农作物生长有利。在本研究中施用的氮肥尿素[$(CO(NH_2)_2)$]对土壤 pH 没有影响，因此排除肥料的影响。在另一项研究中也发现休耕-玉米的土壤 pH 低于大豆-玉米和豇豆-玉米模式的 pH。基于以上分析表明，与对照相比，在各种种植模式中引入不同的作物，特别是休耕有利于改善华北平原碱性土壤状况。此外，与对照相比，休耕→麦-玉模式在 2017 年休耕结束时的土壤蔗糖酶活性和脲酶活性分别显著下降 19.3%和 21.6%。其原因是在休耕期间没有额外的肥料投入，相关的养分循环较弱，在一定程度上可能有利于养地。与对照相比，春甘薯→麦-玉模式在 2017 年春甘薯收获期的土壤有机碳含量、全氮含量、有效磷含量和蔗糖酶活性显著降低，这与甘薯是需肥性和吸肥性强作物且该模式肥料投入低于对照有关。春玉米→麦-玉模式在 2017 年春玉米收获期的土壤水分含量显著高于对照的土壤水分含量(表 2)，其余在华北平原涉及春玉米→麦-玉模式的研究中也有类似结论。

与对照相比，在 2018 麦玉年冬小麦收获期，各种种植模式对土壤质量指标产生了一定影响，休耕→麦-玉模式、春甘薯→麦-玉模式和春花生→麦-玉模式超过一半的土壤质量指标(物理，化学和生物指标)得到了改善。其中，在 2018 麦玉年冬小麦收获期，春甘薯→麦-玉模式的土壤有机碳含量、全氮含量、有效磷含量、脲酶活性和碱性磷酸酶活性均有所增加，表明在春甘薯种植期间土壤养分的大量消耗使得土壤养分及相关指标显著被降低是暂时的，随着甘薯地上部植株的还田，残茬和残留的春甘薯块茎的分解作用使得土壤养分和相关酶的活性升高。秸秆还田有利于提高 0～20 cm 土层的全氮和有效磷等含量。因此，在春甘薯→麦-玉模式中，引入春甘薯对土壤质量有一定好处。此外，在 2018 年冬小麦收获期，春花生→麦-玉模式的有机碳含量、全氮含量、有效磷含量和蔗糖酶活性相比对照均有所增加，表明春花生作为养地作物和豆科作物在华北平原与麦类作物实行合理的轮作具有培肥地力的潜力。

9.3.2 小麦产量指标

与对照相比，在各种种植模式中引入不同的配套作物对 2018 麦玉年冬小麦最终产量的影响并不显著，但对产量形成因子存在一定显著影响。在 2018 麦玉年冬小麦的产量形成因子中，除了冬小麦→麦-玉模式外，其余种植模式的有效穗数均低于对照的有效穗数。其中春甘薯→麦-玉模式的有效穗数显著低于对照的有效穗数。与对照相比，2017 轮作年在春甘薯收获期的大部分土壤质量指标表现较差，从而影响了该模式 2018 麦玉年的冬小麦。此外，2018 麦玉年各种种植模式的冬小麦的千粒重均高于对照的千粒重，其中休耕→麦-玉模式、春甘薯→麦-玉模式、春花生→麦-玉模式、冬小麦-夏花生→麦-玉模式、马铃薯-青贮玉米→麦-玉模式的千粒重显著高于对照的千粒重。与对照相比，所有种植模式在 2018 年麦玉年的冬小麦产量不存在显著差异。各种种植模式的不同配套作物的残茬分解作用和冬小麦自身的补偿作用可能会导致明显的产量构成因子差异，而对实际小麦产量却未产生显著影响。作物的补偿作用就是指在整个作物生命周期中利用有利条件可以在产量构成中形成特定的平衡。但是其他研究表明，多样化轮作有利于提高粮食产量和系统的生产率。产生的结果与前人研究存在出入的原因可能是与对照相比，2017 轮作年 7 种种植模式的肥料用量和灌溉投入均低于同时期对照麦玉复种的肥料用量和灌溉投入，同时本研究位于长期定位试验的前期，多样化轮作的效果还未足够体现出来。

本研究已证明多样化轮作对选定的土壤质量指标和小麦产量具有潜在的积极影响。这些发现与其他研究相似，表明多样化轮作不仅有益于土壤质量，而且对作物产量有积极影响。由于本研究处于长期定位试验的早期阶段，因此缺乏进一步的确切证据，需要在多样化轮作的定位试验下进行长期观察，以更详细地探究其对土壤质量指标和作物产量的影响。

9.4 结论

本研究的结果初步表明，在华北平原麦玉复种基础上，引入新的配套作物所构成的多样化轮作模式对选定的土壤质量指标和小麦产量具有潜在的积极影响。与对照麦玉复种相比，在第一年(2017 轮作年)结束的时候，各种种植模式显著影响了某些土壤质量指标，尤其是休耕→麦-玉模式和春甘薯→麦-玉模式。与对照相比，7 种种植模式中的大多数(尤其是春甘薯→麦-玉模式、春花生→麦-玉模式和休耕→麦-玉模式)在研究的第二年(2018 麦玉年)的冬小麦在收获期显示出对土壤质量指标的积极影响。与对照相比，引入不同的配套作物对 2018 麦玉年冬小麦产量的影响并不显著，但对产量构成因子存在一定显著影响，多样化轮作对于产量的提升作用可能会在长期试验中进一步表现出来。以上结论基于长期轮作定位试验的前期和本研究中的水肥管理条件可为华北平原地区发展多样化轮作模式的选择提供参考。

参考文献

[1] KENDY E,ZHANG Y,LIU C,et al. Groundwater recharge from irrigated cropland in the North China Plain: Case study of Luancheng County, Hebei Province, 1949—2000. Hydrol. Process, 2004, 18: 2289-2302

[2] LIU E,YAN C,MEI X,et al. Long-term effect of chemical fertilizer,straw,and manure on soil chemical and biological properties in northwest China. Geoderma,2010,158:173-180

[3] LU C,FAN L. Winter wheat yield potentials and yield gaps in the North China Plain. Field Crop. Res, 2013,143:98-105

[4] LI K,YANG X,LIU Z,et al. Low yield gap of winter wheat in the North China Plain. Eur. J. Agron, 2014,59:1-12

[5] GAN Y,LIANG C,WANG X,et al. Lowering carbon footprint of durum wheat by diversifying cropping systems. Field Crop. Res,2011,122:199-206

[6] 张伟，陈源泉，隋鹏，等. 华北平原粮田替代型复合种植模式生态经济比较研究. 中国农学通报,2009, 25(8):241-245

[7] 徐明岗，卢昌艾，张文菊，等. 我国耕地质量状况与提升对策. 中国农业资源与区划,2016, 37:8-14

[8] AHMAD W,KHAN F. Integrated nutrients and cropping patterns management on eroded soil for yield and fertility restoration. Sarhad Journal of Agriculture,2018, 34:533-542

[9] AHMAD W,KHAN F. Maize as fodder under cereals based rotation with legume as catch crop and mineral N. Pakistan Journal of Botany,2011, 43:921-928

[10] YANG X,GAO W,ZHANG M,et al. Reducing agricultural carbon footprint through diversified crop rotation systems in the North China Plain. J. Clean. Prod,2014,76:131-139

[11] MENG Q,SUN Q,CHEN X,et al. Alternative cropping systems for sustainable water and nitrogen use in the North China Plain. Agric. Ecosyst. Environ,2012,146:93-102

[12] 吴天龙，马丽，隋鹏，等. 太行山前平原不同轮作模式水资源利用效率评价. 中国农学通报,2008, 24: 351-356

[13] ABEGUNDE O K,MU T H,CHEN J W,et al. Physicochemical characterization of sweet potato starches popularly used in Chinese starch industry. Food Hydrocolloids,2013, 33:169-177

[14] VARIATH M T, JANILA P. Economic and academic importance of peanut. In the peanut genome, VARSHNEY R K, PANDEY M K, PUPPALA N, Eds. Springer International Publishing: Cham, 2017:7-26

[15] SUN Q,KRÖBEL R,MÜLLER T,et al. Optimization of yield and water-use of different cropping systems for sustainable groundwater use in North China Plain. Agric. Water Manag,2011,98:808-814

[16] MENG Q,SUN Q,CHEN X,et al. Alternative cropping systems for sustainable water and nitrogen use in the North China Plain. Agric. Ecosyst. Environ,2012,146:93-102

[17] CAMIRE M E, KUBOW S,DONNELLY D J. Potatoes and human health. Crit Rev Food Sci Nutr, 2009, 49:823-840

[18] KRÄMER-SCHMID M,LUND P,WEISBJERG M R. Importance of NDF digestibility of whole crop maize silage for dry matter intake and milk production in dairy cows. Anim. Feed Sci. Technol,2016, 219:68-76

[19] BURGERS P,BURGERS P,WILIAMS D. Indigenous fallow management. International Center for the Research in Agroforestry:Bogor, Indonesia,2000:1-2

[20] KARLEN D L,HURLEY E G,ANDREWS S S,et al. Crop rotation effectson soil qualityat three northern

corn/soybean belt locations. Agron. J,2006,98:484-495

[21] ANDREWS S S,KARLEN D L,MITCHELL J P. Acomparison of soilquality indexing methods for vegetable production systems in Northern California. Agric. Ecosyst. Environ,2002,90:25-45

[22] LI J,INANAGA S,LI Z,et al. Optimizing irrigation scheduling for winter wheat in the North China Plain. Agric. Water Manag,2005,76:8-23

[23] ALLER D,MAZUR R,MOORE K,et al. Biochar age and crop rotation impactson soil quality. Soil Sci. Soc. Am. J,2017,81:1157-1167

[24] ZHOU H,LÜ Y Z,YANG Z C,et al. Influence of conservation tillage on soil aggregates features in North China Plain. Agric. Sci. China,2007,6:1099-1106

[25] HE J,LI H,RASAILY R G,et al. Soil properties and crop yields after 11 years of no tillage farming in wheat-maize cropping system in North China Plain. Soil Tillage Res,2011,113:48-54

[26] CHARLES M J,SIMMONS M S. Methods for the determination of carbon in soils and sediments. Areview. Analyst,1986,111:385-390

[27] WANG T, KANG F, CHENG X,et al. Soil organic carbon and total nitrogen stocks under different land uses in a hilly ecological restoration area of North China. Soil Tillage Res,2016, 163:176-184

[28] OLSEN S R, COLE C V, WATANABLE F S,et al. Estimation of available phosphorus in soils by extraction with sodium bicarbonate with sodium bicarbonate. In USDA Circular 939; U. S. Govert. Printing Office: Washington, DC, USA, 1954

[29] BLANCO-CANQUI H, LAL R. No-tillage and soil-profile carbon sequestration: an on-farm assessment. Soil Sci. Soc. Am. J,2008, 72:693-701

[30] 李振高，骆永明，滕应. 土壤与环境微生物研究法. 北京:科学出版社，2008

[31] GIBSON L R, PAULSEN G M. Yield components of wheat grown under high temperature stress during reproductive growth. Crop Sci,1999, 39:1841-1846

[32] TRIPLETT E W, ALBRECHT K A, OPLINGER E S. Crop rotation effects on populations of Bradyrhizobium japonicum and Rhizobium meliloti. Soil Biol. Biochem,1993, 25:781-784

[33] YUSUF A A, ABAIDOO R C, IWUAFOR E N O,et al. Rotation effects of grain legumes and fallow on maize yield, microbial biomass and chemical properties of an Alfisol in the Nigerian savanna. Agric. Ecosyst. Environ,2009, 129:325-331

[34] RAY R C, TOMLINS K I. Sweet potato: post harvest aspects in food, feed and industry. New York: Nova Science Publishers, 2010

[35] WEST T O, POST W M. Soil organic carbon sequestration rates by tillage and crop rotation: A global data analysis. Soil Sci. Soc. Am. J,2002, 66:1930-1946

[36] ZUBER S M, BEHNKE G D, NAFZIGER E D,et al. Crop rotation and tillage effects on soil physical and chemical properties in illinois. Agron. J,2015, 107:971-978

[37] EVANS L T, LAW I F W. Aspects of the comparative physilogy of grain yield in cereals. Advances in Agronomy, 1976,28:301-359

[38] GAN Y T, MILLER P R, MCConkey B G,et al. Influence of diverse cropping sequences on durum wheat yield and protein in the semiarid northern great plains. Agron. J,2003, 95:245-252

[39] MILLER P R, GAN Y,MCCONKEY B G,et al. Pulse crops for the northern great plains: II. cropping sequence effects on cereal, oilseed, and pulse crops. Agron. J,2003, 95:980-986

[40] KARLEN D L, VARVEL G E, BULLOCK D G,et al. Crop rotations for the 21st century. Advances in Agronomy, 1994,53:1-45

[41] BULLOCK D G. Croprotation. Crit. Rev. Plant Sci,2008,11:309-326

第 4 章
轮作的土壤微生物效应

1 作物根系分泌物对小麦种子萌发及幼苗生长的影响[①]

摘 要:为了探讨不同前茬作物与小麦轮作的生化关系,以大豆、花生、玉米和甘薯为供试材料,以小麦为受体材料,研究了 4 种作物根系分泌物对小麦种子萌发、幼苗形态及生理指标的影响。结果表明,大豆、花生、玉米和甘薯根系分泌物对小麦种子萌发率、胚根长、株高、根长、叶绿素含量、丙二醛(MDA)含量、超氧化物歧化酶(SOD)、过氧化物酶(POD)和过氧化氢酶(CAT)活性均产生不同程度的影响,这 4 种作物根系分泌物对供试小麦的萌发率均表现出抑制作用,对小麦的胚根长、幼苗株高及根长则表现为低浓度促进、高浓度抑制的作用,且小麦幼苗的叶绿素含量整体上随着根系分泌物浓度的增加而降低。此外,小麦幼苗的 POD、CAT 活性总体上均随着根系分泌物浓度的增加而增加,大豆和甘薯根系分泌物处理下的 MDA 含量随着根系分泌物浓度的增加而降低。

关键词:农作物;根系分泌物;小麦;种子萌发;幼苗生长;化感作用

小麦为禾本科小麦属一年生或越年生草本植物,在我国分布广泛,是重要的粮食来源。大豆是我国重要的粮食作物、饲料及工业原料。花生属于蝶形花科落花生属植物,种植面积较广。玉米作为重要的粮食和经济作物,种植面积和总产量位列世界第 3。随着我国人口的增加、耕地的减少,粮食供给安全遭到了严峻的考验,因此小麦等农作物的稳产和增产成为国计民生亟待解决的问题。

作为“隐藏”部分的植物根部,其主要功能是摄取水分和养分。然而,在生长过程中,植物向根周围分泌,释放出多种化合物,产生根际效应,这些化合物称之为根系分泌物。根系分泌物复杂、多组分,是植物与土壤进行物质交换和信息传递的重要载体,也是根际对话的主要调控者。根系分泌物的量在植物光合作用产物总量中所占比例较大,有时高达 70%~80%,一般为 12%~40%。根系分泌的物质有很多种,这些物质可以促进或抑制其他植物的生长。化感作用普遍存在,间作、套种或者轮作的农作物化感作用更加明显。李翠萍(2014)研究了玉米、大豆根系分泌物对马铃薯块茎萌发和萌芽生长的化感效应,结果表明,玉米和大豆是马铃薯的良好前茬作物,也可与马铃薯进行间作、套种。化感作用与作物根系分泌物的种类及浓度密切相关。李彩凤等(2016)研究了甜菜根系分泌物对大豆生长发育的化感作用,结果表明,甜菜根系分泌物对大豆种子萌发的抑制性化感作用随分泌物浓度的升高而增大。本试验选择小麦为受体作物,大豆、花生、玉米、甘薯为供体作物,探讨这 4 种作物根系分泌物对小麦种子萌

① 作者:王璐、陈明霞*、邵云、李春喜、朱群英、翁正鹏;通信作者:陈明霞(河南师范大学副教授,博士,主要从事植物生理学及植物生物技术应用研究,E-mail:chenmx1973@ tom. com)。

发及幼苗生长的影响，比较其对小麦化感作用的强弱，为构建高效合理的种植模式提供理论依据，为我国小麦产量提高和品质优化提供理论参考。

1.1 材料和方法

1.1.1 试验材料

供试小麦品种'豫农 4023'、大豆品种'驻豆 11'、花生品种'鲁花 10'、玉米品种'洛单 248'、甘薯品种'商薯 19 号'，均由河南师范大学生命科学学院在河南省新乡市获嘉县西彰仪村的项目区提供，试验于 2017—2018 年在全智能人工气候植物培养箱(型号 HP1500GS-B)内进行。

1.1.2 试验设计

将大豆、花生、玉米种子用 1%次氯酸钠溶液消毒 5 min，用蒸馏水冲洗数次，再用去离子水反复冲洗，置于 25～28 ℃的条件下避光催芽。发芽后挑选大小一致的种子分别播种于装有石英砂的塑料盆中，用蒸馏水将石英砂浇透，加入 Hoagland 营养液。从甘薯藤蔓上剪取幼苗，插入盛有 Hoagland 营养液的塑料盆中。4 种作物均置于光照培养箱中培养，光照/黑暗 14 h/10 h，温度为 25～30 ℃(光照)、20 ℃(黑暗)，相对湿度为 70%以上，光照强度为 200 lx。每孔 1 株/盆、10 株/盆，培养期间定期通气。

将培养 40 d 的幼苗移栽到盛有 0.5 mmol/L $CaCl_2$ 溶液、容量 5 L 的烧杯中，用泡沫固定。烧杯周围用黑布包裹，进行根部的避光处理、叶片光照处理。培养 4 h 后(9:00～13:00)，将根系取出，收集的水溶液即为根系分泌物，再将根系分泌物提取液过布氏漏斗进行抽滤、减压浓缩，在 4 ℃的条件下，保存备用。

1.1.3 测定项目及方法

1.1.3.1 种子萌发指标

挑选 100 粒大小一致的小麦种子，用 0.1% $HgCl_2$ 消毒 7 min 后，用去离子水冲洗 3 次后浸泡过夜，均匀地摆在铺有 3 张定性滤纸、直径为 9.0 cm 的培养皿中，分别加入 20 mL 蒸馏水和大豆、花生、玉米、甘薯根系分泌物水溶液，以蒸馏水为对照(用 R_0 表示)。4 种作物根系分泌物的浓度梯度设定为每 20 mL 的水溶液中分别含有 1 mL、5 mL、10 mL 浓缩后的根系分泌物(分别用 R_1、R_2、R_3 表示)。每个处理重复 3 次，置于 18～22 ℃全智能人工气候植物培养箱中光照培养。添加根系分泌物水溶液 48 h 后，统计小麦种子的发芽数并计算萌发率，72 h 后记录小麦胚根的生长情况。每天补加蒸馏水，以保持滤纸的湿润。

1.1.3.2 化感指数

采用 WILLIAMSON 等(1988)提出的化感指数(RI)作为衡量指标，调查大豆、花生、玉米、甘薯 4 种作物根系分泌物对小麦萌发率和胚根长的化感程度：当 $T \geq C$ 时，$RI=1-C/T$；当 $T<C$ 时，$RI=T/C-1$。其中，C 是对照的萌发率和胚根长，T 是各处理的萌发率和胚根长。当 $RI>0$ 时表示促进作用；当 $RI<0$ 时表示抑制作用，RI 的绝对值表示化感作用强度的

大小。

1.1.3.3　幼苗形态及生理指标

将添加根系分泌物水溶液后的幼苗置于人工植物培养箱中继续培养，每天加入 5 mL 根系分泌物处理液，R_0 加入 5 mL 蒸馏水，20 d 后选取长势均一、健康的小麦幼苗 5 株，从种子结合处切断，测定幼苗形态及生理指标。

叶绿素含量(SPAD 值)用 SPAD-502 叶绿素仪测定，超氧化物歧化酶(SOD)活性采用氮蓝四唑(NBT)光化还原法测定，过氧化物酶(POD)活性采用愈创木酚比色法测定，过氧化氢酶(CAT)活性采用紫外吸收法测定，丙二醛(MDA)含量采用硫代巴比妥酸 TBA 显色法测定。

1.1.4　数据处理

用 Excel 2010 和 SPSS 17.0 软件对试验数据进行处理分析，用 LSD 法进行多重比较。

1.2　结果与分析

1.2.1　作物根系分泌物对小麦种子萌发的影响

由表 1 可以看出，大豆、花生、玉米、甘薯 4 种作物根系分泌物对小麦种子的萌发均表现出一定的抑制作用。小麦种子的萌发率随着根系分泌物浓度的增加而逐渐降低。当 4 种作物根系分泌物的浓度为 R_1 时，大豆、花生和玉米根系分泌物对小麦种子萌发的抑制作用不显著；当浓度为 R_3 时，大豆和玉米根系分泌物处理下的小麦种子萌发率显著高于其他 2 种作物的小麦种子萌发率。与其他处理相比，大豆根系分泌物对小麦种子萌发率抑制作用最弱。

不同浓度的根系分泌物对小麦种子胚根的发育也产生了不同影响。由表 1 可以看出，4 种作物根系分泌物对小麦胚根生长表现为低浓度促进、高浓度抑制的作用。当浓度为 R_1 时，不同作物根系分泌物处理下的小麦胚根长均未达到显著性差异；当浓度为 R_2 和 R_3 时，大豆根系分泌物处理下的小麦胚根长均显著高于其余 3 种作物的小麦胚根长。

表 1　作物根系分泌物对小麦种子萌发率和胚根长的影响

作物	萌发率/%				胚根长/cm			
	R_0	R_1	R_2	R_3	R_0	R_1	R_2	R_3
大豆	96.00a	95.67a	94.67a	90.67a	2.84a	3.19a	2.88a	2.77a
花生	95.67a	94.00a	90.33b	76.33b	2.84a	2.87a	1.68b	1.56c
玉米	96.00a	93.67a	91.67ab	89.00a	2.84a	3.00a	1.88b	1.53c
甘薯	95.67a	90.67b	88.33b	78.00b	2.84a	2.98a	1.99b	1.97b

注：同列数据后不同小写字母表示处理间差异显著($P<0.05$)，下同。

1.2.2　作物根系分泌物对小麦化感指数的影响

4 种作物根系分泌物对小麦种子萌发的化感指数的影响如图 1 所示。随着根系分泌物浓度的增加，4 种作物根系分泌物对小麦种子萌发的抑制作用增强。当浓度为 R_1 时，大豆根系分泌物处理对小麦种子萌发率的抑制程度最弱，其化感指数为−0.003。当浓度为 R_1 时，这 4 种作物根系分泌物对小麦胚根生长有一定的化感促进作用，大豆根系分泌物处理下的化感促进作用最强，其化感指数为 0.108。当根系分泌物浓度较高时，大部分表现出对小麦胚根生长的化感抑制作用。

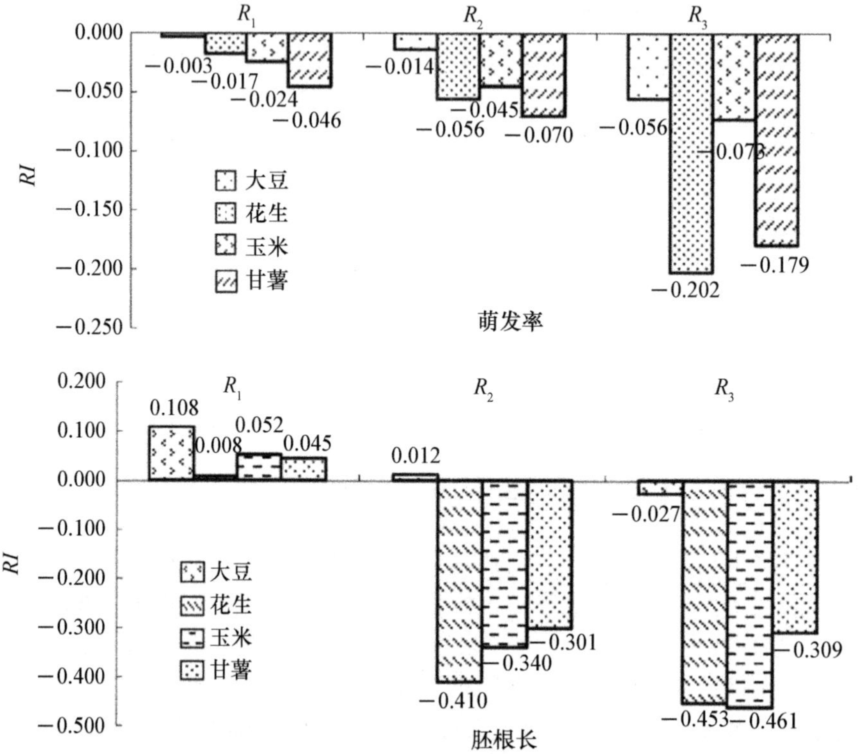

图 1　作物根系分泌物对小麦种子发芽率和胚根长化感指数的影响

1.2.3　作物根系分泌物对小麦幼苗形态指标的影响

由表 2 可知，大豆、花生、玉米、甘薯 4 种作物根系分泌物对小麦幼苗株高及根长均表现为低浓度促进、高浓度抑制的作用。当浓度为 R_1 时，大豆根系分泌物处理下的小麦幼苗的根长及株高均显著高于其余 3 种处理，其次是花生根系分泌物处理；当浓度为 R_3 时，大豆根系分泌物处理下的小麦幼苗的根长及株高均显著高于其余 3 种处理，其次是甘薯根系分泌物处理。

表 2　作物根系分泌物对小麦幼苗根长和株高的影响　　cm

作物	根长				株高			
	R_0	R_1	R_2	R_3	R_0	R_1	R_2	R_3
大豆	11.68 a	16.31 a	13.71 a	10.46 a	30.27 a	35.61 a	30.43 a	29.15 a
花生	11.66 a	14.06 b	10.82 c	8.14 c	30.30 a	32.28 b	29.55 b	26.13 d
玉米	11.68 a	12.96 c	13.13 a	9.65 b	30.26 a	31.44 c	27.86 d	27.31 c
甘薯	11.65 a	13.27 c	12.41 b	9.53 b	30.26 a	31.23 c	28.59 c	27.93 b

1.2.4 作物根系分泌物对小麦幼苗生理指标的影响

1.2.4.1 对小麦幼苗叶绿素含量的影响

从图 2 可以看出，4 种作物根系分泌物对小麦幼苗叶绿素含量的影响基本一致，即与 R_0 相比，随着根系分泌物浓度的增大，小麦幼苗的叶绿素含量均呈现降低趋势，表明这 4 种作物根系分泌物对小麦幼苗叶绿素的含量均具有一定的抑制作用。在同一浓度下，大豆、花生、玉米根系分泌物对小麦幼苗叶绿素含量的影响未达到显著性差异。当浓度为 R_3时，甘薯根系分泌物处理下的小麦幼苗叶绿素含量与其他处理差异显著。

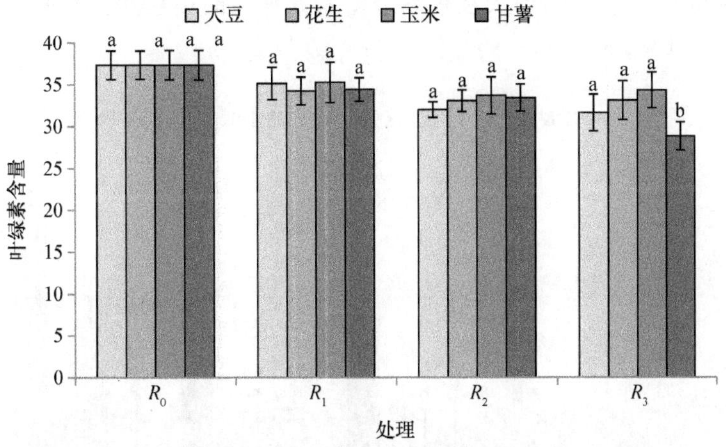

不同小写字母表示不同作物间差异显著(P<0.05)，下同。

图 2　作物根系分泌物对小麦幼苗叶绿素含量的影响

1.2.4.2 对小麦幼苗 POD 活性的影响

如图 3 所示，随着 4 种作物根系分泌物浓度的增加，小麦幼苗 POD 活性均随之升高。当浓度为 R_3 时，大豆根系分泌物处理下的小麦幼苗 POD 活性达到最大。当浓度为 R_1 时，甘薯

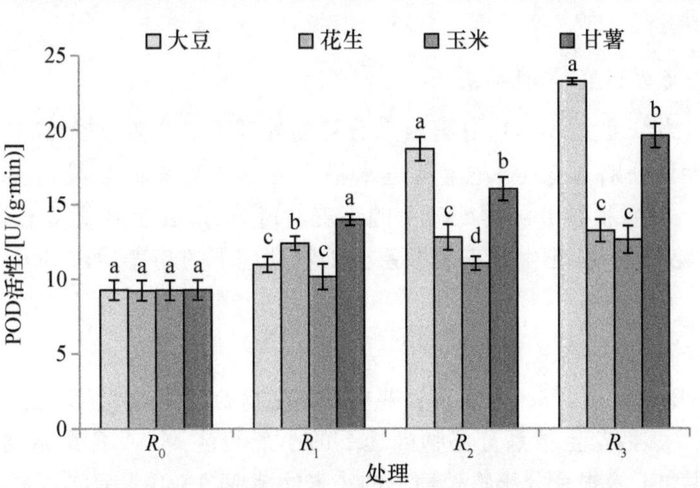

图 3　作物根系分泌物对小麦幼苗 POD 活性的影响

根系分泌物处理下的小麦幼苗 POD 活性显著高于其余 3 种处理。当浓度为 R_2 和 R_3 时，大豆根系分泌物处理下的小麦幼苗 POD 活性均显著高于其余 3 种处理，其次是甘薯根系分泌物处理，其小麦幼苗 POD 活性显著高于花生、玉米根系分泌物处理。

1.2.4.3 对小麦幼苗 CAT 活性的影响

如图 4 所示，不同浓度下小麦幼苗 CAT 活性均高于 R_0，并随着根系分泌物浓度的增加，小麦幼苗 CAT 活性也逐渐升高。当浓度为 R_3 时，甘薯根系分泌物处理下的小麦幼苗 CAT 活性达到最大，且较 R_0 增幅大，甘薯根系分泌物处理下的小麦幼苗 CAT 活性均显著高于其他 3 种作物，且较 R_0 增幅较大，其次是大豆根系分泌物处理。同一浓度下，大豆、花生和玉米根系分泌物处理间无显著差异，但大豆根系分泌物处理下的小麦幼苗 CAT 活性略高于花生和玉米根系分泌物处理。

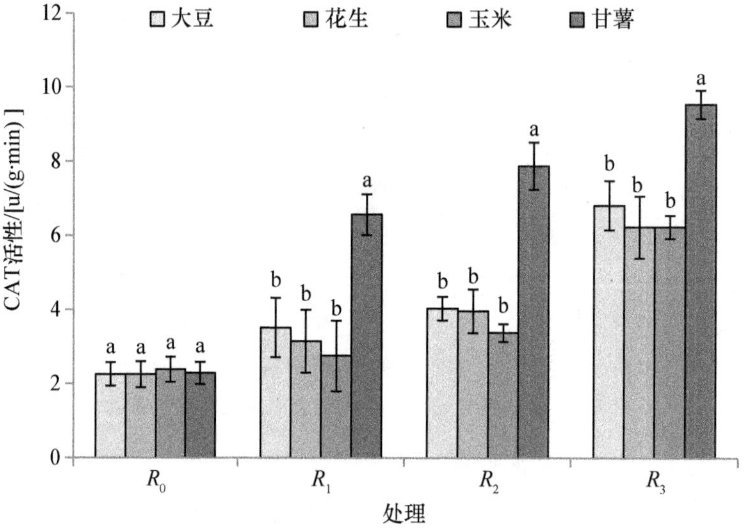

图 4 作物根系分泌物对小麦幼苗 CAT 活性的影响

1.2.4.4 对小麦幼苗 SOD 活性的影响

如图 5 所示，当浓度为 R_1 时，甘薯根系分泌物处理下的小麦幼苗 SOD 活性显著高于其他 3 种作物，且大豆分别与花生、花生与玉米根系分泌物处理间差异达到显著水平。当浓度为 R_2 和 R_3 时，甘薯根系分泌物处理下的小麦幼苗 SOD 活性显著高于其他 3 种作物，其次是大豆根系分泌物处理，花生和玉米根系分泌物处理下的小麦幼苗 SOD 活性之间无显著性差异。

1.2.4.5 对小麦幼苗 MDA 含量的影响

如图 6 所示，随着浓度升高，大豆和甘薯根系分泌物处理下的小麦幼苗 MDA 含量呈下降趋势。当浓度为 R_1 时，花生根系分泌物处理下的小麦幼苗 MDA 含量达到最大。当浓度为 R_1 和 R_2 时，花生和玉米根系分泌物处理下的小麦幼苗 MDA 含量差异不显著。当浓度为 R_3 时，大豆、甘薯、花生根系分泌物处理下的小麦幼苗 MDA 含量差异不显著。

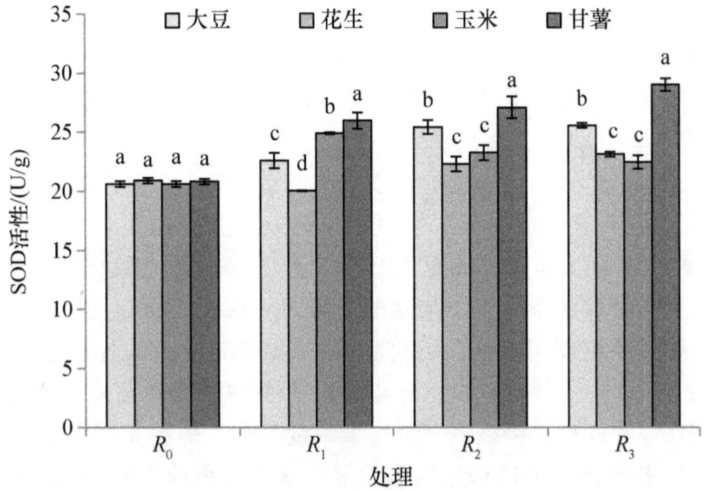

图 5　作物根系分泌物对小麦幼苗 SOD 活性的影响

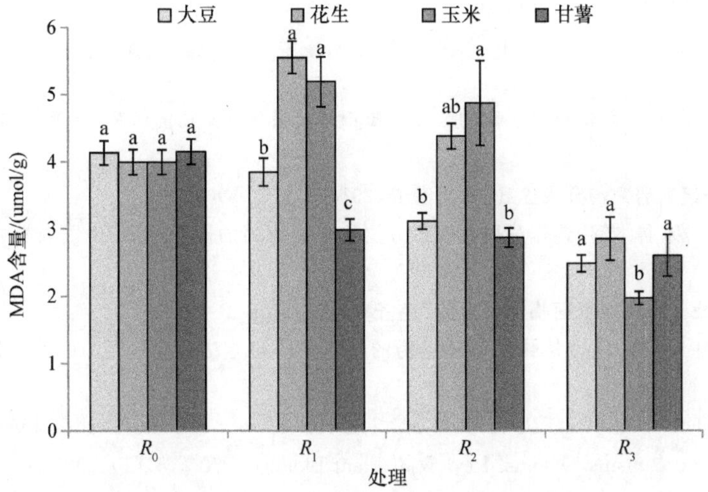

图 6　作物根系分泌物对小麦幼苗 MDA 含量的影响

1.3　结论与讨论

植物化感作用与根系分泌物的种类及浓度密切相关。不同作物的根系分泌物的化感效应不同,同一作物的根系分泌物在不同浓度下的化感效应也不同。根系分泌物具有亲水性且不易挥发,能保证获得的根系分泌物水溶液的成分绝大多数是由供试作物根系主动分泌的。本研究表明,大豆、花生、玉米、甘薯这 4 种作物根系分泌物对小麦种子的萌发均有一定的化感抑制作用,与前人的研究结果一致。不同浓度的作物根系分泌物对小麦种子萌发的抑制作用程度不同,这可能是由不同作物根系分泌物中影响小麦种子萌发的化感物质成分有所差异或含量不同所致的。小麦种子的萌发对大豆根系分泌物的敏感程度不高,但大豆根系分泌物中的某些化感物质可促进小麦幼苗的生长。其具体成分和作用机理等问题有待进一步探究。

叶绿素含量是表征植物生长状况的重要指标。本研究表明，小麦幼苗中的叶绿素含量在总体上随着4种作物根系分泌物浓度的增加呈下降趋势。POD、CAT是植物体内重要的活性氧清除剂，具有分解H_2O_2的作用，SOD对植物细胞起保护作用，在逆境时其酶活性增加。本研究中的小麦幼苗的POD、CAT活性在总体上随着4种作物根系分泌物浓度的增加而增加。其原因可能是加入根系分泌物后，小麦幼苗细胞内的活性氧自由基增加，从而导致POD、CAT活性增强。植物在逆境下遭受伤害与活性氧积累诱发的膜脂过氧化作用密切相关，MDA是膜脂过氧化的重要产物，因此可通过测定MDA含量，了解膜脂过氧化的程度。小麦幼苗中的MDA含量随着大豆和甘薯根系分泌物浓度的升高而降低。其原因可能是在此条件下的保护酶活性的增强，膜脂过氧化作用降低，从而使MDA含量降低。综上所述，在本研究中不同浓度的大豆、花生、玉米、甘薯4种作物根系分泌物对小麦种子和幼苗均有不同程度的影响。与玉米和花生处理相比，大豆和甘薯根系分泌物低浓度处理下的小麦的胚根长、根长、株高、SOD活性、POD活性、CAT活性的促进作用较为明显。从生化角度来看，大豆、甘薯与小麦轮作能更好地促进小麦生长，但种植甘薯会使小麦播期推迟而影响小麦产量，甘薯不太适宜作为小麦的前茬作物。大豆、花生、玉米、甘薯这4种作物根系分泌物中化感物质的种类、作用机理、临界含量等问题有待于进一步研究。

参考文献

[1] 姜丽娜，张黛静，林琳，等. 低温对小麦幼苗干物质积累及根系分泌物的影响. 麦类作物学报，2012，32(6)：1171-1176

[2] 赵亮. 浅议秸秆饲料研究与开发途径. 科学种养，2016(3)：189-190

[3] 刘娟，张俊，汤丰收，等. 花生连作障碍与根系分泌物自毒作用的研究进展. 中国农学通报，2015，31(30)：101-105

[4] 董振国，林嵬. 我国粮食安全全面临严峻考验. 经济参考报，2006-04-19(4)

[5] 刘欣宇，霍姗姗，陈歆，等. 植物根系分泌物的组成及分析方法研究进展. 中国热带农业，2015 (3)：100-106，99

[6] BAIS H P, WEIR T L, PERRY L G, et al. The role of root exudatesin rhizosphere interactions with plants and other organisms. Annual Review of Plant Biology, 2006, 57(1)：233-266

[7] 常二华，杨建昌. 根系分泌物及其在植物生长中的作用. 耕作与栽培，2006 (5)：13-16

[8] BAIS H P, PARK S W, WEIR T L, et al. How plants communicate using the underground information superhighway. Trends in plant science, 2004, 9(1)：26-32

[9] 李汛，段增强. 植物根系分泌物的研究方法. 基因组学与应用生物学，2013，32(4)：540-547

[10] 涂书新，吴佳. 植物根系分泌物研究方法评述. 生态环境学报，2010，19(9)：2493-2500

[11] ZHANG N, WANG D, LIU Y, et al. Effects of different plant root exudates and their organic acid components on chemotaxis, biofilm formation and colonization by beneficial rhizosphere-associated bacterial strains. Plant & Soil, 2014, 374(1/2)：689-700

[12] 翟争光，黄松青，栗广增，等. 植物根系分泌物研究进展. 江西农业学报，2012，24(12)：28-32

[13] ZHU W, LIU J, YE J, et al. Effects of phytotoxic extracts from peach root bark and benzoic acid on peach seedlings growth, photosynthesis, antioxidance and ultrastructure properties. Scientia Horticulturae, 2017, 215：49-58

[14] 张豆豆，梁新华，王俊. 植物根系分泌物研究综述. 中国农学通报，2014，30(35)：314-320

[15] 李翠萍. 玉米、大豆根系分泌物对马铃薯块茎萌发和萌芽生长的化感效应. 河南农业科学，2014，43

(9)：31-34
[16] 李彩凤，陈明，马凤鸣，等. 甜菜根系分泌物对大豆化感作用研究. 东北农业大学学报，2016，47(8)：21-30.
[17] 张黛静，马建辉，杨淑芳，等. 硅对铜胁迫下小麦幼根细胞超微结构的影响. 应用生态学报，2014，25(8)：2385-2389
[18] WILLIAMSON G B, RICHARDSON D. Bioassays for allelopathy：measuring treatment responses with independent controls. Journal of Chemical Ecology，1988，14(1)：181-187
[19] 刘鸿先，曾韶西，王以柔. 低温对不同耐寒力的黄瓜幼苗子叶各细胞器中超氧化物歧化酶(SOD)的影响. 植物生理学报，1981(1)：48-57
[20] 李忠光，龚明. 愈创木酚法测定植物过氧化物酶活性的改进. 植物生理学报，2008，44(2)：323-324
[21] 陈晓敏. 测定切花中过氧化氢酶活性 3 种常用方法的比较. 热带农业科学，2002(5)：13-16
[22] 王学奎. 植物生理生化试验原理和技术. 北京：高等教育出版社. 2006
[23] 牟金明，李万辉，张凤霞，等. 根系分泌物及其作用. 吉林农业大学学报，1996 (4)：117-121
[24] 张顺捷，马凤鸣，王玉波，等. 大豆根系分泌物化感作用的初步研究. 东北农业大学学报，2008，39(10)：1-5
[25] 刘成，马凤鸣，吴蕾，等. 重茬大豆根系分泌物的成分及化感作用研究. 安徽农业科学，2010，38(22)：11957-11959
[26] 刘跃鹏，席凯鹏，王慧杰，等. 棉花秸秆水浸提液对生菜的化感效应. 山西农业科学，2018，46(7)：1643-1645
[27] 朱润华，阳圣莹，白胜，等. 红花酢浆草浸提液对 3 种蔬菜种子萌发的影响. 山西农业科学，2018，46(7)：1106-1109
[28] 张金燕，孙雪婷，陈军文，等. 连作三七根际土壤化感物质检测及其提取液对三种作物种子萌发的影响. 南方农业学报，2017，48(7)：1178-1184
[29] 李莉，金山，铁军. 潞党参根系水提液对大豆种子萌发和幼苗生长的影响. 河南农业科学，2018，47(5)：36-40
[30] 刘丹，陈鑫，李然红，等. NaCl 胁迫对软枣猕猴桃幼苗生长发育的影响. 北方园艺，2017(7)：31-35
[31] 陈鑫，李然红，刘丹，等. Na_2CO_3 胁迫对狗枣猕猴桃幼苗生长发育的影响. 黑龙江科技信息，2015(13)：118-119
[32] 唐朝辉，刘苹，孙明，等. 花生叶片淋溶液对花生种子发芽和幼苗生长发育的影响. 江西农业学报，2013(11)：36-38
[33] 陈芸，鲍丽芹，王继莲. 4 种化感物质对玉米种子萌发及幼苗生长的影响. 种子，2014，33(7)：10-14
[34] 孙备，沈樱，张雪，等. 水稻化感品种根区土壤微生物群落反馈对伴生稗草的影响. 河南农业科学，2018，47(5)：41-47
[35] 刘勇，刘燕，王星星，等. 头花蓼好氧、厌氧腐解液的化感自毒作用. 河南农业科学，2018，47(10)：80-86.

2 黄河故道区域不同种植模式及秸秆还田方式对土壤改良效果的分析①

摘　要:由于长期受到流水冲击,黄河故道区域农田以中低产田为主,因此本区域农田质量的提升成为黄河中下游平原绿色发展的重要研究课题。本研究在濮阳清丰地区秸秆还田的基础上,采用黄河故道区域广泛种植的小麦、玉米、花生 3 大主要农作物,2009 年设置了 4 种种植模式进行长期定位试验:小麦-玉米、小麦-花生、小麦-玉米-小麦-花生和单季花生。其中小麦、玉米秸秆全部还田,花生秸秆不还田,探究不同种植模式对土壤理化性质和微生物群落结构的影响。结果表明,秸秆还田量越多,土壤有机质含量提高就越多。小麦-花生、小麦-玉米-小麦-花生种植模式下的土壤有机质含量最高,且其土壤含水量也显著高于其他处理,上层土壤容重有所降低,显著改善了土壤沙质化,提升了土壤的蓄水能力;秸秆还田量较大的种植模式其养分保持能力明显提高、养分含量显著增加。微生物群落结构对不同种植模式响应结果为花生可以显著提升微生物丰度,微生物群落多样性随种植作物类型的增加而增加。为此,小麦-玉米-小麦-花生种植模式较为适宜濮阳清丰黄河故道区域,这种种植模式有利于土壤改良和区域农业的可持续发展。

关键词:黄河故道;种植模式;土壤理化性状;微生物多样性;土壤改良

黄河故道主要是指公元前 602 年至今黄河主流迁徙改道所形成的区域,全长为 730 km,南北平均长度达 32.5 km,横跨河南、山东、江苏和安徽 4 省,总面积为 281 万 hm^2,其中耕地面积达 183.2 万 hm^2,是我国重要的粮食生产潜力区。由于长期流水冲积,该区域的农田类型以沙质土壤为主。农田质量等级较低,主要为中低产田,极大地限制了本区域农业生产的高质量发展,因此提升地力成为本地区农业长期可持续发展的重要方向。大量研究表明,合理轮作、秸秆还田均可对土壤理化性质产生重要影响。陈丹梅等(2015)研究表明,不同轮作方式有利于保持土壤肥力和土地的生产力。牛倩文等(2018)研究表明,与连作相比,不同作物轮作模式下的土壤 pH 升高,碱解氮、有效磷、速效钾和有机质含量增加,作物产量显著增加,同时,轮作可使作物均衡利用土壤中的营养元素。不同作物轮作不仅可以减少连作特有的病虫草危害,还可以增加生物多样性,土壤理化特性得到改善,从而减缓土壤肥力衰竭。秸秆还田可增加土壤有机质含量,改善土壤团聚体结构,提高土壤酶活性,提升农田土壤肥力,是提高农田土壤肥力的有效措施之一。Wang 等(2015)研究表明,秸秆还田可显著提高作物产量、土壤有机

---

① 作者:刘莹、李洁、赵凌霄、李春喜、姜丽娜、张黛静、马建辉*;通信作者:马建辉,河南师范大学副教授,博士,主要从事小麦栽培生理研究,E-mail:cricaas@163.com。

碳和全氮含量。王永洁等(2019)研究表明，秸秆还田的土壤有机质、速效氮、速效磷含量分别提高 10%、12.1%和 43.8%，因此在清丰黄河故道区域传统种植条件下，探求合理的轮作模式和秸秆还田方式是农业生产急需解决的问题。

土壤微生物主要参与有机物的矿质化和腐殖化等过程，是陆地生态系统中的重要组成部分。不同种植模式不仅可以影响土壤理化性质、微生物生活环境及植物化感等，而且能改变土壤微生物的群落结构和功能。张立成等(2017)研究表明，与连作模式相比，轮作模式由于其作物多样性的增加，其微生物多样性显著提升。吴宏亮等(2013)研究表明，轮作改变了土壤微生态环境，沙质土壤的微生物多样性、活性均显著提高。秸秆还田可增加土壤碳源，提高土壤有机质含量，增加土壤微生物营养成分，加快微生物的生长繁殖，因此土壤微生物多样性和丰度也是评价土壤肥力的重要指标之一。

黄河故道由于长期流水冲击矿质，营养大量流失，有机质匮乏，土壤沙质化极为严重。目前该区域农业生产方式主要以小麦-玉米、小麦-花生一年两熟模式为主。其中小麦、玉米秸秆长期还田，而花生秸秆由于其营养价值较高，其收获后的秸秆被当地养殖户直接收购，没有还田。试验基于本地区广泛种植的小麦、玉米、花生 3 大农作物和习惯的秸秆还田方式，研究不同轮作模式对河南黄河故道区域沙质土壤养分特征的改良效果分析，以探究本区域较为合理的种植方式。

2.1　材料与方法

2.1.1　试验地点与试验设计

试验于黄河中下游平原河南省濮阳市农业科学研究所清丰县试验田进行。该地区为温带季风性气候，年降水量为 523～601.3 mm，降水集中在 6—9 月；年平均气温为 13.3 ℃，无霜期一般为 205 d。农田土壤为沙质土壤，漏水漏肥。全氮(TN)、全磷(TP)和全钾(TK)含量分别为 0.72 g/kg、0.60 g/kg、1.67 g/kg，植物生长表现为养分匮乏，每年肥料投入均明显高于河南省其他区域。

试验始于 2009 年，设置小麦-玉米(WM)、小麦-花生(WP)、小麦-玉米-小麦-花生(WM-WP)、单季花生(P)4 种种植模式，采用随机区组设计，3 次重复，小区面积为 60 m^2。其中小麦、玉米秸秆全部还田，采用机械翻耕入土，花生秸秆不还田。小麦和花生生长过程均施入复合肥 1 350 kg/hm^2，其氮、磷、钾含量分别为 337.5 kg/hm^2、202.5 kg/hm^2 和 108 kg/hm^2，肥料施入的基追比为 1∶1；玉米季生长过程施入复合肥 1 500 kg/hm^2，氮、磷、钾含量分别为 375 kg/hm^2、225 kg/hm^2 和 120 kg/hm^2，肥料施入的基追比为 2∶3。

2.1.2　样品的采集与测定

2.1.2.1　土壤采样

2017 年秋收后，在每个处理随机取表层土样(0～20 cm)，3 个重复，将新鲜土壤样品保存在−80 ℃的超低温冰箱中，用于微生物 DNA 提取和测定；使用内径为 5 cm 的土钻在每个处理取 0～50 cm 土壤样品(每一个土层为 10 cm)，每个土层取 3 个重复，用于土壤养分、pH 等指标的测定；使用 100 cm^3 环刀取每个处理 0～50 cm 土层样品(每一个土层为 10 cm)，每个土层取 3 个重复，用于土壤含水量和容重的测定。

2.1.2.2 土壤理化性质分析

采用环刀法测定土壤容重和含水量；采用凯氏定氮法- AA3 测定全氮含量；采用钼锑抗比色法测定全磷；采用火焰光度法测定全钾含量；采用 TOC 分析仪测定土壤有机质(SOM)含量；采用碱解扩散法测定土壤碱解氮(AHN)含量；采用 0.5 mol/L $NaHCO_3$ 浸提-钼锑抗比色测定速效磷(AP)含量；采用 1 mol/L NH_4OAc 浸提-火焰光度法测定速效钾(AK)含量；采用电极法测定土壤 pH。

2.1.2.3 微生物测序分析

使用 CTAB/SDS 方法提取土壤样品的总基因组 DNA，经琼脂糖凝胶电泳检测之后，使用无菌水将所提取 DNA 稀释至 1 ng/μL；进一步使用具有条形码的特异性引物扩增 16S/18S rRNA 基因；将扩增产物，在 2%琼脂糖凝胶上进行电泳检测。选取 400～450 bp 的具有明亮主条带的样品用于下一步试验，将所选条带纯化。采用 Qubit@ 2.0 荧光计(Thermo Scientific)和安捷伦生物分析仪 2100 系统对文库质量进行检验，合格后，在 Illumina MiSeq 平台上对库进行测序。

2.1.3 数据分析

采用 Excel 2010 对数据进行初步的计算、作图和整理，SPSS 13.0 统计软件进行数据分析。采用 Duncan 法进行多重比较。

2.2 结果分析

2.2.1 不同种植模式对土壤物理性质的影响

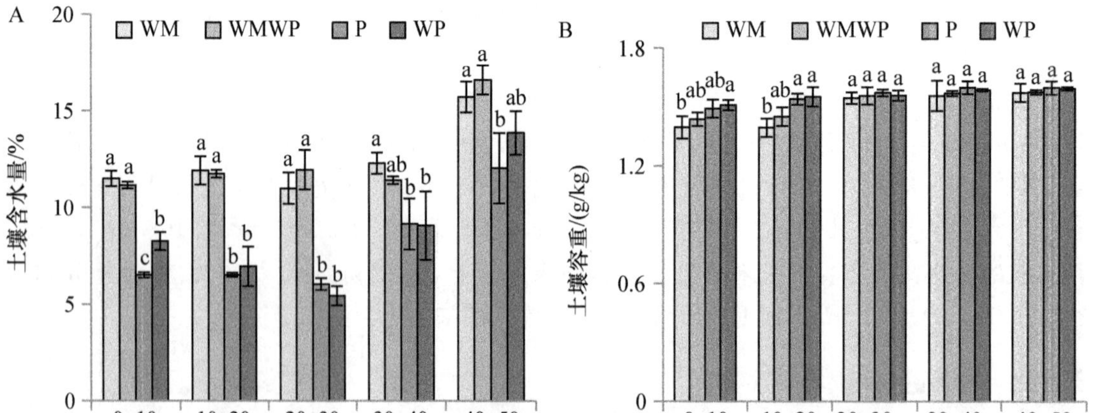

WM. 小麦-玉米；WMWP. 小麦-玉米-小麦-花生；P. 单季花生；WP. 小麦-花生。下同。

不同小写字母表示在 0.05 水平下差异显著。

图 1 不同种植模式下土壤含水量和容重

测定 4 种种植模式 0～50 cm 土层的土壤含水量(图 1A)和容重(图 1B),发现随着土层加深土壤含水量有所升高,并且 WM 和 WMWP 种植模式的土壤含水量一直处于较高水平。在 0～30 cm 3 个土层中,长期使用 WM、WMWP 种植模式的土壤含水量显著高于 P、WP 种植模式的土壤含水量。随着土壤深度的增加,其差值逐渐减小;土壤容重结果显示(图 1B),0～20 cm 土层的土壤容重具有显著性差异,而 20～50 cm 土层的土壤容重呈无显著差异。其总体表现为 WP 种植模式的土壤容重最高,其后依次是 P、WMWP、WM 种植模式的土壤容重。

2.2.2　不同种植模式对土壤养分及 pH 的影响

测定不同种植模式 0～50 cm 土层的有机质含量(表 1),结果显示,4 个 0～40 cm 土层 WM、WMWP 种植模式下的有机质含量显著高于 P、WP 种植模式的有机质含量,40～50 cm 土层差异不显著。由于花生秸秆未被还田,4 种种植模式中的 WM 秸秆还田量为最高,其后依次为 WMWP、WP 和 P。有机质含量随农田秸秆还田量的增加而升高,WM 种植模式的有机质含量最高,其后依次为 WMWP、WP 和 P 种植模式的有机质含量。有机质的提升可显著提高土壤的保水、蓄水能力,改善土壤沙质,降低容重。本研究发现随有机质含量的升高土壤含水量也逐渐增加、0～20 cm 土壤容重则表现为下降趋势,表明有机质含量的提升对沙质土壤结构具有一定的改良效果。

土壤养分含量是土壤肥力水平的直接反映。如表 1 所示,各种种植模式的全氮、全磷、全钾、碱解氮、速效磷、速效钾含量随着土层加深而降低,全钾含量下降幅度较小;同一土层的 WM 种植模式的全氮、全磷、全钾、碱解氮含量最高,其次是 WMWP、WP、P 种植模式,全氮、全磷和碱解氮含量随有机质含量的升高总体上呈现出增加的趋势;WM、WMWP 种植模式的 0～30 cm 土层的速效磷、速效钾显著低于 P、WP 种植模式的速效磷、速效钾的含量;不同种植模式的 pH 变化范围为 7.6～8.3,下层土壤的 pH 略高于上层土壤的 pH。在 0～20 cm 土层中,WM 种植模式的 pH 显著低于其余 3 种种植模式。综上所述,有机质含量的提升对沙质土壤的养分特性具有一定的改良效果。

表 1　不同种植模式下土壤化学性质

土壤深度 /cm	处理	有机质 /(g/kg)	全氮 /(g/kg)	全磷 /(g/kg)	全钾 /(g/kg)	碱解氮 /(mg/kg)	速效磷 /(mg/kg)	速效钾 /(mg/kg)	pH
0～10	WM	32.28a	1.11a	0.65a	1.78a	103.00a	9.67d	108.9b	7.66b
	WMWP	31.29a	0.89b	0.62ab	1.78a	75.00b	18.30c	106.93b	7.95a
	P	20.46c	0.70d	0.57b	1.76a	63.67c	36.87b	133.10a	7.95a
	WP	24.99b	0.78c	0.61ab	1.71b	61.67c	43.63a	139.93a	8.00a
10～20	WM	33.79a	1.16a	0.59a	1.79a	106.67a	10.23d	97.87c	7.73c
	WMWP	32.76a	0.85b	0.55b	1.76b	75.00b	18.87c	118.57bc	7.89b
	P	21.1b	0.66d	0.53c	1.73c	57.00c	25.13b	135.3ab	7.90b
	WP	23.16b	0.73c	0.54bc	1.72c	57.33c	28.07a	152.47a	8.04a
20～30	WM	33.16a	1.03a	0.54a	1.77a	95.00a	15.27bc	70.53d	7.94c
	WMWP	30.64b	0.81b	0.51b	1.76a	67.67b	13.60c	90.33c	8.13ab
	P	19.40c	0.50c	0.35d	1.72b	60.00b	16.5ab	120.83a	8.18a
	WP	20.37c	0.49c	0.45c	1.73b	40.67c	18.10a	105.6b	8.12ab

续表1

土壤深度/cm	处理	有机质/(g/kg)	全氮/(g/kg)	全磷/(g/kg)	全钾/(g/kg)	碱解氮/(mg/kg)	速效磷/(mg/kg)	速效钾/(mg/kg)	pH
30～40	WM	24.26a	0.45a	0.35a	1.72a	41.30a	7.00a	62.30a	8.28a
	WMWP	22.95b	0.41b	0.30c	1.70b	30.00b	8.03a	59.90a	8.28a
	P	18.89d	0.32c	0.25d	1.67bc	32.67b	4.30b	56.97a	8.21a
	WP	20.60c	0.31c	0.33b	1.66c	30.67b	5.13b	63.03a	8.19a
40～50	WM	24.19a	0.41a	0.31a	1.69b	49.00a	6.33a	61.10a	8.29a
	WMWP	22.75a	0.39a	0.25c	1.72a	26.33bc	6.60a	44.03b	8.32a
	P	21.87a	0.31b	0.29b	1.58c	29.33b	2.50b	31.00c	8.25ab
	WP	22.71a	0.33b	0.32a	1.68b	23.74c	2.50b	43.74b	8.20b

注：同列同土层不同字母表示达到差异显著水平($P<0.05$)。下同。

2.2.3 不同种植模式细菌多样性和丰度分析

由表 2 可知，WMWP 种植模式的 Chao 指数显著高于 WP、P 和 WM 种植模式的 Chao 指数，农田生长作物越丰富其微生物的丰度越高；WMWP、WP 和 P 种植模式的 OUTs 显著高于 WM 种植模式的 OUTs，而 Simpson 指数与其呈相反趋势，表明在有花生的轮作模式中的微生物多样性比只有小麦、玉米轮作的微生物多样性大，说明种植花生可能有利于丰富土壤微生物的多样性。因此，WMWP 种植模式对微生物种类丰度和多样性都具有明显的正向作用。

表 2　不同种植模式的细菌 OUTs 和多样性指数

处理	OTUs	Chao 指数	Shannon 指数	Simpson 指数
WM	4 809b	5 806b	7.25a	0.002 5a
WMWP	5 086a	6 098a	7.37a	0.001 8b
P	5 005a	5 823b	7.33a	0.001 8b
WP	4 997a	5 832b	7.31a	0.001 9b

2.2.4 不同种植模式的土壤细菌类群分析

由图 2 可知，在门分类水平上看，4 种种植模式的土壤细菌中的变形菌门(Proteobacteria)、放线菌门(Actinobacteria)和酸杆菌门(Acidobacteria)是主要门，占 WM 种植模式微生物的 25.2%、11.9%和 20.5%，占 WMWP 种植模式微生物的 28.5%、20.13%和 14.3%，占 P 种植模式微生物的 22.5%、21.1%和 18%，占 WP 种植模式微生物的 24.5%、18.6%和 15.5%。绿弯菌门(Chloroflexi)和芽单孢菌门(Gemmatimonadetes)为次要的门，这 5 个门代表了所有样品中超过 85%的序列。WMWP 种植模式的变形菌门(Proteobacteria)所占比例显著高于其他种植模式；WM 种植模式的酸杆菌门(Acidobacteria)所占比例高于其他种植模式，放线菌门(Actinobacteria)所占比例低于其他种植模式。

分层聚类图用相对丰度前三十的细菌属构建而成。图 3 表明，红色较深的部分代表相对丰度较高的菌属。4 种种植模式的土壤样品较为明显的分为两类：WP、WMWP、P 种植模式可以聚为一支(其土壤细菌群落结构丰度较高而且比较接近)；丰度较低的 WM 种植模式可划为另外一支。由此可见，黄河故道区域种植花生在一定程度上可提高微生物丰度。

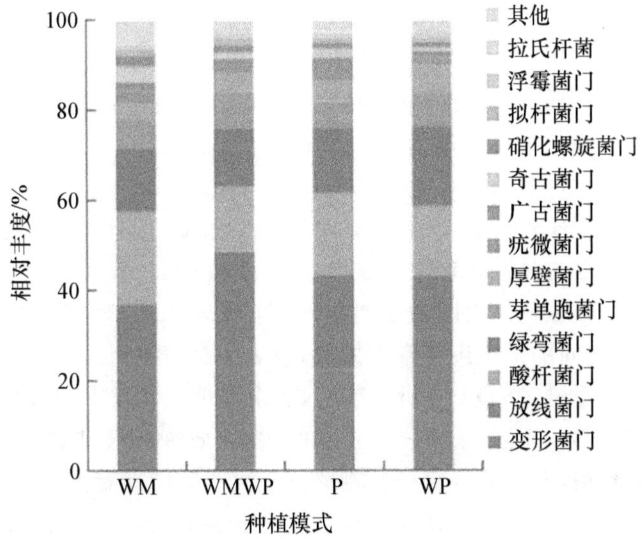

图 2　不同种植模式的土壤门分类水平的细菌群落比较

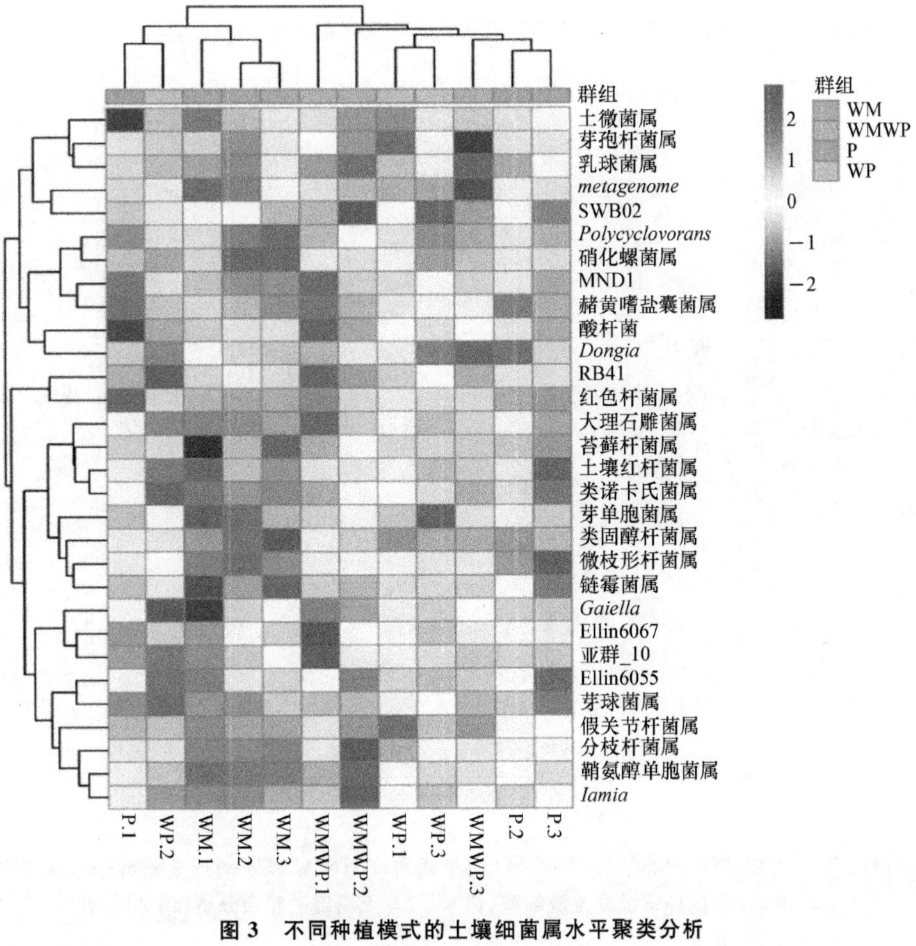

图 3　不同种植模式的土壤细菌属水平聚类分析

2.2.5 不同种植模式的土壤冗余分析

RDA 是生态数量学中的一种直接梯度排序方法，可以用于解释变量和多个响应变量之间的相互关系以及评估土壤细菌群落结构与其他土壤特性之间的相关性。不同种植模式的土壤微生物的相对丰度与土壤的养分性质之间的冗余分析如图 4 所示。结果表明，在 RDA1 轴上全磷、碱解氮和全氮正方向贡献最大，其次是全钾和有机质，而速效钾在负方向贡献最大；在 RDA2 轴的正方向和负方向分别贡献较大的为碱解氮和 pH。WM 处理主要处在第一象限，WP 和 P 种植模式主要处在第三象限和第四象限，而 WMWP 处理则集中于 RDA1 轴的负方向，说明 4 种种植模式之间的土壤细菌存在差异，也表明黄河故道区域不同轮作对土壤环境因子和细菌分布存在一定影响。RDA 分析还表明，在土壤理化性质中，全钾、有机质、碱解氮、全氮和全磷均指向正方向第一象限，表现显著正向相关；速效钾、pH 和速效磷则指向第三象限，且与全钾、有机质、碱解氮、全氮和全氮呈负相关。土壤中丰度具有优势的细菌是变形菌门，其与环境因子中的全磷呈负相关，与全钾和有机质呈正相关；放线菌门与全磷、碱解氮、全氮、全钾和有机质呈负相关，与速效钾、速效磷和 pH 呈正相关；酸杆菌门与全磷、碱解氮、全氮、全钾和有机质呈正相关，与速效钾、速效磷和 pH 呈负相关。

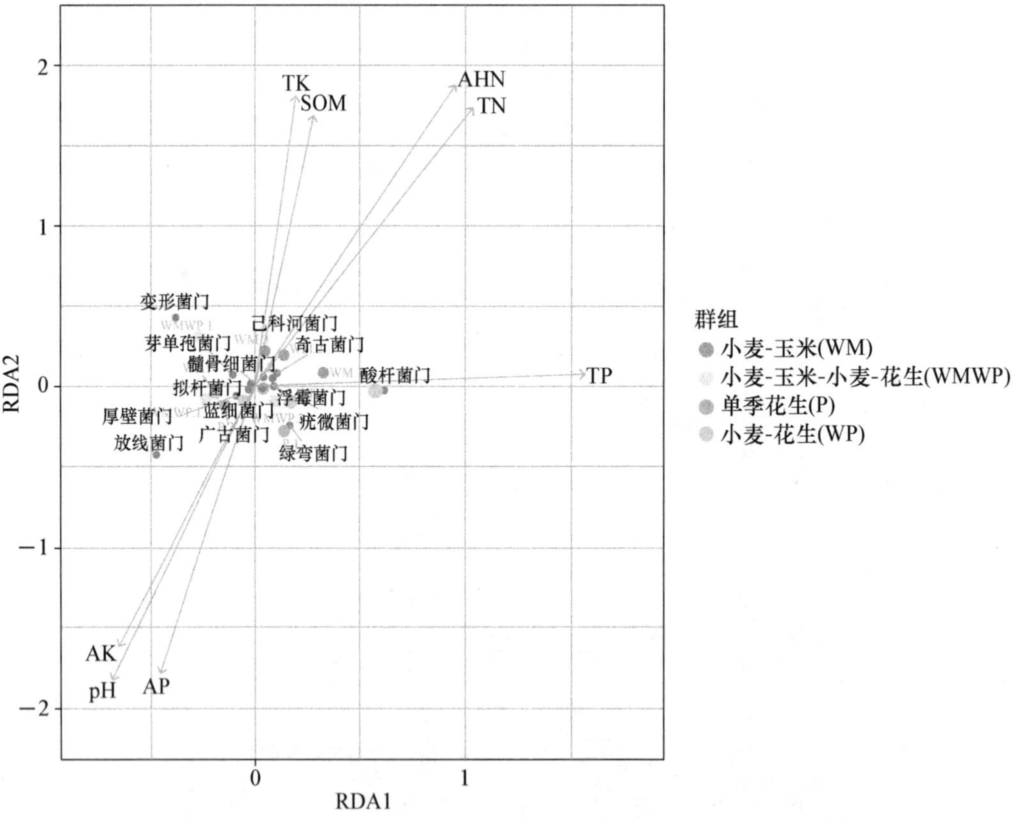

蓝细菌门 TN. 全氮；TP. 全磷； TK. 全钾；SOM. 有机质；AHN. 碱解氮；AP. 速效磷；AK. 速效钾.

图 4　不同种植模式土壤细菌(门水平)与土壤因子冗余分析(RDA)

2.3　讨论

黄河故道区域是黄河中下游平原主要的农业生产区域。随着黄河流域绿色发展理念的不断加深，对黄河中下游平原农业生产改良已成为黄河流域绿色发展的焦点问题，该区域土壤沙质化是农业发展的限制因素。大量研究表明，秸秆的长期还田可显著提高有机质含量。对于沙质土壤而言，改良其土质最直接的方式是提高有机质含量。在黄河故道区域，小麦、玉米、花生是种植最为广泛的 3 种作物。其中，由于花生秸秆营养价值较高，其籽粒在收获后大多会被养殖户收购用于饲养牲畜，小麦、玉米秸秆则全量还田，因此本研究在尊重本地生产习惯的条件下，设置 4 种种植模式，更接近于生产实际，便于推广应用。在所设置的 4 种种植模式中，秸秆还田量由多到少分别是 WM、WMWP、WP 和 P。结果显示，其不同土层的有机质含量与秸秆还田量为正相关，有机质含量以 WM 为最高，其次为 WMWP、WP 和 P。有机质的增加对沙质土壤的土质具有改良作用，进一步可促进土壤容重降低，土壤含水量增加。本试验结果表明，秸秆还田量的增加可显著降低土壤 0～10 cm 和 10～20 cm 土层容重，而对 20～50 cm 较深土层容重未达到显著影响。经过多种作物轮作和秸秆还田后，上层土壤(10～20 cm)容重可达到 1.39～1.44 g/cm^3，更加接近作物生长适宜的范围(＜1.35 g/cm^3)。其原因可能是大量的秸秆还田减轻了人和动物的压板影响以及降水对地表的直接冲击，为维持土壤疏松创造了条件。在不同土层中，长期使用 WM、WMWP 种植模式的土壤含水量明显高于 WP 和 P 种植模式的土壤含水量，说明表层土壤含水量不仅受不同轮作和秸秆还田的影响，而且较深土层的含水量也明显增加，有机质的增加对土壤含水量的提高具有明显的正效应。这与路文涛等(2011)研究结果一致，即秸秆还田能较好地保蓄土壤水分，利于土壤水库的扩蓄增容。

土壤质地的改善和有机质的增加对土壤养分产生重要影响。本研究分析表明，WM、WMWP 种植模式可以明显改善土壤养分性状，养分含量增加，这与徐蒋来(2016)研究结果一致。高日平等(2019)研究表明，秸秆还田可以促进土壤有机质、全氮、全磷和全钾含量提升。史云峰等(2017)研究表明，秸秆还田条件下的不同轮作种植模式可以提高土壤养分。分析土壤速效养分含量显示，本研究与刘兰清等(2017)研究结果不同。在本研究中，WM、WMWP 种植模式下的 0～30 cm 土层的速效磷和速效钾的含量显著低于 WP、P 种植模式的速效磷和速效钾含量。碱解氮含量在秸秆还田下升高，表明秸秆还田可以增加上层土壤碱解氮储备，这与龚万涛等(2012)研究结果一致。综上所述，单一作物种植会使土壤养分性状变差，而合理的秸秆还田与多作物轮作结合对土壤肥力具有积极的影响。

土壤微生物是土壤肥力的重要指标之一，易受人为干扰的影响，种植模式可不同程度地改变细菌的种群结构。本研究发现，WMWP 种植模式下的土壤微生物多样性、主要微生物种群丰度均为最高，可对土壤起到综合改良的作用。同时，本研究发现，具有花生的 3 种种植模式的微生物多样性显著高于 WM 种植模式的微生物多样性。其主要原因可能是花生根瘤菌对微生物多样性具有提升作用。任豫霜等(2017)研究表明，根瘤菌可显著提升土壤的 pH。本研究发现，具有花生的 3 种种植模式 0～30 cm 土层的 pH 显著高于 WM 种植模式的 pH，进一步证明这 3 种种植模式存在花生根瘤菌，从而丰富了土壤微生物多样性。RDA 分析显示，4 种种植模式的土壤理化性质与细菌群落具有显著相关性，具有优势的变形菌门与全磷呈负相关，与全钾和有机质呈正相关；放线菌门与全氮、全磷、全钾、碱解氮、有机质呈负相关，与速效钾、pH、速效磷呈正相关；酸杆菌门与全氮、全磷、全钾、碱解氮和有机质呈正相关，与速效钾、pH、速效磷呈负相关。大量研究发现，细菌群落受有机质和全氮的影响较大。本研究中的细菌组成与全量养分和速效养分以及有机质含量之间有显著的相关性，全氮与细菌群落结构最相关，均可对土壤肥力产生重要影响。

2.4 结论

黄河故道区域的沙质土壤在有机质提升的基础上对土壤结构、养分及微生物均具有较好的改良效果，因此本区域的农田土壤改良应首先以提高土壤有机质含量为主。本研究表明，一年小麦-玉米、一年小麦-花生的轮作模式对土壤有机质提升、理化性状改良的效果显著，有利于本区域农业可持续发展。

参考文献

[1] 张义丰，宁远. 黄河故道的开发利用与发展前景. 地理科学进展，1997(1):40-46

[2] 张天义，薄志新. 构筑区域农业现代化平台:对河南省黄河故道区土地开发整理项目的分析和建议. 中国土地，2003，(4):40-42

[3] 陈丹梅，陈晓明，梁永江. 轮作对土壤养分、微生物活性及细菌群落结构的影响. 草业学报，2015，24(12):56-65

[4] 牛倩云，韩彦莎，徐丽霞，等. 作物轮作对谷田土壤理化性质及谷子根际土壤细菌群落的影响. 农业环境科学学报，2018，37(12):2802-2809

[5] PHILIPP G，JAN R，ANNA J，et al. Environmental impacts of different crop rotations in terms of soil compaction. Journal of Environmental Management，2016，181:54-63

[6] 宋丽萍，罗珠珠，李玲玲，等. 陇中黄土高原半干旱区苜蓿-作物轮作对土壤物理性质的影响. 草业学报，2015，24(7):12-20

[7] 牛小霞，牛俊义. 不同轮作制度对定西地区农田杂草群落的影响. 干旱地区农业研究，2017，35(4):223-229

[8] 侯占领，苗小红，牛银霞. 不同轮作制度下的土壤培肥施肥技术集成模式探讨. 安徽农学通报(上半月刊)，2012，18(7):116-117

[9] WANG J Z，WANG X J，XU M G，et al. Crop yield and soil organic matter after long-term straw return to soil in China. Nutrient Cycling in Agroecosystems，2015，102:371-381

[10] 王永洁，史健峰，崔虎，等. 秸秆还田对土壤理化性质和玉米产量的影响. 科技通报，2019，35(7):97-103

[11] 顾美英，徐万里，茆军，等. 新疆绿洲农田不同连作年限棉花根际土壤微生物群落多样性. 生态学报，2012，32(10):3031-3040

[12] 张立成，邵继海，林毅青，等. 稻-稻-油菜轮作对土壤微生物活性和多样性的影响. 生态环境学报，2017，26(2):204-210

[13] 吴宏亮，康建宏，陈阜，等. 不同轮作模式对砂田土壤微生物区系及理化性状的影响. 中国生态农业学报，2013，21(6):674-680

[14] 张晓晓，安美君，吴凤芝. 不同生态条件对西瓜根际土壤微生物群落结构的影响. 北方园艺，2017(3):101-108

[15] 中国科学院土壤研究所. 土壤理化分析. 上海:上海科学技术出版社，1978

[16] 武天云，SCHOENAU J J，李凤民，等. 土壤有机质概念和分组技术研究进展. 应用生态学报，2004(4)：717-722

[17] 张亚丽，吕家珑，金继运，等. 施肥和秸秆还田对土壤肥力质量及春小麦品质的影响. 植物营养与肥料学报，2012，18(2)：307-314

[18] 李玮，乔玉强，陈欢，等. 秸秆还田和施肥对砂姜黑土理化性质及小麦-玉米产量的影响. 生态学报，2014，34(17)：5052-5061

[19] 庄恒扬，刘世平，沈新平，等. 长期少免耕对稻麦产量及土壤有机质与容重的影响. 中国农业科学，1999(04)：41-46

[20] 付国占，李潮海，王俊忠，等. 残茬覆盖与耕作方式对土壤性状及夏玉米水分利用效率的影响. 农业工程学报，2005(1)：52-56

[21] 路文涛，贾志宽，高飞，等. 秸秆还田对宁南旱作农田土壤水分及作物生产力的影响. 农业环境科学学报，2011，30(1)：93-99

[22] 徐蒋来，胡乃娟，张政文，等. 连续秸秆还田对稻麦轮作农田土壤养分及碳库的影响. 土壤，2016，48(1)：71-75

[23] 高日平，赵思华，高宇，等. 内蒙古黄土高原秸秆还田对土壤养分特性及玉米产量的影响. 北方农业学报，2019，47(4)：52-56

[24] 史云峰，周娜娜，黎明，等. 秸秆还田条件下水稻-瓜菜轮作对土壤肥力的影响. 海南热带海洋学院学报，2017，24(5)：76-80

[25] 刘兰清，杨晨璐，王维钰，等. 免耕条件下秸秆还田与施肥对小麦-玉米轮作系统土壤养分和酶活性的影响. 华北农学报，2017，32(6)：213-221

[26] 龚万涛，何瑞银，马建永，等. 秸秆还田条件下不同种植方式对土壤养分的影响. 科学技术与工程，2012，12(8)：1737-1739，1744

[27] 任豫霜，朱丹，姜伟，等. 酸性土壤中接种耐酸根瘤菌对豆科植物根际微生态的影响. 植物营养与肥料学报，2017，23(4)：1077-1088

[28] ROLLER C，WAGNER M，AMANN R，et al. In situ probing of gram-positive bacteria with high DNA G+C content using 23S rRNA-targeted oligonucleotides. Microbiology (Reading，England)，1994，140：2849-2858

3　新乡市获嘉县传统耕作区农田土壤微生物群落结构和多样性研究[①]

摘　要：新乡地区是河南省重要的粮食产区，其农田土壤微生物的群落结构和多样性目前仍不清楚。以新乡市获嘉县长期免耕和传统耕作的农田土壤为材料，测定其土壤理化特征，并且采用高通量测序技术分析其土壤微生物的群落特征。结果显示，该区域农田土壤的基本理化性质：含水量为9.37%～13.39%，pH为8.55～8.65，全氮和全磷质量分数分别为0.91～0.96 mg/g和4.06～5.34 mg/g。土壤中的优势细菌菌群为变形菌门（～30%）、浮霉菌门（～20%）、酸杆菌门（～16%）和放线菌门（～8%），优势真菌菌群为子囊菌门的粪壳菌纲（～50%）、散囊菌纲（3%～10%）和座囊菌纲（～10%）。免耕处理的土壤微生物丰富度和多样性要高于常规耕作的土壤微生物，而且轮作处理的土壤微生物数量要高于同等条件下的单一种植模式的对照处理。本研究有助于了解该地区不同种植模式下的土壤微生物群落结构，可为进一步改良土壤和防治土传病害提供理论依据。

关键词：新乡地区；农田土壤；土壤微生物群落

农田土壤微生物是农田土壤的重要组成部分，在维持生态系统结构与功能稳定过程中发挥着重要作用。近年来，大量研究证明，耕作方法、作物种类和种植年限等的不同可以导致土壤微生物群落结构和多样性的不同。而土壤微生物的变化对作物病害，尤其是土传病害的影响较大，其可以通过改善土壤微生态环境，抑制病害的发生，因此从理论上阐明不同耕作方式以及不同作物与土壤之间的互作机制是构建新型种植模式，改善土壤质量和提升粮食产量的基础依据。

河南地区是我国粮食的主产区，其主要的种植方式是小麦-玉米轮作制度。目前该区域的农田负荷几乎达到极限，常规种植模式的更换难以持续提高粮食产量或长期保持粮食的高产水平。另外，对农田土壤微生物群落和多样性的研究有助于探讨土壤微生物的种类和数量变化的生态学意义和潜在的生态风险。通过施肥、耕作和喷施农药等各种农业措施，调整土壤微生物的种类及数量，提高土壤生态肥力，改善农田土壤生态系统的结构和功能，促进农田生态系统的良性循环，从而为农业生产和农田生态环境的科学管理提供依据。黄进勇等（2007）通过PCR-DGGE技术发现，郑州市郊区农田的细菌群落随小麦的生长多样性而逐渐增加，在收获期逐渐回落。但是受制于技术，本研究并不能对稀有细菌群落进行分析。褚海燕等（2015）

① 作者：张昆、苏婷、李书粉、高武军、邵云；通信作者：邵云（河南师范大学教授，博士，主要从事作物生理生态及土壤修复研究，E-mail：shaoyun73@126.com）。

对我国小麦主产区华北平原麦田250个土壤样品分析后发现，放线菌、酸杆菌和α-变形菌是华北平原小麦土壤细菌群落中的优势菌门。这些研究有助于了解不同地区农田的细菌群落结构，但是对新乡地区农田土壤微生物种群构成的精细研究仍未见报道。

本研究以河南省新乡市(华北平原南部)为研究区域，利用高通量测序技术开展关于农田土壤微生物群落结构和多样性的研究，比较不同种植模式的土壤微生物种类的差异，为构建河南地区或者华北平原南部的主要粮食作物新型种植模式与调控途径提供理论依据。

3.1　材料与方法

3.1.1　土壤样品的采集

土壤样品从河南省新乡市获嘉县照镜乡西彰仪村(35°17′47.03″N，113°39′46.71″E)采集，时间为2016年9月下旬，土壤类型属于轻质潮土。

本研究所用的农田取样小区的设置如下：一种是采用常规的耕作方式，种植模式为冬小麦-花生轮作(CT-P)，以单种小麦作为对照(CT-N)；另一种是采用免耕法，种植模式为冬小麦-夏玉米(NT-C)，以单种小麦作为对照(NT-N)。在垂直剖面上按照20 cm深度采集土壤样品，不同处理的样品每个样品取3个重复(每个重复样品取5个样点等量混合)，每个样点在10 m×6 m的范围内取样，且取样点距离边界2 m以上。采集的样品分别装入无菌封口塑料袋中，用于土壤的理化性质测定和微生物基因组DNA的提取。采样结束后，所有样品放入隔热容器，用冰盒运送至试验室于−20 ℃保存。

3.1.2　土壤含水量及氮、磷含量的测定

将土壤样品进行预处理后利用0.5 mm的筛子将杂质或者大的颗粒去除。样品含水量的测定方法：将土壤样品在105 ℃干燥24 h后，称量干燥前后的样品重量，烘干前后的样品重量损失的差值与烘干前重量的百分比即为土壤样品的含水量。

样品pH的测定方法：称取10 g风干土壤样品置于锥形瓶中，加入25 mL的超纯水，振荡5 min后放置20 min，即可将pH计插入锥形瓶中进行测量。

土壤全氮和磷的测定采用AA3连续流动分析仪测定。

3.1.3　土壤微生物种群结构高通量测序及数据分析

从样本中提取基因组DNA后，用带有barcode的特异引物扩增16S rDNA的V3+V4区和ITS rDNA的ITS2区。V3+V4区的引物序列为341F：CCTAYGGGRBGCASCAG，806R：GGACTACNNGGGTATCTAAT。ITS2区的扩增引物为F：GCATCGATGAAGAACGCAGC，R：ATATGTAGGATGAAGAACGYAGYRAA，然后进行PCR扩增，产物切胶回收，用Quanti-FluorTM荧光计进行定量。将纯化的扩增产物进行等量混合，连接测序接头，构建测序文库，利用Hiseq2500 PE250上机进行测序。

根据PCR扩增引物序列，从下机数据(raw data)中过滤低质量数据得到Clean reads进行拼接。利用Mothur (v.1.34.0)软件包对Tags序列进行去冗余处理，然后利用rdp classifier

工具根据分类数据库 GreenGenes (version 20101006)对 unique tag 进行物种注释和 OTU (operating taxonomic unit)聚类，以 97%的相似度为标准计算 OTU 数量。利用 OTU 数量计算每个样品的 α 多样性，包括 Chao1 指数、ACE 指数、Shannon 指数和 Simpson 指数。通过 LEFse 软件分析不同处理组之间的差异菌群，找出各组间特异的主要菌群。

3.2 结果与分析

3.2.1 土壤理化性质

经过测定，发现采样点地区的土壤理化性质如表 1 所列，不同试验小区的土壤含水量明显不同，其中免耕模式的 NT-N 和 NT-C 样品的土壤含水量分别为 9.37%±0.00 和 13.39%±0.00，常规耕作模式下 CT-N 和 CT-P 的土壤含水量为 11.77%±0.00 和 13.38%±0.00。另外，该地区的土壤 pH 均为 8.60 左右，为弱碱性土壤，土壤的全氮和全磷质量分数平均值分别为 0.94 mg/g 和 4.65 mg/g。根据结果可以得出，不同种植模式和耕作方式下的土壤样品的 pH、全氮和全磷含量差异较小。相比之下，免耕模式的土壤样品的全磷含量要高于常规耕作。

表 1 不同试验处理组的土壤理化性质

项目	CT-N	CT-P	NT-N	NT-C
含水量/%	11.77±0.00	13.38±0.00	9.37±0.00	13.39±0.00
pH	8.55±0.08	8.63±0.02	8.65±0.04	8.57±0.11
全氮质量分数/(mg/g)	0.95±0.05	0.92±0.00	0.96±0.03	0.91±0.03
全磷质量分数/(mg/g)	4.06±0.16	4.25±0.30	4.93±0.22	5.34±0.40

3.2.2 不同处理的土壤样品的细菌和真菌群落丰富度和多样性的变化

测序结果如表 2 所列，4 个样品的细菌 OTUs 总共有 128 522 条，最多的是 NT-C3 样品，有 13 099 条，最少的是 CT-N2 样品，有 9 148 条。真菌 OTUs 总共有 9 238 条，最多的是 NT-N1 样品，有 898 条，最少的是 CT-P3 样品，有 577 条。以上结果说明，土壤中细菌的数量要远多于真菌的数量，而且 NT-N 的细菌和真菌 OTUs 高于 CT-N 组的细菌和真菌 OTUs。与 CT-P 对比后，NT-C 也表现出相同的情况。这些结果说明，免耕模式的土壤样品的微生物群落数量略高于常规耕作的土壤微生物样品，而且轮作处理(CT-P 和 NT-C)的土壤微生物数量要高于同等条件下的单一种植模式的对照处理(CT-N 和 NT-N)。

为了测定和分析不同处理的土壤样品间的微生物多样性，利用每个土壤样品的 OTUs 值计算 α 多样性指数，其中 Chao1 指数和 ACE 指数可以估算群落的丰富度，其指数越高，丰富度也越高；Shannon 指数以及 Simpson 指数可以反映群落的多样性，Shannon 指数越大，Simpson 指数越接近于 0，则表示该样品中的物种多样性越高。由表 2 可知，在群落丰富度方面，无论细菌，还是真菌的 Chao1 指数和 ACE 指数，NT-C 显著高于 NT-N，CT-P 显著高于 CT-N，而且 NT-N 的 Chao1 指数和 ACE 指数略高于 CT-N。在多样性方面，这 4 组的细菌 Shannon 指数平均值分别为 7.93、7.84、8.01 和 8.02，Simpson 指数均在 0.001 0 左右；真菌 Shannon 指数和 Simpson 指数表现出与真菌 Chao1 指数和 ACE 指数相同的趋势。结合以上结果可以发现,轮作的土壤微生物丰富度和多样性高于单一作物种植模式的土壤微生物丰富度和多样性,而且免耕对土壤微生物丰富度和多样性的影响高于常规耕作。

表 2　不同试验处理组的土壤细菌和真菌群落丰富度和多样性指数

样品	OTUs		Chao1 指数		ACE 指数		Shannon 指数		Simpson 指数	
	16S	ITS	16S	ITS	16S	ITS	16S	ITS	16S	ITS
CT-N1	10 832	761	26 539.69	1 691.40	33 548.96	3 099.67	7.95	3.44	0.001 1	0.086 2
CT-N2	9 148	737	20 464.02	1 800.48	25 563.78	3 048.32	7.93	3.74	0.001 0	0.048 2
CT-N3	9 444	810	21 151.96	1 757.57	26 543.16	2 943.97	7.92	3.90	0.001 1	0.038 3
CT-P1	13 050	838	36 197.57	2 266.99	51 593.29	4 652.67	8.04	4.10	0.001 1	0.031 3
CT-P2	9 293	654	28 222.53	1 584.08	39 476.68	2 603.86	7.69	3.90	0.001 2	0.033
CT-P3	9 869	577	29 328.73	1 479.17	38 508.65	2 525.87	7.80	3.76	0.001 0	0.053 3
NT-N1	10 186	898	21 733.57	2 039.08	27 076.01	3 331.47	8.07	4.05	0.000 8	0.050 5
NT-N2	10 099	806	22 342.27	2 015.78	28 560.74	3 779.78	8.03	3.93	0.000 9	0.051 3
NT-N3	10 289	729	23 941.87	1 712.58	30 214.85	2 919.41	7.95	3.88	0.001 1	0.037 8
NT-C1	10 178	837	28 675.70	1 837.25	40 671.32	3 192.23	7.80	3.86	0.001 4	0.059 3
NT-C2	13 035	813	37 855.79	2 485.34	50 974.26	6 184.12	8.02	4.25	0.001 0	0.025 8
NT-C3	13 099	778	30 709.03	2 027.88	42 803.58	3 712.97	8.22	4.26	0.000 8	0.024 4

3.2.3　不同耕作和种植模式的土壤微生物群落门类组成

由图 1 可知,从门的分类水平看,该地区土壤样本中主要检测出细菌 9 个门,分别为变形菌门(Proteobacteria)、浮霉菌门(Planctomycetes)、酸杆菌门(Acidobacteria)、放线菌门(Actinobacteria)、拟杆菌门 (Bacteroidetes)、芽单胞菌门(Gemmatimonadetes)、硝化螺旋菌门(Nitrospirae)、疣微菌门(Verrucomicrobia)和绿弯菌门(Chloroflexi)。其中,该农田土壤的优势细菌菌群是变形菌门(~30%)、浮霉菌门(~18%)、酸杆菌门(~14%)和放线菌门(~8%),这 4 种优势菌的含量均为 70%左右,并且在不同处理的样品之间没有明显的差异。其中以变形菌门的比例最高,若进一步分类的话,α-proteobacteria 的比例最高,占变形菌门的 50%~70%,β-proteobacteria,γ-proteobacteria 和 δ-proteobacteria 的比例则为 30%~50%。

从农田土壤中鉴定得到的主要真菌种类来自子囊菌门(Ascomycota),占真菌群落的 96%,为优势真菌菌群。相比之下,属于担子菌门(Basidiomycota)的真菌种类较少,比例为 0.06%~11%。如果进一步区分的话,属于子囊菌门的粪壳菌纲(Sordariomycetes)的比例占总真菌数量的 50%以上。散囊菌纲(Eurotiomycetes)和座囊菌纲(Dothideomycetes)的比例分别为 3%~10%和 10%左右(图 1 未显示)。银耳纲 (Tremellomycetes)、伞菌纲(Agaricomycetes)和锤舌菌纲(Leotiomycetes)等其他菌群的含量相对较少。

3.2.4　不同处理的土壤样品差异微生物种类分析

为了寻找不同处理的土壤样品的差异微生物菌群,利用 LEFse 软件进行分析。将 CT-N 和 NT-N 进行对比,根据 LDA 值的大小,选取显著差异的 7 个细菌类群,结果如图 2 所示,NT-N 组的优势细菌菌群有疣微菌科(Verrucomicrobiaceae)、鞘脂单胞菌目(Sphingomonadales)和噬纤维菌纲(cytophagales)等, CT-N 组的优势细菌菌群有放线菌门(Actinobacteria)、

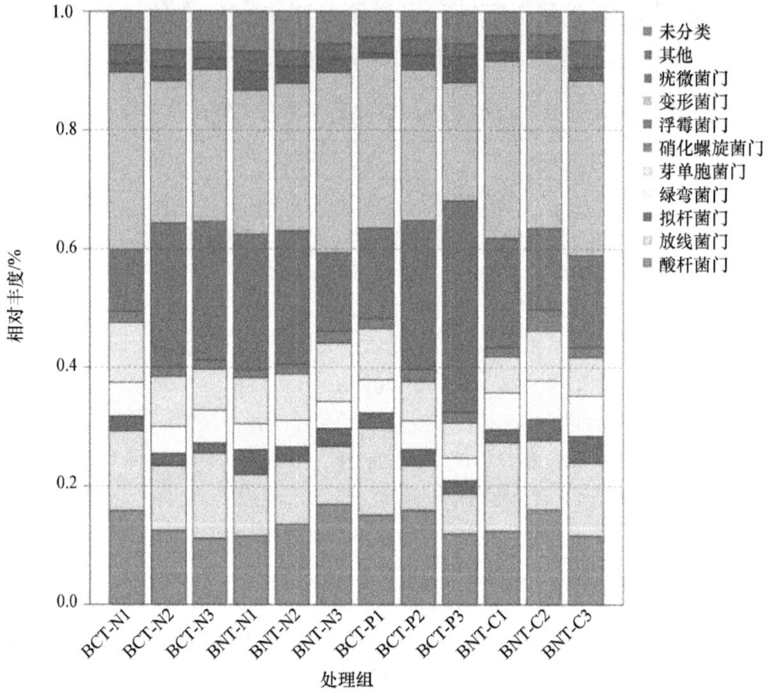

图 1　不同试验处理组的土壤细菌在门水平上的丰度分布

热微菌目(Thermoleophilia)、红色杆菌目(Rhodospirillales)等,此外,NT-N 组优势真菌菌群主要有炭疽菌属(*Colletotrichum*)、小不整球壳属(*Plectosphaerella*)和肉座菌亚纲(Hypocreomycetidae)等,CT-N 组的优势真菌有发菌科(Trichocomaceae)、散囊菌目(Eurotiales)和篮状菌(*Talaromyces*)等。不同处理组的菌群和真菌种类的 LEFse 差异分析如表 3 所列(仅显示前 3 种)。

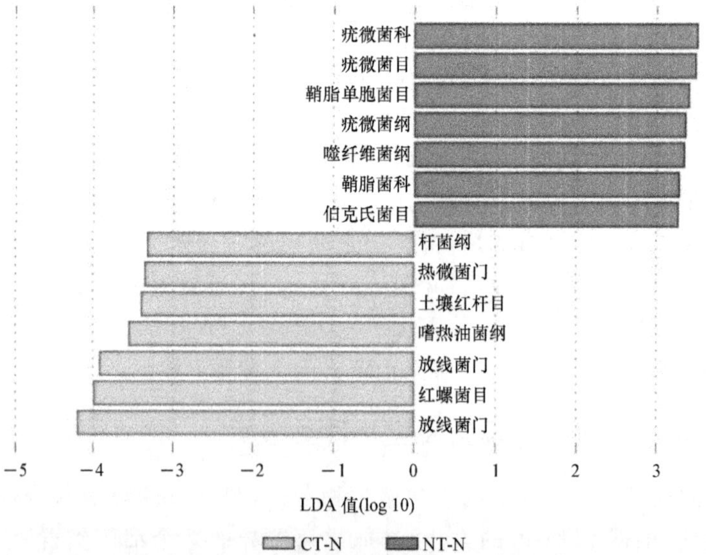

图 2　CT-N 组和 NT-N 组细菌种类的 LEFse 差异分析

表 3　不同处理组的细菌和真菌种类的 LEFse 差异分析

组	样品	差异细菌种类	差异真菌种类
1	CT-N	Actinobacteria,Rhodospirillales,Thermoleophilia	Trichocomaceae,Eurotiales,*Talaromyces*
	NT-N	Verrucomicrobiales,Sphingomonadales,Cytophagales	*Colletotrichum*,Plectosphaerellaceae,Hypocreomycetidae
2	CT-N	Firmicutes,Acidobacteria,Chloroflexi	Zopfiella,Penicillium,Magnaporthaceae
	CT-P	Phycisphaerae,Xanthomonadales,Planctomycetes	Dothideomycetes,Mycoarthris,Stigmina
3	NT-N	Gemmatimonadetes,Verrucomicrobiales,Burkholderiales	Zopfiella，Hypocreomycetidae
	NT-C	Actinobacteria,Rhodospirillales,Chloroflexi	Eurotiomycetes,Trichocomaceae,Xylariales

3.3　讨论

不同耕作方式和种植模式对土壤微生物群落结构和多样性有重要的影响。本研究的结果表明，与单一种植方式相比，轮作处理更有利于维持土壤微生物的丰富度和多样性。此外，免耕处理后的土壤微生物多样性要高于常规种植的土壤微生物群落，这与先前研究结论一致。Lupwayi 等(1998)报告免耕土壤中的微生物多样性和生物量均高于传统耕作后土壤的微生物多样性。其原因是传统耕作会导致土壤团聚体的分裂和表层土壤中有机质的消耗，而少耕或者免耕有利于形成大的团聚体，大团聚体中的微生物生物量比小团聚体中的微生物生物量高，因此有利于增加微生物多样性。土壤类型、有机质组成、pH 与植被也能够影响土壤微生物群落结构。本研究发现，新乡地区农田土壤的优势细菌菌群为变形菌门、浮霉菌门、酸杆菌门和放线菌门。刘俊杰等(2014)在东北平原的黑土农田中发现，土壤细菌的主要类群为酸杆菌、放线菌和变形菌等。此外，李晨华等(2014)发现，变形菌和放线菌在灰漠土农田表层土壤(0～20 cm)中相对丰度较高，其中 α-proteobacteria 在表层土中最为丰富，并且放线菌随土壤深度增加而减少，而变形菌的丰度则随土壤深度而增加。其主要原因在于变形菌为偏好高 pH 的微生物，本研究取样的土壤 pH 均在 8.5 以上，有利于变形菌门细菌的生长。而放线菌偏好有氧环境，表层土壤能够与氧气充分接触，有利于放线菌的生长。

已有研究发现，富营养细菌的相对丰度随施氮量增加而上升，如 Protecbacteria 和 Bacteroidetes。而寡营养细菌却表现出下降的趋势。刘俊杰等(2015)对我国东北旱地黑土农田细菌群落结构研究发现，酸杆菌门的细菌相对丰度平均为 24.11%，为黑土农田中第二大细菌类群，仅次于变形菌门细菌(29.93%)。黑土农田中的酸杆菌相对丰度与土壤 pH 没有显著的相关关系。本研究中的土壤含氮量和 pH 较为接近，酸杆菌在不同的耕作方式和种植模式下并没有明显的差异。刘俊杰等(2015)的研究结果还揭示黑土中的优势真菌菌群为子囊菌门、担子菌门和接合菌门，其比例为 12.38%～47.55%、2.91%～59.97%和 3.78%～9.08%。相比之下，本研究中的土壤的优势真菌为子囊菌，其与黑土中的土壤真菌种类的丰度差别较大。此外，本研究发现在各种类型的土壤样品中均存在致病性尖孢镰刀菌(*Fusarium oxysporum*)的遗传信息。它是一类既可侵染植物,又可在土壤内生存的兼性寄生真菌,还可引起豆科、棉花和茄科等100多种植物的枯萎病,会对农业生产造成极大的危害,因此应该利用多种手段对该真菌进行提前防治。

参考文献

[1] 周桔,雷霆. 土壤微生物多样性影响因素及研究方法的现状与展望. 生物多样性,2007,15(3):306-311

[2] 张薇,魏海雷,高洪文,等. 土壤微生物多样性及其环境影响因子研究进展. 生态学杂志,2005,24(11):48-52

[3] 黄进勇,岳彩鹏,周伟. 麦田土壤细菌群落16S rDNA V3片段PCR产物的DGGE分析. 河南农业大学学报,2007,41(4):396-400

[4] 褚海燕,时玉,李云涛,等. 我国华北平原麦田土壤微生物的空间分布规律[C]. 第八次全国土壤生物与生物化学学术研讨会暨第三次全国土壤健康学术研讨会论文摘要集. 广东河源,2015

[5] 谢涛,郭小强. 连续流动分析仪测定土壤中的氨氮. 科技创新导报,2013(26):109-109

[6] SCHLOSS P D,WEATCOTT S L,RYABIN,et al. Introducing mothur: open-source, platform-independent, community-supported software for describing and comparing microbial communities. Appl Environ Microbiol, 2009, 75(23): 7537-7541

[7] WANG Q,GARRITY G M, TIEDJE J M,et al. Nave bayesian classifier for rapid assignment of rRNA saquences into the new bacterial taxonomy. Appl Environ Micribiol,2007,73(16):5261-5267

[8] DESANTIS, T Z, HUGENHOLTZ P, et al. Greengenes: achimera-checked 16S rRNA gene database and workbench compatible with ARB. Appl Environ Microbiol 2006, 72(7): 5069-5072

[9] PAUL F K, JOSEPHINE Y A. Bacterial diversity in aquatic and other environments: what 16S rDNA libraries can tell us. FEMS Microbiol Ecol, 2010, 47(2):161-177

[10] 樊晓刚,金轲,李兆君,等. 不同施肥和耕作制度下土壤微生物多样性研究进展. 植物营养与肥料学报,2010,16(3):744-751

[11] FENG Y, MOTTA A C, REEVES D W, et al. Soil microbial communities under conventional-till and no-till continuous cotton systems. Soil Biol Biochem, 2003, 35(12):1693-1703

[12] VENTER Z S, JACOBS K, HAWKINS H J. The impact of crop rotation on soil microbial diversity: A meta-analysis. Pedobiologia, 2016, 59(4):215-223

[13] LUPWAYI N Z, RICE W A, CLAYTON G W. Soil microbial diversity and community structure under wheat as influenced by tillage and crop rotation. Soil Biol Biochem, 1998, 30(13):1733-1741

[14] CHU H, FIERER N, LAUBER C L, et al. Soil bacterial diversity in the Arctic is not fundamentally different from that found in other biomes. Environ Microbiol, 2010, 12(11):2998-3006

[15] LIU J, SUI Y, YU Z, et al. High throughput sequencing analysis of biogeographical distribution of bacterial communities in the black soils of northeast China. Soil Biol Biochem, 2014, 70(2):113-122

[16] 李晨华,张彩霞,唐立松,等. 长期施肥土壤微生物群落的剖面变化及其与土壤性质的关系. 微生物学报,2014,54(3):319-329

[17] FIERER N, LAUBER C L, RAMIREZ K S, et al. Comparative metagenomic,phylogenetic and physiological analyses of soil microbial communities across nitrogen gradients. The ISME Journal, 2012, 6(5): 1007-1017

[18] LIU J, SUI Y, YU Z, et al. Soil carbon content drives the biogeographical distribution of fungal communities in the black soil zone of northeast China. Soil Biol Biochem, 2015, 83: 29-39

[19] 叶旭红，林先贵，王一明．尖孢镰刀菌致病相关因子及其分子生物学研究进展．应用与环境生物学报，2011，17(5)：759-762

[20] 李志芳，冯自力，赵丽红，等．棉花主要真菌病害病原菌 ITS-RFLP 快速鉴定方法．中国棉花，2013，40(12)：13-16.

4　华北平原南部不同轮作模式下作物根际土壤微生物群落结构和多样性分析①

摘　要：华北平原南部地区是我国的重要的粮食产区。其主要轮作作物的根际土壤微生物的群落结构和多样性目前仍不清楚。本研究以新乡地区长期传统耕作和免耕的农田作物根际土壤为材料，利用高通量测序技术分析主要作物的根际微生物群落特征。结果表明，在不同耕作和种植模式的根际土壤优势细菌菌群为变形菌门（约27%）、浮霉菌门（约20%）、放线菌门（约16%）和酸杆菌门（约12%）。根际优势真菌为子囊菌门，其含量占真菌群落的60%，高含量的子囊菌门可能是导致土壤长期耕作生产力衰退的主要原因之一。另外，根际土壤微生物的丰富度和多样性高于非根际土，免耕土壤的根际微生物的丰富度和多样性高于正常耕作也说明了根际土壤和免耕土壤具有更高的酸碱调节及硝态氮和铵态氮的转化能力。本研究能够为探寻华北平原南部合理的种植耕作模式及提高土地生产效率提供重要的理论依据。

关键词：轮作；根际；土壤微生物群落

轮作是中国农田土壤耕作制度的重要组成部分，在现代的农业生产体系中发挥着重要作用。采用不同的轮作模式可以提高农作物对于水、空气、土壤有机质以及土壤营养元素的利用率，同时有助于解决农田作物长期连作带来的危害。通过不同农作物之间的顺序和空间安排，作物轮作不仅调节土壤的肥力，均衡利用农田土壤的养分，防治病虫草害，而且会提高农作物的产量和品质，所以作物轮作在世界各国农业生产中受到广泛的使用。

由于农田种植的农作物不相同，引起土壤中所含的微生物种类差别很大。本研究发现，连作后土壤中的微生物的群落结构和多样性发生的明显变化导致土壤中出现了有害微生物，降低了农作物的产量和质量。与连作相比，轮作会改善土壤中的微生物群落结构和多样性，土壤中的有机质以及营养元素得以充分利用，以利于农作物的生长。相比之下，轮作更有利于增加土壤中的细菌、放线菌数量，降低真菌数量。Alvey等研究表明，谷物-豆科植物的轮作对根际土微生物的群落结构和多样性有明显的影响，因此轮作可以明显调整根际土微生物的群落结构，并提高其多样性。

根际是指农作物受根系活动的影响在物理、化学和生物性质上不同于土壤的微域土壤区。根际的范围特别的小，其一般是指距离根表面数毫米之内，该区域土壤微生物群落的形成往往会受到根系分泌物的影响。植物的根系分泌物多为碳水化合物、氨基酸、有机酸以及其他化合

① 作者：张昆、苏婷、李书粉、高武军*、邵云；通信作者：高武军（河南师范大学教授，博士，主要从事植物分子遗传育种研究，E-mail: gaowujun@htu.edu.cn）。

物等物质能够从根际微生物的生长和繁殖方面影响土壤微生物的组成。本研究在豫北平原两熟区采用传统的耕作方式，采用 8 种不同的种植模式，通过种植传统的农作物（小麦、玉米、花生、大豆），采用高通量测序技术，分析了该区域根际土和非根际土的土壤微生物的群落结构和多样性特点。比较不同种植模式的土壤微生物群落结构和多样性的差异，为构建豫北平原两熟区主要粮食作物新型种植模式与调控途径提供理论依据。

4.1　材料与方法

4.1.1　试验设置

本试验于 2016 年 6 月至 2017 年 6 月进行。传统的种植模式的土壤根际微生物研究处理在正常耕作下种植小麦（CT-MN）、大豆（CT-MS）、花生（CT-MP）和玉米（CT-MC）以及在免耕下种植小麦（NT-MN）、大豆（NT-MS）、花生（NT-MP）和玉米（NT-MC）。这 8 种种植模式如表 1 所列，采用大区对比设计。

表 1　不同作物的根际土和非根际土处理

种植模式	处理	2016 年夏	2016 年秋	2017 年夏	2017 年秋
小麦	正常耕作	—	—	小麦	—
大豆		—	—	—	大豆
花生		—	—	—	花生
玉米		—	—	—	玉米
小麦	免耕	—	—	小麦	—
大豆		—	—	—	大豆
花生		—	—	—	花生
玉米		—	—	—	玉米

4.1.2　根际土采集

该区域土壤样品的采集时间为农作物生长旺盛时期。将植株拔起，自然抖落农作物根部大块的土壤，用刷子取下根部的土壤样品。不同处理的样品取 3 个重复（每个重复取 5 个样点进行混合），每个样品的取样范围为 10 m×10 m，取样时距离边界 3 m 以上。将所取土壤样品去除土壤中的植物残枝等杂物后置－80 ℃的冰箱保存。所有农作物均按照目前常规的密度种植，并进行常规的施肥。每一种种植模式分为两个区域进行种植：一个区域是采用常规的耕作方式；另一区域是采用免耕法。

4.1.3　土壤微生物群落结构高通量测序及数据分析

从样本中提取基因组 DNA 后，用带有 barcode 的特异引物扩增 16S rDNA 的 V3＋V4 区和 ITS rDNA 的 ITS2 区。V3＋V4 区的引物序列为 341F：CCTAYGG GRBGCASCAG，806R：GGACTACNNGGGTATCTAAT。ITS2 区的扩增引物为 F：GCATCGATGAAG-AACGCAGC，R：ATATGTAGGATGAAGAACGYAGYRAA。PCR 扩增产物切胶回收，用

QuantiFluor™ 荧光计进行定量。将纯化的扩增产物进行等量混合，连接测序接头，构建测序文库，Hiseq2500 PE250 上机测序。

得到 raw reads 之后，还需要对低质量 reads 进行过滤，除去不合格的 reads，进行组装和再过滤，以保证利用有效数据聚类成 OTU(operating taxonomic unit)。在获得 OTU 后，依次进行物种注释和 OTU 聚类、Alpha 多样性(Chao1 指数、ACE 指数、Shannon 指数和 Simpson 指数)分析、PICRUST 等群落功能预测。通过 LEFse 软件分析不同处理组之间的差异菌群，找出各组间特异的主要菌群。

4.2 结果与分析

4.2.1 根际土和非根际土对土壤中细菌和真菌群落丰富和多样性的影响

结果表明，在土壤微生物研究处理的样品中细菌 OTUs 总共有 87 380 条(表 2)，其中最多的是 NSR(免耕大豆的根际土)，有 7 104 条，最少的是 CWN(正常耕作小麦的非根际土)，有 4 386 条。真菌的 OTUs 总共有 9 328 条，其中最多的是 NCR(免耕玉米的根际土)，有 773 条，最少的是 CSN(正常耕作大豆的非根际土)，有 479 条。以上结果表明，在土壤微生物研究中，细菌数量远远多于真菌数量。另外，还能发现在根际土中细菌和真菌的 OTUs 高于非根际土中的细菌和真菌 OTUs，免耕处理中的细菌和真菌 OTUs 高于正常耕作中的细菌和真菌 OTUs，说明在根际土中的微生物群落的数量高于非根际土，免耕处理的土壤样品微生物数量高于正常耕作。

为了测定和分析土壤微生物研究处理中微生物的多样性，利用不同的土壤样品的 OTUs 进行计算，从而得到 α 多样性指数以及相应的 Simpson 指数，反应对应的群落多样性，Shannon 指数越大，Simpson 指数越趋近于 0，则表示该处理下的样品的物种多样性越高。通过 Chao 指数和 ACE 指数，便可估计土壤样品中微生物群落中实际存在的物种数。一般而言，Chao 指数或 ACE 指数越高，群落的丰富度就越高。由表 2 可知，在群落丰富度方面，无论细菌，还是真菌的 Chao1 指数，还是 ACE 指数，其在免耕处理的数值要高于正常耕作的数值，在同一个处理下根际土的数值要高于非根际土的数值。在多样性的方面，不同处理的细菌的 Shannon 指数的平均值都趋近于 10.00，Simpson 指数则均为 0.990 0 左右，真菌的 Shannon 指数的平均值都趋近于 5.00，Simpson 指数则均为 0.900 0 左右。根据以上结果可知，在同一处理的情况下，根际土中的土壤微生物的丰富度和多样性高于非根际土的土壤微生物的丰富度和多样性以及免耕对土壤微生物丰富度和多样性的影响要高于正常耕作对土壤微生物丰富度和多样性的影响。

表 2 根际土和非根际土的细菌和真菌群落丰富度和多样性指数

样品	OTUs		Chao1 指数		ACE 指数		Shannon 指数		Simpson 指数	
	16s	ITS	16s	ITS	16s	ITS	16s	ITS	16s	ITS
CWR	4 431	562	6 328.95	756.23	6 409.82	741.68	10.44	5.89	0.997 4	0.952 8
CWN	4 386	670	6 266.38	838.65	6 361.19	792.94	10.37	6.77	0.996 7	0.977 5

续表 2

样品	OTUs		Chao1 指数		ACE 指数		Shannon 指数		Simpson 指数	
	16s	ITS	16s	ITS	16s	ITS	16s	ITS	16s	ITS
NWR	4 626	558	6 740.00	693.73	6 833.68	660.33	10.61	5.80	0.998 3	0.951 7
NWN	4 428	634	6 641.82	841.99	6 689.04	806.34	10.25	6.09	0.996 1	0.939 1
CSR	7 104	605	9 479.66	826.37	9 425.59	766.15	10.30	5.55	0.996 0	0.955 1
CSN	5 028	479	6 496.10	971.83	6 328.50	1 045.25	9.61	5.58	0.992 6	0.940 8
NSR	6 125	531	8 308.91	716.22	8 225.62	710.66	10.16	5.12	0.996 1	0.920 7
NSN	4 902	542	6 311.59	1 086.79	6 227.28	1 169.22	10.34	5.51	0.997 2	0.936 3
CPR	6 750	568	8 634.59	791.99	8 424.73	760.33	10.48	5.42	0.996 1	0.947 2
CPN	5 606	490	7 272.50	903.20	7 130.68	999.06	9.71	5.73	0.993 3	0.945 5
NPR	6 830	634	9 017.71	1 053.16	8 949.90	1 033.76	10.54	5.73	0.997 6	0.945 1
NPN	4 745	529	6 214.11	989.78	6 063.62	1 121.51	9.86	5.34	0.995 8	0.932 7
CCR	6 333	666	8 259.53	1 062.12	8 136.35	1 097.60	10.45	5.77	0.996 9	0.947 6
CCN	4 890	537	6 259.47	980.33	6 138.69	1 041.30	9.81	4.28	0.995 4	0.841 7
NCR	6 525	773	8 763.26	1 075.05	8 738.10	1 039.74	10.49	5.88	0.997 9	0.941 4
NCN	4 671	550	6 177.28	1 054.46	5 988.77	1 106.41	9.82	5.20	0.996 1	0.875 7

注：CWR 和 CWN 为正常耕作小麦的根际土和非根际土；NWR 和 NWN 为免耕小麦的根际土和非根际土；CSR 和 CSN 为正常耕作大豆的根际土和非根际土；NSR 和 NSN 为免耕大豆的根际土和非根际土；CPR 和 CPN 为正常耕作花生的根际土和非根际土；NPR 和 NPN 为免耕花生的根际土和非根际土；CCR 和 CCN 为正常耕作玉米的根际土和非根际土；NCR 和 NCN 为免耕玉米的根际土和非根际土。

4.2.2　根际土和非根际土的土壤微生物细菌和真菌的门水平结构

由图 1 可知，从门的分类水平看，在不同耕作和种植模式下的作物根际土壤样本中，主要检测出 10 个门，分别为变形菌门(Proteobacteria)、浮霉菌门(Planctomy-cetes)、放线菌门(Actinobacteria)、酸杆菌门(Acidobacteria)、芽单胞菌门(Gemmatimonadetes)、拟杆菌门(Bacteroidetes)、厚壁菌门(Firmicutes)、绿弯菌门(Chloroflexi)、疣微菌门(Verrucomicrobia)和硝化螺旋菌门(Nitrospirae)。其中，不同耕作和种植模式的根际土壤优势细菌菌群为变形菌门(约 27%)、浮霉菌门(约 20%)、放线菌门(约 16%)和酸杆菌门(约 12%)，这 4 种优势菌的含量均为 75%左右，并且在不同耕作和种植模式中没有明显的差异。

如图 2 所示，从土壤样品中检测得到的真菌种类有子囊菌门(Ascomycota)，其含量占真菌群落的 60% 以上，为该土壤样品的优势菌群，而子囊菌门多为能引起作物根腐、茎腐、果(穗)腐、枝枯和叶斑等症状的有害菌，这也是土壤长期耕作导致生产力衰退的原因之一。该土壤样品中还含有其他的真菌，其中被孢霉菌门(Mortierellomycota)、担子菌门(Basidiomycota)的含量占真菌群落的 25%左右。此外，还有球囊菌门(Glomeromycota)、毛霉亚门(Mucoromycota)、壶菌门(Chytridiomycota)，但是其含量相对较少。

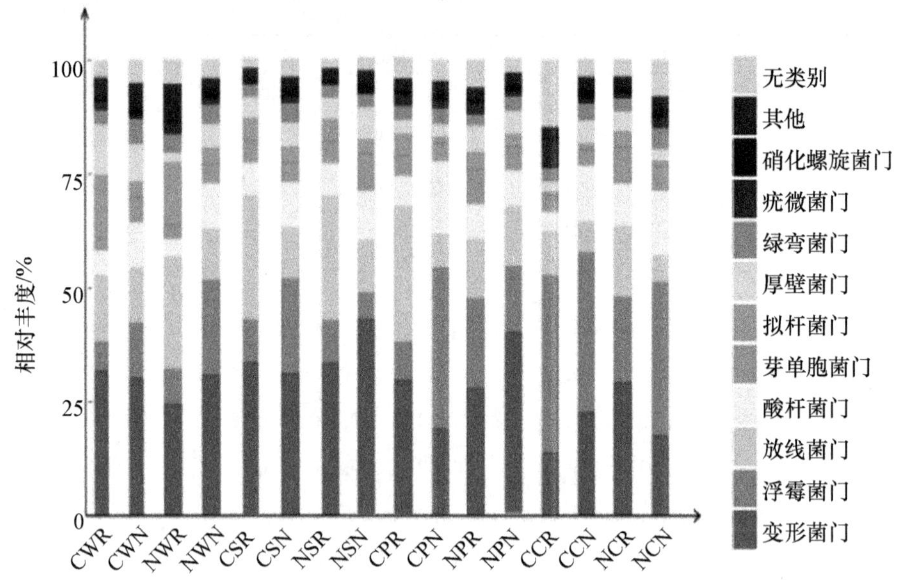

图 1　根际土中主要细菌的门水平分布

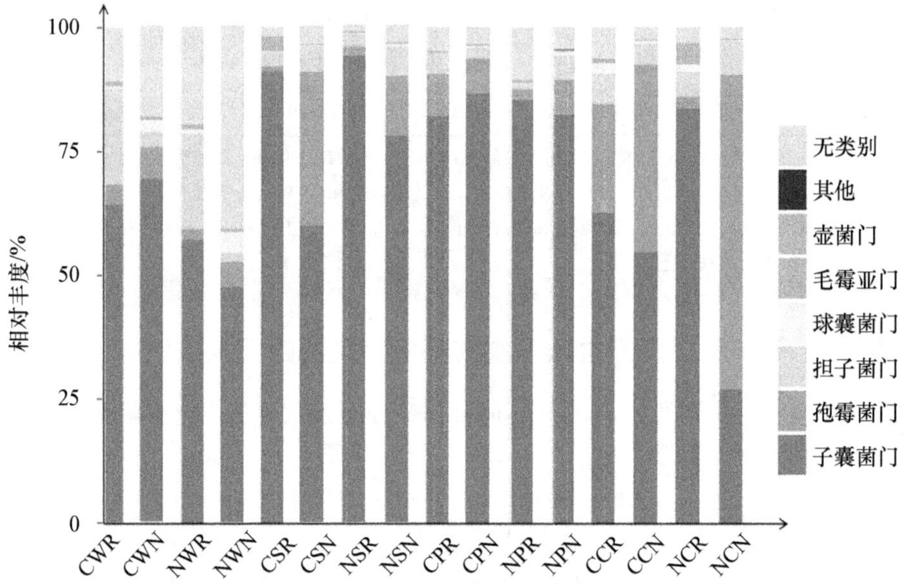

图 2　根际土中主要真菌的门水平分布

4.2.3　根际土和非根际土的土壤微生物间差异微生物种类分析

为了研究不同的耕作和种植模式的土壤样品间的差异微生物菌群，根据 LEFse 软件进行所得的 LDA 值的大小，选取其中显著最显著的 7 个细菌类群进行比较。由表 3 可知，在正常耕作模式的小麦(CWR)、玉米(CSR)、大豆(CCR)、花生(CPR)的根际土中，CWR 的优势细菌菌群有拟杆菌门(Bacteroidetes)、噬纤维菌目(Cytophagales)、鞘脂杆菌纲(Sphingobacteriia)等；CSR 的优势细菌菌群有链霉菌科(Streptomycetaceae)、鞘氨醇杆菌属(*Sphingobacteri-*

um）、溶杆菌属（*Lysobacter*）等；CPR 的优势细菌菌群有肠杆菌目（Enterobacteriales）、柠檬酸细菌属（*Citrobacter*）、芽单胞菌门（Gemmatimonadetes）等；CCR 的优势细菌菌群有芽单胞菌门（Gemmatimonadetes）、酸杆菌门（Acidobacteria）、芽孢杆菌属（*Kaistobacter*）等。CWR 的优势真菌菌群有座囊菌纲（Dothideomycetes）、煤炱目（Capnodiales）、担子菌亚门（Basidiomycota）等；CSR 的优势真菌菌群有粪壳菌纲（Sordariomycetes）、子囊菌门（Ascomycota）、肉座菌目（Hypocreales）等；CPR 的优势真菌菌群有赤霉菌属（*Gibberella*）、生赤壳科（Bionectriaceae）、粉红螺旋聚孢霉（*Clonostachys*）等；CCR 的优势真菌菌群有暗壳腔菌科（Phaeosphaeriaceae）、丛枝菌根真菌（*Glomeraceae*）、粉褶菌科（Entolomataceae）等。

表 3　正常耕作模式的种植小麦、玉米、大豆、花生的根际土中细菌和真菌种类的 LEFse 差异分析

样品	差异细菌种类	差异真菌种类
CWR	Bacteroidetes, Cytophagales, Sphingobacteriia	Dothideomycetes, Capnodiales, Basidiomycota
CSR	Streptomycetaceae, Sphingobacterium, *Lysobacter*	Sordariomycetes, Ascomycota, Hypocreales
CPR	Enterobacteriales, *Citrobacter*, Gemmatimonadetes	*Gibberella*, Bionectriaceae, *Clonostachys*
CCR	Gemmatimonadetes, Acidobacteria, *Kaistobacter*	Phaeosphaeriaceae, *Glomeralceae*, Entolomataceae

4.3　讨论

本研究主要通过对在华北平原两熟区内种植小麦、玉米、大豆、花生 4 种农作物的根际微生物的群落结构和多样性进行分析。本研究结果表明，根际土的微生物多样性明显高于非根际土的微生物多样性，此外，免耕模式的土壤微生物的多样性明显高于正常耕作的土壤微生物群落。其主要原因是正常的耕作模式会破坏土壤的结构，土壤中的大的团聚体分裂以及有机质会被消耗，然而免耕模式对土壤结构的破坏较少，有利于土壤微生物的生长，更有利于增加微生物的多样性。此外，土壤的有机质、pH、全氮以及全磷的含量都将影响土壤微生物的群落结构。

长期采用单一的种植模式将会导致土壤微生物的群落结构和多样性发生明显变化。不同的种植模式对土壤微生物群落结构和多样性有着重要的影响。其他研究人员的试验结果表明，不同的种植模式不仅能改变土壤微生物的群落结构和多样性，而且能改变土壤有机质的含量，而土壤有机质含量的高低会影响土壤微生物的活性。

试验结果表明，该区域的优势细菌菌群为变形菌门（约 27%）、浮霉菌门（约 20%）、放线菌门（约 16%）和酸杆菌门（约 12%），这 4 种优势菌的含量在 75%左右。一般来说，土壤微生物的生长环境越稳定，其群落结构就越稳定，多样性也就越丰富，群落密度就越大，并有稳定的优势菌群。结果显示，变形菌门、放线菌门和酸杆菌门等的丰度都比较高，它们是土壤的优势菌群，有利于植物纤维分解、碳氮循环及土壤固氮。值得注意的是，4 种作物根际土土壤中的浮霉菌门细菌明显少于非根际土壤的浮霉菌门细菌（图 1）。浮霉菌门细菌多数能够促进植物生长，真菌类群中的根际土壤中的孢霉门真菌也明显少于非根际土壤（图 2），而孢霉门真菌是能够抑制连作障碍的有益菌，因此适度休耕或补充有益菌是缓解这个问题的有效方式。

本研究主要采用在不同种植模式的土壤微生物群落结构和多样性的变化，免耕模式的土壤微生物的多样性明显高于正常耕作的土壤微生物群落。该区域的种植模式有规律，农作物的生育期比较一致，便于田间统一种植管理和机械化作业，但是长期实行相同的模式将会导致土壤的养分失衡。例如，禾谷类作物对氮和硅的吸收量较多，对钙的吸收量较少；豆科作物吸收大量的钙，吸收硅的数量极少。若采用两种作物的轮作，就保证土壤养分的均衡利用，避免其片面消耗，因此在以后农作物的种植过程中，适宜继续采用轮作的种植模式，就能更有效均衡地利用土壤的养分防治病虫害以及调整土壤的肥力，以更好地发挥土壤微生物的功能，为农业的生产提供更多保障。

参考文献

[1] QUADROS P D D, ZHALNINA K, DAVIS-RICHARDSON A, et al. The effect of tillage system and crop rotation on soil microbial diversity and composition in a subtropical acrisol. Diversity, 2012, 4(4): 375-395

[2] 吴天龙，马丽. 太行山前平原不同轮作模式水资源利用效率评价. 中国农学通报，2008，24(5)：351-356

[3] 官会林，段庆钟. 不同轮作方式下高原山地红壤肥力变化特征. 西南大学学报(自然科学版)，2008，30(5)：116-121

[4] 张仁陟，罗珠珠. 长期保护性耕作对黄土高原旱地土壤物理质量的影响. 草业学报，2011，20(4)：1-10

[5] LI H, QIU J, WANG L, et al. Modelling impacts of alternative farming management practices on greenhouse gas emissions from a winter wheat-maize rotation system in China. Agr Ecosyst Environ, 2010, 135(1): 24-33

[6] LATTA J, O'LEARY G J. Long-term comparison of rotation and fallow tillage systems of wheat in Australia. Field Crop Res, 2003, 83(2): 173-190

[7] 许艳丽，李兆林. 连作、迎茬和轮作大豆对田间杂草群落变化的影响. 大豆科学，2003，22(4)：283-286

[8] LENSSEN A W, JOHNSON G D, CARLSON G R. Cropping sequence and tillage system influences annual crop production and water use in semiarid Montana,USA. Field Crop Res, 2007, 99(1): 32-43

[9] YANG X M, KAY B D. Rotation and tillage effects on soil organic carbon sequestration in a typic hapludalf in Southern Ontario. Soil Till Res, 2001, 59(3): 107-114

[10] 顾美英，徐万里. 新疆绿洲农田不同连作年限棉花根际土壤微生物群落多样性. 生态学报，2012，32(10)：3031-3040

[11] 董艳，董坤. 种植年限和种植模式对设施土壤微生物和酶性的影响区系 农业环境科学学报，2009，28(3)：527-532

[12] 范分良，黄平容. 微生物群落对土壤微生物呼吸速率及其温度敏感性的影响. 环境科学，2012，33(3)：932-937

[13] DESANTIS, T Z, HUGENHOLTZ P, et al. Greengenes: a chimera-checked 16S rRNA gene database and workbench compatible with ARB. Appl Environ Microbiol 2006, 72(7): 5069-5072

[14] PAUL F K, JOSEPHINE Y A. Bacterial diversity in aquatic and other environments: what 16S rDNA libraries can tell us. FEMS Microbiol Ecol, 2010, 47(2):161-177

[15] CHU H, FIERER N, LAUBER C L, et al. Soil bacterial diversity in the Arctic is not fundamentally different from that found in other biomes. Environ Microbiol, 2010, 12(11): 2998-3006

[16] 樊晓刚，金轲. 不同施肥和耕作制度下土壤微生物多样性研究进展. 植物营养与肥料学报，2010，16(3)：744-751

[17] FENG Y, MOTTA A C, REEVES D W, et al. Soil microbial communities under conventional-till and

no-till continuous cotton systems. Soil Biol Biochem，2003，35(12)：1693-1703

[18] VENTER Z S，JACOBS K，HAWKINS H J. The impact of crop rotation on soil microbial diversity：a meta-analysis. Pedobiologia，2016，59(4)：215-223

[19] 王渊刚，罗格平. 亚洲中部干旱区植被与土壤碳密度分析. 干旱区地理，2014，37(2)：239-249.

5 不同年代玉米品种根区细菌群落组成的研究①

摘 要:利用焦磷酸测序法比较了在吉林长春20世纪80—90年代及2000年以后广泛种植的4个玉米品种'掖单4号''本玉9号''郑单958'和'利民33'的根区细菌群落组成。不同品种的细菌优势种不同。'利民33'放线菌门(Actinobacteria)、酸杆菌门(Acidobacteria)、拟杆菌门(Bacteroidetes)、绿弯菌门(Chloroflexi)和浮霉菌门(Planctomycetes)的相对丰度与其他3个品种存在显著差异($P<0.05$)。'利民33'的γ-变形菌比例显著高于其他品种,其中罗河杆菌属(*Rhodanobacter*)的相对丰度也显著高于其他品种。'利民33'根区细菌的丰度和多样性都显著低于其他品种,主成分分析表明'利民33根'区细菌群落结构与其他3个品种明显分离,并且通过了Adonis检验。典型相关分析表明,有机质、土壤pH、土壤水分和叶面积指数是细菌多样性的重要驱动因子。这些结果对培育或选择可以定植特定微生物的新品种具有重要意义。

关键词:玉米品种;根际细菌群落

作物育种通常更关注地上部产量性状,对与作物相关的土壤微生物区系的关注较少。不同的植物品种或基因型有特定的表型性状,可能是形成不同根际微生物群落组成的关键因素。有研究表明小麦农家种根际的假单胞菌数量比现代品种多。不同大田环境的试验表明,27个现代玉米自交系根际细菌的多样性表现出微小而显著的差异。此外,一些研究指出,不同品种对病原菌和生防剂的响应不同。在养分循环的过程中,农业生态系统不同品种与促生菌之间也存在着广泛的相互作用,高氮利用率的玉米品种根际携带β-葡萄糖苷酶基因的变形菌以α-、β-和γ-变形杆菌占优势,而低氮利用率的玉米品种的根际以δ-变形杆菌占优势。本研究通过对东北地区不同年代主推玉米品种在田间根际细菌群落组成上是否存在差异进行研究,以期发掘出有利用价值的作物种质资源,为下一步选育具有目标地下部微生物性状的玉米品种提供科学依据。

5.1 材料方法

5.1.1 试验地概况与试验设计

试验在东北吉林省长春市农安县范家屯镇(44°45′N, 125°01′E)进行。该地区属温带大陆性

① 作者:卢捷、文新亚*;通信作者:文新亚(中国农业大学农学院副教授,主要从事耕作制度与农田土壤微生态机制研究,E-mail: wxya@cau.edu.cn)。

季风气候，多年平均降水量为 567 mm，属于典型的雨养农业区。日照为 2 800 h，无霜期为 140 d。本试验以 4 个玉米品种 20 世纪 80 年代的‘掖单 4 号’(YD4)、20 世纪 90 年代的‘本玉 9 号’(BY9)、21 世纪 00 年代的‘郑单 958’(ZD958)和 21 世纪 10 年代的‘利民 33’(LM33)为试验材料。试验起始于 2013 年，试验采用随机区组设计，每处理 3 次重复，共 12 个小区，田间小区面积为 31.2 m^2。田间管理依据不同作物的需求采取当地常规管理，基施尿素(N)60 kg/hm^2、磷肥(P_2O_5)75 kg/hm^2、钾肥(K_2O)90 kg/hm^2，在拔节和抽雄期分别追施 100 kg/hm^2 和 40 kg/hm^2 的 N 肥。

5.1.2　土壤样品采集

土壤样品在玉米抽雄期(2013 年 7 月 12 日)进行采集，每个小区随机选取一株长势均匀的玉米，先将其附着在植物根系上的土抖掉后，再将根系上剩余的土过 2 mm 无菌筛，之后一部分作为提取 DNA 的样品，临时存放于冰盒，另一部分风干，用于测定土壤 pH、有机碳(SOC)、全氮(TN)、速效磷(AP)和速效钾(AK)，将取样期间临时存放于冰盒中暂时保存的样品妥善带回试验室－20 ℃的冰箱中进行保存。

5.1.3　土壤水分和植株特性测定

在土壤取样时，用时域反射仪测定 10 cm 深的土壤水分(M)。对地上部植株进行干燥称重，得到地上部干物重。并测定叶面积，利用叶面积除以地面面积计算植物叶面积指数(LAI)。

5.1.4　土壤 DNA 提取和 PCR 扩增

5.1.4.1　土壤 DNA 提取

试验使用 E. Z. N. A. Soil DNA Kit 试剂盒提取土壤样品 DNA，具体方法参照说明书。将提取 DNA 置于－20 ℃保存，在温度为 4 ℃时使用。使用 1%的琼脂糖凝胶电泳检测 DNA 的提取质量，使用 NanoDrop2000 测定 DNA 浓度和纯度。

5.1.4.2　PCR 扩增

使用 27F(5′-AGA GTT TGA TCC TGG CTC AG-3′)/533R(5′-NNNNNNNNTTACCGCGGCTGCTGGCAC-3′)对 16S rDNA 基因 V1～V3 可变区进行 PCR 扩增。扩增程序为：95 ℃ 预变性 2 min，25 个循环(95 ℃ 变性 30 s，55 ℃ 退火 30 s，72 ℃ 延伸 30 s)，然后 72 ℃ 稳定延伸 5 min。PCR 反应体系为：5×FastPfu 缓冲液 4 μL，2.5 mol/L dNTPs 2 μL，上游引物(5 μmol/L) 0.8 μL，下游引物(5 μmol/L)0.8 μL，TransStart FastPfu DNA 聚合酶 0.4 μL，模板 DNA 10 ng，补足至 20 μL。每个样本 3 个重复。

5.1.5　焦磷酸测序及序列分析

5.1.5.1　焦磷酸测序

将同一样本的 PCR 产物混合后，使用 2%的琼脂糖凝胶回收 PCR 产物，利用 AxyPrep DNA Gel Extraction Kit 进行回收产物纯化，2%的琼脂糖凝胶电泳检测，并用 Quantus™ Fluorometer 对回收产物进行检测定量。将回收的片段送至上海美吉生物医药科技有限公司进行测序。

5.1.5.2 序列分析

使用 QIIME(version 1.17)对原始测序序列进行质控。使用 UPARSE 软件,根据 97%的相似度对序列进行 OTU 聚类并剔除嵌合体。利用 RDP classifier 对每条序列进行物种分类注释,比对 Silva 数据库(SSU115),设置比对阈值为 70%。利用 QIIME 中的 OTU 数据计算 OTU 水平的 Shannon 指数和 Chao1 指数。

5.1.6 数据处理

主成分分析(PCA)用于确定微生物群落 OTU 水平的整体结构变化。用 Bray-Curtis 相异度距离矩阵与 ADONIS 算法比较了 4 个品种的焦磷酸测序数据。采用典型对应分析(CCA)评价了微生物组成与环境因子之间的联系。所有分析均在 R (v. 2.8.1)中的 Vegan 包(v. 1.15-1)中进行。

5.2 结果

5.2.1 不同品种根区细菌多样性差异

对不同品种的细菌 α 多样性指数进行分析,结果表明,LM33 根区细菌的 Shannon 指数和 Chao1 指数都显著低于 YD4、BY9 和 ZD958 的 Shannon 指数和 Chaol 指数(表 1)。β 多样性分析结果显示,LM33 根区细菌群落结构与其他 3 个品种明显分离(图 1),并且通过了 Adonis 检验。

表 1 不同品种根区土壤的细菌 α 多样性指数

品种	Chao1 指数	Shannon 指数
YD4	6 371.56±907.56 a	7.39±0.13 a
BY9	7 238.98±515.28 a	7.58±0.02 a
ZD958	6 736.80±162.14 a	7.47±0.03 a
LM33	5 153.53±440.67 b	6.81±0.21 b

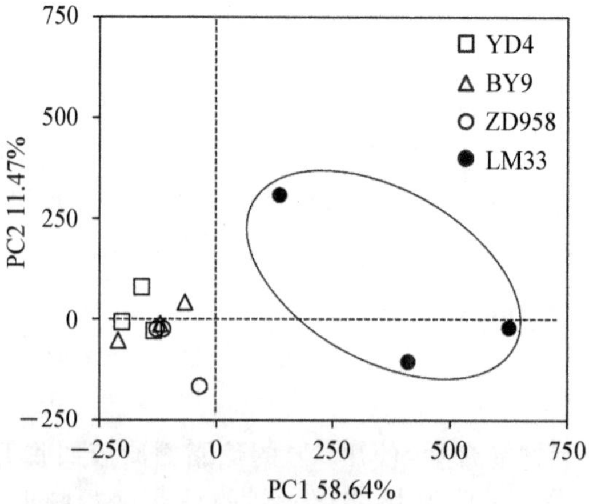

图 1 不同品种根区土壤的细菌 β 多样性

5.2.2　不同品种根区细菌组成存在差异

在 4 个品种中，有 84％的序列均属于 7 个门，LM33 的放线菌门（Actinobacteria）、酸杆菌门（Acidobacteria）、拟杆菌门（Bacteroidetes）、绿弯菌门（Chloroflexi）和浮霉菌门（Planctomycetes）的相对丰度与其他 3 个品种相比，其表现出显著差异（图 2A）。其中，LM33 的放线菌门（Actinobacteria）的相对丰度小于 YD4，拟杆菌门（Bacteroidetes）的相对丰度小于 BY9，绿弯菌门（Chloroflexi）的相对丰度小于 ZD958，浮霉菌门（Planctomycetes）的相对丰度小于 BY9。LM33 根区 γ-变形菌的相对丰度显著高于其他品种，其中罗河杆菌属（*Rhodanobacter*）的相对丰度（12.43％）显著高于其他品种（＜2.80％）。

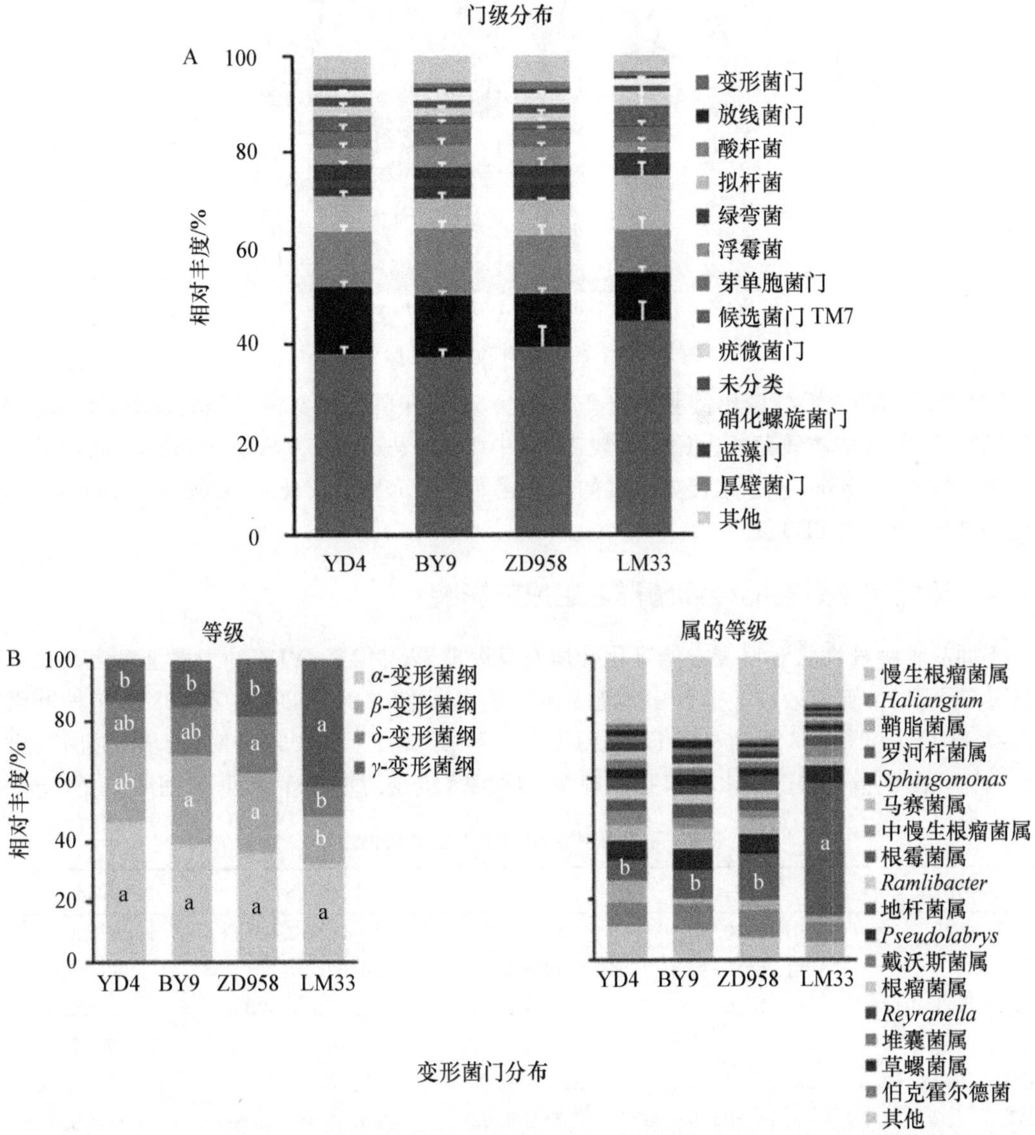

图 2　不同品种根区土壤主要细菌的相对丰度

5.2.3 不同品种具有特定的细菌

在 4 个品种中，共有物种占每个细菌群落的比例较小，YD4 为 24.35%，BY9 为 21.25%，ZD958 为 22.69%，LM33 为 29.70%；特有物种的比例略大于共有物种的比例，YD4 为 30.33%、BY9 为 34.44%，ZD958 为 34.84%，LM33 为 31.99%。各个品种特有物种的组成不同(图 3)。

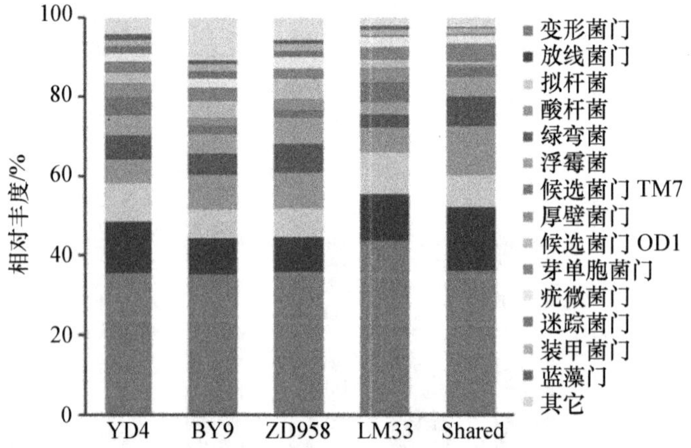

图 3 各个品种共有和特有的微生物

LM33 特有的变形杆菌比例明显较高，其中 γ-变形杆菌类和罗河杆菌属(*Rhodanobacter*)的比例较高，特有的放线菌所占比例也较高，其中 *Nocardioides* 和 *Streptomyces* 的比例高于 BY9 和 ZD958。此外，它还具有更丰富的拟杆菌，其中 Sphingobacteriia 和 *Mucilaginibacter* 的比例高于 BY9 和 ZD958。

5.2.4 环境因子对各品种细菌群落组成的影响

不同品种植株性状和根区土壤理化性质有显著差异(表 2)。YD4 的土壤全氮含量显著高于其他三个品种，而速效磷显著低于其他品种。在植株性状中，YD4 和 ZD958 的植株叶面积显著高于 BY9 和 LM33 的植株叶面积。CCA 分析模型($P<0.05$)表明，土壤有机碳、土壤 pH、植物叶面积指数和土壤水分等是控制微生物群落组成的重要环境因子(图 4)。

表 2 不同品种土壤理化性状和植株性状

影响因子	YD4	BY9	ZD958	LM33
M^a/%	20.03±0.00	21.75±0.04	19.00±0.03	18.87±0.00
pH	6.11±0.14	6.02±0.21	6.37±0.23	5.98±0.12
TN/(g/kg)	0.61±0.01a	0.33±0.01b	0.32±0.02b	0.37±0.04b
AP/(mg/kg)	133.70±13.75b	165.11±3.62a	173.10±12.63a	169.67±7.61a
SOC/%	3.62±1.13	3.42±0.97	3.48±1.03	3.57±1.14
LAI	3.36±0.09a	2.66±0.03b	3.33±0.17a	2.71±0.12b
干物重/g	76.44±10.52	56.99±3.22	86.46±19.84	77.74±9.39
收获指数	46.11±3.38	44.09±1.63	46.96±2.46	49.48±1.07

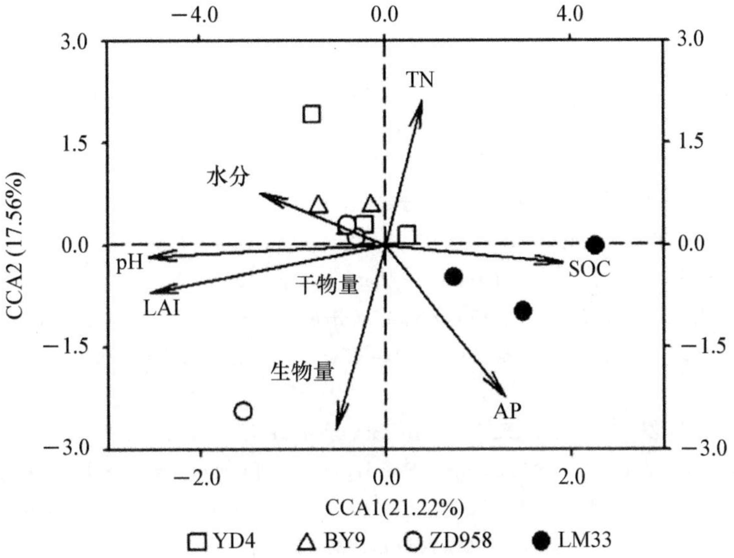

图 4 影响微生物结构的因素

5.3 结论与讨论

LM33 的细菌 α 多样性较显著低于其他品种，这可能与其不同的杂交模式和耐高密植基因型有关。YD4、BY9、ZD958 和 LM33 的亲本分别为 U8112×黄早 4，7884Ht×Mo17，郑 58×昌 7-2 和 L201×L269。亲本组合依次为瑞德系×唐四平头，旅大红骨系×Lancaster 系，瑞德系×唐四平头和瑞德系×外国自交系。其中，LM33 的两个杂交亲本均可为耐密植品种。而其他三个品种的两个亲本中至少有 1 个亲本不耐密植。耐密植玉米在苗期能够快速吸收大量的营养、积累干物质。同时由于其灌浆-成熟期较长，耐密植玉米能够向籽粒分配更多的干物质，收获指数较高。较高的收获指数将更多的光合产物向籽粒分配，而减少向营养器官，如根系的分配，这就意味着根区细菌群落的食物来源减少，导致了细菌多样性降低，因此光合产物在植株器官间的分配可能会影响根区细菌的多样性。

LM33 的优势菌属罗河杆菌属(*Rhodanobacter*)在低 pH 的条件下更容易生长。LM33 土壤的 pH 低于其他三个品种(表 2)。其原因可能是罗河杆菌属(*Rhodanobacter*)相对丰度较高。CCA 分析表明，品种植株性状的差异与细菌组成显著相关，这就证实作物基因型能够直接影响根区土壤微生物群落的形成。未来研究应当关注不同品种的地下部根系特性，如根表型特征、根系分泌物种类和数量等，分析根系特性及其引起的土壤理化特性变化与微生物群落的关系。

参考文献

[1] VESSEY J K. Plant growth promoting rhizobacteria as biofertilizers. Plant and Soil，2003，255(2)：571-586

[2] ALI B，SABRI A N，LJUNG K，et al. Auxin production by plant associated bacteria：impact on endogenous IAA content and growth of triticum aestivum L. Letters in Applied Microbiology，2009，48(5)：542-547

[3] PALACIOS O A，BASHAN Y，DE-BASHAN L E. Proven and potential involvement of vitamins in in-

teractions of plants with plant growth-promoting bacteria-an overview. Biology and Fertility of Soils, 2014,50(3):415-432

[4] FAN T, LANE A N, SHENKER M, et al. Comprehensive chemical profiling of gramineous plant root exudates using high-resolution NMR and MS. Phytochemistry, 2001,57(2):209-221

[5] CZARNOTA M A, RIMANDO A M, WESTON L A. Evaluation of root exudates of seven sorghum accessions. Journal of Chemical Ecology, 2003,29(9):2073-2083

[6] BAIS H P, WEIR T L, PERRY L G, et al. The role of root exudates in rhizosphere interations with plants and other organisms. Annual Review of Plant Biology, 2006,57:233-266

[7] GRAYSTON S J, CAMPBELL C D. Functional biodiversity of microbial communities in the rhizospheres of hybrid larch (Larix eurolepis) and Sitka spruce (Picea sitchensis). Tree Physiology, 1996,16(11-12): 1031-1038

[8] BAUDOIN E, BENIZRI E, GUCKERT A. Impact of artificial root exudates on the bacterial community structure in bulk soil and maize rhizosphere. Soil Biology & Biochemistry, 2003,35(9):1183-1192

[9] HAICHAR F E Z, MAROL C, BERGE O, et al. Plant host habitat and root exudates shape soil bacterial community structure. Isme Journal, 2008,2(12):1221-1230

[10] GERMIDA J J, SICILIANO S D. Taxonomic diversity of bacteria associated with the roots of modern, recent and ancient wheat cultivars. Biology and Fertility of Soils, 2001,33(5):410-415

[11] PEIFFER J A, SPOR A, KOREN O, et al. Diversity and heritability of the maize rhizosphere microbiome under field conditions. Proceedings of the National Academy of Sciences of the United States of America, 2013,110(16):6548-6553

[12] VAKILI N G, BAILEY T B. Yield response of corn hybrids and inbred lines to phylloplane treatment with mycopathogenic fungi. Crop Science, 1989,29(1):183-190

[13] VAKILI N G. Biological seed treatment of corn with mycopathogenic fungi. Journal of Phytopathology-Phytopathologische Zeitschrift, 1992,134(4):313-323

[14] KING E B, PARKE J L. Biocontrol of aphanomyces root-rot and pythium damping-off by pseudomonas-cepacia ammd on 4 pea cultivars. Plant Disease, 1993,77(12):1185-1188

[15] LIU L, KLOEPPER J W, TUZUN S. Induction of systemic resistance in cucumber by plant growth-promoting rhizobacteria-duration of protection and effect of host-resistance on protection and root colonization. Phytopathology, 1995,85(10):1064-1068

[16] SMITH K P, HANDELSMAN J, GOODMAN R M. Modeling dose-response relationships in biological control: partitioning host responses to the pathogen and biocontrol agent. Phytopathology, 1997,87(7): 720-729

[17] PATHAN S I, CECCHERINI M T, PIETRAMELLARA G, et al. Enzyme activity and microbial community structure in the rhizosphere of two maize lines differing in N use efficiency. Plant and Soil, 2015, 387(1-2):413-424

[18] PATHAN S I, CECCHERINI M T, HANSEN M A, et al. Maize lines with different nitrogen use efficiency select bacterial communities with different beta-glucosidase-encoding genes and glucosidase activity in the rhizosphere. Biology and Fertility of Soils, 2015,51(8):995-1004

[19] DEN HERDER G, VAN ISTERDAEL G, BEECKMAN T, et al. The roots of a new green revolution. Trends in Plant Science, 2010,15(11):600-607

[20] SANGABRIEL-CONDE W, NEGRETE-YANKELEVICH S, EDUARDO MALDONADO-MENDOZA I, et al. Native maize landraces from Los Tuxtlas, Mexico show varying mycorrhizal dependency for Puptake. Biology and Fertility of Soils, 2014,50(2):405-414

[21] AIRA M, GOMEZ-BRANDON M, LAZCANO C, et al. Plant genotype strongly modifies the structure and growth of maize rhizosphere microbial communities. Soil Biology & Biochemistry, 2010, 42(12): 2276-2281

[22] 鲍士旦. 土壤农化分析. 3 版. 北京: 中国农业出版社, 2000

[23] KUMAR P S, BROOKER M R, DOWD S E, et al. Target region selection is a critical determinant of community fingerprints generated by 16S pyrosequencing. PLoS One, 2011, 6(e209566)

[24] AMATO K R, YEOMAN C J, KENT A, et al. Habitat degradation impacts black howler monkey (Alouatta pigra) gastrointestinal microbiomes. Isme Journal, 2013, 7(7): 1344-1353

[25] 李继竹. 不同密度选择压力下玉米耐密性鉴定及遗传性研究. 长春: 吉林农业大学, 2013

[26] TOLLENAAR M, DAYNARD T B. Relationship between assimilate source and reproductive sink in maize grown in a short-season environment. Agronomy Journal, 1978, 70(2): 219-223

[27] LEE E A, TOLLENAAR M. Physiological basis of successful breeding strategies for maize grain yield. Crop Science, 2007, 473: S202-S215

[28] MAZZOLA M, FUNNELL D L, RAAIJMAKERS J M. Wheat cultivar-specific selection of 2, 4-diacetylphloroglucinol-producing fluorescent pseudomonas species from resident soil populations. Microbial Ecology, 2004, 48(3): 338-348

[29] 刘培利, 林琪, 隋方功, 等. 紧凑型玉米根系高产特性的研究. 玉米科学, 1994(1): 59-63

[30] WEON H, KIM B, HONG S, et al. Rhodanobacter ginsengisoli sp nov and Rhodanobacter terrae sp nov., isolated from soil cultivated with Korean ginseng. International Journal of Systematic and Evolutionary Microbiology, 2007, 57(12): 2810-2813

[31] BOLLMANN A, PALUMBO A V, LEWIS K, et al. Isolation and physiology of bacteria from contaminated subsurface sediments. Applied and Environmental Microbiology, 2010, 76(22): 7413-7419

[32] VAN DEN HEUVEL R N, VAN DER BIEZEN E, JETTEN M S M, et al. Denitrification at pH 4 by a soil-derived rhodanobacter-dominated community. Environmental Microbiology, 2010, 12(12): 3264-3271

[33] EDWARDS J, JOHNSON C, SANTOS-MEDELLIN C, et al. Structure, variation, and assembly of the root-associated microbiomes of rice. Proceedings of the National Academy of Sciences of the United States of America, 2015, 112(8): E911-E920.

6 种植模式对土壤固氮微生物多样性与群落结构的影响①

摘　要: 生物固氮作用是土壤氮素的重要来源之一。本研究利用 Illumina MiSeq 测序比较了冬小麦-夏玉米(WM)种植模式的夏玉米(WMM)和冬小麦(WMW)以及春花生→冬小麦-夏玉米(PWM)种植模式的春花生(PWMP)和冬小麦(PWMW)土壤固氮微生物的多样性与群落组成。结果表明,PWM 模式的土壤速效磷含量显著高于 WM,但土壤全氮含量显著低于 WM($P<0.05$)。WMM 和 PWMP 中的固氮微生物香农指数分别比 WMW 高 34.7%和 39.3%($P<0.05$)。PWMW 中的红螺菌科和 β-变形菌纲_未分类的相对丰度比 WMW 分别高 1.16 倍和 3.55 倍($P<0.05$)。主坐标分析显示,豆科作物轮作时间尺度上具有更高的固氮微生物群落稳定性。另外,全氮($P<0.01$)和速效磷($P<0.01$)是造成土壤固氮微生物群落结构变化的重要驱动因子。研究表明,豆科作物与禾本科轮作有助于维持土壤固氮微生物多样性和群落结构的稳定性。

关键词: 豆禾轮作;固氮微生物;群落多样性;可持续农业

轮作是我国传统农业的重要组成,也是可持续农业的重要技术。轮作具有增加作物产量和农田生物多样性,减少温室气体排放等功能。其中,豆科作物与禾本科作物轮作不仅能增加作物产量,还能降低对化学氮肥与农药的依赖,兼具生态与集约特征。生物固氮作用是豆科作物与禾本科作物轮作模式产生生态高效机制的重要原因,也是土壤氮素的重要来源。据估算,全球每年陆地生态系统通过生物固氮作用固定的氮为 110 Tg,在全球生态系统氮素循环平衡中起重要作用。

生物固氮作用是指固氮微生物将分子态氮转化为氨的过程。固氮微生物包括细菌、蓝藻和放线菌等,都含有编码固氮酶铁蛋白的 *nifH* 基因,且在系统发育上 *nifH* 基因与 16S rRNA 基因具有显著的一致性,因此 *nifH* 基因通常被用作研究固氮微生物的理想靶标。Venter 等(2016)研究发现,与连作相比,轮作能显著改变微生物生物量和多样性,表明种植制度会显著影响土壤微生物群落。与大豆轮作相比,连作大豆的固氮微生物数量和活性均显著下降,同时固氮微生物中的厚壁菌门的相对丰度增加,但广古菌门的相对丰度显著下降。先前的研究结果表明,轮作与连作豆科作物的固氮微生物群落呈显著变化,但豆科作物与禾本科作物轮作及禾本科作物轮作系统土壤固氮微生物的时空分布特征并不清楚。

---

① 作者:杨亚东、聂江文、臧华栋、隋鹏、曾昭海*;通信作者:曾昭海(中国农业大学农学院教授,博导,主要从事宏观农业与区域发展研究,E-mail: zengzhaohai@cau.edu.cn)。

本研究依托种植制度长期定位试验为平台，利用高通量测序技术分析了两种典型种植模式中的土壤固氮微生物多样性和群落组成，旨在探明豆科作物与禾本科作物轮作时的固氮微生物群落的时空特征，为揭示豆科作物与禾本科作物轮作模式的生态高效机制提供支撑。

6.1 材料与方法

6.1.1 试验地概况

田间试验在河北省石家庄市中国科学院栾城农业生态系统试验站（114°40′E，37°50′N）进行。该区域属于温带大陆性季风气候，年平均气温为 12.2 ℃，年平均降水量为 472 mm，集中在 6—9 月，无霜期为 205 d。试验地土壤属于冲积土，以潮褐土为主。

6.1.2 试验设计与作物管理

田间定位试验起始于 2002 年，试验采用随机区组排列设计，包括 5 种种植模式，每种模式 3 次重复，小区面积为 30 m^2（7.5 m×4.0 m），小区间设置 1 m 保护行。本研究选取冬小麦-夏玉米一年两熟（MW）和春花生→冬小麦-夏玉米两年三熟（PWM）两种种植模式，用于分析不同种植模式中的固氮微生物群落的时空分布特征。

冬小麦于 10 月中旬播种，播种量为 200 kg/hm^2，翌年 6 月上旬收获，生育期灌溉量为 225 mm，施肥量分别为 N 225 kg /hm^2、P_2O_5 112.5 kg/hm^2 和 K_2O 225 kg /hm^2。夏玉米于 6 月中旬播种，播种量为 27 kg/hm^2，10 月上旬收获，生育期灌溉量为 150 mm，施肥量分别为 N 180 kg/hm^2、P_2O_5 105 kg /hm^2 和 K_2O 75 kg/hm^2。春花生于 4 月下旬播种，播种量为 225 kg/hm^2，9 月上旬收获，生育期灌溉量为 105 mm，施肥量分别为 N 75 kg/hm^2、P_2O_5 60 kg/hm^2 和 K_2O 135 kg/hm^2。病虫草防治及其他管理同当地常规管理。

6.1.3 土壤样品采集

为研究长期不同种植模式的土壤固氮微生物群落的时空分布特征，分别于 2017 年 9 月 30 日和 2018 年 6 月 7 日采集土壤样品。当两次取样时，冬小麦-夏玉米（WM）模式种植作物分别为玉米（WMM）和小麦（WMW），春花生→冬小麦-夏玉米（PWM）模式种植作物分别为花生（PWMP）和小麦（PWMW）。

每个小区选取 5 个样点，用土钻取 0～20 cm 土层土样，将同一小区的 5 个样点土样混合成一个样品，用冰盒运输至试验室。除去碎石、植物根系等杂物后，将各小区的土壤样品分为两个部分：一部分冻存于－80 ℃的冰箱，用于固氮微生物多样性和群落组成分析；另一部分用于土壤理化性质测定。

6.1.4 土壤理化性质测定

土壤理化性质测定参照《土壤农化分析》中相关方法进行。土壤 pH 采用电位法测定，按水∶土＝2.5∶1（v/m）浸提土样，用 FE20 型 pH 计测定；铵态氮和硝态氮用 2 mol/L KCl 溶液浸提鲜土样，速效磷用 0.5 mol/L $NaHCO_3$ 浸提土样，用流动分析仪测定；速效钾用乙酸铵浸提——火焰光度计法测定；土壤有机碳和全氮分别用重铬酸钾容量法和凯氏定氮法测定。

6.1.5 微生物 DNA 提取及高通量测序

6.1.5.1 微生物 DNA 提取

选用 E. Z. N. A.® Soil DNA Kit(Omega,GA,USA)提取土壤微生物 DNA,称取约 0.5 g 土壤样品提取微生物 DNA,操作步骤详见试剂盒说明书。DNA 提取结束后,用 1%的琼脂糖凝胶电泳检测提取 DNA 完整性,用 NANO Quant 测定 DNA 浓度和纯度。

6.1.5.2 高通量测序

采用 Illumina MiSeq 测序方法对两种模式土壤固氮微生物 *nifH* 基因进行测序分析。PCR 扩增引物为 *nifHF* 和 *nifHR*,扩增条件为:95 ℃退火 2 min;95 ℃ 30 s,55 ℃ 30 s,72 ℃ 45 s,30 个循环;72 ℃延伸 5 min。在扩增时,在每个样品的上游引物 5′端添加一段长度为 8 个碱基的特异性多肽(barcode),用于区分样品。采用试剂盒 E. Z. N. A.® Gel Extraction Kit 回收 PCR 产物,用 NANO Quant 测定浓度,使最终用于测序的 PCR 产物量一致。采用 Illumina 公司的 MiSeq 测序平台进行双末端测序,测序服务委托上海美吉生物医药科技有限公司完成。

6.1.6 测序数据分析

使用 QIIME v1.8.0 对下机原始序列进行过滤、拼接和去除嵌合体分析,并参照杨亚东等质控筛选标准对序列进行筛选。利用 MOTHUR 1.30.1 按最小样本序列条数对各样本进行抽平,抽平后每个样本有 30 849 条 *nifH* 基因序列。利用 UPARSE 7.1 将各样本中 *nifH* 基因序列聚类成操作分类单元(operational taxonomic unit,OTU),同源性阈值设置为 97%,聚类后各样本得到的 OTU 数量为 932~2 586。利用基于核糖体数据库项目(ribosomal database project,RDP)的 RDP-classifier 贝叶斯算法在功能基因组数资源据库(functional genomics resources,FGR)对 *nifH* 基因 OTU 代表序列进行注释。将不能聚类在任何分类水平已知类群的序列定义为未分类。

选择 Shannon 指数、1/Simpson 指数、ACE 指数和 Chao1 指数代表固氮微生物群落 α 多样性。采用主坐标分析(PCoA)展示两种种植模式的土壤固氮微生物群落结构,用相似性分析(ANOSIM)对不同种植模式的固氮微生物群落结构进行比较。采用基于距离的冗余分析(db-RDA)研究土壤理化性质与固氮微生物群落结构之间的关系。

6.1.7 数据分析

土壤理化性质、α 多样性指数和分类学水平组分相对丰度等数据的方差分析和相关性分析用 SPSS 20.0 完成。采用 Two-way ANOVA 分析种植模式、取样时期及其交互作用对固氮微生物群落 α 多样性指数、科水平组分相对丰度等指标的影响。使用 SigmaPlot 12.5 制图。

6.2 结果与分析

6.2.1 土壤理化性质

种植模式显著影响全氮($P<0.01$)、速效磷($P<0.05$)、速效钾($P<0.05$)和碳氮比($P<$

0.05)，其在取样时期显著影响速效磷($P<0.01$)和碳氮比($P<0.05$)。WMM 和 WMW 的全氮含量比 PWMP 和 PWMW 的全氮含量分别高 25.4%和 38.9%($P<0.01$)，速效磷含量比 PWMP 和 PWMW 的速效磷含量分别低 10.3%和 16.7%($P<0.01$)。PWMP 的有效钾含量比 WMW 的有效钾含量高 28.6%($P<0.05$)。WMW 的碳氮比比 WMM、PWMP 和 PWMW 的碳氮比分别高 49.2%、28.0%和 36.0%($P<0.05$)。具体的土壤理化性质如表 1 所列。

表 1　不同土壤样品理化性质

项目	土壤 pH	全氮/(g/kg)	有机碳/(g/kg)	速效磷/(mg/kg)	速效钾/(mg/kg)	碳氮比
WMM	8.02±0.01a	1.35±0.03a	8.06±0.67a	35.29±1.30c	122.21±6.64ab	5.96±0.36b
PWMP	8.14±0.05a	1.08±0.04b	7.48±0.65a	39.36±1.76bc	143.27±6.78a	6.95±0.47b
WMW	8.03±0.05a	1.32±0.07a	8.52±0.52a	45.25±1.95b	111.44±1.96b	6.54±0.68b
PWMW	8.09±0.04a	0.95±0.05b	8.40±0.30a	54.33±3.88a	127.27±9.99ab	8.89±0.43a
显著性						
种植模式	*ns*	***	*ns*	*	*	*
取样时期	*ns*	*ns*	*ns*	**	*ns*	*
交互作用	*ns*	*ns*	*ns*	*ns*	*ns*	*ns*

注：数据为平均值 ± 标准误($n=3$)。不同小写字母表示差异显著($P<0.05$)。WMM，冬小麦-夏玉米模式中的夏玉米；PWMP，春花生→冬小麦-夏玉米模式中春花生；WMW，冬小麦-夏玉米模式中冬小麦；PWMW，春花生→冬小麦-夏玉米模式中的冬小麦。*表示 $P<0.05$；**表示 $P<0.01$；***表示 $P<0.001$；*ns* 表示 $P>0.05$。下同。

6.2.2　固氮微生物群落 α 多样性

取样时期显著影响 Shannon 指数($P<0.05$)和 1/Simpson 指数($P<0.05$)。WMM 和 PWMP 的 Shannon 指数分别比 WMW 高 34.7%和 39.3%($P<0.05$，图 1A)，PWMP 的 1/Simpson 指数比 WMW 高 2.23 倍($P<0.05$，图 1B)。各土壤样品中的 ACE 指数和 Chao1 指数均差异不显著(图 1C 和图 1D)。

6.2.3　固氮微生物群落 β 多样性

在 OTU 水平上，利用主坐标分析对不同种植模式的固氮微生物群落结构进行比较(图 2)。轴 1 和轴 2 解释了不同种植模式的固氮微生物群落结构变化总变异的 46.7%。不同种植模式的固氮微生物群落结构存在显著性差异(ANOSIM：R＝0.450 6，$P<0.01$)。其中，PWMP 和 PWMW 的固氮微生物群落结构的差异小于 WMM 和 WMW 固氮微生物群落结构的差异，同时 WMM 和 PWMP 的固氮微生物群落结构的差异小于 WMW 和 PWMW 的固氮微生物群落结构的差异，表明豆科作物轮作时间尺度上具有更高的固氮微生物群落稳定性。

6.2.4　固氮微生物群落组成

共获得 27 个固氮微生物科水平组分，其中 11 个为共有组分。将所有样本平均相对丰度<0.1%的组分合并成其他后，得到 14 个组分(图 3)。交互作用分析表明，种植模式显著改变假单胞菌科(Pseudomonadaceae)($P<0.05$)和丰佑菌科(Opitutaceae)($P<0.01$)的相对丰度，在取样时期显著改变 β-变形菌纲_未分类($P<0.05$)和丰佑菌科($P<0.01$)的相对丰

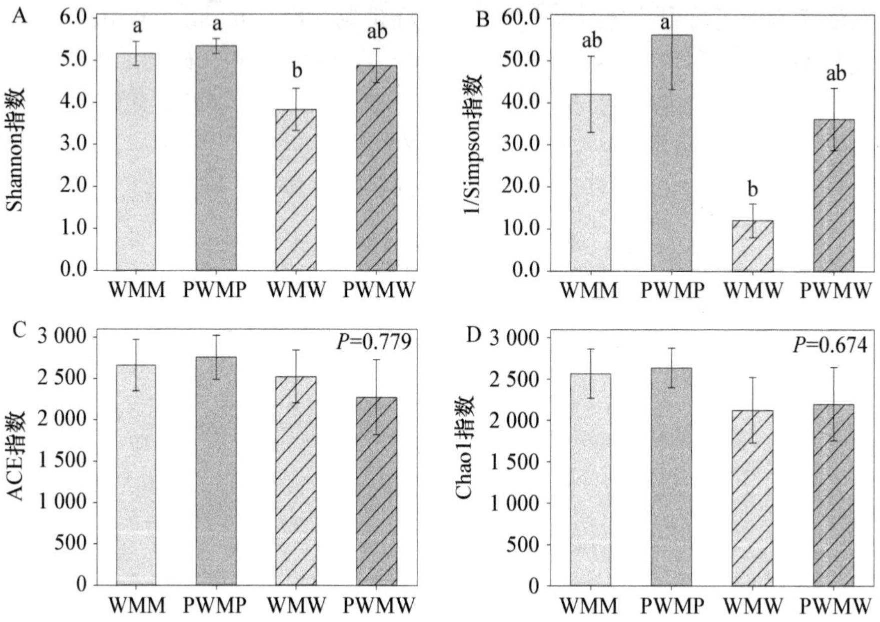

图 1　不同种植模式的土壤固氮微生物群落 α 多样性指数

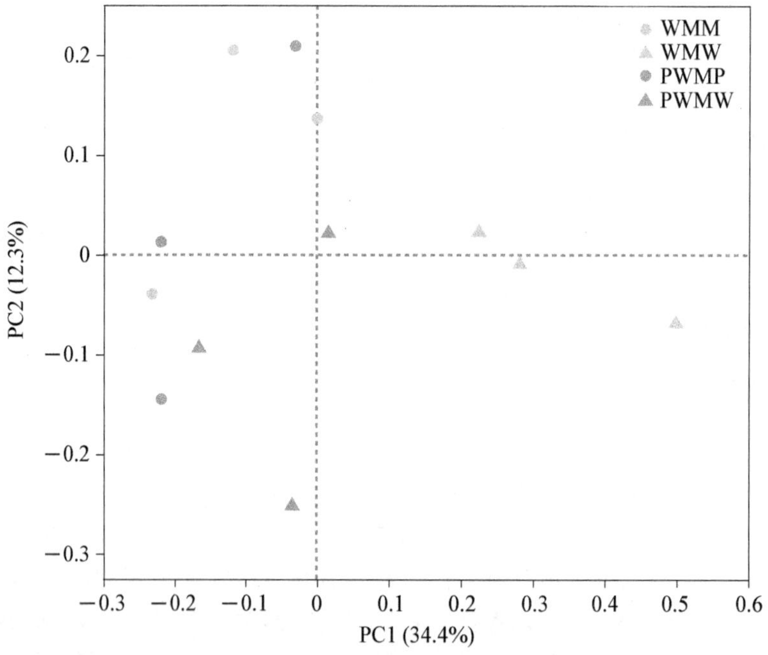

图 2　不同种植模式的土壤固氮微生物群落结构的主坐标分析

度，两者的交互作用显著改变丰佑菌科($P < 0.01$)的相对丰度。

红螺菌科、变形菌门_未分类、细菌_未分类、β-变形菌门_未分类、α-变形菌纲_未分类和慢生根瘤菌科为优势科水平类群，平均相对丰度分别为 27.6%、24.0%、19.2%、9.4%、6.5%和 6.3%。假单胞菌科和丰佑菌科的平均相对丰度仅为 1.7%和 0.3%。其中，PWMW 中红螺菌科的相对丰度比 WMW 高 1.16 倍，β-变形菌纲_未分类的相对丰度比 WMM、PWMP 和 WMW 分别高 11.56 倍、18.72 倍和 3.55 倍($P < 0.05$)。WMM 中 α-变形菌纲_未分类的相

对丰度比 WMW 高 1.04 倍，丰佑菌科的相对丰度比 WMM、PWMP 和 PWMW 分别高 21.74 倍、15.13 倍和 8.24 倍($P < 0.05$、图 3)。

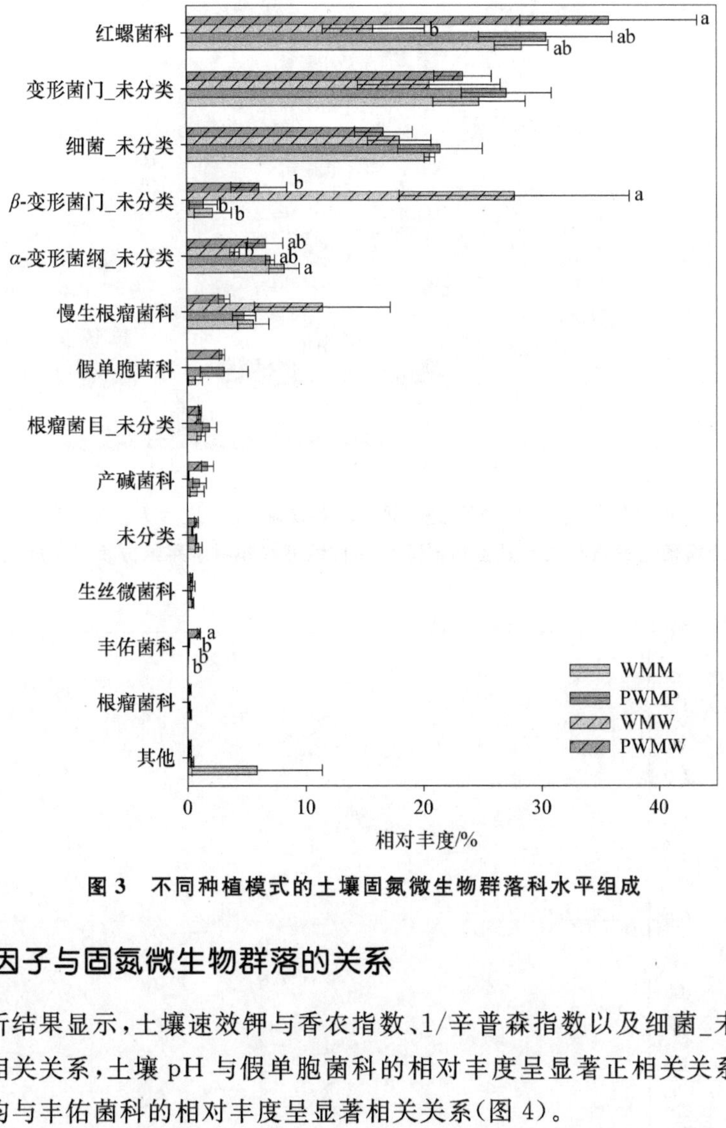

图 3　不同种植模式的土壤固氮微生物群落科水平组成

6.2.5　环境因子与固氮微生物群落的关系

相关性分析结果显示，土壤速效钾与香农指数、1/辛普森指数以及细菌_未分类的相对丰度均呈显著正相关关系，土壤 pH 与假单胞菌科的相对丰度呈显著正相关关系，土壤全氮、速效磷和碳氮比均与丰佑菌科的相对丰度呈显著相关关系(图 4)。

在 OTU 水平上，采用基于欧式距离的 db-RDA 分析揭示土壤理化性质与固氮微生物群落结构变化的关系(图 5)。轴 1 和轴 2 仅解释了不同处理固氮微生物群落结构差异总变异的 28.9%。其中，土壤全氮($P < 0.01$)和速效磷($P < 0.01$)与固氮微生物群落结构的变化显著相关是造成不同种植模式的土壤固氮微生物群落结构变化的重要驱动因子。

6.3　讨论

豆科作物与禾本科作物轮作是我国重要的种植制度。豆科作物可为与之轮作的作物提供氮素，它是促进后茬作物产量增加的重要因素。固氮微生物是生物固氮作用的执行者，在土壤

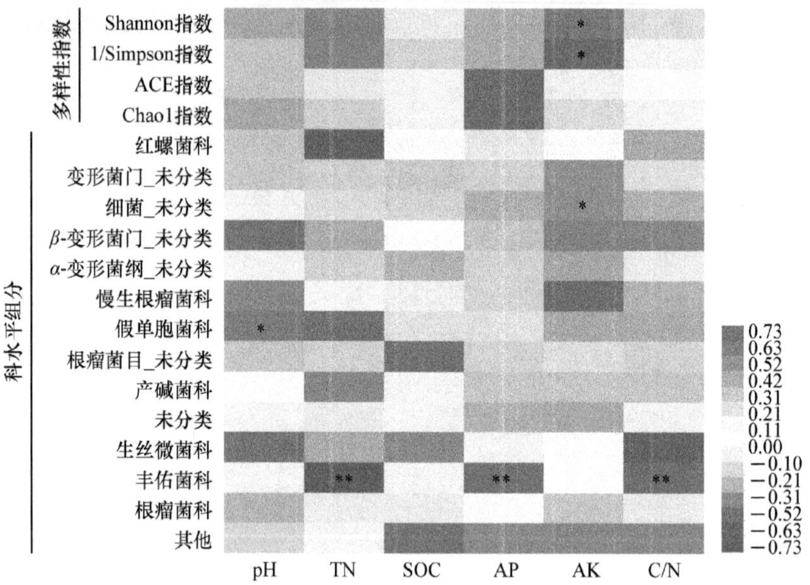

TN. 全氮；SOC. 有机碳；AP. 速效磷；AK. 速效钾；C/N. 碳氮比；* 表示 $P<0.05$；** 表示 $P<0.01$。

图 4　土壤理化性质与固氮微生物群落 α 多样性指数和科水平组分相对丰度的相关性

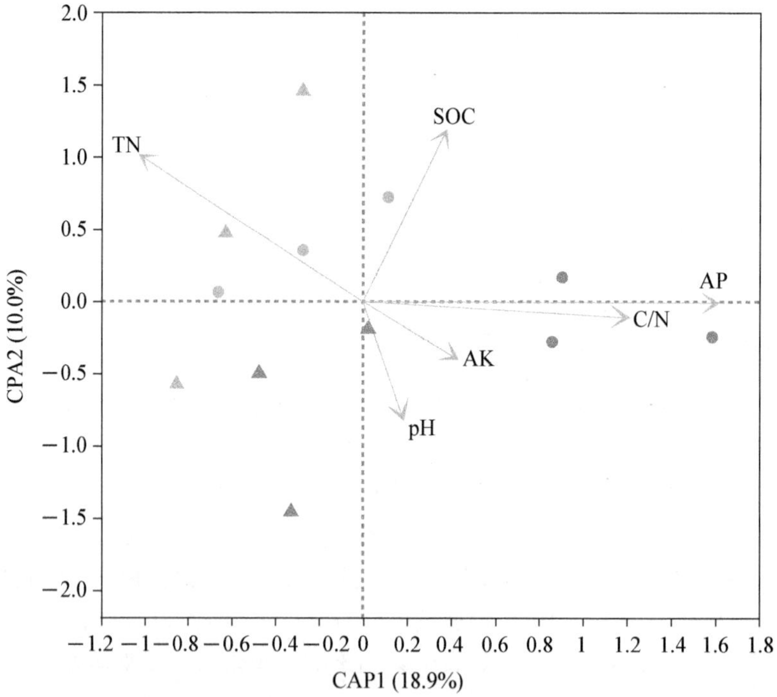

TN. 全氮；SOC. 有机碳；AP. 速效磷；AK. 速效钾；C/N. 碳氮比；* 表示 $P<0.05$；** 表示 $P<0.01$。

图 5　土壤理化性质与固氮微生物群落结构的 db-RDA 分析

氮素循环过程中扮演重要角色。其多样性及群落组成受到土壤类型、施肥、种植制度等因素的影响。

前人研究表明，连作大豆厚壁菌门的相对丰度是轮作大豆的相对丰度的 3 倍，但广古菌门的相对丰度显著低于轮作大豆的相对丰度，并且连作大豆的反硝化细菌多样性和丰富度均显著下降。在本研究中，WMW 的固氮微生物 Shannon 指数和 1/Simpson 指数均显著低于 WMP，表明了豆科作物轮作模式具有更稳定的固氮微生物多样性。在本研究中，它在取样时期显著影响固氮微生物群落多样性及 β-变形菌门_未分类和丰佑菌科的相对丰度，而种植模式只显著影响假单胞菌科和丰佑菌科的相对丰度，表明季节或环境因子变化对土壤固氮微生物的影响强于前后茬作物的差异。Hai 等(2009)研究指出，在低氮条件下大豆根瘤数量高于不施肥，但当施氮量增加后，大豆根瘤数量显著低于不施肥。也有研究表明，当土壤氮素含量很高时，根瘤数和固氮速率均明显受到抑制，并且固氮速率是由固氮微生物数量而非群落多样性决定的，因此不同作物施肥制度的差异也是造成本研究中不同模式及取样时期的土壤固氮微生物群落多样性差异的重要原因。

本本研究中，红螺菌科和慢生根瘤菌科的相对丰度的比例分别为 27.6% 和 6.3%，而 Yang 等(2019)在关于水稻-绿肥轮作的研究中发现，慢生根瘤菌科的相对丰度占 21%～32%，且绿肥还田增加了其相对丰度，表明旱地和水稻田的固氮微生物优势类群存在差异。这种差异可能是由土壤类型及施肥等不同或作物差异造成的。土壤高碳氮比会为自身固氮菌提供碳源，促进其生长。在本研究中，高碳氮比降低了丰佑菌科的相对丰度。Mao 等(2011)研究发现，固氮微生物群落组成对作物品种很敏感。这可能是由根系分泌物差异造成的。在本研究中，PWM 模式两季作物的固氮微生物群落结构相似性更大，表明引入豆科作物轮作有助于维持固氮微生物的群落结构稳定性。

土壤速效磷与固氮微生物 Shannon 指数和 1/Simpson 指数均显著相关，土壤 pH 仅与假单胞菌菌科的相对丰度存在显著相关关系。而多数研究都发现，土壤 pH 是影响固氮微生物群落的重要因子之一，这可能是由不同试验中的土壤条件的差异以及作物自身特性差异造成的。另外，土壤全氮和速效磷与固氮微生物群落结构存在显著相关关系，表明不同种植模式及取样时期的土壤固氮微生物多样性及群落结构变化主要受土壤全氮和速效磷驱动。不同种植模式的固氮微生物群落的时空分布还需要进一步研究，进而揭示豆科前茬对后茬土壤固氮微生物群落的影响程度及调控机制。

6.4 结论

研究表明，种植模式显著影响固氮微生物多样性和群落结构。春花生→冬小麦-夏玉米模式增加了固氮微生物香农指数，并提高红螺菌科和 β-变形菌门_未分类的相对丰度。春花生→冬小麦-夏玉米模式的前后茬土壤固氮微生物的群落结构的稳定性高于冬小麦-夏玉米模式的土壤固氮微生物的群落结构的稳定性，表明豆科作物与禾本科作物轮作有助于维持固氮微生物群落稳定性，为进一步阐明豆禾轮作生态高效提供了支撑。

参考文献

[1] ZhAO J, YANG Y D, ZHANG K, et al. Does crop rotation yield more in China? A meta-analysis. Field Crops Research, 2020, 245: 107659

[2] D'ACUNTO L, ANDRADE J F, POGGIO S L, et al. Diversifying crop rotation increased metabolic soil diversity and activity of the microbial community. Agriculture, Ecosystems and Environment, 2018, 257:

159-164
[3] DRURY C F, REYNOLD W D, TAN C S, et al. Impacts of 49-51 years of fertilization and crop rotation on growing season nitrous oxide emissions, nitrogen uptake and corn yields. Canadian Journal of Soil Science, 2014, 94(3): 421-433
[4] GRUBER N, GALLOWAY J N. An Earth-system perspective of the global nitrogen cycle. Nature, 2008, 451(7176): 293-296
[5] 曾昭海. 豆科作物与禾本科作物轮作研究进展及前景. 中国生态农业学报, 2018, 26(1): 57-61
[6] KUYPERS M M M, MARCHANT H K, KARTAL B. The microbial nitrogen-cycling network. Nature Reviews Microbiology, 2018, 16(5): 263-276
[7] YOUNG J P W. Phylogenetic classification of nitrogen-fixing organisms//Stacey G, Burris RH, Evans HJ, eds. Biological Nitrogen Fixation. New York: Chapman and Hall, 1992: 43-86
[8] VENIERAKI A, DIMOU M, PERGALIS P, et al. The genetic diversity of culturable nitrogen-fixing bacteria in the rhizosphere of wheat. Microbial Ecology, 2001, 61: 277-285
[9] VENTER Z S, JACOBS K, HAWKINS H J. The impact of crop rotation on soil microbial diversity: a meta-analysis. Pedobiologia, 2016, 59: 215-223
[10] 邹莉, 袁晓颖, 李玲, 等. 连作对大豆根部土壤微生物的影响研究. 微生物学杂志, 2005, 25(2):27-30.
[11] XIAO C H, TANG H, PU L J, et al. Diversity of nitrogenase (*nifH*) genes pool in soybean field soil after continuous and rotational cropping. Journal of Basic Microbiology, 2010, 50(4):373-379
[12] 鲍士旦. 土壤农化分析. 北京: 中国农业出版社, 2000
[13] RÖSCH C, MERGEL A, BOTHE H. Biodiversity of denitrifying and dinitrogen-fixing bacteria in an acid forest soil. Applied and Environmental Microbiology, 2002, 68 (8): 3818-3829
[14] FADROSH D W, MA B, GAJER P, et al. An improved dual-indexing approach for multiplexed *16S rRNA* gene sequencing on the Illumina MiSeq platform. Microbiome, 2014, 2(1): 2-7
[15] 杨亚东, 冯晓敏, 胡跃高, 等. 豆科作物间作燕麦对土壤固氮微生物丰度和群落结构的影响. 应用生态学报, 2017, 28(3): 957-965
[16] EDGAR R C. Uparse: highly accurate OTU sequences from microbial amplicon reads. Nature methods, 2013, 10(10): 996-998
[17] SCHLOSS P D, GEVERS D, WESTCOTT S L. Reducing the effects of PCR amplification and sequencing artifacts on 16S rRNA-based studies. PLoS One, 2011, 6: 1-14
[18] WANG Q, GARRITY G M, TIEDJE J M, et al. Naive Bayesian classifier for rapid assignment of rRNA sequences into the new bacterial taxonomy. Applied and Environmental Microbiology, 2007, 73(16): 5261-5267
[19] PALIY O, SHANKAR V. Application of multivariate statistical techniques in microbial ecology. Molecular Ecology, 2016, 25(5): 1032-1057
[20] HAI B, DIALLO N H, SAIL S, et al. Quantification of key genes steering the microbial nitrogen cycle in the rhizosphere of sorghum cultivars in tropical agroecosystems. Applied and Environmental Microbiology, 2009, 75(15): 4993-5000
[21] 肖翠红, 孙冬梅, 汤晖, 等. 连作与轮作大豆土壤反硝化细菌多样性与组成结构. 大豆科学, 2012, 31(3): 425-430
[22] THOMAS R B, BASHKIN M A, RICHTER D D. Nitrogen inhibition of nodulation and N_2 fixation of a tropical N_2-fixing tree (*Gliricidia sepium*) grown in elevated atmospheric CO_2. New Phytologist, 2000, 145(2): 233-243
[23] LI Y Y, PAN F X, YAO H Y. Response of symbiotic and asymbiotic nitrogen-fixing microorganisms to

nitrogen fertilizer application. Journal of Soils and Sediments, 2019, 19(4): 1948-1958

[24] YANG L, BAI J S, ZENG N H, et al. Diazotroph abundance and community structure are reshaped by straw return and mineral fertilizer in rice-rice-green manure rotation. Applied Soil Ecology, 2019, 136: 11-20

[25] TAN Z, HUREK T, REINHOLD-HUREK B. Effect of N-fertilization, plant genotype and environmental conditions on *nifH* gene pools in roots of rice. Environmental microbiology, 2003, 5(10): 1009-1015

[26] MAO Y, YANNARELL A C, MACKIE R I. Changes in N-transforming archaea and bacteria in soil during the establishment of bioenergy crops. PLoS One, 2011, 6 (9): e24750

[27] LEVY-BOOTH D J, PRESCOTT C E, GRAYSTON S J. Microbial functional genes involved in nitrogen fixation, nitrification and denitrification in forest ecosystems. Soil Biology and Biochemistry, 2014, 75: 11-25.

7　不同种植制度对土壤微生物活性、细菌群落及功能结构的影响[①]

摘　要：土壤微生物群落在驱动多种生态系统功能和维持植物生产力的生态过程中发挥着核心作用。大豆连作会引起病原微生物的积累，容易导致大豆减产。玉米大豆轮作与适当施肥相结合是减少大豆连作障碍，提高大豆产量，促进农业可持续发展的较好措施。轮作和施肥会导致土壤微生物群落发生变化，但关于玉米大豆轮作和施肥对微生物活性、细菌群落及功能结构的综合研究仍然稍显不足。本研究通过田间定位试验研究了大豆连作、玉米-大豆轮作和玉米-玉米-大豆轮作3种不同种植模式在施肥和不施肥处理下的土壤化学性质、微生物活性、细菌群落、功能结构和多样性的差异，并分析了它们之间的相关性。研究结果表明，3种种植模式下的土壤化学性质受施肥的影响表现出差异性，施肥对大豆连作土壤的大部分化学指标有显著影响，对玉米-大豆轮作和玉米-玉米-大豆轮作土壤的部分化学指标（速效钾、铵态氮和含水量）无显著影响。施肥对4种土壤碳循环酶活性和微生物活性指标均起着显著提高的作用，对微生物呼吸熵和大豆连作下的微生物熵则无显著影响。在不施肥的条件下，玉米-大豆和玉米-玉米-大豆两种轮作模式均会显著提高相关微生物活性和4种土壤碳循环酶活性，显著降低土壤微生物呼吸熵；施肥条件下的土壤诱导呼吸和土壤基础呼吸比值、蔗糖酶和*β-D*-1,4-纤维二糖水解酶活性则无显著影响。冗余分析表明，土壤有效磷和有机碳含量是决定土壤细菌群落组成的驱动因子，微生物熵和土壤基础呼吸是土壤细菌功能组成的重要驱动因子。施肥会显著降低土壤细菌的丰度和大豆连作及玉米-玉米-大豆轮作模式下的细菌多样性。玉米-大豆和玉米-玉米-大豆两种轮作模式对土壤细菌丰度无显著影响，但会降低施肥条件下的细菌多样性。相关性分析表明，土壤微生物活性、土壤细菌门水平物种、细菌某些功能和土壤化学性质有很大相关性，尤其是参与土壤碳代谢过程的细菌功能与土壤碳循酶活性。综上所述，施肥和轮作模式均会改变土壤细菌群落结构，但轮作对土壤细菌功能结构的影响显著高于施肥，轮作会显著促进微生物碳代谢及氮循环功能，进而提高轮作土壤的养分有效性，这可能是轮作提高土壤生产力的主要原因。

土壤微生物群落在驱动有机质分解、养分循环、抑制土传病害和促进植物生长等方面发挥着核心作用，对维持土壤质量、农业可持续性和生态系统多功能性具有重要作用。由于土壤微

---

① 作者：饶德民、孟凡钢、闫晓燕、张鸣浩、姚兴东、Kyung Seok Kim、赵婧、邱强、谢甫绨*、张伟*；通信作者：谢甫绨（沈阳农业大学农学院教授，博导，主要从事大豆种质资源创新与利用研究，E-mail：xft299@syau.edu.cn）；张伟（吉林省农业科学院大豆研究中心副研究员，博士，主要从事大豆营养生理研究，E-mail：zw.0431@163.com）

生物群落组成受土壤环境因子的影响非常大，因此通过适宜的农业管理措施来改善土壤环境质量，土壤微生物就能充分发挥多样性的生态功能，这对于维持农业生产的稳定性具有重大意义。施用化学肥料，尤其是氮肥是提高作物产量最直接的措施，然而过度使用容易导致土壤酸化、氮肥淋溶、水体富营养化、较低的养分利用效率，因此在保证农业生产稳定的前提下，有必要减少化肥的施用。研究发现，不同茬口对土壤微生物的种类和数量产生不同的影响，并且会间接影响后茬作物的生长。作物轮作能充分利用作物的前茬效应，改善土壤质量，促进养分循环，因此适宜的施肥措施和作物轮作相结合能降低农业生产风险，保证作物高产和稳产。

当前对于土壤微生物群落结构及多样性的研究已成热点，尤其是农田、森林和湿地等生态系统。土壤中存在数以万计的微生物，每克土壤包含 2 000 种到 830 万种细菌，每个微生物在土壤物质转化和能量流动都行使着特定的生态功能，因此对于土壤微生物群落来说，研究其功能结构对深入解析生态调控机制具重要意义。一般土壤微生物的功能及其相关过程往往由其群落结构决定。此外，由于集约化农业加剧了土壤的扰动、土壤质量的改变，引起土壤微生物群落结构的变化，进而可能导致土壤生态功能的变化。施肥和作物轮作作为农业生产上的重要措施通过对土壤产生扰动来改变土壤环境的物理结构、养分有效性和资源异质性，而这将影响存在于该特定环境中的微生物群落，并可能影响它们在生态系统功能中的作用。虽然施用无机肥和短期的作物轮作对土壤功能相关的酶或基因的影响已有研究，但是在玉米大豆轮作和施肥下的土壤微生物群落功能结构的变化尚不明确。

土壤微生物活性在很大程度上决定着地球生物化学循环、土壤有机质代谢过程和土壤肥力。与其他土壤理化指标相比，土壤微生物活性对土地利用和施肥等农事操作的敏感性较高，因此土壤微生物活性通常作为衡量土壤质量的重要指标。鉴于土壤代谢过程的复杂性和丰富性，仅仅采用土壤酶活性指标去评估土壤质量存在许多缺陷和不准确。因此一些与土壤分解代谢潜力密切相关的指标，常被用来衡量土壤微生物活性。例如，土壤微生物量碳、微生物熵、土壤基础呼吸、土壤诱导呼吸、土壤诱导呼吸和土壤基础呼吸的比值以及微生物代谢熵。研究表明，这些微生物活性指标受土壤中的有机质含量、氧气量、土壤孔隙度和 pH 影响显著。其中，有机质作为微生物的碳源，好氧分解者呼吸作用离不开氧气，土壤孔隙度决定土壤透气性，pH 影响着土壤胞外酶活性。作物轮作和施用无机肥虽然都能改变土壤微生物群落结构和活性，但是它们对土壤微生物群落组成的调控作用不同导致了土壤微生物功能结构存在差异。为了更好地了解作物轮作和施肥对土壤微生物群调控的差异性，本研究进行了长期的玉米-大豆轮作定位试验，探讨了玉米-大豆不同种植模式下的施肥对土壤微细菌群落功能结构多样性、微生物活性和土壤理化特性的影响。本试验试图通过研究轮作和施肥条件下的土壤微生物活性、土壤细菌群落功能和土壤理化因子的差异性以及它们之间的关系，明确轮作和施肥对微生物调控作用，从而揭示土壤生产力变化的原因。

7.1　材料与方法

7.1.1　试验设计

2012 年，在吉林省公主岭市建立长期定位试验基地，2017 年为轮作定位试验的第 6 年，设计大豆连作、玉米-大豆以及玉米-玉米-大豆 3 种种植模式，2012—2022 年种植模式及施肥处理方案见表 1。每种种植模式设施肥和不施肥处理。施肥量为:纯氮 150 kg/hm^2,纯磷 75 kg/hm^2,纯钾 75 kg/hm^2,基肥一次性施入(肥料采用尿素、重过磷酸钙、氯化钾自行配比)。以种植方式为主区,施肥为副区,采取裂区设计。小区行数为 12 行,行长为 24 m,小区面积为 172.8 m^2,3 次重复。大豆品种为'吉育 86',玉米品种为'先玉 335'。

表 1 2012—2017 年种植模式及施肥处理方案

处理	2012	2013	2014	2015	2016	2017
大豆连作施肥	大豆	大豆	大豆	大豆	大豆	大豆
玉米-大豆施肥	玉米	大豆	玉米	大豆	玉米	大豆
玉米-玉米-大豆施肥	玉米	玉米	大豆	玉米	玉米	大豆
大豆连作不施肥	大豆	大豆	大豆	大豆	大豆	大豆
玉米-大豆不施肥	玉米	大豆	玉米	大豆	玉米	大豆
玉米-玉米-大豆不施肥	玉米	玉米	大豆	玉米	玉米	大豆

7.1.2 土壤田间取样

在大豆 R6 期,所有的土壤都是从大豆种植小区采集,以避免作物差异的混杂效应,每个小区取 0～20 cm 土层的土壤。每个小区按"S"布点法取 9 个土壤样品,混合后过 2 mm 筛子,每个处理 3 个重复。过筛后的土样分 3 份:一份风干保存,用于土壤理化性质测定;一份装入保鲜自封袋于 4 ℃的温度下保存,用于微生物活性分析;一份于－80 ℃的冰箱保存,用于细菌 16S rDNA 测序。

7.1.3 试验方法

1. 土壤理化学因子测定

采用烘干法测定 0～20 cm 土层的土壤含水量;采用 pH 计法测定土壤 pH,土、水质量体积比为 1∶2.5;土壤全氮采用凯氏定氮法测定,硝态氮采用紫外分光光度法,铵态氮采用靛酚蓝比色法,有效磷采用火焰分馆光度计法,采用重铬酸盐氧化和硫酸亚铁铵滴定法测定土壤有机碳,溶解性有机碳通过加入 50 mL 0.5 mol/L K_2SO_4,在装有 10 g 新鲜土的离心管中提取溶解的有机碳,摇匀 1 h,再经 1.2 μm 微孔滤膜过滤(Fisher G4, 1.2 μm 微孔滤膜),总有机碳分析仪测定其含量。

2. 土壤酶活性测定

蔗糖酶活性采用 3,5-二硝基水杨酸比色法测定。*β*-木糖苷酶、*β*-*D*-纤维二糖水解酶和 *β*-葡糖糖苷酶均通过微孔板荧光检测技术测定,使用酶标分析仪测定。土壤悬液的制备应用四分法取风干土 10 g,全部磨细过 100 目尼龙筛,称取相当于 1.0 g 烘干土重的风干土,置于 250 mL 灭菌三角瓶中,加入灭菌并冷却的醋酸缓冲液 125 mL,于磁力搅拌器上均质 10 min,用去尖端的移液枪提取土壤溶液。采用多功能微孔板读数仪测定每个孔中的荧光值。所有样品做 4 次重复,标准和空白做 3 次重复。激活和发射波长分别采用 3 次重复。激活和发射波长分别采用 365 nm 和 450 nm。

3. 土壤基础呼吸及诱导呼吸测定

使用经过 GMP343 CO_2 探针改良的密闭培养瓶对土壤基础呼吸(BR)进行量化,GMP343

CO_2 探针可以实时监测罐子中的 CO_2 含量。10 g 鲜土置于密闭的培养瓶中，并用无菌水调节其土壤含水量至50%，在27 ℃的黑暗条件下进行培养并实时监测其 CO_2 排放量；土壤诱导呼吸测定方法与土壤基础呼吸测定方法相同，只是在土壤中加入了1 mL 葡萄糖溶液（40 mg/L）。空的密封培养瓶作为对照，土壤诱导呼吸和土壤基础呼吸均表示为 mg CO_2 C/(kg・h)。

4. 土壤总DNA的提取

使用E. Z. N. A.® Soil DNA试剂盒按照制造商使用说明从不同样本中提取DNA。为最大限度减小提取偏差，3个相继提取的DNA用试剂盒纯化。总DNA用1%的琼脂糖凝胶电泳检测，提取DNA的浓度和纯度（A260/280）用NanoDrop ND-1000 UVevis分光光度计检测。

5. 16S rRNA基因扩增和测序

使用Illumina Hiseq平台进行扩增和测序，选择16S rRNA基因V4区515F（5′-GTGYCAGCMGCCGCGGTAA-3′）and 806R（5′-GGACTACHVGGGTWTCTAAT-3′）为测序引物，引物的5′端分别用特定的barcods标记每个样品并测序通用引物。PCR扩增体系为25 μL反应混合物，其中包含25 ng模板DNA，12.5 μL PCR预混物，2.5 μL引物，并用PCR水调节体积。PCR扩增体系条件为：94 ℃ 2 min，94 ℃30 s，共30个循环，50 ℃30 s，延伸时间72 ℃ 1 min，72 ℃ 6 min。

6. Real-Time PCR测定

PCR产物经2%的琼脂糖凝胶电泳确认，使用ABI 7500实时荧光定量PCR系统测定细菌16S rRNA基因拷贝的丰度。在整个DNA提取过程中，我们使用超纯水而不是使用样品溶液来排除PCR结果呈假阳性的可能性，以作为阴性对照。PCR产物由AMPure XT玻璃珠纯化，由Qubit定量。制备扩增子池进行测序，扩增子库的大小和数量分别通过安捷伦2100生物分析仪和Illumina文库定量试剂盒进行评估。PhiX控制库（v3）（Illumina）与扩增库（预期为30%）结合。使用250PE MiSeq对文库进行测序，使用标准的Illumina测序引物对文库进行两种方案的测序，消除第三项（或第四项）索引读取的需要。

7. 数据处理分析

对原始测序数据进行质量控制，舍弃低质量序列。测序端前引物进行错配检查，去除模糊碱基大于0、单碱基重复数大于6的序列，选择长度为400～800 bp的序列，使用uchime_ref法检测并去除嵌合体。将核苷酸相似度大于97%的序列作为一个OTU，并进行单样品 α 多样性分析。土壤化学性质数据采用Excle 2007和SPSS 19.1软件进行统一处理和分析。使用CANOCO软件对土壤化学性质和微生物群落结构进行冗余分析（RDA）和主成分作图（PCA）。采用SPASS分别计算OTU、功能丰度、微生物活性指标和土壤碳代谢酶活性的第一主成分（PCA1）。

7.2 结果

7.2.1 种植制度和施肥对土壤理化特性的影响

表2土壤理化特性结果表明，除了轮作条件下的土壤水分、铵态氮和速效钾含量不受施肥

影响外，施肥会显著降低土壤 pH，显著提高其他指标；在施肥条件下，玉米-大豆和玉米-玉米-大豆种植模式对铵态氮、土壤 pH、土壤总氮和土壤水分含量无影响，但会显著提高硝态氮、可溶性有机碳、土壤有机质，显著降低土壤速效磷和速效钾含量。在不施肥条件下，玉米-大豆和玉米-玉米-大豆种植模式对土壤速效钾、总氮和 pH 无显著影响，但会显著提高铵态氮、硝态氮、可溶性有机碳、土壤有机质。玉米-玉米-大豆种植模式会显著降低土壤有效磷含量，而玉米-大豆种植模式对土壤有效磷无影响。施肥和轮作会显著提高大豆产量和地上部生物量。

表 2　种植制度和施肥对土壤理化特性的影响

土壤因子及生产力	施肥			不施肥		
	大豆连作	玉米-大豆	玉米-玉米-大豆	大豆连作	玉米-大豆	玉米-玉米-大豆
有效磷/(mg/kg)	40.9(2.2)aA	36.2(0.8)bA	34.9(4.6)bA	20.1(2.4)aB	17.7(1)abB	16.8(0.5)bB
速效钾/(mg/kg)	142.8(8.6)aA	134.5(6.6)abA	127.8(1.5)bA	123.6(6.8)aB	126.2(4.3)aA	120.9(4.2)aA
铵态氮/(mg/kg)	20.4(1.83)aA	19.4(1.26)aA	19.3(2.34)aA	16.5(1.18)bB	21.3(1.74)aA	19.5(1.92)abA
硝态氮/(mg/kg)	3.6(0.43)bA	4.63(0.26)aA	4.48(0.19)aA	2.87(0.14)bB	3.27(0.11)abB	3.56(0.31)aB
溶解性有机碳/(mg/kg)	157.3(8)bA	194.8(12.5)aA	207.1(5.5)aA	117.6(10.9)bB	152.2(11.6)aB	161(5.2)aB
有机质/(g/kg)	13.5(0.31)bA	15.5(0.32)aA	15.8(0.3)aA	11.3(0.45)bB	12.7(0.25)aB	12.8(0.56)aB
总氮/(g/kg)	1.58(0.15)aA	1.65(0.14)aA	1.63(0.09)aA	1.25(0.07)aB	1.22(0.05)aB	1.32(0.09)aB
pH	6.13(0.04)aB	6.09(0.08)aB	6.15(0.07)aB	6.48(0.03)aA	6.39(0.07)aA	6.42(0.07)aA
含水量/%	13.6(1.1)aA	13.4(1.2)aA	13.2(1.4)aA	11.3(0.3)bB	13.5(0.1)aA	13.2(0.8)aA
大豆产量/(kg/hm^2)	2 509(159)cA	2 993(161)bA	3 264(155)aA	2 006(20)cB	2 733(116)bB	3 025(114)aB
生物量/(kg/hm^2)	9 396(206)bA	10 077(410)aA	10 516(309)aA	7 335(48)bB	8 966(347)aB	9 381(422)aB

注：小写字母表示相同施肥处理不同种植制度间的差异($P<0.05$)，大写字母表示相同种植模式下施肥与不施肥的差异；*ns* 不显著，** $P<0.01$；* $P<0.05$。

7.2.2　种植制度和施肥对土壤细菌的影响

1. 丰富度和多样性

土壤微生物的丰富度和多样性在不同种植制度和施肥处理下表现出不同差异。除了玉米-大豆轮作模式下的 Shannon 指数外，施肥会显著降低 Chao1 指数和 Shannon 指数。无论是否施肥，玉米-大豆的两种种植模式均对 Chao1 指数无明显的影响。玉米-大豆的两种轮作模式对 Shannon 指数的影响在施肥与不施肥条件下表现出不同的变化趋势：在施肥条件下，玉米-大豆轮作模式对 Shannon 指数无影响，但玉米-玉米-大豆轮作模式会显著降低 Shannon 指数；在不施肥条件下，玉米-大豆轮作模式会显著降低 Shannon 指数，但玉米-玉米-大豆轮作模式则会显著提高 Shannon 指数（表 3）。

表 3　种植模式和施肥对土壤细菌丰富度和多样性的影响

α 多样性	施肥			不施肥		
	大豆连作	玉米-大豆轮作	玉米-玉米-大豆轮作	大豆连作	玉米-大豆轮作	玉米-玉米-大豆轮作
Chao1 指数	3 127(94)aB	3 048(38)aB	3 073(57)aB	3 345(173)aA	3 315(155)aA	3 295(30)aA
Shannon 指数	9.48(0.11)aB	9.42(0.03)abA	9.36(0.02)bB	9.71(0.04)bA	9.51(0.04)cA	9.87(0.07)aA

注：小写字母表示相同施肥处理不同种植模式的差异($P<0.05$)，大写字母表示相同种植模式下的施肥与不施肥的差异；*ns* 不显著，** $P<0.01$；* $P<0.05$。

2. 细菌群落和功能结构

主成分分析(PCA)也表明了不同种植模式的细菌群落和功能结构呈现的差异性。对于土壤细菌群落结构而言,前两个成分 PCA1 和 PCA2 分别解释了总变异率的 78.5%和 11.6%。在第一主成分轴上的连作(施肥)和米豆轮作(施肥)模式样品聚合得较紧密,但与玉米-玉米-大豆轮作(施肥)模式明显分开,第二主成分轴上的施肥和不施肥的样品明显分开(图 1A)。对于细菌功能结构而言,前两个主成分 PCA1 和 PCA2 分别解释了总变异率的 92.6%和 11.6%,3 种种植模式的施肥和不施肥土壤样品在第二主成分轴方向没有明显分开,在第一主成分轴方向的样品分布与细菌的群落结构相同(图 1B)。

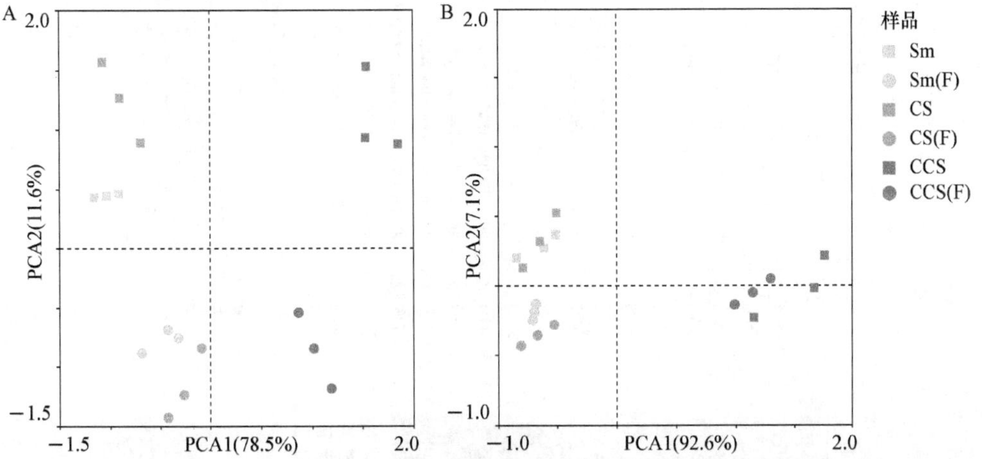

Sm(F). 大豆连作(施肥);CS(F). 玉米-大豆轮作(施肥);CCS(F). 玉米-玉米-大豆轮作(施肥)。

图 1　细菌群落结构主成分分析 A 与细菌功能结构主成分分析 B

3. 土壤细菌群落结构及不同种植模式的门水平差异物种

对于细菌群落而言,相对丰度前 10 的菌门是变形菌门(Proteobacteria)、酸杆菌门(Acidobacteria)、放线菌门(Actinobacteria)、芽单胞菌门(Gemmatimonadetes)、疣微菌门(Verrucomicrobia)、奇古菌门(Thaumarchaeota)、细菌_未分类(Bacteria_unclassified),浮霉菌门(Planctomycetes)、拟杆菌门(Bacteroidetes)和绿弯菌门(Chloroflexi),总共占所有细菌序列的 94.23%(图 2A)。

不同种植模式的土壤细菌门相对丰度受施肥的影响表现不同。在大豆连作条件下,施肥会显著提高变形菌门(Proteobacteria)的相对丰度,会显著降低奇古菌门(Thaumarchaeota)和绿弯菌门(Chloroflexi)的相对丰度。在玉米-大豆轮作模式下,施肥会显著提高变形杆菌门(Proteobacteria)、浮霉菌门(Planctomycetes)和芽单胞菌门(Gemmatimonadetes)的相对丰度,显著降低绿弯菌门的相对丰度。在玉米-玉米-大豆轮作模式下,施肥会显著提高疣微菌门(Verrucomicrobia)的相对丰度,显著降低放线菌门(Actinobacteria)和绿弯菌门(Chloroflexi)的相对丰度(图 2B)。

在不施肥条件下,米豆处理的变形菌门和奇古菌门的相对丰度高于 Sm,芽单胞菌门和疣微菌门的相对丰度显著低于 Sm;玉米-玉米-大豆轮作模式的变形菌门和放线菌门的相对丰度高于 Sm,而酸杆菌门、疣微菌门、奇古菌门和浮霉菌门的相对丰度低于 Sm;与未施肥的 CS 相比,玉米-玉米-大豆轮作土壤中的变形杆菌、放线菌和芽单胞菌门的相对丰度更高,而酸杆菌门、疣微菌门、奇古菌门 和浮霉菌门的相对丰度则较低(图 2B)。

在施肥条件下,与大豆连作相比,玉米-大豆轮作对土壤中的各类菌门丰度无显著影响,而玉米-玉米-大豆轮作显著提高了变形菌门和放线菌门的相对丰度;与玉米-大豆相比,玉米-玉米-大豆轮作显著提高了变形菌门、放线菌和拟杆菌门的相对丰度,显著降低了疣微菌门和浮霉菌门的相对丰度(图 2B)。

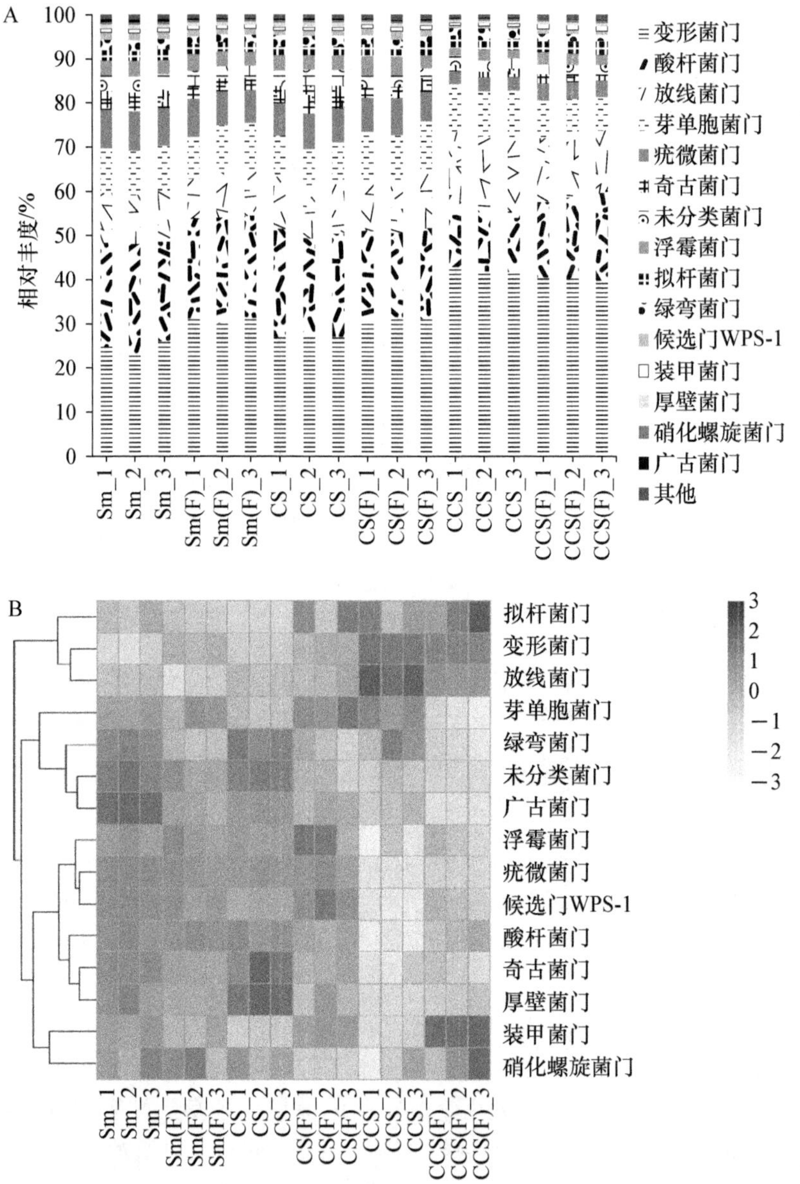

Sm(F). 大豆连作(施肥); CS(F). 玉米-大豆轮作(施肥);CCS(F). 玉米-玉米-大豆轮作(施肥)。

图 2 物种丰度前 15 的菌门的相对丰度图 A 和物种丰度前 10 的菌门的丰度热图 B

4. 土壤细菌功能结构及不同处理间细菌功能组差异

采用 FAPROTAX 分析法对土壤细菌群落功能进行了预测得到与土壤细菌群落相关的 91 个功能类别,并获得 50 个细菌功能组。其中丰度前 10 的功能组为化能异养、好氧化能异养、硝化作用、需氧氨氧化、固氮作用、尿素分解、有氧亚硝酸盐氧化、硝酸盐还原、发酵作用和芳香族化合物降解。此外，样品中的前 15 个细菌功能基团在不同种植模式的相对丰度存在明显差异，所有种植模式的前 20 个预测的细菌群落功能的功能热图中显示(图 3A)，不同轮作和施肥处理的细菌的功能丰度均表现明显的差异(图 3B)。

施肥会显著提高大豆连作(好氧和无氧)化能异养、有氧亚硝酸盐氧化和光异养功能的丰度，显著降低芳香族化合物降解和硝化作用功能的丰度；施肥会显著提高了玉米-大豆轮作模式的(好氧和无氧)化能异养、芳香族化合物降解、尿素水解和溶纤作用功能的丰度，显著降低硝化作用、需氧氨氧化、几丁质分解、硫酸盐呼吸和硫化物呼吸功能的丰度；施肥会显著提高玉米-玉米-大豆轮作模式的尿素水解、芳香族化合物降解和塑料的降解功能的丰度，显著降低(好氧和无氧)化能异养、光能自养和光能异养功能的丰度(图 3B)。

在施肥条件下，玉米-大豆轮作模式会显著提高尿素分解、溶纤作用、甲醇氧化、氮呼吸、芳香族碳氢合物降解、硝酸酸盐呼吸、硝酸酸盐脱氮、硫氧化的厌氧光能自养、反硝化作用和亚硝酸盐脱氮功能丰度，玉米-大豆轮作模式会显著降低硝化作用、有氧亚硝酸盐氧化、脂肪族非甲烷烃类降解功能的丰度；玉米-玉米-大豆轮作模式会显著提高(好氧和无氧)化能异养、固氮作用、塑料降解、芳香族碳氢化合物降解和碳氢化合物降解功能的丰度，显著降低硝化作用、需氧氨氧化、甲基营养、甲醇氧化和光能自养功能的丰度(图 3B)。

在不施肥条件下，玉米-大豆轮作模式会显著提高光能自养、光能异养、硝酸呼吸、氮呼吸、硝酸盐脱氮、厌氧光能自养、硫氧化的厌氧光能自养、反硝化作用、氧化亚氮脱氮、亚硝酸盐脱氮和亚硝酸盐呼吸功能的丰度；玉米-玉米-大豆轮作模式会显著提高(好氧和无氧)化能异养、光能异养功能的丰度，显著降低硝化作用、需氧氨氧化、有氧亚硝酸盐氧化、硝酸盐还原、尿素分解、甲醇氧化、几丁质分解、硫化物呼吸和硫酸盐呼吸功能的丰度。在施肥与不施肥条件下，玉米-玉米-大豆轮作模式的(好氧)化能异养功能的丰度比玉米-大豆轮作模式的(好氧)化能异养功能的丰度高，其硝化作用和需氧氨氧化功能的丰度则比玉米-大豆轮作模式的硝化作用和需氧氨氧化功能的丰度低(图 3B)。

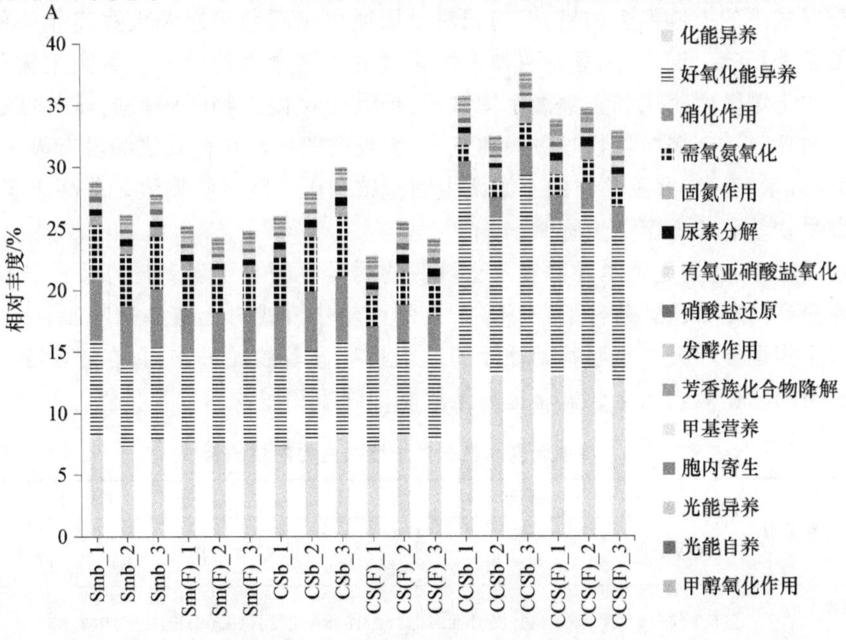

图 3　丰度前 15 的细菌功能组的相对丰度图 A 和丰度前 20 的细菌功能丰度热图 B

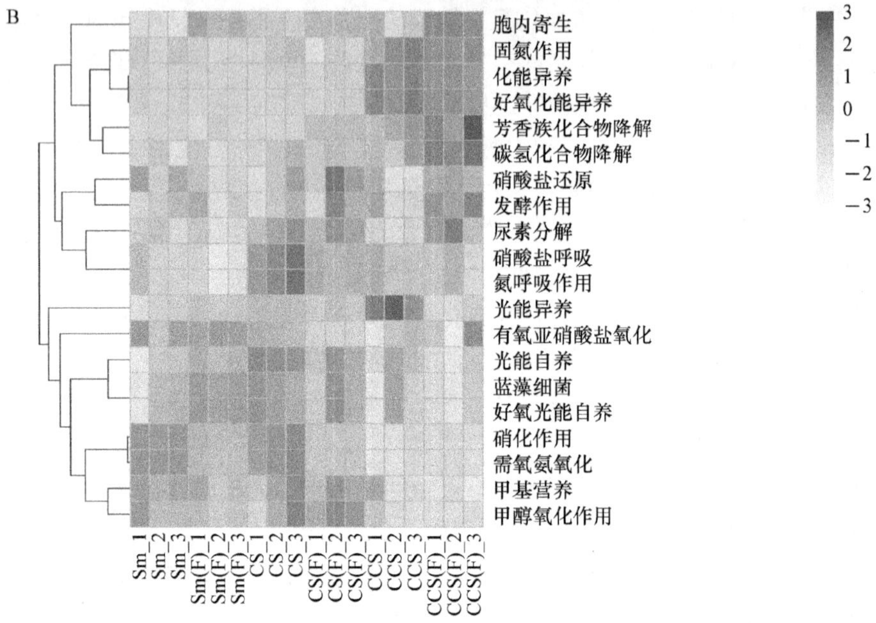

Sm(F)大豆连作(施肥)、CS(F)玉米-大豆轮作(施肥)、CCS(F)玉米-玉米-大豆轮作(施肥)

图 3(续)

7.2.3 种植制度和施肥对土壤微生物活性的影响

微生物量碳、微生物熵、微生物代谢熵分别表示微生物在土壤中的丰度、土壤有机质向微生物的转化率和单位微生物量的呼吸作用强度,都是衡量微生物活性的重要指标。施肥和不同种植模式的土壤微生物活性指标(表 4)表明,施肥显著提高土壤微生物量碳以及玉米-大豆的两种种植模式下的土壤微生物熵,但施肥对土壤微生物呼吸熵以及大豆连作条件下的土壤微生物熵无显著影响。玉米-大豆的两种轮作模式的土壤微生物熵和土壤微生物量碳显著高于大豆连作的土壤微生物熵和土壤微生物量碳,但其土壤微生物呼吸熵则显著低于大豆连作的土壤微生物呼吸。土壤微生物呼吸熵在玉米-大豆的两种轮作模式之间没有显著差异,在不施肥条件下,玉米-玉米-大豆轮作的土壤微生物量碳和土壤微生物熵值显著高于玉米-大豆轮作的土壤微生物量碳和土壤微生物熵。

土壤基础呼吸、土壤底物诱导呼吸及土壤底物诱导呼吸与土壤基础呼吸的比值受施肥影响均被显著提高。在不施肥条件下,玉米-大豆两种轮作模式对土壤基础呼吸、土壤底物诱导呼吸及土壤底物诱导呼吸与土壤基础呼吸的比值具有显著的促进作用;在施肥条件下,玉米-大豆两种不同的轮作模式同样会显著提高土壤基础呼吸和底物诱导呼吸值。

表 4 种植制度和施肥对土壤微生物活性的影响

土壤微生物活性参数	施肥			不施肥		
	大豆连作	玉米-大豆轮作	玉米-玉米-大豆轮作	大豆连作	玉米-大豆轮作	玉米-玉米-大豆轮作
土壤微生物量碳/(mg/kg)	256.6(7.15)cA	345.5(11.82)bA	372.4(9.18)aA	203.4(5.06)bB	257.9(7.05)aB	269(4)aB
土壤微生物熵/%	1.91(0.04)cA	2.22(0.06)bA	2.36(0.06)aA	1.81(0.05)bA	2.04(0.08)aB	2.1(0.08)aB

续表4

土壤微生物活性参数	施肥			不施肥		
	大豆连作	玉米-大豆轮作	玉米-玉米-大豆轮作	大豆连作	玉米-大豆轮作	玉米-玉米-大豆轮作
土壤微生物呼吸熵/[(mg CO_2/(g MBC h)]	5.58(0.26)aA	4.99(0.22)bA	4.81(0.08)bA	5.31(0.3)aA	4.88(0.26)bA	4.84(0.15)bA

注：小写字母表示相同施肥处理不同种植制度间的差异($P<0.05$)，大写字母表示相同种植模式的施肥与不施肥的差异；*ns* 不显著，** $P<0.01$；* $P<0.05$。

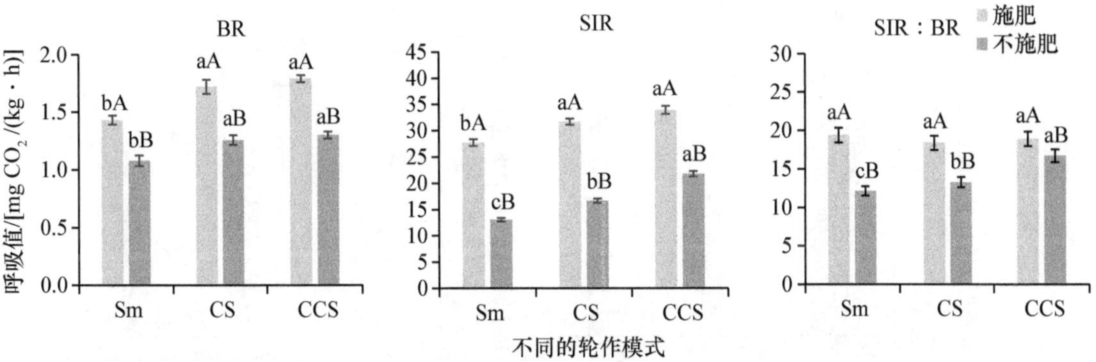

Sm. 大豆连作；CS. 玉米-大豆轮作；CCS. 玉米-玉米-大豆轮作；小写字母表示同种作物不同轮作模式的差异($P<0.05$)，大写字母表示相同种植模式下施肥与不施肥的差异。

图 4　轮作和施肥处理下的土壤基础呼吸(BR)、土壤底物诱导呼吸(SIR)土壤底物诱导呼吸与土壤基础呼吸的比值(SIR：BR)的变化

7.2.4　种植制度和施肥对土壤碳循环酶活性的影响

施肥和轮作对土壤碳循环酶活性的影响不同。施肥会显著提高 4 种土壤碳循环酶活性，玉米-大豆的两种轮作模式会显著提高在不施肥条件下的 4 种酶活性，但仅显著提高在施肥条件下的 β-葡萄糖糖苷酶和 β-*D*-1,4-纤维二糖水解酶的活性，对作物轮作在施肥条件下的蔗糖酶和 β-木糖苷酶的活性无显著影响（图 5）。在施肥条件下，4 种酶的活性在玉米-大豆的两种轮作模式之间无显著差异；在不施肥条件下，玉米-玉米-大豆轮作的 β-葡萄糖糖苷酶和 β-木糖苷酶的活性显著高于玉米-大豆轮作的 β-葡萄糖糖苷酶和 β-木糖苷酶的活性。

7.2.5　土壤细菌群落结构及功能、土壤理化指标、微生物活性指标之间的相关关系

细菌群落结构的前两个轴解释了细菌群落结构总变异率的 53.7%，其中，第一轴解释了细菌群落结构变异率的 43.1%，第二轴解释了土壤细菌群落结构变异率的 10.6%，土壤有机质和速效磷与细菌群落结构有很高相关性(图 6A)。细菌功能结构的前两个轴总共解释总变异率的 55.2%，其中，第一轴解释了细菌功能结构变异率的 50.3%，第二轴解释了土壤细菌功能结构变异率的 10.6%，土壤微生物熵与土壤细菌功能结构具有很高的相关性(图 6B)

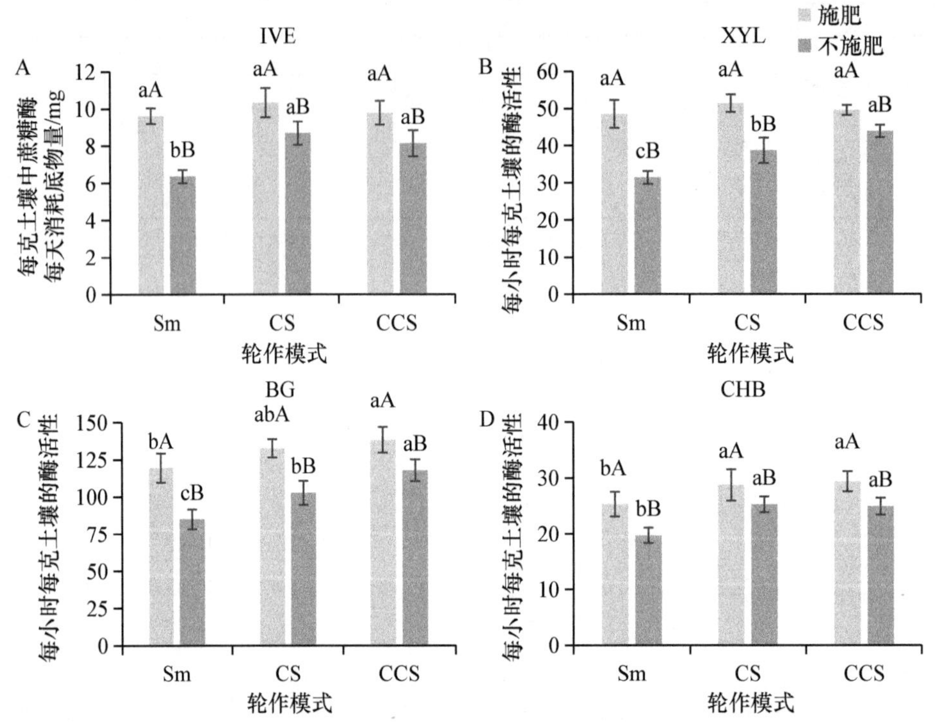

Sm. 大豆连作；CS. 玉米-大豆轮作；CCS. 玉米-玉米-大豆轮作；小写字母表示相同施肥处理不同种植制度间的差异（$P<0.05$），大写字母表示相同种植模式的施肥与不施肥的差异。

图 5　轮作和施肥对土壤蔗糖酶（IVE）、*β*-木糖苷酶（XYL）、*β*-葡萄糖糖苷酶（BG）和 *β*-*D*-1，4-纤维二糖水解酶（CHB）的影响

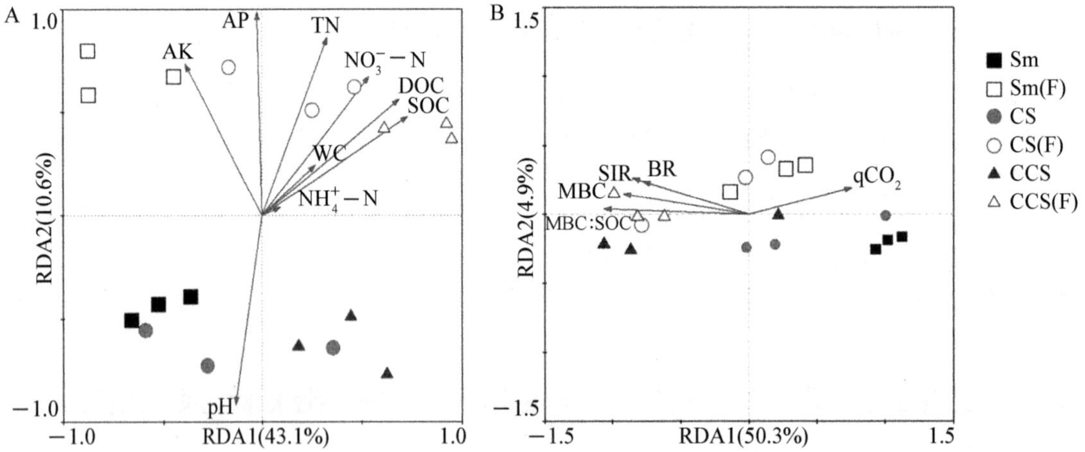

AP. 速效磷；AK. 速效钾；NH_4^+-N. 铵态氮；NO_3^--N. 硝态氮；DOC. 溶解性有机碳；SOC. 土壤有机质；TN. 总氮；WC. 土壤含水量；MBC. 微生物量碳；qCO_2. 代谢；BR. 土壤基础呼吸；SIR. 土壤底物诱导呼吸；Sm(F). 大豆连作（施肥）；CS(F). 玉米-大豆轮作（施肥）；CCS(F). 玉米-玉米-大豆轮作（施肥）。

图 6　基于土壤因子与土壤菌群落的冗余分析（A）和基于微生物活性与土壤细菌功能的冗余分析（B）

Pearson 相关分析表明，土壤微生物量碳含量与土壤速效磷、铵态氮和水分含量无显著相关性，而与土壤速效磷、硝态氮、溶解性有机碳、有机质和总氮含量呈显著正相关，与土壤 pH

呈显著负相关；Chao1 指数、Shannon 指数与土壤速效磷、硝态氮、溶解性有机碳、有机质和总氮含量呈显著负相关，与土壤 pH 呈显著正相关；土壤细菌群落结构与土壤硝态氮、溶解性有机碳和有机质含量呈显著正相关，土壤细菌功能结构仅与土壤溶解性有机碳含量呈显著相关。土壤微生物活性和土壤碳循环酶活性与土壤速效磷、硝态氮、溶解性有机碳、有机质和总氮含量均具有显著正相关关系，而与土壤 pH 呈显著负相关，另外，它们与速效钾和土壤含水量呈显著正相关（表 5）。

土壤因子与 10 个丰度最高细菌门的皮尔逊相关系数显示：变形菌门（Proteobacteria）与土壤溶解性有机碳含量呈显著正相关；浮霉菌门（Planctomycetes）和候选的 WPS-1 均与土壤速效磷含量呈显著正相关；放线菌门（Actinobacteria）和疣微菌门（Verrucomicrobia）的相对丰度分别与土壤速效钾和溶解性有机碳含量呈显著负相关；奇古菌门和绿弯菌门的相对丰度与土壤硝态氮、溶解性有机碳、有机质和总氮呈显著负相关，土壤速效磷与土壤绿弯菌门的相对丰度呈显著负相关，而土壤与 pH 则呈显著正相关；拟杆菌门（Bacteroidetes）和装甲菌门（Armatimonadetes）的相对丰度与土壤硝态氮、溶解性有机碳、有机质和总氮含量均呈显著正相关关系，另外，装甲菌门（Armatimonadetes）的相对丰度也与土壤速效磷含量呈显著正相关关系；土壤溶解性有机碳和总氮含量与厚壁菌门（Firmicutes）的相对丰度呈显著负相关（表 5）。

表 5　土壤化学性质、微生物活性、碳代谢酶活性和门水平丰度前 10 的物种的相关系数

皮尔逊相关	有效磷	速效钾	铵态氮	硝态氮	溶解性有机碳	有机质	总氮	pH	含水量
微生物量碳（MBC）	0.536*	0.154	0.177	0.904**	0.949**	0.962**	0.699**	−0.691**	0.379
细菌功能结构（BFS）	−0.056	−0.412	0.079	0.43	0.510*	0.448	0.297	−0.059	0.174
细菌群落结构（BCS）	0.254	−0.201	0.081	0.635**	0.755**	0.605**	0.437	−0.395	0.191
微生物活性（MA）	0.860**	0.495*	0.241	0.838**	0.839**	0.885**	0.894**	−0.888**	0.429
碳代谢酶活性（CEA）	0.666**	0.338	0.431	0.788**	0.856**	0.885**	0.778**	−0.741**	0.557*
Chao1 指数	−0.755**	−0.662**	−0.026	−0.706**	−0.652**	−0.742**	−0.659**	0.714**	−0.304
Shannon 指数	−0.698**	−0.459	−0.28	−0.589*	−0.587*	−0.699**	−0.606**	0.731**	−0.308
变形菌门	0.081	−0.192	0.112	0.468	0.583*	0.464	0.31	−0.184	0.286
放线菌门	−0.431	−0.590**	0.004	0.128	0.254	0.091	−0.127	0.267	0.026
疣微菌门	0.146	0.395	−0.135	−0.317	−0.475*	−0.346	−0.127	0.004	−0.184
奇古菌门	−0.331	−0.036	−0.02	−0.527*	−0.588*	−0.497*	−0.509*	0.407	−0.194
浮霉菌门	0.36	0.570*	−0.109	0.073	−0.083	0.034	0.103	−0.337	−0.054
拟杆菌门	0.227	−0.212	0.035	0.515*	0.521*	0.516*	0.505*	−0.271	0.027
绿弯菌门	−0.789**	−0.359	−0.165	−0.723**	−0.737**	−0.761**	−0.822**	0.752**	−0.286
候选 WPS-1	0.397	0.470*	−0.308	0.022	−0.172	−0.011	0.17	−0.241	−0.216
装甲菌门	0.563*	0.136	−0.296	0.499*	0.480*	0.588*	0.566*	−0.439	−0.113
厚壁菌门	−0.329	0.036	0.08	−0.462	−0.474*	−0.452	−0.514*	0.362	−0.051

注：BFS 为细菌功能结构第一主成分 PCA1；BCS 为细菌群落结构第一主成分 PCA1；MA 为微生物活性指标主成分分析的 PCA1；CEA 为 4 种土壤碳循环酶主成分分析的第一主成分 PCA1；** $P<0.01$；* $P<0.05$。

皮尔逊相关系数分析表明，土壤微生物活性指标中的微生物量碳、微生物熵、土壤基础呼吸与土壤速效磷、硝态氮、溶解性有机碳、有机质、总氮、pH 具有显著相关关系，土壤呼吸熵则与土壤因子无相关关系，土壤底物诱导呼吸和土壤基础呼吸的比值与出速效钾和含水量之外的土壤因子有显著相关关系，4 种参与土壤碳循环酶的活性与土壤速效钾和铵态氮含量无相关关系，与土壤 pH 呈显著负相关，而与其他土壤因子均呈显著正相关。

土壤微生物量与土壤细菌的发酵、芳香族化合物的降解、碳水化合物的降解、芳香族化合物降解功能有显著相关关系；土壤微生物熵与细菌需氧光能自养功能无显著相关，而与其他细菌功能组均表现出显著正相关关系；土壤微生物呼吸熵与除细菌发酵功能之外的其他细菌功能具有显著负相关关系；土壤基础呼吸和土壤底物诱导呼吸与除细菌化能异养、需氧化能异养和需氧光能自养功能之外的细菌功能都有显著正相关关系；土壤底物诱导呼吸和土壤基础呼吸的比值只与细菌芳香族化合物降解功能有显著正相关关系。土壤细菌的芳香族化合物降解功能与 β-木糖苷酶、β-*D*-1，4-纤维二糖水解酶和 β-葡萄糖糖苷酶的活性呈显著正相关，土壤细菌的碳氢化合物降解和芳香族化合物降解功能与 β-*D*-1，4-纤维二糖水解酶和 β-葡萄糖糖苷酶的活性呈显著正相关，而土壤细菌的发酵作用与 β-葡萄糖糖苷酶的活性呈显著正相关(表 6)。

表 6　土壤因子、4 种碳代谢酶活性、细菌功能组与土壤微生物活性参数的相关系数

皮尔逊相关	微生物量碳(MBC)	微生物熵(Mq)	代谢(qCO_2)	土壤基础呼吸(BR)	土壤底物诱导呼吸(SIR)	土壤底物诱导呼吸：土壤基础呼吸(SIR：BR)	蔗糖酶(IVE)	β-葡萄糖糖苷酶(BG)	β-木糖苷酶(XYL)	β-*D*-1，4-纤维二糖水解酶(CHB)
有效磷	0.536*	0.282	0.346	0.716**	0.811**	0.798**	0.695**	0.627**	0.730**	0.515*
速效钾	0.154	−0.08	0.363	0.311	0.442	0.540*	0.44	0.265	0.43	0.168
铵态氮	0.177	0.187	−0.073	0.2	0.23	0.284	0.534*	0.339	0.363	0.417
硝态氮	0.904**	0.786**	−0.284	0.924**	0.879**	0.710**	0.746**	0.799**	0.755**	0.743**
溶解性有机碳	0.949**	0.899**	−0.408	0.927**	0.889**	0.739**	0.803**	0.880**	0.805**	0.822**
有机质	0.962**	0.805**	−0.334	0.973**	0.936**	0.770**	0.835**	0.879**	0.854**	0.857**
总氮	0.699**	0.496*	0.138	0.830**	0.873**	0.797**	0.767**	0.769**	0.785**	0.677**
pH	−0.691**	−0.472*	−0.119	−0.825**	−0.869**	−0.805**	−0.766**	−0.689**	−0.799**	−0.602**
含水量	0.379	0.379	−0.119	0.399	0.419	0.446	0.620**	0.502*	0.483*	0.544*
化能异养	0.38	0.538*	−0.529*	0.244	0.275	0.301	0.031	0.406	0.249	0.273
需氧化能异养	0.371	0.530*	−0.530*	0.234	0.266	0.294	0.022	0.397	0.241	0.264
发酵作用	0.519*	0.515*	−0.203	0.491*	0.468*	0.355	0.387	0.510*	0.358	0.465
芳香族化合物降解	0.712**	0.737**	−0.484*	0.631**	0.608**	0.482*	0.4	0.675**	0.483*	0.602**
碳氢化合物降解	0.704**	0.734**	−0.569*	0.594**	0.549*	0.413	0.414	0.617**	0.428	0.588*
需氧光能自养	0.165	0.374	−0.655**	−0.018	−0.151	−0.238	0.019	0.064	−0.039	0.209
芳族烃降解	0.693**	0.648**	−0.434	0.625**	0.548*	0.353	0.392	0.578*	0.391	0.567*

注：** $P < 0.01$；* $P < 0.05$。

7.3 讨论

在为期 6 年的轮作及施肥定位试验中发现，施肥对大豆连作的大部分土壤因子有显著影响，对玉米-大豆两种不同种植模式的土壤速效钾、铵态氮和含水量则影响较小，施用 NPK 肥能显著提高土壤养分及有机质含量，但显著降低土壤 pH。另外，氮肥对根瘤固氮的抑制作用和作物轮作通过改善土壤质量对根瘤固氮的促进作用在一定程度上解释了本研究中的土壤铵态氮含量在轮作条件下受施肥影响较小的原因。土壤含水量在轮作条件下同样受施肥影响较小。其原因可能是轮作和 NPK 的施用促进了地上部大豆生物量的提高。与连作不施肥大豆处理的较低地上部生物量相比，较高地上部生物量意味着较高的植物茂盛程度，从而减弱了土壤水分的蒸腾。连作不施肥处理的土壤水分含量最低。其原因可能是其地上生物量较低，繁茂程度不够，引起了土壤更多的水分蒸腾，玉米-大豆的两种轮作模式和施肥处理会改变土壤理化性质，从而导致轮作和施肥的土壤环境发生改变。作为衡量土壤质量状况的指标，土壤微生物对土壤理化环境较敏感，所以常被当作植物土壤互作研究的媒介。与大多数研究结果一样，NPK 施肥处理显著降低了土壤细菌丰度和多样性指数，但对玉米-大豆轮作模式的多样性指数无显著影响。当前研究表明，作物轮作不一定能提高土壤细菌的多样性，也有可能降低其多样性或无显著影响。本研究中的玉米-大豆的两种不同轮作模式对土壤细菌多样性的影响在施肥与不施肥条件下表现出的差异也证实了这一点。土壤细菌丰度和 Shannon 指数与 pH 均呈显著正相关关系，这与其他生他系统研究观察到的一样，土壤 pH 是形成细菌群落组成的重要因素。土壤细菌丰度和 Shannon 指数与速效磷、硝态氮、溶解性有机碳、有机质和总氮含量均呈显著负相关，土壤硝态氮、溶解性有机碳和有机质含量是影响土壤细菌群落结构的重要因素。

土壤酸杆菌门和变形细菌门的微生物通常占了土壤细菌群落的大部分比例，本试验结果与该结论一致。3 种种植模式的土壤绿弯菌门受 NPK 肥的影响，其丰度均显著降低。先前研究表明，绿弯菌门同芽单胞菌门和酸杆菌门一样属于寡营养型微生物，易受到土壤养分有效性的影响，而施肥或轮作导致养分含量的提高容易抑制它们的生长。本研究中的绿弯菌门的丰度与土壤有机质及其他土壤养分指标的显著负相关性也证实了这一点，而酸酐菌门和芽单胞菌门对施肥的响应则没有表现出类似的变化。玉米-大豆轮作和 NPK 肥处理均能显著提高土壤变形菌门的丰度，这可能与土壤养分有效性以及施肥和轮作处理导致的有机质含量的提高有关，而土壤变形菌门丰度与土壤溶解性有机碳的显著正相关关系也证实了这一点。放线菌门在作物秸秆分解以及与土壤环境相关的功能性变化中起着重要作用。玉米-玉米-大豆轮作模式的施肥土壤放线菌门的丰度要比不施肥土壤低。不管施肥与否，玉米-玉米-大豆轮作模式的放线菌门的丰度要高于大豆连作。与大豆连作相比，其他的酸杆菌门、疣微菌门和浮霉菌门不管在施肥条件下，还是不施肥条件下，玉米-玉米-大豆轮作模式都表现出较低的丰度。以上这些菌门在不同轮作及施肥处理下表现的差异可能与它们的生长策略密切相关，这个从它们与不同土壤理化因子的相关性可以看出。

土壤微生物具有诸多生物功能。例如，养分生物化学循环、有机质的分解和形成。微生物活性是评估微生物功能的最常用方法。研究显示，土壤微生物量和微生物活性与土壤有机碳含量具有显著的正相关关系。本研究结果表明，土壤基础呼吸、土壤底物诱导呼吸、土壤底物诱导呼吸和土壤基础呼吸的比值以及微生物量碳含量分别与土壤速效磷、硝态氮、溶解性有机碳、有机质和总氮含量以及 pH 有高度相关，而 NPK 族肥显著提高了土壤基础呼吸、土壤底物诱导呼吸、土壤底物诱导呼吸和土壤基础呼吸的比值以及微生物量碳含量，说明施肥具有提高微生物活性的作用，也表明在施肥条件下形成的微生物群落对外来碳源的代谢响应更快。虽然 NPK 无机肥的施用和作物轮作可以间接地提高由作物残茬向土壤的输入以提高的土壤有机碳，但是施肥仅仅提高玉米-大豆的两种轮作模式下的微生物呼吸熵，说明玉米-大豆的两种轮作下的土壤微生物的利用碳源底物用于自身生长的效率更高。这可能是由连作和轮作土壤的细菌群落结构及功能类群的根本差异导致的。施肥对土壤微生物熵无显著影响，说明施肥对参与土壤呼吸作用的功能微生物类别影响不大，基于土壤细菌功能丰富主成分分析的结果也验证了这一点。在玉米-大豆的两种轮作模式下，除了微生物呼吸熵显著下降外，其余微生物活性指标均显著提高，说明除了具有施肥促进微生物的相应功能外，轮作更具有优化土壤细菌群落结构，减少土壤碳排放，保持土壤更大的碳库容量的作用。研究发现，作物残茬在农田中掺入可以改变土壤微生物的供应显著影响土壤微生物的生物量和活性，土壤中的胞外酶活性是因对土壤环境的敏感性，同时参与介导了土壤中的各种循环过程的催化作用，也是一种用于衡量土壤质量状况和微生物活性的重要指标。本研究结果表明，4 种参与土壤代谢酶的活性因受施肥影响均被显著提高，而轮作仅仅对施肥条下的蔗糖酶和 *β*-木糖苷酶的活性无显著影响，在其他条件下均表现出显著的促进作用，这与研究结果一致。作物残茬的输入促进了 *β*-木糖苷酶和 β-葡萄糖糖苷酶活性的提高，说明施肥和作物轮作对土壤的碳代谢过程具有促进作用。这 4 种碳代谢酶分别与土壤速效磷、硝态氮、溶解性有机碳、有机质、总氮和含水量以及 pH 的显著相关性也证实了这一点。

功能多样性不仅是微生物利用多种底物和进行多种生物过程的能力，而且是土壤微生物群落响应土壤环境变化的重要机制。研究结果表明，土壤细菌的化能异养、需氧化能异养、硝化作用和需氧氨氧化是参与土壤碳氮循环的主要功能。这些细菌群落的功能都与土壤碳循环过程有关，表明土壤碳氮相对丰度的任何变化都可能影响微生物群落及其功能。一般某个土壤细菌群落功能的强弱与其相应的土壤酶活性的大小具有显著相关性，本研究中的芳香族化合物降解和碳氢化合物降解功能与 *β*-木糖苷酶、*β*-葡萄糖糖苷酶和 *β*-*D*-1，4-纤维二糖水解酶活性的显著相关性证实了这一点。土壤细菌功能群与地上植物种类密切相关，轮作具有更高的植物多样性，因而会导致土壤细菌群落功能群的变化，这与土壤细菌群落结构的主成分分析结果一致。

本研究的不同种植模式的细菌功能丰度差异结果显示，施肥对大豆连作土壤细菌功能的影响明显有别于施肥对两种轮作模式的影响。即使同为轮作模式的玉米-大豆轮作和玉米-玉米-大豆轮作，施肥对它们的影响也有差异。不同种植模式对施肥土壤细菌功能的影响也有别于不同种植模式对不施肥土壤的影响，但玉米-大豆两种轮作模式在施肥与不施肥条件下均减弱了土壤的硝化作用，提高了其他氮循环功能的强度。其原因是轮作能引起不同于原来土壤中有机质的输入，微生物要利用这部分外来碳源将受到的氮素的限制而不得不加强氮素的获取功能，以满足氮素的自身需求。另外，土壤细菌群落结构的第一主成分与土壤中的溶解性有机碳含量具有显著正相关关系，土壤细菌芳香族化合物降解和碳氢化合物降解功能与微生物活性指标中的微生物量碳、微生物熵、呼吸熵、土壤基础呼吸和土壤底物诱导呼吸具有显著相关性，表明轮作和施肥导致有差异的土壤细菌功能结构的形成与土壤中的碳以及微生物活性对不同碳源的响应具有很大关系。土壤细菌功能与微生物活性指标的冗余分析结果也证实了这一点。

7.4 结论

本研究结果表明，在连续 6 年的轮作及 NPK 施肥的定位试验中，玉米-大豆和玉米-玉米-

大豆两种轮作模式和 NPK 施肥处理均会显著地改变土壤理化特性，从而引起土壤微生物活性和细菌多样性的变化，最终改变细菌群落结构。相对于施肥处理而言，轮作因地上部植物具有更高的多样性，从而能为地下微生物提供更具多样性的底物，因此玉米-大豆轮作模式对土壤细菌的功能结构表现出更强的影响，NPK 施肥处理对于土壤细菌的功能结构的影响则不明显。此外，需氧化能异养和化能异养作为影响土壤细菌功能结构的重要土壤细菌功能，其丰度在施肥条件与不施肥条件和玉米-玉米-大豆种植制度下显著高于大豆连作，这是引起轮作土壤细菌功能结构明显异于大豆连作的原因。这两种细菌功能与土壤的微生物熵呈显著正相关，与微生物呼吸熵呈显著负相关，说明土壤微生物对土壤底物有机质的利用率的差异决定了轮作和施肥处理对土壤细菌群落结构的影响不同。而轮作和施肥处理导致的土壤细菌功能结构的差异促进了土壤中的有机质分解和氮矿化，以利于轮作土壤的养分有效性的提高，这可能是轮作提高土壤生产力的主要原因。

参考文献

[1] LUO G, LI L, FRIMAN V P, et al. Organic amendments increase crop yields by improving microbe-mediated soil functioning of agroecosystems: a meta-analysis. Soil Biology and Biochemistry, 2018, 124: 105-115

[2] ZHAO R, CHEN X, ZHANG F. Nitrogen cycling and balance in winter-wheat-summer-maize rotation system in Northern China Plain. Acta Pedologica Sinica, 2009, 46 (4): 684-697

[3] SCHLOSS P D, HANDELSMAN J. Introducing SONS, a tool for operational taxonomic unit-based comparisons of microbial community memberships and structures. Appl Environ Microbiol, 2006, 72: 6773-6779

[4] CHEN J, GUO Q, LIU D, et al. Composition, predicted functions, and co-occurrence networks of fungal and bacterial communities_ Links to soil organic carbon under long-term fertilization in a rice-wheat cropping system. European Journal of Soil Biology, 2020, 100: 103226

[5] BASTIDA F, MORENO J L, HERNANDEZ T. Microbiological activity in a soil 15 years after its devegetation. Soil Biol Biochem, 2006, 38: 2503-2507

[6] CAO H, CHEN R, WANG L, et al. Soil pH, total phosphorus, climate and distance are the major factors influencing microbial activity at a regional spatial scale. Scientific reports, 2016, 6 (1): 1-10

[7] JANGID K, WILLIAMS M A, FRANZLUEBBERS A J, et al. Land-use history has a stronger impact on soil microbial community composition than aboveground vegetation and soil properties. Soil Biology and Biochemistry, 2011, 43 (10): 2184-2193

[8] MCDANIEL M D, GRANDY A S. Soil microbial biomass and function are altered by 12 years of crop rotation. Soil, 2016, 2 (4): 583-599

[9] BELL C W, FRICKS B E, ROCCA J D, et al. High-throughput fluorometric measurement of potential soil extracellular enzyme activities. Jove J Vis Exp, 2013: e50961

[10] WALTERS W, HYDE E R, BERG-LYONS D, et al. Improved bacterial 16S rRNA gene (V4 and V4-5) and fungal internal transcribed spacer marker gene primers for microbial community surveys. Msystems, 2016, 1: e00009-15

[11] HERENCIA J F, GARCIA-GALAVIS P A, MAQUEDA C. Long-term effect of organic and mineral fertilization on soil physical properties under greenhouse and outdoor management practices. Pedosphere, 2011, 21: 443-453

[12] FERREIRA M C, ANDRADE D D S, CHUEIRE L M D O, et al. Tillage method and crop rotation effects on the population sizes and diversity of bradyrhizobia nodulating soybean. Soil Biol Biochem, 2000, 32: 627-637

[13] JENSEN M E, WRIGHT J L, PRATT B J. Estimating soil moisture depletion from climate, crop and soil data. Trans ASAE, 1971, 14: 954-959

[14] DAI Z, SU W, CHEN H, et al. Long-term nitrogen fertilization decreases bacterial diversity and favors the growth of Actinobacteria and Proteobacteria in agro-ecosystems across the globe. Glob Change Biol, 2018, 24: 3452-3461

[15] VENTER Z S, JACOBS K, HAWKINS H J. The impact of crop rotation on soil microbial diversity: A meta-analysis. Pedobiologia, 2016, 59: 215-223

[16] ZENG J, LIU X, SONG L, et al. Nitrogen fertilization directly affects soil bacterial diversity and indirectly affects bacterial community composition. Soil Biol Biochem, 2016, 92: 41-49

[20] LUPWAYI N Z, HANSON K G, HARKER K N, et al. Soil microbial biomass, functional diversity and enzyme activity in glyphosate-resistant wheat-canola rotations under low-disturbance direct seeding and conventional tillage. Soil Biol Biochem, 2007, 39: 1418-1427

[21] ZHANG Y, HAO X, ALEXANDER T W, et al. Long-term and legacy effects of manure application on soil microbial community composition. Biol Fertil Soils, 2018, 54: 269-283

[22] LI H, ZHANG Y, YANG S, et al. Variations in soil bacterial taxonomic profiles and putative functions in response to straw incorporation combined with N fertilization during the maize growing season. Agric Ecosyst Environ, 2019, 283: 106578

[23] MAIER R M, PEPPER I L, GERBA C P. Introduction to environmental microbiology//Environmental Microbiology. Elsevier, 2009: 3-7

[24] LIANG S, DENG J, JIANG Y, et al. Functional distribution of bacterial community under different land use patterns based on FAPROTAX function prediction. Pol J Environ Stud, 2020, 29: 2

[25] SCHLATTER D C, BAKKER M G, BRADEEN J M, et al. Plant community richness and microbial interactions structure bacterial communities in soil. Ecology, 2015, 96: 134-142

[26] KUZYAKOV Y. Priming effects: interactions between living and dead organic matter. Soil Biol Biochem, 2010, 42: 1363-1371

第5章

轮作模式对病虫草害的影响

1　不同轮作模式对小麦田蚜虫及其天敌种群的影响①

摘　要：小麦是主要粮食作物之一，麦蚜(麦长管蚜和禾谷缢管蚜)是小麦常见的重要害虫，影响着小麦产量和品质。在华北小麦产区，广泛地采用冬小麦与玉米轮作种植模式，然而，较低的经济效益影响了农民种植的积极性，所以我们提出采用一些经济效益较好的油料作物作为夏季作物替代玉米，如大豆、花生、芝麻和油葵。这些替代模式将如何影响麦蚜及其天敌种群目前尚不清楚。为此，我们在中国农业大学吴桥试验站设计了冬小麦与5种夏季作物(玉米、大豆、花生、芝麻和油葵)轮作种植模式，以评价夏季种植不同作物田对后季冬小麦田的蚜虫及其天敌种群的影响。结果表明，与种植玉米田相比，连续两年种植油料作物后，麦田的麦长管蚜种群动态高峰期提前了约1周。在5种前茬夏季作物田中，种植芝麻的麦田高峰期的麦长管蚜种群密度一直最低，并且2018年和2019年显著低于花生田，2020年则显著低于大豆田。蚜虫拟寄生物与麦长管蚜种群动态有紧密的跟随性，高峰期滞后的时间存在年份差异，而捕食性天敌种群动态受年份影响较大，不过，天敌种群高峰期的密度在各模式之间没有呈显著差异。由此可见，为了在华北麦区降低小麦麦长管蚜的种群，选择冬小麦与芝麻轮作应该是一个较好控制的策略

关键词：轮作模式；种群动态；小麦；蚜虫；天敌

种植制度是根据当地资源和农业生产条件，确定作物的组成结构、时空配置和种植方式的总称。作物的种植方式主要包括单作、间作、连作和轮作等。多年连作或大面积种植单一作物造成了群落结构简单，易为植食性昆虫提供营养和繁殖的场所，加快了其对植物防御的适应性，从而导致病虫害的严重发生。合理的作物布局与种植方式能增加生物多样性，并能直接影响害虫的发生，还可以间接影响天敌的发生，控制害虫的种群数量，降低农业生态系统中的害虫暴发风险。

农作物不同种植制度的选择通常会系统地影响农田生态系统中的各个要素的组成和相对丰度，对作物生产系统产生有利和不利的影响。作物的间作模式增加了农田生物多样性，为害虫天敌提供食物源和避难所，在增加天敌种类和数量的同时，也发挥了调控作物害虫种群的作用。不同作物的间作除了能充分利用光能和养分，提高单位面积作物产量外，其还通过改变农田景观环境，抑制某些区域性有害生物的发生频率和作物损害程度。作物的间作种植还能改变病原菌和害虫与寄主植物的关系，影响食物链组成，这种状况不利于害虫种群发展。例如，

①　作者：刘苗苗、梅昊、康振烨、冯建路、李林蓉、蔡青年*；通信作者：蔡青年(中国农业大学植物保护学院教授，博导，主要从事植物抗虫性及害虫综合防治研究，E-mail：caiqn@cau.edu.cn)。

与小麦单作田相比，小麦与豌豆的间作显著地降低了小麦麦长管蚜无翅蚜种群。马铃薯与非寄主植物芹菜的间作减少了马铃薯叶上的蚜虫种群密度，达 56.5%。轮作是农业生产中普遍采用的一种复种模式。不同农作物相互配置形成的轮作系统有利于农田生态系统的可持续发展。合理轮作倒茬能调节土壤磷酸酶、脲酶、过氧化氢酶等酶活性，改变作物根际微生物群落，增加有益微生物多样性，减少有害病原菌存活，改善作物自毒效应，还能增强作物抗性，提高作物产量。与单作种植转基因玉米相比，采用大豆轮作的转基因玉米田降低了西部玉米根虫对 *Bt* 基因的抗性，因此作物种植制度的改变多方面影响着农田生态系统。

在现代农业中，作物生产过程及其产品的安全性是关注焦点，强调害虫的自然控制因素，特别是天敌种类和种群数量。已有的研究表明，科学合理的种植制度能够增加农田天敌种类和数量的丰富度，从而有效地延缓害虫对农作物的危害。例如，玉米田间作马铃薯和向日葵提高了整个间作系统天敌种类丰富度及群落的稳定性。小麦与蚕豆的间作显著提高了田间瓢虫和蚜茧蜂的种群密度。如果其与油菜间作，其中的缓释甲基水杨酸就能吸引蚜虫的优势天敌种群。此外，在考虑增加作物生产系统中的天敌种类和数量时，害虫的种类和危害的时空分布特点就不能被忽视，如针对麦田长管蚜的天敌防控。我们应更加重视具有飞行能力的天敌种类，提高飞行性天敌种类和数量更有利于调控麦长管蚜的种群数量。

在我国华北地区，冬小麦与夏玉米及一些油料作物是常见的年内轮作种植模式，但以麦玉模式最为常见且种植面积为最大。这些种植模式对麦蚜及其天敌的影响以及哪些模式有利于降低蚜虫种群和增加天敌的控制作用还没有明确的结论。根据以往的研究发现，关于作物之间的轮作复种模式对特定作物的害虫及其天敌的影响鲜有报道。为此，2017—2020 年，在中国农业大学吴桥试验站，我们设计了冬小麦与 5 种夏季作物轮换种植的田间试验，重点研究了这些轮作模式对小麦蚜虫及其天敌种群的影响，以确定更好的麦田增益控蚜轮作复种模式，这对华北传统旱作作物生产区的增产、增效具有重要意义。

1.1 材料与方法

1.1.1 试验地概况

田间试验地点位于河北省沧州市吴桥县曹洼乡中国农业大学吴桥试验站。该站地处华北平原东部，属于温带半干旱大陆性季风气候，夏季高温，冬季寒冷。年平均气温为 12.6 ℃左右，全年积温(≥0 ℃)为 4 862.9 ℃，年降水量约为 500 mm，年内季节性分布不均，60%～70%的降水量集中在 6—8 月，是我国主要的冬小麦-夏玉米一年两熟区。

1.1.2 作物品种与种植

所有作物均采用适合当地种植的常规品种。冬小麦品种为‘衡麦 S29’，夏茬作物玉米品种为‘郑单 958’，大豆品种为‘中黄 13’(不包衣)，花生品种为‘山花 12’，芝麻品种为‘白芝麻’(不包衣)及油葵品种为‘美国矮大头 M667’。所有作物种子均购买于河北省吴桥县城关农丰农资店。

作物的种植采用当地传统方式。冬小麦、夏玉米和大豆采用机械播种，花生、芝麻和油葵采用人工播种。其不同作物播种方式及播种量如表 1 所列。在每个小区种植作物前，将前茬作物秸秆均被还田，并根据当地传统种植各种作物的施肥方案施底肥（表 2），再浇透水以保证土壤墒情。随后，用惠田 1GKN-250 旋耕机旋耕、填埋秸秆并平整土地。一般冬小麦播种时间在每年 10 月上中旬，夏季作物则在每年小麦收获后播种，通常在 6 月上中旬。根据华北平原的气候特点，通常小粒型作物种子在播种后需要镇压土壤，以便种子能充分吸收土壤水分。所有作物在生长期的田间管理均与当地传统种植一致，如浇水、施肥、除草等管理方式。本试验区的作物在生长期不喷施杀虫剂和杀菌剂。

表 1　作物播种方式及播种量

作物种类	播种方式	机器型号	播种量
冬小麦	机播	2BX-12 小麦圆盘播种机	18.0 kg/亩，定苗约为 22 万株/亩
玉米	机播	任丘 2BYZF-4 玉米精量播种机	2.5 kg/亩，定苗 4 000 株/亩
大豆	机播	任丘 2BYZF-5 大豆精量播种机	5.0 kg/亩，定苗 12 000 株/亩
花生	人工点播	无	13.0 kg/亩，定苗 10 000 穴/亩，2 粒/穴
芝麻	人工点播	无	400 g/亩，定苗 1 万株/亩
油葵	人工点播	无	350 g/亩，定苗 3 000 株/亩

表 2　每个小区作物的施肥方案

作物种类	施肥种类及用量
冬小麦	尿素 20 kg/亩，磷酸二铵 25 kg/亩，硫酸钾 13 kg/亩
玉米	复合肥，总养分≥45%，N : P_2O_5 : K_2O =28 : 12 : 10，50 kg/亩
大豆	复混肥，总养分≥45%，N : P_2O_5 : K_2O =15 : 12 : 18，25 kg/亩
花生	复混肥，总养分≥45%，N : P_2O_5 : K_2O =15 : 12 : 18，25 kg/亩
芝麻	复混肥，总养分≥45%，N : P_2O_5 : K_2O =15 : 12 : 18，25 kg/亩
油葵	复混肥，总养分≥45%，N : P_2O_5 : K_2O =15 : 12 : 18，25 kg/亩

1.1.3　试验设计

整个试验选择冬小麦与 5 种夏季作物（玉米、大豆、花生、芝麻和油葵）组成轮换种植模式，重点研究不同夏季作物田对冬小麦田间蚜虫及其天敌种群的影响。试验田面积约为 10 亩，共设 20 个小区，小区面积约为 300 m^2，小区之间以小田埂隔离，试验区东西向留出 1.5 m 的小道，方便人员出入小区。在小麦生长季节，试验区四周种植 0.5～1.0 m 的保护行。5 种轮换种植模式试验小区采用随机区组设计，每种模式设置 4 次重复（图 1）。

1.1.4　麦蚜及其天敌种群调查

为了真实了解在华北自然地理气候条件下，不同夏季作物田对冬小麦上蚜虫及其天敌种群发生情况的影响，各个试验小区都是自然感虫。每年春季小麦返青后，在 4 月上旬气温回升，小麦开始拔节时，田间设置黄板观察蚜虫，以确定麦田蚜虫首次抽样调查时间。小麦蚜虫调查采用棋盘式取样法，每个小区取 10 个样点，样点距离边界至少 1.0 m，每个样点取 10 株小麦，采取肉眼观察计数方法，每 5～7 天取样调查一次，详细观察并记录小麦叶片、茎秆、旗叶、麦穗部蚜虫、捕食性、寄生性天敌种类和数量（包括不同虫态）。当昆虫数量急剧下降，小麦穗部处于黄熟期时，取样调查结束。由于不同昆虫在麦株的活动性不同，为了确保能真实记录不同昆虫的数量，在整个调查中，每个样点先调查并记录活动性强的昆虫，如麦长管蚜和一些捕食性天敌（主要是瓢虫、草蛉和蜘蛛），然后再记录活动性比较弱的昆虫，如禾谷缢管蚜和寄生蜂的拟寄生物（僵蚜）。

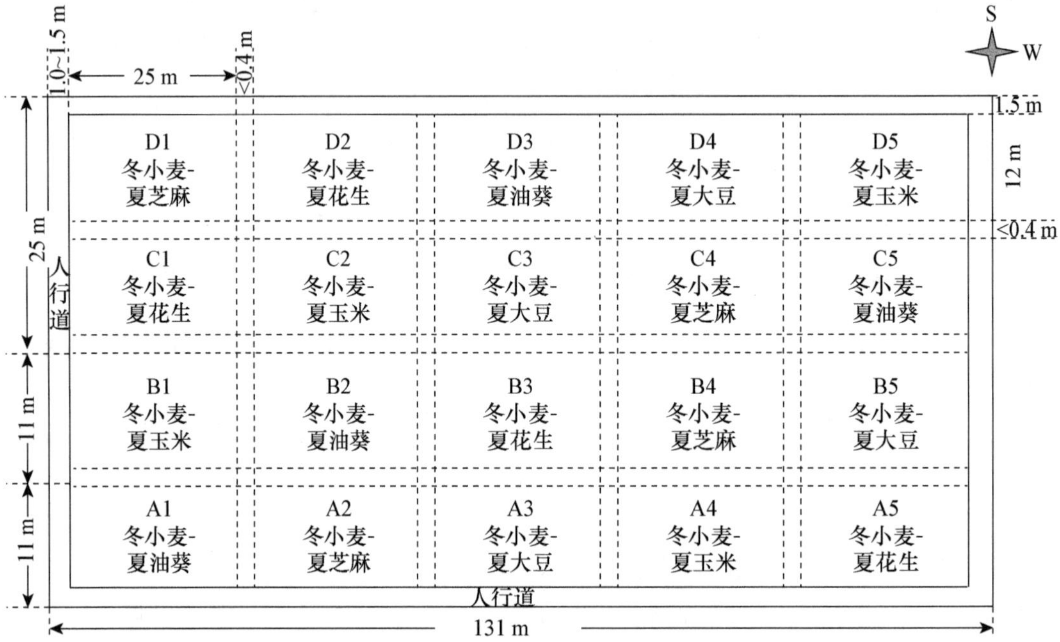

图 1　田间小区设计

1.1.5　数据分析

小麦蚜虫和天敌的所有调查数据按不同种植模式由各自的小区统计，每个种植模式以 4 次重复为标准计算平均值，按照抽样时间，用 Excel 软件绘制各种蚜虫和天敌的种群动态，所有节肢动物的种群密度换算成头/50 株。根据种群动态图，确定各类节肢动物的种群动态高峰时间，然后，将各种夏季作物田对应的蚜虫及天敌高峰期种群密度做单因素方差分析（ANOVA）（SPSS20.0），采用 LSD 比较各种夏季作物种植田对小麦蚜虫及其天敌影响的差异显著性，显著水平设置为 0.05。

1.2　结果分析

1.2.1　小麦与 5 种不同夏季作物轮作对小麦蚜虫种群的影响

1.2.1.1　麦长管蚜的种群动态及其在高峰期的发生量

麦长管蚜又称小麦穗蚜，通常其大量发生期与小麦旗叶和孕穗抽穗期相吻合。从 2017 年开始，在连续 4 年监测了冬小麦的麦长管蚜的种群动态和蚜虫高峰期的种群密度。其中，2017 年属于开始之年，所有准备种植 5 种夏季作物的试验小区在 2016 年及以前均种植夏玉米，所以小麦蚜虫种群显示的区域均为拟种作物区。从 2017 年春夏麦田麦长管蚜的种群动态可知，所有拟设定小区的麦长管蚜种群动态基本一致，高峰期为 5 月 19 日（图 2），种群密度较大，高峰期种群密度均超过每 50 株 1 000 头，拟种大豆小区的蚜虫密度显著高于拟种油葵小区（$df=4,19$，$F=1.623$，$P=0.0288$）（图 3）。

2017 年在所有小区种植不同夏季作物后，于秋季种植冬小麦，2018 年小麦田中的麦长管蚜种群开始发生变化。2018 年不同前茬作物的蚜虫种群变化趋势基本一致，高峰期均出现在 5 月 11 日（图 2），但高峰期的蚜虫种群密度大幅度下降，最高密度不过每 50 株 313 头，且前茬花生的麦田蚜虫密度显著高于前茬芝麻的麦田蚜虫密度（$df=4, 19$，$F=2.054$，$P=0.0137$）（图 3）。

2019 年麦田麦长管蚜种群动态开始出现明显的变化。虽然蚜虫高峰期统一出现在 5 月 21 日，但是在高峰期之前，前茬大豆和油葵的麦田麦长管蚜种群在 5 月 14 日还出现了一个小高峰（图 2）。高峰期的麦长管蚜种群密度虽然比 2018 年有回升，但是最多的前茬花生的麦田麦长管蚜种群密度也只有每 50 株 510 头，不过，前茬花生的麦田麦长管蚜种群密度显著高于前茬玉米、芝麻和油葵的麦田麦长管蚜种群密度（$df=4, 19$，$F=3.046$，$P=0.050$）（图 3）。

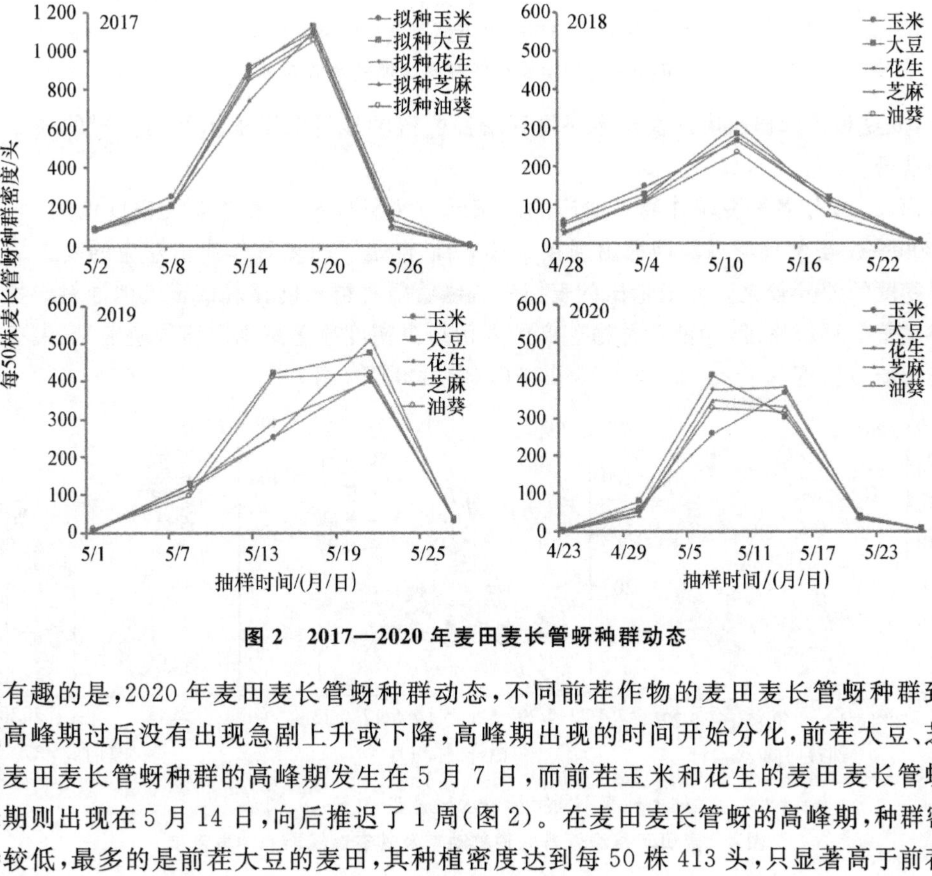

图 2　2017—2020 年麦田麦长管蚜种群动态

更有趣的是，2020 年麦田麦长管蚜种群动态，不同前茬作物的麦田麦长管蚜种群到达高峰期或高峰期过后没有出现急剧上升或下降，高峰期出现的时间开始分化，前茬大豆、芝麻和油葵的麦田麦长管蚜种群的高峰期发生在 5 月 7 日，而前茬玉米和花生的麦田麦长管蚜种群的高峰期则出现在 5 月 14 日，向后推迟了 1 周（图 2）。在麦田麦长管蚜的高峰期，种群密度仍然维持较低，最多的是前茬大豆的麦田，其种植密度达到每 50 株 413 头，只显著高于前茬芝麻的麦田（$df=4, 19$，$F=2.324$，$P=0.0128$）（图 3）。

1.2.1.2　*禾谷缢管蚜的种群动态及其在高峰期的发生量*

在小麦生产中，禾谷缢管蚜虽然也是重要害虫之一，但是在华北麦区通常并不是优势种，种群密度一直较低，2018 年的调查数据也证实了这一点，最高种植密度不超过每 50 株 70 头。但当种植不同夏季作物后，大豆田对应的小麦禾谷缢管蚜发生的高峰期被推迟，且在蚜虫发生

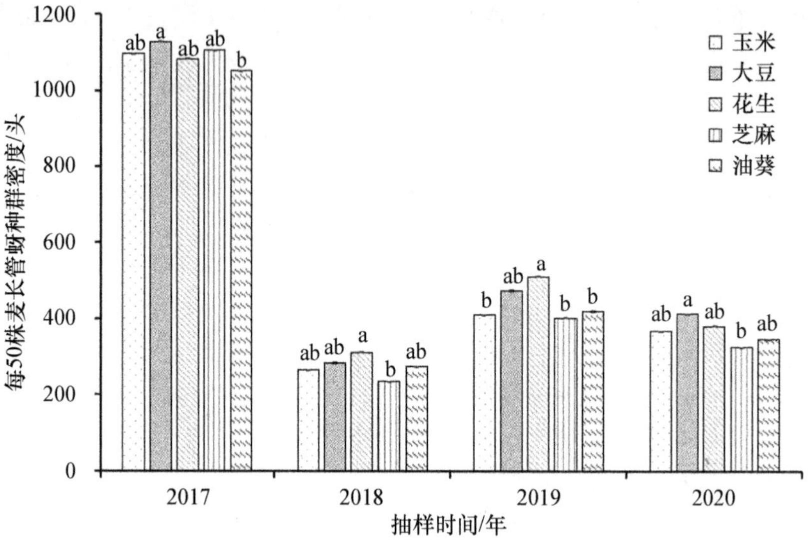

柱上标有不同字母表示显著差异($P<0.05$)。

图 3　麦田麦长管蚜在高峰期的种群密度

高峰期,大豆和芝麻田对应的麦田禾谷缢管蚜种群密度显著低于玉米和油葵田的麦田禾谷缢管蚜种群密度($df=4,19$,$F=5.941\ 9$,$P=0.004\ 5$)(图 4)。

然而,2020 年各种夏季作物田对应的麦田禾谷缢管蚜种群密度却大幅度增加,均超过每 50 株 200 头。虽然种群高峰期都出现在 5 月 7 日,但是不同夏季作物田对应的麦田蚜虫高峰期种群密度的差异较大。夏玉米田的麦田禾谷缢管蚜种群密度显著低于其他油料作物田的麦田禾谷缢管蚜种群密度,而前茬种植芝麻的麦田蚜虫密度显著高于前茬种植玉米、大豆和花生田的麦田蚜虫密度($df=4,19$,$F=15.167\ 6$,$P<0.001$)(图 4)。

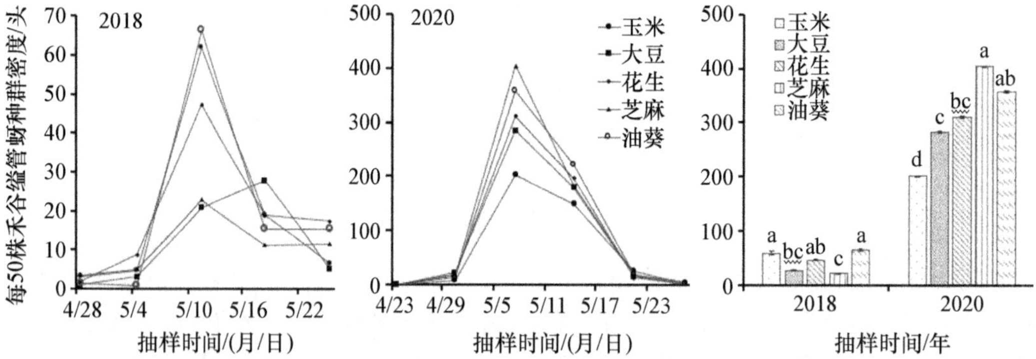

柱上标有不同字母表示显著差异($P<0.05$)。

图 4　麦田禾谷缢管蚜的种群动态及其在高峰期的种群密度

1.2.2　小麦与夏季作物轮作对小麦蚜虫天敌种群的影响

1.2.2.1　捕食性天敌的种群动态及其在高峰期的发生量

自 2017 年开始,连续 4 年监测冬小麦田的捕食性天敌发现,种类并不多,主要包括龟纹瓢虫、异色瓢虫和草蛉等,且种群密度均不大。虽然捕食性天敌混合种群动态具有猎物的跟随性，种群高峰期总是滞后于猎物的高峰期，但是年份各不相同。2017 年和 2019 年发生得比较整齐，只出现了一个高峰期，2020 年则出现两个高峰期，2018 年各种前茬夏季作物对应的麦田捕食性天敌没有发生明显的高峰时段（图 5）。就捕食性天敌在高峰期的种群密度而言，除了 2019 年前茬种植玉米和芝麻的种群密度显著低于前茬种植大豆和花生的种群密度外（$df=4$，$F=3.856\ 4$，$P=0.024\ 1$），其他年份均无显著差异（$P>0.05$）（图 7）。

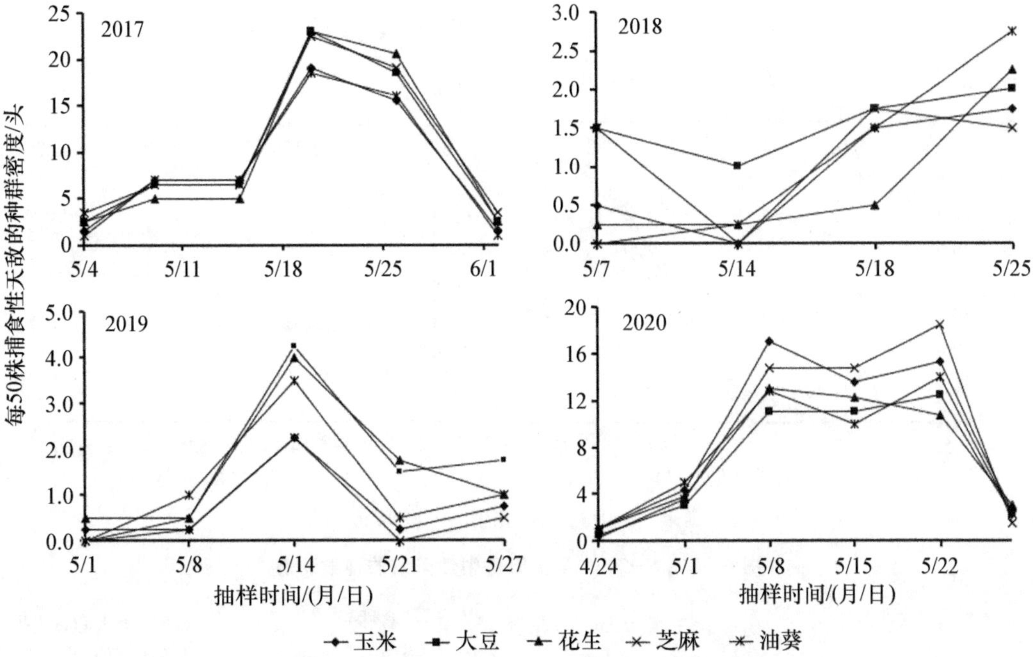

图 5　2017—2020 年麦田捕食性天敌的种群动态

1.2.2.2　寄生性天敌的种群动态及其在高峰期的发生量

在麦田中，蚜虫的寄生性天敌与捕食性天敌差别较大，其与蚜虫种群发生的跟随性更紧密。虽然所有抽样调查年份几乎都只有一个高峰期，但是与麦长管蚜高峰期出现的时间相比，年份滞后不尽相同。高峰期滞后时间最长的是 2020 年，前茬种植大豆、花生、芝麻和油葵的麦田拟寄生物的高峰期滞后达 15 d。而 2017 年和 2019 年麦长管蚜和拟寄生物的高峰期出现的时间又相近（图 6）。根据所有抽样调查年份，各种前茬夏季作物的麦田拟寄生物的高峰期的种群密度均无显著差异（$P>0.05$）（图 7）。

1.3　结论与讨论

根据连续多年采用不同夏茬作物与冬小麦轮作发现，种植不同夏茬作物田能影响麦田麦长管蚜的种群动态。随着种植时间的延续，夏茬油料作物田（大豆、花生、芝麻和油葵）使麦长管蚜发生高峰期提前约 1 周。与长期种植夏玉米的麦田（2017 年）相比，自从引入多种夏茬作物后，麦长管蚜高峰期的种群密度出现大幅度下降，而且前茬芝麻田在高峰期的麦长管蚜一直显示较低的种群密度。与前茬花生田相比，其在统计学上具有显著差异性。在麦田蚜虫天敌的规律性的影响方面，这些前茬夏季作物田的寄生性天敌与蚜虫的跟随性更紧密，但高峰期滞后的时间存在年份差异，而捕食性天敌种群动态规律受年份影响较大。本文的研究结果为华北地区选用较好的复种轮作模式来降低小麦蚜虫的危害提供了科学依据。

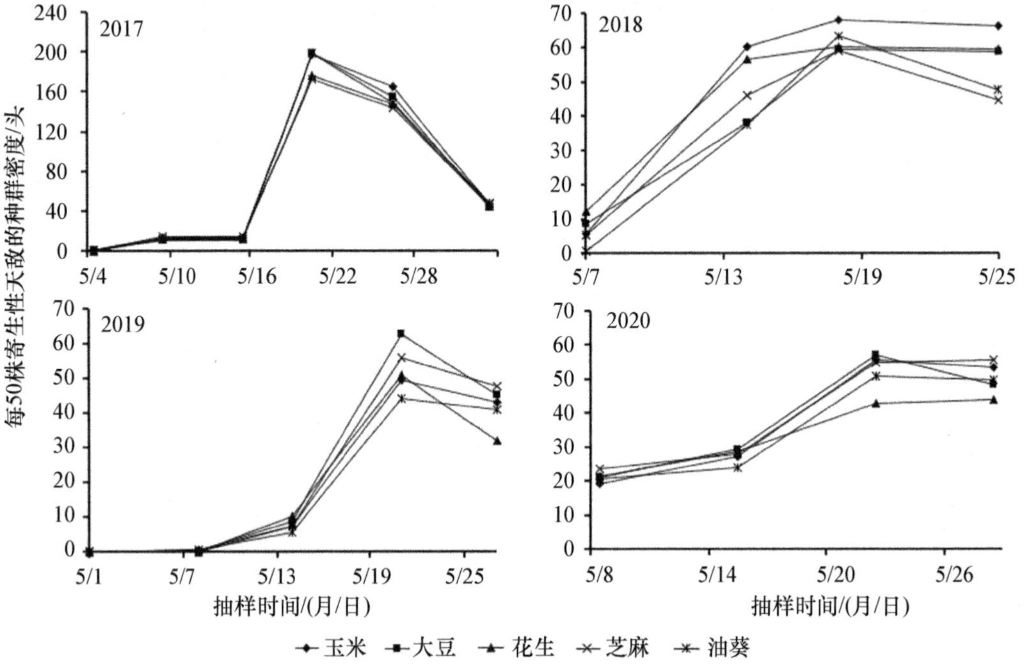

图 6　2017—2020 年麦田寄生性天敌的种群动态

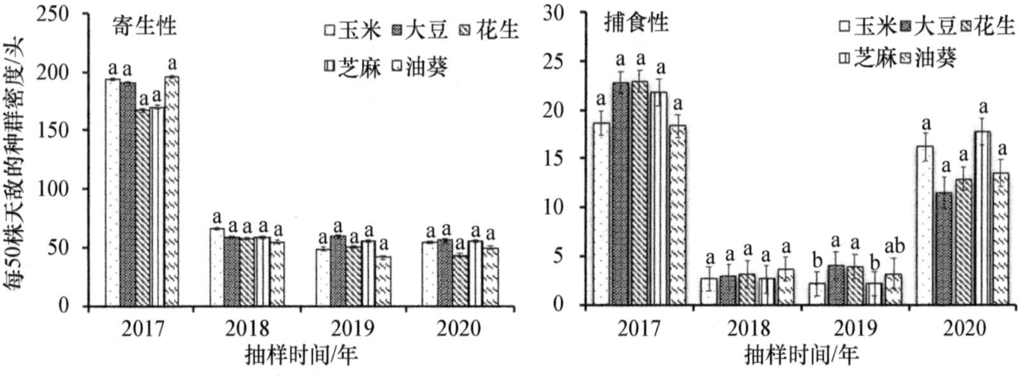

柱上标有不同字母表示显著差异($P<0.05$)。

图 7　2017—2020 年麦田天敌在高峰期的种群密度

冬小麦与夏玉米的轮作倒茬是华北小麦产区的传统种植模式。在这种模式下，麦田麦长管蚜一直成为重要的蚜虫优势种。其主要发生在小麦旗叶和穗部，一般每年 5 月上中旬在麦田只出现一个高峰期。这种种群动态规律即便在前茬种植 4 种油料作物的麦田也基本一致。同样，蚜虫拟寄生物的跟随效应也与我们以往的研究结果相似。不过，在前茬种植的 5 种夏季作物麦田，捕食性天敌的种群动态则规律性不明显。其原因可能是我们记录的捕食性天敌具有较大的活动性，调查时比较难以记录其准确的数量，也可能是蚜虫种群密度较低，进入试验小区的原本个体数量就太少。

在农田生态系统中，轮作倒茬是一项有利于作物生长，而不利于作物有害生物发生的措施。例如，在燕麦-豌豆-胡麻-燕麦单序轮作中，轮作第四年的燕麦单株蚜虫数降低了 34.6%；甜脆豆与胡麻或小麦轮作降低了甜脆豆上的斑潜蝇和蓟马的发生密度。本文的研究发现，自从 2017 年开始种植 5 种夏季作物后，麦田麦长管蚜的种群密度迅速降低，而且低密度蚜虫种群会持续 3 个生长季节，小麦与芝麻组合一直具有较好的抑制蚜虫作用，因此不同作物轮作倒茬的确能抑制一些害虫的发生和种群密度，作物之间的配置显得非常重要。不过，在小麦和夏玉米组合中，麦田蚜虫种群密度也被抑制，其并不像引入 4 种油料作物前的麦田蚜虫种群密度那么高。具体原因尚不清楚，应该有待进一步研究。

此外，禾谷缢管蚜是一种喜湿性蚜虫，一般在华北麦区种群密度中。2020 年，禾谷缢管蚜种群数量迅速增加。其原因可能与该年小麦孕穗抽穗的春季湿度有关。因为 2020 年小麦赤霉病在本试验区大面积发生，该病与小麦孕穗抽穗期湿度相关。

参考文献

[1] 中国农业百科全书总编辑委员会农作物卷编辑委员会. 中国农业百科全书・农作物卷下. 北京：农业出版社，1991

[2] 李庆臻. 科学技术方法大辞典. 北京：科学出版社，1999

[3] CHAPLIN-KRAMER R，O'ROURKE M E，BLITZER E J，et al. A meta-analysis of crop pest and natural enemy response to landscape complexity. Ecology Letters，2011，14(9)：922-932

[4] VERES A，PETIT S，CONORD C，et al. Does landscape composition affect pest abundance and their control by natural enemies? a review. Agriculture，Ecosystems & Environment，2013，116：110-117

[5] 林文雄，陈雨海. 农业生态学. 北京：高等教育出版社，2015

[6] JABBOUR R，CROWDER D W，AULTMAN E A，et al. Entomopathogen biodiversity increases host mortality. Biological Control，2011，59(2)：277-283

[7] 周海波，陈巨莲，程登发，等. 小麦间作豌豆对麦长管蚜及其主要天敌种群动态的影响. 昆虫学报，2009，52(7)：775-782

[8] KARANJA S M，KIBE A M，KAROGO P N，et al. Effects of intercrop population density and row orientation on growth and yields of sorghum-cowpea cropping systems in semi-arid rongai，kenya. Journal of Agricultural Science，2014，6(5)：34-43

[9] 王立光，叶春雷，陈军，等. 轮作小麦消减胡麻连作障碍的效应研究. 干旱地区农业研究，2020，38(2)：158-184

[10] GUO Y F. Crop rotation mitigates pest resistance. Nature Food，2020，1(8)：463-463

[11] 贾永超，禹田，张晓明，等. 不同间作模式玉米田天敌节肢动物群落特征. 南方农业学报，2019，50(7)：1496-1504

[12] 徐庆宣，范佳，孙京瑞，等. 麦田三种间作模式对麦长管蚜及其主要天敌种群动态的影响. 中国植物保护学会，2014，10：443

[13] GASH A F J. Wheat nitrogen fertilisation effects on the performance of the cereal aphid Metopolophium dirhodum. Agronomy，2012，2(1)：1-13

[14] 唐平华，陈国平，朱明库，等. 蚜虫防治技术研究进展. 植物保护，2013，39(2)：5-19

[15] 张向前，赵秀玲，王钰乔，等. 耕作方式对冬小麦灌浆期光合性能日变化和籽粒产量的影响. 应用生态学报，2017，28(3)：885-893

[16] 徐新良. 中国农田熟制遥感监测数据集. 中国科学院资源环境科学数据中心数据注册与出版系统，

2017. DOI：10.12078/2017122201
[17] 胡立峰，李琳，陈阜，等. 麦/玉两熟区农作模式分析及轮耕模式探讨. 土壤，2007，2：243-246
[18] 蔡青年，张青文，周明牂. 小麦旗叶和穗部吲哚生物碱含量与抗麦长管蚜关系研究. 植物保护，2002，28(2)：11-13
[19] CAI Q N，MA X M，ZHAO X，et al. Effects of host plant resistance on insect pests and its parasitoid：a case study of wheat-aphid-parasitoid system. Biological Control，2009，49(2)：134-138
[20] 柴继宽，师尚礼. 轮作和连作对燕麦产量、品质、主要病虫害及土壤肥力的影响. 兰州：甘肃农业大学，2012
[21] 李亚莉，杨永岗，张化生. 轮作与连作对高原夏季甜脆豆病虫害发生及产量的影响. 北方园艺，2012，2：17-20
[22] 商鸿生，王凤葵. 小杂粮病虫害及其防治. 北京：金盾出版社，2014，1：181
[23] 杜利敏. 小麦赤霉病预报中的温湿度气象指标. 南方农业，2015，9(30)：200,202.

2　作物种植模式对土壤微生物和农田有害生物的影响①

摘　要：土壤是联系地上和地下生态系统的纽带。土壤微生物在土壤养分循环和作物吸收中起着关键作用，其被称为土壤质量的指标。通过分解土壤有机物，土壤微生物能促进养分循环利用，并调控植物生长发育。随着现代农业种植结构的变化，特别是种植制度的改变，地上植物种类和生长状况常常影响着土壤中微生物的群落结构和多样性，调控着作物的生长发育、农田有害生物的发生，从而影响农作物生产。本文综述了现代农业中的几种主要种植模式，如轮作、连作和覆盖等对土壤微生物群落结构及农田有害生物的影响，强调科学合理选择种植模式的重要性。本文在最后讨论了这些种植模式有待深入研究的一些关键问题。

关键词：土壤微生物；连作；轮作；覆盖；作物有害生物

土壤是所有农作物赖以生长发育的重要环境。土壤环境的优劣，特别是土壤微生物群落状况直接影响着农作物的生长。优良的土壤环境常常孕育着丰富的有益微生物群落。这些有益微生物群落促进了农作物的健康生长，并表现出良好的抗逆性。然而，传统作物生产系统往往被人为过度干预。一些农业资源的盲目组配（包括作物种植模式）也消极地影响着土壤环境，极大地限制了有益微生物群落的形成与繁殖，从而导致农田或作物根际土壤微生物的生态失衡。这种情况不仅会影响农作物的健康生长和农产品的产出，而且会导致作物病虫害的严重发生。因此在农业生态系统中，创造一个健康稳定的土壤环境对农作物生产的可持续发展具有重要意义。

我国旱田作物种植模式主要包括连作、轮作、间套作和覆膜等。对于不同作物相同模式之间或同一模式不同作物组配而言，土壤中的生物环境和非生物环境的不同会影响作物生产系统。一些研究表明，作物种植模式等农业实践能改变土壤中的微生物，如细菌和真菌等类群；作物及相关土壤中由微生物代谢而生产的一些有机化合物、多糖和蛋白质又会影响土壤理化特性及微生物群落结构和多样性。这些微生物群落通过提高固氮，促进磷酸盐溶解、菌根共生和诱导防御等来影响作物的生长发育，特别是诱导作物一些防御基因表达并生成防御性蛋白等（如防御性酶），以提高作物体内防御性化合物的含量，抵制作物病虫的胁迫。本文综述了目前在农业生产中的几种主要作物种植模式与土壤环境及农作物重要病虫害发生的关系，强调科学合理地选择和使用作物种植模式。其不仅有利于改善土壤环境并促进农作物的健康生长

---

①　作者：李林蓉、蔡青年*；通信作者：蔡青年（中国农业大学植物保护学院教授，博导，主要从事植物抗虫性及害虫综合防治研究，E-mail：caiqn@cau.edu.cn）。

和发育，而且它是农业生态系统中有害生物管理的重要策略。

2.1 作物连作模式

农作物连作是指一年内或连年在同一块地上连续种植同一种的种植方式。在生产实际中，由于一些作物长时间连作，土壤生态系统出现退化，如酸化严重、pH降低，病原性微生物菌量增加，如病原真菌，有益微生物数量减少，从而导致作物根部病害严重。作物长势较差，产量低且品质退化等，这种现象被俗称为连作障碍。了解连作障碍对作物生长发育的影响及其原因并找到缓解措施，这对一些经济作物生产具有重要的意义。

2.1.1 土壤微生物群落多样性

在土地有限或针对一些经济效益比较好的作物的情况下，采用同一种作物多年连续种植是很普遍的种植模式，这样就形成了相对稳定的土壤环境，且土壤中的微生物群落结构不会出现不平衡的问题。在多数情况下，随着土壤微生物群落多样性的降低，土壤对作物的营养功能就减少，这不利于作物的生长发育。例如，在马铃薯连续种植多年后，其香农指数(Shannon index)为5.9～6.2，而真菌则为2.6～3.9，细菌多样性高于真菌，土壤肥力下降。连作作物在影响微生物群落多样性的同时，还会影响微生物类群丰富性的不平衡。在连续种植西洋参的土壤中，细菌群落多样性低，而真菌群落多样性则较高，其中酸杆菌门（Acidobacteria）和子囊菌门（Ascomycota）的相对丰度有所增加，而放线菌门（Actinobacteria）、厚壁菌门（Firmicutes）和接合菌门（Zygomycota）的相对丰度却较低。大豆因拥有固氮菌而成为备受青睐的重要固氮作物。在栽培大豆连作时，根际土壤中的小壶菌科（Spizellomycetaceae）菌量更高。在野生大豆的根际土壤中，毛壳菌科（Chaetomiaceae）和圆盘菌科（Orbiliaceae）菌量较高。这就说明作物根际土壤环境对菌群具有选择性。

作物连年种植为这些作物病原微生物在土壤中生存提供了稳定的空间。不同作物的根系代谢也可能成为影响有益和有害土壤微生物种类的重要因素。例如，在马铃薯连作田，其根系分泌物棕榈酸、邻苯二甲酸二丁酯等化合物能抑制马铃薯生长，并能提高土壤中的病原微生物（镰刀菌、被孢菌）的丰度，进而抑制植物生长发育。随着马铃薯连作年限的增加，根际土壤中的有害真菌数量随之增加，如尖孢镰刀菌(*Fusarium oxysporum*)、茄病镰刀菌（*Fusarium solani*)，而对植物根系有益的细菌和放线菌数量明显减少，从而导致作物根系不能健康生长。在花生连作田中，虽然根系病原真菌镰孢菌属（*Fusarium*）和链格孢属（*Alternaria*）菌量富集，但是降低了球囊菌门有益微生物的丰度。不过，有些作物连续种植也有利于土壤中的有益微生物的累积而不利于有害微生物的累积。研究表明，与连续种植3年和5年的大豆田相比，连续种植13年大豆田的土壤中的潜在有益细菌（慢生根瘤菌属和芽单胞菌属）和真菌（孢霉属真菌和拟青霉属）相对丰富，而其病原真菌镰刀菌的相对丰度则较低。一般而言，与大豆一样，农作物连作模式更有利于有害微生物的生存和菌群繁殖。更长时间的连作以提高有益菌群的作物也不能被忽视，这更能说明不同作物连作对土壤益害微生物菌群差异性的影响尚不清楚，需要进一步深入研究。

2.1.2　加重作物病害发生

对于农作物而言，土壤环境的健康与否不只影响作物的正常生长和发育，还会促使作物病害的频发。作物连作会直接导致一些土传病害的严重发生和作物产量的损失。大豆胞囊线虫病是大豆生产中的毁灭性病害之一，连作大豆田土壤中和大豆根系胞囊线虫的数量显著高于非连作田的大豆根系胞囊线虫的数量。花生是我国另一种重要的油料作物，花生连作相当普遍。连年种植导致一些叶部病害如网斑病和褐斑病等成为常发性花生病害，同时，土传的花生青枯病和根结线虫病的发生也较为普遍和严重。玉米是我国广泛种植的粮食作物之一，秸秆还田是现阶段的重要环保措施。如果玉米连作并秸秆还田，土壤就为茎基腐病菌提供了良好的越冬环境，从而加剧了玉米茎腐病的繁殖和蔓延。作为粮菜两用作物，马铃薯在其连作地区的马铃薯重要病害发生严重，造成马铃薯大幅度减产，如晚疫病。农作物连作会引起作物病害广泛而严重的发生，这也属于作物连作障碍的一种表现形式。有条件的地方尽可能避免作物连作，以减轻作物病害的发生和损失。

2.1.3　影响害虫种群

农作物连作种植田同样为一些重要害虫提供了栖息和繁衍场所，并导致作物害虫，特别是一些地下害虫普遍发生且逐年加重。例如，花生连作通常加速蛴螬、花生蚜虫和斜纹夜蛾等害虫的发生与危害。连作年限越长，土壤中的害虫积累就越多，危害就越严重。在长期连作的玉米田，基数逐年增加的玉米螟虫源严重影响了玉米产量。马铃薯属于块茎类作物，地下害虫是其重要的害虫，如蝼蛄、金针虫和小地老虎等。而在马铃薯连作后，这些地下害虫在作物田年年累积而暴发成灾。作物连作田不仅会导致地下害虫的数量积累，影响作物生长和导致产量损失，而且间接加重了作物地上部分害虫的危害。常年连作改变了土壤微生物多样性，影响了微生物菌群结构，降低了一些根际微生物诱导作物抗性的能力，从而导致作物易感染害虫。通过在连续种植作物田接种有益微生物发现，这些微生物改变了根际微生物的丰度，促进了作物养分吸收。其在改善作物生长的同时，诱导作物抗虫性。番茄植株根际接种枯草芽孢杆菌（*Bacillus subtilis*）能促进植物根系生长，并诱导番茄植株抗烟粉虱，因此作物连作对地下害虫的生存和种群繁衍十分有利。而连作土壤中的一些有益微生物菌群的减少常常是间接影响作物抵抗害虫的重要因素。

2.2　作物轮作模式

作物轮作是现代农业生产中普遍采用的种植模式，是作物在某一特定土地上连续生长的顺序。任何特定地点的可能顺序都可能受到农业生态条件（气候、地形和土壤类型）、作物病害、害虫和杂草发生以及作物品种和现有技术的影响。作物合理轮作有利于提高生态和经济效益。不同的轮作模式影响着农田土壤微生物群落结构、作物根系、土壤沉积物和残留物的质量和数量，土壤微环境的改变也影响着作物地下地上病虫害的发生与为害。

2.2.1　影响微生物群落结构和多样性

合理的轮作模式可以改善连作出现的微生物群落结构失衡的情况。土壤微生物群落结构的差异与轮作作物间的系统发育距离相关。土壤细菌和真菌群落结构对作物栽培模式的敏感程度的反应不同。豆科和禾本科作物轮作模式正是利用了它们对土壤微生物群落的差异选择性。富集更多真菌的豆科作物的土壤细菌多样性高于种植禾本科作物的真菌。轮作作物组配对土壤菌群的影响非常重要，特别是真菌，它对不同作物组配的轮作模式反应更敏感。例如，与小麦-玉米轮作模式相比，在小麦-大豆轮作模式中，由于大豆根系较多且有根瘤菌，土壤结构和水分利用效率得到改善，土壤真菌群落会受到间接影响。同样，在将小麦-玉米轮作转换成小麦-大豆轮作时，子囊菌纲（Sordariomycetes）真菌生物量提高了 3 倍。但玉米-大豆轮作土壤中的真菌生物量却不及单作玉米田的真菌生物量。轮作作物种类对土壤微生物的影响可能与农作物残留物质有关，如真菌群落结构。其原因是细菌分解最初残留物，而真菌在后期分解残留的难降解化合物中起着重要作用。在现在的农业生产中，为了农业可持续的发展，维护土壤环境健康至关重要。作物轮作一直被认为是一项良好的农业实践，因地制宜地选择良好的作物轮作模式将能持久地维持相对稳定的土壤微生物群落结构，以更有利于提高土壤肥力和作物生产。

2.2.2 减轻作物土传病害

科学合理地选择作物轮作有利于改善土壤理化环境和土壤生物菌群，促进农作物生长，也是克服以土传病原菌为主的连作障碍的有效措施。大蒜与辣椒轮作会显著增加土壤细菌和放线菌菌群丰度，而降低真菌相对丰度，从而减少了潜在病原真菌[(*Fusarium* sp.)(*Phoma* sp.)和(*Bionectria* sp.)]感染作物的概率。如果花生与西瓜及红薯倒茬种植，花生根表的病原菌[踝节菌属(*Talaromyces*)、黑曲霉属(*Aspergillus*)、粘帚霉属(*Gliocladium roseum*)和沙雷氏菌属(*Serratia*)]丰度就被明显降低，而根表有益微生物（假单胞菌和白地霉）的比例被显著提高，花生青枯病和根腐病的发病率被降低。因此作物轮作能通过增加土壤中的拮抗菌群来抑制一些土传病害的发生。

2.2.3 控制作物病害

良好的作物轮作组合能够营造出健康的土壤环境，不同作物的根基代谢物和形成的有益菌群可能激活另一作物抵抗病虫害的能力。莱豆和芹菜与甜瓜轮作能显著抑制甜瓜主要病害的发生，如甜瓜细菌性叶斑病、白粉病。大葱和莱豆与甜瓜轮作显著降低了甜瓜霜霉病、细菌性叶斑病的发病率。花生-玉米轮作显著降低了叶斑病的发病程度。同样，向日葵与马铃薯轮作倒茬能降低马铃薯早疫病、枯萎病、黑痣病和疮痂病等的发病程度。燕麦-豌豆-胡麻-燕麦单序轮作可有效减轻燕麦红叶病和黑穗病的发病率。由此可见，合理轮作倒茬可以作为降低作物病害发生的有效措施。

2.2.4 诱导作物抗虫性

作物轮作模式在改变农田土壤微生物区系组成的同时，也能影响作物地上组织和器官与植食性昆虫的相互作用。土壤微生物与植物的相互作用可以产生多种诱导植物防御的代谢产物。在豌豆-大豆轮作系统中，作物根系代谢的吲哚生物碱具有一定的杀虫活性。与连作相比，不同作物轮作更有利于抑制作物病虫害的发生与危害。在燕麦-豌豆-胡麻-燕麦单序轮作中，轮作第四年的燕麦单株蚜虫数降低了 34.6%，且随种植年限，逐年降低。十字花科植物与其他科作物合理轮作也能抑制一些害虫的发生。在甘蓝与大豆、玉米轮作田中，寄生蜂的寄生率被增加，蚜虫的繁殖得到了有效抑制，所以利用作物品种和作物种类之间对害虫的选择性和抗性差异，调整种植模式，有顺序地在年度内或年间轮换种植不同作物或复种组合。这种方式不仅能合理地利用土壤资源，而且减轻了害虫重复发生，降低了作物的损失。

2.3　作物覆盖模式

作物覆盖是农业生产中比较常见的栽培实践，所采用覆盖物主要包括薄膜和秸秆。覆盖模式直接延缓土壤水分蒸发，提高土壤温度，增强了土壤微生物活动，有利于土壤中有机物分解和作物养分吸收，极大地改善了土壤微生态环境。同时，还间接控制了作物生产中的病害以及害虫和杂草等有害生物。

2.3.1　影响土壤微生物

不同的覆盖条件改变了土壤微生物的生态环境。其空气、温度、湿度和养分等均有所改变，土壤微生物的群落结构也必然会受到影响。在渭北旱作苹果园，通过秸秆、锯末和森林土覆盖研究发现，不同覆盖果园的土壤细菌基因（16S rRNA）拷贝数增加了 18.21%～78.89%，提高了土壤细菌群落丰富度和多样性。在禾谷类作物田中，有机物覆盖同样是改善土壤微生物菌群的有效措施。在前茬作物田覆草能增加后茬麦田根系土壤中真菌和固氮菌的菌群密度。丛枝菌根真菌一直被认为是农田土壤中的有益微生物，生产上常常被用作改良土壤的生物活性，以培育良好的土壤环境。塑料膜覆盖可以加速丛枝菌根真菌的繁殖，例如，在旱地小麦田引入丛枝菌根真菌，用塑料膜覆盖后，丛枝菌根真菌接种地菌群 OTUs 显著升高，作物粮食产量和地上生物量分别提高为 46.6%和 56.5%。无论是有机物覆盖，还是塑料膜覆盖，作物覆盖在改善土壤气候环境的同时，也营造了良好的土壤微生物群落繁衍条件。

2.3.2　控制农田杂草

除了改善土壤环境外，农田覆盖模式另一个重要的作用就是控制农田杂草，特别是一些农田恶性杂草种类。在青海高原东部区域，常年干旱少雨，覆膜技术在有利于作物田保墒的同时，其对当地草害控制率达到 25%以上。北京山区覆膜种植的高茶菊有效抑制了反枝苋、牛筋草、藜等杂草，显著提高了高茶菊苗期成活率，促进了作物生长，并增加了综合产量。辣椒田覆盖地膜抑制了田间芦苇、莎草等宿根杂草生长。地膜覆盖技术已经普遍应用于我国旱田作物种植，发挥了良好的控草作用。此外，在我国一些山区和丘陵地区也推广了水稻覆膜技术。稻田覆膜后，同样能有效控制水田杂草。赵欣等（2009）研究发现，覆膜稻田中的杂草密度显著被降低，稻田恶性杂草异型莎草和酢浆草得到了显著抑制，并显著减低了马唐和水莎草的相对密度被显著降低，因此地膜覆盖技术无论在旱田，还是在水田应用，都是良好的控制杂草措施。

2.3.3　影响田间作物病害发生

在农业生产中，土壤不仅是作物生长发育的重要基质，也是一些农作物病原菌生活和度过不良非生物环境的重要场所，还常常是作物病害再侵染的菌源地。农田覆盖技术就成为抑制和延缓作物病害发生的有效措施。茄子覆膜种植显著减低了茄子黄萎病的发病率。在种植秋马铃薯时，覆盖较厚(2.0 cm 左右）的麦秸既提高了马铃薯产量，又有效阻止了马铃薯晚疫病、疮痂病的发生。在烤烟种植中，与银灰色和白色地膜相比，黑色地膜覆盖栽培显著减轻了烤烟生长的关键时期马铃薯 Y 病毒的发病率和病情指数。其原因可能与黑色地膜有驱避病毒传播介体蚜虫有关。覆膜种植大豆还显著增加了大豆根部根瘤菌数量，提高了根系生物固氮效率。农田覆盖种植具有控制作物病害的发生，有益于作物生长的作用。其也有不利于作物生长，加重部分土传病害的发生与危害的劣势。大白菜覆膜种植可减轻白菜霜霉病的危害。其原因是地膜覆盖土壤保持了温度与湿度，土传病害白菜软腐病发生严重。花生田覆膜能使花生叶斑病和锈病发病提早且危害严重。在种植玉米时，采用秸秆覆盖方式，增加了禾谷镰刀菌（*Fusarium graminearum*）和念珠镰刀菌（*Fusarium moniliforme*）的丰度，提高了玉米根腐病的发病率，因此任何农艺技术的使用都应该考虑它们的两面性。覆盖种植模式的适用性应该根据特定区域和不同作物病害发生种类和轻重程度来选择。

2.3.4 田间有益生物保护

作物覆盖种植对害虫的影响大多是一种间接的作用。农田不管是覆膜，还是秸秆覆盖，其更多的益处是为一些地表有益节肢动物提供了栖息场所，增强了从而天敌控制作物害虫能力。田间覆盖物为捕食性天敌类群提供了更适宜的栖息环境，如步甲科、隐翅虫科甲虫及皿蛛科和狼蛛科的蜘蛛。草莓田间覆盖禾谷类秸秆为夜间活动的植绥螨科、密卡螨科和镰螨科捕食性螨提供了白天栖息场所。通过它们的夜间捕食活动，草莓上的植食螨(二斑叶螨、草莓跗线螨）的种群密度被有效降低。通过覆盖种植，作物植食性螨类还可以通过促进土壤中寄生性真菌的繁殖来寄生二斑叶螨，从而使其成为有害螨的潜在生防菌，如佛罗里达新接霉菌（*Neozygites floridana*）。在柑橘园中，堆肥/木屑覆盖的土壤能显著增加捕食性螨的数量，柑橘蓟马的成虫羽化数量显著减少。其原因可能是这些捕食螨以柑橘蓟马蛹为食而降低了蓟马成虫羽化。同样的道理，燕麦秸秆覆盖种植洋葱田间也能显著减少烟蓟马成虫和幼虫的种群密度。此外，利用银色/金属光泽的反射膜覆盖也能有效降低某些害虫的发生。在控制西瓜上烟粉虱发生时，银色/金属光泽的反射膜比标准黑色膜更有效，银色/金属光泽的反射膜对捕食天敌和寄生性天敌没有影响，所以通过覆盖种植模式，农田有益生物类群得到了保护，生物控制有害生物的重要作用得到了发挥。

2.4 结论与展望

农业就是人类充分利用土壤为其生活提供一些生存服务。土壤作为联系地上和地下生态系统的纽带，其中的生物群在物质和能量循环及作物生产中发挥了关键作用。已有的证据表明，农作物的各种种植模式都影响着土壤生物群落，尤其微生物群落。不同的作物种植模式能改变土壤生物和非生物环境，调配土壤中的有益和有害微生物菌群的比例和分布，从而影响地上作物的生长。在多数情况下，作物连作通常不利于有益微生物菌群的发育和农作物的生长发育，恶化土壤生态环境。作物连作最常见的是导致作物连作障碍。其原因主要是作物连作障碍容易导致一些土传病害的普遍发生，降低作物抗逆性，从而引起重要作物害虫的频发。

作物轮作模式一直是现代农业中广为提倡和大力推广的种植方式。不同农作物的轮作种植常常通过作物根系来影响土壤微生物的群落结构和多样性，促使有益和有害微生物菌群优化并平衡发展，进而维护了农作物的健康生长和增强其抗逆性，所以能降低病虫的发生和危害。作物覆盖种植包括塑料膜覆盖和作物秸秆覆盖，一经推出就受到了欢迎和推广与应用。这种模式具有两大好处：其一，提高土壤温度并保持土壤湿度，即营造良好的物理环境自然有利于土壤微生物菌群的繁衍。其二，对农田杂草的有效控制，为作物生长赢得了空间和养分。不仅如此，田间覆盖模式能为许多有益节肢动物提供栖息场所，以度过不良环境条件，为作物田以益控害提供了天敌资源。令人遗憾的是，覆盖模式也引起了一些作物土传病害的严重发生，在生产实践中应注重选择和使用。

现代农业的发展越来越重视与环境友好的农艺措施的推广与应用，如农作物品种、各种功能的膜和植物秸秆覆盖、秸秆还田以及缓释肥料和微生物肥料的施用等。先进技术在生产健康农产品方面具有巨大潜力，为农业可持续发展和维护良好的生态系统管理提供了切实可行的解决方案。虽然常见种植模式在生产实践中一直被广泛应用，但是其在应用过程中却具有很大的盲目性和无奈。其原因是许多问题悬而未决。据最新发现可知，许多重要作物患有一种由土传病原菌核盘菌（*Sclerotinia sclerotiorum*）引起著名的作物菌核病。当收集这些菌核再加入土中培养后发现，真菌多样性表现为拮抗菌富集，如螺旋聚孢霉属（*Clonostachys*）、木霉属（*Trichoderma*）和篮状菌属（*Talaromyces*），而植物病原微生物的数量急剧减少。菌核不仅激活了拮抗真菌，而且增强了植物生长，促进细菌[噬几丁质菌属（*Chitinophaga*）、伯克霍尔德菌属（*Burkholderia*）和戴氏菌属（*Dyella*）]的丰富度。此外，菌核的存在还抑制了一些熟知植物病原真菌[镰刀菌属（*Fusarium*）、刺盘孢属（*Colletotrichum*）、枝孢霉属（*Cladosporium*）、阿太菌属（*Athelia*）、链格孢属（*Alternaria*）和壳球孢属（*Macrophomina*）等]的生长。关于连作障碍的问题，迄今有关形成的机制并没有一个特别明确的解释。一些所谓可以克服连作障碍的措施也只是治标不治本，因而连作障碍形成的机制和解决途径应该有待深入研究：轮作模式虽然颇受青睐，但是作物之间如何组配才能相得益彰，效益最大化；覆盖型种植模式需要解决的土传病害；所有种植模式如何通过土壤媒介影响地上部作物的生长发育及作物抗逆性，这都是一个长期的研究课题。只有更加深入了解一些机制，才能科学合理地应用各种种植模式，创造出良性循环的农田生态系统。

参考文献

[1] LIU N, SHAO C, SUN H, et al. Arbuscular mycorrhizal fungi biofertilizer improves American ginseng (*Panax quinquefolius* L.) growth under the continuous cropping regime. Geoderma, 2020, 363: 114155

[2] HAUTBERGUE T, JAMIN E L, DEBRAUWER L, et al. From genomics to metabolomics, moving toward an integrated strategy for the discovery of fungal secondary metabolites. Nature Product Report, 2018, 35(2): 147-173

[3] QIN S, YEBOAH S, CAO L, et al. Breaking continuous potato cropping with legumes improves soil microbial communities, enzyme activities and tuber yield. PLoS One, 2017, 12(5): 175934

[4] MUHAMMAD I R, LIYAKAT H M, TANVIR S, et al. Bacteria and fungi can contribute to nutrients bioavailability and aggregate formation in degraded soils. Microbiological Research, 2016, 183: 26-41

[5] DODD IAN C, RUIZ-LOZANO J M. Microbial enhancement of crop resource use efficiency. Current

opinion in biotechnology, 2012, 23(2): 236-242
[6] RASHID M H, CHUNG Y R. Induction of systemic resistance against insect herbivores in plants by beneficial soil microbes. Frontiers in plant science, 2017, 8: 1816
[7] CHEN X L, HENRIKSEN T M, SVENSSON K, et al. Long-term effects of agricultural production systems on structure and function of the soil microbial community. Applied Soil Ecology, 2020, 147: 103387
[8] LI X, LEWIS E E, LIU Q, et al. Effects of long-term continuous cropping on soil nematode community and soil condition associated with replant problem in strawberry habitat. Scientific reports, 2016, 6(1): 47-66
[9] 徐雪雪. 基于高通量测序的马铃薯沟垄覆膜连作土壤微生物多样性分析. 兰州:甘肃农业大学, 2016
[10] TIAN L, SHI S H, MA L, et al. Community structures of the rhizomicrobiomes of cultivated and wild soybeans in their continuous cropping. Microbiological Research, 2020, 232: 126390
[11] LI Y, YING Y X, ZHAO D Y, et al. Influence of allelochemicals on microbial community in ginseng cultivating soil. Chinese Herbal Medicines, 2014, 6(4): 313-318
[12] LIU Z X, LIU J J, YU Z H, et al. Long-term continuous cropping of soybean is comparable to crop rotation in mediating microbial abundance, diversity and community composition. Soil and Tillage Research, 2020, 197: 104503
[13] FAGERIA N K, NASCENTE A S. Management of soil acidity of South American soils for sustainable crop production. Advances in Agronomy, 2014, 128: 221-275
[14] 陈立杰, 朱艳, 刘彬, 等. 连作和轮作对大豆胞囊线虫群体数量及土壤线虫群落结构的影响. 植物保护学报, 2007, 4: 347-352
[15] 胡颖慧, 时新瑞, 李玉梅, 等. 秸秆深翻和免耕覆盖对玉米土传病虫害及产量的影响. 黑龙江农业科学, 2019, 5: 60-63
[16] 黄玉茜, 刘欣宇, 林英, 等. 辽宁风沙土区连作年限对花生植株性状、产量及主要病害的影响. 沈阳农业大学学报, 2018, 49(4): 459-464
[17] 李海珀. 马铃薯主要病虫害综合防治技术策略探析. 种子科技, 2020, 38(3): 78-79
[18] 唐朝辉, 郭峰, 张佳蕾, 等. 花生连作障碍发生机理及其缓解对策研究进展. 花生学报, 2019, 48(1): 66-70
[19] VALENZUELA-SOTO J H, ESTRADA-HERNÁNDEZ M G, IBARRA-LACLETTE E, et al. Inoculation of tomato plants (*Solanum lycopersicum*) with growth-promoting Bacillus subtilis retards whitefly *Bemisia tabaci* development. Planta, 2010, 22: 397-410
[20] CASTELLAZZI M S, WOOD G A, BURGESS P J, et al. A systematic representation of crop rotations. Agricultural Systems, 2008, 97(1): 26-33
[21] BOUFFAUD M L, POIRIER M A, MULLER D, et al. Root microbiome relates to plant host evolution in maize and other Poaceae. Environmental microbiology, 2014, 16(9): 2804-2814
[22] ZHOU Y, ZHU H, FU S, et al. Variation in soil microbial community structure associated with different legume species is greater than that associated with different grass species. Frontiers in microbiology, 2017, 8: 1007
[23] HARTMANN M, FREY B, MAYER J, et al. Distinct soil microbial diversity under long-term organic and conventional farming. The ISME journal, 2015, 9(5): 1177-1194
[24] AI C, ZHANG S, ZHANG X, et al. Distinct responses of soil bacterial and fungal communities to changes in fertilization regime and crop rotation. Geoderma, 2018, 319: 156-166
[25] ZHANG B, LI Y, REN T, et al. Short-term effect of tillage and crop rotation on microbial community structure and enzyme activities of a clay loam soil. Biology and Fertility of Soils, 2014, 50(7):

1077-1085

[26] HENRIKSEN T M, BRELAND T A. Nitrogen availability effects on carbon mineralization, fungal and bacterial growth, and enzyme activities during decomposition of wheat straw in soil. Soil Biology and Biochemistry, 1999, 31(8): 1121-1134

[27] 董宇飞，吕相漳，张自坤，等. 不同栽培模式对辣椒根际连作土壤微生物区系和酶活性的影响. 浙江农业学报，2019，31(9)：1485-1492

[28] LI X G, DING C F, ZHANG T L, et al. Fungal pathogen accumulation at the expense of plant-beneficial fungi as a consequence of consecutive peanut monoculturing. Soil Biology and Biochemistry, 2014, 72: 11-18

[29] 姚小东，李孝刚，丁昌峰，等. 连作和轮作模式下花生土壤微生物群落不同微域分布特征. 土壤学报，2019，56(4)：975-985

[30] 赵索. 蔬菜不同轮作方式对甜瓜病害的影响. 安徽农学通报，2014，20(6)：66-68

[31] 刘芊，康树立，廖伯寿，等. 2018—2019 年，花生-粮棉轮作制度下病害种类和消长规律调查. 农业科技通信，2020，8：123-125，128

[32] 张海斌，蒙美莲，刘坤雨，等. 不同轮作模式对马铃薯干物质积累、病害发生及产量的影响. 作物杂志，2019，4：170-175

[33] 柴继宽. 轮作和连作对燕麦产量、品质、主要病虫害及土壤肥力的影响. 兰州：甘肃农业大学，2012

[34] HEINEN R, VAN DER SLUIJS M, BIERE A, et al. Plant community composition but not plant traits determine the outcome of soil legacy effects on plants and insects. Journal of Ecology, 2018, 106(3): 1217-1229

[35] NOZOMU S, HOSSEIN M K, MASARU N, et al. Metabolomeanalysis identified okaramines in the soybean rhizosphere as a legacy of hairy vetch. Frontiers in genetics, 2020, 11: 114

[36] CHRISTINE S, EMILY A M. Spatiotemporal changes in landscape crop composition differently affect density and seasonal variability of pests, parasitoids and biological pest control in cabbage. Agriculture, Ecosystems and Environment, 2020, 301: 107051

[37] 徐向平. 浅析大豆覆膜技术. 现代农业研究，2016，2：21

[38] KADER M A, SENGE M, MOJID M A, et al. Recent advances in mulching materials and methods for modifying soil environment. Soil and Tillage Research, 2017, 168: 155-166

[39] JOHNSON J M, HOUGH-GOLDSTEIN J A, VANGESSEL M J. Effects of straw mulch on pest insects, predators, and weeds in watermelons and potatoes. Environmental Entomology, 2004, 33(6): 1632-1643

[40] LARENTZAKI E, PLATE J, NAULT B, et al. Impact of straw mulch on populations of onion thrips (Thysanoptera: Thripidae) in onion. Environmental Entomology, 2008, 101(4): 1317-1324

[41] JAMIESON L E, STEVENS P S. The effect of mulching on adult emergence of Kelly's citrus thrips (*Pezothrips kellyanus*). New Zealand Plant Protection, 2006, 59: 42-46

[42] CASTILHO R C, DUARTE V S, MORAES G J, et al. Two-spotted spider mite and its natural enemies on strawberry grown as protected and unprotected crops in Norway and Brazil. Experimental and Applied Acarology, 2015, 66(4): 509-528

[43] ESTECA F C N, RODRIGUES L R, MORAES G J, et al. Mulching with coffee husk and pulp in strawberry affects edaphic predatory mite and spider mite densities. Experimental and Applied Acarology, 2018, 76(6): 161-183

[44] 沈鹏飞. 不同覆盖措施对渭北苹果园土壤理化性质及微生物群落结构的影响. 杨凌：西北农林科技大学，2019

[45] 张红娟，薛泉宏. 覆盖模式及施氮量对小麦休闲期土壤微生物数量的影响. 西北农林科技大学学报（自然科学版），2010，38(6)：220-226

[46] COMPANT S，CLEMENT C，SESSITSCH A. Plant growth-promoting bacteria in the rhizo- and endosphere of plants：their role，colonization，mechanisms involved and prospects for utilization. Soil Biology and Biochemistry，2010，42(5)：669-678

[47] 李长帅，张海辉. 蚕豆覆膜种植对草害防治及产量的影响. 农业与技术，2018，38(5)：86-88

[48] 杨林，朱莉，聂紫瑾，等. 覆膜种植对北京山区茶用菊花生长及抑草效果的影响. 安徽农业科学，2016，44(8)：53-54，173

[49] 彭素华，张歌颂. 辣椒地膜覆盖栽培的作用及栽培技术. 现代农业科技，2019，15：79-80

[50] 赵欣，林超文，徐明桥，等. 水稻覆膜处理对稻田杂草多样性影响的研究. 生物多样性，2009，17(2)：195-200

[51] ZITNICK-ANDERSON K，DEL RÍO MENDOZA L E，FORSTER S，et al. Associations among the communities of soil-borne pathogens，soil edaphic properties and disease incidence in the field pea root rot complex. Plant and Soil，2020，457：339-354

[52] 李树林，赵士杰，郑红丽. VA菌根真菌和覆膜对茄子黄萎病及茄根区微生物量的影响. 内蒙古农业大学学报，2005，1：1-4

[53] 陈洪江，叶巍，鲁文娟，等. 不同播种期、覆盖方式对秋马铃薯产量及病害的影响. 中国果菜，2007，2：29

[54] 韩志华. 不同种类地膜覆盖对马铃薯Y病毒病的影响. 安徽农业科学，2018，46(8)：140-141，144

[55] HAYASHI H，TAKIUCHI K，MURAO S，et al. Structure and insecticidal activity of new indole alkaloids，okaramines A and B，from *Penicillium simplicissimum* AK-40. Agricultural and Biological Chemistry，1989，53(2)：461-469

[56] 梁继农. 大白菜地膜覆盖种植对其三大病害的影响. 江苏农业科学，1988，9：26-28

[57] 周成刚，颜琴，周婷婷. 淮北地区春播花生地膜覆盖高产栽培技术. 上海农业科技，2020，4：93-94

[58] WANG H H，GUO Q C，LI X，et al. Effects of long-term no-tillage with different straw mulching frequencies on soil microbial community and the abundances of two soil-borne pathogens. Applied Soil Ecology，2020，148：103488

[59] VORSAH R V，DINGHA B N，GYAWALY S，et al. Organic mulch increases insect herbivory by the flea beetle species，*Disonycha glabrata*，on *Amaranthus* spp. Insects，2020，11(3)：162

[60] NEVES ESTECA F C，TRANDEM N，KLINGEN I，et al. Cereal straw mulching in strawberry-a facilitator of plant visits by edaphic predatory mites at night? Diversity，2020，12(6)：242

[61] SIMMONS A M，KOUSIK C S，LEVI A. Combining reflective mulch and host plant resistance for sweetpotato whitefly（Hemiptera：Aleyrodidae）management in watermelon. Crop Protection，2010，29(8)：898-902

[62] YIN W，YU A，CHAI Q，et al. Wheat and maize relay-planting with straw covering increases water use efficiency up to 46%. Agronomy for Sustainable Development，2015，35(2)：815-825

[63] WANG Y P，LI X G，ZHU J，et al. Multi-site assessment of the effects of plastic-film mulch on dryland maize productivity in semiarid areas in China. Agricultural and Forest Meteorology，2016，220：160-169

[64] LIU X，HU G Q，HE H B，et al. Linking microbial immobilization of fertilizer nitrogen to in situ turnover of soil microbial residues in an agro-ecosystem. Agriculture，Ecosystems and Environment，2016，229：40-47

[65] DUKARE A S，PRASANNA R，DUBEY S C，et al. Evaluating novel microbe amended composts as biocontrol agents in tomato. Crop Protection，2011，30：436-442

[66] ZHU Y，LV G C，CHEN Y L，et al. Inoculation of arbuscular mycorrhizal fungi with plastic mulching in rainfed wheat：A promising farming strategy. Field Crops Research，2017，204：229-241
[67] MEHMOOD M A，ZHAO H Z，CHENG J S，et al. Sclerotia of a phytopathogenic fungus restrict microbial diversity and improve soil health by suppressing other pathogens and enriching beneficial microorganisms. Journal of Environmental Management，2020，259：109857

3　夏季镶嵌式农田景观对冬小麦田地表节肢动物群落多样性的影响[①]

摘　要:农田景观的差异性通常能影响农田生态系统中的生物群落结构和多样性,而前茬不同作物种类对后茬作物田生物群落多样性的影响一直比较模糊。为此,我们在的中国农业大学吴桥试验站设置了冬小麦与5种夏季作物复种模式(玉米、大豆、花生、芝麻和油葵),采用陷阱法评价不同轮作体系对麦田地表节肢动物群落多样性的影响。结果表明,在传统冬小麦-玉米轮作模式下,麦田节肢动物有4纲12目32科,总个体数有76 959头,各小区生物多样性指数均无显著差异($P<0.05$)。当在原有种植玉米的小区增加4种油料作物后(大豆、花生、芝麻和油葵),小麦生长季节地表节肢动物类群发生了较大变化,所有节肢动物分属7纲16目56科,个体数量达到86 151头。种植不同夏季作物的麦田多样性指数出现了显著差异,特别在小麦-芝麻轮作模式下,麦田节肢动物群落丰富度、多样性和均匀性等指数都显著高于其他前茬作物种植的麦田,而优势种集中性指数则显著低于其他前茬作物种植的麦田,说明在夏茬作物种植芝麻后,后茬麦田节肢动物物种更加丰富,分布较为均匀。此外,在前茬种植花生的麦田中,节肢动物丰富度和多样性指数也都显著低于种植玉米的麦田。本文的结果表明,在冬小麦和5种夏季作物轮作模式中,选择芝麻夏季作物更有利于后茬小麦生产系统中的节肢动物群落的稳定性。

关键词:小麦;夏季作物;节肢动物群落;轮作模式;生物多样性

轮作制度是农业集约化生产过程中的一项重要种植制度。在合理的轮作制度下,病虫害会因为失去合适的寄主而导致繁殖受限或者消亡。生态系统多样性是大自然赋予生命存在的条件和保障,也是人类社会可持续发展的基础。

农田生物群落是指人类按照一定的目的对自然生态系统进行一定的干预措施而形成的生物群落。该生物群落以最大程度地提高生产力为目标,忽略了其本身的群落稳定性与多样性。除了为人类提供丰富的食物、能源、纤维和经济收入外,农田生态系统还与自然生态系统密切联系,参与了大气、水、土壤环境等多种因子的循环与变化。传粉服务和生物防治就是一个很好的例子。因此,农田生态系统多样性的保护与利用关系着自然资源、生态环境的利用与稳定。而地表节肢动物群落在农田生物群落中占了极大比例,是重要的组成部分。在农田管理过程中,施肥种类与方式会对地表节肢动物群落产生一定影响。研究人员采用不同耕种方式

① 作者:冯建路、王鑫、李林蓉、梅昊、康振烨、刘苗苗、徐环李、蔡青年*;通信作者:蔡青年(中国农业大学植物保护学院教授,博导,主要从事植物抗虫性及害虫综合防治研究,E-mail: caiqn@cau. edu. cn)。

研究其对地表节肢动物多样性产生的影响发现，保护性耕作更有利于捕食性和植食性功能团。这些研究都从不同角度探讨了农业活动对农田地表节肢动物多样性的影响。

当前，轮作制度方面的研究主要集中在不同轮作制度的氮素利用、节水灌溉、光热利用、土壤理化性质变化以及由此所产生的经济效益评价等方面。此外，研究表明，不同轮作模式对杂草的管理有一定影响。但仍然缺乏对在不同轮作模式中，农田生态系统的多样性，特别是节肢动物类群的多样性的研究。

作物轮连作是旱地作物种植区的重要种植模式，冬小麦和夏玉米为我国黄淮海冬麦区最常见复种连作种植方式。为了对比这种种植模式与其他夏季作物对小麦田节肢动物种类及其群落多样性的影响，在其他夏季作物种植前，本文研究了冬小麦田的地表节肢动物种类和群落组成，并分析了夏季作物小区地表节肢动物各功能团的多样性特征，为黄淮海小麦种植区实施多种合理的轮连作种植模式提供参考。

3.1　材料和方法

3.1.1　试验区域概况

试验地设在河北省沧州市吴桥县曹洼乡中国农业大学吴桥试验站(37°36′N，116°21′E)，该区地处华北平原东部，黑龙港流域中部，海拔为 21 m。属于温带半干旱大陆性季风气候，冬季寒冷，夏季高温，年平均气温为 12.6 ℃，全年积温(≥0 ℃)4 862.9 ℃，年降水量约为 562 mm，年内季节性分布不均，为 60%～70% 的降雨集中在 6—8 月，全年光照为 2 724.8 h，无霜期为 201 d。该区为我国主要的冬小麦-夏玉米一年两熟区，长期采用单一的冬小麦与夏玉米轮作种植模式。

3.1.2　试验小区设计

针对我国华北平原长期大面积采用冬小麦和夏玉米轮作种植的传统模式，2017 年在中国农业大学吴桥试验站试验田，我们选择了适合当地种植的玉米和 4 种油料作物(大豆、花生、芝麻和油葵)组成了冬小麦与夏季作物轮作种植模式，并以传统冬小麦和夏玉米模式作为对照开展研究。2017 年夏季，在 10 亩试验田中，5 种夏季作物轮作种植小区采用随机区组设计，共 20 个小区，小区面积为 25 m×10 m。每个模式种植小区采用夏季作物名称拼音第一个字母标注，即玉米区、大豆区、花生区、芝麻区和油葵区，共 5 种模式，每个模式设置 4 次重复(图 1)。

3.1.3　作物种植与田间管理

冬小麦选择当地主栽品种‘衡 S29’，夏季作物玉米、大豆、花生、芝麻和油葵品种分别选种常规品种‘郑单 958’‘中黄 13’‘山花 12’‘白芝麻’和‘美国矮大头 M667’。在每个小区种植作物前将前茬作物秸秆还田，并根据当地传统种植各种作物施肥方式施底肥，即冬小麦用尿素 20 kg/亩，磷酸二铵 25 kg/亩，硫酸钾 13 kg/亩；夏玉米施用复合肥(总养分≥45%)，N ∶ P_2O_5 ∶ K_2O=28 ∶ 12 ∶ 10，50 kg/亩；而大豆、花生、芝麻和油葵统一施用复合肥(总养分≥45%)，N ∶ P_2O_5 ∶ K_2O=15 ∶ 12 ∶ 18，25 kg/亩，再浇透水以保证土壤墒情。随后，采用惠田 1GKN-250 型农用拖拉机耕整并将作物秸秆埋入土中，耕作层深通常为 20 cm。

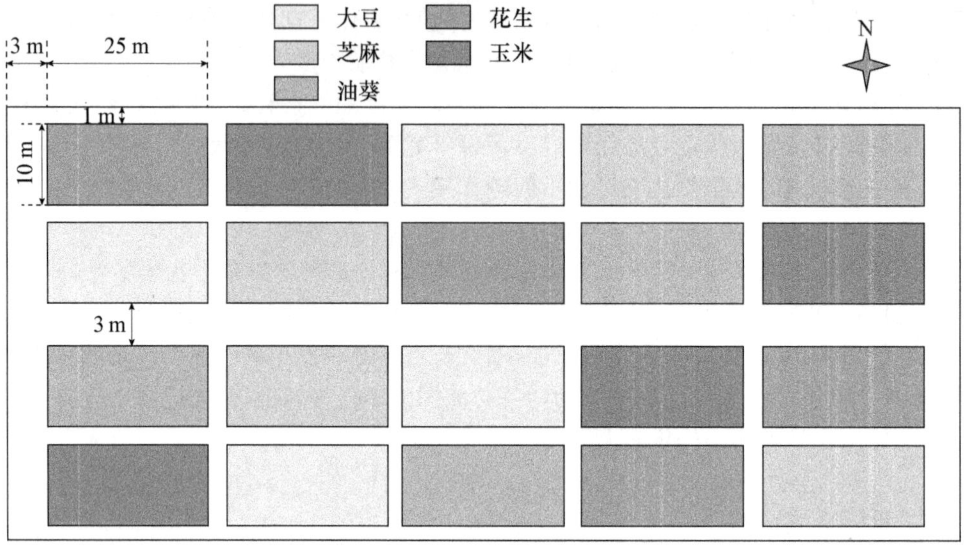

图 1　田间小区及夏季作物分布

作物的种植采用当地传统方式:冬小麦、夏玉米和大豆采用机械播种,花生、芝麻和油葵采用人工播种。通常冬小麦播种时间在每年 10 月上中旬,采用 2BX-12 型小麦圆盘播种机播种,播种量为 18 kg/亩,基本苗大约为 220 000 株/亩。夏季作物则在每年小麦收获后播种,通常在 6 月上中旬,玉米采用任丘 2BYZF-4 玉米施肥精量播种机,为 2.5 kg/亩,定苗为 4 000 株/亩、大豆任丘 2BYZF-5 大豆精量播种机,播种量为 5 kg/亩,定苗为 12 000 株/亩。花生采用人工点播,播种量为 13 kg/亩,大约每亩 10 000 穴,每穴 2 粒。芝麻采用人工点播,播种量 400 g,定苗为 10 000 株/亩。油葵采用人工点播,播种量为 350 g/亩,定苗为 3 000 株/亩。根据华北平原的气候特点,在小麦播种后,需要镇压土壤,确保种子能充分吸收土壤水分,并减缓土壤水分的散失。所有作物在生长期的田间管理均与当地传统种植一致,如浇水、施肥、除草等管理方式。但本试验区的作物在生长期不喷施杀虫剂和杀菌剂。

3.1.4　麦田地表节肢动物采集

采用漏斗式陷阱法,即先在地表挖一个坑,坑中垂直嵌埋一个约 500 mL 的直筒塑料瓶(直径为 10 cm,高为 12 cm),瓶口再放置一个直径约为 12 cm 漏斗(漏斗口略大于瓶口)形成陷阱(图 2A)。然后,用土填满陷阱容器周围的空隙,陷阱漏斗上口缘与地面平行,并保持漏斗斜面光滑,方便节肢动物顺利滑落至陷阱容器。在陷阱嵌埋后,向陷阱中注入 75% 的酒精溶液约 250 mL 及少许洗衣粉水,以期增加其表面张力。此外,为了预防雨水大量进入陷阱,影响收集地表节肢动物的效果,在每个漏斗式陷阱正上方约 10 cm 处,支起一个折成屋脊状的铝合金材质金属片(20 cm×20 cm)作为遮雨盖。

冬小麦田间地表节肢动物采集主要集中在 4 月上旬至 5 月下旬,5 种夏季种植小区收集地表节肢动物则集中在 7 月下旬至 9 月上旬。所有小区陷阱设置均按棋盘式取样法设置 3 行 10 个陷阱,为避免边缘效应,陷阱尽量靠近中心,相邻陷阱的距离约为 2.5 m(图 2B),陷阱布设 5 d 后收回地表节肢动物样本,以后每 5～7 天收集一次样本,并添加一次 75%酒精溶液。通常麦田收集样本 4 次,夏季作物田收集样本 4 次。所有收集的节肢动物样本均按小区编号存放于 75%酒精，以待随后分类单元鉴定。

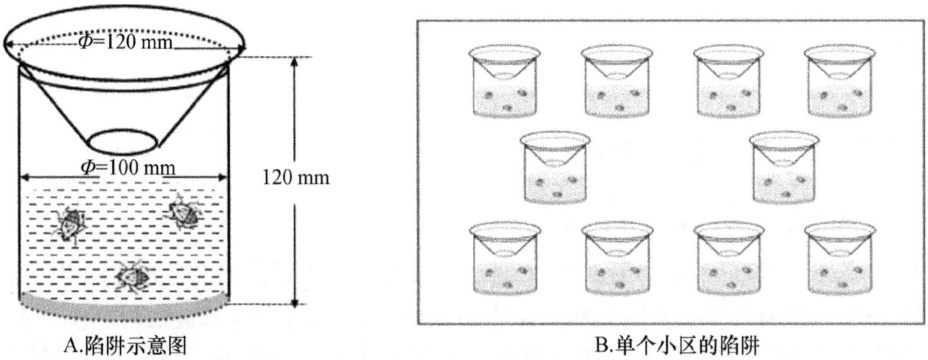

图 2　漏斗式陷阱

3.1.5　地表节肢动物鉴定

所有节肢动物标本都在试验室解剖镜和显微镜下观察，通过形态特征分类鉴定，并按照不同类群记录个体数量。分类鉴定主要参考文献《中国动物志》《中国土壤动物检索图鉴》《昆虫分类学》（修订版）等，对于参考文献鉴定比较困难的类群，就请相关类群专家帮助鉴定，除蜱螨目、寄螨目及昆虫纲幼虫外，全部标本均鉴定到科。

3.1.6　数据统计分析

麦田和夏季作物田地表节肢动物群落多样性指标采用物种类群数（S）、优势种集中性指数（d）、多样性指数［辛普森指数（D）和香农指数（H'）］与均匀度指数（E）等表示。每个多样性指标计算方法如下。

物种类群数（S）：利用物种数作为测量标准

$$\text{优势种集中性指数}(d)=1/\frac{n_{\max}}{N}$$

$$\text{辛普森指数}(D)=-\sum_{i=1}^{S}P_i2$$

$$\text{香农指数}(H')=-\sum_{i=1}^{S}(P_i)(\ln P_i)$$

$$\text{均匀度指数}(E)=H'/H_{\max}$$

式中：$n_{\max}$ 为个体数最多种类的个体数量；$P_i=N_i/N$，P_i 为某亚目群落第 i 个体数占群落总个体数的比例，N_i 为第 i 个种的个体数目；N 为某亚目群落中所有类群的个体总数；$H_{\max}$ 为 $\ln S$。辛普森指数代表物种丰富度；香农指数代表物种多样性；均匀度指数代表群落均匀性。

麦田地表节肢动物统计个体数量并计算物种丰富度。夏季作物田的地表节肢动物多样性指数采用 PAST 3.0 软件计算。种植不同作物多样性指数单因素方差分析（ANOVA）采用 SPSS 22.0 软件完成，通过最小差异显著法（LSD）方法比较作物之间的差异显著性（$P<0.05$）。为了降低重复小区间方差的异质性，在方差分析前，通过 $\lg(x+1)$ 转化各重复小区数值，然后，反对数值作为平均值和方差用于作图。所有作图采用 Graphpad 7.0 和 Office 365

软件完成。

3.2 结果分析

3.2.1 麦田地表节肢动物物种数

3.2.1.1 传统冬小麦和玉米轮作麦田

2017年春季，麦田前茬作物为玉米，在地表节肢动物采集时按照准备种植的夏季作物小区设置陷阱诱捕，所有捕获节肢动物分为4纲12目16亚目32科，个体数量达到76 959头(表1)。各个类群所占比例差异较大。其中个体数量和占百分比较多的类群有甲螨亚目，个体数量为29 438头，占个体总数的38.25%；茧蜂科数量为5 532头，占个体总量的7.19%；步甲科个体数量为4 471头，占个体总量的5.81%；等节跳科个体数量为4 090头，占个体总数量的5.31%；蚜科个体数量为4 003头，占个体总数量的5.20%。这5个科目为麦田地表节肢动物优势类群，占个体总数量为61.76%。其他常见类群有前气门亚目、中气门亚目、狼蛛科、平腹蛛科、棘跳科、瓢甲科、金龟科、隐翅甲科、隐食甲科、蚤蝇科、瘿蚊科及双翅目等12类群，占个体总数量的32.64%，其他均为稀有类群。

表1 前茬玉米麦田地表节肢动物群落组成(2017年)

纲	目	亚目	科	个体数量/头	频率/%
蛛形纲	蜱螨目	甲螨亚目		29 438	38.25
		前气门亚目		2 043	2.65
	寄螨目	中气门亚目		1 022	1.33
	蜘蛛目	后纺亚目	狼蛛科	1 173	1.52
			平腹蛛科	1 344	1.75
			球蛛科	126	0.16
			逍遥蛛科	110	0.14
弹尾纲	弹尾目	节腹亚目	栅蛛科	16	0.02
			棘跳科	2 810	3.65
			等节跳科	4 090	5.31
倍足纲	带马陆目	条马陆亚目	条马陆科	47	0.06
昆虫纲	革翅目	蠼螋亚目	蠼螋科	24	0.03
	直翅目	螽斯亚目	蝼蛄科	102	0.13
	鞘翅目	多食亚目	瓢虫科	1 408	1.83
			叩甲科	582	0.76
			金龟科	3 138	4.08
			隐翅甲科	2 058	2.67
			鳃金龟科	444	0.58
			隐食甲科	2 278	2.96
			拟步甲科	47	0.06
			露尾甲科	9	0.01

续表1

纲	目	亚目	科	个体数量/头	频率/%
			象甲科	17	0.02
		肉食亚目	步甲科	4 471	5.81
	双翅目	短角亚目	蚤蝇科	3 631	4.72
			杆蝇科	135	0.18
			食蚜蝇科	161	0.21
		长角亚目	瘿蚊科	2 976	3.87
			蕈蚊科	186	0.24
	膜翅目	细腰亚目	蚁科	693	0.90
			茧蜂科	5 532	7.19
			金小蜂科	121	0.16
			姬蜂科	189	0.25
	半翅目	盾喙亚目	叶蝉科	350	0.45
		胸喙亚目	蚜科	4 003	5.2
		异翅亚目	蝽科	273	0.35
	鳞翅目幼虫			390	0.51
	鞘翅目幼虫			281	0.36
	双翅目幼虫			1 244	1.62
	个体数(*N*)			76 959	

3.2.1.2　冬小麦和不同夏季作物轮作麦田

当在原有种植玉米的田间增加 4 种油料作物后(大豆、花生、芝麻和油葵),后茬麦田地表节肢动物群落类群发生了较大变化,所有节肢动物分属 7 纲 16 目 56 科,个体数量显著增加,达到 86 151 头(表 2)。其中蜱螨目个体数最为 68 949 头,占个体总数量的 80.03%;其次类群包括蚜科共 2 621 头,占个体总数量的 3.04%;康[虮]科为 2 410 头,占个体总数量的 2.80%;隐翅甲科为 2 231 头,占个体总数量的 2.59%;隐食甲科为 2 212 头,占个体总数量的 2.57%。这些目科的类群为夏季种植 5 种作物后的麦田地表节肢动物优势类群,占个体总数量的 90%以上。

表 2　前茬种植 5 种不同作物的麦田地表节肢动物群落组成(2018 年)

纲	目	科	个体数量/头	频率/%
蛛形纲	蜱螨目	叶螨科	68 949	80.03
双尾纲	双尾目	康[虮]科	2 410	2.80
弹尾纲	原跳虫目	疣跳虫科	1	0.00
	长跳虫目	等节跳科	14	0.02
倍足纲	带马陆目	条马陆科	27	0.03
唇足纲	蚰蜒目	蚰蜒科	19	0.02
	蜈蚣目	大蜈蚣科	48	0.06
	地蜈蚣目	地蜈蚣科	7	0.01
软甲纲	等足目	潮虫科	19	0.02
昆虫纲	革翅目	蠼螋科	10	0.01

续表2

纲	目	科	个体数量/头	频率/%
	直翅目	蝼蛄科	41	0.05
	鞘翅目	瓢虫科	28	0.03
		叩甲科	747	0.87
		隐翅甲科	2 231	2.59
		肖叶甲科	3	0.00
		蜉金龟科	547	0.63
		鳃金龟科	4	0.00
		隐食甲科	2 212	2.57
		拟步甲科	571	0.66
		丽金龟科	1	0.00
		叶甲科	12	0.01
		阎甲科	3	0.00
		薪甲科	5	0.01
		露尾甲科	15	0.02
		蚁形甲科	31	0.04
		象甲科	20	0.02
		步甲科	121	0.14
		出尾扁甲科	201	0.23
	双翅目	蝇科	63	0.07
		麻蝇科	5	0.01
		寄蝇科	1	0.00
		花蝇科	29	0.03
		蠓科	402	0.47
		黄潜蝇科	4	0.00
		水虻科	1	0.00
		潜蝇科	354	0.41
		摇蚊科	1	0.00
		食蚜蝇科	258	0.30
		瘿蚊科	1 264	1.47
		杆蝇科	29	0.03
	膜翅目	蚁科	1 481	1.72
		茧蜂科	25	0.03
		蛛蜂科	1	0.00
		姬蜂科	12	0.01
		细蜂科	16	0.02
		蜜蜂科	2	0.00
		广腹细蜂科	4	0.00
		隧蜂科	1	0.00
	半翅目	叶蝉科	1 213	1.41
		蚜科	2 621	3.04

续表2

纲	目	科	个体数量/头	频率/%
		蝽科	23	0.03
		姬蝽科	3	0.00
		红蝽科	1	0.00
		飞虱科	4	0.00
		土蝽科	11	0.01
	鳞翅目幼虫	夜蛾科	25	0.03
	个体数(*N*)		86 151	

3.2.2　麦田地表节肢动物群落多样性

3.2.2.1　传统冬小麦和玉米轮作麦田

当小麦的前茬夏季作物为玉米时，虽然各个准备种植夏季不同作物的麦田的节肢动物群落多样性指数略有差异，如物种丰富度、多样性、均匀性和优势种集中性等，但这些区域之间并不存在显著差异($P>0.05$)(图 4)。这说明传统的冬小麦和玉米轮作模式在华北小麦产区已多年应用，且在麦田形成了一个比较稳定的生态系统，这个系统中的地表节肢动物群落多样性也相对稳定。

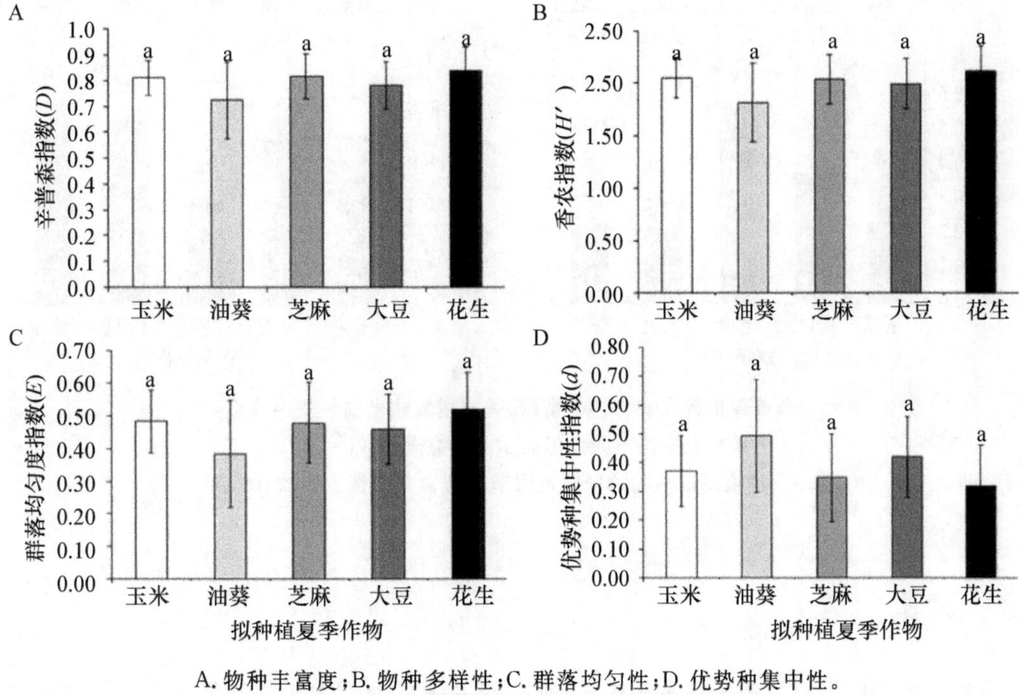

A. 物种丰富度；B. 物种多样性；C. 群落均匀性；D. 优势种集中性。

柱状图上标注不同字母表示差异显著性（$P<0.05$)

图 4　拟种植夏季作物的麦田地表节肢动物多样性指标(2017 年)

3.2.2.2　冬小麦和不同夏季作物轮作麦田

前茬作物种类的差异改变了原有的农田景观，也影响了后茬作物田的生物群落多样性。

在本文的研究中，4种油料作物(大豆、花生、芝麻和油葵)被引入夏季种植作物。这不仅改变了麦田地表节肢动物物种数和优势物种群，而且麦田地表节肢动物群落多样性发生了较大的变化。在夏季田间种植包括玉米和4种油料作物后，各前茬作物种植麦田地表节肢动物的物种丰富度、多样性、均匀度和优势种集中性指数均表现出了显著差异性(图5)。其中，在小麦-芝麻轮作模式下，麦田节肢动物群落丰富度、多样性和均匀度等指数都显著高于其他前茬作物种植田($df=4,15$，$F_{丰富度}=12.514$，$P<0.001$，$F_{多样性}=11.433$，$P<0.001$，$F_{均匀性}=11.577$，$P<0.001$)，而优势种集中性指数则显著低于其他前茬作物种植田($df=4,15$，$F_{集中性}=11.025$，$P<0.001$)，种植另外4种夏季作物的麦田节肢动物优势物种集中性之间无显著性差异($P>0.05$)，说明在夏茬作物种植芝麻后，麦田节肢动物物种更加丰富，分布较为均匀。值得关注的是，当夏季作物选择花生时，在前茬花生种植田中，麦田节肢动物群落中的物种丰富度显著低于前茬玉米、油葵和芝麻田，多样性显著低于玉米和芝麻田，均匀度显著低于油葵和芝麻田。

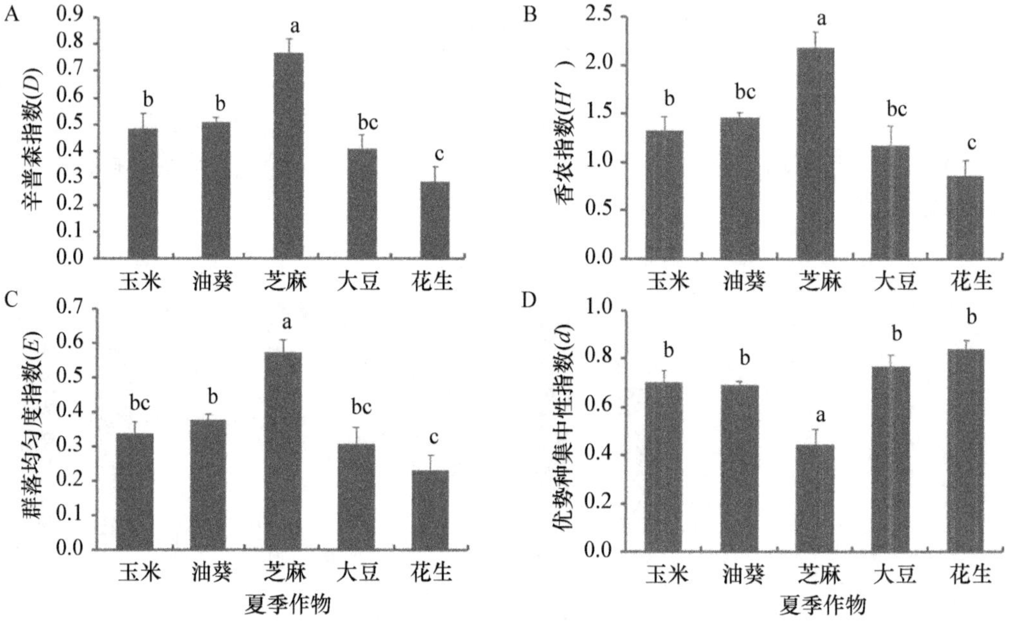

辛普森指数代表物种丰富度；香农指数代表物种多样性。

柱状图上标注不同字母表示差异显著性($P<0.05$)

图5　种植夏季作物的麦田地表节肢动物多样性指标(2018年)

3.3　讨论

作物轮作是广泛应用的一种种植模式，在一年两熟区通常为年内轮作。轮作模式能够改善土壤环境，提升土壤肥力。通过影响土壤中生物群落，轮作能促进物质循环和能量转换，从而影响整个土壤食物网结构和农田生态系统的功能。地表节肢动物是农田生态系统重要的组成部分，在土壤碎屑食物链中能促进有机物分解。其中一些捕食者(如步甲科和蜘蛛类群)处于食物链的顶端，其在控制植食性害虫中发挥着重要的作用。因而，研究作物生产系统中地表节肢动物群落多样性具有重要的实践意义。

在麦田生态系统中，虽然节肢动物群落结构和多样性是了解系统稳定性的一个指标，但是存在时空的差异性。在长江中下游地区，获得麦田中后期的节肢动物个体数量为 10 027 头，分属 15 目 25 科；在华北麦区，当前茬作物种植玉米时，我们获得的麦田节肢动物个体数量为 76 959 头，分属 4 纲 12 目 32 科节肢动物。除了地理气候差异外，这种差异可能还与抽样方式有关，前者采用植物抽样调查、目测记数，调查的是植株上的节肢动物类群；我们采用陷阱法调查的是地表节肢动物类群，这部分反映了地表节肢动物种类个体数量更为丰富。不过，当在夏季作物种植中改变单一作物种植玉米、大豆、花生、芝麻和油葵等 5 种作物时，获得的麦田地表节肢动物个体数量为 86 151 头，分属 7 纲 16 目 56 科。这表明多样化的镶嵌农田景观比单一化农田景观增加了农田生态系统中的物种多样性，同时，也暗示前茬作物田的地表节肢动物可能转移到后茬作物田，这样就有利于特定轮作模式系统中物种多样性的可持续性。

生物群落物种数、丰富度、均匀度等指标反映了农田生态系统的持续健康发展。虽然节肢动物群落多样性会因季节或者耕作方式的不同而存在差异，但是种植作物的种类更强烈地影响着节肢动物群落的种类构成。在本文的研究中，前茬不同夏季作物种植影响了后茬麦田地表节肢动物群落多样性。如小麦-芝麻轮作模式下，麦田节肢动物群落丰富度、多样性和均匀度等指数都显著高于其他前茬作物的麦田，而优势种集中性指数则显著低于其他前茬作物的麦田，前茬种植花生的麦田的节肢动物的丰富度和多样性指数也都显著低于种植玉米的麦田等。由此可见，前茬作物多样化的农田景观直接影响后茬作物田节肢动物的多样性。在轮作模式中，科学合理地选择作物组合对农田生态系统的稳定性具有重要意义。

节肢动物在农田生态系统中所扮演着重要角色，也是田间害虫综合管理和农业持续发展的重要基础。深入研究不同种植模式对农田食物网各个营养功能类群的作用，以利于减少农药化肥的使用，增施有机肥，形成健康的农业发展模式，其对最大限度地实现农业增产、增效具有重大意义。

参考文献

[1] CHAPIN III F S, ZAVALETA E S, EVINER V T, et al. Consequences of changing biodiversity. Nature, 2000, 405: 234-242

[2] TSCHARNTKE T, KLEIN A M, KRUESS A, et al. Landscape perspectives on agricultural intensification and biodiversity-ecosystem service management. Ecology Letters, 2005, 8: 857-874

[3] FRITCH R A, SHERIDAN H, FINN J A, et al. Enhancing the diversity of breeding invertebrates within field margins of intensively managed grassland: Effects of alternative management practices. Ecology and Evolution, 2017, 7: 9763-9774

[4] 陈海坚，黄昭奋，黎瑞波，等. 农业生物多样性的内涵与功能及其保护. 华南热带农业大学学报，2005：24-27

[5] GILL H K, MCSORLEY R. Effects of different organic mulches on the soil surface arthropod community and weeds in snapdragon. International Journal of Pest Management, 2012, 58: 33-40

[6] 吴宪，张婷，孔云，等. 配施有机物料对华北小麦-玉米轮作体系土壤节肢动物的影响. 生态学杂志，2019，38：3689-3696

[7] 杨宪龙，路永莉，同延安，等. 长期施氮和秸秆还田对小麦-玉米轮作体系土壤氮素平衡的影响. 植物营养与肥料学报，2013，19：65-73

[8] 戚瑞生，党廷辉，杨绍琼，等. 长期轮作与施肥对农田土壤磷素形态和吸持特性的影响. 土壤学报，2012，49：1136-1146

[9] 范倩玉，李晋，刘振华，等. 不同轮作模式对潮土土壤物理性状的影响. 山西农业科学，2020，48：1267-1270

[10] RASMUSSEN I A，ASKEGAARD M，OLESEN J E，et al. Effects on weeds of management in newly-converted organic crop rotations in Denmark. Agriculture，Ecosystems & Environment，2006，113：184-195

[11] CARDINA J，HERMS C P，DOOHAN D J. Crop rotation and tillage system effects on weed seedbanks. Weed Science，2002，50：448-460

[12] 杨亚东. 长期水肥管理对冬小麦-夏玉米土壤氮循环相关微生物的影响. 北京：中国农业大学，2019

[13] 徐新良. 中国农田熟制遥感监测数据集. 北京：中国科学院资源环境科学数据中心数据注册与出版系统，2017

[14] DUELLI P，OBRIST M K，SCHMATZ D R. Biodiversity evaluation in agricultural landscapes：above-ground insects. Agriculture Ecosystems & Environment，1999，74：33-64

[15] 中国科学院中国动物志委员会，范滋德. 中国动物志：昆虫纲. 北京：科学出版社，2008

[16] 尹文英. 中国土壤动物检索图鉴. 北京：科学出版社，1998

[17] 蔡邦华. 昆虫分类学. 北京：化学工业出版社，2019

[18] 吴坤君，龚佩瑜，盛承发. 昆虫多样性参数的测定和表达. 昆虫知识，2005：338-340

[19] ROOT R B. The niche exploitation pattern of the blue-gray gnatcatcher. Ecological Monographs，1967，37：317-350

[20] HUNTER M. The organic production of essential oils. Essential Oils：Art，Agriculture，Science，Industry and Entrepreneurship (a Focus on the Asia-Pacific Region)，2009：453-516

[21] ZEGADA-LIZARAZU W，MONTI A. Energy crops in rotation. A review. Biomass and Bioenergy，2011，35：12-25

[22] 张彦玲. 麦田节肢动物群落动态、主要害虫与其天敌之间的相互关系. 合肥：安徽农业大学，2010

[23] 梅景福. 小麦田间节肢动物群落结构研究. 安徽农业科学，2009，37：3665-3668

[24] 赵紫华，欧阳芳，贺达汉. 农业景观中不同生境界面麦蚜天敌的边缘效应与溢出效应. 中国科学：生命科学，2012，42：825-840

[25] OUYANG F，SU W，ZHANG Y，et al. Ecological control service of the predatory natural enemy and its maintaining mechanism in rotation-intercropping ecosystem via wheat-maize-cotton. Agriculture，Ecosystems & Environment，2020，301：107024

[26] AHERN R G，BREWER M J. Effect of different wheat production systems on the presence of two parasitoids (Hymenoptera：Aphelinidae；Braconidae) of the Russian wheat aphid in the North American Great Plains. Agriculture，Ecosystems & Environment，2002，92：201-210

[27] HEINEN R，VAN DER SLUIJS M，BIERE A，et al. Plant community composition but not plant traits determine the outcome of soil legacy effects on plants and insects. Journal of Ecology，2018，106：1217-1229

[28] MALONE S C，WEAVER D K，SEIPEL T F，et al. Herbivore-induced volatile emissions are altered by soil legacy effects in cereal cropping systems. Plant and Soil，2020，455：171-186

[29] MEYER M，OTT D，GOTZE P，et al. Crop identity and memory effects on abovegroundarthropods in a long-term crop rotation experiment. Ecol Evol，2019，9：7307-7323

[30] 王有年，苗振旺，李登科，等. 不同管理枣林枣黏虫(*Ancylis sativa*)天敌功能团的组成及动态. 生态学报，2008(3)：1158-1165

[31] HUTCHISON W D. Insect resistance management and integrated pest management for bt crops：prospects for an area-wide view. Bt Resistance-Characterization and Strategies for Gm Crops Producing Bacillus Thuringiensis Toxins，2015，4：186-201

第 6 章
轮作的生态经济效益评价

1　河南省不同生态区小麦-玉米两熟制农田碳足迹分析[①]

摘　要：农业碳足迹分析是衡量整个作物生产过程碳排放的重要方法，对指导农业低碳生产具有重要意义。为了解河南省不同地区小麦-玉米轮作周年生产过程中碳足迹来源，2018—2019 年在河南省豫南、豫中、豫北及豫西 4 个不同类型的生态区开展田间试验。每个地区分别设置示范区和农民常规区采样点，采用静态箱法-气相色谱法检测土壤中 CH_4 和 N_2O 的排放，并采用全球增温潜势(GWP)衡量不同区域的增温效应。同时利用碳足迹分析方法定量分析粮食生产中的各项碳排放源的相对贡献。结果表明，河南省农田 CH_4 的年吸收量为 203.53～332.76 mg/m^2，N_2O 的年吸收量为 231.86～296.12 mg/m^2。与常规区相比，豫南、豫中、豫北及豫西示范区农田的 GWP 降低 4.79%、15.24%、5.08%和 9.32%。小麦-玉米周年碳足迹表现为豫北最高为 5 229.63 kg/hm^2，豫南最低为 3 046.52 kg/hm^2，其中碳足迹首先的来源是灌溉电力和化肥投入，占总排放量的 52.71%～74.04%，其次的来源是土壤直接排放和机械耗油。示范区的单位产量碳足迹平均为 0.21 kg/kg，常规区为 0.26 kg/kg。总体来看，优化氮肥投入及合理灌溉管理是降低小麦-玉米周年生产的碳排放的重要途径，而针对不同生态区的环境特点仍须因地制宜地制定减排措施。

关键词：小麦；玉米；温室气体；碳足迹

应对气候危机已经成为全球各国共同努力的目标。农业作为温室气体的最大的人为源，每年由农业活动所造成的温室气体排放量占全球温室气体排放量的 13.5%，其中 CO_2、CH_4 和 N_2O 是最主要的 3 种温室气体。我国是温室气体排放的第二大国。由各种农业活动造成的碳排放对全球环境变化有着不可忽视的影响，因此减少农业生产造成的温室气体排放，进行低碳农业生产，对应对气候变暖的挑战至关重要。

碳足迹可以用于明确整个生产过程中各部分产生温室气体的情况，以便采取针对性的措施来改善生产行为。碳足迹源于"生态足迹"。其定义为在某种活动或者某种产品生命周期中，引起的直接或者间接的 CO_2 排放量总和。实质上，它是以 CO_2 为基础与其他温室气体进行碳当量的转换来衡量全球变暖潜势。不同作物在生产过程中的灌溉、肥料用量、气候和燃料消耗有所不同，并且单位面积的产量和收获技术也有所差异，在农业生产过程中的温室气体排

① 作者：李春喜、骆婷婷、闫广轩、许双、宗洁静、邵云*；通信作者：邵云(河南师范大学教授，博士，主要从事作物生理生态及土壤修复研究，E-mail：shaoyun73@126.com)。

放量因作物而异。目前在农业领域，碳足迹已经成为评估农业生产和生态环境有力的工具之一。如俞祥群等(2019)估算了减氮施肥对春玉米-晚稻生产系统碳足迹的影响；邹晓霞等(2018)采用生命周期评估的方法核算了山东小麦-花生种植体系的碳足迹；王占彪等(2015)分析了华北平原作物生产碳足迹的动态分布及构成。但是大多数研究关注的是某种种植体系在单个区域中的碳排放构成，且作物在生产过程中的温室气体排放的数据主要是在前人研究结果基础上进行估算而得到的，而没有结合实际温室气体排放情况。

河南省作为我国的粮食主产区，其农业生产在我国具有重要的地位，小麦-玉米是其中主要的种植模式。2004—2017 年河南省的粮食生产已实现 14 年连增，而优质丰产的背后也存在一些问题。在过去的几十年，为了维持作物高产，投入了大量的农药和化肥使环境问题突出，农田生态压力增大。本文以河南省为研究对象，选取 4 个不同生态类型区，基于田间调查结果以及试验数据，利用农业生态碳足迹理论，评估河南省冬小麦-夏玉米一年两熟模式农田碳足迹构成。通过不同地区碳足迹的定量计算和定性分析，探究河南省农田碳足迹的构成特点和时空分布的差异，以期为河南省低碳农业发展提供一些理论支持和技术支撑。

1.1 材料与方法

1.1.1 试验地点和设计

河南省是我国的主要粮食大省，是典型的大陆性季风气候，年平均温度为 12.8～15.5 ℃。温暖的气候条件适宜一年两熟种植模式，小麦玉米轮作是其中主要的种植模式。河南省处于北亚热带向暖温带过渡地带，南属亚热带，北属暖温带，四季分明，南北的气候特征具有明显差异。年降水量为 500～1 300 mm，降水在季节、年际、空间上分布很不均匀，其主要集中在 6—9 月，在地理位置上，降水量从南到北有所减少。根据气候条件和耕作习惯，将河南省分为不同的生态区，即豫南雨养区、豫中补灌区、豫北灌溉区和豫西旱作区。根据地理位置和农业条件的差异，本试验选取豫南、豫中、豫北及豫西 4 个具有代表性的地点，分别位于驻马店市西平县(豫南)、许昌市建安区(豫中)、鹤壁市浚县(豫北)以及洛阳市孟津县(豫西)。

所有试验点均包括示范区和常规区，且常规区位于示范田附近。示范区包括品种选育、水肥一体化技术、绿色防控技术等多项技术集成，常规区在当地随机选取 10 户作为调查对象，并就近选择一户作为采样点。常规区的面积为 0.13～0.67 hm^2，示范区的面积为 6.67～26.67 hm^2。各个示范区和常规区的小麦-玉米周年具体生产投入如表 1 所列。

表 1　不同生态区的各项生产投入

投入	豫南		豫中		豫北		豫西	
	示范	常规	示范	常规	示范	常规	示范	常规
种子/(kg/hm^2)	250.50	252.00	217.50	217.50	225.00	217.50	217.50	217.50
柴油/(kg/hm^2)	133.58	151.20	131.22	151.20	142.38	151.20	142.42	151.20
灌溉量/(m^3/hm^2)	1 050.00	1 350.00	1 875.00	2 100.00	3 000.00	3 300.00	2 100.00	2 700.00
杀虫剂/(kg/hm^2)	6.00	7.05	5.93	6.00	4.43	6.00	3.00	6.00
除草剂/(kg/hm^2)	3.00	3.00	2.10	3.00	2.63	3.00	2.63	3.00

续表1

投入	豫南		豫中		豫北		豫西	
	示范	常规	示范	常规	示范	常规	示范	常规
氮肥/(kg/hm²)	489.75	604.50	555.00	624.00	483.00	579.00	486.00	597.00
磷肥/(kg/hm²)	157.50	120.00	142.50	288.00	156.00	219.00	165.00	195.00
钾肥/(kg/hm²)	120.00	82.50	75.00	130.50	120.00	162.00	82.50	97.50

1.1.2　数据收集

本试验于 2018—2019 年进行试验数据的收集，其包括其大田试验数据和调查数据两个部分。大田试验数据分别在示范田块(示范区)和临近的农民田块(常规区)设置采样点，采用静态箱-气相色谱法收集温室气体。取样箱由泡沫板制成，长、宽、高分别为 50 cm、30 cm、50 cm，外附有铝箔纸用于反射光线，防止阳光直射引起温度变化。气体采样在上午 8:00～10:00 进行，关闭腔室后的 0 min、8 min、16 min、24 min、32 min 收集气体样本，重复 3 次，然后将气体样品注入德霖铝箔采样袋中，并立即运送到试验室进行分析。使用配备有火焰离子化检测器(FID)和电子捕获检测器(ECD)的气相色谱仪的同时，分析气体样品中的 CO_2、CH_4 和 N_2O 浓度。分析的条件与文献的工作中描述的条件保持一致。由 0 min、8 min、16 min、24 min、32 min 获取的 5 个连续样本中温室气体浓度的累积速率确定气体通量。在整个小麦-玉米周年生长过程中，每月进行一次采样，如有重大农事活动，则增加采样频率，如播种、收获前后采样，施肥后连续采样一周，灌溉后连续采样 3 d。采用加权平均法计算每月的累计排放通量。调查数据通过当地农业局以及实地走访调查获取。收集的信息主要有冬小麦和夏玉米的产量、种植面积、施肥量、灌溉时间与灌溉量以及各项农业投入，包括种子、农药、机械以及人力投入等费用。

1.1.3　数据处理

1.1.3.1　碳足迹边界和间接排放计算

碳足迹计算的边界为从小麦种植开始到下一季小麦种植之前结束，时间为 1 年，包括冬小麦碳足迹和夏玉米碳足迹的总和。碳足迹的测算内容由直接碳排放和间接碳排放两部分构成：直接碳排放是指农田温室气体 CH_4 和 N_2O 的排放；间接碳排放是指由种子、农药、化肥等农资投入引起的碳排放。其中间接碳排放的计算公式如下：

$$CF=\sum_{i=1}^{n}CF_{i}=\sum_{i=1}^{n}(m\beta)_{i}$$

式中：CF 为农业碳足迹(kg/hm²)；n 为从播种到收获期间消耗的各种农业生产资料(农药、化肥、种子等)；m 为第 i 种农资的消耗量(kg)；β 为第 i 种农资的碳排放参数(kg/kg)。具体参数见表 2。

表 2　不同投入项目的碳排放系数

项目	碳排放系数	参考来源
氮肥/(kg/kg)	1.53	王钰乔 等，2018

续表2

项目	碳排放系数	参考来源
磷肥/(kg/kg)	1.63	王钰乔 等,2018
钾肥/(kg/kg)	0.65	王钰乔 等,2018
杀虫剂/(kg/kg)	16.61	王钰乔 等,2018
除草剂/(kg/kg)	10.15	王钰乔 等,2018
灌溉电力/[kg/(kWh)]	0.80	朱永昶 等,2017
柴油/(kg/kg)	3.10	朱永昶 等,2017
小麦种子/(kg/kg)	0.58	He 等.2019
玉米种子/(kg/kg)	1.93	He 等.2019

1.1.3.2 GWP 的计算

由于 CH_4 和 N_2O 两种气体的增温效应不同,为了评价各种温室气体对气候变化的共同影响,所以统一折算为相同效应的 CO_2 的质量,用全球增温潜势(global warming potential,GWP)表示二者的共同作用。以 100 年影响尺度计算,每千克 CH_4 的增温效应是每千克 CO_2 的 25 倍,每千克 N_2O 的增温效应是每千克 CO_2 的 298 倍,GWP 的计算方法如下:

$$GWP = f(CH_4) \times 25 + f(N_2O) \times 298$$

式中:GWP 为全球增温潜势(kg/hm^2);$f(CH_4)$为土壤 CH_4 排放量(kg/hm^2);$f(N_2O)$(kg/hm^2)为土壤 N_2O 排放量(kg/hm^2)。

1.1.4 数据处理

文中所有数据由 Mircosoft Office Excel 2016 进行处理和图表绘制。

1.2 结果与分析

1.2.1 不同生态区温室气体排放及其 GWP

1.2.1.1 不同生态区 CH_4 的排放差异

示范区和常规区的 CH_4 每月累计排放量动态变化见图 1。从总体上看,不同生态区的麦玉两熟制农田均作为土壤 CH_4 的吸收汇。豫南、豫中、豫北和豫西的小麦-玉米轮作农田土壤 CH_4 的月累计排放量变化分别为−36.21～6.5 mg/m^3、−52.60～7.09 mg/m^3、−41.57～7.98 mg/m^3、−43.82～8.59 mg/m^3。豫南、豫中、豫北和豫西的示范区总吸收量分别为 240.64 mg/m^3、281.25 mg/m^3、306.03 mg/m^3、325.10 mg/m^3,常规区排放量分别 203.53 mg/m^3、240.76 mg/m^3、270.50 mg/m^3、332.76 mg/m^3,4 个生态区对 CH_4 的吸收能力具有明显的空间差异,其中豫西地区 CH_4 的吸收量最大,豫南的吸收量最少,豫中和豫北地区的吸收量相当。从季节上看,比玉米季相比,小麦季 CH_4 的月累计吸收量处于较低的水平,这可能与温度和降水的增加有关。由于生长期不同,小麦季的总吸收量大于玉米季的总吸收量。与常规区相比,豫南、豫中和豫北示范区对 CH_4 的总吸收量分别增加 15.42%,14.39%

和 11.61%，豫西示范区对 CH_4 的总吸收量减少 2.36%。

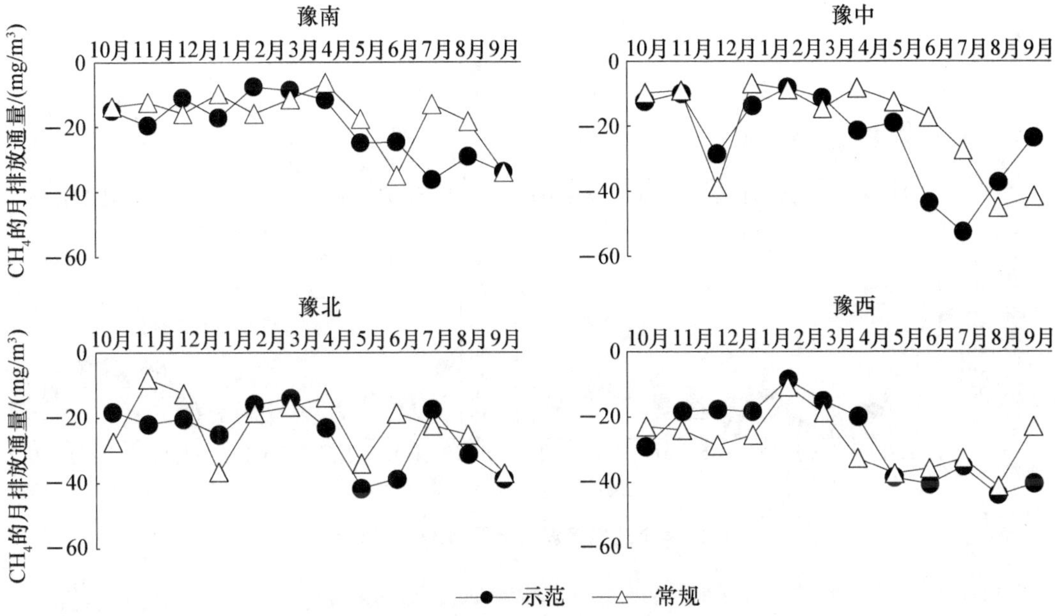

图 1　4 个生态区农田土壤 CH_4 月排放量

1.2.1.2　不同生态区 N_2O 的排放差异

4 个不同示范区和常规耕作区的 N_2O 每月累计排放量动态变化见图 2。豫南、豫中、豫北和豫西的土壤 N_2O 的月累计排放量为 3.58～48.22 mg/m^3、4.84～57.56 mg/m^3、4.02～72.55 mg/m^3、7.95～45.80 mg/m^3。豫南、豫中、豫北和豫西的示范区的总吸收量分别为 223.84 mg/m^3、259.79 mg/m^3、262.52 mg/m^3、231.86 mg/m^3，常规区排放量分别 261.91 mg/m^3、296.12 mg/m^3、270.64 mg/m^3、252.75 mg/m^3，N_2O 的总排放量表现为豫北、豫南和豫中地区的排放量相当，豫西地区的排放量最低。与其他地区相比，豫西地区在 3 月并未出现明显的峰值。据调查发现，这可能与该地区在小麦季不进行或少量追肥有关。从季节上看，进入玉米季后 N_2O 的排放量有所增加。其原因可能是夏季温度和降水都有所增加，适合土壤中反硝微生物的生存，促进反硝化反应的进行，温度的增加也加速了 N_2O 在土壤中的释放速率。N_2O 排放的主要峰值出现在 10 月、3 月和 7 月。其原因是在这期间均进行了施肥。示范区和常规区具有相似的排放趋势。与常规区相比，豫南、豫中、豫北和豫西的示范区 N_2O 的排放分别降低了 14.54%、12.27%、3.00%和 8.27%。

1.2.1.3　不同生态区 GWP 差异

图 3 显示的是不同生态区之间的 GWP 的构成。各地区的 GWP 的分布具有一定的差异，其中豫中地区的 GWP 最大，达 800.57 kg/hm^2，而豫西地区的 GWP 最低为 580.41 kg/hm^2，豫南和豫北地区的 GWP 相当。对比常规耕作，各示范区的 GWP 均有不同程度地降低，其中豫中和豫西地区减排较为明显，GWP 分别降低 15.24%和 9.32%。而豫南和豫北地区的 GWP 分别降低了 4.79%和 5.08%。

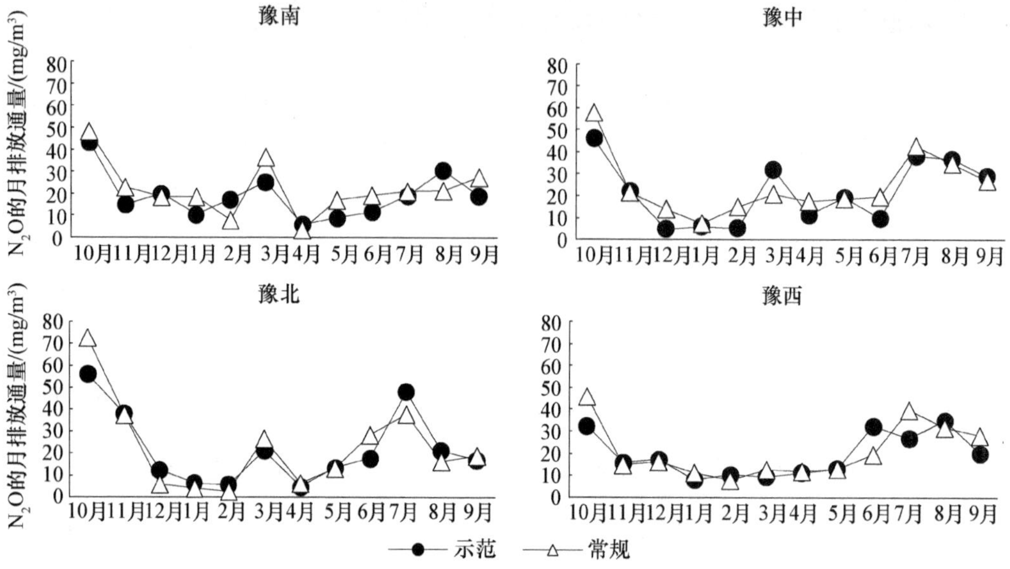

图 2　4 个生态区农田土壤 N_2O 月排放量

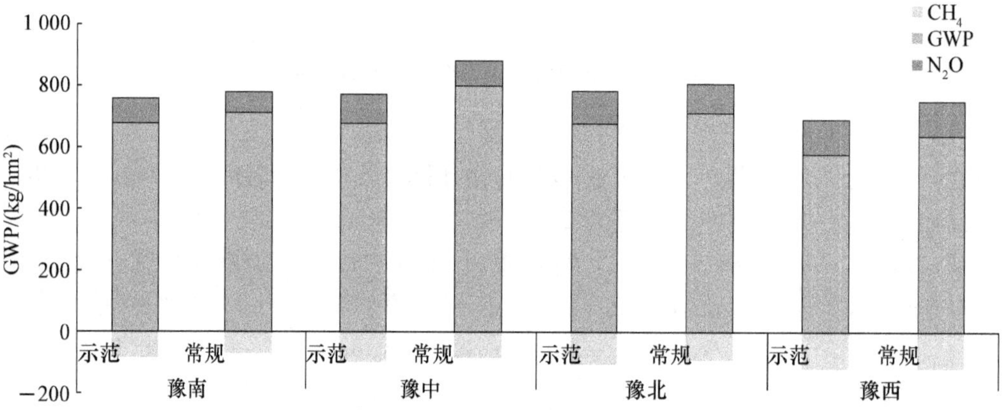

图 3　不同生态区的 GWP

1.2.2　不同生态区碳足迹构成

1.2.2.1　不同生态区碳足迹组成成分

表 3 综合了小麦和玉米两季作物的总投入。从结果可以看出，农田碳排放的主要来源是农田灌溉和化肥的投入，占总碳排放量的 57.86％～73.01％。其次是土壤温室气体的直接排放以及农业机械柴油的使用。除草剂和杀虫剂投入所导致的碳排放量相对较低。4 个生态区的碳排放表现为豫北＞豫西＞豫中＞豫南，并且常规区大于示范区。

表 3　各生态区生产过程中的各项投入的碳排放

地区	处理	杀虫剂/(kg/kg)	除草剂/(kg/kg)	灌溉电力/[kg/(kWh)]	机械耗油/(kg/kg)	化肥/(kg/kg)	种子/(kg/kg)	直接排放/(kg/kg)	总碳排放/(kg/kg)
豫南	示范	89.69	30.45	480.00	414.10	1 084.04	179.72	677.21	2 955.20
	常规	107.13	33.50	480.00	449.19	1 174.11	182.61	711.30	3 137.84

续表3

地区	处理	杀虫剂/(kg/kg)	除草剂/(kg/kg)	灌溉电力/[kg/(kWh)]	机械耗油/(kg/kg)	化肥/(kg/kg)	种子/(kg/kg)	直接排放/(kg/kg)	总碳排放/(kg/kg)
豫中	示范	71.01	25.88	1 800.00	406.78	1 025.03	166.65	678.57	4 173.91
	常规	79.73	28.17	2 160.00	449.19	1 403.42	166.65	800.57	5 087.72
豫北	示范	72.25	23.60	2 400.00	441.37	1 071.27	181.13	678.25	4 867.87
	常规	92.19	28.93	2 880.00	449.19	1 259.91	166.65	714.54	5 591.40
豫西	示范	62.29	23.60	1 440.00	441.51	1 171.31	166.65	488.83	3 794.19
	常规	79.73	28.93	1 680.00	449.19	1 294.64	166.65	511.93	4 211.06

1.2.2.2　小麦-玉米碳足迹

由表 4 可知，在小麦季，示范区的产量比常规区的产量高出 9.7%～16.5%，单位产量碳足迹降低 15.41%～24.09%，其中豫南和豫北产量相对较高。与常规区相比，示范区玉米的单位碳足迹降低了 8.22%～34.04%。虽然豫北的玉米产量相对较高，但是豫北地区的玉米前期较为干旱，农业灌溉量大大增加，而灌溉用电又是碳足迹的主要构成之一，因此碳足迹也相对较高。与小麦季和玉米季的单位产量碳足迹相比，除豫北地区外，其他地区小麦季的单位产量碳足迹比玉米季的单位产量碳足迹平均高出 10.75%～42.15%。从麦玉周年的角度来看，豫北和豫西的单位产量碳足迹较高。其原因可能是豫北在生产过程中农业资源投入较多，而产量较低则是豫西地区单位产量碳足迹较高。

表 4　小麦产量、玉米产量和单位产量碳足迹

地区	处理	小麦		玉米		小麦-玉米周年	
		产量/(kg/hm^2)	单位产量碳足迹/(kg/kg)	产量/(kg/hm^2)	单位产量碳足迹/(kg/kg)	产量/(kg/hm^2)	单位产量碳足迹/(kg/kg)
豫南	示范	9 547.00	0.20	8 522.00	0.12	18 069.00	0.16
	常规	8 150.00	0.24	7 165.00	0.16	15 315.00	0.20
豫中	示范	9 535.00	0.23	11 548.00	0.17	21 083.00	0.20
	常规	8 320.00	0.30	9 855.00	0.25	18 175.00	0.27
豫北	示范	10 251.00	0.22	11 021.88	0.24	21 272.88	0.23
	常规	9 035.00	0.29	9 925.31	0.30	18 960.31	0.29
豫西	示范	7 585.00	0.24	8 955.00	0.24	16 540.00	0.24
	常规	7 082.00	0.30	8 397.50	0.27	15 479.50	0.28

1.3　讨论

大量的研究表明，农业不仅是温室气体排放的源头，也可能是温室气体的汇，土壤和植被都具有强大的碳汇功能。在旱地种植过程中，即使不同生态区气候有所差异，但通常都作为 CH_4 的汇。She 等(2017)的研究结果表明，玉米是我国华北地区主要的固碳作物，因此如何合理的利用土壤和植被的碳汇功能值得我们探讨。已有研究表明，通过优化管理措施来固定碳，包括少免耕、秸秆覆盖和生物固氮等。在实地调查中发现，很多地方会在夏季减少耕作，同时进行秸秆还田。这些措施不仅减少了农民生产的成本，而且也减少了碳排放。本研究发现，不同生态区的排放量虽然有所不同，但是排放规律具有相似的趋势。其中施肥是造成的土壤中 N_2O 排放的主要原因之一。氮肥的施入增加了反应底物的浓度，促进土壤中硝化和反硝化的进程，导致 N_2O 的大量排放。同时 N_2O 的排放还受到温度、降水、土壤耕作措施等多种因素的影响。

在本研究中，碳足迹由农药、灌溉电力、机械耗油、化肥、种子和温室气体的直接排放所构成。其中电力和化肥是碳足迹的主要来源。目前大部分的农田灌溉还是以大水漫灌方式为主。这种粗放方式浪费了大量的水资源，同时也增加了农业碳排放量，因此优化水管理不仅可以提高水分利用率，减少农业成本，也能够降低碳排放。化肥的施用是碳足迹的主要来源，也是节能减排的关键点。肥料的施用是农事活动中重要的一环，化肥所导致的碳排放量占总投入的 57%。在调查中发现，农民在种植的过程中仍然有过量施肥的现象，这给土壤和环境都造成了很大的负荷，需要控制、减少化肥的使用。施肥和灌溉也是影响温室气体排放的主要因素。合理的施肥灌溉可以减少农田温室气体的排放，进一步降低农田碳足迹。

朱永昶等(2017)的研究表明，山东省高密地区小麦-玉米种植模式的碳足迹分别为 0.69 kg/kg 和 0.40 kg/kg，在 She 等(2017)的研究中的小麦-玉米种植模式的碳足迹分别为 0.4 kg/kg 和 0.25 kg/kg。本文研究的小麦的碳足迹范围为 0.20～0.33 kg/kg，玉米的碳足迹为 0.16～0.29 kg/kg，这与前人研究的结果有所差异。造成结果差异的原因可能是在数据收集过程中的来源不同以及碳排放参数的选择有所不同。除豫北地区外，其他地区小麦种植过程中的单位产量碳足迹高于玉米的单位产量碳足迹。其原因可能是小麦的生长周期长，累计直接碳排放量更多，或者玉米的产量更高。除此之外，玉米种植期间的生产资料投入较少，大部分地区在玉米种植过程中会选择免耕或少耕，以降低机械投入所造成的碳足迹。

与示范区相比，常规区所使用的农药(包括杀虫剂和除草剂)更多。虽然很多农民已经具有减少农药使用量的意识，但是在使用的过程中往往仅根据自身的经验进行喷洒，并且缺乏提前预防和针对性的使用农药的意识，因此在使用的过程中具有一定的盲目性，从而造成农药使用量的增加。在郭霞(2008)的研究中发现，农药施用技术和农业知识的传播具有“邻近效应”和“规模等级效应”，示范区的建立不仅降低了农业碳足迹，而且起到了一定的示范效应，能够影响周围农户们的操作习惯。

在农民常规种植的过程中，通常种植的面积为 0.13～0.67 hm^2，示范区的面积为 6.67～26.67 hm^2。与示范区相比，农民常规耕作不仅会造成种植的成本增加，相对的碳排放量也有所增加。陈中督(2019)的研究表明，随着种植规模的增加，稻麦生产系统的碳足迹会出现逐渐降低的趋势。Yan 等(2015)研究中也表明，相对于小型农场而言，大型农场小麦和玉米的碳足迹均显著减少 22%～28%，这表明规模化种植有助于减少生产过程中的碳排放量，因此通过扩大合作社规模，或者整合小户建立新型经营主体，大规模统一种植可以有效减少农田碳足迹。在调查的过程中还发现，示范区的建立具有一定的辐射作用，对周围村镇具有一定的影响。农民在种植的过程中会参考和借鉴示范区的种植品种、施肥、灌溉的时间和频率，因此示范区的建立不仅本身有低碳减排的作用，而且在一定空间范围内具有很好的示范效应。

1.4　结论

河南省的小麦-玉米轮作农田作为 CH_4 的吸收汇，N_2O 的排放源。玉米季的 CH_4 吸收量和 N_2O 的排放量大于小麦季的 CH_4 吸收量和 N_2O 的排放量。GWP 表现为豫中＞豫北＞豫南＞豫西。在本试验中，河南省碳足迹呈现出中北高、西南低的分布格局。碳足迹的主要来源是农业灌溉和化肥投入，其次是土壤的直接碳排放和农业机械的使用。在本研究中，小麦的单位产量碳足迹为 0.20～0.33 kg/kg，玉米的单位产量碳足迹为 0.16～0.29 kg/kg。

对比各个生态区的温室气体排放和碳足迹，优化灌溉模式，适时、适量地施肥是降低农田碳排放的主要方式。针对不同生态区的特点，应当制定不同的减排措施。在豫南雨养区，夏季雨水充沛，但病虫害频发，控制农药使用，提倡生物防治是豫南地区的重要减排方法之一。豫中补灌区和豫北灌溉区地势相对较为平坦，灌溉条件便利，优化灌溉，合理利用水资源是豫中和豫北降低碳排放的关键点。豫西旱作区由于灌溉和降水条件有限，品种选育上应选择分蘖强，根系发达，耐旱强的作物品种，以提高产量，降低单位产量碳足迹。然而如何有效降低河南省农业生产中的碳排放量还需要进一步的探讨。

参考文献

[1] CHENG K, PAN G, SMITH P, et al. Carbon footprint of China's crop production: An estimation using agro-statistics data over 1993—2007. Agriculture Ecosystems & Environment, 2011, 142(3-4): 231-237

[2] HE L Y, ZHANG A F, WANG X D, et al. Effects of different tillage practices on the carbon footprint of wheat and maize production in the Loess Plateau of China. Journal of Cleaner Production, 2019, 234: 297-305

[3] ALAM M K, BELL R W, BISWAS W K. Decreasing the carbon footprint of an intensive rice-based cropping system usingconservation agriculture on the Eastern Gangetic Plains. Journal of Cleaner Production, 2019, 218: 259-272

[4] MONTZKA S A, DLUGOKENCKY E J, BUTLER J H. Non-CO_2 greenhouse gases and climate change. Nature, 2011, 476 (7358): 43-50

[5] SHE W, WU Y, HUANG H, et al. Integrative analysis of carbon structure and carbon sink function for major crop production in China's typical agriculture regions. Journal of Cleaner Production, 2017, 162: 702-708

[6] TAN Y C, XU C, LIU D X, et al. Effects of optimized N fertilization on greenhouse gas emission and crop production in the North China Plain. Field Crops Research, 2017, 205: 135-146

[7] XU C, HAN X, BOL R, et al. Impacts of natural factors and farming practices on greenhouse gas emissions in the North China Plain: A meta-analysis. Ecology and Evolution, 2017, 7(17): 6702-6715

[8] YAN M, CHENG K, LUO T. Carbon footprint of grain crop production in china-based on farm survey data. Journal of Cleaner Production, 2015, 104: 130-138

[9] 陈中督，徐春春，纪龙，等. 长江中游地区稻麦生产系统碳足迹及氮足迹综合评价. 植物营养与肥料学报，2019，25(7)：1125-1133

[10] 方恺. 足迹家族：概念、类型、理论框架与整合模式. 生态学报，2015，35(6)：1647-1659

[11] 郭霞. 基于农户生产技术选择的农业技术推广体系研究：以江苏省小麦生产为例. 南京：南京农业大学，2008

[12] 李春喜，李斯斯，邵云，等. 有机物料还田对冬小麦农田土壤温室气体排放影响的研究. 中国生态农业学报，2019，27(6)：815-824

[13] 王小彬，武雪萍，赵全胜，等. 中国农业土地利用管理对土壤固碳减排潜力的影响. 中国农业科学，2011，44(11)：2284-2293

[14] 王玉英，李晓欣，董文旭，等. 华北平原农田温室气体排放与减排综述. 中国生态农业学报，2018，26(2)：167-174

[15] 王钰乔，赵鑫，李可嘉，等. 华北平原小麦生产的碳足迹变化动态的研究. 中国人口·资源与环境，2015，25(11)：267-270

[16] 王钰乔，濮超，赵鑫，等. 中国小麦、玉米碳足迹历史动态及未来趋势. 资源科学，2018，40(9)：1800-1811

[17] 王占彪，王猛，陈阜. 华北平原作物生产碳足迹分析. 中国农业科学，2015，48(1)：83-92

[18] 武宁，王恩慧，王充卯，等. 耕作方式对小麦-玉米两熟农田生态系统碳足迹的影响. 山东农业科学，2017，49(6)：34-40

[19] 俞祥群，姜振辉，王江怀，等. 减氮施肥对春玉米-晚稻生产系统碳足迹的影响. 应用生态学报，2019，30(4)：1397-1403

[20] 姚凡云，王立春，多馨曲，等. 不同氮肥对东北春玉米农田温室气体周年排放的影响. 应用生态学报，2019，30(4)：1303-1311

[21] 张卫红，李玉娥，秦晓波，等. 长期定位双季稻田施用生物炭的温室气体减排生命周期评估. 农业工程学报，2018，34(20)：132-140

[22] 张志高，娄延军，张玉，等. 2003—2015 年河南省粮食增产格局与贡献因素研究. 中国农业资源与区划，2018，39(6)：28-34

[23] 朱龙飞，徐越，张志勇，等. 不同施氮措施对冬小麦农田土壤温室气体通量的影响. 生态环境学报，2019,28(1)：143-151

[24] 朱永昶，李玉娥，姜德锋，等. 基于生命周期评估的冬小麦-夏玉米种植系统碳足迹核算：以山东省高密地区为例. 农业资源与环境学报，2017，34(5)：473-482

[25] 邹晓霞，张晓军，王月福，等. 山东省小麦-夏直播花生种植体系碳足迹. 应用生态学报，2018，29(3)：167-173

2　有机物料还田和减施氮肥对麦-玉周年农田碳足迹、氮足迹、水足迹及经济效益的影响[①]

摘　要：为研究不同有机物料还田与减施氮肥处理对农田碳足迹、氮足迹、水足迹及经济效益的影响，本试验以单施化肥处理（CK，270 kg/hm²）为对照，设置了秸秆（J）、秸秆＋牛粪（JF）、秸秆＋菌渣（JZ）3种有机物料还田方式，耦合减施氮肥10％（N1，243 kg/hm²）、20％（N2，216 kg/hm²）、30％（N3，189 kg/hm²）3个施氮水平，共计10个处理。结果表明，与单施化肥相比，有机物料还田与减施氮肥处理能够显著提高作物产量及农田经济效益，且以JZN1、JN2和JFN3对农田经济效益的提高效果最为显著；JN1、JN2、JFN2、JFN3和JZN3均可以有效增加农田的净碳值及碳效率，降低农田的生产氮足迹，增加其输出氮足迹，提高氮投入有效利用水平，同时降低农田水足迹。其中JFN3可以在保证农田经济效益的同时，显著提高了碳效率和氮投入有效利用水平，降低了生产氮足迹和农田的水足迹，因此建议豫北地区采用秸秆＋牛粪还田，配施纯氮189 kg/hm² 的施肥方式。

关键词：有机物料；减施氮肥；碳足迹；氮足迹；水足迹；经济效益

有机肥与无机肥配施是当前农业领域的研究热点。有机肥与无机肥配合施用既弥补了单施有机肥时肥效较为缓慢、肥料中的氮素当季利用率低等缺点，又降低了过量施用化肥所带来的不良影响，对维持作物高产、稳产，改善农田生态环境，促进农业可持续发展具有重要意义。对农田生产活动现状进行客观评估是实现农业可持续发展的第一步，而足迹指标正是农田生态系统生产活动的评估指标。本研究中的足迹类型主要有碳足迹、氮足迹和水足迹。目前我国对于农田碳足迹的研究多集中在耕作措施、种植模式、灌溉方式等方面，对于有机无机肥配施对农田碳足迹影响的研究较少。如史磊刚等（2011）在对华北平原麦-玉种植模式下碳足迹的研究中发现，化肥与灌溉造成的碳排放是影响麦-玉模式碳足迹的关键。胡乃娟等（2018）研究了不同麦秸还田方式对周年稻麦轮作农田碳足迹的影响。结果表明，在旋耕、翻耕和沟埋3种麦秸还田方式中，麦秸沟埋还田能够在增加作物产量的同时，也减少了农田碳排放量。与碳足迹相比，氮足迹的研究起步相对较晚，因此目前我国对农田氮足迹的研究相对较少，且氮足迹的核算方法仍然在不断地更新与完善。周涛等（2014）对2010年广东省的农业氮足迹进行的分析发现，饲料与化肥的氮足迹在农业氮足迹中所占的比重最大。周杏等（2018）对湖北省

---

① 作者：李春喜、刘晴、邵云、李斯斯、李晓波、翁正鹏；作者简介：李春喜（河南师范大学教授，博士，主要从事小麦栽培及生理研究，E-mail：496513087@qq.com）。

油菜种植的氮足迹进行了分析。结果表明，肥料类型对排放活性氮的组分有显著影响，施用有机肥可以显著减少活性氮排放。目前国内外对于水足迹影响的研究较为完善，但多数集中在区域性的农田生态系统，对于不同施肥方式对农田水足迹的研究较为少见。秦丽杰等(2012)对吉林省西部玉米生产水足迹进行了研究。盖力强等(2010)对华北平原小麦、玉米的生产水足迹进行了研究。结果表明，绿水在当地的作物生产中占有重要地位，且减少了小麦、玉米生产水足迹，这对华北平原具有重要意义。前人在对农业生产中的碳足迹、氮足迹、水足迹进行研究时，多只考虑了其中一个方面，仅有少数研究将多个足迹指标综合考虑，同时将农田生态系统的碳足迹、氮足迹和水足迹综合考虑的研究更是少之又少。

本研究针对我国豫北地区存在的化肥施用量过大、农业废弃物利用率低等问题，在有机物料还田的基础上，梯度减施氮肥，探究有机肥和化肥配合施用的适宜施肥量，在保证作物高产、稳产，提高农田经济效益的前提下，综合考虑农田生态系统的碳足迹、氮足迹和水足迹，确立农田碳、氮、水高效利用的优化培肥模式，为形成和发展高产、低耗的肥料施用技术提供理论支持。

2.1 材料与方法

2.1.1 试验地概况

在始于2008年的定位试验基础上，于2017年10月至2018年10月在河南省新乡市获嘉县照镜镇前李村高产试验田(113°39′E，35°09′N)进行试验。试验田土壤为黏壤土，土壤肥沃，适宜播种，定位试验前耕层土壤及施加的有机肥养分含量见表1，试验期间的气温和降水变化见图1。

表1 播种前土壤和有机肥养分含量测定结果

项目	全氮/(g/kg)	有机碳/(g/kg)	pH	全磷/(g/kg)	速效氮/(mg/kg)	速效磷/(mg/kg)
播前土	1.36	13.80	8.05	0.55	52.35	23.49
秸秆	7.39	79.01	7.71	1.53	—	—
菌渣	7.56	19.61	8.23	10.91	—	—
牛粪	25.1	60.04	7.55	12.57	—	—

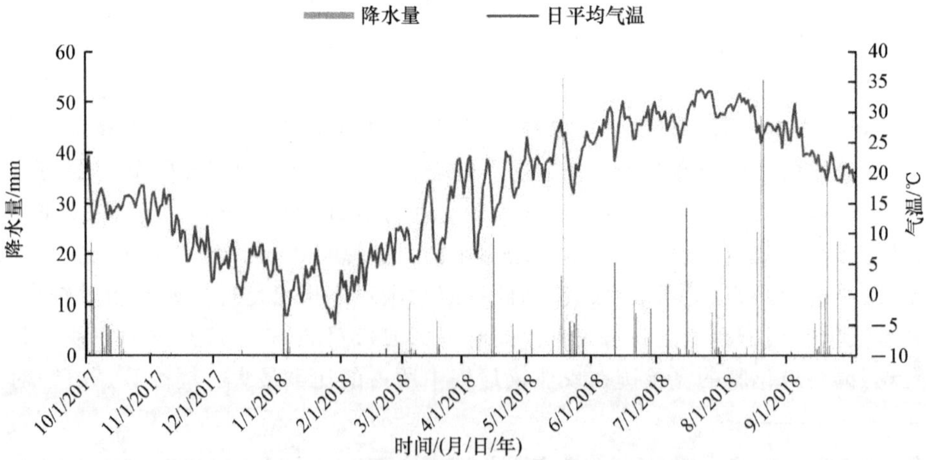

图1 试验期间的气温和降水变化

2.1.2　试验设计

试验田种植模式为麦-玉一年两熟模式，供试小麦品种为‘百农矮抗 58’，玉米品种为‘郑单 958’。试验于小麦季施加处理，以单施纯氮 270 kg/hm^2 为对照(CK)，设置了 J(秸秆全量还田，4 200 kg/hm^2)、JF(秸秆全量还田＋牛粪，牛粪 45 m^3/hm^2)、JZ(秸秆全量还田＋菌渣，菌渣 60 m^3/hm^2)3 种有机物料还田方式；耦合 N1(纯氮 243 kg/hm^2，较 CK 减量 10%)、N2(纯氮 216 kg/hm^2，较 CK 减量 20%)、N3(纯氮 189 kg/hm^2，较 CK 减量 30%)3 个施氮水平，共计 10 个处理。每小区面积为 5 m×6 m＝30 m^2，3 次重复。

小麦季于播前(2017 年 10 月 13 日)分别底施有机肥及化肥，CK 底施纯氮 162 kg/hm^2，N1～N3 分别底施纯氮 135 kg/hm^2、108 kg/hm^2 和 81 kg/hm^2，同时各处理底施 K_2O 180 kg/hm^2、P_2O_5 120 kg/hm^2、硫黄 60 kg/hm^2、$ZnSO_4$ 22.5 kg/hm^2；第二年拔节期(2018 年 3 月 24 日)追施纯氮 108 kg/hm^2。玉米季所有处理于玉米出苗后 25～30 d(2018 年 7 月 18 日)施加复合肥($N:P_2O_5:K_2O=28:6:6$)900 kg/hm^2，除 CK 外，前茬小麦秸秆全部还田。在试验期间，具体的灌水日期及灌水量：2017 年 12 月 5 日灌水 60 mm；2018 年 3 月 25 日灌水 68 mm；2018 年 6 月 10 日灌水 100 mm；2018 年 7 月 18 日灌水 140 mm。其余管理同一般大田。

2.1.3　测定指标与方法

2.1.3.1　小麦、玉米产量

于小麦成熟期(2018 年 5 月 31 日)在每个小区随机选取 1 m^2 单收，3 次重复，小型脱粒机脱粒，晒干后计算产量。每小区随机选取 20 株植株考种，测定小麦千粒重。

于玉米成熟期(2018 年 9 月 12 日)在每小区随机选取 3 m^2 单行单收，风干后进行考种，测定玉米的单株穗粒数、百粒重和产量。

2.1.3.2　土壤呼吸

分别于小麦苗期(2017 年 12 月 22 日)、拔节期(2018 年 3 月 29 日)、开花期(2018 年 4 月 26 日)、成熟期(2018 年 5 月 31 日)，玉米苗期(2018 年 6 月 23 日)、拔节期(2018 年 7 月 9 日)、大喇叭口期(2018 年 7 月 21 日)、成熟期(2018 年 9 月 12 日)测定田间土壤呼吸状态，采用 EGM-4 便携式土壤 CO_2/H_2O 通量测定仪于晴天上午 8:30～11:30 测定，用测得的土壤呼吸数据估算农田碳排放。

2.1.3.3　土壤气体排放

分别于小麦苗期、拔节期、开花期、成熟期，玉米苗期、拔节期、大喇叭口期、成熟期采用静态箱法对农田土壤气体的排放进行监测。每次测定时间为上午 8:30～11:30，采集的气体样品使用 Agilent7890A 气相色谱仪测定温室气体排放峰面积。试验小区静态箱盖箱期间的气体排放通量采用直线回归法进行计算：

$$F=\frac{M}{22.4}\times\frac{273}{(273+T)}\times 60\times H\times\frac{d_c}{d_t}$$

式中：F 为目标气体的排放通量[mg/(m^2·h)]；M 为气体的摩尔质量；22.4 为标准状态下气

体的摩尔体积(L/mol);H 为采样箱内高度(cm);$\frac{d_c}{d_t}$为箱内气体浓度随时间变化的回归曲线斜率。生育期内的排放总量采用线性内插法计算。用测得的温室气体排放数据估算农田的氮挥发量。

2.1.4 农田碳足迹、氮足迹、水足迹及经济效益的估算

2.1.4.1 农田碳足迹的估算

农田碳足迹是指农业生产活动在生命周期内的碳排放总量,包括直接碳排放与间接碳排放。其计算公式为:

$$C_I = C_r + C_f$$

$$C_f = \sum_{i=1}^{n} C_{fi} = \sum_{i=1}^{n} m_i \beta_i$$

式中:C_I 为碳排放总量;C_r 为农田碳排放,由土壤呼吸数据估算,C_f 为农作物生命周期内各生产资料的碳足迹;n 为整个生产过程中消耗了 n 种物质;C_{fi} 为第 i 种物质的碳足迹;m_i 为第 i 种物质的消耗量;β_i 为第 i 种物质的碳排放参数。碳排放参数取值为农药 6.3 kg/kg,电能 0.25 kg/(kWh),柴油 0.94 kg/kg,氮肥 1.74 kg/kg,磷肥 0.20 kg/kg,钾肥 0.15 kg/kg,小麦种子 0.11 kg/kg,玉米种子 1.05 kg/kg。

碳固定量为作物成熟期生物量的固碳值,其计算公式为:

$$C_o = M \times (1 - w) \times C$$

式中:C_o 为碳固定量;M 为作物的生物产量;w 为作物含水率;C 为作物植株含碳百分数。冬小麦的作物含水率为 0.125,含碳率为 0.405;夏玉米的作物含水率为 0.135,含碳率为 0.405。

$$N_c = C_o - C_I$$

$$C_e = C_o / C_I$$

式中:N_c,为净碳值,当 $N_c > 0$ 时,农田生态系统为固碳状态,当 $N_c < 0$ 时,农田生态系统为排碳状态;C_e 为碳效率。本文中的碳排放量、作物固碳量、净碳值统一用碳当量(kg CE)表示,考虑到单位标准化,将"kg CE"省略为"kg"。

2.1.4.2 农田氮足迹的估算

农田氮足迹包括生产氮足迹和输出氮足迹。生产氮足迹主要考虑了投入生产资料、机械能源消耗和自然挥发氮;输出氮足迹主要考虑了农产品收获和秸秆废弃物。有效利用水平为输入的氮素总量转换为农产品收获的比率。其计算方法如下:

$$NF_{\mathrm{seed}} = A_{\mathrm{seed}} \times A_{\mathrm{a}} \times N_{\mathrm{seed}}$$

$$NF_{\mathrm{fer}} = T_{\mathrm{fer}} \times N_{\mathrm{fer}}$$

$$NF_{\mathrm{en}} = NF_{\mathrm{NO}_x} + NF_{\mathrm{N_2O}}$$

$$NF_{\mathrm{NO}_x} = EC \times \mathrm{EFH} \times c_1$$

$$NF_{\mathrm{N_2O}} = EC \times \mathrm{EFM} \times c_2$$

有效利用水平=农产品收获氮足迹/生产氮足迹

式中：NF_{seed} 为种子氮足迹；A_{seed} 为单位面积用种量；A_a 为播种面积；N_{seed} 为作物种子含氮量；NF_{fer} 为肥料氮足迹，包括有机肥和无机肥；T_{fer} 为施肥量；N_{fer} 为肥料含氮量；NF_{en} 为机械能源氮足迹；NF_{NO_x} 和NF_{N_2O} 分别表示 NO_x 和 N_2O 氮足迹；EC 为耗柴油量；FEH 为柴油的 NO_x 的排放因子，取值 31 kg/t；EFM 为柴油的 N_2O 排放因子，取值 25.59 kg/t；c_1 和c_2 为 NO_x 和 N_2O 的含氮量，分别取值 0.304 和 0.727。

2.1.4.3　农田水足迹的估算

分别从蓝水、绿水和灰水三个方面研究作物的水足迹。蓝水足迹主要为农田灌溉用水量；绿水足迹为作物在生育期内土壤的耗水量与降水量；灰水足迹是指将作物生产中所造成的水污染稀释到标准水所用的水量。作物需水一般包括绿水和蓝水两部分，计算公式为：

$$WF_{prod,blue}=\frac{CWU_{prod,blue}}{Y}$$

$$WF_{prod,green}=\frac{CWU_{prod,green}}{Y}$$

式中：$WF_{prod,blue}$ 为蓝水足迹（m^3/kg）；$WF_{prod,green}$ 为绿水足迹（m^3/kg）；$CWU_{prod,blue}$ 和 $CWU_{prod,green}$ 分别为作物在生育期的蓝水和绿水资源利用量（m^3/hm^2）；Y 为作物单位面积产量（kg/hm^2）。

本文对灰水足迹进行估算时主要考虑施用氮肥对水体造成的污染，未考虑其他肥料及农药对水质的污染。采用临界稀释体积法计算灰水需求量，其计算公式如下：

$$WF_{prod,grey}=\frac{CWU_{prod,grey}}{Y}$$

$$CWU_{prod,grey}=\frac{L_p}{C_{max}-C_{nat}}$$

式中：$WF_{prod,grey}$ 为灰水足迹（m^3/kg）；$CWU_{prod,grey}$ 为作物在生育期的灰水资源利用量（m^3/hm^2）；Y 为作物单位面积产量（kg/hm^2）；L_p 为进入水体的污染物的量，通常选取总施氮量的 10%；C_{max} 为水体可接受的最大污染物浓度，本研究采用 USEPA 标准，即以每升饮用水中不超过 10 mg 氮计算；C_{nat} 为自然状态下水体中该污染物的浓度，通常为 0。

作物生产水足迹就是该地区作物生长过程中所消耗的水资源量，即蓝水足迹、绿水足迹和灰水足迹之和，其计算公式如下：

$$WF_{prod}=WF_{prod,blue}+WF_{prod,green}+WF_{prod,grey}$$

式中：WF_{prod} 为作物生产水足迹（m^3/kg）。

2.1.4.4　农田经济效益估算

采用市场价值法计算农田的经济效益，其计算公式：

$$V=S\times Y\times P-C$$

式中：V 为农田经济效益（元/hm^2）；S 为种植面积（hm^2）；Y 为小麦或玉米的产量（kg/hm^2）；P 为小麦或玉米的市场价格（元/kg），小麦的市场价格为 2.4 元/kg，玉米的市场价格为

1.88元/kg；C为小麦或玉米的生产成本(元)，包括机械投入、劳动成本和生产资料投入。其中生产资料投入包括农药、种子和化肥；小麦种子价格为4.5元/kg，玉米种子价格为5.8元/kg，氮肥为2.4元/kg，K_2O为5元/kg，P_2O_5为3元/kg，$ZnSO_4$为6元/kg，玉米复合肥为2.5元/kg。

2.2 结果与分析

2.2.1 冬小麦、夏玉米产量及其构成因素

由表2可知，有机物料还田的各处理均能不同程度地提高小麦及玉米产量，不同有机物料处理下的小麦产量表现为JZ>JF>J>CK，比CK增加了1.90%～69.64%。在JZ条件下，随配施氮量的增加，小麦产量呈上升趋势。其原因可能是长期施加菌渣改良了麦田土壤质量，增加了麦田所能利用的最大氮量。在JF条件下，随着施氮量的增加小麦产量呈下降趋势，各施氮水平下小麦产量比CK增加了19.52%～31.35%；在J条件下，各施氮水平小麦产量比CK增加了1.90%～31.76%，且N2水平对小麦产量的增加效果最为显著，说明在秸秆还田处理下，配施氮量过高或过低均不利于小麦产量最大限度的增加。从产量结构上分析，小麦季各处理的单位面积穗数表现为JZ>JF>J>CK的单位面积穗数，均显著高于CK的单位面积和穗数，但有机物料还田各处理的千粒重均显著低于CK的千粒重，因此有机物料还田处理主要通过提高小麦的公顷穗数，而非千粒重来提高小麦产量。

不同处理下的玉米产量比CK增加了2.10%～45.18%，且表现为J>JF>JZ>CK，小麦季产量最高的JZ在玉米季产量较低。其原因可能是JZ的小麦生长旺盛，对土壤中养分的消耗较大。在J条件下，各处理的差异不显著，但均显著高于CK，比CK增加了36.99%～39.81%；在JF条件下，与小麦季类似，随配施氮量的增加玉米产量呈降低趋势。其原因可能是牛粪中有机质含量远高于菌渣和秸秆，因此在玉米季时养分供应仍充足。玉米的穗粒数和百粒重均表现为J>JF>CK>JZ。在J条件下，JN1与JN2的百粒重均高于JN3；在JF条件下，各处理的穗粒数和百粒重均表现为JFN3的最高，与产量趋势一致；在JZ条件下，仅JZN1的穗粒数显著高于CK，说明J与JF主要通过增加玉米的穗粒数及百粒重来提高玉米产量，JZ不能有效增加玉米产量及其各个构成因素。

表2 不同处理下的小麦、玉米的产量及构成因素

处理	小麦季			玉米季		
	穗数/(万 hm^2)	千粒重	产量/(kg/hm^2)	穗粒数/粒	百粒重	产量/(kg/hm^2)
CK	464 e	47.06 a	6 176.46 d	436.67 c	23.70ef	8 538.78 g
JN1	558 cd	45.19 b	7 225.28 c	523.00 b	27.63 a	11 938.44 b
JN2	546 d	45.29 b	8 138.14 b	528.67 b	26.86 ab	11 721.44 b
JN3	510 de	44.50 bc	6 294.08 d	555.67 ab	25.57 bcde	11 697.33 b
JFN1	574 bcd	42.42 d	7 381.94 c	449.33 c	25.74 abcd	9 551.44 e
JFN2	628 abc	43.91 bcd	7 493.52 c	548.33 ab	24.20 cdef	10 956.78 c

续表2

处理	小麦季			玉米季		
	穗数/(万 hm^2)	千粒重	产量/(kg/hm^2)	穗粒数/粒	百粒重	产量/(kg/hm^2)
JFN3	638 ab	44.96 b	8 113.05 b	580.00 a	25.88 abc	12 396.56 a
JZN1	682 a	42.84 cd	10 478.04 a	540.67 ab	22.47 f	10 040.56 d
JZN2	640 ab	42.14 d	8 077.97 b	473.00 c	23.19 f	9 065.78 f
JZN3	628 abc	43.50 bcd	7 879.25 b	442.67 c	23.83 def	8 717.89 fg

注：同列不同小写字母分别表示处理间差异显著($P<0.05$)。

2.2.2 麦-玉周年农田经济效益估算

如表 3 所示，不同有机物料在还田处理下的农田经济效益表现为 J>JZ>JF>CK。在 J 条件下，农田经济效益表现为 JN2>JN1>JN3，JN2 的农田经济效益为最高，比 CK 增加了 60.71%；在 JZ 条件下，农田经济效益与施氮量呈正相关，最高的 JZN1 达 27 365.09 元/hm^2，较 CK 增加了 69.94%；在 JF 条件下，不同施氮水平的农田经济效益表现为 JFN3>JFN2>JFN1，随着施氮量的增加，农田经济效益降低，但均显著高于 CK。综上所述，与单施化肥相比，有机物料还田增加了农田的经济投入，但在增加经济投入的同时，也大幅度增加了农田的经济产出，因此可以显著增加农田经济效益，且 JZN1、JN2 和 JFN3 对农田经济效益的增加效果最为显著。

表 3　不同处理下麦-玉周年农田经济效益　　元/hm^2

处理	经济价值	生产成本			经济效益
		机械投入	劳动成本	生产资料	
CK	30 876.40	3 495.00	5 350.00	5 928.25	16 103.15 g
JN1	39 784.94	4 395.00	5 500.00	5 863.45	24 026.49 c
JN2	41 567.85	4 395.00	5 500.00	5 793.85	25 879.00 b
JN3	37 096.78	4 395.00	5 500.00	5 733.85	21 467.93 d
JFN1	35 673.37	4 395.00	5 600.00	7 363.45	18 314.92 f
JFN2	38 583.18	4 395.00	5 600.00	7 293.85	21 294.33 d
JFN3	42 776.86	4 395.00	5 600.00	7 233.85	25 548.01 b
JZN1	44 023.54	4 395.00	5 650.00	6 613.45	27 365.09 a
JZN2	36 430.78	4 395.00	5 650.00	6 543.85	19 841.93 e
JZN3	35 299.83	4 395.00	5 650.00	6 483.85	18 770.98 ef

2.2.3 麦-玉周年农田碳足迹估算

农田碳足迹包括由土壤呼吸估算的农田碳排放及生产资料碳排放。由图 2 可知，农田碳排放是农田碳足迹的重要组成部分，占 49.58%～66.69%，且除 JZN3 外，有机物料在还田处理下的农田碳排放均高于 CK。在生产资料碳排放中，农田灌溉与施用化肥引起的碳排放占生产资料碳排放总量的 96%以上。其差异主要存在于施用化肥引起的碳排放，施氮量与碳排放量呈正相关。麦-玉周年农田碳足迹表现为 J>JZ>JF>CK，与农田直接碳排放表现出一致的趋势，且除 JFN2 和 JZN3 外，其他有机物料的还田处理均增加了麦-玉周年农田的碳足迹，以 J 对碳足迹的增加为最多。

由表 4 可知，不同处理下的农田净碳值均表现为正值，说明该农田生态系统为固碳状态。不同有机物料在还田处理下的农田净碳值表现为 JF>JZ>J>CK。在 JF 条件下，JFN3 的净碳值最高，比 CK 增加了 74.96%；在 JZ 条件下，各施氮水平的农田净碳值比 CK 增加了 16.91%～42.36%；在 J 条件下，仅 JN3 的农田净碳值略低于 CK，但差异不显著。碳效率是碳固定量与碳排放量的比值，是评价农作物碳足迹强度的重要指标。不同有机物料在还田处理下的农田碳效率整体表现为 JF>JZ>J>CK，除 JFN1、JZN2 和 JN3 外，其他处理均能有效增加农田碳效率，因此与单施化肥相比，有机物料的还田处理虽然增加了麦-玉周年农田生态系统的碳足迹，但是也显著增加了农田碳固定量，进而增加农田净碳值及碳效率。

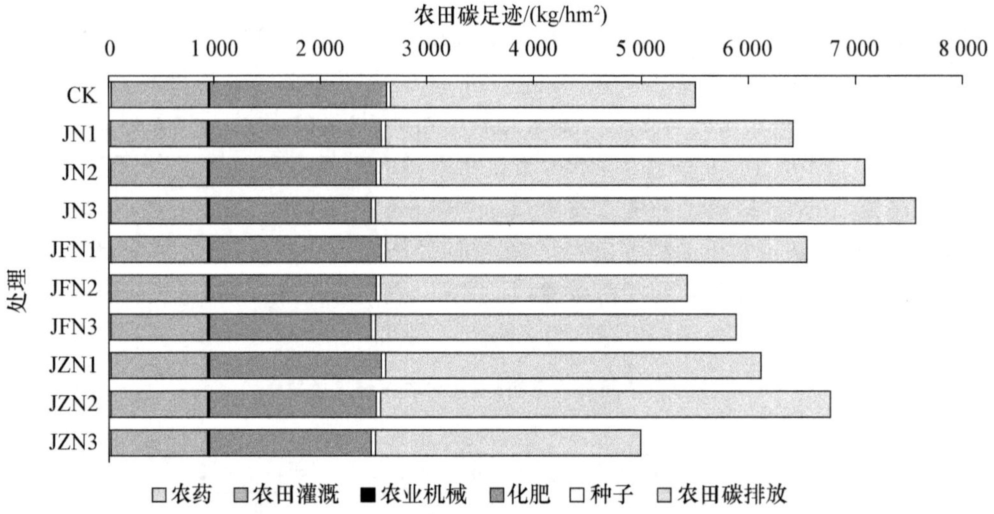

图 2　不同处理下的麦-玉周年农田碳足迹

表 4　不同处理下的麦-玉周年农田碳排放量、碳固定量、净碳值和碳效率

处理	碳排放量/(kg/hm²)	碳固定量/(kg/hm²)	净碳值/(kg/hm²)	碳效率/%
CK	5 504.66	11 320.45 g	5 815.79 fg	2.06
JN1	6 414.51	15 091.80 b	8 677.29 c	2.35
JN2	7 083.07	14 818.88 bc	7 735.81 d	2.09
JN3	7 561.86	13 128.23 e	5 566.38 g	1.74
JFN1	6 541.33	12 733.78 f	6 192.45 f	1.95
JFN2	5 428.80	14 937.33 b	9 508.54 b	2.75
JFN3	5 887.55	16 063.09 a	10 175.54 a	2.73
JZN1	6 117.25	14 396.37 c	8 279.12 c	2.35
JZN2	6 764.25	13 563.61 d	6 799.37 e	2.01
JZN3	4 995.38	12 375.94 f	7 380.56 d	2.48

2.2.4　麦-玉周年农田氮足迹估算

如表 5 所示，生产氮足迹分为生产资料投入、机械能源和自然挥发。生产资料投入是生产氮足迹的主要来源，占其总量的 71.16%～83.28%。机械能源包括整地、收获及秸秆等有机物料还田对柴油的消耗，各处理机械能源氮足迹均较小。各处理的自然挥发氮足迹表现为在 J 条件下仅 JN2 高于 CK；在 JZ 条件下各施氮水平均高于 CK。在输出氮足迹中，不同有机物料在还田时的农产品收获氮足迹表现为 JZ>J>JF>CK。在 J 条件下，各水平的农产品收获氮足迹比 CK 增加了 18.90%～39.63%；在 JZ 条件下，JZN1 的农产品收获氮足迹最高，达 2.33 kg；在 JF 条件下，配施氮量与农产品收获氮足迹呈负相关，以 JFN3 为最高。有效利用水平为农产品收获氮足迹与生产氮足迹的比值，有机物料还田处理下的有效利用水平均显著高于单施化肥处理。在 J 条件下，各施氮水平的有效利用水平比 CK 增加了 31.76%～39.41%；在 JF 条件下，配施氮量越高，有效利用水平越低，JFN3 有效利用水平最高，为 0.246 1；在 JZ 条件下以 JZN1 的有效利用水平为最高，比 CK 增加了 29.33%，因此与单施化肥相比，有机物料还田下减施氮肥能够降低麦-玉周年农田生态系统的生产氮足迹，增加其输出氮足迹，提高氮投入有效利用水平。

表 5　不同处理下的麦-玉周年农田氮足迹

处理	生产氮足迹/kg				输出氮足迹/kg		有效利用水平
	生产资料投入	机械能源	自然挥发	总量	农产品收获	秸秆废弃物	
CK	8.12	0.00	2.11	10.23	1.64 g	1.20	0.160 6±0.002 4 h
JN1	8.05	0.01	2.05	10.11	2.14 b	0.81	0.211 6±0.002 8 de
JN2	7.81	0.01	2.40	10.22	2.29 a	0.32	0.223 9±0.003 1 b
JN3	7.57	0.01	1.57	9.25	1.95 e	0.66	0.213 8±0.002 3 cd
JFN1	8.06	0.01	2.05	10.12	1.82 f	0.43	0.180 1±0.000 5 g
JFN2	7.82	0.01	1.57	9.40	2.05 cd	0.20	0.218 2±0.001 4 bc
JFN3	7.57	0.01	1.84	9.42	2.32 a	1.04	0.246 1±0.002 0 a
JZN1	7.97	0.01	3.22	11.20	2.33 a	0.48	0.207 7±0.004 1 de
JZN2	7.72	0.01	2.53	10.26	2.02 d	0.45	0.196 8±0.006 0 f
JZN3	7.48	0.01	2.63	10.12	2.09 bc	0.39	0.206 4±0.005 4 e

2.2.5　麦-玉周年农田水足迹估算

采用虚拟水的方法计算了不同处理下作物的水足迹，结果如表 6 所列。与 CK 相比，有机物料还田配施氮肥显著降低了作物的水足迹，有机物料还田配施氮肥处理下麦田的蓝水、绿水、灰水足迹均有不同程度的降低，且灰水足迹的降低效果最好。麦-玉周年农田水足迹总量表现为 JZ<JF<J<CK。在 JZ 条件下，配施氮量与水足迹呈负相关，JZN1 处理对农田水足迹的降低效果最显著；在 JF 条件下，配施氮量与水足迹呈正相关，水足迹最低的 JFN3 比 CK 降低了 27.44%；在 J 条件下，农田水足迹表现为 JN2<JN1<JN3，比 CK 降低了 6.31%～26.50%。综上所述，与单施化肥相比，有机物料还田配施氮肥处理可以显著降低作物的水足迹，且以 JZN1、JFN3 和 JN2 对麦-玉周年农田水足迹的降低效果最好。

表6　不同处理下的麦-玉周年农田水足迹

处理	耗水量/(m^3/hm^2)				水足迹/(m^3/kg)			
	蓝水	绿水	灰水	总量	蓝水	绿水	灰水	总量
CK	3 673.16	6 893.04	9 000.00	19 566.20 a	0.59	1.12	1.46	3.17 a
JN1	3 673.16	6 827.41	8 730.00	19 230.57 c	0.51	0.94	1.21	2.66 c
JN2	3 673.16	6 861.16	8 460.00	18 994.32 d	0.45	0.84	1.04	2.33 d
JN3	3 673.16	6 799.82	8 190.00	18 662.98 f	0.58	1.08	1.30	2.96 b
JFN1	3 673.16	6 898.40	8 730.00	19 301.56 b	0.50	0.93	1.18	2.61 c
JFN2	3 673.16	6 896.84	8 460.00	19 030.00 d	0.49	0.92	1.13	2.54 c
JFN3	3 673.16	6 829.38	8 190.00	18 692.54 ef	0.45	0.84	1.01	2.30 d
JZN1	3 673.16	6 844.62	8 730.00	19 247.78 c	0.35	0.65	0.83	1.83 e
JZN2	3 673.16	6 901.86	8 460.00	19 035.02 d	0.45	0.85	1.05	2.35 d
JZN3	3 673.16	6 860.65	8 190.00	18 723.81 e	0.47	0.87	1.04	2.38 d

2.3　讨论

本研究以小麦播种为起点，玉米收获为终点，分别计算了麦-玉周年农田生态系统的碳足迹、氮足迹和水足迹。结果表明，与单施化肥相比，有机物料还田和减施氮肥增加了农田的碳排放量，与前人研究结果一致。添加的有机肥增加了农田的直接碳排放量。其原因是有机肥的施入增加了土壤中碳的含量，土壤微生物活性增强，土壤呼吸增强，同时有机肥的施入促进了植物根系的生长，根系生物量增加，并增加了土壤中的根茬残留物。但是有机物料还田造成的农田直接碳排放量的增加不会影响大气 CO_2 浓度的变化。其原因是本研究中所施用的有机肥为农业废弃物。这些农业废弃物如果没有施入农田，同样会矿化释放为 CO_2，并同时造成环境污染。在农田碳足迹组成中，化肥与灌溉所造成的碳足迹占碳足迹总量的 32.29%～48.89%，所占比例较大，与 Cheng 等(2011)对中国作物生产碳足迹构成的研究结果相似。其原因可能是国内化肥与电能生产能耗较高。降低能源和工业部门的碳排放对降低农业生产生命周期内的碳足迹仍然十分重要。同时，降低农田施氮量，提高作物氮素利用效率也是降低农田碳足迹的重要措施。

与碳足迹、水足迹相比，目前国内外对于氮足迹的研究相对较少。借鉴碳足迹的概念，本研究主要从生产和输出两方面对农田生态系统的氮足迹进行了估算。在生产氮足迹中，秸秆＋菌渣处理下的生产氮足迹最高，分析生产氮足迹的组成发现，秸秆＋菌渣处理主要增加了玉米季田间的 N_2O 排放。其主要原因可能与玉米季作物的生长有关。土壤有效氮源的供应是控制 N_2O 排放的主要因素。而在玉米季，秸秆＋菌渣处理下的玉米的产量最低，干物质积累最少，对土壤中氮素的利用最少，因此 N_2O 排放量为最高。在生产氮足迹总量中，施加化肥所造成的氮足迹为 70.18%～81.04%，说明化肥的施用是在农业生产中造成农田氮足迹增加的最主要原因，同时过高的氮肥投入造成了氮肥利用率低下等问题。施入农田中的氮肥大多以活性氮的形式释放到环境，并未真正被作物利用，由此带来了严重的环境污染问题。

水足迹的计算结果表明，与单施化肥相比，有机物料还田可以显著降低农田水足迹总量，一方面是由于有机物料还田处理可以有效降低土壤容重，减少土壤大孔隙度，显著改善土壤通气及水分状况，增强土壤表层保水效果；另一方面，有机肥的施入可以显著增加作物的根系总量，扩大根系对土壤水分及养分的吸收空间，提高作物的水分效率。在 3 种有机物料还田方式中，秸秆＋菌渣处理的水足迹最低，说明秸秆-菌渣还田方式对于减少田间土壤水分损失，提高作物水分利用的效果最好。在水足迹组成中，灰水足迹占农田水足迹总量的 43.70％～46.06％，是农田水足迹最重要的组成部分。在本研究中，对灰水足迹的估算是保守的，因为仅考虑了氮肥对灰水足迹的影响，尚未考虑气候类型、农药施用等对水质造成的污染，因此调整施肥模式，降低灰水足迹对降低农田水足迹至关重要，这与张宇等(2015)的研究结果一致。

相关研究表明，有机肥与无机肥配施可以调节土壤营养环境，提高土壤的保水性和保肥性，降低土壤酸度，最终提高作物产量。孙宁科等(2011)认为，有机肥与无机肥长期配合施用能够显著提高作物产量，同时增加作物产量的稳定性。有机肥氮替代化肥氮之所以能够增产是由于其能够改善土壤中氮素的供应过程，土壤养分能够平稳释放。在本研究中，有机物料还田下的减施氮肥能够显著增加作物的产量。不同有机物料还田下小麦的产量表现为 JZ＞JF＞J＞CK，玉米的产量表现为 J＞JF＞JZ＞CK。小麦季在 JZ 处理下的产量为最高。其原因是菌渣中存在大量的微生物可以加速有机物料的分解，增加了土壤酶的活性和作物对氮的积累及利用，因此 JZN1 处理的小麦产量为最高；在 JF 条件下，牛粪中存在大量的微生物能够有效改良土壤状况，但牛粪中氮的含量是菌渣中的 3.3 倍，因此氮投入量比 JZ 处理大大增加，以满足玉米季作物对氮素的大量需求，因此 JFN3 处理的玉米产量最高。农田经济效益与作物的产量和生产成本密切相关。本研究结果表明，与单施化肥相比，秸秆还田对农田经济效益的提升最为显著。其原因主要是在秸秆＋牛粪和秸秆＋菌渣处理中，牛粪与菌渣存在一定的运输成本，且还田时投入的人力成本相对较高，故秸秆＋牛粪与秸秆＋菌渣处理的经济效益整体表现为低于秸秆还田。但经济效益最高的 JZN1 处理仍显著高于秸秆还田的各个处理。

2.4　结论

与单施化肥相比，有机物料还田与减施氮肥处理能够显著增加作物产量及农田经济效益，且以 JZN1、JFN3 和 JN2 处理对农田经济效益的增加效果最为显著，但从碳足迹、氮足迹、水足迹的计算结果来看，JZN1 处理不能有效降低农田的生产氮足迹，JN2 对农田碳效率的提升及生产氮足迹的降低效果较弱，因此豫北地区更适宜采用小麦季施纯氮 189 kg/hm^2，秸秆＋牛粪还田(JFN3)的施肥方式。

参考文献

[1] 白玲，李俊华，褚贵新，等. 有机无机肥配施对棉花养分吸收及氮素效率的影响. 干旱地区农业研究，2014，32(5)：143-148

[2] 高菊生，徐明岗，王伯仁，等. 长期有机无机肥配施对土壤肥力及水稻产量的影响. 中国农学通报，2005，21(8)：211-214,259

[3] 许晶晶，郝明德，赵云英. 黄土高原旱地小麦氮磷钾与有机肥优化配施试验. 干旱地区农业研究，2009，27(3)：143-147

[4] 赵迅，郭李萍，谢立勇，等. 不同农作措施对棕壤玉米田 N_2O 排放及碳足迹的影响. 中国农业气象，2016，37(3)：270-280

[5] 伍芬琳，李琳，张海林，等. 保护性耕作对农田生态系统净碳释放量的影响. 生态学杂志，2007，26(12)：2035-2039
[6] 史磊刚，陈阜，孔凡磊，等. 华北平原冬小麦-夏玉米种植模式碳足迹研究. 中国人口资源与环境，2011，21(9)：93-98
[7] 胡乃娟，史航，朱利群. 不同麦秸还田方式对周年稻麦轮作农田碳足迹的影响. 长江流域资源与环境，2018，27 (12)：2775-2783
[8] 秦树平，胡春胜，张玉铭，等. 氮足迹研究进展. 中国生态农业学报，2011，19(2)：462-467
[9] LEACH A M，GALLOWAY J N，BLEEKER A，et al. A nitrogen footprint model to help consumers understand their role in nitrogen losses to the environment. Environmental Development，2012，1(1)：40-66
[10] 周涛，王云鹏，王芳，等. 广东省农业氮足迹分析. 中国环境科学，2014，34(9)：2430-2438
[11] 周杏，冯玄韬，于书霞，等. 湖北省油菜种植氮足迹分析. 环境科学与技术，2018，41(1)：41-46
[12] 秦丽杰，靳英华，段佩利. 吉林省西部玉米生产水足迹研究. 地理科学，2012，32(8)：1020-1025
[13] 盖力强，谢高地，李士美，等. 华北平原小麦、玉米作物生产水足迹的研究. 资源科学，2010，32(11)：2066-2071
[14] 付永虎，刘黎明，袁承程. 农业土地利用系统氮足迹与灰水足迹综合评价. 农业工程学报，2016，32(s1)：312-319
[15] 王玉英，胡春胜，程一松，等. 太行山前平原夏玉米-冬小麦轮作生态系统碳储存及其气体调节价值. 农业环境科学学报，2009，28(7)：1508-1515
[16] LAL R. Carbon emission from farm operations. Environment International，2004，30(7)：981-990
[17] 牛海生，李大平，张娜，等. 不同灌溉方式冬小麦农田生态系统碳平衡研究. 生态环境学报，2014，23(5)：749-755
[18] 卢小宏，黄晶，史磊刚，等. 北京市主要农作模式的碳效益分析. 中国农业大学学报，2012，17(2)：48-53
[19] 李新艳，李恒鹏. 中国大气 NH_3 和 NO_x 排放的时空分布特征. 中国环境科学，2012，32(1)：37-42
[20] 田贺忠，郝吉明，陆永琪，等. 中国氮氧化物排放清单及分布特征. 中国环境科学，2001，21(6)：493-497
[21] 田园宏，诸大建，王欢明，等. 中国主要粮食作物的水足迹值：1978—2010. 中国人口资源与环境，2013，23(6)：122-128
[22] 陈义，吴春艳，水建国，等. 长期施用有机肥对水稻土 CO_2 释放与固定的影响. 中国农业科学，2005，38(12)：2468-2473
[23] CHENG K，PAN G，SMITH P，et al. Carbon footprint of China's crop production-An estimation using agro-statistics data over 1993—2007. Agriculture Ecosystems & Environment，2011，142(3)：231-237
[24] 陈舜，逯非，王效科. 中国氮磷钾肥制造温室气体排放系数的估算. 生态学报，2015，35(19)：6371-6383
[25] 黄小林. 菌渣还田对农田温室气体排放的影响研究. 成都：四川农业大学，2012
[26] 张福锁，王激清，张卫峰，等. 中国主要粮食作物肥料利用率现状与提高途径. 土壤学报，2008，45(5)：915-924
[27] 李科，马剑. 有机无机配施对旱作冬小麦水分利用率的影响. 土壤通报，2018，49(05)：1170-1175
[28] 张宇，李云开，欧阳志云，等. 华北平原冬小麦-夏玉米生产灰水足迹及其县域尺度变化特征. 生态学报，2015，35(20)：6647-6654
[29] DIACONO M，MONTEMURRO F. Long-term effects of organic amendments on soil fertility，A review. Agronomy for Sustainable Development，2010，30(2)：401-422
[30] 段红光. 增施有机肥对小麦生育特性・产量的影响. 安徽农业科学，2013，41(10)：4353-4355

[31] 孙宁科，索东让. 有机肥与化肥长期配施对作物产量和灌漠土养分库的影响. 水土保持通报，2011，31(4)：42-46

[32] 王艳博，黄启为，孟琳，等. 有机无机肥料配施对盆栽菠菜生长和土壤供氮特性的影响. 南京农业大学学报，2006，29(3)：44-48

[33] 董志新，李筱梅，续珍，等. 沼渣有机无机复混肥对土壤养分含量和酶活性的影响. 土壤通报，2015，46(2)：398-404

[34] 龙攀，高旺盛，隋鹏，等. 农业废弃物料还田对土壤团聚体及土壤 C 和 N 的影响. 中国农业大学学报，2014，19(6)：107-118.

3　华北平原春玉米多熟种植模式碳排放研究[①]

摘　要：华北平原高度集约化的冬小麦-夏玉米种植模式一直以来存在耗水量大、碳排放量高的问题，我国华北平原农业的可持续发展受到限制。本研究在前人得出的春玉米一年一熟种植模式具有节水稳产作用，能够部分替代麦玉一年两熟种植模式，但自然资源利用效率低结论的基础上，设计了基于春玉米的多熟种植模式：春玉米‖大豆(MS)、春玉米/豌豆(MP)、春玉米/马铃薯(MO)、春玉米-黑麦草(MR)和春玉米-菠菜(MI)来研究其碳排放与春玉米单作的差异。本研究采用了单位面积碳排放、单位生物量碳排放和单位经济效益碳排放等3个指标，全面地分析了不同种植模式的碳排放情况。系统碳排放计算了田间的直接碳排放量和投入带来的间接碳排放量。2015—2017年的试验结果表明，春玉米单作单位面积碳排放总量为19 380.67 kg CO_2^{-eq}/hm^2，除了春玉米‖大豆种植模式降低单位面积碳排放38%以外，与春玉米单作相比，其余种植模式均增加单位面积碳排放11%～34%。但与春玉米单作相比，各种种植模式的单位生物量碳排放和单位经济效益碳排放分别降低7%～24%和18%～61%。6种种植模式单位生物量碳排放表现为MS ＜ MI ＜ MR ＜MO＜ MP ＜MM，单位经济效益碳排放为MI ＜MO＜ MR ＜ MP ＜ MS ＜ MM。其中田间的直接碳排放量占系统碳排放总量的76%～85%，且主要集中在作物生长期。综上所述，与春玉米单作相比，华北平原春玉米多熟种植模式能够显著降低单位生物量碳排放和单位经济效益碳排放。研究表明，选用恰当的种植模式能够在不降低经济效益的同时，减少系统的碳排放，其中春玉米‖大豆和春玉米/马铃薯是本研究推荐的种植模式。

关键词：温室气体；碳排放；种植模式；华北平原

3.1　研究背景与意义

温室气体排放加剧带来的气候变化对自然和人类社会带来了严重的影响，已成为全球最紧迫的环境问题之一。1880—2012年全球平均气温上涨了0.85 ℃，且上涨趋势依然存在。农业是最重要的温室气体排放源之一。其排放总量占全球温室气体排放的22%，其中中国农

① 作者：崔吉晓、隋鹏、David L. Wright、王东、孙备备、冉梦梦、沈亚文、李超、陈源泉*；通信作者：陈源泉，中国农业大学农学院教授，博导，主要从事农作系统生态经济评价相关研究，E-mail：rardc@163.com。

业温室气体排放占全球农业温室气体排放总量的 12%。为此，中国政府提出，到 2020 年单位生产总值 CO_2 排放量要比 2005 年下降 40%～45%。如何减少农业温室气体排放，促进农业清洁生产已经成为全球尤其是中国研究的热点问题。

华北平原是我国最重要的粮食主产区之一。其粮食生产总量占全国粮食生产总量的 1/4 以上，因此华北平原毫无疑问成为减少碳排放、实现农业可持续和清洁生产目标的研究的聚焦点。已有研究指出，发展清洁的农业生产措施能有效地降低农田土壤碳排放。例如，改善耕作措施、合理高效的肥料管理、施用有机肥和绿肥、改善灌溉措施和采用多样化的种植制度等。其中农田管理措施对碳排放的影响并不是持续稳定的。华北平原冬小麦-夏玉米种植模式一项长期定位试验发现，如果减少化肥投入和改善灌溉管理，系统的碳排放就呈先减少、后增加的趋势，因此在采用现有农田管理措施下，通过转变种植方式，采用轮作、间作和套作等来减少农田碳排放越来越受到人们的关注。Gan 等(2011a)报道，将硬粒小麦与油料作物和固氮的豆科作物轮作能够使土壤有机碳排放减少 7%～34%。Brankatschk 和 Finkbeiner(2017)报道，与单作相比，谷类作物、饲料作物和生物能源作物轮作能够分别降低系统碳足迹 11%、22%和 16%。华北平原的研究也表明，不同轮作种植模式能够在降低农田碳排放的同时，减少了系统能量消耗，以利于实现农业清洁生产。多样化种植模式减少农田碳排放的原因可能是优化了系统的氮投入和使用，提高了作物氮素利用效率和作物产量。多样化种植模式还能够增加系统的生物多样性，减少病虫害的发生。另外，除了种植模式本身的作用之外，特殊作物的加入也是减少系统碳排放的原因，比如，在种植模式中加入具有固氮作用的作物。Dyer 等(2012)报道，与玉米、大豆单作相比，玉米与大豆间作显著减少了农田温室气体排放，提高了系统的可持续性。Huang 等(2013)在华北平原玉米与大豆间作的研究也报道了相似的结果。King 和 Hofmockel(2017)报道，多样化种植模式还可能通过促进农田微生物碳氮循环增加土壤碳汇，来减少农田碳排放。

虽然前人已经对多样化种植模式开展了众多研究，但玉米与油料作物、蔬菜和牧草多样化种植模式的研究还鲜有报道，基于春玉米的多熟种植模式的碳排放研究更是缺乏。基于此，本研究从单位面积碳排放、单位生物量碳排放和单位经济效益碳排放三个方面，对基于春玉米的多熟种植模式碳排放特征开展了研究。本研究的主要目标是①明确不同春玉米多熟种植模式的田间温室气体排放情况和 CO_2、N_2O 和 CH_4 三种温室气体对气候变化的影响；②分析不同种植模式投入带来的间接温室气体排放；③从单位面积碳排放、单位生物量碳排放和单位经济效益碳排放三个角度分析不同种植模式的碳排放总量。本研究假设与春玉米单作相比，春玉米多熟种植模式能够增加单位面积碳排放，但降低了单位生物量碳排放和单位经济效益碳排放。

3.2　材料与方法

3.2.1　研究区域概况

本试验开始于 2014 年，试验数据获取时间为 2015—2017 年。试验地位于中国农业大学吴桥试验站，该站位于河北省沧州市吴桥县曹家洼乡(37°41′02″ N，116°37′23″ E)。吴桥试验站处于黄淮海平原黑龙港流域中部，是我国重要的粮食主产区。该地为暖温带大陆性季风气候，全年光照为 2 326 h，年日平均气温为 13 ℃，无霜期为 201 d。年平均降水量为 572 mm，其中 7—9 月最为集中，降水量可占全年降水总量的 70%。试验地土壤类型为壤质黏潮土，0～20 cm 土层土壤初始有机质含量为 11.38 g/kg，全氮含量为 0.54 g/kg，有效磷含量为 41.55 mg/kg，速效钾含量为 45.73 mg/kg。

3.2.2 试验设计

该地区的传统种植模式为冬小麦-夏玉米，而冬小麦与降水匹配度极低，其需要大量的地下水灌溉才能满足生长需求。该地区农业可持续性发展遇到的最突出的问题是常年灌溉带来的地下水资源短缺和地下水位不断下降。前期已有研究表明，春玉米与降水匹配度高、耗水量少，但其空闲期较长。本研究设置了不同谷物、牧草和蔬菜与春玉米搭配，以期能够部分替代传统的冬小麦-夏玉米种植模式。本研究试验对象共包括 6 个处理，间作种植模式春玉米‖大豆，套作种植模式春玉米/豌豆和春玉米/马铃薯，轮作种植模式春玉米-黑麦草和春玉米-菠菜，春玉米单作为对照。试验为田间微区设置，每个处理设置 3 个重复，共计 21 个小区，每个小区的面积为 $7\ m \times 9\ m = 63\ m^2$。选择这些作物与春玉米搭配的原因：①大豆和豌豆是豆科作物能够改善土壤肥力且减少温室气体排放；②作为世界第四大主粮，马铃薯在我国粮食作物中地位越来越重；③人们对动物蛋白的需求提高，牧草的需求量越来越大；蔬菜也是人们日常饮食不可或缺的。

3.2.3 田间管理

试验以保证玉米产量为基础，所有的试验处理采取玉米等密度（55 550 株/hm^2）种植。在春玉米单作和轮作种植模式中，玉米采取等行距种植，行距为 60 cm，株距为 30 cm。在间作和套作种植模式中，玉米采取宽窄行种植，株距也是 30 cm，宽行为 80 cm，窄行为 40 cm。大豆、豌豆和马铃薯种于宽行中，其中豌豆种植两行，大豆和马铃薯种植一行。另外，黑麦草和菠菜的种植行距为 15 cm。田间作物种植模式如图 1 所示。各种植模式的播种和收获时间与当地基本保持一致，马铃薯、豌豆的种植时间为 3 月中旬，春玉米、大豆种植时间为 5 月中旬，夏玉米的种植时间为 6 月中旬，黑麦草、菠菜的种植时间为 9 月下旬，冬小麦的种植时间为 10 月上旬。其中为了避免马铃薯后期生长对玉米苗期的影响，适当提前了马铃薯的种植时间，因此该模式的春玉米种植时间相应调整为 4 月中上旬（图 2）。所有的系统耕作方式为旋耕，其中冬小麦-夏玉米、春玉米、春玉米‖大豆、春玉米/豌豆和春玉米/马铃薯模式旋耕一次，冬小麦-夏玉米、春玉米/豌豆和春玉米/马铃薯模式中在冬小麦、豌豆和马铃薯种植前进行旋耕；春玉米-黑麦草和春玉米-菠菜模式在两种作物种植前分别进行旋耕，合计旋耕两次，其余生产管理与当地农民相同。

3.2.4 数据收集

试验采用静态箱-气相色谱法测定农田土壤温室气体 CO_2、N_2O、CH_4 的排放通量（F）。静态箱底座固定于田间试验小区，每个试验小区设置两个静态箱底座，每个处理设置 3 个重复试验小区，即每个处理有 6 个重复。取气前向静态箱底座内注入适量的水用以保证盖箱后箱体密封，取气时间定为早上的 9:00～11:00，在盖上箱后，于 0 min、12 min、24 min、36 min 时取气，每个底座共取 4 个气体样品。气体采集于作物播种后 7 d 开始，一般情况下 7～10 d 取一次气体样，施氮肥后每 3 天取一次，连续取 4 次，随后调整为 7～10 d 取一次，如遇降雨，停

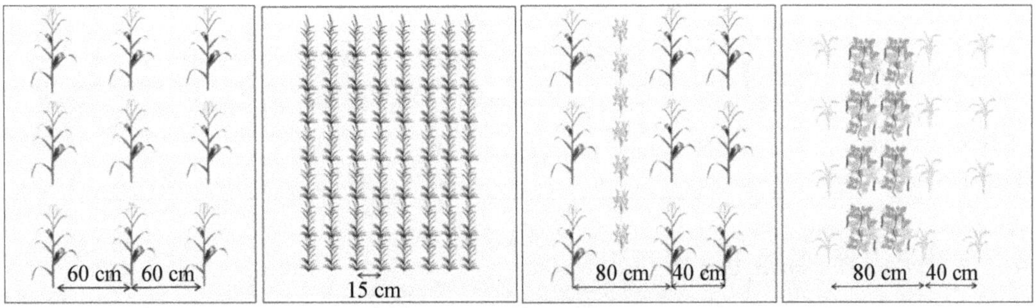

图 1　田间作物种植模式

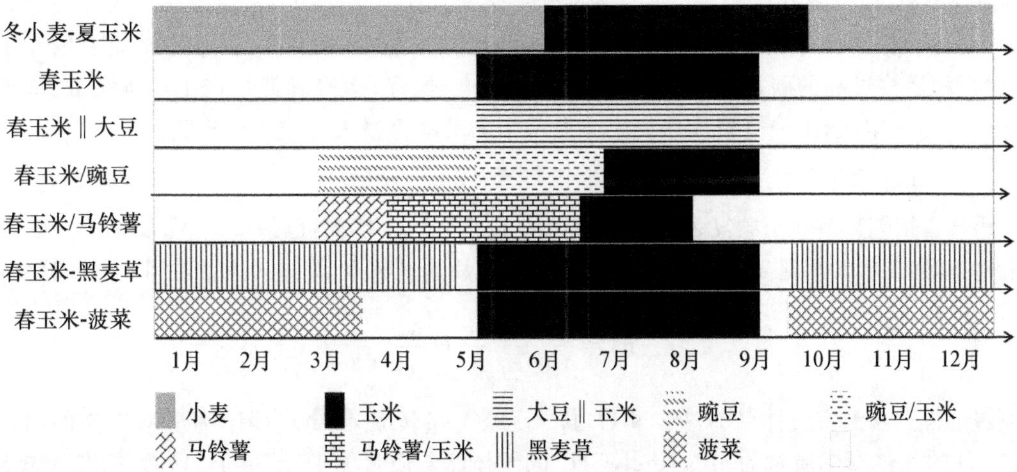

图 2　不同种植模式的作物生育期

止下雨后第二天取气。气体成分采用气相色谱仪测定。各农资投入如化肥、农药、种子等根据田间试验记录，而农机使用等投入数据则通过调研获取当地农民生产数据，具体农资投入见表 1。种植模式中的玉米、大豆、豌豆、马铃薯选取小区内具有代表性的 5 m 双行全部收获测产；黑麦、菠菜选取小区内有代表性的 1 m^2 进行全部收获测产。在测量生物量时，玉米选取小区中有代表性的 5 株玉米，大豆选取有代表性的连续 10 株，豌豆取有代表性的 1 m 双行，马铃薯为测定产量的 5 m 双行内的全部地上部植株，黑麦草和菠菜则在测产时测定选取的 1 m^2 内的全部鲜重并随机选取部分测含水量进行折算，后将各样品放入 80 ℃烘箱中烘干至恒重。

表 1　各种种植模式的农资投入

投入	MM	MS	MP	MO	MR	MI
N/(kg/hm^2)	300.00	300.00	300.00	300.00	327.00	450.00
P_2O_5/(kg/hm^2)	75.00	75.00	75.00	75.00	144.00	120.00
K_2O/(kg/hm^2)	90.00	90.00	90.00	400.00	90.00	150.00
灌溉水/(mm/hm^2)	75.00	75.00	225.00	225.00	225.00	225.00
柴油/(kg/hm^2)	155.63	155.63	142.88	142.88	241.88	206.63
电力/(kW·h/hm^2)	750.00	750.00	2 250.00	2 250.00	2 250.00	2 250.00
农药/(kg/hm^2)	0.86	0.39	0.66	3.96	0.86	0.86

续表1

投入	MM	MS	MP	MO	MR	MI
人力/(h/hm^2)	104.25	204.25	265.5	830.5	161	626
玉米种子/(kg/hm^2)	27.00	27.00	27.00	27.00	27.00	27.00
其他种子/(kg/hm^2)	—	20.00	60.00	1 775.00	112.50	75.00

3.2.5 系统边界、指标与计算方法

本研究采用生命周期的方法，考虑了系统从“摇篮”到“大门”的所有直接(CE_d)和间接(CE_i)碳排放，以二氧化碳当量(CO_2^{-eq})的形式计算。其中直接碳排放是农田土壤中复杂作用综合产生的温室气体排放。农资投入造成的间接碳排放主要来源于：①化肥、农药和种子的生产、储存和运输过程的碳排放；②机械用柴油的生产、储存、运输和使用产生的碳排放；③灌溉用电产生的碳排放；④种植模式作物生产过程中的劳动力投入造成的碳排放。

3.2.5.1 直接碳排放

田间直接碳排放是土壤复杂作用综合产生的温室气体排放，包括 CO_2、CH_4 和 N_2O。本研究采用了 2015 年 5 月到 2017 年 5 月的温室气体排放通量数据，其排放通量采用下列计算公式：

$$F_i = \frac{M_i}{V_0}\frac{T_0}{T_i}\frac{P_i}{P_0}H\frac{d_{ci}}{d_{ti}}$$

式中：F_i 为土壤温室气体(CH_4 和 N_2O)排放通量[$\mu g/(m^2/min)$]；M_i 为温室气体的摩尔质量(N_2O 的气体摩尔质量为 44 g/mol，CH_4 的气体摩尔质量为 16 g/mol)；V_0 为标准状态下的温室气体的摩尔体积；T_0 和 T_i 为标准状态下的气体温度和取样时静态箱内的温度；P_i 和 P_0 为取样时静态箱内的气压和标准状态下的气压；H 为静态箱内气室的高度；d_{ci}/d_{ti} 为静态箱内目标气体浓度随时间变化的回归曲线斜率。

土壤温室气体排放总量是 CO_2、CH_4 和 N_2O 的排放总量转换成 CO_2 当量的总和，其计算公式如下：

$$CE_d = CO_2 + N_2O \times 298 + CH_4 \times 34$$

式中：CE_d 为土壤直接碳排放，298 和 34 为 N_2O 和 CH_4 转换为 CO_2 当量的系数。

3.2.5.2 间接碳排放

系统间接碳排放即为农田管理措施和各种农资投入全生命周期造成的碳排放，包括原材料的开发、生产、储藏、运输等环节。农资投入的种类和投入量见表 1。系统间接碳排放的计算公式如下：

$$CE_i = \sum I_i \times C_i$$

式中：CE_i 为系统间接碳排放(kg CO_2^{-eq})；I_i 和 C_i 为不同作物种植模式农资投入的量和其对应的 CO_2 排放参数。根据 IPCC 指南所述，当地的 CO_2 排放参数是最精确的参数，因此本研究采用的 CO_2 排放参数均为华北平原的本地化参数，具体参数见表 2。

表 2　各投入的 CO_2 排放参数

项目	参数	参考文献
N/(kg CO_2^{-eq}/kg)	4.96	(刘巽浩 等，2013)
P_2O_5/(kg CO_2^{-eq}/kg)	1.14	(刘巽浩 等，2013)
K_2O/(kg CO_2^{-eq}/kg)	0.66	(刘巽浩 等，2013)
柴油/(kg CO_2^{-eq}/kg)	3.32	(刘巽浩 等，2013)
电力/[kg CO_2^{-eq}/(kWh)]	0.92	(刘巽浩 等，2013)
农药/(kg CO_2^{-eq}/kg)	6.58	(刘巽浩 等，2013)
人力/[kg CO_2^{-eq}/(人・d)]	0.86	(刘巽浩 等，2013)
玉米种/(kg CO_2^{-eq}/kg)	1.22	(刘巽浩 等，2013)
大豆种/(kg CO_2^{-eq}/kg)	0.25	(West and Marland，2002a)
豌豆种/(kg CO_2^{-eq}/kg)	0.25	(Gan 等，2011b)
马铃薯种薯/(kg CO_2^{-eq}/kg)	0.09	(Röös 等，2010)
黑麦草种/(kg CO_2^{-eq}/kg)	0.54	(West and Marland，2002a)
菠菜种/(kg CO_2^{-eq}/kg)	0.80	(Gan 等，2011b)

3.2.5.3　不同种植模式的碳排放

为了避免单一功能单位导致片面的结论，本研究从单位面积碳排放(CE_a)、单位生物量碳排放(CE_b)和单位经济效益碳排放(CE_e)多个角度计算了系统的碳排放。作物的经济效益是指作物的产量或生物量(kg/hm²)乘以其市场价格(元/kg)，再减去系统投入。作物的价格参考《中国农产品价格调查年鉴》，并根据当地市场价格进行了调整。不同系统的经济产量和其市场价格(2015 年、2016 年和 2017 年的均值)见表 3。CE_a、CE_b 和 CE_e 的计算公式如下：

$$CE_a = CE_d + CE_i$$

$$CE_b = \frac{CE_d + CE_i}{\sum CB_i}$$

$$CE_e = \frac{CE_d + CE_i}{\sum CEO_i}$$

式中：CE_a、CE_b 和 CE_e 分别为分别为单位面积碳排放(kg CO_2^{-eq}/hm²)、单位生物量碳排放(kg CO_2^{-eq}/kg)和单位经济效益排放(kg CO_2^{-eq}/元)。CE_d 和 CE_i 为系统单位面积直接碳排放和间接碳排放(kg CO_2^{-eq}/hm²)，CB_i 为系统所有作物的生物量(kg/hm²)，CEO_i (元/hm²)为系统的经济效益。

表 3　不同种植模式的作物经济产量、单价和经济产出

种植模式	作物	经济产量/(kg/hm²)	单价/元	经济产出/(元/hm²)
MM	春玉米	10 547.41±245.79	1.40	14 766.38±344.11
MS	大豆	587.73±88.54	5.00	2 938.63±442.72
	春玉米	10 455.54±728.16	1.40	14 637.76±1 019.42
MP	豌豆	2 034.63±28.23	3.00	6 103.90±84.68
	春玉米	10 115.12±308.34	1.40	14 161.16±431.67
MO	马铃薯	30 000.00±2 172.24	0.70	21 000.00±1 520.57
	春玉米	9 145.80±521.60	1.40	12 804.11±730.24

续表3

种植模式	作物	经济产量/(kg/hm^2)	单价/元	经济产出/(元/hm^2)
MR	黑麦草	10 571.67±368.11	1.20	12 686.00±441.73
	春玉米	10 718.03±261.67	1.40	15 005.24±366.34
MI	菠菜	75 516.67±11 500.23	0.40	30 206.67±4 600.09
	春玉米	9 965.42±873.48	1.40	13 951.59±1 222.87

3.3 研究结果

3.3.1 华北平原春玉米多熟种植模式直接碳排放

3.3.1.1 土壤温室气体排放强度

5种春玉米多熟种植模式可以分为间作模式(MS)、套作模式(MP和MT)和轮作模式(MR和MI)。各模式温室气体平均排放通量如表4所列。结果显示,各模式CO_2的平均排放通量顺序为MS<MI<MM<MO<MP<MR,N_2O的平均排放通量顺序为MP<MM=MS<MO<MR<MI,各种植模式的CH_4排放通量没有显著差异。

将各种间作模式、套作模式和轮作模式的CO_2、NO_2和CH_4排放通量分别与对照MM进行对比,其排放通量随时间的变化而变化,如图3所示。结果显示,MS和MM的CO_2排放通量变化趋势相似,均表现为作物在生育期的排放量较高,在休闲期的排放量较低,且在施氮后达到峰值。其中MS在大豆和春玉米共生期的系统碳排放相比于MM减少了72%。套作的MP和MO对土壤CO_2排放强度的影响不同于MM,其可以分为两个阶段:第一个阶段是豌豆、马铃薯苗期至春玉米种植前;第二阶段是豌豆、马铃薯与春玉米的共生期。第一阶段的根系呼吸对MP和MT土壤CO_2排放通量影响显著,分别达到2.30 mg/(m^2/min)和1.59 mg/(m^2/min),比MM模式分别高123%和54%。而第二阶段的套作模式减少了土壤CO_2排放通量,MP和MO模式在此期间的平均排放通量分别为4.22 mg/(m^2/min)和3.82 mg/(m^2/min),与MM相比,分别降低5%和14%。在轮作模式黑麦草和菠菜萌发后,受土壤呼吸作用的影响,MR和MI的CO_2排放通量显著提高。其中黑麦草的种植还影响了后茬春玉米的土壤CO_2排放,MR春玉米在生育期的平均CO_2排放通量为7.59 mg/(m^2/min),比MM高15%。其原因可能是黑麦草大量的根茬留在土壤中影响了土壤微生物的呼吸。菠菜对土壤CO_2排放的影响不同于黑麦草,MI春玉米在生育期的平均CO_2排放通量为6.00 mg/(m^2/min),比MM低9%。

表4 不同种植模式土壤温室气体日平均排放通量

种植模式	处理	CO_2/[mg/(m^2/min)]	N_2O/[μg/(m^2/min)]	CH_4/[μg/(m^2/min)]
对照	MM	3.73±0.25 b	0.66±0.10 b	−0.20±0.05 a
间作模式	MS	3.57±0.27 c	0.66±0.04 b	−0.22±0.28 a
套作模式	MP	3.91±0.16 b	0.63±0.10 b	−0.19±0.04 a
	MO	3.85±0.14 b	0.74±0.17 b	−0.20±0.02 a
轮作模式	MR	4.83±0.23 a	0.88±0.10 ab	−0.21±0.03 a
	MI	3.72±0.37 b	1.09±0.37 a	−0.20±0.01 a

MS 和 MM 的 N_2O 排放通量呈无显著性差异(图 3)。间作对 N_2O 排放的影响主要体现在生长期,尤其是施氮肥后。2016 年春玉米-马铃薯种植模式的春玉米的播种期较其他种植模式要早,导致该种种植模式的 N_2O 排放高峰提前。与 MM 模式相比,春玉米-豌豆套作模式由于豌豆的豆科作物特性,其 N_2O 排放量明显降低。两种套作模式 N_2O 排放通量的不同主要是由豌豆和马铃薯的差异所致。与 MM 相比,MI 在 2015 年春玉米生长期的 N_2O 排放通量较高,2016 年菠菜播种后的 N_2O 排放通量较高。MR 的 N_2O 排放通量与 MI 相似,但其排放通量峰值低于 MI。

旱作农田是 CH_4 的弱吸收库。各种种植模式全年 CH_4 排放通量动态没有显著差异,且其年均 CH_4 排放通量相似。各种种植模式的 CH_4 排放通量:MP、MT 和 MI 均为−0.19 μg/(m^2/min),MM 为−0.20 μg/(m^2/min),MR 和 MS 均为−0.21 μg/(m^2/min)。

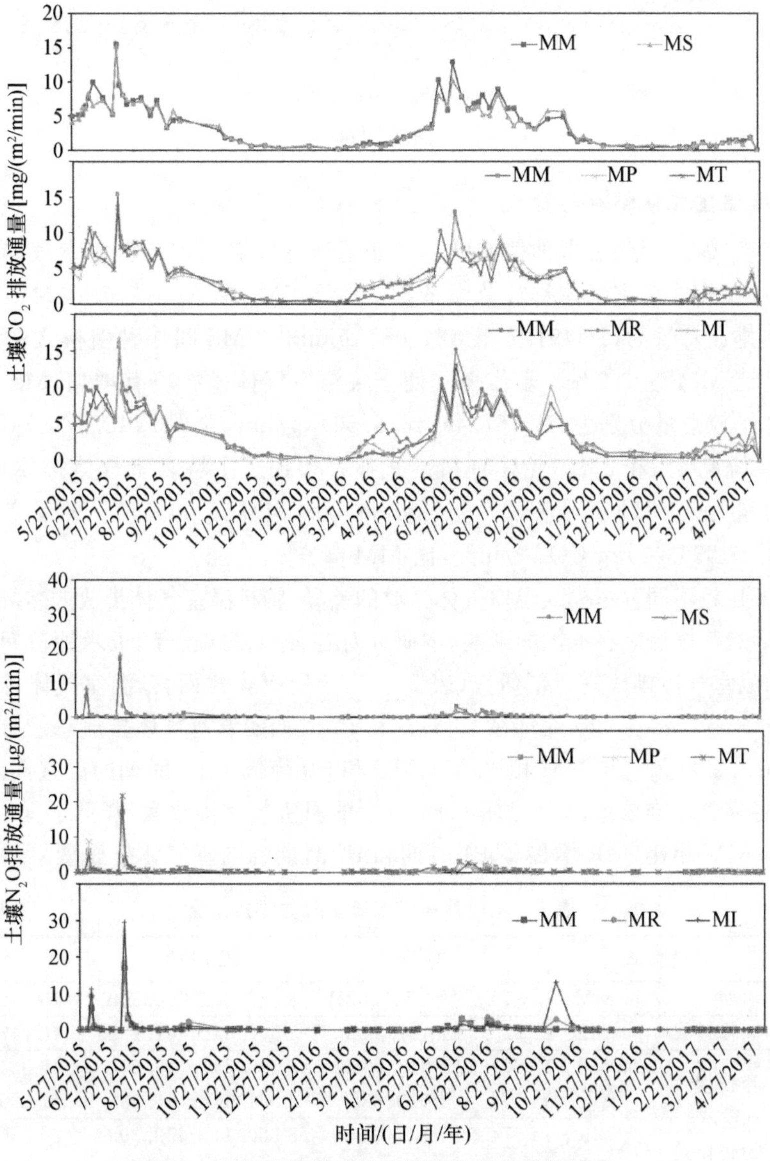

图 3　不同种植模式的土壤温室气体排放通量

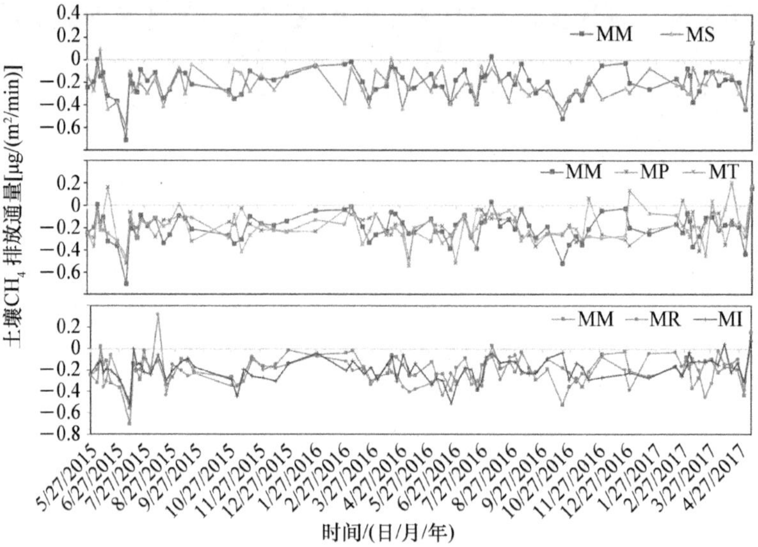

图 3 （续）

3.3.1.2 土壤温室气体排放总量

不同种植模式在全年、玉米种植期(P1)和非玉米种植期(P2)土壤温室气体累计排放总量见表 5。6 种种植模式温室气体排放总量依次为 MS＜MM＜MO＜MP＜MI＜MR。MM 的年均温室气体排放总量为(16 491.29±824.08)kg/hm^2。MS 间作种植模式的年均土壤温室气体排放总量比 MM 减少 3%。套作模式使土壤温室气体排放略有增加，MS 和 MP 的年均土壤温室气体排放总量分别为(17 167.46±618.50)kg/hm^2 和(16 746.57±740.59)kg/hm^2，分别比 MM 系统高 4%和 2%。轮作种植模式显著增加了土壤温室气体排放总量，MR 的温室气体排放总量为(21 211.72±1 029.95)kg/hm^2，比 MM 高 29%；MI 的温室气体排放总量为(17 453.88±1 586.02)kg CO_2^{-eq}/hm^2，比 MM 高 6%。

此外，为了比较不同种植模式温室气体排放的差异，阐析温室气体排放的差异是第二茬作物的影响，还是第二茬作物对春玉米的影响，本研究对各种植模式全年、玉米种植期(P1)和非玉米种植期(P2)的温室气体排放进行了研究(表 5)。对于所有模式而言，温室气体排放大部分来源于 P1 时期(67%～79%)。MM 处理在 P1 时期和 P2 时期的温室气体排放总量分别占温室气体排放总量的 76%和 24%。与 MM 相比，MS、MO 和 MI 降低了 P1 时期的温室气体排放量，增加了 P2 时期的温室气体排放量；MP 增加了 P1 时期的温室气体排放量，降低了 P2 时期的温室气体排放量。与 MM 相比，MR 增加了 P1 时期和 P2 时期的温室气体排放量。

表 5 不同种植模式温室气体排放总量　　kg CO_2^{-eq}/hm^2

年份	种植模式		P1 时期	P2 时期	合计
2015—2016	对照	MM	12 892.75±1 564.52ab	3 342.80±694.54b	16 235.55±1 632.07b
	间作模式	MS	12 529.96±421.38ab	3 617.84±441.13b	16 147.80±837.81b
	套作模式	MP	13 877.29±510.20ab	3 056.75±715.27b	16 934.05±1 225.03b
		MO	14 571.11±719.63a	3 054.04±101.93b	17 625.15±820.74b
	轮作模式	MR	14 574.59±1 007.51a	5 560.11±659.39a	20 134.69±1 361.46a
		MI	11 840.42±1 613.85c	3 463.36±520.84b	15 303.77±1 098.60b

续表5

年份	种植模式		P1 时期	P2 时期	合计
2016—2017	对照	MM	12 125.22±308.54bc	4 621.81±502.25bc	16 747.03±799.12c
	间作模式	MS	10 507.03±861.88d	5 231.71±556.95bc	15 738.74±1 228.29c
	套作模式	MP	13 399.94±647.44ab	4 000.93±733.26c	17 400.87±1 367.53bc
		MO	10 052.79±976.13d	5 815.20±454.22b	15 867.99±958.58c
	轮作模式	MR	13 875.19±779.22a	8 413.55±967.99a	22 288.74±862.64a
		MI	11 469.57±998.64cd	8 134.41±1 160.94a	19 603.98±2 074.3b
平均	对照	MM	12 508.98±729.22bc	3 982.30±565.78cd	16 491.29±824.08b
	间作模式	MS	11 518.50±637.53d	4 424.78±491.29c	15 943.27±1032.33b
	套作模式	MP	13 638.62±236.72ab	3 528.84±391.40d	17 167.46±618.50b
		MO	12 311.95±577.25bc	44 434.62±276.06c	16 746.57±740.59b
	轮作模式	MR	14 224.89±797.68a	6 986.83±311.86a	21 211.72±1 029.95a
		MI	11 654.99±1 291.17d	5 798.88±324.11b	17 453.88±1 586.02b

3.3.2　华北平原春玉米多熟种植模式间接碳排放

图 4 显示了不同种植模式总投入造成的间接温室气体排放总量。总体来看，春玉米多熟种植模式因为有 2 种作物而增加了系统的间接温室气体排放总量。MM 的年间接温室气体排放总量为 2 889.38 kg CO_2^{-eq}/hm^2。春玉米多熟种植模式的间接温室气体排放总量均高于 MM，其中 MP 提高 47%，MO 提高 62%，MR 提高 67%，MI 提高 87%，但 MS 仅提高 0.4%。化肥和电力是所有种植模式间接温室气体排放的主要来源，其中化肥占 32%～51%，电力占 24%～49%。各种种植模式间接温室气体排放的差异主要是不同灌溉量造成的电力消耗的不同。MP、MO、MR 和 MI 的每年灌溉量 225 mm，而 MM 和 MS 在每年仅灌溉 75 mm。MM 投入造成的间接温室气体排放量最小，仅为 2 889.38 kg CO_2^{-eq}/hm^2。MS 投入造成的温室气体排放量与 MM 相似。套作模式（MP 和 MO）投入造成的温室气体排放总量分别比 MM 高 47%和 62%。其中与 MP 相比，较高的 K_2O 和种子输入是 MO 间接温室气体排放较高的原因。轮作模式的间接温室气体排放量在所有种植模式种为最高，MR 和 MI 比 MM 高出 67%和 87%。MI 投入带来的间接温室气体排放量比 MR 高 11%。其主要原因是其氮肥的输入量较大。

3.3.3　华北平原春玉米多熟种植模式碳排放

表 6 显示了 6 种种植模式的年总碳排放量。CE_a 可以反映单位耕地面积的温室气体排放强度。在不同种植制度中，MM 的年 CE_a 相对较低，为 19 380.67 kg/hm^2。与 MM 相比，MS 的 CE_a 最低，仅为 18 845.31 kg/hm^2，相比于 MM 模式降低了 3%。其他 2 个套作和 2 个轮作模式的 CE_a 均高于 MM，其排序为 MS＜MM＜MP＜MO＜MI＜MR，MP、MO、MI 和 MR 分别比 MM 增加 11%、11%、18%和 34%。不同作物的生物量对 CE_b 有显著影响。种植模式生物量越大，CE_b 值就越低。各种种植模式中 MM 的 CE_b 最高，为 1.04 kg/kg，这意味着生产出 1 kg 生物量，将产生 1.04 kg 的碳排放。MS 的 CE_b 最低，平均为 0.79 kg CO_2^{-eq}/kg。MP、MO、MR、MI 和 MS 的 CE_b 依次递减，分别比 MM 降低 7%、7%、16%、22%和 24%。不

同种植模式的 CE_e 直接受经济产量和年市场价格的影响。与 CE_a 和 CE_b 相似，MM 的 CE_e 最高(8.04 kg CO_2^{-eq}/美元)，分别比 MS、MP、MR、MO 和 MI 高出 18%、19%、28%、52% 和 61%。

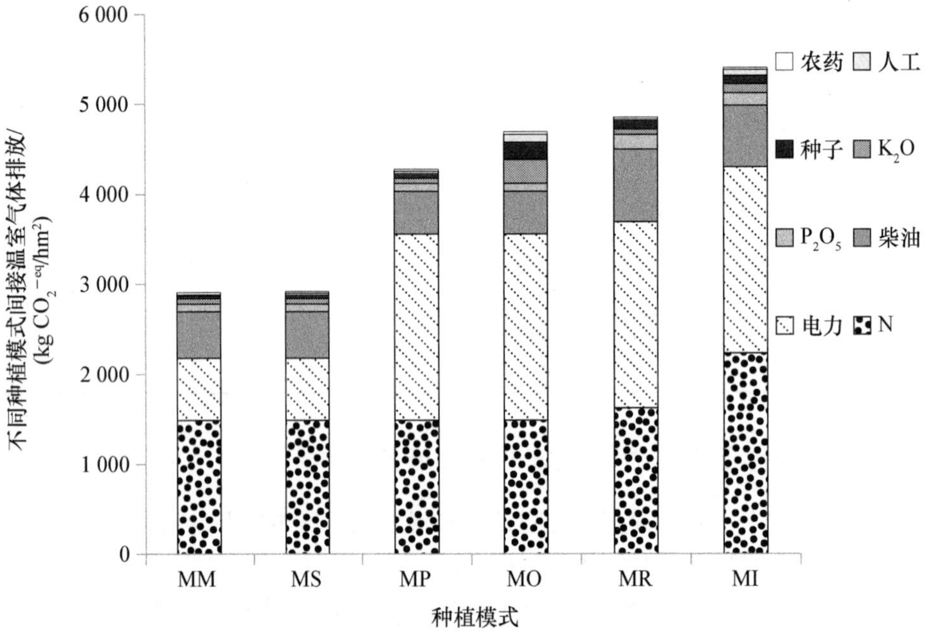

图 4　不同种植模式的间接温室气体排放

表 6　不同春玉米多熟种植模式的碳排放

种植模式	处理	CE_a/ (kg CO_2^{-eq}/hm^2)	CE_b/ (kg CO_2^{-eq}/kg)	CE_e/ (kg CO_2^{-eq}/美元)
对照	MM	19 380.67	1.04	8.04
间作模式	MS	18 845.31	0.79	6.57
套作模式	MP	21 425.53	0.97	6.47
	MO	21 436.44	0.96	3.88
轮作模式	MR	26 046.88	0.87	5.76
	MI	22 843.56	0.81	3.17

3.4　讨论

农业温室气体排放造成的全球变暖是影响华北平原农业可持续性的重要因素之一。中国是全球最大的人为温室气体排放国家。其农业温室气体排放占全球农业温室气体排放总量的 12%。因此，如何在减少环境对气候变化影响的同时，提高作物产量和经济效益，确保粮食安全和农民利益不减，这项研究具有重要意义。本研究比较了春玉米-油料作物(大豆和豌豆)、春玉米-蔬菜(马铃薯和菠菜)和春玉米-饲料作物(黑麦草)等多熟种植模式，以提供在不影响该地区粮食总产量的情况下排放较少温室气体的一种种植模式。

3.4.1　不同种植制度的碳排放

研究人员已经意识到农田碳排放的重要性，但目前的研究主要集中于主要粮食作物，包括传统种植的小麦、玉米和水稻或部分轮作种植模式。目前对于春玉米多熟种植模式包括春玉米-油料作物（大豆和豌豆）、春玉米-蔬菜（马铃薯和菠菜）和春玉米-饲料作物（黑麦草）的研究还鲜有报道。为了更加准确地评估多种作物的不同种植模式的碳排放，本研究从单位面积碳排放、单位生物量碳排放和单位经济效益碳排放等多个方面对各模式的碳排放进行评估，缓解了单一指标评价的片面性。在本研究中，MS 的 CE_a 较 MM 降低了 3%，与 Huang 等（2014）和 Shen 等（2018）的报告结果相一致。Huang 等（2014）的研究指出，与 MM 相比，MS 显著减少了土壤 N_2O 排放量达 26%～49%，这可能是由土壤水分和土壤 NO_3^- 的相互作用所导致的。Shen 等（2018）报道，玉米-大豆间作的温室气体排放量在生长季比单作玉米减少了 7%，这与玉米-大豆间作系统提高了玉米对 NH_4^+、NO_3^- 和水分吸收效率有关。此外，玉米-大豆间作提高了根长密度、土地当量比和氮素利用效率，这将在较低施肥量下提高土地生产力。MS 的 CE_b 最低，比 MM 低 24%。如表 3 所列，MS 的玉米产量仅比 MM 下降 1%，但 CE_a 比 MM 低 3%，同时增加大豆产量。MS 的 CE_e 比 MM 低 18%，但比其他春玉米多熟种植模式要高。其主要原因是试验条件下的大豆产量很低。这个原因也为本研究提供了一种可能性：随着农业管理水平的提高，MS 的 CE_e 将大大降低。

套作种植模式 MP 的 CE_a 相对较低，仅次于 MM 和 MS。其原因是 MP 的生长期比 MM 和 MS 长 2 个月。豌豆的根系较浅使得豌豆和玉米两种间作作物在共同生长期增加了水分和养分的利用。尽管本研究中 MP 的 CE_a 高于单作玉米，但也有研究报道称玉米-豌豆间作的碳排放低于单作作物。除 MM 外，MP 的 CE_b 最高。其原因是豌豆的生物量远低于其他作物，同时，其 CE_e 也很高。其主要原因是市场对豌豆的需求量较小，因此豌豆的价格不高。MO 的 CE_a 和 CE_b 与 MS 相似，但 CE_e 在所有种植模式中为最低。其主要原因是马铃薯经济产量较高，达 30 000.00 kg/hm^2。

轮作种植模式 MR 和 MI 的 CE_a 最高，分别比 MM 高 18%和 34%。其中最重要的一个原因是它们的生长期最长，比 MM 长 7 个月以上；另一个原因是黑麦草和菠菜的高产需要更多的投入，MR 和 MI 的投入比 MM 高 67%和 87%。Parajuli 等（2017）报道，黑麦草确实是一种具有很高温室气体排放潜力的作物。随着全球对动物蛋白需求量的增加，动物饲料的需求量也不断被提高，黑麦草是一种优质的可冬季生产的饲料作物。有研究指出，使用硝化抑制剂等技术能够有效缓解黑麦草碳排放，黑麦草的 N_2O 排放量可被降至未施肥的水平。

3.4.2　土壤温室气体排放量估算方法及碳排放量计算

在本研究中，不同玉米种植模式的碳排放包括全年的温室气体直接排放和温室气体间接排放，其中温室气体直接排放（占温室气体排放总量的 80%～85%）是主要的排放源，因此获得准确的温室直接气体排放数据非常重要。目前估算土壤温室气体直接排放量有三种基本方法：参数方法、动态模型方法和测量方法。研究中使用的方法取决于研究的目标和范围。当计算大尺度的产品或系统，无法直接计算土壤温室气体排放量或难以进行试验时，通常使用动态方法模型或参数方法。在使用这种方法时，研究参数是最重要的，应谨慎选择。一般采用 IPCC 提供的标准排放因子或使用国家/地区特定排放因子计算土壤温室气体排放量。这些研究的结果可以粗略说明产品或系统的差异，但精确度不高。动态模型方法采用特定的模型来估算土壤温室气体排放量。与参数方法相比，该方法在一定程度上提高了土壤温室气体排放的精度，其更适宜应用在具有相同背景的产品或系统上使用。Brown 等(2002)发现，与 IPCC 方法相比，UK-DNDC 方法计算的土壤碳排放量更小，Goglio 等(2018)的研究也获得了类似的结果。Rochette 等(2008)建立了一个模型来确定 N_2O 的排放因子，其研究确定化肥产生的 N_2O 排放因子为 0.008 kg/kg。Gan 等(2012)采用该模型对加拿大半干旱草原 25 年的研究结果为 0.004～0.012 kg/kg。在相同或相似土壤上进行研究的其他研究人员可能会使用这些研究的结果。此外，模型应根据天气或土壤类型进行校准。这些方法虽然应用广泛，但是在小尺度温室气体计算中精度不高。其原因可能是影响土壤温室气体排放的因素有很多，例如，气候、肥料管理(矿物肥料和有机改良剂)、使用的残留物和耕作类型、作物选择和种植管理强度的差异。这些研究的结果只能反映各处理土壤温室气体排放的部分特征，结果的准确性不高，也可能与实际情况相反。因为自然环境在不同年份、不同地区甚至同一地区的不同土壤之间有很大的差异，因此测量方法在农田土壤温室气体排放等小尺度的估算中得到了广泛的应用。Xue 等(2016)在测量方法的基础上计算了中国南方双稻生产的碳排放；Li 等(2017)计算了华北平原作物畜禽养殖集成和分离系统的土壤温室气体排放。测量方法也在全球范围内得到了应用，因此本研究采用试验测量的方法计算了不同种植模式的温室气体直接排放量。

3.4.3 研究局限性

不确定因素的存在可能会影响研究的结果。根据 IPCC 的指南，从试验中获得的排放因子是最好的，并且引用当地的排放因子优于国际平均排放因子。因此，本研究中使用的排放因子是 Liu 等(2013)根据已经发表的文献中的综合排放因子并结合华北平原的实际情况进行修订的本地化参数。尽管如此，其仍然存在一些不确定因素，例如，本研究采用了多种农药，但并不是每种农药都有其确切的排放因子。本研究设定的系统边界方面也存在不确定性，例如，本研究涉及了灌溉设施和多种机械设备，但并没有计算其碳排放。功能单位的选择也是影响研究结论的重要因素。本研究从单位面积、单位生物量和单位经济效益等多个角度估算了不同春玉米多熟种植模式的碳排放，避免了考虑单一方面得出结论的片面性。本研究并没有考虑春玉米多熟种植模式中的每种农产品质量。研究表明，当使用单位碳水化合物作为功能单位时，马铃薯的碳排放量低于谷类作物。经济效益是影响农民选择种植模式的最重要因素，其决定着种植模式的推广潜力和推广规模。MI、MO 和 MR 种植模式经济利润较高的主要原因是菠菜、番茄和黑麦草作为经济作物在当地特定的经济和社会环境中供不应求，所以价格较高。然而，这些经济作物的价格受市场影响较大。如果大面积生产，其将导致供大于求，从而使价格降低。此外，本研究中的碳排放量仅衡量不同种植模式直接或间接造成的温室气体排放总量。然而，农业生态系统不仅是温室气体排放的源，还是碳汇，因此判断种植模式是温室气体的汇，还是源，还应该考虑系统温室气体净平衡。

3.5 结论

碳排放是农业绿色发展面临的主要挑战之一。近年来的研究表明，在华北平原采用基于春玉米的种植模式可以部分替代传统麦玉模式，以促进农业绿色发展。因此，本研究基于田间定位试验，从田间温室气体直接排放和投入带来的温室气体间接排放两个方面分析了春玉米单作和 5 种春玉米多熟种植模式的碳排放。研究结果表明，与春玉米单作相比，春玉米多熟种植模式能够减少单位生物量碳排放和单位经济效益碳排放。虽然提高了单位面积碳排放，但是从长远来看，因其较高的产量和经济效益，春玉米多熟种植模式能有效地降低温室气体排放。其中，与 MM 相比，MS 不仅单位生物量和单位经济效益的碳排放较低，其单位面积碳排放也较低。此外，在一个种植周期内，作物生长季对土壤温室气体排放贡献最大。各投入中氮肥和电力是间接温室气体排放的主要来源。综上所述，本研究结果表明，在华北平原，与春玉米单作相比，春玉米多熟种植模式能够提高系统的可持续性，促进了系统的清洁生产能力。综合考虑经济效益、环境影响和推广潜力，本研究中较优的种植模式为 MS 和 MO。

参考文献

[1] 刘巽浩，徐文修，李增嘉，等. 农田生态系统碳足迹法：误区、改进与应用——兼析中国集约农作碳效率. 中国农业资源与区划，2013,34(6)：1-11

[2] 中华人民共和国国家发展和改革委员会. 中华人民共和国气候变化第二次国家信息通报，2015

[3] ALI S A，TEDONE L，VERDINI L，et al. Effect of different crop management systems on rainfed durum wheat greenhouse gas emissions and carbon footprint under Mediterranean conditions. J. Clean. Prod，2017,140(2)：608-621

[4] BRANKATSCHK G，FINKBEINER M. Crop rotations and crop residues are relevant parametersfor agricultural carbon footprints. Agron. Sustain. Dev，2017,37：58

[5] BROWN L，SYED B，JARVIS S C，et al. Development and application of a mechanistic model to estimate emission of nitrous oxide from UK agriculture. Atmos. Environ，2002,36(6)：917-928

[6] CHAIQ，QIN A，GAN Y，et al. Higher yield and lower carbon emission by intercropping maize with rape，pea，and wheat in arid irrigation areas. Agron. Sustain. Dev，2014,34：535-543

[7] CHEN P，DU Q，LIU X，et al. Effects of reduced nitrogen inputs on crop yield and nitrogen use efficiency in a long-term maize-soybean relay strip intercropping system. PLoS One，2017

[8] DYER L，OELBERMANN M，ECHARTE L. Soil carbon dioxide and nitrous oxide emissions during the growing season from temperate maize-soybean intercrops. J Plant Nutr Soil Sci，2012(175)：394-400

[9] FANG X，HUANG H，LEUNG P. Competitiveness of local food：An empirical analysis of the tomato market dynamics. Int. Food Agribus. Man，2018,21(1)：89-100

[10] GAN Y，LIANG C，WANG X，et al. Lowering carbon footprint of durum wheat by diversifying cropping systems. Field Crop. Res，2011a,3(122)：199-206

[11] GAN，Y，LIANG C，HAMEL C，et al. Strategies for reducing the carbon footprint of field crops for semiarid areas. A review. Agron. Sustain. Dev，2011b,4(31)：643-656

[12] GAN Y，LIU L，CUTFORTH H，et al. Vertical distribution profiles and temporal growth patterns of roots in selected oilseeds，pulses and spring wheat. Crop Pasture Sci，2011c,62：457-466

[13] GAN Y，LIANG C，MAY W，et al. Carbon footprint of spring barley in relation to preceding oilseeds and N fertilization. Int J Life Cycle Assess，2012,5(17)：635-645

[14] GOGLIO P，SMITH W N，GRANT B B，et al. A comparison of methods to quantify greenhouse gas emissions of cropping systems in LCA. J. Clean. Prod，2018,172：4010-4017

[15] HANSEN J，GALE F. China in the next decade：Rising meat demand and growing imports of feed. Washington：Amber Waves，2014

[16] HÖRTNAGL L，BARTHEL M，BUCHMANN N，et al. Greenhouse gas fluxes over managed grass-

lands in Central Europe. Global Change Biol, 2018

[17] HUANG J, CHEN Y, SUI P, et al. Estimation of net greenhouse gas balance using crop- and soil-based approaches: Two case studies. Sci. Total Environ, 2013,456-457: 299-306

[18] HUANG J, CHEN Y, SUI P, et al. Soil nitrous oxide emissions under Maize-Legume intercropping system in the north china plain. J. Integr. Agr, 2014,13(6): 1363-1372

[19] HUÉRFANO X, ESTAVILLO J, FUERTES-MENDIZÁBAL T, et al. DMPSA and DMPP equally reduce N_2O emissions from a maize-ryegrass forage rotation under Atlantic climate conditions, 2018,187: 255-265

[20] IPCC. The Intergovernmental Panel on Climate Change. 2006 IPCC guidelines for national greenhouse gas inventories. institute for global environmental Strategies, Hayama, Japan, 2006

[21] IPCC. The Intergovernmental Panel on Climate Change. Climate change 2013: The physical science basis. New York:Cambridge University Press,2013

[22] IPCC. The Intergovernmental Panel on Climate Change. Climate change 2014: Synthesis report. Geneva, Switzerland, 2014:151

[23] JENSEN E S, PEOPLES M B, BODDEY R M, et al. Legumes for mitigation of climate change and the provision of feedstock for biofuels and biorefineries. A review. Agron. Sustain. Dev, 2012,32(2): 329-364

[24] KING A E, HOFMOCKEL K S. Diversified cropping systems support greater microbial cycling and retention of carbon and nitrogen. Agr. Ecosyst. Environ, 2017,240: 66-76

[25] KRUPINSKY J M, BAILEY K L, MCMULLEN M P, et al. Managing plant diseases risk in diversified cropping systems. Agron. J, 2002,(94): 198-209

[26] LAL R. Carbon emission from farm operations. Environ. Int, 2004,30:981-990

[27] LARES-OROZCO M F, ROBLES-MORUA A, YEPEZ E A, et al. Global warming potential of intensive wheat production in the Yaqui Valley, Mexico: A resource for the design of localized mitigation strategies. J. Clean. Prod, 2016,127: 522-532

[28] LEHUGER S, GABRIELLE B, LAVILLE P, et al. Predicting and mitigating the net greenhouse gas emissions of crop rotations in Western Europe. Agr. Forest Meteorol, 2011,151(12): 1654-1671

[29] LI Z, SUI P, WANG X, et al. Comparison of net GHG emissions between separated system and crop-swine integrated system in the North China Plain. J. Clean. Prod, 2017(149): 653-664

[30] LI J, YANG W, WANG Y, et al. Carbon Footprint and driving forces of saline agriculture in coastally reclaimed areas of eastern china: a survey of four staple crops. sustainability,2018, 10(4): 928

[31] NGWABIE N M, WIRLEN Y L, YINDA G S, et al. Quantifying greenhouse gas emissions from municipal solid waste dumpsites in Cameroon. Waste Manage,2018,2(48)

[32] ORTIZ-GONZALO D, DE NEERGAARD A, VAAST P, et al. Multi-scale measurements show limited soil greenhouse gas emissions in Kenyan smallholder coffee-dairy systems. Sci. Total Environ, 2018, 626: 328-339

[33] PARAJULI R, KRISTENSEN S, KNUDSEN M, et al. Environmental life cycle assessments of producing maize, grass-clover, ryegrass and winter wheat straw for biorefinery. J. Clean. Prod, 2017,142: 3859-3871

[34] REN Y J, GAO C, HAN H F, et al. Response of water use efficiency and carbon emission to no-tillage and winter wheat genotypes in the North China Plain. Sci. Total Environ, 2018,635: 1102-1109

[35] REN Y, WANG X, ZHANG S, et al. Influence of spatial arrangement in maize-soybean intercropping on root growth and water use efficiency. Plant and Soil, 2017,415 (1-2): 131-144

[36] RÖÖS E, SUNDBERG C, HANSSON P A. Uncertainties in the carbon footprint of food products: A

case study on table potatoes. Int. J. Life Cycle Ass, 2010,5(15): 478-488

[37] ROCHETTE P, WORTH D E, LEMKE R L, et al. Estimation of N_2O emissions from agricultural soils in Canada. I. Development of a country-specific methodology. Can. J. Soil Sci, 2008,5(88): 641-654

[38] SALVADOR S, CORAZZIN M, ROMANZIN C, et al. Greenhouse gas balance of mountain dairy farms as affected by grassland carbon sequestration. J. Environ. Manage, 2017(196): 644-650

[39] SHEN Y, SUI P, HUANG J, et al. Greenhouse gas emissions from soil under maize-soybean intercrop in the North China Plain. Nutr Cycl Agroecosyst, 2018,110(3): 451-465

[40] SMITH P, HABERL H, POPP A, et al. How much land-based greenhouse gas mitigation can be achieved without compromising food security and environmental goals? Global Change Biol, 2013, 19 (8): 2285-2302

[41] WANG X, WU X, ZHAO Q, et al. Effects of cropland-use management on potentials of soil carbon sequestration and carbon emission mitigation in China. Scientia Agricultura Sinica, 2011, 44 (11): 2284-2293

[42] WANG Z, ZHANG H, LU X, et al. Lowering carbon footprint of winter wheat by improving management practices in North China Plain. J. Clean. Prod, 2016,112(1): 149-157

[43] WEST T O, MARLAND G. A synthesis of carbon sequestration, carbon emissions, and net carbon flux in agriculture: Comparing tillage practices in the United States. Ecosystems & Environment, 2002a,1-3 (91): 217-232

[44] WEST T O, MARLAND G. Net carbon flux from agricultural ecosystems: Methodology for full carbon cycle analyses. Environ. Pollut, 2002b,116(3): 439-444

[45] XU Z, XU W, PENG Z, et al. Effects of different functional units on carbon footprint values of different carbohydrate-rich foods in China. J. Clean. Prod, 2018,198: 907-916

[46] XUE J, PU C, LIU S, et al. Carbon and nitrogen footprint of double rice production in Southern China. Ecol. Indic, 2016,64: 249-257

[47] YANG X, GAO W, ZHANG M, et al. Reducing agricultural carbon footprint through diversified crop rotation systems in the North China Plain. J. Clean. Prod, 2014(76): 131-139

[48] YANG X, SUN B, GAO W, et al. Carbon footprints of grain-, forage-, and energy-based cropping systems in the North China plain. Int. J. Life Cycle Assess, 2018

[49] YAO Z, ZHANG D, YAO P, et al. Coupling life-cycle assessment and the RothC model to estimate the carbon footprint of green manure-based wheat production in China. Sci. Total Environ, 2017, 607: 433-442

[50] YUAN Z, SHEN Y. Estimation of agricultural water consumption from meteorological and yield data: A case study of Hebei, North China. PLoS One, 2013

[51] ZENTNER R P, BASNYAT P, BRANDT S A. Effects of input management and crop diversity on economic returns and riskiness of cropping systems in the semi-arid Canadian Prairie. Renew. Agr. Food Syst, 2012,3(26): 208-223.

4　华北平原基于粮食、饲料与能源作物的种植系统碳足迹的分析[①]

摘　要：低碳足迹农业减少温室气体排放、缓解气候变化的作用受到人们的持续关注，但是对多样化农作物是如何影响系统生产力和碳足迹知之甚少。本研究分析了 4 种种植模式的碳足迹：冬小麦-夏玉米（WM 谷物生产模式，1 年周期）；黑麦草-甜高粱（RS 饲料生产模式，1 年周期）；黑麦草-甜高粱→冬小麦-夏玉米（RSWM 谷物加牧草生产模式，2 年周期）以及多年生柳枝稷连年种植（SG 能源作物生产模式）。碳足迹使用 3 个指标表示：CF_a（单位面积）、CF_b（单位生物量）和 CF_e（单位经济效益）。

作为每年采收一次的多年生草本，柳枝稷模式碳足迹最少。与 RSWM 种植模式相比，WM 种植模式的年度 CF_a、CF_b 和 CF_e 最高，分别高出 RSWM 种植模式 1.73 倍、2.23 倍和 1.78 倍。RS 种植模式的年度 CF_a、CF_b 和 CF_e 较低，其指标水平分别为 WM 种植模式的 20.9%、3.4%和 2.9%。4 种种植模式的碳足迹的 CF_a、CF_b、CF_e 3 个指标由小到大排列顺序为 SG <RS <RSWM <WM。通过合理设计（设计包含谷物、饲料作物、能源作物的多样化种植模式），可以有效减少碳足迹，维持甚至提高华北平原的系统生产力。

关键词：碳足迹；种植模式；能源作物；饲料作物；谷类作物；土壤有机碳

农业生产温室气体（GHG）排放量的增加导致全球气候变化。农业生产实践等人类活动，在温室气体总排放中占很大比例，例如，作物投入、农田管理与种植技术。在全球范围内，超过 60%的 N_2O 排放来自农业，制定有效的耕作方式是减少农业温室气体排放的关键。减轻农田系统温室气体排放的有效途径之一是应用多样化作物轮作模式。研究表明，作物多样化可以减少植株病虫害，提高能源利用率、水资源利用效率以及提高作物净生产力。目前只有少量研究关注该领域，影响华北平原温室气体的环境可持续性的不同作物组合的种植模式作用机制尚待深入探究。

华北平原是中国重要的农业生产区，年夏玉米、冬小麦产量分别占全国总产量的 35.3%和 69.2%。在传统作物生产系统中，为了追求单位面积高产而出现的氮肥过

① 作者：杨晓琳、孙备备、高旺盛、陈源泉、隋鹏*；通信作者：陈源泉（中国农业大学农学院教授，博导，主要从事农作系统生态经济评价相关研究，E-mail：rardc@163.com）；隋鹏（中国农业大学农学院教授，博导，主要从事农作制度与农业节水相关研究，E-mail：suipeng@cau.edu.cn）。

量施用与地下水超采行为的有害影响日益凸显。在过去的 20 年中，我国单位面积氮肥年施用量从过去 100 kg/hm^2 增加到 600 kg/hm^2。麦玉复种模式因其高化肥投入、高灌溉水量，其温室气体排放量处于较高水平。华北平原冬小麦-夏玉米复种种植模式的 N_2O 总排放量估计达到 2 250 g N_2O-N/hm^2。鉴于华北平原麦玉复种模式的高温室气体排放量，探索生态环境友好的模式显得尤为重要。尚未解决的问题是谷物、饲料和能源作物的替代种植模式能否在平衡粮食生产、保护土壤、增强环境可持续性方面发挥作用？

多年生黑麦草是北欧最重要的牧草种类，对干旱条件敏感。甜高粱是世界许多地区广泛种植的饲料作物，具有高生产力、耐盐碱、耐旱的特点。其秸秆中含有营养价值高、可发酵的丰富的碳水化合物。在种植柳枝稷后，后茬作物表现为较高的养分利用效率、高产以及积极的环境属性（野生动植物的覆盖价值、土壤质量和稳定性、低温室气体排放以及对水、农药和能源的低利用）。我们假设谷物（冬小麦、夏玉米）、牧草（黑麦草、高粱）和能源作物（柳枝稷）的功能组合可为降低农业碳足迹提供巨大潜力，而这正是华北平原亟须解决的问题。

“碳足迹”最初是由 Rees 于 1992 年在“生态足迹”的概念中引入。它也被认为是这一领域的开拓者，其他研究者对此概念做了进一步的定义和扩展，以供农业使用。由于人们对农业温室气体及其对气候变化影响的关注日益增加，与作物轮作和耕作技术相关的农业生态系统碳足迹研究，受到越来越多的关注。研究人员已经估算了主要田间作物的碳足迹，例如，华北平原研究冬小麦、在加拿大东部地区研究不同氮肥投入玉米。以及加拿大西部的硬粒小麦、春大麦、油菜、芥菜。

通过优化调整耕作措施，以减少碳足迹，例如，适当的耕作、适度肥料施用，多样化作物轮作模式，尤其是引入豆科植物的轮作模式，以及改进土壤耕作技术（将旋耕、耙耕等落后的技术，转化为深耕）。大量证据表明，由于甲烷（CH_4）和 N_2O 的排放，优化耕作方式可以降低全球增温潜势（GWP）。Hauggaard-Nielsen 等（2016）报道，基于丹麦的生命周期评估（LCA）估算，未施肥的豆科植物的碳足迹低于施肥的农作物。Gan 等（2014，2015）着重介绍了降低加拿大草原碳足迹的一些关键农田管理和策略。例如，选择与碳足迹较低相关的农作物，发展包括油料作物、生物氮固着等作物在内的多样化种植模式，以提高氮素利用以及能源利用率。Chai 等（2013）报道了在中国西北内陆干旱地区，与作物单作相比，基于玉米设置的豌豆、油菜或小麦的间作模式增加了谷物的总产量，降低了温室气体排放。据以前的研究发现，与华北平原传统的、集约化作物生产系统相比，多样化的作物轮作系统减少了碳足迹。

需要量化涉及多种作物[草料（黑麦草、甜高粱）]、谷物（玉米、小麦）和能源作物（柳枝稷）的种植模式碳足迹。已有的科学文献缺乏此类信息，需要实际研究数据验证。因此，本研究目的是从生命周期的角度，确定 4 种不同轮作周期的种植模式的年度碳足迹；评估各种种植模式对减轻农业生态系统净温室气体的作用。这项长期研究的结果从平衡粮草粮能源作物的发展、优化华北平原农业的可持续农业发展角度为决策者提供理论参考。这些信息将会对国际其他地区的土地利用、土壤利用变化，提供高层决策的帮助。

4.1 材料与方法

4.1.1 试验地理位置、气候与土壤状况

该试验在2009—2015年于中国科学院栾城农业生态系统试验站(37°50′ N,114°40′ E,海拔为50.1 m)进行。本区地处温带半湿润季风气候,以冬小麦-夏玉米复种连作为主要的种植模式。年平均气温为12.20 ℃,4—10月为无霜期,时间超过200 d。过去20年,年均降水量在480 mm上下,降水量年际变化大。雨量分配受季节影响显著,年降水量的60%～70%发生在6—9月。图1展示了2009—2015年的月平均降水量和月平均气温。

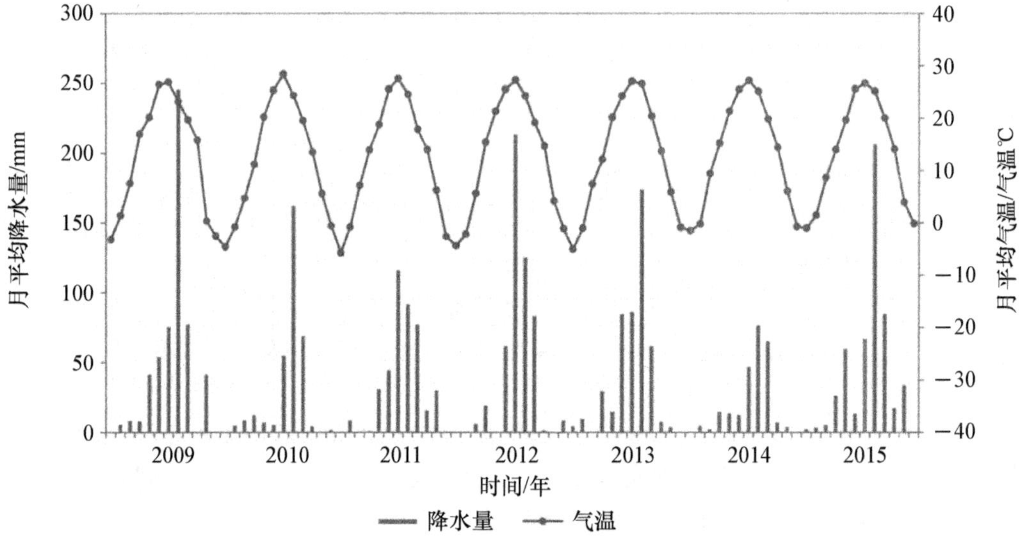

图1 2009—2015年中国科学院栾城农业生态系统试验站月降水量分布与月平均气温统计

4.1.2 试验设计、农田投入与作物管理设计

试验设计了包含5种作物的4种种植模式,处理设置3个重复,采用随机区组设计,共计12个地块。各地块规格均为长7.5 m,宽4 m,面积为30 m^2。在随机区组安排的小区,按已制订的作物种植安排,按顺序种植作物。4种种植模式为①冬小麦-夏玉米(WM谷物作物,1年周期);②黑麦草-甜高粱(RS饲草作物,1年周期);③黑麦草-甜高粱→冬小麦-夏玉米(RSWM谷物加牧草作物,2年周期);④多年生柳枝稷(低地品种阿拉莫,SG能源作物)。图2展示了在第一个轮作周期内的4种种植模式各种作物的种植顺序与安排。在为期6年的试验中,各处理在各自地块上重复进行。作物的田间管理均根据当地气候条件推荐的最佳管理规范进行,包括播种日期和深度、害虫防治、种植密度、杂草防治和肥料施用,同时,采用常规的耕作方式与技术。

每种作物的播种和收获日期分别为冬小麦(10月6日至翌年6月13日)、夏玉米(6月13日至同年10月2日)、黑麦草(10月4日至翌年4月22日)、甜高粱(4月30日至同年10月2日)。作为多年生草本植物,柳枝稷在每年9月底收获一次。不同种植模式中的相同作物的农田投入应保持一致。依据当地主流农田管理,确定氮、磷、钾肥料的用量。播种前撒播施用尿素作为基础氮源,并在关键生育期追肥。表1列出了详细的农业投入与作物参数。

表 1　2009—2015 年应用生命周期评价法统计的农业投入与作物参数

种植模式	作物	N/(kg/hm^2) 基础	N/(kg/hm^2) 根外追肥	P_2O_5 /(kg/hm^2)	K_2O /(kg/hm^2)	农药 /(kg/hm^2)	柴油 /(kg/hm^2)	电力 /(kg/hm^2)	根茎比率	C/N	碳含量 /%	收获指数	产量[a] (kg/hm^2)	生物量[a] (kg/hm^2)	经济产出 (元/hm^2)[b]
WM	冬小麦	117.05	191.76	299.15	0	6.83	40.46	591.43	0.23	44	40	0.45	7 041±911[g]	15.646±2 024	14.229±3 520
	夏玉米	0	283.81	0	0	7.28	40.46	276.00	0.22	57	40	0.53	6 894±1 076	13 008±2 029	13 867±3 793
RS	黑麦草	0	0	299.15	0	0	18.68	394.29	0.54	36[c]	40[c]	—	9 353±4 003	9 353±4 003	13 218±1 607
	甜高粱	76.24	99.72	194.83	83.38	7.28	18.68	591.43	0.67	75[e]	40[e]	—	50 700±17 085	50 700±17 085	10 546±3 554
RSWM	黑麦草	0	0	299.15	0	0	18.68	394.29	0.54	36[c]	40[c]	—	7 521±2 024	7 521±2 024	10 629±2 861
	甜高粱	76.24	99.72	194.83	83.38	7.28	18.68	591.43	0.67	75[e]	40[e]	—	44 663±2 565	44 663±2 565	9 290±533
	冬小麦	117.05	191.76	299.15	0	6.83	40.46	591.43	0.23	44	40	0.45	7 663±1 342	17 030±2 982	15 754±2 963
	夏玉米	0	283.81	0	0	7.28	40.46	276.00	0.22	57	40	0.53	7 546±881	14 236±1 662	16 405±3 177
SG	柳枝稷	0	0	0	83.38	0	40.46	591.43	1.16	65[f]	43.51[f]	—	30 825±5 924	30 825±5 924	6 412±1 232

注：a. 2009—2015 年种植模式的年平均产量与生物量。

b. 2009—2015 年种植模式的年平均经济产出。作物经济产出＝作物产量(kg/hm^2)×作物年调整价格(元/kg)。冬小麦、夏玉米的年市场销售价格数据资料来源于《中国农产品价格调查统计年鉴》。黑麦草、甜高粱、柳枝稷作物的年度调整价格数据参考文献资料 Yang 等(2014)，Monti 等(2007)，Liu 等(2015)。

c. 联合国政府间气候变化专门委员会指南 Guidelines (2006)，第 11 章

d. 各作物的地下 N 残留量计算公式为：地下 N 残留量＝(谷物产量/收获系数)×根系 N 含量×根冠比。

e. 甜高粱作物 C/N 数据资料参考 Qu 等，2014。

f. 柳枝稷作物 C/N、作物碳含量数据资料参考 Zhmo 等，2016。

g. ±为标准差。

h. 本试验未向黑麦草作物施用氮肥。与冬小麦等冬季覆盖作物相比，黑麦草具有更短的生育期(减少约 48 d)，同时在 RS、RSWM 模式种植甜高粱之前，作为填闲作物。在高粱生育期施用氮作为基肥，且在关键生育期追施氮肥。

i. 本试验未向柳枝稷作物施加氮肥。柳枝稷作为当前种植普遍的第二代用于乙醇生产的木质纤维素饲料，可以在边缘贫瘠土壤种植，且相较于粮食作物，其需肥量少。然而，在本试验设计伊始，柳枝稷便种植于土壤质量较好的耕作土壤，且每年在柳枝稷叶片枯黄时施用钾肥(硫酸钾)。

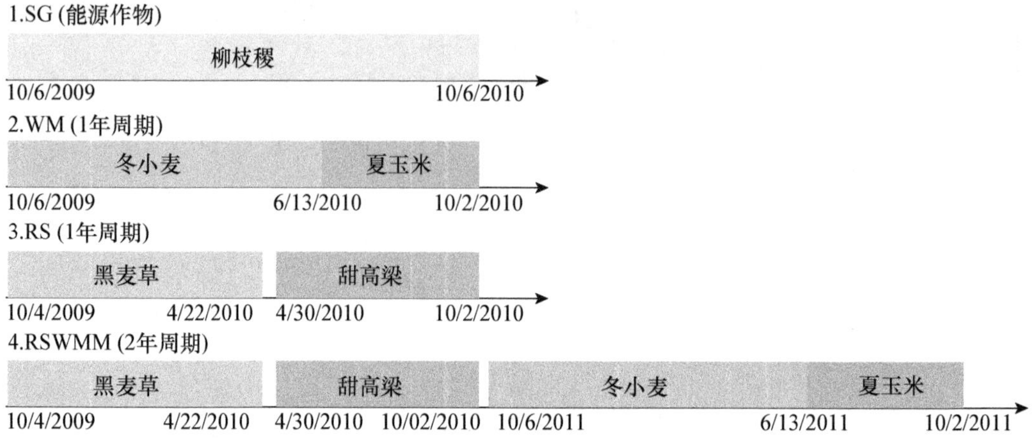

图 2　第一个轮作周期内的 4 种种植模式各种作物的种植顺序与安排

4.1.3　数据收集

作物成熟后，使用带有自动称重系统的常规联合收割机测量每块地的产量。按照 Walkley 和 Black(1934)的方法，在 2009 年 10 月播种之前，2010—2015 年 10 月收获后，测定 0～30 cm 表层土壤有机碳含量，同时，测量土壤容重以推算年度土壤有机碳储存量。

2009—2015 年，各作物的市场价格如下：冬小麦价格为 1.92～2.34 元/kg，平均价格为 2.13 元/kg；夏玉米价格为 1.74～2.39 元/kg，平均价格 2.11 元/kg(中国农产品价格调查年鉴)；黑麦草价格为 1.14～1.74 元/kg，平均值为 1.41 元/kg；柳枝稷平均价格为 0.21 元/kg；甜高粱平均价格为 0.21 元/kg。

4.1.3.1　温室气体排放估算与碳足迹

农业生态系统被视为温室气体的排放源或碳汇。在计算碳足迹时应考虑与耕作方式和土地利用变化相关的土壤有机碳变化。在农业生态系统中，由耕作方式改变导致土壤碳的增加或减少可能会对环境产生直接或间接的影响。因此，碳足迹应精确为净温室气体，其包括①从农业投入到农场建设(肥料、杀虫剂、除草剂等化学药剂的生产、储存与运输；用于耕作、种植与收获等机械化石燃料的消耗；灌溉用电)；②农田投入的各类物质(N、P、K 肥料，杀虫剂，除草剂等)直接或间接的排放以及作物残茬分解排放的温室气体；③2009 年 10 月至 2015 年 10 月的土壤碳挥发或固持。系统边界设定为从外部投入物资(化肥和农药)的生产、制造、储存与交付至不同模式作物收获的生命周期碳足迹(图 3)。超出农田边界的清单条目包括谷物的运输、出口、销售等潜在排放未纳入研究范畴。因为计算人们农业活动温室气体排放量已有标准化参数，因此本研究不再额外考虑人类劳动的能量。

4.1.3.2　农田投入的温室气体排放

估算了 4 种种植模式的农田投入物质资料(化肥、农药、电力和燃油等)的生产、储存、运输的温室气体排放量。表 2 展示了适合华北平原上述各因子的二氧化碳当量(CO_2^{-eq})排放因子。

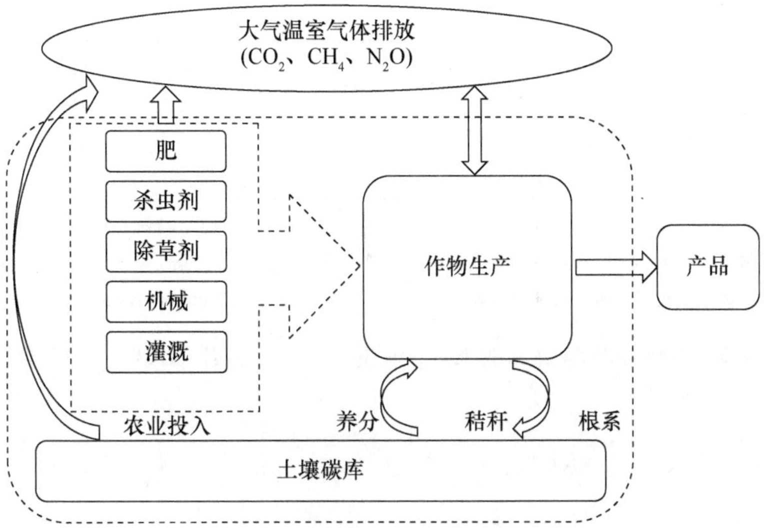

图 3　不同种植模式的碳足迹估算系统边界

表 2　农田投入物质的二氧化碳当量排放系数

投入物质资料	CO_2	N_2O	CH_4	CO_2^{-eq}
N/(g/kg)	10 125.56	0.17	0.24	10 183.13
P_2O_5/(g/kg)	1 496.49	0.02	0.02	1 502.38
K_2O/(g/kg)	973.20	0.03	0.04	983.14
柴油/(g/kg)	3 875.70	0.14	0.65	3 932.82
杀虫剂/(g/kg)	—	—	—	18 000.00
电力/[g/kWh]	948.48	0.01	0.01	951.74

注：农田投入物质的生产、储存、运输各环节的二氧化碳排放参数参考 Huang 等，2013；Yang 等，2014。依据 IPCC 于 2006 年的报告，二氧化碳当量转化为温室气体量的计算公式为：$CO_2^{-eq}=CO_2+N_2O\times298+CH_4\times25$。

4.1.3.3　农田投入的二氧化碳排放量

土壤微生物可通过硝化作用、反硝化作用，其在固定、转化土壤中氮素的同时，产生 N_2O，因此 N_2O 的直接或间接排放量与农田施用氮肥量以及环境条件有关。IPCC 提供了包含由氮素通过化肥与作物残茬的农田 N_2O 直接排放量，通过 NH_3、NO_x 挥发与硝酸盐淋洗直接异地迁移的计算方法。此外，在与 NH_3、NO_x 形式的氨挥发相关的 N_2O 的间接排放以及易发生氮淋洗的根部区域，其硝酸盐物质也经历多层转化，最终释放出 N_2O。本研究根据华北平原已有研究，采用冬小麦、夏玉米的排放参数。由于华北平原缺乏对黑麦草、甜高粱、柳枝稷作物的间接 N_2O 排放参数，因此参数取自 IPCC 于 2006 年公布的参考值。表 3 列出了不同作物碳足迹的排放因子与参数。

表 3　华北平原 5 种作物计算碳足迹的排放因子与参数

指标	冬小麦	夏玉米	黑麦草[c]	甜高粱[c]	柳枝稷[c]
农田施用无机氮肥的直接 N_2O 部分(EF/%)	1.05[a]	2.50[b]	1.00	1.00	1.00
无机氮肥以 NH_3-N 与 NO_x-N 形式挥发部分($F_{volatilization}$)	16[d]	21[d]	10	10	10

续表3

指标	冬小麦	夏玉米	黑麦草[c]	甜高粱[c]	柳枝稷[c]
NH_3^- N 与 NO_x^- N 形式的 N_2O 排放参数($E_{volatilization}$)	0.01[e]	0.01[e]	0.001	0.001	0.001
与硝酸盐淋洗相关的无机氮肥部分(F_{leach}/%)	14[f]	19[f]	30	30	30
硝酸盐淋洗的 N_2O 排放(kg N/kg N)	0.025	0.025	0.007 5	0.007 5	0.007 5

注:a. 依据调整后的 IPCC 参数(Zhang 等,2010);b. 依据 Zhang 等,2004 的文献资料平均值, 2013;c. 依据 IPCC 参考值(IPCC,2006);d. 依据中国科学院栾城农业生态系统试验站田间观测数据资料(Hu 等,2011);e. 依据实地情况调整的排放参数(Liang,2009);f. 依据实地情况调整的排放参数(Li 等,2005;Hu 等,2011;Zhang 等,2013)。

施用无机氮肥、作物残茬等引起的 N_2O 排放计算,依据 IPCC(2006)提供的公式与方法,其计算公式为:

$$CO_2^{-eq}N = Q_N \times \{EF + (F_{volation} \times E_{volation}) + (F_{leach} \times E_{leach})\} \times \frac{44}{28} \times 298 \quad (1)$$

$$CO_2^{-eq}R = QR \times \{EF + (F_{leach} \times E_{leach})\} \times \frac{44}{28} \times 298 \quad (2)$$

式中:$CO_2^{-eq}N$ 为施用无机氮肥产生的温室气体总量(kg CO_2^{-eq}/hm^2);$CO_2^{-eq}{}_R$ 为由作物残茬分解产生的温室气体总量(kg CO_2^{-eq}/hm^2);Q_N 为无机氮肥的施用量(kg/hm^2);QR 为地上部与地下部作物残留生物量;EF 为直接排放因子(kg N_2O-N/kg);$F_{volation}$ 为无机氮肥挥发为 NH_3-N 和 NO_x-N 的潜势;F_{leach} 为无机氮肥硝酸盐淋洗的百分比;$E_{volation}$ 为与 NH_3-N 和 NO_x-N 转化的参数(kg N/kg N);E_{leach} 为与硝酸盐淋洗相关的 N_2O 排放因子(kg N/kg N);44/28 为将 N_2O-N 转换为 N_2O 的系数;298 为 N_2O 在 100 年时间内的全球增温潜力。

4.1.3.4 土壤有机碳储量变化

土壤固碳效应改变需要长时间作用,并且不同的种植模式存在显著差异,这些都应在估算碳足迹时考虑在内,因此可通过下列公式计算各种植模式的每年的土壤有机碳储量。

$$\Delta C = \frac{T_1 - T_2}{n} \times \frac{44}{12} \quad (3)$$

式中:ΔC 为年土壤有机碳储量自 2009—2015 年的变化情况(kg CO_2^{-eq}/hm^2);T_1 与 T_2 分别为 2015 年与 2009 年表层土壤(0～30 cm)土壤有机碳储量;n 为研究年份;44/12 为碳转化为 CO_2 的转化系数。

4.1.3.5 不同单元的碳足迹

基于在 2009—2015 年的种植模式安排,计算各模式的碳足迹。碳足迹应当从多角度、应用多种方式估算,避免因使用单一常规功能单元,造成的倾向性、缺乏客观性的结论。例如,已有文献仅应用单一参数——单位面积碳足迹(CF_a kg CO_2^{-eq}/hm^2)可能不足以完整地反映问题。本研究定义并计算了单位生物量碳足迹 CF_b(kg CO_2^{-eq}/kg)、单位经济效益的碳足迹 CF_e(kg CO_2^{-eq}/元)。其具体的公式为:

$$CF_a = \sum_i \sum_j (\text{Emission Category}_{i,j} + \Delta C) \quad (4)$$

$$CF_b = \frac{\sum_i \sum_j (\text{Emission Category}_{i,j} + \Delta C)}{\sum_i \text{Crop Biomass}_i} \tag{5}$$

$$CF_e = \frac{\sum_i \sum_j (\text{Emission Category}_{i,j} + \Delta C)}{\sum_i \text{Crop}E_i} \tag{6}$$

式中：$\text{Category}_{i,j}$ 为某种植模式的第 i 类作物，第 j 类排放物质（kg CO_2^{-eq}/hm^2）；ΔC 为年土壤有机碳储量的变化量（kg CO_2^{-eq}/hm^2）；Crop Biomass_i 为轮作周期的第 i 种作物的生物量（kg/hm^2）；Crop E_i（元/hm^2）为轮作周期第 i 种作物的经济产出。

4.1.4 数据分析

统计分析在 SAS 9.3 软件（SAS2011）中进行。使用单因素方差分析（ANOVA）确定平均值差异显著性，事后比较采用最小显著性差异法（LSD）测试（$\alpha=0.05$）。

4.2 结果

4.2.1 农田投入的温室气体排放量

分析 RS、WM、RSWM 种植模式的温室气体排放总量，无机氮肥在生产过程中产生的间接排放占据最大份额（37.33%～41.90%）。作物残茬分解释放的温室气体还田数量较少，因此只占据温室气体总量很小的一部分。在不同种植模式中，由施用氮肥导致的温室气体直接或间接排放量占温室气体总量的 21.23%～45.20%。由施用氮肥造成的 N_2O 直接排放量占温室气体的总量与种植模式有关。具体来看，WM 为 33.7%，RSWM 为 29.54，RS 为 17.17%。以铵态氮或硝态氮的形式挥发以及硝酸盐淋洗等 N_2O 的间接排放量在占温室气体排放总量的比例同样与种植模式有关：WM 为 11.5%，RSWM 为 9.61%，RS 为 4.03%（图 4）。氮素化肥的生产、运输与施用占据农业生产领域温室气体排放总量最大份额。

4.2.2 土壤有机碳储量

根据 IPCC（2007）指导，在碳足迹估算的计算框架中，计算 4 种种植模式每年 0～30 cm 土壤有机碳含量。除 2012 年外，2009—2015 年，4 种种植模式 0～30 cm 土层（以 10 cm 为一层）的土壤有机碳含量呈年际变化（图 5）。“年份×耕作制度”“年份×土层”和“耕作制度×土层”的交互作用对土壤有机碳含量影响显著。由具体分析可知，交互作用是通过改变土壤有机碳的变化率所致，且变化率在不同种植模式与土壤层间不同。在本研究开展（2009 年 10 月）之前，RS、RSWM、SG 小区为冬小麦-夏玉米复种连作种植模式，且与本研究中设置的 WS 模式的田间管理一致。2009 年 10 月测定各种种植模式土壤有机碳含量呈无显著性差异。

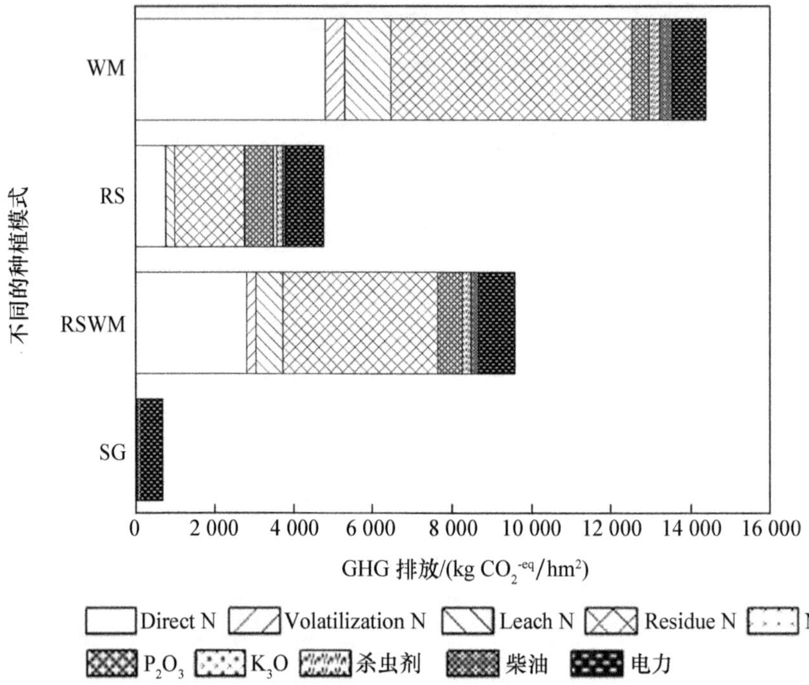

Direct N. 由氮肥投入造成的 N_2O 排放；Volatilization N. 以 NH_3-N 形式挥发的量；
Leach N. 由硝酸盐淋洗造成的温室气体 N_2O 释放；N. 氮素化肥的生产、储存、运输环节产生的温室气体。

图 4　4 种种植模式各组分年温室气体排放量

2009—2015 年 4 种种植模式 0～10 cm 土层的土壤有机碳含量显著增加(P<0.05)，范围为 5.63～7.64 mg/g，平均值为 6.57 mg/g(图 5A)。WS、RSWM、RS 模式 10～20 cm 土层的土壤有机碳在 2009—2015 年呈无显著性差异，范围为 4.61～6.01 mg/g，平均值为 5.45 mg/g；柳枝稷模式 10～20 cm 表现为随种植年份延长，土壤有机碳含量呈显著下降趋势(图 5B)。RS、RSWM 模式 20～30 cm 土层的土壤有机碳含量呈无显著性差异，WM、SG 模式土壤有机碳含量显著下降(P<0.05)。4 种种植模式 20～30 cm 土层的土壤有机碳含量范围为 3.60～4.86 mg/g，平均值为 4.29 mg/g(图 5C)。

2009—2015 年储存于土壤 0～30 cm 土层的有机碳含量(图 6)，用于估算不同种植模式的净温室气体总量，并且分析确定经过一定周期的种植模式作用，农田系统表现为“碳汇”还是“碳源”。碳的固持增加或损失量由公式(1)和(2)转化为 CO_2 当量，并纳入净温室气体计算的土壤碳固持项目。

2009—2015 年，4 种种植模式的土壤有机碳储量的年际变化呈现明显的增加趋势。具体来看，RSWM 模式 0～30 cm 土层的土壤有机碳含量在此期间极显著增加(P<0.01)，自 2009 年的 22.28 t/hm^2，增加至 2015 年的 24.34 t/hm^2，年平均增加量为 0.34 t/hm^2；RS 模式 0～30 cm 土层的土壤有机碳含量极显著增加(P<0.01)，自 2009 年的 22.98 t/hm^2 增加至 2015 年的 24.81 t/hm^2，年平均增加量为 0.31 t/hm^2。WM 模式土壤有机碳含量有明显增加，即自 2009 年的 23.02 t/hm^2，增加至 2015 年的 24.75 t/hm^2；SG 模式自 2009 年的 21.15 t/hm^2，增加至 2015 年的 21.91 t/hm^2。土壤储碳能力由土壤有机碳密度与土壤容重构成，4 种种植模式排

序为 RSWM（2.06 t/hm²）> RS（1.83 t/hm²）> WM(1.73 t/hm²）> SG（0.76 t/hm²）。

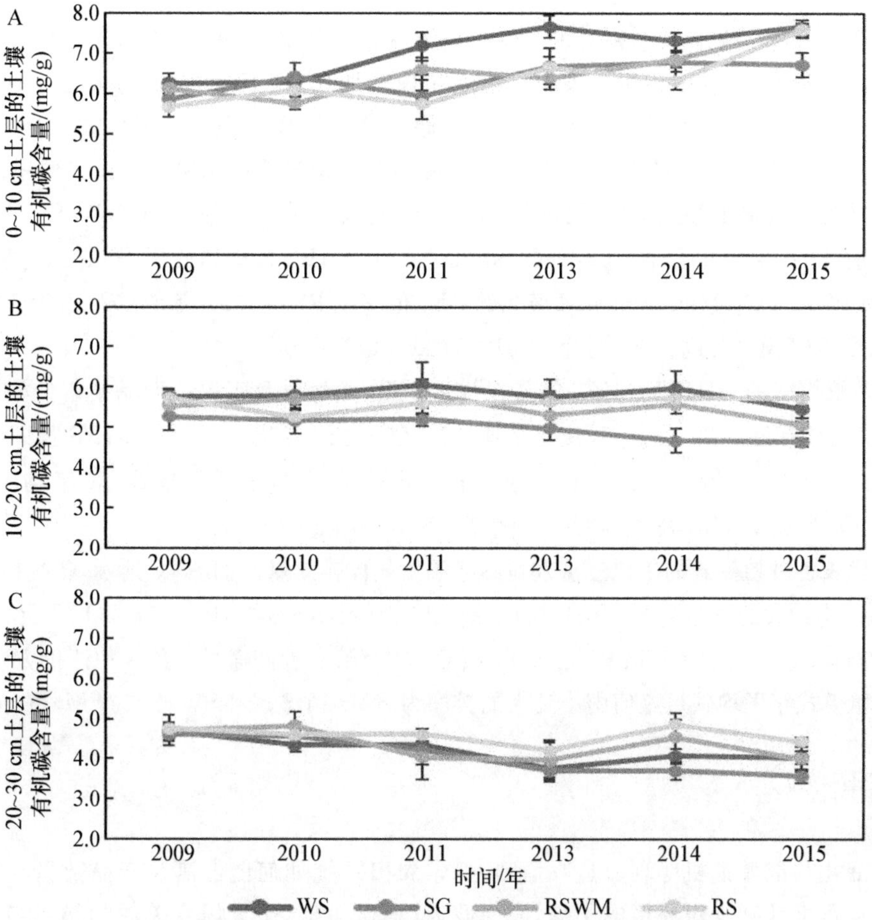

图 5　2009—2015 年华北平原土壤有机碳含量的年际变化

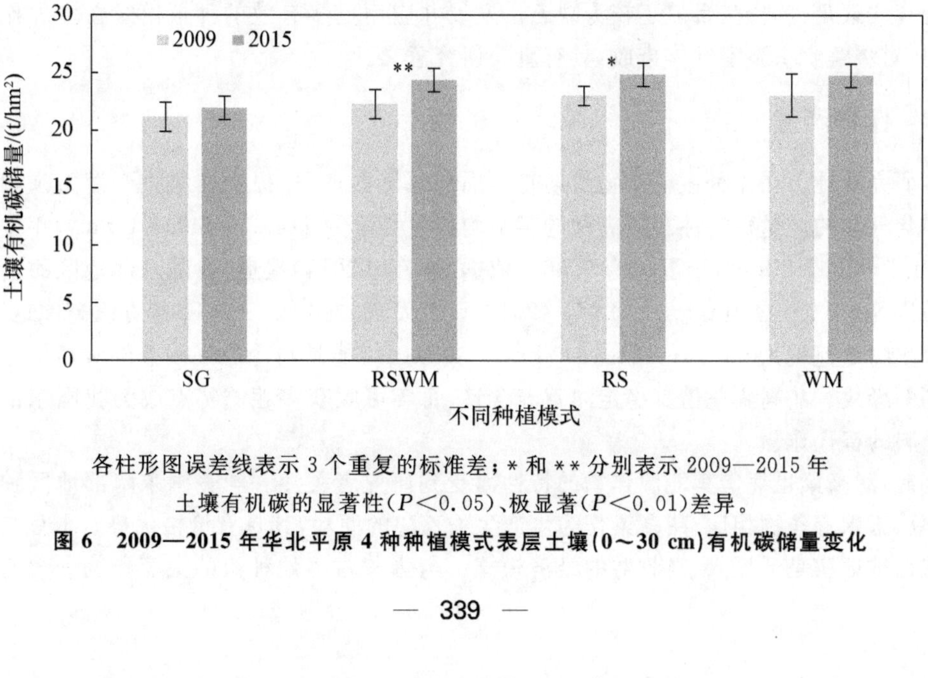

各柱形图误差线表示 3 个重复的标准差；* 和 ** 分别表示 2009—2015 年土壤有机碳的显著性($P<0.05$)、极显著($P<0.01$)差异。

图 6　2009—2015 年华北平原 4 种种植模式表层土壤(0～30 cm)有机碳储量变化

4.2.3 影响不同种植模式碳足迹的因素

研究定量计算了4种种植模式的年平均温室气体排放量，并测定了2009—2015年土壤有机碳含量的年际变化情况，用以从农田生态系统角度加强4种种植模式的碳足迹对比。碳固持或损失量用CO_2当量表示，同时也纳入全部碳足迹计算环节中。根据公式(4)至公式(6)，CF_a、CF_b、CF_e用于分析、对比、揭示碳固持的能力与种植模式的温室气体减排效果。

不同种植模式显著影响CF_a值(图7A)。SG模式因种植作物管理简单，其CF_a值在各处理中是最低的，年均CF_a值为722.06 kg CO_2^{-eq}/hm^2；RS模式略高于SG模式，其年均CF_a值为4 800.06 kg CO_2^{-eq}/hm^2；RSWM模式的CE_a值高于RS模式，其年均CF_a值为9 586.24 kg CO_2^{-eq}/hm^2；WM模式最高，CF_a值为14 372.37 kg CO_2^{-eq}/hm^2。

4种种植模式的CF_b值与CF_e值受谷物生物量、产量以及年单位商品销售价格的直接影响。SG模式具有最低的CF_b值，其年平均CF_b值为0.008 kg CO_2^{-eq}/kg；RS模式年均CF_b值为0.03 kg CO_2^{-eq}/kg，是第二低的模式；RSWM模式高于RS模式，其年均CF_b值为0.30 kg CO_2^{-eq}/kg。WM模式的CF_b值最高，为0.80 kg CO_2^{-eq}/kg。

CF_e代表各种植模式的单位经济效益的净温室气体排放量。如图7C所示，各种植模式的年均CF_e值由小到大的排序为SG模式(0.04 kg CO_2^{-eq}/元)RS模式(0.25 kg CO_2^{-eq}/元)<RSWM模式(0.49 kg CO_2^{-eq}/元)<WM模式(0.87 kg CO_2^{-eq}/元)。因此通过上述3种评价方法，本研究的4种种植模式年平均碳足迹值由小到大的排序为SG < RS < RSWM < WM。

4.3 讨论

气候变化与能源危机等现象迫在眉睫，探索农田系统如何能够满足产品数量与质量的需求以及最低程度地减少对环境的影响，成为政府、科研机构、广大民众关注的热点与重点。对于包含谷物(冬小麦、夏玉米)、饲料作物(黑麦草、甜高粱)、能源作物(柳枝稷)多样化作物种类的种植模式碳足迹研究，目前还较为缺乏。发展并应用更多有效的种植模式在增加作物产量的同时，对缓解农田温室气体排放，具有重要研究意义。

4.3.1 作物产量

本研究统计了在4种主要作物长期轮作周期每年的产量，提供作物生产潜力预测以及对抗多样化气候的产量稳定性。甜高粱的年平均鲜生物量为124.2～140.8 t/hm^2，年平均干物重为44.7～50.7 t/hm^2，干湿比为0.36。依据Qu等(2014)报道，我国东部地区甜高粱的干物重范围为43.0～44.0 t/hm^2。Li等(2013)研究发现，在2010—2011年青海高原地区，甜高粱的鲜生物量范围为58.12～128.03 t/hm^2。其原因可能是与冷凉气候条件对增加生物量积累有利的缘故。甜高粱凭借其稳定的营养含量、每年可收获多茬的特点成为我国东部地区玉米青贮料的替代作物。

同时，甜高粱也凭借其能源作物的特性而受到研究者关注。与美国东南部地区种植的棉花、大豆、玉米等作物相比，甜高粱作为生产生物乙醇的原料，其具有价格优势。木豆与高粱间作模式已被证实是低投入、高收益的经济模式。与内蒙古当地种植的主流作物——向日葵与玉米相比，甜高粱在产量与品质方面表现出优势。综合上述研究结果，将甜高粱引入多样化种植模式将收到积极效果。

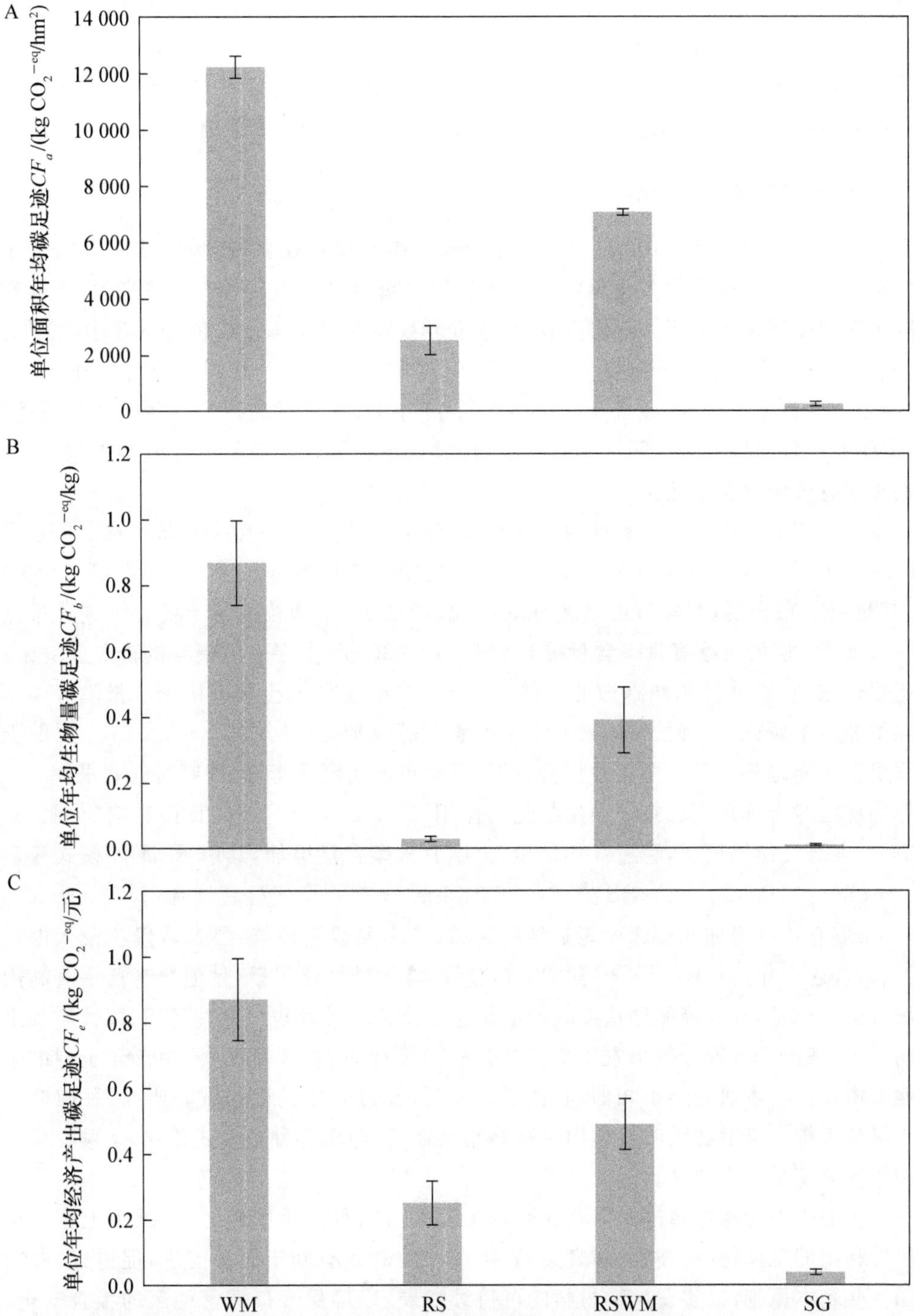

各柱形图的误差表表示 3 个重复的标准差。

图 7　2009—2015 年华北平原 4 种种植模式的碳足迹

柳枝稷被认为是最有潜力的生物能源原料。本研究结果表明，每年收获一次的柳枝稷生物量为30.8 t/hm^2，年际变化量为5.9 t/hm^2。Fan 等 (2010)报道，北京地区柳枝稷干物质产量为28.33 t/hm^2。比一年生生产纤维素的作物相比，多年生柳枝稷无需每年的投入，可以减少能量投入与生产成本，降低土壤侵蚀的风险。

与作物种类单一的 WM 模式相比，RSWM 多样化种植模式可提升冬小麦、夏玉米的产量9%。作物多样化的积极效果是 RSWM 模式高而稳定产量的重要原因。

4.3.2 土壤有机碳固持变化

在4种种植模式中，0～10 cm 土层的土壤有机碳含量存在显著差异。10～20 cm 土层的土壤深度与20～30 cm 土层的土壤深度的各处理之间的差异不显著。总体来说，土壤有机碳含量随土壤深度增加而下降。本研究表明，黑麦草残茬在每年4月收获后还田，用以提升土壤肥力，满足之后甜高粱的养分需要。而每年甜高粱根系残茬、秸秆还田可能对提升 RS 模式的土层(0～10 cm)的土壤有机碳含量有正面作用，冬小麦、夏玉米的秸秆残茬同样具有此作用。然而，本研究设置的柳枝稷田间管理方式较为简单、施肥量少。与其他种植模式相比，柳枝稷模式的土壤有机碳含量较低。

土壤有机碳的稳定性可以被视为具有物理、化学、生物效益的生态系统特性。柳枝稷模式自2009—2015年开始，0～10 cm 土层的土壤有机碳含量显著增加。这与 Ma 等 (2000)报道相近，其研究结果表明，与临近的休闲地块相比，种植10年柳枝稷的土壤有机碳含量显著提升：0～15 cm 土层的土壤有机碳含量提升45%，15～30 cm 土层的土壤有机碳含量增加28%。同样有报道称，在有外界肥料添加的条件下，0～15 cm 土层的土壤有机碳含量随种植年份的延长而增加。本研究中，柳枝稷模式几乎无氮素化肥添加，这导致其0～30 cm 土层的土壤有机碳含量呈下降趋势。经过多年种植柳枝稷，其有可能实现净土壤、碳固持的效果。

作物种植对土壤碳而言是一项生物化学作用，其受到农田管理的直接影响(化肥、秸秆还田率等)。本研究结果显示，经过6年种植，土壤有机碳含量增加，其中 RSWM 模式极显著增加(2.06 t/hm^2)($P < 0.01$)、RS 模式(1.83 t/hm^2)、WM 模式显著增加(1.73 t/hm^2)($P < 0.05$)。土壤有机碳增加的原因可能是秸秆还田、冬小麦留茬种植、黑麦草残茬投入以及甜高粱根系、秸秆还田作用。Knudsen 等 (2014)建议，增加秸秆还田量，且配合畜禽沼渣施用可提升土壤有机碳储量，并能降低种植模式的碳足迹。高粱的叶片也应一并还田，以此增加土壤有机物料投入，减少土壤养分带出农田量。2009—2015年，柳枝稷模式0～30 cm 土层的土壤有机碳略有增长。与本研究结果相似，其他学者发现，经过5年的田间试验研究，种植柳枝稷作物对土壤有机碳含量增加无明显作用。这些结果证实，与多种种植模式相比，土壤有机碳含量随种植年份的变化的重要性。

可持续的生物能源种植模式需要在获得足够的生物量产量的同时，不减少土壤有机碳含量。尽管利用能源作物(柳枝稷、甜高粱等)生产乙醇的确有利于能源需求，促进经济增长，但应遵循一些基本原则，以实现生物燃料的可持续发展，以确保人口稠密地区的粮食安全，并确保对土壤质量、有机碳含量无负面作用。当前，人们已经认识到发展生物能源产业并非粮食安全策略的一部分，因此生物能源作物应当尽可能地不与粮食生产冲突。在非粮用地、非农用地的地块生产可以种植在边缘等土壤质量不佳的地块。

4.3.3　基于土壤的碳足迹框架

本研究采用了一种相对完整的"生命周期评估"方法，估计农业投入(化肥、农药、柴油、灌溉用电)农田系统外的生产、储存和交付以及化肥、农药、其他农业作业的农田温室气体总量。最重要的是，从大气到土壤的碳固持作用也被认为是碳足迹估算中至关重要的组成部分。氮肥生产、储存和运输等环节产生的直接温室气体占据农业投入的(温室气体直接排放)比例最大(37.33%～41.90%)。施用氮肥产生的温室气体包括挥发和淋溶产生的直接排放和间接排放，另外，温室气体排放的占 21.20%～45.20%。与氮相关的农业作业的排放水平与前人研究结果一致。因此制定农业综合战略与操作指南，对解决与氮素相关的问题至关重要(增加氮素利用效率、施用缓释氮肥、优化肥料施用策略、使用硝化抑制剂抑制土壤中 NH_4^+ 向 NO_3 的转化)。

此外，在计算 4 种种植模式的碳足迹时，包括 NH_3 挥发和硝酸盐淋失在内的直接和间接 N_2O 排放因素是有区别的。以冬小麦、夏玉米为例，直接和间接 N_2O 排放的内涵因子与参数采用华北平原先前研究结果的平均值。由于缺乏当地非主流作物(黑麦草、柳枝稷与高粱)的 N_2O 排放因子参数，相关参数参考 IPCC(2006)。当然，这可能对 N_2O 排放参数、温室气体排放总量等估算结果带来一定程度的不确定性。同时，本研究应用 IPCC(2006)资料中的各类作物排放因子及参数的默认值，并与本研究使用的参数做对比，进行敏感性分析。通过对比可发现，使用作物温室气体排放的默认参数开展计算，温室气体排放总量结果将不同程度地缩小，其中冬小麦下降 5.08%，夏玉米减少 32.20%。

分析二者的各项数据可知，夏玉米温室气体排放的差异来自 N_2O 的直接排放(EF，%)比例增加、无机氮肥以 NH_3-N 与 NO_x-N ($F_{volatilization}$，%)形式挥发造成的 N_2O 间接排放比例增加以及硝酸盐淋洗量增加(F_{leach}，%)。成因推测为华北平原夏玉米生育期(6—9 月)内，水热耦合程度高，而降水对 N_2O 的直接与间接排放有显著的正面作用。因此，本研究结果，可以为对比农业生态系统多样化作物的碳足迹对比提供信息。在未来的研究中，可以使用静态室与气相色谱结合的方式，测量 N_2O 直接排放因子数值。农田实测结果可以为上述参数提供更加精确的估算。同时，农田温室气体排放量测定可以促进包含少量、非主流作物的模型构建，以便检测温室气体各成分的关系、环境影响因子(温度、降水量、灌溉量)以及农艺因素(化肥施入量与时间)。

对于碳足迹评估计算框架而言，PAS2050 method 阐述了碳足迹测定的注意事项：温室气体排放必须包含源自土地使用方式变化造成的直接排放。然而，在当前种植模式下，土壤有机碳含量的变化不应纳入计算范围。根据 Brandão 等(2013)总结，曾用于气候变化框架下产生的土壤碳储量的碳流时域计算方法并非完全基于科学，其中包含了价值评价。然而，农业生态系统究竟是温室气体排放的源，还是固持土壤碳的库，均取决于土壤与作物管理。根据农田管理指导方案，全球土壤有机碳固持潜力为(0.9±0.3)Pg C/年，可以抵消全球年增加的 CO_2 量(3.3 Pg C/年)的 1/4～1/3。但是目前对于测定碳固持、年际间储存量、土壤有机质的温室气体释放量等计算方式，仍未达成共识，这或许成为学者们今后工作的重点。

此外，由于土壤碳固持可以释放一定量的温室气体，并且能够对环境起到直接或间接的作用，因此在土壤碳足迹计算过程中应当包含土壤有机碳变化。将土壤有机碳含量纳入考量范畴可能会引起不同种植模式的碳足迹情况的变化，但这些变化只会在长期试验后得以体现。

在本研究中，土壤碳足迹被认为是评估系统稳定性的最终因子，这一估算结果将与不同种植模式的单位面积碳足迹(CF_a)、单位生物量碳足迹(CF_b)以及单位经济效益碳足迹(CF_e)指标对比。这些信息可以为研究具体的种植模式，结合生命周期评价(LCA)方法的碳足迹提供积极作用。

4.3.4 不同种植模式的碳足迹评估

在已有的关于种植模式估算碳足迹的研究中，主要关注的是小麦、玉米、水稻等谷物作物，而对种植模式多样化程度的研究有限，关于谷物-饲料作物-能源作物组成的多样化种植模式碳足迹研究更为匮乏。在食物安全、环境质量、能源危机的三重压力下，基于不同生产目的，测定多样化种种模式的碳足迹，以此选择更加适合华北平原的种植模式，显得尤为重要。为综合评价不同种植模式、不同作物的碳足迹情况，本研究使用3种碳足迹评价指标。同样，Seda等(2010)利用农业生命周期评价方法，分析其对功能单位的影响，并阐述了包括土地面积、产量和经济收益等多重功能单位的重要性。

结合3种碳足迹评价指标，本研究对4种种植模式进行由低到高的排序，依次为SG < RS < RSWM < WM。研究结果表明，与冬小麦、夏玉米等谷类作物相比，生物能源作物与饲料作物因农田管理相对简单，其碳足迹处于较低水平。这并不意味能源与饲料作物可以替代谷类作物。考虑到粮食安全问题，华北平原用于生物能源作物与饲料作物生产的面积应当从多方面、多视角分析。由几方面因素变化(作物产量、农田产出、能源消耗以及农田管理等)引起的碳足迹绝对值的波动。同时，不同农产品，其生产目的不同。不同作物产品的价格波动为基于经济产出的碳足迹计算，增加了一丝不确定因素。本研究分析了不同种植模式碳足迹相对水平，这个结果为确定在特定的农田管理条件下，作物为最优生产模式提供了合理化参考。此外，本研究可从温室气体减排，提升土壤碳固持的目的出发，为说明包含生物能源、饲料作物以及谷物作物的多样化种植模式的优势评价，提供数据支撑。

有一定数量的研究表明，多样化种植模式可以提升土壤节水性能，增加土壤有效氮含量，提升农业系统生产力。红薯、棉花、花生以及黑麦草等作物的多样化种种模式相比于传统的冬小麦-夏玉米复种连作模式，其碳足迹明显降低。本研究为已有的精心设计、多样化设计合理的种植制度研究提供了新想法，即谷物、饲料作物、生物能源作物的种植模式不仅能够减少农业碳足迹，而且可以为调节食物、饲料与能源市场的平衡，提供新机遇。

4.4 结论

减少农田碳足迹对于引导建立清洁高效的食物生产方式、可持续化的农业发展模式具有重要的意义。本研究结果显示，华北平原传统的冬小麦-夏玉米复种连作种植模式(WM)的CF_a、CF_b、CF_e均为最高，表明该种植模式的碳足迹数值最大。与WM相比，饲料＋谷物(RSWM)模式、饲料作物(RS)模式、生物能源作物(SG)模式，CF_a、CF_b、CF_e值降低了49%。因此，引入多样化作物，发展高产、高效的种植模式对减少华北平原农田碳足迹具有重要意义。同时，本研究为调整传统的粮食生产模式，引导建立满足食物、畜牧饲料、生物燃料多样化需求的种植模式，减少农田对环境的影响，为政府决策机构提供参考意见。

参考文献

[1] BAI Y, LUO L, VAN DER VOET E. Life cycle assessment of switchgrass derived ethanol as transport fuel. Int J Life Cycle Assess, 2010, 15: 468-477

[2] BRANDÃO M, LEVASSEUR A, KIRSCHBAUM MUF, et al. Key issues and options in accounting for carbon sequestration and temporary storage in life cycle assessment and carbon footprinting. Int J Life Cycle Assess, 2013, 18: 230-240

[3] BSI. PAS 2050: 2008 Specification for the assessment of the life cycle greenhouse gas emissions of goods and services, 2008

[4] BSI. PAS 2050: 2011 Specification for the assessment of the life cycle greenhouse gas emissions of goods and services, 2011

[5] CADOUX S, FERCHMUD F, DEMAY C, et al. Implications of productivity and nutrient requirements on greenhouse gas balance of annual and perennial bioenergy crops. GCB Bioenergy, 2014, 6(4): 425-438

[6] CARDINALE B J, WRIGHT J P, CADOTTE M W, et al. Impacts of plant diversity on biomass production increase through time because of species complementarity. Proc Natl Acad Sci U S A, 2007, 104(46): 18123-18128

[7] CHAI Q, QIN A Z, GAN Y T, et al. Higher yield and lower carbon emission by intercropping maize with rape, pea, and wheat in arid irrigation areas. Agron Sustain Dev, 2013, 34(2): 535-543

[8] CHENG K, PAN G X, SMITH P, et al. Carbon footprint of China's crop production-an estimation using agro-statistics data over 1993—2007. Agric Ecosyst Environ, 2011, 142(3-4): 231-237

[9] COUGNON M, BAERT J, VAN WAES C, et al. Performance and quality of tall fescue (*Festuca arundinacea Schreb.*) and perennial ryegrass (*Lolium perenne* L.) and mixtures of both species grown with or without white clover (*Trifolium repens* L.) under cutting management. Grass Forage Sci, 2013, 69(4): 666-677

[10] DON A, OSBORNE B, HMSTINGS A, et al. Land-use change to bioenergy production in Europe: implications for the greenhouse gas balance and soil carbon. GCB Bioenergy, 2012, 4(4): 372-391

[11] DYER J A, VERGÉ X, DESJARDINS R L, et al. The impact of increased biodiesel production on the greenhouse gas emissions from field crops in Canada. Energy Sustain Dev, 2010, 14(2): 73-82

[12] ELLERT B H, JANZEN H H. Nitrous oxide, carbon dioxide and methane emissions from irrigated cropping systems as influenced by legumes, manure and fertilizer. Can J Soil Sci, 2008, 88(2): 207-217

[13] FAN X F, HOU X C, ZUO H T, et al. Biomass yield and quality of three kinds of bioenergy grasses in Beijing of China. Scientia Agricultural Sinica, 2010, 43(16): 3316-3322

[14] FERCHMUD F, VITTE G, MARY B. Changes in soil carbon stocks under perennial and annual bioenergy crops. GCB Bioenergy, 2016, 8(2): 290-306

[15] FOLLETT R F, VOGEL K P, VARVEL G E, et al. Soil carbon sequestration by switchgrass and no-till maize grown for bioenergy. Bioenerg Res, 2012, 5(4): 866-875

[16] FU H M, MENG F Y, MOLATUDI R L, et al. Sorghum and switchgrass as biofuel feedstocks on marginal lands in northern China. Bioenerg Res, 2016, 9: 633-642

[17] GAN Y T HMMEL C, O DONOVAN J T, et al. Diversifying crop rotations with pulses enhances system productivity. Sci Rep, 2015, 5

[18] GAN Y T, LIANG C, WANG X Y, et al. Lowering carbon footprint of durum wheat by diversifying cropping systems. Field Crop Res, 2011, 122(3): 199-206

[19] GAN Y T, LIANG C, HUANG G B, et al. Carbon footprint of canola and mustard is a function of the

rate of N fertilizer. Int J Life Cycle Assess,2012,17(1):58-68

[20] GAN Y T, LIANG C, CHAI Q,et al. Improving farming practices reduces the carbon footprint of spring wheat production. Nat Commun,2014,5:5012

[21] HAN K J, PITMAN W D, KIM M,et al. Ethanol production potential of sweet sorghum assessed using forage fiber analysis procedures. GCB Bioenergy,2013,5(4):358-366

[22] HMUGGAARD-NIELSEN H, LACHOUANI P, KNUDSEN M T,et al. Productivity and carbon footprint of perennial grass-forage legume intercropping strategies with high or low nitrogen fertilizer input. Sci Total Environ,2016,541:1339-1347

[23] HU C S, DONG W X, ZHANG Y M,et al. Nitrogen flux and its manipulation in the cropland ecosystem of the North China plain. Chinese J Eco-Agr,2011,19:997-1003

[24] HUANG J X, CHEN Y Q, SUI P,et al. Estimation of net greenhouse gas balance using crop-and soil-based approaches: two case studies. Sci Total Environ,2013,456-457(7):299-306

[25] IPCC. IPCC Guidelines for National Greenhouse Gas Inventories. Agriculture, Forestry and other Land Use, vol. 4. Paris, France,2006

[26] IPCC. Climate CHange 2007: Synthesis Report. Contribution of Working Groups I, II and III to the Fourth Assessment Report of the Intergovernmental Panel on Climate Change,2007

[27] ISO 13065:2015. Sustainability criteria for bioenergy. International Organisation for Standardisation (Geneve),2015

[28] KNUDSEN M T, MEYER-AURICH A, OLESEN J E,et al. Carbon footprints of crops from organic and conventional arable crop rotations—using a life cycle assessment approach. J Clean Prod,2014,64:609-618

[29] KRUPINSKY J M, BAILEY K L, MCMULLEN M P,et al. Managing plant diseases risk in diversified cropping systems. Agron J,2002,94(2):198-209

[30] LAL R. Soil carbon sequestration impacts on global climate change and food security. Science,2004,304(5677):1623-1627

[31] LI C X, FENG H S. A study on the adaptability of sweet sorghum planted in different altitudinal areas of the Qinghmi plateau. Acta Prataculturae Sinica,2013,22(3):51-59

[32] LI W X, LI L, SUN J H,et al. Effects of intercropping and nitrogen application on nitrate present in the profile of an Orthic Anthrosol in Northwest China. Agric Ecosyst Environ,2005,105(3):483-491

[33] LIANG L. Environmental impact assessment of circular agriculture based on life cycle assessment: methods and case studies. Beijing:China Agricultural University,2009

[34] LINTON J A, MILLER J C, LITTLE R D,et al. Economic feasibility of producing sweet sorghum as an ethanol feedstock in the southeastern United States. Biomass Bioenergy,2011,35(7):3050-3057

[35] LIU S X, MO X G, LIN Z H,et al. Crop yield responses to climate change in the Huang-Huai-Hai plain of China. Agr Water Manage,2010,97(8):1195-1209

[36] LIU H H, REN L T, SPIERTZ H,et al. An economic analysis of sweet sorghum cultivation for ethanol production in North China. GCB Bioenergy,2015,7(5):1176-1184

[37] MA Z, WOOD C W, BRANSBY D I. Soil management impacts on soil carbon sequestration by switchgrass. Biomass Bioenergy,2000,18(6): 469-477

[38] MA B L, LIANG B C, BISWAS D K,et al. The carbon footprint of maize production as affected by nitrogen fertilizer and maize-legume rotations. Nutr Cycl Agroecosys,2012,94(1):15-31

[39] MCLAUGHLIN S B, WALSH M E. Evaluation environmental consequences of producing herbaceous crops for bioenergy. Biomass Bioenergy,1998,14(4):317-324

[40] MILLER P R, GAN Y T, MCCONKEY B G, et al. Pulse crops in the northern Great Plains. I Grain productivity and residual effects on soil water and nitrogen Agron J, 2003, 95(4): 972-979

[41] MITCHELL R, VOGEL P, SARATH G. Managing and enhancing switchgrass as a bioenergy feedstock. Biofuels Bioprod Biorefin, 2008, 2(6): 530-539

[42] MONTI A, FAZIO S, LYCHNARAS V, et al. A full economic analysis of switchgrass under different scenarios in Italy estimated by BEE model. Biomass Bioenergy, 2007, 31(4): 177-185

[43] NELSON R G, ASCOUGH J C, LANGEMEIER M R. Environmental and economic analysis of switchgrass production for water quality improvement in Northeast Kansas. J Environ Manag, 2006, 79(4): 336-347

[44] OSTLE N J, LEVY P E, EVANS C D, et al. UK land use and soil carbon sequestration. Land Use Policy, 2009, 26: S274-S283

[45] PERLACK R D, et al. US billion-ton update: biomass supply for a bioenergy and bioproducts industry, 2011

[46] QIN S P, WANG Y Y, HU C S, et al. Yield-scaled N_2O emissions in a winter wheat-summer corn double-cropping system. Atmos Environ, 2012, 55(3): 240-244

[47] QU H, LIU X B, DONG C F, et al. Field performance and nutritive value of sweet sorghum in eastern China. Field Crop Res, 2014, 157(2): 84-88

[48] REES W E. Ecological footprints and appropriated carrying capacity: whmt urban economics leaves out. Environ Urbanisation, 1992, 4(2): 121-130

[49] SAS I I. SAS/STAT User's Guide, Version 9.3. SAS Institute, Cary, NC, USA, 2011

[50] SEDA M, ASSUMPEIÓ A, MUÑOZ P. Analysing the influence of functional unit in agricultural LCA. LCA FOOD 2010. VII international conference on life cycle assessment in the agri-food sector//Notarnicola B, Settanni E, Tassielli G, Giungato P (eds) Proceedings of LCA Food 2010. Bari 22-24 September 2010

[51] STOCKER T F, QIN D, PLATTNER G K, et al. Climate change 2013: the physical science basis. Contribution of working group I to the fifth assessment report of the intergovernmental panel on climate change. Cambridge: Cambridge University Press, 2013

[52] SYAKILA A, KROEZE C. The global nitrous oxide budget revisited. Greenh Gas Meas Manag, 2011, 1(11): 17-26

[53] TANAKA D L, KRUPINSKY J M, MERRILL S D, et al. Dynamic cropping systems for sustainable crop production in the northern Great Plains. Agron J, 2007, 99(4): 904-911

[54] TIAN S Z, NING T Y, ZHMO H X, et al. Response of CH_4 and N_2O emissions and wheat yields to tillage method changes in the North China plain. PLoS One, 2012, 7(12): 1-10

[55] VASILAKOGLOU I, DHIMA K, KARAGIANNIDIS N, et al. Sweet sorghum productivity for biofuels under increased soil salinity and reduced irrigation. Field Crops Res, 2011, 120(1): 38-46

[56] WACKERNAGEL M. Ecological footprint and appropriated carrying capacity: a tool for planning toward sustainability. Canada: the University of British Columbia, 1994

[57] WALKLEY A, BLACK L A. An examination of the Dgtjareff method for determining soil organic matter, and a proposed modification of the chromic acid titration method. Soil Sci, 1934, 37: 29-38

[58] WANG Z B, ZHANG H L, LU X H, et al. Lowering carbon footprint of winter wheat by improving management practices in North China plain. J Clean Prod, 2016, 112: 149-157

[59] WIEDMANN T, MINX J. A definition of "carbon footprint". //Pertsova CC (ed) Ecological economics research trends: chmpter 1, NY, USA, 2008: 1-11

[60] WRIGHT L, TURHOLLOW A. Switchgrass selection as a "model" bioenergy crop: a history of the process. Biomass Bioenergy,2010,34(6):851-868

[61] WU C W, CHEN X B, WEI C B,et al. Marginal land resources development and biomass energy research in Yellow River Delta. J Agr Sci Technol,2014,16(4):109-119

[62] YANG X L, SUI P, ZHANG M,et al. Reducing agricultural carbon footprint through diversified crop rotation systems in the North China plain. J Clean Prod,2014,76(4):131-139

[63] ZENTNER R P, LAFOND G P, DERKSEN D A,et al. Effects of tillage method and crop rotations on nonrenewable energy use efficiency for a thin black Chernozem in the Canadian prairies. Soil Till Res, 2004,77(2):125-136

[64] ZHANG Y M, CHEN D L, ZHANG J B,et al. Ammonia volatilization and denitrification losses from an irrigated maize-wheat rotation field in the North China plain. Pedosphere,2004,14(4):533-540

[65] ZHANG Q, JU X T, ZHANG F S. Re-estimation of direct nitrous oxide emission from agricultural soils of China via revised IPCC2006 guideline method. Chinese J Eco-Agr,2010,18(1):7-13

[66] ZHANG M Y, WANG F J, CHEN F,et al. Comparison of three tillage systems in the wheat-maize system on carbon sequestration in the North China plain. J Clean Prod,2013,54(54):101-107

[67] ZHMO X N, HU K L, LI K J,et al. Effect of optimal irrigation, different fertilization, and reduced tillage on soil organic carbon storage and crop yields in the North China plain. J Plant Nutr Soil Sci,2013a, 176(1):89-98

[68] ZHMO B, DONG S T, ZHANG J W,et al. Effects of controlled-release fertilizer on nitrogen use efficiency in summer maize. PLoS One,2013b,8(8):1-8

[69] ZHMO C Q, FAN X F, HOU X C,et al. Research on the differences in biomass and its allocation of 14 switchgrass in Beijing. Journal of Plant Genetic Resources,2016,17(2):280-287

[70] ZHENG X H, MEI B L, WANG Y H,et al. Quantification of N_2O fluxes from soil-plant systems may be biased by the applied gas chromatograph methodology. Plant Soil,2008,311(1):211-234

[71] ZHUANG D F, JIANG D, LIU L,et al. Assessment of bioenergy potential on marginal land in China. Renew Sust Energ Rev,2011,15(2):1050-1056

5　春玉米-晚稻与早稻-晚稻种植模式碳足迹的比较①

摘　要：量化作物生产的碳足迹有助于为农业生态系统温室气体减排提供理论依据。本研究利用生命周期法研究了我国南方地区稻田春玉米-晚稻水旱轮作种植模式和早稻-晚稻连作种植模式下的粮食生产的碳足迹，并定量分析粮食生产过程中的各种碳排放源的相对贡献。结果表明，与早稻-晚稻连作模式相比，春玉米-晚稻轮作模式的单位面积碳排放降低了 6 724 kg CO_2^{-eq}/hm^2，单位生物量碳排放降低了 0.56 kg CO_2^{-eq}/kg。春玉米比早稻少排放 6 228 kg CO_2^{-eq}/hm^2；与早稻-晚稻连作模式中的晚稻碳排放相比，春玉米-晚稻轮作模式的晚稻碳排放降低了 497 kg CO_2^{-eq}/hm^2。早稻-晚稻连作模式的碳足迹主要来源于甲烷(CH_4)，其碳排放为 9 776 kg CO_2^{-eq}/hm^2(54.8%)，氮肥生产和施用的碳排放为 2 871 kg CO_2^{-eq}/hm^2(16.1%)，灌溉电力消耗的碳排放 2 849 kg CO_2^{-eq}/hm^2(16.0%)。春玉米-晚稻轮作模式的碳足迹主要来源于 CH_4 的碳排放 4 442 kg CO_2^{-eq}/hm^2(39.9%)，氮肥生产和施用的碳排放为 2 871 kg CO_2^{-eq}/hm^2(25.8%)，灌溉电力消耗的碳排放为 1 508 kg CO_2^{-eq}/hm^2(13.6%)。该模式中晚稻的碳足迹组成情况与春玉米-晚稻模式的碳足迹相似。但是对于春玉米而言，其碳足迹主要来源氮肥生产和施用的碳排放为 1 436 kg CO_2^{-eq}/hm^2(50.1%)，氧化亚氮(N_2O)的碳排放为 579 kg CO_2^{-eq}/hm^2(20.2%)，CH_4 的碳排放为 378 kg CO_2^{-eq}/hm^2(13.2%)。同时，与早稻-晚稻连作模式的中晚稻的产量(6 333 kg/hm^2)相比，春玉米-晚稻轮作模式下的晚稻产量(7 270 kg/hm^2)提高了 14.8%。因此，引入春玉米-晚稻轮作模式有利于提升稻田生产力，降低稻田连作系统的碳排放和碳足迹。

关键词：早稻-晚稻；春玉米-晚稻；碳足迹；甲烷；氮肥

碳足迹是指某项活动或某个产品在其整个生命周期直接或间接产生的二氧化碳(CO_2)排放总量，以二氧化碳当量表示(CO_2^{-eq})。它是一种用评估某生产过程或活动在整个生命周期内的温室气体排放的工具。农业中的碳足迹能够系统地评价农作物在生产过程中的农资投入(柴油、电力、化肥、农药和农膜)引起间接碳排放和农田直接碳排放总量，对实现农业的清洁生产具有重要理论意义和指导意义。

众所周知，稻田生态系统是大气中 CH_4 和 N_2O 的主要排放源。我国作为主要水稻种植

① 作者：姜振辉、杨旭、刘益珍、林景东、吴杨潇影、杨京平*；通信作者：杨京平(浙江大学环境与资源学院教授，博导，主要从事环境生态工程与环境科学相关研究，E-mail：jpyang@zju.edu.cn)。

区，每年稻田 CH_4 和 N_2O 总排放量的分别为 7.7～8.0 Tg CH_4 和 88.0～98.1 Gg N_2O。在未来 10 年，随着人口的增加，人们对粮食作物水稻的产量需求必然增加，因此，将消耗更多的能源、化学肥料、杀虫剂和塑料薄膜，这将直接和间接地促进农田温室气体排放。如何实现稻田生态系统的粮食作物生产低碳耗，成为科研工作者所努力的方向。近年来，水资源短缺，灌溉能源成本高，稻米价格波动以及对玉米等牲畜饲料需求的增加促使农民从水稻连作种植转向春玉米-晚稻水旱轮作种植。联合国粮农组织把春玉米-晚稻轮作模式作为一种对农业集约化生产具有可持续性和战略意义的模式。随着春玉米在我国南方双季稻区的大面积推广，春玉米-晚稻轮作模式必将成为稻田种植业战略性调整的重心。与小麦-晚稻、早稻-晚稻和双季玉米相比，春玉米-晚稻轮作模式具有增产潜力大、自然资源利用率高和经济效益高等优势。在全球气候变暖的背景下，有必要探讨春玉米-晚稻轮作模式对农田碳足迹的影响。Xue 等(2014)评价了我国南方地区双季稻的碳足迹，并评估了不同农业管理措施下的双季稻的碳足迹及优化。Zhang 等(2016)研究了耕作方式对华北平原冬小麦-夏玉米碳足迹的影响。目前对春玉米-晚稻轮作模式的碳足迹研究较少。研究表明，我国水稻生产过程的温室气体排放和碳足迹高于玉米和小麦。基于此，本研究提出以下假设，相对于早稻-晚稻连作模式而言，春玉米-晚稻轮作模式不仅可以降低农田温室气体排放，而且可以降低产量尺度的碳足迹。因此，本研究利用生命周期法，以早稻-晚稻连作模式作为对照，研究春玉米-晚稻轮作模式对稻田系统碳足迹的影响，以期获得春玉米-晚稻轮作的农田生态系统的碳排放清单，为稻田生产系统的低碳清洁化生产以及气候变化减缓提供有效的科学依据。

5.1 材料与方法

5.1.1 试验地点

本试验 2017 年在浙江省杭州市农业科学研究院试验田(120.16°E, 30.13°N)实施。试验田土壤类型属于粉黏壤土，土壤全氮含量为 2.32 g/kg，pH 为 5.52，总有机碳含量为 22.2 g/kg。试验开始前的试验田主要种植模式是水稻连作(＞20 年)。

5.1.2 试验方案设计

本试验方案设置了 2 种作物种植模式处理：早稻-晚稻；春玉米-晚稻。每个处理重复三次，每一个试验小区的大小为 8 m×8 m，完全随机区组排列。春玉米品种为‘美玉(加甜糯)7号’，早稻和晚稻的品种分别为‘甬籼 115’及‘秀水 134’。

5.1.2.1 早稻-晚稻

早稻采用直播方式，于 2017 年 4 月 11 日播种，2017 年 7 月 20 收获；第二季晚稻采用移栽方式，移栽时间为 2017 年 7 月 22 日，于 2017 年 11 月 19 日收割。在早晚稻季，磷肥(过磷酸钙 41 kg P_2O_5/hm^2)和钾肥(氯化钾 47 kg K_2O/hm^2)全部基施，氮肥(尿素 225 kg N/hm^2)分为 3 个阶段在早晚稻季将氮肥按 3∶4∶3(基肥，一次追肥和二次追肥)的比例施用到试验田。其分别是分蘖肥(占总量的 30%)、孕穗肥(占总量的 40%)以及抽穗肥(总量的 30%)。为防止小区之间水肥串流，小区之间采用 PVC 管和薄膜隔离。灌溉方式采用连续灌溉方式。在早稻和晚稻收获时，每个小区各选取 3 个 1 m^2 测产。

5.1.2.2　春玉米-晚稻

春玉米采用厢作，厢宽和沟宽分别为 1.3 m 和 0.3 m，每个小区 6 厢，每厢播种两行春玉米。春玉米采用移栽方式，于三叶期（2017 年 4 月 13 日）时开始移栽，每行移栽 23 株。在玉米季，磷肥（过磷酸钙 75 kg P_2O_5/hm^2）和钾肥（氯化钾 47 kg K_2O/hm^2）全部基施，氮肥（尿素 225 kg N/hm^2）分为两次施肥：苗期肥（4 月 23 日施用，占总量的 40%）；喇叭口肥（6 月 3 日追肥，占总量的 60%）。春玉米于 2017 年 7 月 9 日作为鲜食玉米收获。每个小区分别选取 3 厢和 4 厢中的两个连续 20 株玉米果穗，烘干、脱粒、称重，并计算含水量。晚稻种植同早稻-晚稻中的晚稻。

两种模式的农资投入数据通过实地调研和本研究投入数据的平均值获得，共调研当地农户 37 户。调研内容包括水稻或春玉米生产过程中的农资投入情况（肥料和农药的投入）、农业机械油耗（播种、耕作和粮食运输）和灌溉的电力消耗。玉米、早稻和晚稻的农资投入如表 1 所列。

5.1.3　边界确定及农业投入碳足迹计算

根据 PAS2050 的定义，农业生产碳足迹计算为基于生命周期评价的产品体系中的所有直接和间接温室气体排放量总和，以 CO_2 当量（CO_2^{-eq}）表示。在本研究中，玉米和水稻生产的碳足迹是通过农业投入物原材料的初始生产到农场大门的最终产品（肥料、农药、机械、电力灌溉及收获的稻米和玉米）的间接温室气体排放及稻田直接温室气体排放来确定的。温室气体排放量包括农资投入、稻田非 CO_2 即 CH_4 和 N_2O 排放量。由于种子在生产过程中产生的碳足迹相对较小，往往不及农作物生命周期的整体碳足迹的 1‰，故在此不将其纳入计算范围。因此，本研究将水稻或玉米生产的温室气体排放量包括①化肥（N，P 和 K）和农药的生产、加工和运输及其施用引起的碳排放；②耕种和收获机械作业的柴油燃料消耗的碳排放；③用于灌溉的电力消耗的碳排放；④水稻或春玉米在整个生育期的稻田 CH_4 和 N_2O 排放。

农资投入（如农药、化肥、电力、柴油等消耗）的温室气体排放量使用下列公式估算。

$$CF_{\text{input}} = \sum (A_i \times \delta_i)$$

式中：CF_{input} 为相关农资投入品所导致的温室气体排放总和（kg CO_2^{-eq}/hm^2）；i 为某一种农资投入品；A_i 为第 i 个单个农业投入的强度或数量（农药化肥，kg/hm^2；电力，kWh/hm^2；柴油，L/hm^2）；δ_i 为制造或应用投入时第 i 个单个农资投入的温室气体排放系数。排放系数通过数据开放性软件 eBalance v3.0 获得，包括 Chinese Life Cycle Database 0.7（CLCD v0.7）和 Eco-invent 2.2，各农资生产投入的温室气体排放因子见表 1。

表 1　各项农资投入温室气体排放因子及投入量

温室气体排放来源	排放系数	系数来源	农资投入			
			单位	投入量		
				玉米	早稻	晚稻
氮肥（N）	6.38 kg CO_2^{-eq}/kg	CLCD v0.7	kg/hm^2	225	225	225
磷肥（P_2O_5）	0.44 kg CO_2^{-eq}/kg	CLCD v0.7	kg/hm^2	47	41	41

续表1

温室气体排放来源	排放系数	系数来源	农资投入			
			单位	投入量		
				玉米	早稻	晚稻
钾肥(K_2O)	0.61 kg CO_2^{-eq}/kg	CLCD v0.7	kg/hm^2	75	47	47
柴油	2.63 kg CO_2^{-eq}/L	CLCD v0.7	L/hm^2	106	178	178
电力	1.12 kg CO_2^{-eq}/(kWh)	CLCD v0.7	kWh/hm^2	0	1 198	1 346
农药	18.00 kg CO_2^{-eq}/kg	Ecoinvent 2.2	kg/hm^2	7	13	15

5.1.4 田间温室气体的采集和测定

5.1.4.1 气体采集

使用密闭箱气体收集法进行温室气体的采集。密闭箱的制作材料为 PVC 板，其可分为底座和主箱体两部分，其中主箱体外部铺一层铝箔纸进行反光，以防止夏秋季节在采样时主箱体长时间暴露在太阳光，造成采样箱内部的气体温度发生较大波动，从而影响采样结果的有效性。静态箱的尺寸大小为 50 cm×50 cm×90 cm，以确保水稻完全成熟以后还能将其全部装在静态箱中进行温室气体采集，底座的尺寸大小为 50 cm×50 cm×30 cm。底座安装时要埋入地下 10 cm 深，且在水稻生产过程中一直被保留，内部种植 9 株水稻或 4 株玉米。采样时把静态箱体盖在每一个试验小区的固定底座上，同时采用水封的方法来确保箱子内部处于完全密闭状态，不与外界的气体进行交换。为防止测定区域和非测定区域水肥串流，用塑料薄膜隔开。从播种或移栽后第 5 天开始持续到收获前一周，每周采集测定一次温室气体通量(CH_4 和 N_2O)，采样时间为早上 9:00～11:00，在 40 min 里每间隔 10 min 连续采集 4 次样本，使用容量为 60 mL 的注射器从三通口管道中抽取气体，并立即将其注射到 100 mL 的铝膜采气袋中，在完成收集样本后需在一周内进行样本的测量。

5.1.4.2 CH_4 和 N_2O 温室气体测定

温室气体(CH_4 和 N_2O)采用气相色谱仪检测。然后根据采集得到的 4 个气体样本(0 min、10 min、20 min、30 min)的浓度进行线性回归模型测算得到气体样本的浓度增长速率，再经过温室气体排放速率公式计算得到温室气体排放速率。

$$F=\frac{dC}{dt}\times\frac{mPV}{dt}=H\times\frac{dC}{dt}\times\frac{mP}{R(T+273.15)}$$

式中：F 为 CH_4 或 N_2O 的排放速率[mg/(m^2/min)]；dC/dt 为 40 min 内温室气体浓度的变化速率；m 为气体的分子量(g/mol)；P 是大气压强(Pa)；H 为静态箱体的高度(m)；T 为静态箱内温度(℃)；R 为气体常数[为 8.134 g/(mol/k)]；273.15 为绝对温度(K)。

稻田中累积的温室气体(CH_4 和 N_2O)碳足迹由下列公式计算得到。

$$E_c=\alpha\times\sum_{i}^{n}\left(\frac{F_i\times 1\,440\times D_i}{100}\right)$$

式中：E_c 为春玉米或晚稻积累 CH_4 和 N_2O 的 CO_2 排放当量(kg CO_2^{-eq}/hm^2)；α 为潜在影响全球变暖的系数：CH_4(34)和 N_2O(298)。F_i 为 CH_4 或 N_2O 第 i 次取样时间段排放速率

[mg/(m^2/h)]；Di 为第 i 次和第 $i-1$ 次采样之间的时间间隔(d)；1 440 为时间(min)转换为天(d)的系数；1/100 为 mg/m^2 转换为 kg/hm^2 的系数。

5.1.5　农作物碳足迹评估方法

采用单位作物产量碳足迹(kg CO_2^{-eq}/kg)评价法，即稻田系统生产每千克玉米或水稻所导致的碳排放总和，计算公式如下：

$$CF_a=\frac{E_{input}+E_{N_2O}+E_{CH_4}}{Y}$$

$$CF_b=\frac{\sum E_i}{\sum Y_i} \tag{5}$$

式中：CF_a 为单季作物(春玉米或水稻)每千克籽粒产量在生长期的碳足迹(kg CO_2^{-eq})；E_{N_2O} 和 E_{CH4} 为将 CH_4 和 N_2O 累积排放量转换成的 CO_2^{-eq}(kg CO_2^{-eq}/hm^2)；Y 为当年玉米或水稻的籽粒产量(kg/hm^2)；CF_b 为玉米-晚稻或早晚-晚稻模式中每千克籽粒产量的碳足迹(kgCO_2^{-eq})；$\sum E_i$ 为春玉米-晚稻或早晚-晚稻模式所有温室气体排放量和(kg CO_2^{-eq}/hm^2)；$\sum Y_i$ 为春玉米-晚稻或早稻-晚稻模式中的所有籽粒产量和(kg/hm^2)。

5.1.6　数据分析

采用 Excel 2013 软件对数据进行处理，应用 OriginPro 9.4 软件对数据进行绘图。

5.2　结果与分析

5.2.1　两种模式的碳排放

与早稻-晚稻连作模式的碳排放(17 848 kg CO_2^{-eq}/hm^2)相比，春玉米-晚稻轮作模式降低了碳排放 6 724 kg CO_2^{-eq}/hm^2；春玉米比早稻少排放 6 229 kg CO_2^{-eq}/hm^2；与早稻-晚稻连作模式中的晚稻碳排放相比，春玉米-晚稻轮作模式降低了晚稻的碳排放 497 kg CO_2^{-eq}/hm^2(表 2)。

5.2.2　两种种植模式碳足迹

早稻-晚稻连作模式的每千克籽粒产量的碳足迹为 1.32 kg CO_2^{-eq}，比春玉米-晚稻轮作模式的每千克籽粒产量的碳足迹(0.86 kg CO_2^{-eq})高 0.56 kg CO_2^{-eq}。春玉米每千克籽粒产量的碳足迹(0.50 kg CO_2^{-eq})比早稻每千克籽粒产量的碳足迹(1.27 kg CO_2^{-eq})降低了 0.77 kg CO_2^{-eq}。对于两种模式晚稻碳足迹而言，春玉米-晚稻模式降低了晚稻每千克籽粒产量的碳足迹 0.24 kg CO_2^{-eq}(表 3)，同时该模式提高了晚稻的产量(14.8%)。

5.2.3　两种种植模式的碳足迹构成成分

早稻-晚稻连作模式的碳足迹主要来源于 CH_4、氮肥使用及灌溉电力消耗的碳排放。在早稻-晚稻种植系统中，CH_4 的碳排放为 9 776 kg CO_2^{-eq}/hm²(54.8%)，氮肥的碳排放为 2 871 kg CO_2^{-eq}/hm²(16.1%)，灌溉电力消耗的碳排放为 2 849 kg CO_2^{-eq}/hm²(16.0%)。早稻和晚稻的碳足迹组成情况与早稻-晚稻模式的碳足迹相似(图 1)。

春玉米-晚稻轮作模式的碳足迹主要来源 CH_4、氮肥和灌溉电力消耗的碳排放。在该模式中，CH_4 的碳排放为 4 442 kg CO_2^{-eq}/hm²(39.9%)，氮肥的碳排放为 2 871 kg CO_2^{-eq}/hm²(25.81%)，灌溉电力消耗的碳排放为 1 508 kg CO_2^{-eq}/hm²(13.6%)。晚稻的碳足迹组成情况与春玉米-晚稻模式的碳足迹相似。对于春玉米而言，其碳足迹主要来源为氮肥(N_2O 和 CH_4)。春玉米的氮肥的碳排放为 1 435 CO_2^{-eq}/hm² (50.1%)，N_2O 的碳排放为 579 kg CO_2^{-eq}/hm²(20.2%)，CH_4 的碳排放为 378 CO_2^{-eq}/hm²(13.2%)(图 1)。

表 2 早稻-晚稻连作和玉米-水稻轮作的温室气体排放构成成分 kg CO_2^{-eq}/hm²

种植模式	作物类型	总排放	直接排放		间接排放					
			CH_4	N_2O	N	P_2O_5	K_2O	柴油	电力	农药
早稻-晚稻连作	早稻	9 092	5 186	379	1 436	18.0	28.7	468	1 342	234
	晚稻	8 757	4 590	438	1 436	18.0	28.7	468	1 508	270
	早稻-晚稻	17 848	9 776	818	2 871	36.1	57.3	936	2 849	504
春玉米-晚稻轮作	春玉米	2 864	378	579	1 435	20.7	45.8	279	0	126
	晚稻	8 258	4 064	467	1 435	18.0	28.7	468	1 507	270
	春玉米-晚稻	11 123	4 442	1 047	2 871	38.7	74.4	747	1 507	396

表 3 早稻-晚稻连作和玉米-水稻轮作的碳足迹

种植模式	作物类型	产量 /(kg/hm²)	温室气体排放 /(kg CO_2^{-eq}/hm²)	碳足迹 /(kg CO_2^{-eq}/kg)
早稻-晚稻连作	早稻	7 140	9 091	1.27
	晚稻	6 333	8 756	1.38
	早稻-晚稻	13 479	17 848	1.32
春玉米-晚稻轮作	春玉米	5 694	2 864	0.50
	晚稻	7 271	8 260	1.14
	春玉米-晚稻	12 965	11 123	0.86

5.3 讨论

本研究早稻和晚稻每千克籽粒产量的碳足迹为 1.14～1.38 kg CO_2^{-eq}，这与前人研究结果相似。Xu 等(2008)研究表明我国长江下游地区水稻每千克籽粒产量的碳足迹为 1.34 kg CO_2^{-eq}；Cheng 等(1997)利用国家统计数据发现我国水稻每千克籽粒产量的平均碳足迹为 1.36 kg CO_2^{-eq}。但是本研究春玉米的碳足迹低于 Cheng 等(2015)的研究结果。其主要原因可能是数据的来源、系统边界的定义、农业投入的排放因子以及碳足迹计算方法的差异。春玉米-晚稻轮作模式每千克籽粒产量的碳足迹比早稻-晚稻连作模式降低了 0.56 kg CO_2^{-eq}，这也印证本研究的假设。这主要归因于较早稻而言春玉米的温室气体排放较低，其中包括 CH_4 低排放和灌溉电力的零消耗(春玉米在种植期间充足的雨水使得春玉米无须灌溉)。Cheng 等

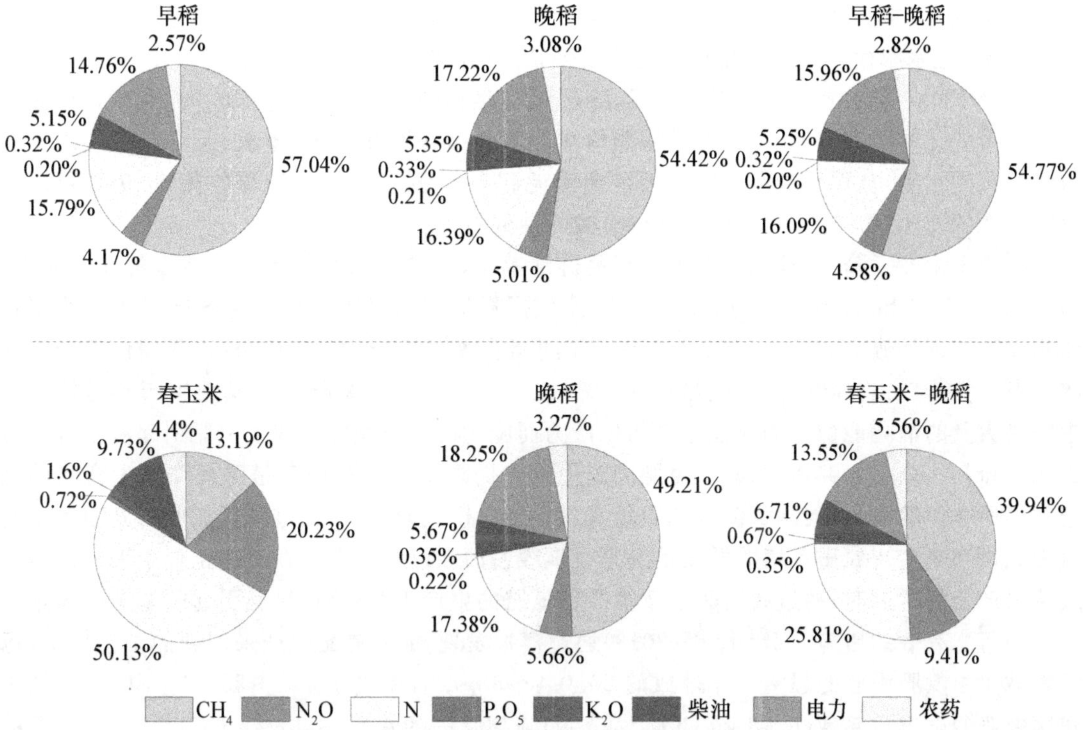

图 1　早稻-晚稻连作模式和春玉米-晚稻轮作模式的碳足迹来源

(2015)结果也表明，玉米生产的碳足迹低于水稻。其认为推广玉米种植将有利于我国农业的低碳发展，若玉米替代水稻将每年减少 100 Mt CO_2^{-eq} 排放。此外，春玉米-晚稻轮作模式提高了晚稻产量，且比早稻-晚稻连作模式中的晚稻的产量高 14.8%。其原因可能是种植春玉米期间的土壤好氧条件加速了土壤碳氮循环，从而导致微生物对土壤有机质分解的速度加快，这有助于促进土壤养分的释放，提高后季稻养分利用率。钾素在土壤中活性和流动性较大，是影响晚稻产量的一个重要因素。尽管春玉米季的施钾量高于早稻季，但是两者收获后土壤的全钾和速效钾含量没有呈显著性差异($P>0.05$，数据没有在文中展示)。因为钾素主要是当季利用为主。其增产的原因是否由干湿交替引起的稻田土壤物理化学性质或者生物学特性的交替变化引起的，还需进一步研究。本研究结果表明，早稻-晚稻连作模式的高碳排放比春玉米-晚稻轮作模式高 60.5%，然而早稻-晚稻连作模式的产量潜力(13 473 kg/hm^2)比春玉米-晚稻轮作模式(12 965 kg/hm^2)高 4.00%。其主要归因于本研究的春玉米产量较低(5 694 kg/hm^2)。具体原因有 2 个方面：①试验地地处南方地区。玉米在生长期的降水量大，土壤中的氮素容易流失，导致土壤中的氮素损失，从而产量低；②本研究的玉米品种为甜糯型。在没有完全成熟时，其作为鲜食玉米收获。相对于饲料型玉米而言，春玉米果穗偏小，产量偏低。不过把春玉米品种更换为饲料型品种和加强春玉米季排水都可以解决春玉米-晚稻产量潜力相对于低的问题。另外，研究显示，相对于双季稻而言，春玉米-晚稻可以提高光温资源利用率、产量潜力和经济效益。综上所述，我们认为相对于水稻连作模式而言，春玉米-晚稻轮作模式具有低碳排放、高资源利用率和高生产效益的特点。

与早稻-晚稻中的晚稻相比，春玉米-晚稻轮作模式降低了晚稻 CH_4 的排放。其原因可能是春玉米的种植加速了土壤有机碳的矿化，导致了晚稻季土壤氨氮含量较高，而土壤氨态氮含

量过高会加速 CH_4 的氧化，进而降低了稻田 CH_4 的排放。此外，对于两种种植模式中的水稻而言，CH_4 是水稻生长期间碳排放的主要成分，对总温室气体的贡献率为 49.2%～57.0%，这与 Xue 等(2016)研究类似。本研究结果表明，减少稻田的 CH_4 排放对于减少水稻生产的碳足迹至关重要。本研究表明，干湿交替灌溉既可以有效减少稻田 CH_4 排放，又可以减少灌溉次数和灌溉用水量，从而减少灌溉的电力能源消耗和 CH_4 排放。与传统耕作相比，免耕可以显著降低稻田 CH_4 的排放，同时也可减少机械柴油的能源消耗。

在春玉米-晚稻轮作模式的春玉米碳足迹清单中，由氮肥引起的碳足迹所占的比重最大，超过了 50%。Cheng 等(2011)通过国家统计数据报道了由氮肥施用产生的碳足迹占我国农作物生产的碳足迹 53.1%～57.3%。基于田间调研数据，Yan 等(2015)发现我国由氮肥引起的温室气体排放占作物生产的碳足迹 44.2%～79.6%。其主要归因于氮肥生产和运输过程中需要大量的消耗能源。为保证作物的生产力而施用的大量氮肥造成了氮肥引起温室气体排放相对量高。众多研究表明，减少氮肥的施用量和提高氮肥的利用率是降低作物生产的碳足迹关键所在。然而，在我国目前家庭农场式农业经营模式背景下，通过降低氮肥的施用和提高氮肥利用率来实现农田系统的低碳足迹是一项缓慢而艰巨的任务。在我国正处于工业供给侧改革去产能的时期时，通过政府驱动政策改善氮肥的生产工艺，降低氮肥引起的温室气体排放是一项行之有效的措施。Zhang 等(2013)通过模拟发现，如果氮肥生产采用新的工艺技术，每年将减少由氮肥引起的温室气体排放的 20.0%～63.7%，相当于 102～357 Tg CO_2^{-eq}。如果我国氮肥的碳排放系数(6.38 kg CO_2^{-eq}/kg N)降到美国的水平(3.87 kg CO_2^{-eq}/kg N)，两种种植模式的碳排放就将降低 1 130 kg CO_2^{-eq}/hm^2，碳足迹就降低 8.38%(早稻-晚稻连作模式)和 8.71%(春玉米-晚稻轮作模式)。

综上所述，与水稻连作相比，春玉米-晚稻轮作模式可降低农田系统的碳足迹，同时可提高晚稻的产量，是一种具有推广潜力的种植模式。减少氮肥生产过程的能源消耗和在晚稻种植过程中采用间歇灌溉是降低春玉米-晚稻轮作模式的碳足迹的关键策略。

本研究碳足迹评价参照 PAS2050 标准，该标准并不包括由土壤有机碳变化引起的碳排放。然而，农田系统既是温室气体排放的源，也是库。Lu 等(2009)报道了我国农田土壤碳固持量为 101 Tg/年，相当于化石燃料碳排放的 13.3%。考虑到土壤碳固持可抵消部分温室气体排放，并减少碳足迹，土壤碳变化是否应该包括在粮食产品碳足迹的计算中需要进一步研究。本研究表明，相对于早晚-晚稻连作而言，春玉米-晚稻轮作模式可以加速土壤碳矿化，增加碳排放。如果考虑到土壤碳变化，本研究春玉米-晚稻轮作模式的碳排放就可能会升高，这或许会增加本研究的不确定性。尽管如此，本研究为稻田系统温室气体减排提供了有效的措施，为南方稻田地区推广春玉米-晚稻轮作模式提供了理论依据。

5.4 结论

早稻-晚稻连作系统单位面积碳排放为 17 848 kg CO_2^{-eq}/hm^2，单位产量的碳足迹为 1.32 kg CO_2^{-eq}/kg；春玉米-晚稻轮作系统单位面积碳排放为 11 123 kg CO_2^{-eq}/hm^2，单位产量的碳足迹为 0.86 kg CO_2^{-eq}/kg。尽管春玉米-晚稻轮作模式的产量潜力比早稻-晚稻连作模式的产量潜力低 3.84%，但是早稻-晚稻连作模式的碳排放却比春玉米-晚稻轮作模式的碳排放高 60.5%。

早稻-晚稻连作系统粮食生产的碳足迹主要来自稻田 CH_4 的排放(54.8%)；春玉米-晚稻轮作模式粮食生产的碳足迹主要来自 CH_4 的碳排放(39.9%)。但是春玉米生产的碳足迹主要来自氮肥的生产和施用(50.1%)。春玉米-晚稻轮作模式是降低连作稻田高碳排放的一种农田管理方式。

参考文献

[1] WIEDMANN T, MINX J. A definition of carbon footprint//Pertsova C C(Ed.), Ecological Economics Research Trends. New York: Nova Science Publishers, 2008: 1-11

[2] World Resources Institute. Product Accounting and Reporting Standard. Draft for Stakeholder Review. New Standards for Tracking GHG Emissions from Policies and Goals. [2010-10-21]. https://www.wri.org/blog/2012/12/released-review-new-standards-tracking-ghg-emissions-policies-and-goals

[3] LAL R. Carbon emissions from farm operations. Environment International, 2004, 30: 981-990

[4] HILLIER J, HAWES C, SQUIRE G, et al. The carbon footprints of food crop production. International Journal of Agricultural Sustainability, 2009, 7(2): 107-118

[5] YAN X, AKIMOTO H, OHARA T. Estimation of nitrous oxide, nitric oxide and ammonia emissions from croplands in East, Southeast and South Asia. Global Change Biology, 2003, 9: 1080-1096

[6] ZHENG X, HAN S, HUANG Y, et al. Re-quantifying the emission factors based on field measurements and estimating the direct N_2O emission from Chinese croplands. Global Biogeochemical Cycles, 2004, 18: 1-19

[7] DONG G, MAO X, ZHOU J, et al. Carbon footprint accounting and dynamics and the driving forces of agricultural production in Zhejiang Province, China. Ecological Economics, 2013, 91(91): 38-47

[8] WITT C, CASSMAN K G, OLK D C, et al. Crop rotation and residue management effects on carbon sequestration, nitrogen cycling and productivity of irrigated rice systems. Plant and Soil, 2000, 225: 263-278

[9] TIMSINA J, JAT M L, MAJUMDAR K. Rice-maize systems of South Asia: current status, future prospects and research priorities for nutrient management. Plant and Soil, 2010, 335: 65-82

[10] Food and Agriculture Organization of the United Nations. Save and grow in practice: maize, rice, wheat a guide to sustainable cereal Production. [2016-01-18]. http://www.fao.org/publications/save-and-grow/maize-rice-wheat/en/

[11] 赵强基，郑建初，袁从，等. 中国南方稻区玉米-稻种植模式的建立和实践. 江苏农业学报，1997，13：215-219

[12] 李淑娅，田少阳，袁国印，等. 长江中游不同玉稻种植模式产量及资源利用效率的比较研究. 作物学报，2015，41(10)：1537-1547

[13] XUE J F, LIU S L, CHEN Z D, et al. Assessment of carbon sustainability under different tillage systems in a double rice cropping system in southern China. International Journal of Life Cycle Assessment, 2014, 19(9): 1581-1592

[14] ZHANG X Q, PU C, ZHAO X, et al. Tillage effects on carbon footprint and ecosystem services of climate regulation in a winter wheat-summer maize cropping system of the North China Plain. Ecological Indicators, 2016, 67: 821-829

[15] CHENG K, YAN M, NAYAK D, et al. Carbon footprint of crop production in China: an analysis of National Statistics data. The Journal of Agricultural Science, 2015, 153(3): 422-431

[16] British Standard Institution. Assessment of life cycle greenhouse gas emissions from horticultural prod-

ucts. [2013-03-20]. http://www. Bsigroup. sg/fr-pas2050-2-2012

[17] ZHENG X, MEI B, WANG Y H, et al. Quantification of N_2O fluxes from soil-plant systems may be biased by the applied gas chromatograph methodology. Plant and Soil, 2008, 311: 211-234

[18] DAVIDSON E A, BELK E, BOONE R D. Soil water content and temperature as independent or confounded factors controlling soil respiration in a temperate mixed hardwood forest. Global Change Biology, 1998, 4: 217-222

[19] IPCC. Climate change 2013: The physical science basis. Contribution of Working Group I to the Fifth Assessment Report of the Intergovernmental Panel on Climate Change. Cambridge: Cambridge University Press, 2013

[20] XU X, ZHANG B, LIU Y, et al. Carbon footprints of rice production in five typical rice districts in China. Acta Ecologica Sinica, 2013, 22(3): 227-232

[21] XUE J F, PU C, LIU S L, et al. Carbon and nitrogen footprint of double rice production in Southern China. Ecological Indicators, 2016, 64: 249-257

[22] YAO H, LEHNDORFF E, AMELUNG W, et al. Drainage and leaching losses of nitrogen and dissolved organic carbon after introducing maize into a continuous paddy-rice crop rotation. Agriculture Ecosystems and Environment, 2017, 249: 91-100

[23] 袁国印，何俊欧，陈文，等. 前季施肥对玉-稻轮作养分吸收及土壤养分表观平衡的影响. 中国农学通报，2018, 34(7): 1-7

[24] HE Y, SIEMENS J, AMELUNG W, et al. Carbon release from rice roots under paddy rice and maize-paddy rice cropping. Agriculture Ecosystems and Environment, 2015, 210: 15-24

[25] BODELIER P L E, LAANBROEK H J. Nitrogen as a regulatory factor of methane oxidation in soils and sediments. FEMS Microbiology Ecology, 2004, 47: 265-277

[26] HOU H J, PENG S Z, XU J Z, et al. Seasonal variations of CH_4 and N_2O emissions in response to water management of paddy fields located in Southeast China. Chemosphere, 2012, 89(7): 884-892

[27] ZHANG H L, BAI X L, XUE J F, et al. Emissions of CH_4 and N_2O under different tillage systems from double-cropped paddy fields in Southern China. PLoS One, 2013, 8(6): e65277

[28] LI C F, ZHOU D N, KOU Z K, et al. Effects of tillage and nitrogen fertilizers on CH_4 and CO_2 emissions and soil organic carbon in paddy fields of central China. PLoS One, 2012, 7(5): e34642

[29] CHENG K, PAN G X, SMITH P, et al. Carbon footprint of China's crop production—an estimation using agro-statistics data over 1993—2007. Agriculture Ecosystems and Environment, 2011, 142(3-4), 231-237

[30] YAN M, CHENG K, LUO T, et al. Carbon footprint of grain crop production in China-based on farm survey data. Journal of Cleaner Production, 2015, 104: 130-138

[31] GAN Y T, LIANG C, CHAI Q, et al. Improving farming practices reduces the carbon footprint of spring wheat production. Nature Communications, 2014, 18: 1-13

[32] ZHANG W F, DOU Z X, HE P, et al. New technologies reduce greenhouse gas emissions from nitrogenous fertilizer in China. Proceedings of the National Academy of Sciences of the United States of America, 2013, 110(21): 8375-8380

[33] LU F, WANG X K, HAN B, et al. Soil carbon sequestration by nitrogen fertilizer application, straw return and no-tillage in China's cropland. Global Change Biology, 2009, 15(2): 281-305

[34] GAN Y T, LIANG C, CAMPBELL C A, et al. Carbon footprint of spring wheat in response to fallow frequency and soil carbon changes over 25 years on the semiarid Canadian prairie. European Journal of Agronomy, 2012, 43, 175-184

6 减氮施肥对春玉米-晚稻生产系统碳足迹的影响①

摘　要:随着对气候变化和粮食安全的日益认识,低碳农业引起了人们的广泛关注.低碳农业的研究需要综合考虑作物产量和温室气体排放,改进氮肥管理可能有助于减缓作物生产系统的温室气体排放,同时实现对作物稳产,甚至高产的需求。本试验利用生命周期法研究了不同施氮量(150 kg N/hm^2、225 kg N/hm^2、300 kg N/hm^2)对春玉米-晚稻轮作系统碳足迹的影响。结果表明,随着氮肥用量增加,两季作物生产过程中温室气体和碳足迹增加。在春玉米生产过程中,氮肥生产和施用引起的温室气体排放对碳足迹贡献最大,占 36.2%～50.2%;在晚稻生产中,甲烷的排放贡献最大,占 42.8%～48.0%,并且随氮肥用量的增加而增加。当氮肥施用量减少 25%(225 kg N/hm^2)和 50%(150 kg N/hm^2)时,春玉米生产的温室气体分别下降了 21.9%和 44.3%,碳足迹分别下降了 20.3%和 39.1%;当氮肥施用量减少 25%和 50%时,晚稻生产的温室气体排放分别下降了 12.3%和 20.4%,碳足迹分别降低了 13.7%和 16.7%。氮肥减量对春玉米产量无显著影响,而晚稻产量呈现出先升高、后下降的变化趋势,在 225 kg N/hm^2 施肥量下产量最高。因此,春玉米氮肥用量降低至 150 kg N/hm^2 和晚稻氮肥用量降低至 225 kg N/hm^2 不仅能够保持作物高产,而且还能大幅度降低作物系统的碳足迹。

关键词:碳足迹;春玉米-晚稻轮作;减氮施肥;温室气体排放

随着对气候变化和粮食安全的认识日益增多,低碳农业日益受到国际社会的高度关注。如何有效地降低农田系统温室气体排放已成为各国政府部门、科学家及公众关注的焦点,而定量评价农业生产过程中的所有温室气体排放量对于减缓温室气体排放有非常重要的意义。碳足迹起源于“生态足迹”概念,其被定义为某种产品或活动在其整个生命周期内直接或间接产生的温室气体排放量(CO_2^{-eq}),是作为评估人类活动对环境影响的一种例行方法。在农业生产上,碳足迹是对农产品整个生命周期各项涉农活动所造成的直接或间接 CO_2 排放的度量。农业碳足迹的研究可以帮助明确在农业生产过程中造成温室气体排放的主体“责任人”,并采取针对性措施改善不当的农业生产行为。在人口密集的国家,通过肥料高投入来提高系统的生产力,这是现代集约化耕作增加作物产量的最有效方法之一。在强化种植模式下,化肥的高投入已经成为中国农业发展的严重问题之一。1977—2010 年,中国合成氮肥施用量已经从 7

① 作者:俞祥群、姜振辉、王江怀、林景东、刘益珍、杨京平*;通信作者:杨京平(浙江大学环境与资源学院教授,博导,主要从事环境生态工程与环境科学相关研究,E-mail: jpyang@zju.edu.cn)。

万 t 增加到 28 万 t，例如，目前太湖的单季稻田的氮肥用量高达 300 kg N/hm^2。化肥的大量施用对稻田生产力的提高无疑发挥了重要作用，但是由于氮肥是农业碳排放的主要来源，随着氮肥施用量的增加，碳排放量也成比例地增加。研究表明，中国由肥料导致的碳排放量占总碳排放量的 60%，因此研究中国南方轮作种植模式下的低碳排放并维持高产的氮肥施用量具有重要意义。史磊刚等(2011)报道，在夏春玉米-冬小麦轮作模式的碳足迹贡献因子中，化肥的贡献率高达 61.8%，比电能、柴油、种子和农药 4 个贡献因子的总和还要高。其研究还表明，氮肥的使用量与碳足迹呈正相关性。曹黎明等(2014)的研究也印证了这一观点，农用肥料的使用是影响黑龙江农业碳足迹的重要因子之一。化肥在小麦生产过程中对碳排放的贡献率高达 58.6%，且小麦碳足迹随着小麦的增产而呈现上升趋势。此外，开展氮肥用量对农田碳足迹影响的研究有助于生态效益和减少温室气体的排放的提高。Clavreul 等(2017)研究表明，优化氮肥投入量可以达到对农作物稳产和生态安全的需求。相对于其他水旱轮作模式而言，春玉米-晚稻轮作模式具有增产潜力大、自然资源利用率高和劳动力投入少等优势。其在我国南方地区的应用面积逐年扩大。而目前众多学者关于氮肥对轮作系统碳足迹的研究主要集中于冬小麦-晚稻和春玉米-冬小麦两种模式，而对春玉米-晚稻轮作模式碳足迹的研究较少。因此，本研究利用生命周期法对春玉米-晚稻轮作模式下的氮肥减量对农田碳足迹的影响进行研究，以期为我国南方地区的春玉米-晚稻轮作模式实现低碳排放、作物高产、环境友好提供一定的理论依据。

6.1 研究地区与研究方法

6.1.1 研究区域概况

本研究区域位于浙江省杭州市农业科学研究院试验田(30.13°N，120.16°E)，地处浙江省杭州市西湖区镇老沙村，属亚热带季风性气候。近 10 年来的平均气温为 17～19 ℃，年降水量为 1 000～1 200 mm，年日照为 1 700～1 800 h。土壤类型为粉黏壤土，pH 为 5.52，土壤总有机碳含量 22.2 g/kg，土壤全氮含量 2.32 g/kg。本试验春玉米供试品种为‘美玉(加甜糯)7号’，晚稻供试品种为‘秀水 134’。

6.1.2 试验设计

试验于 2017 年进行，设置了 3 个氮肥配施水平[150 (N_{150})kg N/hm^2、225(N_{225})kg N/hm^2、300 (N_{300})kg N/hm^2]，氮肥材料为尿素。采取随机区组设计，每个处理重复 3 次，每个试验小区的面积为 8 m×8 m。第 1 季春玉米于 4 月 13 日移栽，7 月 9 日收获；第 2 季晚稻于 7 月 22 日移栽，11 月 19 日收获。

春玉米季分 2 次施氮肥：4 月 23 日施基肥，6 月 3 日施追肥，比例为 1∶2。晚稻分别在移栽 11 d 后(分蘖肥占总量的 30%)、移栽 30 d 后(孕穗肥占总量的 40%)和移栽后 47 d(抽穗肥占总量的 30%)3 个阶段按 3∶4∶3 的比例施氮肥。两季作物的磷肥(过磷酸钙)和钾肥(氯化钾)均作为基肥一次性施入。

6.1.3 研究方法

本研究采用生命周期法进行碳足迹计算。生命周期评价法是一种通过对一个产品系统生命周期中输入、输出及其潜在环境影响的汇编和评价，进一步评估产品在整个生命周期对环境产生影响的技术和方法。产品的生命周期是指从原材料的获取开始、产品生产直至产品使用后处置的全过程。本研究计算稻田生产系统碳足迹主要有 3 个步骤：第 1 个步骤是确定调查对象的边界；第 2 个步骤是收集相关数据；第 3 个步骤是计算稻田系统碳足迹。

6.1.3.1 调查边界

本研究以浙江省杭州市农业科学研究院试验田为对象，评价春玉米-晚稻轮作模式在整个生命周期内所有的农资投入和产出过程的碳足迹。春玉米和晚稻种植所需要的原材料主要包括种子、化肥、农药等。据资料显示，由于种子在生产过程中产生的碳足迹相对较小，其往往不及农作物生命周期中整体碳足迹的 1‰，故在此不将其纳入计算范围。在农作物种植过程中，温室气体直接排放通量[甲烷(CH_4)和氧化亚氮(N_2O)]以及农业机械使用所造成的能源消耗等同样处于所需数据收集的边界之内，但是边界里没有包括农作物加工、贮藏、运输、销售、消费者使用、处置和再生利用等环节。

6.1.3.2 数据收集

本研究稻田系统碳足迹的初级活动水平数据包括田间各项作业活动及田间温室气体排放数据(氧化亚氮和甲烷)。①化肥消耗($N/P_2O_5/K_2O$)：在春玉米-晚稻轮作模式中，氮肥(以尿素中的纯氮含量为标准，下同)施用量为春玉米季 150 kg N/hm^2、225 kg N/hm^2 和 300 kg N/hm^2，晚稻季 150 kg N/hm^2、225 kg N/hm^2 和 300 kg N/hm^2；磷肥(以 P_2O_5 为标准，下同)施用量为春玉米季 75 kg P_2O_5/hm^2，晚稻季 41 kg P_2O_5/hm^2；钾肥(以 K_2O 为标准，下同)施用量为春玉米季 47 kg K_2O/hm^2，晚稻季 47 kg K_2O/hm^2；②柴油用量：农机使用柴油进行田间工作，主要包括翻耕、播种和收割。柴油用量为春玉米季 106 L/hm^2，晚稻季 178 L/hm^2。③电力消耗：电力消耗主要用于引水灌溉。春玉米季电力消耗量为 0，晚稻季为 1 216 kWh/hm^2。④农药用量：农药用量为春玉米季 13 kg/hm^2，晚稻季 13 kg/hm^2。

6.1.3.3 土壤温室气体排放检测与计算

温室气体(CH_4 和 N_2O)采集用静态箱收集法。静态箱材料为 PVC 板，分为箱体和底座两部分。其底座长和宽均为 60 cm，高为 20 cm，内部包含 9 株晚稻或 4 株玉米；静态箱体体积为 50 cm×50 cm×90 cm。每个测试区域内固定安装一个底座。在采集气体样品时，将静态箱放置底座上，用水封住静态箱箱体和底座交界处，这样可以保证箱体内外空气不发生交换。每隔 10 min 用 60 mL 注射器通过三通口收集气体样品，来回抽动 3 次，以完全混匀气体，然后迅速转移到 100 mL 铝膜气样袋中，即完成 1 个样品的采集，连续采集 4 次。气体样品的采集在上午 8:30～11:00 进行。CH_4 和 N_2O 气体体积分数由气相色谱仪测定。温室气体排放速率公式计算如下：

$$F=\frac{dC}{dt}\times\frac{mPV}{dt}=H\times\frac{dC}{dt}\times\frac{mP}{R(T+273.15)}$$

式中：F 为温室气体的排放速率[$mg/(m^2 \cdot min)$]；dC/dt 为 30 min 内温室气体浓度的变化速

率；m 为气体的分子量(g/mol)；P 为大气压强(Pa)；H 为静态箱体的高度(m)；T 为静态箱内温度(℃)；R 为气体常数(为 8.134 J/mol·K)；273.15 为绝对温度(K)。

6.1.3.4 温室气体排放系数

查阅资料可知，氮肥的温室气体排放系数为 6.38 kg CO_2^{-eq}/kg N；磷肥的温室气体排放系数为 0.61 kg CO_2^{-eq}/kg P_2O_5；钾肥的温室气体排放系数为 0.44 kg CO_2^{-eq}/kg K_2O；柴油燃烧的温室气体排放系数为 2.63 kg CO_2^{-eq}/kg；电力消耗的温室气体排放系数为 1.14 kg CO_2^{-eq}/(kWh)；农药的温室气体排放系数为 18 kg CO_2^{-eq}/kg N。甲烷和氧化亚氮的温室气体系数分别为 34 kg CO_2^{-eq}/kg CH_4 和 298 kg CO_2^{-eq}/kg N_2O。

6.1.4 碳足迹计算

农作物的碳足迹计算公式为：

$$CF_y = \frac{CE_{total}}{Y}$$

式中：CF_y 为春玉米或晚稻生产系统的碳足迹(kg CO_2^{-eq}/kg)；Y 为农作物产量(kg/hm^2)；CE_{total} 为农作物生产整个生命周期的总温室气体排放量(kg CO_2^{-eq}/hm^2)。CE_{total} 的计算公式为：

$$CE_{total} = CE_{inputs} + CE_{CH_4} + CE_{N_2O}$$

式中：CE_{inputs} 为农业投入的温室气体间接排放总量(kg CO_2^{-eq}/hm^2)；CE_{CH_4} 和 CE_{N_2O} 为农作物生长期的土壤 CH_4 和 N_2O 直接累积排放通量(kg CO_2^{-eq}/hm^2)。CE_{inputs} 的计算公式为：

$$CE_{inputs} = \sum (Q_{used_m} \times \delta_m)$$

式中：Q_{usedm} 为农作物生产中农资投入量，包括化肥、柴油、薄膜、农药和种子；δ_m 为相关农资投入的温室气体排放系数。

6.1.5 数据处理

采用 SAS v8 统计软件进行方差分析和相关显著性检测(α=0.05)。

6.2 结果与分析

6.2.1 春玉米生产系统温室气体排放及其碳足迹

春玉米生产系统的温室气体排放量和碳足迹分别为 2 645～3 815 kg CO_2^{-eq}/hm^2 和 0.47～0.66 kg CO_2^{-eq}/kg。氮肥用量的降低导致了春玉米生产中温室气体和碳足迹的降低。与 N_{300} 相比，N_{225} 和 N_{150} 处理温室气体分别降低了 21.9%和 44.3%，碳足迹分别降低了 20.3%和 39.1%(表 1、表 2)。氮肥生产和施用的温室气体排放对春玉米碳足迹的贡献最大，占 36.2%～50.2%，并且随着氮肥用量的增加而增加；N_2O 和 CH_4 的排放对春玉米碳足迹的贡献其次，分别占 17.0%～20.4%和 17.4%～21.2%(图 1)。

6.2.2　晚稻生产系统温室气体排放及其碳足迹

晚稻生产系统的温室气体排放量和碳足迹分别为 6 104～7 352 kg CO_2^{-eq}/hm^2 和 0.86～1.00 kg CO_2^{-eq}/kg。晚稻生产中的温室气体和碳足迹均随着氮肥用量的降低而降低。与 N_{300} 相比，N_{225} 和 N_{150} 温室气体分别降低了 12.4%和 20.4%，碳足迹分别降低了 13.7%和 16.7%（表 1、表 2）。CH_4 的排放对晚稻碳足迹的贡献最大，占 42.8%～48.0%，氮肥的施用促进了 CH_4 的排放；N_2O 的排放对晚稻碳足迹的贡献次之（除 N_{150} 外），其对晚稻碳足迹的贡献比例为 15.7%～26.0%（图 1）。

6.2.3　春玉米-晚稻在生产过程中的温室气体排放及其碳足迹

春玉米-晚稻在生产过程中的温室气体排放量和碳足迹分别为 8 748～11 167 kg CO_2^{-eq}/hm^2 和 0.69～0.85 kg CO_2^{-eq}/kg。春玉米-晚稻生产中的温室气体和碳足迹均随着氮肥用量增加而增加。与 N_{300} 相比，N_{225} 和 N_{150} 温室气体分别降低了 15.6%和 27.6%，碳足迹分别降低了 15.6%和 23.4%（表 1、表 2）。相对于 N_{150} 和 N_{225} 而言，CH_4 的排放对春玉米-晚稻生产碳足迹的贡献最大，分别占 39.9%和 33.1%，氮肥生产和施用对春玉米-晚稻生产碳足迹的贡献次之，分别占 21.9%和 30.5%；对于 N_{300}，氮肥生产和施用引起的温室气体排放占比最大，为 34.3%，其次是 CH_4 排放引起的温室气体排放占比次之，占 34.1%（图 1）。

表 1　不同氮肥施用量的春玉米、晚稻和春玉米-晚稻的温室气体排放量　　kg CO_2^{-eq}/hm^2

作物	处理	间接排放						直接排放		总排放
		氮肥(N)	钾肥(K_2O)	磷肥(P_2O_5)	柴油	电力	农药	N_2O	CH_4	
春玉米	N_{150}	957	21.7	54.0	279	0.0	234	540	560	2 646
	N_{225}	1 436	21.7	54.0	279	0.0	234	579	378	2 982
	N_{300}	1 914	21.7	54.0	279	0.0	234	650	664	3 817
晚稻	N_{150}	957	21.7	29.5	468	1 254	234	211	2 929	6 104
	N_{225}	1 436	21.7	29.5	468	1 254	234	259	2 741	6 443
	N_{300}	1 914	21.7	29.5	468	1 254	234	285	3 146	7 352
春玉米-晚稻	N_{150}	1 914	41.3	83.5	747	1 254	468	751	3 489	8 748
	N_{225}	2 871	41.3	83.5	747	1 254	468	838	3 119	9 422
	N_{300}	3 828	41.3	83.5	747	1 254	468	935	3 816	11 173

表 2　不同氮肥施用量的春玉米、晚稻和春玉米-晚稻产量和碳足迹

作物	处理	产量(kg/hm^2)	碳足迹(kg CO_2^{-eq}/kg)
春玉米	N_{150}	5 599±83.0a	0.47
	N_{225}	5 694±56.9a	0.52
	N_{300}	5 859±80.5a	0.66
晚稻	N_{150}	7 225±80.0b	0.86
	N_{225}	7 471±49.7a	0.86
	N_{300}	7 354±58.9ab	1.00

续表2

作物	处理	产量(kg/hm^2)	碳足迹(kg CO_2^{-eq}/kg)
春玉米-晚稻	N_{150}	12 824±169a	0.69
	N_{225}	13 165±77.1a	0.72
	N_{300}	13 213±139a	0.85

注:不同小写字母表示不同氮肥处理之间差异显著(P<0.05)。

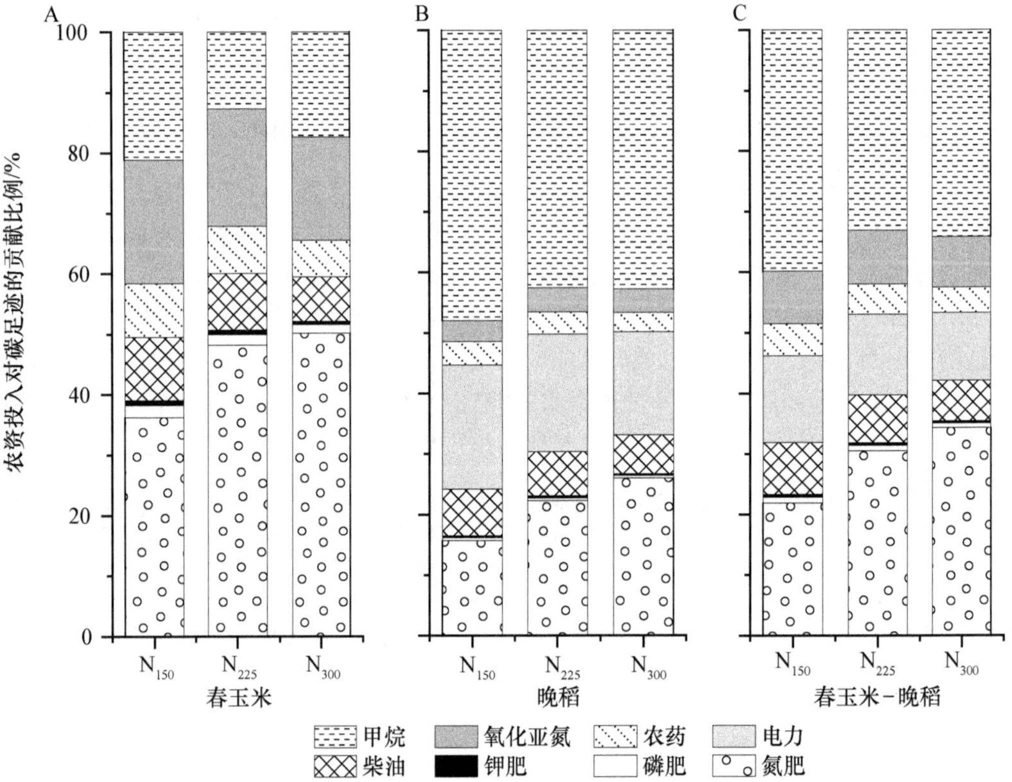

图1　春玉米、晚稻和春玉米-晚稻中的农资投入对碳足迹的贡献

6.3　讨论

本研究春玉米生产的碳足迹为0.47～0.66 kg CO_2^{-eq}/kg和晚稻生产的碳足迹为0.86～1.00 kg CO_2^{-eq}/kg,这与前人研究结果相似。刘松等(2018)就报道了渭河平原春玉米的碳足迹为0.620 kg CO_2^{-eq}/kg;Xu等(2017)研究表明晚稻单位产量碳足迹为1.06 kg CO_2^{-eq}/kg。但是本研究春玉米和晚稻的碳足迹均高于Yan等(2015)的研究结果。其主要原因可能是试验区域差异、系统边界的定义、农资投入排放系数选取及碳足迹计算方法的差异。对于春玉米-晚稻整个种植系统而言,该系统温室气体排放量为8 748～11 167 kg CO_2^{-eq}/hm^2,其中春玉米生产的贡献比例为31.2%～34.2%。其主要原因是相对于晚稻种植系统而言,春玉米种植系统CH_4低排放和灌溉电力的零消耗。其一方面是春玉米种植的好氧条件不利于CH_4的产生;另一方面春玉米在种植期间的雨水丰富,不需要灌溉。

在春玉米种植系统中,氮肥是该系统温室气体排放的主要来源(35.4%～49.4%);在晚稻种植系统中，氮肥生产和施用则是温室气体排放的第二个贡献源（15.6%～26.0%）。这与其他研究结果类似。其主要原因是氮肥本身在生产和运输的过程中需要消耗大量的化石燃料。如果能够将氮肥生产的温室气体排放降低至发达国家水平，就能够直接减少大量的农业氮肥温室气体排放，这对减少农业碳足迹排放有很大的指导意义。在本研究中，春玉米和晚稻生产系统中的温室气体排放随着氮肥施用量的增加而增加。温室气体排放增加并不能总是产生更高的碳足迹。其原因是温室气体排放增加有时会被更高的作物产量所抵消，从而造成低的碳足迹。本研究发现，碳足迹也随着氮肥用量的增加而增加，表明温室气体排放强烈依赖于作物生产中氮肥施用量。

本研究当氮肥施用量（300 kg N/hm^2）减少 25%（225 kg N/hm^2）和 50%（150 kg N/hm^2）时，碳足迹分别下降了 20.3%和 39.1%。相关报道也表明，当氮肥施用量从 160.3 kg N/hm^2 降低至 105 kg N/hm^2 水平时，春玉米的碳足迹可降低 18.3%。当氮肥施用量减少 25%和 50%水平时，晚稻的温室气体排放分别下降了 12.3%和 20.4%，碳足迹分别降低了 13.7%和 16.7%。而 Cheng 等（2011）的研究表明，当氮肥施用量减少 30%时，晚稻碳足迹就下降了 6.5%。其主要原因可能是其他农资投入比例不同。从减量施氮肥对产量影响来看，当地春玉米常规施肥量 225 kg N/hm^2 降低至 150 kg N/hm^2 时，其并没有显著降低春玉米产量（$P>0.05$）。但是对于晚稻而言，随着氮肥施用量的减少，晚稻产量不表现出规律性变化，呈现先上升、后下降的变化趋势。在氮肥施用量为 225 kg N/hm^2 时，晚稻产量最高，为 7.42 t/hm^2，但是与当地常规施肥量 300 kg N/hm^2 呈无显著差异，表明稻田施肥量减少 25%并没有对晚稻产量产生显著性差异。对于整个春玉米-晚稻系统而言，3 种施肥水平对产量均无显著影响。综上所述，春玉米的氮肥用量降低至 150 kg N/hm^2 和晚稻降低至 225 kg N/hm^2 不仅能够保持高产，而且还能够大幅度地降低碳足迹。

迅速增长的中国人口增加了对粮食作物产量的需求，农业施用氮肥大量增加。目前中国已经成为全世界最大的合成氮肥消费国，占全球消费量超过 30%，稻田中的氮肥料普遍施用过量，平均施氮量超过 300 kg N/hm^2。然而，施用氮肥的增加会显著降低春玉米和晚稻对氮肥的利用率，超过 50%的氮通过多种途径流失到环境中。巨晓棠等（2013）研究表明，目前中国的氮肥利用效率仅仅为 30%～35%，而西方发达国家的氮肥利用率却达到了 40%～60%。一些研究表明，降低作物生产碳足迹的关键在于提高农作物对氮肥的利用效率，如施用炭基缓释肥可以提高氮肥利用率和降低作物生产的碳足迹。因此，采取减量施氮肥的措施和选取适当的施肥种类就能够实现作物产量的绩效和环境效益的双赢。

6.4　结论

氮肥的增加提高了春玉米和晚稻的温室气体排放和碳足迹。晚稻是整个轮作模式温室气体的主要贡献源，占 65.8%～68.8%。在玉米碳足迹构成中，氮肥施用引起的温室气体排放是主要贡献源。在晚稻碳足迹构成中，CH_4 排放是主要排放源，氮肥次之。春玉米氮肥用量降低至 150 kg N/hm^2 和晚稻降低至 225 kg N/hm^2 不仅能够保持高产，而且还能够降低碳足迹。

参考文献

[1] International Organization for Standardization. ISO 14067：2013 greenhouse gases-carbon footprint of

products-requirements and guidelines for quantification and communication. (2012-06-06) [2019-03-19]. https://www.iso.org/standard/71206.html

[2] JU X T, XING G X, CHEN X P, et al. From the cover: Reducing environmental risk by improving N management in intensive Chinese agricultural systems. Proceedings of the National Academy of Sciences of the United States of America, 2009, 106: 3041-3046

[3] ZHANG W F, DOU Z X, HE P, et al. New technologies reduce greenhouse gas emissions from nitrogenous fertilizer in China. Proceedings of the National Academy of Sciences of the United States of America, 2013, 110: 8375-8380

[4] GAN Y T, LIANG C, MAY W, et al. Carbon footprint of spring barley in relation to preceding oilseeds and N fertilization. International Journal of Life Cycle Assessment, 2012, 17: 635-645

[5] GAN Y T, LIANG C, HUANG G B, et al. Carbon footprint of canola and mustard is a function of the rate of N fertilizer. International Journal of Life Cycle Assessment, 2012, 17: 58-68

[6] CHENG K, PAN G X, SMITH P, et al. Carbon footprint of China's crop production: an estimation using agro-statistics data over 1993—2007. Agriculture Ecosystems and Environment, 2011, 142: 231-237

[7] SHI L G, CHEN F, KONG F L, et al. The carbon footprint of winter wheat-summer maize cropping pattern on North China Plain. China Population, Resources and Environment, 2011, 21(9): 93-98

[8] KECAO L M, LI M B, WANG X Q, et al. Life cycle assessment of carbon footprint for rice production in Shanghai. Acta Ecologica Sinica, 2014, 34(2): 491-499

[9] WANG Y Q, ZHAO X, LI K J, et al. Dynamics of carbon footprint for wheat production in the North China Plain. China Population, Resources and Environment,2015, 25(11): 258-256

[10] REBOLLEDO-LEIVA R, ANGULO-MEZA L, IRIARTE A,et al. Joint carbon footprint assessment and data envelopment analysis for the reduction of greenhouse gas emissions in agriculture production. Science of the Total Environment, 2017, 36: 593-594

[11] CLAVREUL J, BUTNAR I, RUBIO V,et al. Intra-and inter-Year variability of agricultural carbon footprints-a case study on field-grown tomatoes. Journal of Cleaner Production. 2017, 158: 156-164

[12] LU F, WANG X K, HAN B, et al. Assessment on the availability of nitrogen fertilization in improving carbon sequestration potential of China's cropland soil. Chinese Journal of Applied Ecology, 2008, 19 (10): 2239-2250

[13] WEST T O, MARLAND G. Net carbon flux from agricultural ecosystems: methodology for full carbon cycle analyses. Environmental Pollution, 2002, 116: 439-44

[14] ZHANG X Q, PU C, ZHAO X,et al. Tillage effects on carbon footprint and ecosystem services of climate regulation in a winter wheat-summer maize cropping system of the North China Plain. Ecological Indicators, 2016, 67: 821-829

[15] Intergovernmental Panel on Climate Change. Climate change 2013: the physical science basis. contribution of working group I to the fifth assessment report of the intergovernmental panel on climate change. Cambridge: Cambridge University Press, 2013

[16] LIU S, WANG X Q, HU J P, et al. Effects of fertilization and irrigation on the carbon footprint of alfalfa in Gansu province, Scientia Agricultura Sinica, 2018, 51(3): 556-565

[17] XU X, LAN Y. Spatial and temporal patterns of carbon footprints of grain crops in China. Journal of Cleaner Production, 2017, 146: 218-227

[18] YAN M, CHENG K, LUO T,et al. Carbon footprint of grain crop production in China-based on farm survey data. Journal of Cleaner Production,2015, 104: 130-113

[19] WELLER S, KRAUS D, AYAG K R P,et al. Methane and nitrous oxide emissions from rice and maize

production in diversified rice cropping systems. Nutrient Cycling in Agroecosystems, 2015, 101: 37-53

[20] HILLIER J, HAWE C, SQUIRE G, et al. The carbon footprints of food crop production. International Journal of Agricultural Sustainability, 2009, 7: 107-118

[21] CHEN X, CUI Z, FAN M, et al. Producing more grain with lower environmental costs. Nature, 2014, 514: 486-489

[22] DENG J, ZHOU Z, ZHU B. Modeling nitrogen loading in a small watershed in southwest China using a DNDC model with hydrological enhancements. Biogeosciences, 2011, 8: 6383-6413

[23] GE J Z, LI S Y, ZHONG X Y, et al. Effects of nitrogen application and film mulchng on yield performance parameters and nitrogen use efficiency of spring maize in the middle reaches of Yangtze River. Acta Agronomica Sinica, 2014, 40(6): 1081-1092

[24] JU X T, ZHANG F S. Nitrate accumulation and its implication to environment in north China. Ecology and Environment, 2003, 12(1): 24-28

[25] LADHA J K, KRUPNIK T J, SIX J, et al. Efficiency of fertilizer nitrogen in cereal production: retrospects and prospects. Advances in Agronomy, 2005, 87: 85-156

[26] GAN YT, LIANG C, CHAI Q, et al. Improving farming practices reduces the carbon footprint of spring wheat production. Nature Communications, 2014, 5: 5012-5025

[27] QIAN L, CHEN L, JOSEPH S, et al. Biochar compound fertilizer as an option to reach high productivity but low carbon intensity in rice agriculture: a field experiment in a rice paddy from Anhui, China. Carbon Management, 2014, 5: 145-154